산업안전지도사 및 산업보건지도사 자격증 시험 대비

산업안전(보건) 지도사법령 진도별 모의고사 8회분 해설집

- 편저 정명재 -

부록
2020년~2016년
기출문제

PREFACE

산업안전(보건)지도사의 법령 모의고사는 실전에 대비한 문제로 구성하였다. 산업안전보건법령의 전부개정으로 인해 지난 기출문제를 무조건 암기하는 형태에서 벗어나야 한다. 9개년의 기출문제를 분석하였고 출제가능 문제들을 모의고사 형태로 만들어 각 조문에 따라 진도별 모의고사 형식으로 편제하였다.

산업안전보건법령의 전체 조문들에 대하여 체계적 정리가 가능하도록 구성하였기에 법령의 기본적인 이해와 암기가 끝난 후 문제풀이를 한다면 더 없이 좋은 교재로 쓰일 것이다. 산업안전(보건)지도사의 경우 중복 문제를 지양하며 문제은행식 출제가 되지 않고 있는 점에 주의해야 한다. 모의고사 문제 풀이는 반드시 해당 법령의 조문을 근거로 정리를 하여야 한다.

본 교재는 단기간에 법령의 정리와 문제풀이에 대한 적응력을 높이는 데 주안점을 두었다. 초보 수험생의 경우 법령 기본강의를 들은 후 문제풀이에 접근하는 것을 추천하지만 시간이 없는 수험생의 경우라면 모의고사 풀이를 통해 중요 문제유형의 접근을 먼저 할 수도 있을 것이다.

산업안전(보건)지도사의 제1과목인 법령에서 고득점을 할 수 있도록 상세한 풀이로 동영상 강의도 준비하였다. 자세하고 알기 쉬운 풀이를 제공하니 많은 도움을 받을 수 있을 것이다. 따뜻한 봄날에 합격의 영광이 함께 하기를 기원한다.

2021. 1. 4. 신림동에서 정명재

CONTENTS

진도별 모의고사

1 회 산업안전보건법령 진도별 모의고사 해설 … 2

2 회 산업안전보건법령 진도별 모의고사 해설 … 43

3 회 산업안전보건법령 진도별 모의고사 해설 … 86

4 회 산업안전보건법령 진도별 모의고사 해설 … 117

5 회 산업안전보건법령 진도별 모의고사 해설 … 159

6 회 산업안전보건법령 진도별 모의고사 해설 … 190

7 회 산업안전보건법령 진도별 모의고사 해설 … 248

8 회 산업안전보건법령 진도별 모의고사 해설 … 307

부록 (2020 ~ 2016)

- **2020**년 산업안전보건법령 기출문제 … 336
- **2019**년 산업안전보건법령 기출문제 … 345
- **2018**년 산업안전보건법령 기출문제 … 369
- **2017**년 산업안전보건법령 기출문제 … 381
- **2016**년 산업안전보건법령 기출문제 … 405

1회
산업안전보건법령 진도별 모의고사 해설

01 산업안전보건법령상 용어에 관한 설명으로 옳지 않은 것은?

① "도급인"이란 물건의 제조·건설·수리 또는 서비스의 제공, 그 밖의 업무를 도급하는 사업주를 말한다. 다만, 건설공사발주자는 제외한다.
② "산업재해"란 노무를 제공하는 사람이 업무에 관계되는 건설물·설비·원재료·가스·증기·분진 등에 의하거나 작업 또는 그 밖의 업무로 인하여 사망 또는 부상하거나 질병에 걸리는 것을 말한다.
③ "건설공사발주자"란 건설공사를 도급하는 자로서 건설공사의 시공을 주도하여 총괄·관리하는 자를 말한다. 다만, 도급받은 건설공사를 다시 도급하는 자는 제외한다.
④ "작업환경측정"이란 작업환경 실태를 파악하기 위하여 해당 근로자 또는 작업장에 대하여 사업주가 유해인자에 대한 측정계획을 수립한 후 시료(試料)를 채취하고 분석·평가하는 것을 말한다.
⑤ "중대재해"란 산업재해 중 사망 등 재해 정도가 심하거나 다수의 재해자가 발생한 경우로서 부상자 또는 직업성 질병자가 동시에 10명 이상 발생한 재해를 말한다.

해설

근거조문 산업안전보건법률 제2조, 시행규칙 제3조

정답 ③

02 산업안전보건법령상 용어에 관한 설명으로 옳은 것은?

① "근로자"라 함은 직업의 종류를 불문하고 임금·급료 기타 이에 준하는 수입에 의하여 생활하는 자를 말한다.
② "중대재해"란 산업재해 중 사망 등 재해 정도가 심하고 다수의 재해자가 발생한 경우로서 3개월 이상의 요양이 필요한 부상자가 동시에 2명 이상 발생한 재해를 말한다.
③ "산업재해"란 근로자가 업무에 관계되는 건설물·설비·원재료·가스·증기·분진 등에 의하거나 작업 또는 그 밖의 업무로 인하여 사망 또는 부상하거나 질병에 걸리는 것을 말한다.
④ "사업주"란 노무를 제공하는 사람을 사용하여 사업을 하는 자를 말한다.
⑤ "건설공사발주자"란 건설공사를 도급하는 자로서 건설공사의 시공을 주도하여 총괄·관리하지 아니하는 자를 말한다. 다만, 도급받은 건설공사를 다시 도급하는 자는 제외한다.

> **해설**

> **근거조문** 산업안전보건법률 제2조, 시행규칙 제3조

제2조(정의) 이 법에서 사용하는 용어의 뜻은 다음과 같다. <개정 2020. 5. 26.>
1. "산업재해"란 노무를 제공하는 사람이 업무에 관계되는 건설물·설비·원재료·가스·증기·분진 등에 의하거나 작업 또는 그 밖의 업무로 인하여 사망 또는 부상하거나 질병에 걸리는 것을 말한다.
2. "중대재해"란 산업재해 중 사망 등 재해 정도가 심하거나 다수의 재해자가 발생한 경우로서 고용노동부령으로 정하는 재해를 말한다.
3. "근로자"란 「근로기준법」 제2. 9.1항 제1호에 따른 근로자를 말한다.
4. "사업주"란 근로자를 사용하여 사업을 하는 자를 말한다.
5. "근로자대표"란 근로자의 과반수로 조직된 노동조합이 있는 경우에는 그 노동조합을, 근로자의 과반수로 조직된 노동조합이 없는 경우에는 근로자의 과반수를 대표하는 자를 말한다.
6. "도급"이란 명칭에 관계없이 물건의 제조·건설·수리 또는 서비스의 제공, 그 밖의 업무를 타인에게 맡기는 계약을 말한다.
7. "도급인"이란 물건의 제조·건설·수리 또는 서비스의 제공, 그 밖의 업무를 도급하는 사업주를 말한다. 다만, 건설공사발주자는 제외한다.
8. "수급인"이란 도급인으로부터 물건의 제조·건설·수리 또는 서비스의 제공, 그 밖의 업무를 도급받은 사업주를 말한다.
9. "관계수급인"이란 도급이 여러 단계에 걸쳐 체결된 경우에 각 단계별로 도급받은 사업주 전부를 말한다.
10. "건설공사발주자"란 건설공사를 도급하는 자로서 건설공사의 시공을 주도하여 총괄·관리하지 아니하는 자를 말한다. 다만, 도급받은 건설공사를 다시 도급하는 자는 제외한다.
11. "건설공사"란 다음 각 목의 어느 하나에 해당하는 공사를 말한다.
    가. 「건설산업기본법」 제2조 제4호에 따른 건설공사
    나. 「전기공사업법」 제2조 제1호에 따른 전기공사
    다. 「정보통신공사업법」 제2조 제2호에 따른 정보통신공사
    라. 「소방시설공사업법」에 따른 소방시설공사
    마. 「문화재수리 등에 관한 법률」에 따른 문화재수리공사
12. "안전보건진단"이란 산업재해를 예방하기 위하여 잠재적 위험성을 발견하고 그 개선대책을 수립할 목적으로 조사·평가하는 것을 말한다.
13. "작업환경측정"이란 작업환경 실태를 파악하기 위하여 해당 근로자 또는 작업장에 대하여 사업주가 유해인자에 대한 측정계획을 수립한 후 시료(試料)를 채취하고 분석·평가하는 것을 말한다.

시행규칙 제3조(중대재해의 범위) 법 제2조 제2호에서 "고용노동부령으로 정하는 재해"란 다음 각 호의 어느 하나에 해당하는 재해를 말한다.
1. 사망자가 1명 이상 발생한 재해
2. 3개월 이상의 요양이 필요한 부상자가 동시에 2명 이상 발생한 재해
3. 부상자 또는 직업성 질병자가 동시에 10명 이상 발생한 재해

근로기준법 제2조(정의) ① 이 법에서 사용하는 용어의 뜻은 다음과 같다.
1. "근로자"란 직업의 종류와 관계없이 임금을 목적으로 사업이나 사업장에 근로를 제공하는 사람을 말한다.

노동조합법 제2조(정의) 이 법에서 사용하는 용어의 정의는 다음과 같다.
1. "근로자"라 함은 직업의 종류를 불문하고 임금·급료 기타 이에 준하는 수입에 의하여 생활하는 자를 말한다.

정답 ⑤

03

산업안전보건법령상 사업주는 위험으로 인한 산업재해를 예방하기 위하여 필요한 조치를 하여야 한다. 이와 같은 안전조치 법령의 적용을 받는 사업 또는 사업장은?

> ㉠ 「원자력안전법」의 발전업 중 원자력 발전설비를 이용하여 전기를 생산하는 사업장
> ㉡ 「광산안전법」의 광업 중 광물의 채광·채굴·선광 또는 제련 등의 공정
> ㉢ 「광산안전법」의 광업 중 제조 공정
> ㉣ 「선박안전법」 적용 사업 중 선박 및 보트 건조업
> ㉤ 「항공안전법」 적용 사업 중 항공기, 우주선 및 부품 제조업과 창고 및 운송관련 서비스업, 여행사 및 기타 여행보조 서비스업 중 항공 관련 사업

① ㉠, ㉡, ㉢
② ㉡, ㉢, ㉣
③ ㉠, ㉡, ㉣
④ ㉢, ㉣, ㉤
⑤ ㉠, ㉣, ㉤

해설

근거조문 산업안전보건법률 제3조, 영 제3조

제3조(적용 범위) 이 법은 모든 사업에 적용한다. 다만, 유해·위험의 정도, 사업의 종류, 사업장의 상시근로자 수(건설공사의 경우에는 건설공사 금액을 말한다. 이하 같다) 등을 고려하여 대통령령으로 정하는 종류의 사업 또는 사업장에는 이 법의 전부 또는 일부를 적용하지 아니할 수 있다.

영 제2조(적용범위 등) ① 「산업안전보건법」(이하 "법"이라 한다) 제3조 단서에 따라 법의 전부 또는 일부를 적용하지 않는 사업 또는 사업장의 범위 및 해당 사업 또는 사업장에 적용되지 않는 법 규정은 별표 1과 같다.
② 이 영에서 사업의 분류는 「통계법」에 따라 통계청장이 고시한 한국표준산업분류에 따른다.

제38조(안전조치) ① 사업주는 다음 각 호의 어느 하나에 해당하는 위험으로 인한 산업재해를 예방하기 위하여 필요한 조치를 하여야 한다.
  1. 기계·기구, 그 밖의 설비에 의한 위험
  2. 폭발성, 발화성 및 인화성 물질 등에 의한 위험
  3. 전기, 열, 그 밖의 에너지에 의한 위험
② 사업주는 굴착, 채석, 하역, 벌목, 운송, 조작, 운반, 해체, 중량물 취급, 그 밖의 작업을 할 때 불량한 작업방법 등에 의한 위험으로 인한 산업재해를 예방하기 위하여 필요한 조치를 하여야 한다.
③ 사업주는 근로자가 다음 각 호의 어느 하나에 해당하는 장소에서 작업을 할 때 발생할 수 있는 산업재해를 예방하기 위하여 필요한 조치를 하여야 한다.
  1. 근로자가 추락할 위험이 있는 장소
  2. 토사·구축물 등이 붕괴할 우려가 있는 장소
  3. 물체가 떨어지거나 날아올 위험이 있는 장소
  4. 천재지변으로 인한 위험이 발생할 우려가 있는 장소
④ 사업주가 제1항부터 제3항까지의 규정에 따라 하여야 하는 조치(이하 "안전조치"라 한다)에 관한 구체적인 사항은 고용노동부령으로 정한다.

제51조(사업주의 작업중지) 사업주는 산업재해가 발생할 급박한 위험이 있을 때에는 즉시 작업을 중지시키고 근로자를 작업장소에서 대피시키는 등 안전 및 보건에 관하여 필요한 조치를 하여야 한다.

법의 일부를 적용하지 않는 사업 또는 사업장 및 적용 제외 법 규정(제2조 제1항 관련)

대상 사업 또는 사업장	적용 제외 법 규정
1. 다음 각 목의 어느 하나에 해당하는 사업 　가. 「광산안전법」 적용 사업(광업 중 광물의 채광·채굴·선광 또는 제련 등의 공정으로 한정하며, 제조공정은 제외한다) 　나. 「원자력안전법」 적용 사업(발전업 중 원자력 발전설비를 이용하여 전기를 생산하는 사업장으로 한정한다) 　다. 「항공안전법」 적용 사업(항공기, 우주선 및 부품 제조업과 창고 및 운송관련 서비스업, 여행사 및 기타 여행보조 서비스업 중 항공 관련 사업은 각각 제외한다) 　라. 「선박안전법」 적용 사업(선박 및 보트 건조업은 제외한다)	제15조부터 제17조까지, 제20조 제1호, 제21조(다른 규정에 따라 준용되는 경우는 제외한다), 제24조(다른 규정에 따라 준용되는 경우는 제외한다), 제2장 제2절, 제29조(보건에 관한 사항은 제외한다), 제30조(보건에 관한 사항은 제외한다), 제31조, 제38조, 제51조(보건에 관한 사항은 제외한다), 제52조(보건에 관한 사항은 제외한다), 제53조(보건에 관한 사항은 제외한다), 제54조(보건에 관한 사항은 제외한다), 제55조, 제58조부터 제60조까지, 제62조, 제63조, 제64조(제1항 제6호는 제외한다), 제65조, 제66조, 제72조, 제75조, 제88조, 제103조부터 제107조까지 및 제160조(제21조 제4항 및 제88조 제5항과 관련되는 과징금으로 한정한다)
2. 다음 각 목의 어느 하나에 해당하는 사업 　가. 소프트웨어 개발 및 공급업 　나. 컴퓨터 프로그래밍, 시스템 통합 및 관리업 　다. 정보서비스업 　라. 금융 및 보험업 　마. 기타 전문서비스업 　바. 건축기술, 엔지니어링 및 기타 과학기술 서비스업 　사. 기타 전문, 과학 및 기술 서비스업(사진 처리업은 제외한다) 　아. 사업지원 서비스업 　자. 사회복지 서비스업	제29조(제3항에 따른 추가교육은 제외한다) 및 제30조
3. 다음 각 목의 어느 하나에 해당하는 사업으로서 상시 근로자 50명 미만을 사용하는 사업장 　가. 농업 　나. 어업 　다. 환경 정화 및 복원업 　라. 소매업; 자동차 제외 　마. 영화, 비디오물, 방송프로그램 제작 및 배급업 　바. 녹음시설 운영업 　사. 방송업 　아. 부동산업(부동산 관리업은 제외한다) 　자. 임대업; 부동산 제외 　차. 연구개발업 　카. 보건업(병원은 제외한다) 　타. 예술, 스포츠 및 여가관련 서비스업 　파. 협회 및 단체 　하. 기타 개인 서비스업(세탁업은 제외한다)	

4. 다음 각 목의 어느 하나에 해당하는 사업 　가. 공공행정(청소, 시설관리, 조리 등 현업업무에 종사하는 사람으로서 고용노동부장관이 정하여 고시하는 사람은 제외한다), 국방 및 사회보장 행정 　나. 교육 서비스업 중 초등·중등·고등 교육기관, 특수학교·외국인학교 및 대안학교(청소, 시설관리, 조리 등 현업업무에 종사하는 사람으로서 고용노동부장관이 정하여 고시하는 사람은 제외한다)	제2장 제1절·제2절 및 제3장(다른 규정에 따라 준용되는 경우는 제외한다)
5. 다음 각 목의 어느 하나에 해당하는 사업 　가. 초등·중등·고등 교육기관, 특수학교·외국인학교 및 대안학교 외의 교육서비스업(청소년수련시설 운영업은 제외한다) 　나. 국제 및 외국기관 　다. <u>사무직에 종사하는 근로자만을 사용하는 사업장</u>(사업장이 분리된 경우로서 사무직에 종사하는 근로자만을 사용하는 사업장을 포함한다)	제2장 제1절·제2절, 제3장 및 제5장 제2절(제64조 제1항 제6호는 제외한다). 다만, 다른 규정에 따라 준용되는 경우는 해당 규정을 적용한다. * 6. 위생시설 등 고용노동부령으로 정하는 시설의 설치 등을 위하여 필요한 장소의 제공 또는 도급인이 설치한 위생시설 이용의 협조
6. 상시 근로자 5명 미만을 사용하는 사업장	제2장 제1절·제2절, 제3장(제29조 제3항에 따른 추가교육은 제외한다), <u>제47조</u>, 제49조, 제50조 및 제159조(다른 규정에 따라 준용되는 경우는 제외한다)
비고: 제1호부터 제6호까지의 규정에 따른 사업에 둘 이상 해당하는 사업의 경우에는 각각의 호에 따라 적용이 제외되는 규정은 모두 적용하지 않는다.	

정답 ④

04 상시근로자 5명 미만을 사용하는 사업장에는 산업안전보건법령의 일부를 적용하지 아니할 수 있다. 다음 산업안전보건법령 중 상시근로자 5명 미만을 사용하는 사업장에 적용이 제외되는 것을 모두 고른 것은?

> ㉠ 제17조(안전관리자)
> ㉡ 제25조(안전보건관리규정)
> ㉢ 제38조(안전조치)
> ㉣ 제47조(안전보건진단)
> ㉤ 제50조(안전보건개선계획서의 제출)

① ㉠, ㉡, ㉢
② ㉠, ㉡, ㉣
③ ㉠, ㉡, ㉣, ㉤
④ ㉠, ㉢, ㉣, ㉤
⑤ ㉠, ㉡, ㉢, ㉣, ㉤

> 해설

> 근거조문 산업안전보건법률 제3조, 영 제3조

제2장 제1절·제2절, 제3장(제29조 제3항에 따른 추가교육은 제외한다), 제47조(안전보건진단), 제49조, 제50조(안전보건개선계획서의 제출) 및 제159조(영업정지의 요청 등) * (다른 규정에 따라 준용되는 경우는 제외한다)

정답 ③

05
산업안전보건법은 유해·위험의 정도, 사업의 종류·규모 및 사업의 소재지 등을 고려하여 법의 전부 또는 일부를 적용하지 아니할 수 있다. 다음 중 옳은 것은?

① 상시근로자 4명을 사용하는 공사금액 30억원의 상가신축공사 사업의 사업주는 안전·보건조치를 하지 않아 중대재해가 발생하더라도 안전·보건진단기관의 안전·보건진단을 받지 않아도 된다.
② 상시근로자 10명을 사용하여 실제 공장에서 봉제의복을 제조하는 사업주는 관리감독자를 포함하여 모든 근로자에게 안전·보건교육을 실시하지 않아도 된다.
③ 원자력안전법의 적용을 받는 발전업으로써 상시근로자 5명을 사용하여 원자력발전설비를 이용하여 전기를 생산하는 사업장의 사업주는 방사선에 의한 중대재해가 발생하였을 때 즉시 작업을 중지시키고 근로자를 작업장소로부터 대피시키는 등 필요한 안전·보건조치를 하지 않아도 된다.
④ 사무직 근로자만 30명을 사용하는 선박 및 보트건조업의 사업주는 작업환경측정 대상물질에 대한 작업환경측정을 실시하지 않아도 된다.
⑤ 상시근로자 5명을 사용하는 금융업의 사업주는 중량물 취급으로 인하여 발생하는 위험을 방지하기 위한 안전조치를 하지 않아도 된다.

> 해설

> 근거조문 산업안전보건법률 제3조, 영 제3조

정답 ③

06 산업안전보건법령상 협조 요청 등에 관한 설명으로 옳지 않은 것은?

① 고용노동부장관은 산업재해 예방에 관한 기본계획을 효율적으로 시행하기 위하여 필요하다고 인정할 때에는 관계 행정기관의 장에게 필요한 협조를 요청할 수 있다.
② 고용노동부를 제외한 행정기관의 장은 사업장의 안전에 관하여 규제를 하려면 미리 고용노동부장관과 협의하여야 한다.
③ 고용노동부를 제외한 행정기관의 장은 고용노동부장관이 협의과정에서 해당 규제에 대한 변경을 요구하면 이에 따라야 하며, 고용노동부장관은 필요한 경우 국무총리에게 협의·조정 사항을 보고하여 확정할 수 있다.
④ 고용노동부장관은 산업재해 예방을 위하여 필요하다고 인정할 때에는 사업주에게 필요한 사항을 권고할 수 있다.
⑤ 고용노동부장관이 산정·통보한 산업재해발생률에 불복하는 건설업체는 통보를 받은 날부터 15일 이내에 고용노동부장관에게 이의를 제기하여야 한다.

해설

근거조문 산업안전보건법률 제8조, 시행규칙 제4조

제8조(협조 요청 등) ① 고용노동부장관은 제7조 제1항에 따른 기본계획을 효율적으로 시행하기 위하여 필요하다고 인정할 때에는 관계 행정기관의 장 또는 「공공기관의 운영에 관한 법률」 제4조에 따른 공공기관의 장에게 필요한 협조를 요청할 수 있다.
② <u>행정기관(고용노동부는 제외한다. 이하 이 조에서 같다)의 장은 사업장의 안전 및 보건에 관하여 규제를 하려면 미리 고용노동부장관과 협의하여야 한다.</u>
③ 행정기관의 장은 고용노동부장관이 제2항에 따른 협의과정에서 해당 규제에 대한 변경을 요구하면 이에 따라야 하며, <u>고용노동부장관은 필요한 경우 국무총리에게 협의·조정 사항을 보고하여 확정할 수 있다.</u>
④ 고용노동부장관은 산업재해 예방을 위하여 필요하다고 인정할 때에는 사업주, 사업주단체, 그 밖의 관계인에게 필요한 사항을 권고하거나 협조를 요청할 수 있다.
⑤ 고용노동부장관은 산업재해 예방을 위하여 중앙행정기관의 장과 지방자치단체의 장 또는 공단 등 관련 기관·단체의 장에게 다음 각 호의 정보 또는 자료의 제공 및 관계 전산망의 이용을 요청할 수 있다. 이 경우 요청을 받은 중앙행정기관의 장과 지방자치단체의 장 또는 관련 기관·단체의 장은 정당한 사유가 없으면 그 요청에 따라야 한다.
 1. 「부가가치세법」 제8조 및 「법인세법」 제111조에 따른 사업자등록에 관한 정보
 2. 「고용보험법」 제15조에 따른 근로자의 피보험자격의 취득 및 상실 등에 관한 정보
 3. 그 밖에 산업재해 예방사업을 수행하기 위하여 필요한 정보 또는 자료로서 대통령령으로 정하는 정보 또는 자료

시행규칙 제4조(협조 요청) ① 고용노동부장관이 법 제8조 제1항에 따라 관계 행정기관의 장 또는 「공공기관의 운영에 관한 법률」 제4조에 따른 공공기관의 장에게 협조를 요청할 수 있는 사항은 다음 각 호와 같다.
 1. 안전·보건 의식 정착을 위한 안전문화운동의 추진
 2. 산업재해 예방을 위한 홍보 지원
 3. 안전·보건과 관련된 중복규제의 정비
 4. 안전·보건과 관련된 시설을 개선하는 사업장에 대한 자금융자 등 금융·세제상의 혜택 부여

5. 사업장에 대하여 관계 기관이 합동으로 하는 안전·보건점검의 실시
6. 「건설산업기본법」 제23조에 따른 건설업체의 시공능력 평가 시 별표 1 제1호에서 정한 건설업체의 산업재해발생률에 따른 공사 실적액의 감액(산업재해발생률의 산정 기준 및 방법은 별표 1에 따른다)
7. 「국가를 당사자로 하는 계약에 관한 법률 시행령」 제13조에 따른 입찰참가업체의 입찰참가자격 사전심사 시 다음 각 목의 사항
   가. 별표 1 제1호에서 정한 건설업체의 산업재해발생률 및 산업재해 발생 보고의무 위반에 따른 가감점 부여(건설업체의 산업재해발생률 및 산업재해 발생 보고의무 위반건수의 산정 기준과 방법은 별표 1에 따른다)
   나. 사업주가 안전·보건 교육을 이수하는 등 별표 1 제1호에서 정한 건설업체의 산업재해 예방활동에 대하여 고용노동부장관이 정하여 고시하는 바에 따라 그 실적을 평가한 결과에 따른 가점 부여
8. 산업재해 또는 건강진단 관련 자료의 제공
9. 정부포상 수상업체 선정 시 산업재해발생률이 같은 종류 업종에 비하여 높은 업체(소속 임원을 포함한다)에 대한 포상 제한에 관한 사항
10. 「건설기계관리법」 제3조 또는 「자동차관리법」 제5조에 따라 각각 등록한 건설기계 또는 자동차 중 법 제93조에 따라 안전검사를 받아야 하는 유해하거나 위험한 기계·기구·설비가 장착된 건설기계 또는 자동차에 관한 자료의 제공
11. 「119구조·구급에 관한 법률」 제22조 및 같은 법 시행규칙 제18조에 따른 구급활동일지와 「응급의료에 관한 법률」 제49조 및 같은 법 시행규칙 제40조에 따른 출동 및 처치기록지의 제공
12. 그 밖에 산업재해 예방계획을 효율적으로 시행하기 위하여 필요하다고 인정하는 사항

② <u>고용노동부장관은 별표 1에 따라 산정한 산업재해발생률 및 그 산정내역을 해당 건설업체에 통보해야 한다. 이 경우 산업재해발생률 및 산정내역에 불복하는 건설업체는 통보를 받은 날부터 10일 이내에 고용노동부장관에게 이의를 제기할 수 있다.</u>

정답 ⑤

07 산업안전보건법령상 협조 요청 등에 관한 설명으로 옳지 않은 것은?

① 고용노동부장관은 산업재해 예방에 관한 기본계획을 효율적으로 시행하기 위하여 필요하다고 인정할 때에는 관계 행정기관의 장 또는 공공기관의 장에게 필요한 협조를 요청할 수 있다.
② 고용노동부장관은 「건설산업기본법」 제23조에 따른 건설업체의 시공능력 평가 시 별표 1 제1호에서 정한 건설업체의 산업재해발생률에 따른 공사 실적액의 증액에 관한 사항을 관계 행정기관의 장 또는 「공공기관의 운영에 관한 법률」 제4조에 따른 공공기관의 장에게 협조를 요청할 수 있다.
③ 고용노동부를 제외한 행정기관의 장은 고용노동부장관이 협의과정에서 해당 규제에 대한 변경을 요구하면 이에 따라야 하며, 고용노동부장관은 필요한 경우 국무총리에게 협의·조정 사항을 보고하여 확정할 수 있다.
④ 고용노동부장관은 산업재해 예방을 위하여 필요하다고 인정할 때에는 사업주, 사업주단체, 그 밖의 관계인에게 필요한 사항을 권고하거나 협조를 요청할 수 있다.
⑤ 고용노동부장관은 산업재해 예방을 위하여 중앙행정기관의 장과 지방자치단체의 장 또는 공단 등 관련 기관·단체의 장에게 「고용보험법」 제15조에 따른 근로자의 피보험자격의 취득 및 상실 등에 관한 정보 또는 자료의 제공 및 관계 전산망의 이용을 요청할 수 있다.

> [해설]

> [근거조문] 산업안전보건법률 제8조, 시행규칙 제4조

정답 ②

08
산업안전보건법령상 사업장의 산업재해 발생건수 등 공표에 관한 설명이다. (   )안에 들어갈 내용을 순서대로 바르게 나열한 것은?

> 고용노동부장관은 산업재해를 예방하기 위하여 「산업안전보건법」 제10조 제2항에 따른 산업재해의 발생에 관한 보고를 최근 (ㄱ) 이내 (ㄴ) 이상 하지 않은 사업장의 산업재해 발생건수, 재해율 또는 그 순위 등을 공표하여야 한다.

① ㄱ: 1년, ㄴ: 1회
② ㄱ: 2년, ㄴ: 2회
③ ㄱ: 3년, ㄴ: 2회
④ ㄱ: 5년, ㄴ: 3회
⑤ ㄱ: 5년, ㄴ: 5회

> [해설]

> [근거조문] 산업안전보건법률 제10조, 시행규칙 제10조

제10조(산업재해 발생건수 등의 공표) ① 고용노동부장관은 산업재해를 예방하기 위하여 대통령령으로 정하는 사업장의 근로자 산업재해 발생건수, 재해율 또는 그 순위 등(이하 "산업재해발생건수등"이라 한다)을 공표하여야 한다.
② 고용노동부장관은 **도급인의 사업장**(도급인이 제공하거나 지정한 경우로서 도급인이 지배·관리하는 대통령령으로 정하는 장소를 포함한다. 이하 같다) **중 대통령령으로 정하는 사업장**에서 관계수급인 근로자가 작업을 하는 경우에 도급인의 산업재해발생건수등에 관계수급인의 산업재해발생건수등을 **포함하여** 제1항에 따라 공표하여야 한다.
③ 고용노동부장관은 제2항에 따라 산업재해발생건수등을 공표하기 위하여 도급인에게 관계수급인에 관한 자료의 제출을 요청할 수 있다. 이 경우 요청을 받은 자는 정당한 사유가 없으면 이에 따라야 한다.
④ 제1항 및 제2항에 따른 공표의 절차 및 방법, 그 밖에 필요한 사항은 **고용노동부령**으로 정한다.
★ **영 제10조(공표대상 사업장)** ① 법 제10조 제1항에서 "대통령령으로 정하는 사업장"이란 다음 각 호의 어느 하나에 해당하는 사업장을 말한다.
  1. 산업재해로 인한 사망자(이하 "사망재해자"라 한다)가 연간 2명 이상 발생한 사업장
  2. 사망만인율(死亡萬人率: 연간 상시근로자 1만명당 발생하는 사망재해자 수의 비율을 말한다)이 규모별 같은 업종의 평균 사망만인율 이상인 사업장
  3. 법 제44조 제1항 전단에 따른 중대산업사고가 발생한 사업장
  4. 법 제57조 제1항을 위반하여 산업재해 발생 사실을 은폐한 사업장
  5. 법 제57조 제3항에 따른 산업재해의 발생에 관한 보고를 최근 3년 이내 2회 이상 하지 않은 사업장

② 제1항 제1호부터 제3호까지의 규정에 해당하는 사업장은 해당 사업장이 관계수급인의 사업장으로서 법 제63조에 따른 도급인이 관계수급인 근로자의 산업재해 예방을 위한 **조치의무를 위반하여** 관계수급인 근로자가 산업재해를 입은 경우에는 도급인의 사업장(도급인이 제공하거나 지정한 경우로서 도급인이 지배·관리하는 제11조 각 호에 해당하는 장소를 포함한다. 이하 같다)의 법 제10조 제1항에 따른 산업재해발생건수등을 **함께** 공표한다.

★ **영 제12조(통합공표 대상 사업장 등)** 법 제10조 제2항에서 "대통령령으로 정하는 사업장"이란 다음 각 호의 어느 하나에 해당하는 사업이 이루어지는 사업장으로서 도급인이 사용하는 **상시근로자 수가 500명 이상이고** 도급인 사업장의 사고사망만인율(질병으로 인한 사망재해자를 제외하고 산출한 사망만인율을 말한다. 이하 같다)보다 관계수급인의 근로자를 포함하여 산출한 사고사망만인율이 높은 사업장을 말한다.
  1. 제조업
  2. 철도운송업
  3. 도시철도운송업
  4. 전기업

시행규칙 제7조(도급인과 관계수급인의 통합 산업재해 관련 자료 제출) ① 지방고용노동관서의 장은 법 제10조 제2항에 따라 도급인의 산업재해 발생건수, 재해율 또는 그 순위 등(이하 "산업재해발생건수등"이라 한다)에 관계수급인의 산업재해발생건수등을 포함하여 공표하기 위하여 필요하면 법 제10조 제3항에 따라 영 제12조 각 호의 어느 하나에 해당하는 사업이 이루어지는 사업장으로서 해당 사업장의 상시근로자 수가 500명 이상인 사업장의 도급인에게 도급인의 사업장(도급인이 제공하거나 지정한 경우로서 도급인이 지배·관리하는 영 제11조 각 호에 해당하는 장소를 포함한다. 이하 같다)에서 작업하는 관계수급인 근로자의 산업재해 발생에 관한 자료를 제출하도록 공표의 대상이 되는 연도의 다음 연도 3월 15일까지 요청해야 한다.
② 제1항에 따라 자료의 제출을 요청받은 도급인은 그 해 4월 30일까지 별지 제1호서식의 통합 산업재해 현황 조사표를 작성하여 지방고용노동관서의 장에게 제출(전자문서로 제출하는 것을 포함한다)해야 한다.
③ 제1항에 따른 도급인은 그의 관계수급인에게 별지 제1호서식의 통합 산업재해 현황 조사표의 작성에 필요한 자료를 요청할 수 있다.

시행규칙 제8조(공표방법) 법 제10조 제1항 및 제2항에 따른 공표는 관보,「신문 등의 진흥에 관한 법률」제9조 제1항에 따라 그 보급지역을 전국으로 하여 등록한 일반일간신문 또는 인터넷 등에 게재하는 방법으로 한다.

정답 ③

09 산업안전보건법령상 산업재해발생건수등의 공표에 관한 설명으로 옳지 않은 것은?

① 고용노동부장관은 산업재해를 예방하기 위하여 사망재해자가 연간 2명 이상 발생한 사업장의 산업재해발생건수등을 공표하여야 한다.
② 고용노동부장관은 산업재해를 예방하기 위하여 중대산업사고가 발생한 사업장의 산업재해발생건수등을 공표하여야 한다.
③ 고용노동부장관은 도급인의 사업장 중 대통령령으로 정하는 사업장에서 관계수급인 근로자가 작업을 하는 경우에 도급인의 산업재해발생건수등에 관계수급인의 산업재해발생건수등을 포함하여 공표하여야 한다.
④ 산업재해발생건수등의 공표의 절차 및 방법에 관한 사항은 대통령령으로 정한다.
⑤ 고용노동부장관은 산업재해발생건수등을 공표하기 위하여 도급인에게 관계수급인에 관한 자료의 제출을 요청할 수 있다.

해설

근거조문 ▶ 산업안전보건법률 제10조, 시행규칙 제10조

정답 ④

10 산업안전보건법령상 고용노동부장관이 산업재해를 예방하기 위해 필요하다고 인정하여 사업장의 산업재해 발생건수, 재해율 또는 그 순위 등을 공표할 수 있는 대상 사업장을 모두 고른 것은?

> ㄱ. 산업재해의 발생에 관한 보고를 최근 3년 이내 2회 하지 않은 사업장
> ㄴ. 연간 산업재해율이 규모별 같은 업종의 평균재해율 이상인 사업장 중 상위 5퍼센트에 해당하는 사업장
> ㄷ. 사망만인율(연간 상시 근로자 1만명당 발생하는 사망자 수로 환산한 것을 말한다)이 규모별 같은 업종의 평균 사망만인율 이상인 사업장
> ㄹ. 중대산업사고가 발생한 사업장
> ㅁ. 최근 1년 이내에 2회 산업안전보건법 위반으로 형사처벌을 받은 사업장

① ㄱ, ㄷ
② ㄴ, ㅁ
③ ㄷ, ㄹ
④ ㄱ, ㄷ, ㄹ
⑤ ㄴ, ㄷ, ㅁ

해설

근거조문 ▶ 산업안전보건법률 제10조, 시행규칙 제10조

★ **영 제10조(공표대상 사업장)** ① 법 제10조 제1항에서 "대통령령으로 정하는 사업장"이란 다음 각 호의 어느 하나에 해당하는 사업장을 말한다.
  1. 산업재해로 인한 사망자(이하 "사망재해자"라 한다)가 연간 2명 이상 발생한 사업장
  2. 사망만인율(死亡萬人率: 연간 상시근로자 1만명당 발생하는 사망재해자 수의 비율을 말한다)이 규모별 같은 업종의 평균 사망만인율 이상인 사업장
  3. 법 제44조 제1항 전단에 따른 중대산업사고가 발생한 사업장
  4. 법 제57조 제1항을 위반하여 산업재해 발생 사실을 은폐한 사업장
  5. 법 제57조 제3항에 따른 산업재해의 발생에 관한 보고를 최근 3년 이내 2회 이상 하지 않은 사업장
② 제1항 제1호부터 제3호까지의 규정에 해당하는 사업장은 해당 사업장이 관계수급인의 사업장으로서 법 제63조에 따른 도급인이 관계수급인 근로자의 산업재해 예방을 위한 조치의무를 위반하여 관계수급인 근로자가 산업재해를 입은 경우에는 도급인의 사업장(도급인이 제공하거나 지정한 경우로서 도급인이 지배·관리하는 제11조 각 호에 해당하는 장소를 포함한다. 이하 같다)의 법 제10조 제1항에 따른 산업재해발생건수등을 **함께 공표**한다.

정답 ④

11 해당 사업장이 관계수급인의 사업장으로서 도급인이 관계수급인 근로자의 산업재해 예방을 위한 조치의무를 위반하여 관계수급인 근로자가 산업재해를 입은 경우에는 도급인의 사업장 산업재해발생건수등을 함께 공표한다. 이에 해당하는 사업장은?

> ㉠ 산업재해로 인한 사망자(이하 "사망재해자"라 한다)가 연간 2명 이상 발생한 사업장
> ㉡ 사망만인율(死亡萬人率: 연간 상시근로자 1만명당 발생하는 사망재해자 수의 비율을 말한다)이 규모별 같은 업종의 평균 사망만인율 이상인 사업장
> ㉢ 법 제44조 제1항 전단에 따른 중대산업사고가 발생한 사업장
> ㉣ 법 제57조 제1항을 위반하여 산업재해 발생 사실을 은폐한 사업장
> ㉤ 법 제57조 제3항에 따른 산업재해의 발생에 관한 보고를 최근 3년 이내 2회 이상 하지 않은 사업장

① ㉠, ㉡
② ㉠, ㉡, ㉢
③ ㉠, ㉢, ㉤
④ ㉢, ㉣, ㉤
⑤ ㉡, ㉢, ㉣, ㉤

해설

근거조문 산업안전보건법률 제10조, 시행규칙 제10조

정답 ②

---

12 고용노동부장관은 도급인의 사업장(도급인이 제공하거나 지정한 경우로서 도급인이 지배·관리하는 대통령령으로 정하는 장소를 포함) 중 관계수급인 근로자가 작업을 하는 경우에 도급인의 산업재해 발생건수등에 관계수급인의 산업재해발생건수등을 포함하여 공표하여야 한다. 이에 해당하는 사업장에 대한 설명으로 옳지 않은 것은?

① 제조업으로 도급인이 사용하는 상시근로자 수가 500명 이상이고 도급인 사업장의 사고사망만인율보다 관계수급인의 근로자를 포함하여 산출한 사고사망만인율이 높은 사업장을 말한다.
② 전기업으로 도급인이 사용하는 상시근로자 수가 500명 이상이고 도급인 사업장의 사고사망만인율보다 관계수급인의 근로자를 포함하여 산출한 사고사망만인율이 높은 사업장을 말한다.
③ 철도운송업으로 도급인이 사용하는 상시근로자 수가 500명 이상이고 도급인 사업장의 사고사망만인율보다 관계수급인의 근로자를 포함하여 산출한 사고사망만인율이 높은 사업장을 말한다.
④ 도시철도운송업으로 도급인이 사용하는 상시근로자 수가 500명 이상이고 도급인 사업장의 사고사망만인율보다 관계수급인의 근로자를 포함하여 산출한 사고사망만인율이 높은 사업장을 말한다.
⑤ 토사석 광업으로 도급인이 사용하는 상시근로자 수가 500명 이상이고 도급인 사업장의 사고사망만인율보다 관계수급인의 근로자를 포함하여 산출한 사고사망만인율이 높은 사업장을 말한다.

| 해설 |

근거조문 산업안전보건법률 제10조, 영 제12조

★ **영 제12조(통합공표 대상 사업장 등)** 법 제10조 제2항에서 "대통령령으로 정하는 사업장"이란 다음 각 호의 어느 하나에 해당하는 사업이 이루어지는 사업장으로서 도급인이 사용하는 상시근로자 수가 500명 이상이고 도급인 사업장의 사고사망만인율(질병으로 인한 사망재해자를 제외하고 산출한 사망만인율을 말한다. 이하 같다)보다 관계수급인의 근로자를 포함하여 산출한 사고사망만인율이 높은 사업장을 말한다.
  1. 제조업
  2. 철도운송업
  3. 도시철도운송업
  4. 전기업

정답 ⑤

13 고용노동부장관은 도급인의 사업장(도급인이 제공하거나 지정한 경우로서 도급인이 지배·관리하는 대통령령으로 정하는 장소를 포함) 중 대통령령으로 정하는 사업장에서 관계수급인 근로자가 작업을 하는 경우에 도급인의 산업재해발생건수등에 관계수급인의 산업재해발생건수등을 포함하여 공표하여야 한다. 이에 해당하지 않는 사업은?

① 금속업
② 제조업
③ 철도운송업
④ 도시철도운송업
⑤ 전기업

| 해설 |

근거조문 산업안전보건법률 제10조, 영 제12조

제10조(산업재해 발생건수 등의 공표) ① 고용노동부장관은 산업재해를 예방하기 위하여 대통령령으로 정하는 사업장의 근로자 산업재해 발생건수, 재해율 또는 그 순위 등(이하 "산업재해발생건수등"이라 한다)을 공표하여야 한다.
② 고용노동부장관은 **도급인의 사업장**(도급인이 제공하거나 지정한 경우로서 도급인이 지배·관리하는 대통령령으로 정하는 장소를 포함한다. 이하 같다) **중 대통령령으로 정하는 사업장**에서 관계수급인 근로자가 작업을 하는 경우에 도급인의 산업재해발생건수등에 관계수급인의 산업재해발생건수등을 **포함하여** 제1항에 따라 공표하여야 한다.
③ 고용노동부장관은 제2항에 따라 산업재해발생건수등을 공표하기 위하여 도급인에게 관계수급인에 관한 자료의 제출을 요청할 수 있다. 이 경우 요청을 받은 자는 정당한 사유가 없으면 이에 따라야 한다.
④ 제1항 및 제2항에 따른 공표의 절차 및 방법, 그 밖에 필요한 사항은 **고용노동부령**으로 정한다.

정답 ①

14 고용노동부장관은 산업재해 예방을 위하여 특정 조치와 관련한 기술 또는 작업환경에 관한 표준을 정하여 사업주에게 지도·권고할 수 있다. 이에 해당하는 조치에 해당하지 않는 것은?

① 사업주가 전기, 열, 그 밖의 에너지에 의한 위험으로 인한 산업재해를 예방하기 위하여 필요한 조치
② 사업주가 근로자의 신체적 피로와 정신적 스트레스 등을 줄일 수 있는 쾌적한 작업환경의 조성 및 근로조건 개선을 위한 조치
③ 원재료 등을 제조·수입하는 자가 제조·수입으로 사용되는 물건으로 인하여 발생하는 산업재해를 방지하기 위하여 필요한 조치
④ 건설물을 발주·설계·건설하는 자가 발주·설계·건설로 인하여 발생하는 산업재해를 방지하기 위하여 필요한 조치
⑤ 기계·기구와 그 밖의 설비를 설계·제조 또는 수입하는 자가 설계·제조 또는 수입으로 사용되는 물건으로 인하여 발생하는 산업재해를 방지하기 위하여 필요한 조치

해설

근거조문 산업안전보건법률 제13조

제5조(사업주 등의 의무) ① 사업주(제77조에 따른 특수형태근로종사자로부터 노무를 제공받는 자와 제78조에 따른 물건의 수거·배달 등을 중개하는 자를 포함한다. 이하 이 조 및 제6조에서 같다)는 다음 각 호의 사항을 이행함으로써 근로자(제77조에 따른 특수형태근로종사자와 제78조에 따른 물건의 수거·배달 등을 하는 사람을 포함한다. 이하 이 조 및 제6조에서 같다)의 안전 및 건강을 유지·증진시키고 국가의 산업재해 예방정책을 따라야 한다.
1. 이 법과 이 법에 따른 명령으로 정하는 산업재해 예방을 위한 기준
2. 근로자의 신체적 피로와 정신적 스트레스 등을 줄일 수 있는 쾌적한 작업환경의 조성 및 근로조건 개선
3. 해당 사업장의 안전 및 보건에 관한 정보를 근로자에게 제공

② 다음 각 호의 어느 하나에 해당하는 자는 발주·설계·제조·수입 또는 건설을 할 때 이 법과 이 법에 따른 명령으로 정하는 기준을 지켜야 하고, 발주·설계·제조·수입 또는 건설에 사용되는 물건으로 인하여 발생하는 산업재해를 방지하기 위하여 필요한 조치를 하여야 한다.
1. 기계·기구와 그 밖의 설비를 설계·제조 또는 수입하는 자
2. 원재료 등을 제조·수입하는 자
3. 건설물을 발주·설계·건설하는 자

제13조(기술 또는 작업환경에 관한 표준) ① 고용노동부장관은 산업재해 예방을 위하여 다음 각 호의 조치와 관련된 기술 또는 작업환경에 관한 표준을 정하여 사업주에게 지도·권고할 수 있다.
1. 제5조 제2항 각 호의 어느 하나에 해당하는 자가 같은 항에 따라 산업재해를 방지하기 위하여 하여야 할 조치
2. 제38조 및 제39조에 따라 사업주가 하여야 할 조치

② 고용노동부장관은 제1항에 따른 표준을 정할 때 필요하다고 인정하면 해당 분야별로 표준제정위원회를 구성·운영할 수 있다.
③ 제2항에 따른 표준제정위원회의 구성·운영, 그 밖에 필요한 사항은 고용노동부장관이 정한다.

제38조(안전조치) ① 사업주는 다음 각 호의 어느 하나에 해당하는 위험으로 인한 산업재해를 예방하기 위하여 필요한 조치를 하여야 한다.

1. 기계·기구, 그 밖의 설비에 의한 위험
2. 폭발성, 발화성 및 인화성 물질 등에 의한 위험
3. 전기, 열, 그 밖의 에너지에 의한 위험

② 사업주는 굴착, 채석, 하역, 벌목, 운송, 조작, 운반, 해체, 중량물 취급, 그 밖의 작업을 할 때 불량한 작업방법 등에 의한 위험으로 인한 산업재해를 예방하기 위하여 필요한 조치를 하여야 한다.

③ 사업주는 근로자가 다음 각 호의 어느 하나에 해당하는 장소에서 작업을 할 때 발생할 수 있는 산업재해를 예방하기 위하여 필요한 조치를 하여야 한다.
  1. 근로자가 추락할 위험이 있는 장소
  2. 토사·구축물 등이 붕괴할 우려가 있는 장소
  3. 물체가 떨어지거나 날아올 위험이 있는 장소
  4. 천재지변으로 인한 위험이 발생할 우려가 있는 장소

④ 사업주가 제1항부터 제3항까지의 규정에 따라 하여야 하는 조치(이하 "안전조치"라 한다)에 관한 구체적인 사항은 고용노동부령으로 정한다.

제39조(보건조치) ① 사업주는 다음 각 호의 어느 하나에 해당하는 건강장해를 예방하기 위하여 필요한 조치(이하 "보건조치"라 한다)를 하여야 한다.
  1. 원재료·가스·증기·분진·흄(fume, 열이나 화학반응에 의하여 형성된 고체증기가 응축되어 생긴 미세입자를 말한다)·미스트(mist, 공기 중에 떠다니는 작은 액체방울을 말한다)·산소결핍·병원체 등에 의한 건강장해
  2. 방사선·유해광선·고온·저온·초음파·소음·진동·이상기압 등에 의한 건강장해
  3. 사업장에서 배출되는 기체·액체 또는 찌꺼기 등에 의한 건강장해
  4. 계측감시(計測監視), 컴퓨터 단말기 조작, 정밀공작(精密工作) 등의 작업에 의한 건강장해
  5. 단순반복작업 또는 인체에 과도한 부담을 주는 작업에 의한 건강장해
  6. 환기·채광·조명·보온·방습·청결 등의 적정기준을 유지하지 아니하여 발생하는 건강장해

② 제1항에 따라 사업주가 하여야 하는 보건조치에 관한 구체적인 사항은 고용노동부령으로 정한다.

정답 ②

15 정부가 산업안전보건법의 목적을 달성하기 위해 성실히 이행해야 할 책무에 해당하는 것을 모두 고른 것은?

> ㄱ. 산업재해 예방 지원 및 지도
> ㄴ. 사업주의 자율적인 산업 안전 및 보건 경영체제 확립을 위한 지원
> ㄷ. 이 법과 이 법에 따른 명령으로 정하는 산업재해 예방을 위한 기준
> ㄹ. 그 밖에 노무를 제공하는 사람의 안전 및 건강의 보호·증진
> ㅁ. 해당 사업장의 안전 및 보건에 관한 정보를 근로자에게 제공

① ㄱ, ㄴ, ㄷ
② ㄱ, ㄴ, ㄹ
③ ㄱ, ㄷ, ㄹ
④ ㄱ, ㄴ, ㄷ, ㄹ
⑤ ㄱ, ㄴ, ㄷ, ㄹ, ㅁ

> 해설

> 근거조문   산업안전보건법률 제4조

제4조(정부의 책무) ① 정부는 이 법의 목적을 달성하기 위하여 다음 각 호의 사항을 성실히 이행할 책무를 진다. <개정 2020. 5. 26.>
1. 산업 안전 및 보건 정책의 수립 및 집행
2. 산업재해 예방 지원 및 지도
3. 「근로기준법」 제76조의2에 따른 직장 내 괴롭힘 예방을 위한 조치기준 마련, 지도 및 지원
4. 사업주의 자율적인 산업 안전 및 보건 경영체제 확립을 위한 지원
5. 산업 안전 및 보건에 관한 의식을 북돋우기 위한 홍보·교육 등 안전문화 확산 추진
6. 산업 안전 및 보건에 관한 기술의 연구·개발 및 시설의 설치·운영
7. 산업재해에 관한 조사 및 통계의 유지·관리
8. 산업 안전 및 보건 관련 단체 등에 대한 지원 및 지도·감독
9. 그 밖에 노무를 제공하는 사람의 안전 및 건강의 보호·증진

② 정부는 제1항 각 호의 사항을 효율적으로 수행하기 위하여 「한국산업안전보건공단법」에 따른 한국산업안전보건공단(이하 "공단"이라 한다), 그 밖의 관련 단체 및 연구기관에 행정적·재정적 지원을 할 수 있다.

제5조(사업주 등의 의무) ① 사업주(제77조에 따른 특수형태근로종사자로부터 노무를 제공받는 자와 제78조에 따른 물건의 수거·배달 등을 중개하는 자를 포함한다. 이하 이 조 및 제6조에서 같다)는 다음 각 호의 사항을 이행함으로써 근로자(제77조에 따른 특수형태근로종사자와 제78조에 따른 물건의 수거·배달 등을 하는 사람을 포함한다. 이하 이 조 및 제6조에서 같다)의 안전 및 건강을 유지·증진시키고 국가의 산업재해 예방정책을 따라야 한다. <개정 2020. 5. 26.>
1. 이 법과 이 법에 따른 명령으로 정하는 산업재해 예방을 위한 기준
2. 근로자의 신체적 피로와 정신적 스트레스 등을 줄일 수 있는 쾌적한 작업환경의 조성 및 근로조건 개선
3. 해당 사업장의 안전 및 보건에 관한 정보를 근로자에게 제공

② 다음 각 호의 어느 하나에 해당하는 자는 발주·설계·제조·수입 또는 건설을 할 때 이 법과 이 법에 따른 명령으로 정하는 기준을 지켜야 하고, 발주·설계·제조·수입 또는 건설에 사용되는 물건으로 인하여 발생하는 산업재해를 방지하기 위하여 필요한 조치를 하여야 한다.
1. 기계·기구와 그 밖의 설비를 설계·제조 또는 수입하는 자
2. 원재료 등을 제조·수입하는 자
3. 건설물을 발주·설계·건설하는 자

정답 ②

16 산업안전보건법령상 안전보건관리책임자의 업무에 해당하지 않는 것은?

① 사업장의 산업재해 예방계획의 수립에 관한 사항
② 안전보건관리규정의 작성 및 변경에 관한 사항
③ 근로자의 건강진단 등 건강관리에 관한 사항
④ 위험성평가의 실시에 관한 사항
⑤ 안전장치 및 보호구 구입 시 적격품 여부 확인에 관한 사항

> 해설

> 근거조문 산업안전보건법률 제15조, 제62조

★ **제15조(안전보건관리책임자)** ① 사업주는 사업장을 실질적으로 총괄하여 관리하는 사람에게 해당 사업장의 다음 각 호의 업무를 총괄하여 관리하도록 하여야 한다. → 자주 읽자!
  1. 사업장의 산업재해 예방계획의 수립에 관한 사항
  2. 제25조 및 제26조에 따른 안전보건관리규정의 작성 및 변경에 관한 사항
  3. 제29조에 따른 안전보건교육에 관한 사항
  4. 작업환경측정 등 작업환경의 점검 및 개선에 관한 사항
  5. 제129조부터 제132조까지에 따른 근로자의 건강진단 등 건강관리에 관한 사항
  6. 산업재해의 원인 조사 및 재발 방지대책 수립에 관한 사항
  7. 산업재해에 관한 통계의 기록 및 유지에 관한 사항
  8. 안전장치 및 보호구 구입 시 적격품 여부 확인에 관한 사항
  9. 그 밖에 근로자의 유해·위험 방지조치에 관한 사항으로서 고용노동부령으로 정하는 사항
② 제1항 각 호의 업무를 총괄하여 관리하는 사람(이하 "안전보건관리책임자"라 한다)은 제17조에 따른 안전관리자와 제18조에 따른 보건관리자를 지휘·감독한다.
③ 안전보건관리책임자를 두어야 하는 사업의 종류와 사업장의 상시근로자 수, 그 밖에 필요한 사항은 대통령령으로 정한다.

> <참고>
> **법 제62조(안전보건총괄책임자)** ① 도급인은 관계수급인 근로자가 도급인의 사업장에서 작업을 하는 경우에는 그 사업장의 안전보건관리책임자를 도급인의 근로자와 관계수급인 근로자의 산업재해를 예방하기 위한 업무를 총괄하여 관리하는 안전보건총괄책임자로 지정하여야 한다. 이 경우 안전보건관리책임자를 두지 아니하여도 되는 사업장에서는 그 사업장에서 사업을 총괄하여 관리하는 사람을 안전보건총괄책임자로 지정하여야 한다.
> ② 제1항에 따라 안전보건총괄책임자를 지정한 경우에는 「건설기술 진흥법」 제64조 제1항 제1호에 따른 안전총괄책임자를 둔 것으로 본다.
> ③ 제1항에 따라 안전보건총괄책임자를 지정하여야 하는 사업의 종류와 사업장의 상시근로자 수, 안전보건총괄책임자의 직무·권한, 그 밖에 필요한 사항은 대통령령으로 정한다.
> **영 제52조(안전보건총괄책임자 지정 대상사업)** 법 제62조 제1항에 따른 안전보건총괄책임자(이하 "안전보건총괄책임자"라 한다)를 지정해야 하는 사업의 종류 및 사업장의 상시근로자 수는 관계수급인에게 고용된 근로자를 포함한 상시근로자가 100명(선박 및 보트 건조업, 1차 금속 제조업 및 토사석 광업의 경우에는 50명) 이상인 사업이나 관계수급인의 공사금액을 포함한 해당 공사의 총공사금액이 20억원 이상인 건설업으로 한다.

> **영 제53조(안전보건총괄책임자의 직무 등)** ① 안전보건총괄책임자의 직무는 다음 각 호와 같다.
> 1. 법 제36조에 따른 위험성평가의 실시에 관한 사항
> 2. 법 제51조 및 제54조에 따른 작업의 중지
> 3. 법 제64조에 따른 도급 시 산업재해 예방조치
> 4. 법 제72조 제1항에 따른 산업안전보건관리비의 관계수급인 간의 사용에 관한 협의·조정 및 그 집행의 감독
> 5. 안전인증대상기계등과 자율안전확인대상기계등의 사용 여부 확인
> ② 안전보건총괄책임자에 대한 지원에 관하여는 제14조 제2항을 준용한다. 이 경우 "안전보건관리책임자"는 "안전보건총괄책임자"로, "법 제15조 제1항"은 "제1항"으로 본다.
> ③ 사업주는 안전보건총괄책임자를 선임했을 때에는 그 선임 사실 및 제1항 각 호의 직무의 수행내용을 증명할 수 있는 서류를 갖추어 두어야 한다.

정답 ④

17 도급인은 관계수급인 근로자가 도급인의 사업장에서 작업을 하는 경우에는 그 사업장의 안전보건관리책임자를 도급인의 근로자와 관계수급인 근로자의 산업재해를 예방하기 위한 업무를 총괄하여 관리하는 안전보건총괄책임자로 지정하여야 한다. 다음의 ㉠~㉢에 들어갈 사항으로 옳은 것은?

> 안전보건총괄책임자를 지정해야 하는 사업의 종류 및 사업장의 상시근로자 수는 관계수급인에게 고용된 근로자를 포함한 상시근로자가 ㉠명(선박 및 보트 건조업, 1차 금속 제조업 및 토사석 광업의 경우에는 ㉡명) 이상인 사업이나 관계수급인의 공사금액을 포함한 해당 공사의 총공사금액이 ㉢억원 이상인 건설업으로 한다.

	㉠	㉡	㉢
①	50	100	10
②	50	120	20
③	100	50	10
④	100	50	20
⑤	200	50	20

해설

근거조문 산업안전보건법률 시행령 제52조

정답 ④

18 산업안전보건법령상 안전보건총괄책임자의 직무에 해당하지 않는 것은?

① 「산업안전보건법」 제36에 따른 위험성평가의 실시에 관한 사항
② 안전인증대상 기계·기구등과 자율안전확인대상 기계·기구등의 사용 여부 확인
③ 근로자의 건강장해의 원인 조사와 재발 방지를 위한 의학적 조치
④ 법 제64조에 따른 도급 시 산업재해 예방조치
⑤ 법 제72조 제1항에 따른 산업안전보건관리비의 관계수급인 간의 사용에 관한 협의·조정 및 그 집행의 감독

> **해설**

> **근거조문** 산업안전보건법률 시행령 제53조

영 제53조(안전보건총괄책임자의 직무 등) ① 안전보건총괄책임자의 직무는 다음 각 호와 같다.
1. 법 제36조에 따른 위험성평가의 실시에 관한 사항
2. 법 제51조 및 제54조에 따른 작업의 중지
3. 법 제64조에 따른 도급 시 산업재해 예방조치
4. 법 제72조 제1항에 따른 산업안전보건관리비의 관계수급인 간의 사용에 관한 협의·조정 및 그 집행의 감독
5. 안전인증대상기계등과 자율안전확인대상기계등의 사용 여부 확인

정답 ③

19 산업안전보건법령상 안전·보건 관리체제에 관한 설명으로 옳지 않은 것은?

① 안전보건관리책임자는 안전관리자와 보건관리자를 지휘·감독한다.
② 안전보건관리책임자는 해당 사업에서 그 사업을 실질적으로 총괄 관리하는 사람이어야 한다.
③ 안전관리자는 산업재해에 관한 통계의 유지·관리·분석을 위한 보좌 및 조언·지도 등의 업무를 수행하여야 한다.
④ 고용노동부장관은 안전관리전문기관의 업무정지를 명하여야 하는 경우에 그 업무정지가 공익을 해칠 우려가 있다고 인정하면 업무정지처분을 갈음하여 2억원 이하의 과징금을 부과할 수 있다.
⑤ 상시 근로자수가 500명 이상인 식료품 제조업의 경우 안전관리자를 2명 이상 선임하여야 한다.

> **해설**

> **근거조문** 산업안전보건법률 제160조

제21조(안전관리전문기관 등) ① 안전관리전문기관 또는 보건관리전문기관이 되려는 자는 대통령령으로 정하는 인력·시설 및 장비 등의 요건을 갖추어 고용노동부장관의 지정을 받아야 한다.
② 고용노동부장관은 안전관리전문기관 또는 보건관리전문기관에 대하여 평가하고 그 결과를 공개할 수 있다. 이 경우 평가의 기준·방법 및 결과의 공개에 필요한 사항은 고용노동부령으로 정한다.
③ 안전관리전문기관 또는 보건관리전문기관의 지정 절차, 업무 수행에 관한 사항, 위탁받은 업무를 수행할 수 있는 지역, 그 밖에 필요한 사항은 고용노동부령으로 정한다.
④ 고용노동부장관은 안전관리전문기관 또는 보건관리전문기관이 다음 각 호의 어느 하나에 해당할 때에는 그 지정을 취소하거나 6개월 이내의 기간을 정하여 그 업무의 정지를 명할 수 있다. 다만, 제1호 또는 제2호에 해당할 때에는 그 지정을 취소하여야 한다.
  1. 거짓이나 그 밖의 부정한 방법으로 지정을 받은 경우
  2. 업무정지 기간 중에 업무를 수행한 경우
  3. 제1항에 따른 지정 요건을 충족하지 못한 경우
  4. 지정받은 사항을 위반하여 업무를 수행한 경우
  5. 그 밖에 대통령령으로 정하는 사유에 해당하는 경우
⑤ 제4항에 따라 지정이 취소된 자는 지정이 취소된 날부터 2년 이내에는 각각 해당 안전관리전문기관 또는 보건관리전문기관으로 지정받을 수 없다.

제74조(건설재해예방전문지도기관) ① 건설재해예방전문지도기관이 되려는 자는 대통령령으로 정하는 인력·시설 및 장비 등의 요건을 갖추어 고용노동부장관의 지정을 받아야 한다.
② 제1항에 따른 건설재해예방전문지도기관의 지정 절차, 그 밖에 필요한 사항은 대통령령으로 정한다.
③ 고용노동부장관은 건설재해예방전문지도기관에 대하여 평가하고 그 결과를 공개할 수 있다. 이 경우 평가의 기준·방법, 결과의 공개에 필요한 사항은 고용노동부령으로 정한다.
④ 건설재해예방전문지도기관에 관하여는 제21조 제4항 및 제5항을 준용한다. 이 경우 "안전관리전문기관 또는 보건관리전문기관"은 "건설재해예방전문지도기관"으로 본다.

제88조(안전인증기관) ① 고용노동부장관은 제84조에 따른 안전인증 업무 및 확인 업무를 위탁받아 수행할 기관을 안전인증기관으로 지정할 수 있다.
② 제1항에 따라 안전인증기관으로 지정받으려는 자는 대통령령으로 정하는 인력·시설 및 장비 등의 요건을 갖추어 고용노동부장관에게 신청하여야 한다.
③ 고용노동부장관은 제1항에 따라 지정받은 안전인증기관(이하 "안전인증기관"이라 한다)에 대하여 평가하고 그 결과를 공개할 수 있다. 이 경우 평가의 기준·방법 및 결과의 공개에 필요한 사항은 고용노동부령으로 정한다.
④ 안전인증기관의 지정 신청 절차, 그 밖에 필요한 사항은 고용노동부령으로 정한다.
⑤ 안전인증기관에 관하여는 제21조 제4항 및 제5항을 준용한다. 이 경우 "안전관리전문기관 또는 보건관리전문기관"은 "안전인증기관"으로 본다.

제96조(안전검사기관) ① 고용노동부장관은 안전검사 업무를 위탁받아 수행하는 기관을 안전검사기관으로 지정할 수 있다.
② 제1항에 따라 안전검사기관으로 지정받으려는 자는 대통령령으로 정하는 인력·시설 및 장비 등의 요건을 갖추어 고용노동부장관에게 신청하여야 한다.
③ 고용노동부장관은 제1항에 따라 지정받은 안전검사기관(이하 "안전검사기관"이라 한다)에 대하여 평가하고 그 결과를 공개할 수 있다. 이 경우 평가의 기준·방법 및 결과의 공개에 필요한 사항은 고용노동부령으로 정한다.
④ 안전검사기관의 지정 신청 절차, 그 밖에 필요한 사항은 고용노동부령으로 정한다.

⑤ 안전검사기관에 관하여는 제21조 제4항 및 제5항을 준용한다. 이 경우 "안전관리전문기관 또는 보건관리전문기관"은 "안전검사기관"으로 본다.

제126조(작업환경측정기관) ① 작업환경측정기관이 되려는 자는 대통령령으로 정하는 인력·시설 및 장비 등의 요건을 갖추어 고용노동부장관의 지정을 받아야 한다.

② 고용노동부장관은 작업환경측정기관의 측정·분석 결과에 대한 정확성과 정밀도를 확보하기 위하여 작업환경측정기관의 측정·분석능력을 확인하고, 작업환경측정기관을 지도하거나 교육할 수 있다. 이 경우 측정·분석능력의 확인, 작업환경측정기관에 대한 교육의 방법·절차, 그 밖에 필요한 사항은 고용노동부장관이 정하여 고시한다.

③ 고용노동부장관은 작업환경측정의 수준을 향상시키기 위하여 필요한 경우 작업환경측정기관을 평가하고 그 결과(제2항에 따른 측정·분석능력의 확인 결과를 포함한다)를 공개할 수 있다. 이 경우 평가기준·방법 및 결과의 공개, 그 밖에 필요한 사항은 고용노동부령으로 정한다.

④ 작업환경측정기관의 유형, 업무 범위 및 지정 절차, 그 밖에 필요한 사항은 고용노동부령으로 정한다.

⑤ 작업환경측정기관에 관하여는 제21조 제4항 및 제5항을 준용한다. 이 경우 "안전관리전문기관 또는 보건관리전문기관"은 "작업환경측정기관"으로 본다.

제135조(특수건강진단기관) ① 「의료법」 제3조에 따른 의료기관이 특수건강진단, 배치전건강진단 또는 수시건강진단을 수행하려는 경우에는 고용노동부장관으로부터 건강진단을 할 수 있는 기관(이하 "특수건강진단기관"이라 한다)으로 지정받아야 한다.

② 특수건강진단기관으로 지정받으려는 자는 대통령령으로 정하는 요건을 갖추어 고용노동부장관에게 신청하여야 한다.

③ 고용노동부장관은 제1항에 따른 특수건강진단기관의 진단·분석 결과에 대한 정확성과 정밀도를 확보하기 위하여 특수건강진단기관의 진단·분석능력을 확인하고, 특수건강진단기관을 지도하거나 교육할 수 있다. 이 경우 진단·분석능력의 확인, 특수건강진단기관에 대한 지도 및 교육의 방법, 절차, 그 밖에 필요한 사항은 고용노동부장관이 정하여 고시한다.

④ 고용노동부장관은 특수건강진단기관을 평가하고 그 결과(제3항에 따른 진단·분석능력의 확인 결과를 포함한다)를 공개할 수 있다. 이 경우 평가 기준·방법 및 결과의 공개, 그 밖에 필요한 사항은 고용노동부령으로 정한다.

⑤ 특수건강진단기관의 지정 신청 절차, 업무 수행에 관한 사항, 업무를 수행할 수 있는 지역, 그 밖에 필요한 사항은 고용노동부령으로 정한다.

⑥ 특수건강진단기관에 관하여는 제21조 제4항 및 제5항을 준용한다. 이 경우 "안전관리전문기관 또는 보건관리전문기관"은 "특수건강진단기관"으로 본다.

제160조(업무정지 처분을 대신하여 부과하는 과징금 처분) ① 고용노동부장관은 제21조 제4항(제74조 제4항, 제88조 제5항, 제96조 제5항, 제126조 제5항 및 제135조 제6항에 따라 준용되는 경우를 포함한다)에 따라 업무정지를 명하여야 하는 경우에 그 업무정지가 이용자에게 심한 불편을 주거나 공익을 해칠 우려가 있다고 인정되면 업무정지 처분을 대신하여 10억원 이하의 과징금을 부과할 수 있다.

② 고용노동부장관은 제1항에 따른 과징금을 징수하기 위하여 필요한 경우에는 다음 각 호의 사항을 적은 문서로 관할 세무관서의 장에게 과세 정보 제공을 요청할 수 있다.
 1. 납세자의 인적사항
 2. 사용 목적
 3. 과징금 부과기준이 되는 매출 금액
 4. 과징금 부과사유 및 부과기준

③ 고용노동부장관은 제1항에 따른 과징금 부과처분을 받은 자가 납부기한까지 과징금을 내지 아니하면 국세 체납처분의 예에 따라 이를 징수한다.

④ 제1항에 따라 과징금을 부과하는 위반행위의 종류 및 위반 정도 등에 따른 과징금의 금액, 그 밖에 필요한 사항은 대통령령으로 정한다.

산업안전보건법 시행령 [별표 3]

안전관리자를 두어야 하는 사업의 종류, 사업장의 상시근로자 수, 안전관리자의 수 및 선임방법(제16조 제1항 관련)

사업의 종류	사업장의 상시근로자 수	안전관리자의 수	안전관리자의 선임방법
1. 토사석 광업 2. 식료품 제조업, 음료 제조업 3. 목재 및 나무제품 제조; 가구제외 4. 펄프, 종이 및 종이제품 제조업 5. 코크스, 연탄 및 석유정제품 제조업 6. 화학물질 및 화학제품 제조업; 의약품 제외 7. 의료용 물질 및 의약품 제조업 8. 고무 및 플라스틱제품 제조업 9. 비금속 광물제품 제조업 10. 1차 금속 제조업 11. 금속가공제품 제조업; 기계 및 가구 제외 12. 전자부품, 컴퓨터, 영상, 음향 및 통신장비 제조업 13. 의료, 정밀, 광학기기 및 시계 제조업 14. 전기장비 제조업 15. 기타 기계 및 장비제조업 16. 자동차 및 트레일러 제조업 17. 기타 운송장비 제조업 18. 가구 제조업 19. 기타 제품 제조업 20. 서적, 잡지 및 기타 인쇄물 출판업 21. 해체, 선별 및 원료 재생업 22. 자동차 종합 수리업, 자동차 전문 수리업 23. 발전업	상시근로자 50명 이상 500명 미만	1명 이상	별표 4 각 호의 어느 하나에 해당하는 사람(같은 표 제3호·제7호·제9호 및 제10호에 해당하는 사람은 제외한다)을 선임해야 한다.
	상시근로자 500명 이상	2명 이상	별표 4 각 호의 어느 하나에 해당하는 사람(같은 표 제7호·제9호 및 제10호에 해당하는 사람은 제외한다)을 선임하되, 같은 표 제1호·제2호(「국가기술자격법」에 따른 산업안전산업기사의 자격을 취득한 사람은 제외한다) 또는 제4호에 해당하는 사람이 1명 이상 포함되어야 한다.
24. 농업, 임업 및 어업 25. 제2호부터 제19호까지의 사업을 제외한 제조업 26. 전기, 가스, 증기 및 공기조절 공급업(발전업은 제외한다) 27. 수도, 하수 및 폐기물 처리, 원료 재생업(제21호에 해당하는 사업은 제외한다) 28. 운수 및 창고업 29. 도매 및 소매업	상시근로자 50명 이상 1천명 미만. 다만, 제34호의 부동산업(부동산 관리업은 제외한다)과 제37호의 사진처리업의 경우에는 상시근로자 100명 이상 1천명 미만으로 한다.	1명 이상	별표 4 각 호의 어느 하나에 해당하는 사람(같은 표 제3호·제9호 및 제10호에 해당하는 사람은 제외한다. 다만, 제24호·제26호·제27호 및 제29호부터 제43호까지의 사업의 경우 별표 4 제3호에 해당하는 사람에 대해서는 그렇지 않다)을 선임해야 한다.

30. 숙박 및 음식점업 31. 영상·오디오 기록물 제작 및 배급업 32. 방송업 33. 우편 및 통신업 34. 부동산업 35. 임대업; 부동산 제외 36. 연구개발업 37. 사진처리업 38. 사업시설 관리 및 조경 서비스업 39. 청소년 수련시설 운영업 40. 보건업 41. 예술, 스포츠 및 여가관련 서비스업 42. 개인 및 소비용품수리업(제22호에 해당하는 사업은 제외한다) 43. 기타 개인 서비스업 44. 공공행정(청소, 시설관리, 조리 등 현업업무에 종사하는 사람으로서 고용노동부장관이 정하여 고시하는 사람으로 한정한다) 45. 교육서비스업 중 초등·중등·고등 교육기관, 특수학교·외국인학교 및 대안학교(청소, 시설관리, 조리 등 현업업무에 종사하는 사람으로서 고용노동부장관이 정하여 고시하는 사람으로 한정한다)	상시근로자 1천명 이상	2명 이상	별표 4 각 호의 어느 하나에 해당하는 사람(같은 표 제7호에 해당하는 사람은 제외한다)을 선임하되, 같은 표 제1호·제2호·제4호 또는 제5호에 해당하는 사람이 1명 이상 포함되어야 한다.
46. 건설업	공사금액 50억원 이상(관계수급인은 100억원 이상) 120억원 미만(「건설산업기본법 시행령」 별표 1의 종합공사를 시공하는 업종의 건설업종란 제1호에 따른 토목공사업의 경우에는 150억원 미만)	1명 이상	별표 4 제1호부터 제7호까지 또는 제10호에 해당하는 사람을 선임해야 한다.
	공사금액 120억원 이상(「건설산업기본법 시행령」 별표 1의 종합공사를 시공하는 업종의 건설업종란 제1호에 따른 토목공사업의 경우에는 150억원 이상) 800억원 미만		

공사금액 800억원 이상 1,500억원 미만	2명 이상. 다만, 전체 공사기간을 100으로 할 때 공사 시작에서 15에 해당하는 기간과 공사 종료 전의 15에 해당하는 기간(이하 "전체 공사기간 중 전·후 15에 해당하는 기간"이라 한다) 동안은 1명 이상으로 한다.	별표 4 제1호부터 제7호까지 또는 제10호에 해당하는 사람을 선임하되, 같은 표 제1호부터 제3호까지의 어느 하나에 해당하는 사람이 1명 이상 포함되어야 한다.
공사금액 1,500억원 이상 2,200억원 미만	3명 이상. 다만, 전체 공사기간 중 전·후 15에 해당하는 기간은 2명 이상으로 한다.	별표 4 제1호부터 제7호까지의 어느 하나에 해당하는 사람을 선임하되, 같은 표 제1호 또는 「국가기술자격법」에 따른 건설안전기술사(건설안전기사 또는 산업안전기사의 자격을 취득한 후 7년 이상 건설안전 업무를 수행한 사람이거나 건설안전산업기사 또는 산업안전산업기사의 자격을 취득한 후 10년 이상 건설안전 업무를 수행한 사람을 포함한다)자격을 취득한 사람(이하 "산업안전지도사등"이라 한다)이 1명 이상 포함되어야 한다.
공사금액 2,200억원 이상 3천억원 미만	4명 이상. 다만, 전체 공사기간 중 전·후 15에 해당하는 기간은 2명 이상으로 한다.	
공사금액 3천억원 이상 3,900억원 미만	5명 이상. 다만, 전체 공사기간 중 전·후 15에 해당하는 기간은 3명 이상으로 한다.	별표 4 제1호부터 제7호까지의 어느 하나에 해당하는 사람을 선임하되, 산업안전지도사등이 2명 이상 포함되어야 한다. 다만, 전체 공사기간 중 전·후 15에 해당하는 기간에는 산업안전지도사등이 1명 이상 포함되어야 한다.
공사금액 3,900억원 이상 4,900억원 미만	6명 이상. 다만, 전체 공사기간 중 전·후 15에 해당하는 기간은 3명 이상으로 한다.	

공사금액	안전관리자 수	비고
공사금액 4,900억원 이상 6천억원 미만	7명 이상. 다만, 전체 공사기간 중 전·후 15에 해당하는 기간은 4명 이상으로 한다.	별표 4 제1호부터 제7호까지의 어느 하나에 해당하는 사람을 선임하되, 산업안전지도사등이 2명 이상 포함되어야 한다. 다만, 전체 공사기간 중 전·후 15에 해당하는 기간에는 산업안전지도사등이 2명 이상 포함되어야 한다.
공사금액 6천억원 이상 7,200억원 미만	8명 이상. 다만, 전체 공사기간 중 전·후 15에 해당하는 기간은 4명 이상으로 한다.	
공사금액 7,200억원 이상 8,500억원 미만	9명 이상. 다만, 전체 공사기간 중 전·후 15에 해당하는 기간은 5명 이상으로 한다.	별표 4 제1호부터 제7호까지의 어느 하나에 해당하는 사람을 선임하되, 산업안전지도사등이 3명 이상 포함되어야 한다. 다만, 전체 공사기간 중 전·후 15에 해당하는 기간에는 산업안전지도사등이 3명 이상 포함되어야 한다.
공사금액 8,500억원 이상 1조원 미만	10명 이상. 다만, 전체 공사기간 중 전·후 15에 해당하는 기간은 5명 이상으로 한다.	
1조원 이상	11명 이상[매 2천억원(2조원 이상부터는 매 3천억원)마다 1명씩 추가한다. 다만, 전체 공사기간 중 전·후 15에 해당하는 기간은 선임 대상 안전관리자 수의 2분의 1(소수점 이하는 올림한다) 이상으로 한다.	

비고
1. 철거공사가 포함된 건설공사의 경우 철거공사만 이루어지는 기간은 전체 공사기간에는 산입되나 전체 공사기간 중 전·후 15에 해당하는 기간에는 산입되지 않는다. 이 경우 전체 공사기간 중 전·후 15에 해당하는 기간은 철거공사만 이루어지는 기간을 제외한 공사기간을 기준으로 산정한다.
2. 철거공사만 이루어지는 기간에는 공사금액별로 선임해야 하는 최소 안전관리자 수 이상으로 안전관리자를 선임해야 한다.

정답 ④

20 상시근로자 1,000명 이상인 경우 안전관리자 선임을 2명 이상 해야 하는 사업의 종류에 해당하는 것은?

① 식료품 제조업
② 1차 금속 제조업
③ 농업, 임업 및 어업
④ 자동차 및 트레일러 제조업
⑤ 발전업

> 해설

근거조문 ▶ 영 별표3

사업의 종류
500명 이상일 경우 안전관리자 2명 이상 선임
1. 토사석 광업
2. 식료품 제조업, 음료 제조업
3. 목재 및 나무제품 제조; 가구제외
4. 펄프, 종이 및 종이제품 제조업
5. 코크스, 연탄 및 석유정제품 제조업
6. 화학물질 및 화학제품 제조업; 의약품 제외
7. 의료용 물질 및 의약품 제조업
8. 고무 및 플라스틱제품 제조업
9. 비금속 광물제품 제조업
10. 1차 금속 제조업
11. 금속가공제품 제조업; 기계 및 가구 제외
12. 전자부품, 컴퓨터, 영상, 음향 및 통신장비 제조업
13. 의료, 정밀, 광학기기 및 시계 제조업
14. 전기장비 제조업
15. 기타 기계 및 장비제조업
16. 자동차 및 트레일러 제조업
17. 기타 운송장비 제조업
18. 가구 제조업
19. 기타 제품 제조업
20. 서적, 잡지 및 기타 인쇄물 출판업
21. 해체, 선별 및 원료 재생업
22. 자동차 종합 수리업, 자동차 전문 수리업
23. 발전업
1,000명 이상일 경우 2명 이상의 안전관리자
24. 농업, 임업 및 어업
25. 제2호부터 제19호까지의 사업을 제외한 제조업
26. 전기, 가스, 증기 및 공기조절 공급업(발전업은 제외한다)

27. 수도, 하수 및 폐기물 처리, 원료 재생업(제21호에 해당하는 사업은 제외한다)
28. 운수 및 창고업
29. 도매 및 소매업
30. 숙박 및 음식점업
31. 영상·오디오 기록물 제작 및 배급업
32. 방송업
33. 우편 및 통신업
34. 부동산업
35. 임대업; 부동산 제외
36. 연구개발업
37. 사진처리업
38. 사업시설 관리 및 조경 서비스업
39. 청소년 수련시설 운영업
40. 보건업
41. 예술, 스포츠 및 여가관련 서비스업
42. 개인 및 소비용품수리업(제22호에 해당하는 사업은 제외한다)
43. 기타 개인 서비스업
44. 공공행정(청소, 시설관리, 조리 등 현업업무에 종사하는 사람으로서 고용노동부장관이 정하여 고시하는 사람으로 한정한다)
45. 교육서비스업 중 초등·중등·고등 교육기관, 특수학교·외국인학교 및 대안학교(청소, 시설관리, 조리 등 현업업무에 종사하는 사람으로서 고용노동부장관이 정하여 고시하는 사람으로 한정한다)

정답 ③

21 산업안전보건법령상 안전관리자가 수행하여야 할 업무가 아닌 것은?

① 사업장 순회점검·지도 및 조치의 건의
② 산업재해 발생의 원인 조사·분석 및 재발 방지를 위한 기술적 보좌 및 조언·지도
③ 작업장 내에서 사용되는 전체 환기장치 및 국소 배기장치 등에 관한 설비의 점검과 작업방법의 공학적 개선에 관한 보좌 및 조언·지도
④ 산업재해에 관한 통계의 유지·관리·분석을 위한 보좌 및 조언·지도
⑤ 업무수행 내용의 기록·유지

> 해설

근거조문 법률 제17조, 영 제16조 이하

제17조(안전관리자) ① 사업주는 사업장에 제15조 제1항 각 호의 사항 중 안전에 관한 기술적인 사항에 관하여 사업주 또는 안전보건관리책임자를 보좌하고 관리감독자에게 지도·조언하는 업무를 수행하는 사람(이하 "안전관리자"라 한다)을 두어야 한다.
② 안전관리자를 두어야 하는 사업의 종류와 사업장의 상시근로자 수, 안전관리자의 수·자격·업무·권한·선임방법, 그 밖에 필요한 사항은 대통령령으로 정한다.
③ 고용노동부장관은 산업재해 예방을 위하여 필요한 경우로서 고용노동부령으로 정하는 사유에 해당하는 경우에는 사업주에게 안전관리자를 제2항에 따라 대통령령으로 정하는 수 이상으로 늘리거나 교체할 것을 명할 수 있다.
④ 대통령령으로 정하는 사업의 종류 및 사업장의 상시근로자 수에 해당하는 사업장의 사업주는 제21조에 따라 지정받은 안전관리 업무를 전문적으로 수행하는 기관(이하 "안전관리전문기관"이라 한다)에 안전관리자의 업무를 위탁할 수 있다.

★ **제16조(안전관리자의 선임 등)** ① 법 제17조 제1항에 따라 안전관리자를 두어야 하는 사업의 종류와 사업장의 상시근로자 수, 안전관리자의 수 및 선임방법은 별표 3과 같다.
② 제1항에 따른 사업 중 상시근로자 300명 이상을 사용하는 사업장[건설업의 경우에는 공사금액이 120억원(「건설산업기본법 시행령」 별표 1의 종합공사를 시공하는 업종의 건설업종란 제1호에 따른 토목공사업의 경우에는 150억원) 이상인 사업장]의 안전관리자는 해당 사업장에서 제18조 제1항 각 호에 따른 **업무만을 전담**해야 한다.
③ 제1항 및 제2항을 적용할 경우 제52조에 따른 사업으로서 도급인의 사업장에서 이루어지는 도급사업의 공사금액 또는 관계수급인의 상시근로자는 각각 해당 사업의 공사금액 또는 상시근로자로 본다. 다만, 별표 3의 기준에 해당하는 도급사업의 공사금액 또는 관계수급인의 상시근로자의 경우에는 그렇지 않다.
④ 제1항에도 불구하고 **같은 사업주가 경영하는 둘 이상의 사업장**이 다음 각 호의 어느 하나에 해당하는 경우에는 그 둘 이상의 사업장에 1명의 안전관리자를 공동으로 둘 수 있다. 이 경우 **해당 사업장의 상시근로자 수의 합계는 300명 이내**[건설업의 경우에는 공사금액의 합계가 120억원(「건설산업기본법 시행령」 별표 1의 종합공사를 시공하는 업종의 건설업종란 제1호에 따른 토목공사업의 경우에는 150억원) 이내]이어야 한다.
  1. 같은 시·군·구(자치구를 말한다) 지역에 소재하는 경우
  2. 사업장 간의 경계를 기준으로 15킬로미터 이내에 소재하는 경우
⑤ 제1항부터 제3항까지의 규정에도 불구하고 도급인의 사업장에서 이루어지는 도급사업에서 도급인이 고용노동부령으로 정하는 바에 따라 그 사업의 관계수급인 근로자에 대한 안전관리를 전담하는 안전관리자를 선임한 경우에는 그 사업의 관계수급인은 해당 도급사업에 대한 안전관리자를 선임하지 않을 수 있다.
⑥ 사업주는 **안전관리자를 선임**하거나 법 제17조 제4항에 따라 안전관리자의 업무를 안전관리전문기관에 **위탁**한 경우에는 고용노동부령으로 정하는 바에 따라 선임하거나 위탁한 날부터 **14일 이내**에 고용노동부장관에게 그 사실을 증명할 수 있는 서류를 제출해야 한다. 법 제17조 제3항에 따라 안전관리자를 늘리거나 교체한 경우에도 또한 같다.

제17조(안전관리자의 자격) 안전관리자의 자격은 별표 4와 같다.

★ **제18조(안전관리자의 업무 등)** ① 안전관리자의 업무는 다음 각 호와 같다.
  1. 법 제24조 제1항에 따른 산업안전보건위원회(이하 "산업안전보건위원회"라 한다) 또는 법 제75조 제1항에 따른 안전 및 보건에 관한 노사협의체(이하 "노사협의체"라 한다)에서 심의·의결한 업무와 해당 사업장의 법 제25조 제1항에 따른 안전보건관리규정(이하 "안전보건관리규정"이라 한다) 및 취업규칙에서 정한 업무
  2. 법 제36조에 따른 위험성평가에 관한 보좌 및 지도·조언

3. 법 제84조 제1항에 따른 안전인증대상기계등(이하 "안전인증대상기계등"이라 한다)과 법 제89조 제1항 각 호 외의 부분 본문에 따른 자율안전확인대상기계등(이하 "자율안전확인대상기계등"이라 한다) 구입 시 적격품의 선정에 관한 보좌 및 지도·조언
4. 해당 사업장 안전교육계획의 수립 및 안전교육 실시에 관한 보좌 및 지도·조언
5. 사업장 순회점검, 지도 및 조치 **건의**
6. 산업재해 발생의 원인 조사·분석 및 재발 방지를 위한 기술적 보좌 및 지도·조언
7. 산업재해에 관한 통계의 유지·관리·분석을 위한 보좌 및 지도·조언
8. 법 또는 법에 따른 명령으로 정한 안전에 관한 사항의 이행에 관한 보좌 및 지도·조언
9. 업무 수행 내용의 기록·유지
10. 그 밖에 안전에 관한 사항으로서 고용노동부장관이 정하는 사항

② 사업주가 안전관리자를 배치할 때에는 연장근로·야간근로 또는 휴일근로 등 해당 사업장의 작업 형태를 고려해야 한다.
③ 사업주는 안전관리 업무의 원활한 수행을 위하여 외부전문가의 평가·지도를 받을 수 있다.
④ 안전관리자는 제1항 각 호에 따른 업무를 수행할 때에는 보건관리자와 협력해야 한다.
⑤ 안전관리자에 대한 지원에 관하여는 제14조 제2항을 준용한다. 이 경우 "안전보건관리책임자"는 "안전관리자"로, "법 제15조 제1항"은 "제1항"으로 본다.

제19조(안전관리자 업무의 위탁 등) ① 법 제17조 제4항에서 "대통령령으로 정하는 사업의 종류 및 사업장의 상시근로자 수에 해당하는 사업장"이란 **건설업을 제외**한 사업으로서 상시근로자 300명 미만을 사용하는 사업장을 말한다.
② 사업주가 법 제17조 제4항 및 이 조 제1항에 따라 안전관리자의 업무를 안전관리전문기관에 위탁한 경우에는 그 안전관리전문기관을 안전관리자로 본다.

제20조(보건관리자의 선임 등) ① 법 제18조 제1항에 따라 보건관리자를 두어야 하는 사업의 종류와 사업장의 상시근로자 수, 보건관리자의 수 및 선임방법은 별표 5와 같다.
② 제1항에 따른 사업과 사업장의 보건관리자는 해당 사업장에서 제22조 제1항 각 호에 따른 업무만을 전담해야 한다. 다만, 상시근로자 300명 미만을 사용하는 사업장에서는 보건관리자가 제22조 제1항 각 호에 따른 업무에 지장이 없는 범위에서 다른 업무를 겸할 수 있다.
③ 보건관리자의 선임 등에 관하여는 제16조 제3항부터 제6항까지의 규정을 준용한다. 이 경우 "별표 3"은 "별표 5"로, "안전관리자"는 "보건관리자"로, "안전관리"는 "보건관리"로, "법 제17조 제4항"은 "법 제18조 제4항"으로, "안전관리전문기관"은 "보건관리전문기관"으로 본다.

제21조(보건관리자의 자격) 보건관리자의 자격은 별표 6과 같다.

★ **제22조(보건관리자의 업무 등)** ① 보건관리자의 업무는 다음 각 호와 같다.
1. 산업안전보건위원회 또는 노사협의체에서 심의·의결한 업무와 안전보건관리규정 및 취업규칙에서 정한 업무
2. 안전인증대상기계등과 자율안전확인대상기계등 중 보건과 관련된 보호구(保護具) 구입 시 적격품 선정에 관한 보좌 및 지도·조언
3. 법 제36조에 따른 위험성평가에 관한 보좌 및 지도·조언
4. 법 제110조에 따라 작성된 물질안전보건자료의 게시 또는 비치에 관한 보좌 및 지도·조언
5. 제31조 제1항에 따른 산업보건의의 직무(보건관리자가 별표 6 제2호에 해당하는 사람인 경우로 한정한다)
6. 해당 사업장 보건교육계획의 수립 및 보건교육 실시에 관한 보좌 및 지도·조언
7. 해당 사업장의 근로자를 보호하기 위한 다음 각 목의 조치에 해당하는 의료행위(보건관리자가 별표 6 제2호 또는 제3호에 해당하는 경우로 한정한다)
   가. 자주 발생하는 가벼운 부상에 대한 치료
   나. 응급처치가 필요한 사람에 대한 처치

다. 부상·질병의 악화를 방지하기 위한 처치
라. 건강진단 결과 발견된 질병자의 요양 지도 및 관리
마. 가목부터 라목까지의 의료행위에 따르는 의약품의 투여
8. 작업장 내에서 사용되는 전체 환기장치 및 국소 배기장치 등에 관한 설비의 점검과 작업방법의 공학적 개선에 관한 보좌 및 지도·조언
9. 사업장 순회점검, 지도 및 조치 건의
10. 산업재해 발생의 원인 조사·분석 및 재발 방지를 위한 기술적 보좌 및 지도·조언
11. 산업재해에 관한 통계의 유지·관리·분석을 위한 보좌 및 지도·조언
12. 법 또는 법에 따른 명령으로 정한 보건에 관한 사항의 이행에 관한 보좌 및 지도·조언
13. 업무 수행 내용의 기록·유지
14. 그 밖에 보건과 관련된 작업관리 및 작업환경관리에 관한 사항으로서 고용노동부장관이 정하는 사항
② 보건관리자는 제1항 각 호에 따른 업무를 수행할 때에는 안전관리자와 협력해야 한다.
③ 사업주는 보건관리자가 제1항에 따른 업무를 원활하게 수행할 수 있도록 권한·시설·장비·예산, 그 밖의 업무 수행에 필요한 지원을 해야 한다. 이 경우 보건관리자가 별표 6 제2호 또는 제3호에 해당하는 경우에는 고용노동부령으로 정하는 시설 및 장비를 지원해야 한다.
④ 보건관리자의 배치 및 평가·지도에 관하여는 제18조 제2항 및 제3항을 준용한다. 이 경우 "안전관리자"는 "보건관리자"로, "안전관리"는 "보건관리"로 본다.

제23조(보건관리자 업무의 위탁 등) ① 법 제18조 제4항에 따라 보건관리자의 업무를 위탁할 수 있는 보건관리전문기관은 지역별 보건관리전문기관과 업종별·유해인자별 보건관리전문기관으로 구분한다.
② 법 제18조 제4항에서 "대통령령으로 정하는 사업의 종류 및 사업장의 상시근로자 수에 해당하는 사업장"이란 다음 각 호의 어느 하나에 해당하는 사업장을 말한다.
1. 건설업을 제외한 사업(업종별·유해인자별 보건관리전문기관의 경우에는 고용노동부령으로 정하는 사업을 말한다)으로서 상시근로자 300명 미만을 사용하는 사업장
2. 외딴곳으로서 고용노동부장관이 정하는 지역에 있는 사업장
③ 보건관리자 업무의 위탁에 관하여는 제19조 제2항을 준용한다. 이 경우 "법 제17조 제4항 및 이 조 제1항"은 "법 제18조 제4항 및 이 조 제2항"으로, "안전관리자"는 "보건관리자"로, "안전관리전문기관"은 "보건관리전문기관"으로 본다.

정답 ③

22 다음의 경우 산업안전보건법령상 사업장에 선임하여야 할 안전·보건관리자에 관한 설명으로 옳지 않은 것은?

> 상시근로자 400명을 고용하여 1차금속 제조업을 영위하는 A사는 같은 업종의 B사와 C사를 사내 하도급업체로 두고 있으며, B사와 C사는 각각 상시근로자 100명씩을 고용하여 사업을 운영하고 있다.

① 도급인 A와 수급인 B, 수급인 C는 각각 안전관리자 1명씩 총 3명의 안전관리자를 선임하는 것이 원칙이다.
② 도급인 A가 자신의 근로자수 400명에 대한 안전관리자 1명과 수급인 B·C의 근로자수 200명에 대한 안전관리자 1명을 추가로 선임하였다면 수급인 B·C는 별도의 안전관리자를 선임하지 않아도 된다.
③ 도급인 A와 수급인 B, 수급인 C는 각각 보건관리자 1명씩 총 3명의 보건관리자를 선임하는 것이 원칙이다.
④ 도급인 A가 자신의 근로자수 400명에 대한 보건관리자 1명과 수급인 B·C의 근로자수 200명에 대한 보건관리자 1명을 추가로 선임하였다 하더라도 수급인 B·C는 별도의 보건관리자를 선임하여야 한다.
⑤ 위 ①항의 경우 도급인 A와 수급인 B·C가 안전관리자를 선임할 때 건설안전산업기사 자격을 가진 사람이 해당된다.

해설

근거조문 법률 제17조, 영 제16조 이하

영 제16조(안전관리자의 선임 등) ① 법 제17조 제1항에 따라 안전관리자를 두어야 하는 사업의 종류와 사업장의 상시근로자 수, 안전관리자의 수 및 선임방법은 별표 3과 같다.
② 제1항에 따른 사업 중 상시근로자 300명 이상을 사용하는 사업장[건설업의 경우에는 공사금액이 120억원(「건설산업기본법 시행령」 별표 1의 종합공사를 시공하는 업종의 건설업종란 제1호에 따른 토목공사업의 경우에는 150억원) 이상인 사업장]의 안전관리자는 해당 사업장에서 제18조 제1항 각 호에 따른 업무만을 전담해야 한다.
③ 제1항 및 제2항을 적용할 경우 제52조에 따른 사업으로서 도급인의 사업장에서 이루어지는 도급사업의 공사금액 또는 관계수급인의 상시근로자는 각각 해당 사업의 공사금액 또는 상시근로자로 본다. 다만, 별표 3의 기준에 해당하는 도급사업의 공사금액 또는 관계수급인의 상시근로자의 경우에는 그렇지 않다.
④ 제1항에도 불구하고 같은 사업주가 경영하는 둘 이상의 사업장이 다음 각 호의 어느 하나에 해당하는 경우에는 그 둘 이상의 사업장에 1명의 안전관리자를 공동으로 둘 수 있다. 이 경우 해당 사업장의 상시근로자 수의 합계는 300명 이내[건설업의 경우에는 공사금액의 합계가 120억원(「건설산업기본법 시행령」 별표 1의 종합공사를 시공하는 업종의 건설업종란 제1호에 따른 토목공사업의 경우에는 150억원) 이내]이어야 한다.
1. 같은 시·군·구(자치구를 말한다) 지역에 소재하는 경우
2. 사업장 간의 경계를 기준으로 15킬로미터 이내에 소재하는 경우
⑤ 제1항부터 제3항까지의 규정에도 불구하고 도급인의 사업장에서 이루어지는 도급사업에서 도급인이 고용노동부령으로 정하는 바에 따라 그 사업의 관계수급인 근로자에 대한 안전관리를 전담하는 안전관리자를 선임한 경우에는 그 사업의 관계수급인은 해당 도급사업에 대한 안전관리자를 선임하지 않을 수 있다.
⑥ 사업주는 안전관리자를 선임하거나 법 제17조 제4항에 따라 안전관리자의 업무를 안전관리전문기관에 위탁한 경우에는 고용노동부령으로 정하는 바에 따라 선임하거나 위탁한 날부터 14일 이내에 고용노동부장관에게 그 사실을 증명할 수 있는 서류를 제출해야 한다. 법 제17조 제3항에 따라 안전관리자를 늘리거나 교체한 경우에도 또한 같다.

영 제20조(보건관리자의 선임 등) ① 법 제18조 제1항에 따라 보건관리자를 두어야 하는 사업의 종류와 사업장의 상시근로자 수, 보건관리자의 수 및 선임방법은 별표 5와 같다.

② 제1항에 따른 사업과 사업장의 보건관리자는 해당 사업장에서 제22조 제1항 각 호에 따른 업무만을 전담해야 한다. 다만, 상시근로자 300명 미만을 사용하는 사업장에서는 보건관리자가 제22조 제1항 각 호에 따른 업무에 지장이 없는 범위에서 다른 업무를 겸할 수 있다.

③ 보건관리자의 선임 등에 관하여는 **제16조 제3항부터 제6항까지의 규정을 준용**한다. 이 경우 "별표 3"은 "별표 5"로, "안전관리자"는 "보건관리자"로, "안전관리"는 "보건관리"로, "법 제17조 제4항"은 "법 제18조 제4항"으로, "안전관리전문기관"은 "보건관리전문기관"으로 본다.

산업안전보건법 시행령 [별표 4]

안전관리자의 자격(제17조 관련)

안전관리자는 다음 각 호의 어느 하나에 해당하는 사람으로 한다.
1. 법 제143조 제1항에 따른 산업안전지도사 자격을 가진 사람
2. 「국가기술자격법」에 따른 산업안전산업기사 이상의 자격을 취득한 사람
3. 「국가기술자격법」에 따른 건설안전산업기사 이상의 자격을 취득한 사람
4. 「고등교육법」에 따른 4년제 대학 이상의 학교에서 산업안전 관련 학위를 취득한 사람 또는 이와 같은 수준 이상의 학력을 가진 사람
5. 「고등교육법」에 따른 전문대학 또는 이와 같은 수준 이상의 학교에서 산업안전 관련 학위를 취득한 사람
6. 「고등교육법」에 따른 이공계 전문대학 또는 이와 같은 수준 이상의 학교에서 학위를 취득하고, 해당 사업의 관리감독자로서의 업무(건설업의 경우는 시공실무경력)를 3년(4년제 이공계 대학 학위 취득자는 1년) 이상 담당한 후 고용노동부장관이 지정하는 기관이 실시하는 교육(1998년 12월 31일까지의 교육만 해당한다)을 받고 정해진 시험에 합격한 사람. 다만, 관리감독자로 종사한 사업과 같은 업종(한국표준산업분류에 따른 대분류를 기준으로 한다)의 사업장이면서, 건설업의 경우를 제외하고는 상시근로자 300명 미만인 사업장에서만 안전관리자가 될 수 있다.
7. 「초·중등교육법」에 따른 공업계 고등학교 또는 이와 같은 수준 이상의 학교를 졸업하고, 해당 사업의 관리감독자로서의 업무(건설업의 경우는 시공실무경력)를 5년 이상 담당한 후 고용노동부장관이 지정하는 기관이 실시하는 교육(1998년 12월 31일까지의 교육만 해당한다)을 받고 정해진 시험에 합격한 사람. 다만, 관리감독자로 종사한 사업과 같은 종류인 업종(한국표준산업분류에 따른 대분류를 기준으로 한다)의 사업장이면서, 건설업의 경우를 제외하고는 별표 3 제28호 또는 제33호의 사업을 하는 사업장(상시근로자 50명 이상 1천명 미만인 경우만 해당한다)에서만 안전관리자가 될 수 있다.
8. 다음 각 목의 어느 하나에 해당하는 사람. 다만, 해당 법령을 적용받은 사업에서만 선임될 수 있다.
   가. 「고압가스 안전관리법」 제4조 및 같은 법 시행령 제3조 제1항에 따른 허가를 받은 사업자 중 고압가스를 제조·저장 또는 판매하는 사업에서 같은 법 제15조 및 같은 법 시행령 제12조에 따라 선임하는 안전관리 책임자
   나. 「액화석유가스의 안전관리 및 사업법」 제5조 및 같은 법 시행령 제3조에 따른 허가를 받은 사업자 중 액화석유가스 충전사업·액화석유가스 집단공급사업 또는 액화석유가스 판매사업에서 같은 법 제34조 및 같은 법 시행령 제15조에 따라 선임하는 안전관리책임자
   다. 「도시가스사업법」 제29조 및 같은 법 시행령 제15조에 따라 선임하는 안전관리 책임자
   라. 「교통안전법」 제53조에 따라 교통안전관리자의 자격을 취득한 후 해당 분야에 채용된 교통안전관리자

마. 「총포·도검·화약류 등의 안전관리에 관한 법률」 제2조 제3항에 따른 화약류를 제조·판매 또는 저장하는 사업에서 같은 법 제27조 및 같은 법 시행령 제54조·제55조에 따라 선임하는 화약류제조보안책임자 또는 화약류관리보안책임자

바. 「전기사업법」 제73조에 따라 전기사업자가 선임하는 전기안전관리자

9. 제16조 제2항에 따라 전담 안전관리자를 두어야 하는 사업장(건설업은 제외한다)에서 안전 관련 업무를 10년 이상 담당한 사람

10. 「건설산업기본법」 제8조에 따른 종합공사를 시공하는 업종의 건설현장에서 안전보건관리책임자로 10년 이상 재직한 사람

■ 산업안전보건법 시행령 [별표 5] <개정 2020. 9. 8.>

보건관리자를 두어야 하는 사업의 종류, 사업장의 상시근로자 수, 보건관리자의 수 및 선임방법(제20조 제1항 관련)

사업의 종류	사업장의 상시근로자 수	보건관리자의 수	보건관리자의 선임방법
1. 광업(광업 지원 서비스업은 제외한다) 2. 섬유제품 염색, 정리 및 마무리 가공업 3. 모피제품 제조업 4. 그 외 기타 의복액세서리 제조업(모피 액세서리에 한정한다) 5. 모피 및 가죽 제조업(원피가공 및 가죽 제조업은 제외한다) 6. 신발 및 신발부분품 제조업 7. 코크스, 연탄 및 석유정제품 제조업 8. 화학물질 및 화학제품 제조업; 의약품 제외 9. 의료용 물질 및 의약품 제조업 10. 고무 및 플라스틱제품 제조업 11. 비금속 광물제품 제조업 12. 1차 금속 제조업 13. 금속가공제품 제조업; 기계 및 가구 제외 14. 기타 기계 및 장비 제조업 15. 전자부품, 컴퓨터, 영상, 음향 및 통신장비 제조업 16. 전기장비 제조업 17. 자동차 및 트레일러 제조업 18. 기타 운송장비 제조업 19. 가구 제조업 20. 해체, 선별 및 원료 재생업 21. 자동차 종합 수리업, 자동차 전문 수리업	상시근로자 50명 이상 500명 미만	1명 이상	별표 6 각 호의 어느 하나에 해당하는 사람을 선임해야 한다.
	상시근로자 500명 이상 2천명 미만	2명 이상	별표 6 각 호의 어느 하나에 해당하는 사람을 선임해야 한다.
	상시근로자 2천명 이상	2명 이상	별표 6 각 호의 어느 하나에 해당하는 사람을 선임하되, 같은 표 제2호 또는 제3호에 해당하는 사람이 1명 이상 포함되어야 한다.

22. 제88조 각 호의 어느 하나에 해당하는 유해물질을 제조하는 사업과 그 유해물질을 사용하는 사업 중 고용노동부장관이 특히 보건관리를 할 필요가 있다고 인정하여 고시하는 사업			
23. 제2호부터 제22호까지의 사업을 제외한 제조업	상시근로자 50명 이상 1천명 미만	1명 이상	별표 6 각 호의 어느 하나에 해당하는 사람을 선임해야 한다.
	상시근로자 1천명 이상 3천명 미만	2명 이상	별표 6 각 호의 어느 하나에 해당하는 사람을 선임해야 한다.
	상시근로자 3천명 이상	2명 이상	별표 6 각 호의 어느 하나에 해당하는 사람을 선임하되, 같은 표 제2호 또는 제3호에 해당하는 사람이 1명 이상 포함되어야 한다.
24. 농업, 임업 및 어업 25. 전기, 가스, 증기 및 공기조절공급업 26. 수도, 하수 및 폐기물 처리, 원료재생업(제20호에 해당하는 사업은 제외한다) 27. 운수 및 창고업 28. 도매 및 소매업 29. 숙박 및 음식점업 30. 서적, 잡지 및 기타 인쇄물 출판업 31. 방송업 32. 우편 및 통신업 33. 부동산업 34. 연구개발업 35. 사진 처리업 36. 사업시설 관리 및 조경 서비스업 37. 공공행정(청소, 시설관리, 조리 등 현업업무에 종사하는 사람으로서 고용노동부장관이 정하여 고시하는 사람으로 한정한다) 38. 교육서비스업 중 초등·중등·고등 교육기관, 특수학교·외국인학교 및 대안학교(청소, 시설관리, 조리 등 현업업무에 종사하는 사람으로서 고용노동부장관이 정하여 고시하는 사람으로 한정한다)	상시근로자 50명 이상 5천명 미만. 다만, 제35호의 경우에는 상시근로자 100명 이상 5천명 미만으로 한다.	1명 이상	별표 6 각 호의 어느 하나에 해당하는 사람을 선임해야 한다.
	상시 근로자 5천명 이상	2명 이상	별표 6 각 호의 어느 하나에 해당하는 사람을 선임하되, 같은 표 제2호 또는 제3호에 해당하는 사람이 1명 이상 포함되어야 한다.

39. 청소년 수련시설 운영업 40. 보건업 41. 골프장 운영업 42. 개인 및 소비용품수리업(제21호에 해당하는 사업은 제외한다) 43. 세탁업			
44. 건설업	공사금액 800억원 이상(「건설산업기본법 시행령」 별표 1의 종합공사를 시공하는 업종의 건설업종란 제1호에 따른 토목공사업에 속하는 공사의 경우에는 1천억 이상) 또는 상시 근로자 600명 이상	1명 이상[공사금액 800억원(「건설산업기본법 시행령」 별표 1의 종합공사를 시공하는 업종의 건설업종란 제1호에 따른 토목공사업은 1천억원)을 기준으로 1,400억원이 증가할 때마다 또는 상시 근로자 600명을 기준으로 600명이 추가될 때마다 1명씩 추가한다]	별표 6 각 호의 어느 하나에 해당하는 사람을 선임해야 한다.

정답 ④

23 산업안전보건기준에 관한 규칙상 폭발·화재 및 위험물누출에 의한 위험방지에 관한 설명으로 옳은 것만을 모두 고른 것은?

> ㄱ. 사업주는 금속의 용접·용단 또는 가열에 사용되는 가스등의 용기를 취급하는 경우에는 용기의 온도를 섭씨 40도 이하로 유지해야 한다.
> ㄴ. 사업주는 위험물질을 제조하거나 취급하는 경우 적절한 방호조치를 하지 않고 급성 독성 물질을 누출시키는 등으로 인체에 접촉시키는 행위를 해서는 아니 된다.
> ㄷ. 사업주는 고열의 금속찌꺼기를 물로 처리하는 피트에 대하여 수증기 폭발을 방지하기 위해 작업용수 또는 빗물 등이 내부로 새어드는 것을 방지할 수 있는 격벽 등의 설비를 주위에 설치하여야 한다.
> ㄹ. 폭발·화재 및 위험물누출에 의한 위험방지를 하여야 할 조치의 내용은 사업장 규모별로 다르게 규정되어 있다.

① ㄱ, ㄴ
② ㄱ, ㄷ
③ ㄱ, ㄹ
④ ㄴ, ㄷ
⑤ ㄷ, ㄹ

> **해설**

> **근거조문** 안전보건규칙 제234조, 제248조

제234조(가스등의 용기) 사업주는 금속의 용접·용단 또는 가열에 사용되는 가스등의 용기를 취급하는 경우에 다음 각 호의 사항을 준수하여야 한다.
1. 다음 각 목의 어느 하나에 해당하는 장소에서 사용하거나 해당 장소에 설치·저장 또는 방치하지 않도록 할 것
   가. 통풍이나 환기가 불충분한 장소
   나. 화기를 사용하는 장소 및 그 부근
   다. 위험물 또는 제236조에 따른 인화성 액체를 취급하는 장소 및 그 부근
2. 용기의 온도를 섭씨 40도 이하로 유지할 것
3. 전도의 위험이 없도록 할 것
4. 충격을 가하지 않도록 할 것
5. 운반하는 경우에는 캡을 씌울 것
6. 사용하는 경우에는 용기의 마개에 부착되어 있는 유류 및 먼지를 제거할 것
7. 밸브의 개폐는 서서히 할 것
8. 사용 전 또는 사용 중인 용기와 그 밖의 용기를 명확히 구별하여 보관할 것
9. 용해아세틸렌의 용기는 세워 둘 것
10. 용기의 부식·마모 또는 변형상태를 점검한 후 사용할 것

제248조(용융고열물 취급 피트의 수증기 폭발방지) 사업주는 용융(鎔融)한 고열의 광물(이하 "용융고열물"이라 한다)을 취급하는 피트(고열의 금속찌꺼기를 물로 처리하는 것은 제외한다)에 대하여 수증기 폭발을 방지하기 위하여 다음 각 호의 조치를 하여야 한다.
1. 지하수가 내부로 새어드는 것을 방지할 수 있는 구조로 할 것. 다만, 내부에 고인 지하수를 배출할 수 있는 설비를 설치한 경우에는 그러하지 아니하다.
2. 작업용수 또는 빗물 등이 내부로 새어드는 것을 방지할 수 있는 격벽 등의 설비를 주위에 설치할 것

■ 산업안전보건기준에 관한 규칙 [별표 1] <개정 2019. 12. 26.>

위험물질의 종류(제16조·제17조 및 제225조 관련)

---

1. 폭발성 물질 및 유기과산화물
   가. 질산에스테르류
   나. 니트로화합물
   다. 니트로소화합물
   라. 아조화합물
   마. 디아조화합물
   바. 하이드라진 유도체
   사. 유기과산화물
   아. 그 밖에 가목부터 사목까지의 물질과 같은 정도의 폭발 위험이 있는 물질
   자. 가목부터 아목까지의 물질을 함유한 물질

2. 물반응성 물질 및 인화성 고체
　가. 리튬
　나. 칼륨·나트륨
　다. 황
　라. 황린
　마. 황화인·적린
　바. 셀룰로이드류
　사. 알킬알루미늄·알킬리튬
　아. 마그네슘 분말
　자. 금속 분말(마그네슘 분말은 제외한다)
　차. 알칼리금속(리튬·칼륨 및 나트륨은 제외한다)
　카. 유기 금속화합물(알킬알루미늄 및 알킬리튬은 제외한다)
　타. 금속의 수소화물
　파. 금속의 인화물
　하. 칼슘 탄화물, 알루미늄 탄화물
　거. 그 밖에 가목부터 하목까지의 물질과 같은 정도의 발화성 또는 인화성이 있는 물질
　너. 가목부터 거목까지의 물질을 함유한 물질

3. 산화성 액체 및 산화성 고체
　가. 차아염소산 및 그 염류
　나. 아염소산 및 그 염류
　다. 염소산 및 그 염류
　라. 과염소산 및 그 염류
　마. 브롬산 및 그 염류
　바. 요오드산 및 그 염류
　사. 과산화수소 및 무기 과산화물
　아. 질산 및 그 염류
　자. 과망간산 및 그 염류
　차. 중크롬산 및 그 염류
　카. 그 밖에 가목부터 차목까지의 물질과 같은 정도의 산화성이 있는 물질
　타. 가목부터 카목까지의 물질을 함유한 물질

4. 인화성 액체
　가. 에틸에테르, 가솔린, 아세트알데히드, 산화프로필렌, 그 밖에 인화점이 섭씨 23도 미만이고 초기끓는점이 섭씨 35도 이하인 물질
　나. 노르말헥산, 아세톤, 메틸에틸케톤, 메틸알코올, 에틸알코올, 이황화탄소, 그 밖에 인화점이 섭씨 23도 미만이고 초기 끓는점이 섭씨 35도를 초과하는 물질
　다. 크실렌, 아세트산아밀, 등유, 경유, 테레핀유, 이소아밀알코올, 아세트산, 하이드라진, 그 밖에 인화점이 섭씨 23도 이상 섭씨 60도 이하인 물질

5. 인화성 가스
　가. 수소
　나. 아세틸렌
　다. 에틸렌

라. 메탄
마. 에탄
바. 프로판
사. 부탄
아. 영 별표 13에 따른 인화성 가스

6. 부식성 물질
    가. 부식성 산류
        (1) 농도가 20퍼센트 이상인 염산, 황산, 질산, 그 밖에 이와 같은 정도 이상의 부식성을 가지는 물질
        (2) 농도가 60퍼센트 이상인 인산, 아세트산, 불산, 그 밖에 이와 같은 정도 이상의 부식성을 가지는 물질
    나. 부식성 염기류
        농도가 40퍼센트 이상인 수산화나트륨, 수산화칼륨, 그 밖에 이와 같은 정도 이상의 부식성을 가지는 염기류

7. 급성 독성 물질
    가. 쥐에 대한 경구투입실험에 의하여 실험동물의 50퍼센트를 사망시킬 수 있는 물질의 양, 즉 LD50(경구, 쥐)이 킬로그램당 300밀리그램-(체중) 이하인 화학물질
    나. 쥐 또는 토끼에 대한 경피흡수실험에 의하여 실험동물의 50퍼센트를 사망시킬 수 있는 물질의 양, 즉 LD50(경피, 토끼 또는 쥐)이 킬로그램당 1000밀리그램 -(체중) 이하인 화학물질
    다. 쥐에 대한 4시간 동안의 흡입실험에 의하여 실험동물의 50퍼센트를 사망시킬 수 있는 물질의 농도, 즉 가스 LC50(쥐, 4시간 흡입)이 2500ppm 이하인 화학물질, 증기 LC50(쥐, 4시간 흡입)이 10mg/ℓ 이하인 화학물질, 분진 또는 미스트 1mg/ℓ 이하인 화학물질

정답 ①

24 산업안전보건기준에 관한 규칙상 소음에 의한 건강장해예방조치를 규정한 내용으로 옳지 않은 것은?

① "소음작업"이란 1일 8시간 작업을 기준으로 85데시벨 이상의 소음이 발생하는 작업을 말한다.
② 100데시벨 이상의 소음이 1일 2시간 이상 발생하는 작업은 "강렬한 소음작업"이다.
③ 소음이 1초 이상의 간격으로 발생하는 작업으로서 120데시벨을 초과하는 소음이 1일 1만회 이상 발생하는 작업은 "충격소음작업"이다.
④ 사업주는 근로자가 소음작업, 강렬한 소음작업 또는 충격소음작업에 종사하는 경우 청력보호구를 지급하고 착용하도록 하여야 한다.
⑤ 소음의 작업환경측정 결과 소음수준이 85데시벨을 초과하는 사업장의 사업주는 청력보존 프로그램을 수립하여 시행하여야 한다.

> **해설**

> **근거조문** 안전보건규칙 제512조, 제517조

제512조(정의) 이 장에서 사용하는 용어의 뜻은 다음과 같다.
1. "소음작업"이란 1일 8시간 작업을 기준으로 85데시벨 이상의 소음이 발생하는 작업을 말한다.
2. "강렬한 소음작업"이란 다음 각목의 어느 하나에 해당하는 작업을 말한다.
   가. 90데시벨 이상의 소음이 1일 8시간 이상 발생하는 작업
   나. 95데시벨 이상의 소음이 1일 4시간 이상 발생하는 작업
   다. 100데시벨 이상의 소음이 1일 2시간 이상 발생하는 작업
   라. 105데시벨 이상의 소음이 1일 1시간 이상 발생하는 작업
   마. 110데시벨 이상의 소음이 1일 30분 이상 발생하는 작업
   바. 115데시벨 이상의 소음이 1일 15분 이상 발생하는 작업
3. "충격소음작업"이란 소음이 1초 이상의 간격으로 발생하는 작업으로서 다음 각 목의 어느 하나에 해당하는 작업을 말한다.
   가. 120데시벨을 초과하는 소음이 1일 1만회 이상 발생하는 작업
   나. 130데시벨을 초과하는 소음이 1일 1천회 이상 발생하는 작업
   다. 140데시벨을 초과하는 소음이 1일 1백회 이상 발생하는 작업
4. "진동작업"이란 다음 각 목의 어느 하나에 해당하는 기계·기구를 사용하는 작업을 말한다.
   가. 착암기(鑿巖機)
   나. 동력을 이용한 해머
   다. 체인톱
   라. 엔진 커터(engine cutter)
   마. 동력을 이용한 연삭기
   바. 임팩트 렌치(impact wrench)
   사. 그 밖에 진동으로 인하여 건강장해를 유발할 수 있는 기계·기구
5. "청력보존 프로그램"이란 소음노출 평가, 소음노출 기준 초과에 따른 공학적 대책, 청력보호구의 지급과 착용, 소음의 유해성과 예방에 관한 교육, 정기적 청력검사, 기록·관리 사항 등이 포함된 소음성 난청을 예방·관리하기 위한 종합적인 계획을 말한다.

제517조(청력보존 프로그램 시행 등) 사업주는 다음 각 호의 어느 하나에 해당하는 경우에 청력보존 프로그램을 수립하여 시행하여야 한다. <개정 2019. 12. 26.>
1. 법 제125조에 따른 소음의 작업환경 측정 결과 소음수준이 90데시벨을 초과하는 사업장
2. 소음으로 인하여 근로자에게 건강장해가 발생한 사업장

정답 ⑤

25 산업안전보건기준에 관한 규칙상 근골격계부담작업으로 인한 건강장해 예방에 관한 설명으로 옳지 않은 것은?

① 사업주는 유해요인 조사를 하는 경우에 근로자와의 면담, 증상 설문조사, 인간공학적 측면을 고려한 조사 등 적절한 방법으로 하여야 한다.
② 사업주는 근골격계부담작업을 하는 경우에 근골격계질환 발생 시의 대처요령에 대해 근로자에게 알려야 한다.
③ 사업주는 근골격계질환 예방관리 프로그램을 작성·시행할 경우에 근로자대표의 동의를 받아야 한다.
④ 사업주는 유해요인 조사에 근로자대표 또는 해당 작업 근로자를 참여시켜야 한다.
⑤ 사업주는 근로자가 5킬로그램 이상의 중량물을 들어올리는 작업을 하는 경우에 주로 취급하는 물품에 대하여 근로자가 쉽게 알 수 있도록 물품의 중량과 무게중심에 대하여 작업장 주변에 안내 표시를 하여야 한다.

해설

근거조문 ▶ 안전보건규칙 제656조 이하

제12장 **근골격계부담작업으로 인한 건강장해의 예방**
제1절 통칙
제656조(정의) 이 장에서 사용하는 용어의 뜻은 다음과 같다.
1. "근골격계부담작업"이란 법 제39조 제1항 제5호에 따른 작업으로서 작업량·작업속도·작업강도 및 작업장 구조 등에 따라 고용노동부장관이 정하여 고시하는 작업을 말한다.
2. "근골격계질환"이란 반복적인 동작, 부적절한 작업자세, 무리한 힘의 사용, 날카로운 면과의 신체접촉, 진동 및 온도 등의 요인에 의하여 발생하는 건강장해로서 목, 어깨, 허리, 팔·다리의 신경·근육 및 그 주변 신체조직 등에 나타나는 질환을 말한다.
3. "근골격계질환 예방관리 프로그램"이란 유해요인 조사, 작업환경 개선, 의학적 관리, 교육·훈련, 평가에 관한 사항 등이 포함된 근골격계질환을 예방관리하기 위한 종합적인 계획을 말한다.

제2절 유해요인 조사 및 개선 등
제657조(유해요인 조사) ① 사업주는 근로자가 근골격계부담작업을 하는 경우에 3년마다 다음 각 호의 사항에 대한 유해요인조사를 하여야 한다. 다만, 신설되는 사업장의 경우에는 신설일부터 1년 이내에 최초의 유해요인 조사를 하여야 한다.
1. 설비·작업공정·작업량·작업속도 등 작업장 상황
2. 작업시간·작업자세·작업방법 등 작업조건
3. 작업과 관련된 근골격계질환 징후와 증상 유무 등
② 사업주는 다음 각 호의 어느 하나에 해당하는 사유가 발생하였을 경우에 제1항에도 불구하고 지체 없이 유해요인 조사를 하여야 한다. 다만, 제1호의 경우는 근골격계부담작업이 아닌 작업에서 발생한 경우를 포함한다.
1. 법에 따른 임시건강진단 등에서 근골격계질환자가 발생하였거나 근로자가 근골격계질환으로 「산업재해보상보험법 시행령」 별표 3 제2호 가목·마목 및 제12호 라목에 따라 업무상 질병으로 인정받은 경우
2. 근골격계부담작업에 해당하는 새로운 작업·설비를 도입한 경우
3. 근골격계부담작업에 해당하는 업무의 양과 작업공정 등 작업환경을 변경한 경우
③ 사업주는 유해요인 조사에 근로자 대표 또는 해당 작업 근로자를 참여시켜야 한다.

제658조(유해요인 조사 방법 등) 사업주는 유해요인 조사를 하는 경우에 근로자와의 면담, 증상 설문조사, 인간공학적 측면을 고려한 조사 등 적절한 방법으로 하여야 한다. 이 경우 제657조 제2항 제1호에 해당하는 경우에는 고용노동부장관이 정하여 고시하는 방법에 따라야 한다.

제659조(작업환경 개선) 사업주는 유해요인 조사 결과 근골격계질환이 발생할 우려가 있는 경우에 인간공학적으로 설계된 인력작업 보조설비 및 편의설비를 설치하는 등 작업환경 개선에 필요한 조치를 하여야 한다.

제660조(통지 및 사후조치) ① 근로자는 근골격계부담작업으로 인하여 운동범위의 축소, 쥐는 힘의 저하, 기능의 손실 등의 징후가 나타나는 경우 그 사실을 사업주에게 통지할 수 있다.

② 사업주는 근골격계부담작업으로 인하여 제1항에 따른 징후가 나타난 근로자에 대하여 의학적 조치를 하고 필요한 경우에는 제659조에 따른 작업환경 개선 등 적절한 조치를 하여야 한다.

제661조(유해성 등의 주지) ① 사업주는 근로자가 근골격계부담작업을 하는 경우에 다음 각 호의 사항을 근로자에게 알려야 한다.
   1. 근골격계부담작업의 유해요인
   2. 근골격계질환의 징후와 증상
   3. 근골격계질환 발생 시의 대처요령
   4. 올바른 작업자세와 작업도구, 작업시설의 올바른 사용방법
   5. 그 밖에 근골격계질환 예방에 필요한 사항

② 사업주는 제657조 제1항과 제2항에 따른 유해요인 조사 및 그 결과, 제658조에 따른 조사방법 등을 해당 근로자에게 알려야 한다.

③ 사업주는 근로자대표의 요구가 있으면 설명회를 개최하여 제657조 제2항 제1호에 따른 유해요인 조사 결과를 해당 근로자와 같은 방법으로 작업하는 근로자에게 알려야 한다.

★제662조(근골격계질환 예방관리 프로그램 시행) ① 사업주는 다음 각 호의 어느 하나에 해당하는 경우에 근골격계질환 예방관리 프로그램을 수립하여 시행하여야 한다.
   1. 근골격계질환으로 「산업재해보상보험법 시행령」 별표 3 제2호 가목·마목 및 제12호 라목에 따라 업무상 질병으로 인정받은 근로자가 연간 10명 이상 발생한 사업장 또는 5명 이상 발생한 사업장으로서 발생 비율이 그 사업장 근로자 수의 10퍼센트 이상인 경우
   2. 근골격계질환 예방과 관련하여 노사 간 이견(異見)이 지속되는 사업장으로서 고용노동부장관이 필요하다고 인정하여 근골격계질환 예방관리 프로그램을 수립하여 시행할 것을 명령한 경우

② 사업주는 근골격계질환 예방관리 프로그램을 작성·시행할 경우에 노사협의를 거쳐야 한다.

③ 사업주는 근골격계질환 예방관리 프로그램을 작성·시행할 경우에 인간공학·산업의학·산업위생·산업간호 등 분야별 전문가로부터 필요한 지도·조언을 받을 수 있다.

제3절 중량물을 들어올리는 작업에 관한 특별 조치

제663조(중량물의 제한) 사업주는 근로자가 인력으로 들어올리는 작업을 하는 경우에 과도한 무게로 인하여 근로자의 목·허리 등 근골격계에 무리한 부담을 주지 않도록 최대한 노력하여야 한다.

제664조(작업조건) 사업주는 근로자가 취급하는 물품의 중량·취급빈도·운반거리·운반속도 등 인체에 부담을 주는 작업의 조건에 따라 작업시간과 휴식시간 등을 적정하게 배분하여야 한다.

제665조(중량의 표시 등) 사업주는 근로자가 5킬로그램 이상의 중량물을 들어올리는 작업을 하는 경우에 다음 각 호의 조치를 하여야 한다.
   1. 주로 취급하는 물품에 대하여 근로자가 쉽게 알 수 있도록 물품의 중량과 무게중심에 대하여 작업장 주변에 안내표시를 할 것
   2. 취급하기 곤란한 물품은 손잡이를 붙이거나 갈고리, 진공빨판 등 적절한 보조도구를 활용할 것

제666조(작업자세 등) 사업주는 근로자가 중량물을 들어올리는 작업을 하는 경우에 무게중심을 낮추거나 대상물에 몸을 밀착하도록 하는 등 신체의 부담을 줄일 수 있는 자세에 대하여 알려야 한다.

정답 ③

2회

산업안전보건법령 진도별 모의고사 해설

01 산업안전보건법령상 명예산업안전감독관에 대한 설명으로 옳지 않은 것은?

① 고용노동부장관은 산업안전보건위원회 설치 대상 사업의 근로자 중에서 근로자대표가 사업주의 의견을 들어 추천하는 사람을 명예산업안전감독관으로 위촉할 수 있다.
② 위 ①항의 명예산업안전감독관은 법령 및 산업재해 예방정책의 개선을 건의할 수 있다.
③ 명예산업안전감독관의 임기는 2년으로 하되, 연임할 수 있다.
④ 고용노동부장관은 명예산업안전감독관의 활동을 지원하기 위하여 수당 등을 지급할 수 있다.
⑤ 고용노동부장관은 근로자대표가 사업주의 의견을 들어 위촉된 명예산업안전감독관의 해촉을 요청한 경우 그를 해촉할 수 있다.

> **해설**

근거조문 법률 제23조, 영 제32조

제23조(명예산업안전감독관) ① 고용노동부장관은 산업재해 예방활동에 대한 참여와 지원을 촉진하기 위하여 근로자, 근로자단체, 사업주단체 및 산업재해 예방 관련 전문단체에 소속된 사람 중에서 명예산업안전감독관을 위촉할 수 있다.
② 사업주는 제1항에 따른 명예산업안전감독관(이하 "명예산업안전감독관"이라 한다)에 대하여 직무 수행과 관련한 사유로 불리한 처우를 해서는 아니 된다.
③ 명예산업안전감독관의 위촉 방법, 업무, 그 밖에 필요한 사항은 대통령령으로 정한다.

영 제32조(명예산업안전감독관 위촉 등) ① 고용노동부장관은 다음 각 호의 어느 하나에 해당하는 사람 중에서 법 제23조 제1항에 따른 명예산업안전감독관(이하 "명예산업안전감독관"이라 한다)을 위촉할 수 있다.
  1. 산업안전보건위원회 구성 대상 사업의 근로자 또는 노사협의체 구성·운영 대상 건설공사의 근로자 중에서 근로자대표(해당 사업장에 단위 노동조합의 산하 노동단체가 그 사업장 근로자의 과반수로 조직되어 있는 경우에는 지부·분회 등 명칭이 무엇이든 관계없이 해당 노동단체의 대표자를 말한다. 이하 같다)가 사업주의 의견을 들어 추천하는 사람
  2. 「노동조합 및 노동관계조정법」 제10조에 따른 연합단체인 노동조합 또는 그 지역 대표기구에 소속된 임직원 중에서 해당 연합단체인 노동조합 또는 그 지역 대표기구가 추천하는 사람
  3. 전국 규모의 사업주단체 또는 그 산하조직에 소속된 임직원 중에서 해당 단체 또는 그 산하조직이 추천하는 사람
  4. 산업재해 예방 관련 업무를 하는 단체 또는 그 산하조직에 소속된 임직원 중에서 해당 단체 또는 그 산하조직이 추천하는 사람
② 명예산업안전감독관의 업무는 다음 각 호와 같다. 이 경우 제1항 제1호에 따라 위촉된 명예산업안전감독관의 업무 범위는 해당 사업장에서의 업무(제8호는 제외한다)로 한정하며, 제1항 제2호부터 제4호까지의 규정에 따라 위촉된 명예산업안전감독관의 업무 범위는 제8호부터 제10호까지의 규정에 따른 업무로 한정한다.
  1. 사업장에서 하는 자체점검 참여 및 「근로기준법」 제101조에 따른 근로감독관(이하 "근로감독관"이라 한다)이 하는 사업장 감독 참여

2. 사업장 산업재해 예방계획 수립 참여 및 사업장에서 하는 기계·기구 자체검사 참석
3. 법령을 위반한 사실이 있는 경우 사업주에 대한 개선 요청 및 감독기관에의 신고
4. 산업재해 발생의 급박한 위험이 있는 경우 사업주에 대한 작업중지 요청
5. 작업환경측정, 근로자 건강진단 시의 참석 및 그 결과에 대한 설명회 참여
6. 직업성 질환의 증상이 있거나 질병에 걸린 근로자가 여러 명 발생한 경우 사업주에 대한 임시건강진단 실시 요청
7. 근로자에 대한 안전수칙 준수 지도
8. 법령 및 산업재해 예방정책 **개선** 건의
9. 안전·보건 의식을 **북돋우기** 위한 활동 등에 대한 참여와 지원
10. 그 밖에 산업재해 예방에 대한 **홍보** 등 산업재해 예방업무와 관련하여 고용노동부장관이 정하는 업무

③ 명예산업안전감독관의 임기는 2년으로 하되, 연임할 수 있다.
④ 고용노동부장관은 명예산업안전감독관의 활동을 지원하기 위하여 수당 등을 지급할 수 있다.
⑤ 제1항부터 제4항까지에서 규정한 사항 외에 명예산업안전감독관의 위촉 및 운영 등에 필요한 사항은 고용노동부장관이 정한다.

제33조(명예산업안전감독관의 해촉) 고용노동부장관은 다음 각 호의 어느 하나에 해당하는 경우에는 명예산업안전감독관을 해촉(解囑)할 수 있다.
1. 근로자대표가 사업주의 의견을 들어 제32조 제1항 제1호에 따라 위촉된 명예산업안전감독관의 해촉을 요청한 경우
2. 제32조 제1항 제2호부터 제4호까지의 규정에 따라 위촉된 명예산업안전감독관이 해당 단체 또는 그 산하조직으로부터 퇴직하거나 해임된 경우
3. 명예산업안전감독관의 업무와 관련하여 부정한 행위를 한 경우
4. 질병이나 부상 등의 사유로 명예산업안전감독관의 업무 수행이 곤란하게 된 경우

정답 ②

---

02 갑(甲)은 전국 규모의 사업주단체에 소속된 임직원으로서 해당 단체가 추천하여 법령에 따라 위촉된 명예감독관이다. 산업안전보건법령상 갑(甲)의 업무가 아닌 것을 모두 고른 것은?

> ㄱ. 법령 및 산업재해 예방정책 개선 건의
> ㄴ. 안전·보건 의식을 북돋우기 위한 활동과 무재해운동 등에 대한 참여와 지원
> ㄷ. 사업장에서 하는 자체점검 참여 및 근로감독관이 하는 사업장 감독 참여
> ㄹ. 법령을 위반한 사실이 있는 경우 사업주에 대한 개선 요청 및 감독기관에의 신고
> ㅁ. 산업재해 발생의 급박한 위험이 있는 경우 사업주에 대한 작업중지 요청

① ㄱ, ㄴ, ㄷ   ② ㄱ, ㄴ, ㅁ
③ ㄱ, ㄷ, ㄹ   ④ ㄴ, ㄹ, ㅁ
⑤ ㄷ, ㄹ, ㅁ

해설

근거조문 ▶ 법률 제23조, 영 제32조

정답 ⑤

03 산업안전보건법령에서 규정하고 있는 명예산업안전감독관의 업무가 아닌 것은?

① 사업장에서 하는 자체점검 참여 및 근로감독관이 하는 사업장 감독 참여
② 법령을 위반한 사실이 있는 경우 사업주에 대한 개선 요청 및 감독기관에의 신고
③ 산업재해 발생의 급박한 위험이 있는 경우 사업주에 대한 작업중지 요청
④ 사업장 순회점검·지도 및 조치의 건의
⑤ 직업성 질환의 증상이 있거나 질병에 걸린 근로자가 여러 명 발생한 경우 사업주에 대한 임시건강진단 실시 요청

해설

근거조문 　법률 제23조, 영 제32조

② 명예산업안전감독관의 업무는 다음 각 호와 같다. 이 경우 제1항 제1호에 따라 위촉된 명예산업안전감독관의 업무 범위는 해당 사업장에서의 업무(제8호는 제외한다)로 한정하며, 제1항 제2호부터 제4호까지의 규정에 따라 위촉된 명예산업안전감독관의 업무 범위는 제8호부터 제10호까지의 규정에 따른 업무로 한정한다.
1. 사업장에서 하는 자체점검 참여 및 「근로기준법」 제101조에 따른 근로감독관(이하 "근로감독관"이라 한다)이 하는 사업장 감독 참여
2. 사업장 산업재해 예방계획 수립 참여 및 사업장에서 하는 기계·기구 자체검사 참석
3. 법령을 위반한 사실이 있는 경우 사업주에 대한 개선 요청 및 감독기관에의 신고
4. 산업재해 발생의 급박한 위험이 있는 경우 사업주에 대한 작업중지 요청
5. 작업환경측정, 근로자 건강진단 시의 참석 및 그 결과에 대한 설명회 참여
6. 직업성 질환의 증상이 있거나 질병에 걸린 근로자가 여러 명 발생한 경우 사업주에 대한 임시건강진단 실시 요청
7. 근로자에 대한 안전수칙 준수 지도
8. 법령 및 산업재해 예방정책 **개선** 건의
9. 안전·보건 의식을 **북돋우기** 위한 활동 등에 대한 참여와 지원
10. 그 밖에 산업재해 예방에 대한 **홍보** 등 산업재해 예방업무와 관련하여 고용노동부장관이 정하는 업무

정답 ④

04 산업안전보건법령상 안전보건관리담당자의 업무에 해당하지 않는 것은?

① 법 제29조에 따른 안전보건교육 실시에 관한 보좌 및 지도·조언
② 법 제125조에 따른 작업환경측정 및 개선에 관한 보좌 및 지도·조언
③ 산업재해 발생의 원인 조사, 산업재해 통계의 기록 및 유지를 위한 보좌 및 지도·조언
④ 사업장 순회점검, 지도 및 조치 건의
⑤ 산업 안전·보건과 관련된 안전장치 및 보호구 구입 시 적격품 선정에 관한 보좌 및 지도·조언

해설

근거조문 법률 제19조, 영 제23조 이하

제19조(안전보건관리담당자) ① 사업주는 사업장에 안전 및 보건에 관하여 사업주를 보좌하고 관리감독자에게 지도·조언하는 업무를 수행하는 사람(이하 "안전보건관리담당자"라 한다)을 두어야 한다. 다만, 안전관리자 또는 보건관리자가 있거나 이를 두어야 하는 경우에는 그러하지 아니하다.
② 안전보건관리담당자를 두어야 하는 사업의 종류와 사업장의 상시근로자 수, 안전보건관리담당자의 수·자격·업무·권한·선임방법, 그 밖에 필요한 사항은 대통령령으로 정한다.
③ 고용노동부장관은 산업재해 예방을 위하여 필요한 경우로서 고용노동부령으로 정하는 사유에 해당하는 경우에는 사업주에게 안전보건관리담당자를 제2항에 따라 대통령령으로 정하는 수 이상으로 늘리거나 교체할 것을 명할 수 있다.
④ 대통령령으로 정하는 사업의 종류 및 사업장의 상시근로자 수에 해당하는 사업장의 사업주는 안전관리전문기관 또는 보건관리전문기관에 안전보건관리담당자의 업무를 위탁할 수 있다.

영 제18조(안전관리자의 업무 등) ① 안전관리자의 업무는 다음 각 호와 같다.
1. 법 제24조 제1항에 따른 산업안전보건위원회(이하 "산업안전보건위원회"라 한다) 또는 법 제75조 제1항에 따른 안전 및 보건에 관한 노사협의체(이하 "노사협의체"라 한다)에서 심의·의결한 업무와 해당 사업장의 법 제25조 제1항에 따른 안전보건관리규정(이하 "안전보건관리규정"이라 한다) 및 취업규칙에서 정한 업무
2. 법 제36조에 따른 위험성평가에 관한 보좌 및 지도·조언
3. 법 제84조 제1항에 따른 안전인증대상기계등(이하 "안전인증대상기계등"이라 한다)과 법 제89조 제1항 각 호 외의 부분 본문에 따른 자율안전확인대상기계등(이하 "자율안전확인대상기계등"이라 한다) 구입 시 적격품의 선정에 관한 보좌 및 지도·조언
4. 해당 사업장 안전교육계획의 수립 및 안전교육 실시에 관한 보좌 및 지도·조언
5. 사업장 순회점검, 지도 및 조치 건의
6. 산업재해 발생의 원인 조사·분석 및 재발 방지를 위한 기술적 보좌 및 지도·조언
7. 산업재해에 관한 통계의 유지·관리·분석을 위한 보좌 및 지도·조언
8. 법 또는 법에 따른 명령으로 정한 안전에 관한 사항의 이행에 관한 보좌 및 지도·조언
9. 업무 수행 내용의 기록·유지
10. 그 밖에 안전에 관한 사항으로서 고용노동부장관이 정하는 사항

영 제24조(안전보건관리담당자의 선임 등) ① 다음 각 호의 어느 하나에 해당하는 사업의 사업주는 법 제19조 제1항에 따라 상시근로자 20명 이상 50명 미만인 사업장에 안전보건관리담당자를 1명 이상 선임해야 한다.
1. 제조업

    2. 임업
    3. 하수, 폐수 및 분뇨 처리업
    4. 폐기물 수집, 운반, 처리 및 원료 재생업
    5. 환경 정화 및 복원업
② 안전보건관리담당자는 해당 사업장 소속 근로자로서 다음 각 호의 어느 하나에 해당하는 요건을 갖추어야 한다.
    1. 제17조에 따른 안전관리자의 자격을 갖추었을 것
    2. 제21조에 따른 보건관리자의 자격을 갖추었을 것
    3. 고용노동부장관이 정하여 고시하는 안전보건교육을 이수했을 것
③ 안전보건관리담당자는 제25조 각 호에 따른 업무에 지장이 없는 범위에서 다른 업무를 겸할 수 있다.
④ 사업주는 제1항에 따라 안전보건관리담당자를 선임한 경우에는 그 선임 사실 및 제25조 각 호에 따른 업무를 수행했음을 증명할 수 있는 서류를 갖추어 두어야 한다.
영 제25조(안전보건관리담당자의 업무) 안전보건관리담당자의 업무는 다음 각 호와 같다. <개정 2020. 9. 8.>
    1. 법 제29조에 따른 안전보건교육 실시에 관한 보좌 및 지도·조언
    2. 법 제36조에 따른 위험성평가에 관한 보좌 및 지도·조언
    3. 법 제125조에 따른 작업환경측정 및 개선에 관한 보좌 및 지도·조언
    4. 법 제129조부터 제131조까지의 규정에 따른 각종 건강진단에 관한 보좌 및 지도·조언
    5. 산업재해 발생의 원인 조사, 산업재해 통계의 기록 및 유지를 위한 보좌 및 지도·조언
    6. 산업 안전·보건과 관련된 안전장치 및 보호구 구입 시 적격품 선정에 관한 보좌 및 지도·조언
영 제26조(안전보건관리담당자 업무의 위탁 등) ① 법 제19조 제4항에서 "대통령령으로 정하는 사업의 종류 및 사업장의 상시근로자 수에 해당하는 사업장"이란 제24조 제1항에 따라 안전보건관리담당자를 선임해야 하는 사업장을 말한다.
② 안전보건관리담당자 업무의 위탁에 관하여는 제19조 제2항을 준용한다. 이 경우 "법 제17조 제4항 및 이 조 제1항"은 "법 제19조 제4항 및 이 조 제1항"으로, "안전관리자"는 "안전보건관리담당자"로, "안전관리전문기관"은 "안전관리전문기관 또는 보건관리전문기관"으로 본다.

정답 ④

05 사업주가 상시근로자 20명 이상 50명 미만인 사업장에 안전보건관리담당자를 1명 이상 선임해야 하는 사업에 해당하지 않는 것은?

① 하수, 폐수 및 분뇨 처리업
② 폐기물 수집, 운반, 처리 및 원료 재생업
③ 임업
④ 환경 정화 및 복원업
⑤ 농업

> **해설**

> **근거조문** 영 제24조

> 영 제24조(안전보건관리담당자의 선임 등) ① 다음 각 호의 어느 하나에 해당하는 사업의 사업주는 법 제19조 제1항에 따라 상시근로자 20명 이상 50명 미만인 사업장에 안전보건관리담당자를 1명 이상 선임해야 한다.
> 1. 제조업
> 2. 임업
> 3. 하수, 폐수 및 분뇨 처리업
> 4. 폐기물 수집, 운반, 처리 및 원료 재생업
> 5. 환경 정화 및 복원업

정답 ⑤

06 안전관리담당자 선임에 관한 사항이다. 다음 ( ) 안에 들어갈 숫자로 옳은 것은?

> 다음 각 호의 어느 하나에 해당하는 사업의 사업주는 법 제19조 제1항에 따라 상시근로자 (㉠)명 이상 (㉡)명 미만인 사업장에 안전보건관리담당자를 1명 이상 선임해야 한다.
> 1. 제조업
> 2. 임업
> 3. 하수, 폐수 및 분뇨 처리업
> 4. 폐기물 수집, 운반, 처리 및 원료 재생업
> 5. 환경 정화 및 복원업

	㉠	㉡
①	5	10
②	10	20
③	20	40
④	20	50
⑤	50	100

> **해설**

> **근거조문** 영 제24조

정답 ④

07 산업안전보건법령상 산업안전보건위원회의 심의·의결을 거쳐야 하는 사항에 해당하지 않는 것은?

① 유해하거나 위험한 기계·기구와 그 밖의 설비를 도입한 경우 안전·보건조치에 관한 사항
② 안전·보건과 관련된 안전장치 구입 시의 적격품 여부 확인에 관한 사항
③ 산업재해에 관한 통계의 기록 및 유지에 관한 사항
④ 산업재해 예방계획의 수립에 관한 사항
⑤ 근로자의 안전·보건교육에 관한 사항

해설

근거조문 법률 제24조, 영 제34조 이하

제15조(안전보건관리책임자) ① 사업주는 사업장을 실질적으로 총괄하여 관리하는 사람에게 해당 사업장의 다음 각 호의 업무를 총괄하여 관리하도록 하여야 한다.
  1. 사업장의 산업재해 예방계획의 수립에 관한 사항
  2. 제25조 및 제26조에 따른 안전보건관리규정의 작성 및 변경에 관한 사항
  3. 제29조에 따른 안전보건교육에 관한 사항
  4. 작업환경측정 등 작업환경의 점검 및 개선에 관한 사항
  5. 제129조부터 제132조까지에 따른 근로자의 건강진단 등 건강관리에 관한 사항
  6. 산업재해의 원인 조사 및 재발 방지대책 수립에 관한 사항
  7. 산업재해에 관한 통계의 기록 및 유지에 관한 사항
  8. 안전장치 및 보호구 구입 시 적격품 여부 확인에 관한 사항
  9. 그 밖에 근로자의 유해·위험 방지조치에 관한 사항으로서 고용노동부령으로 정하는 사항

② 제1항 각 호의 업무를 총괄하여 관리하는 사람(이하 "안전보건관리책임자"라 한다)은 제17조에 따른 안전관리자와 제18조에 따른 보건관리자를 지휘·감독한다.
③ 안전보건관리책임자를 두어야 하는 사업의 종류와 사업장의 상시근로자 수, 그 밖에 필요한 사항은 대통령령으로 정한다.

★ **제24조(산업안전보건위원회)** ① 사업주는 사업장의 안전 및 보건에 관한 중요 사항을 심의·의결하기 위하여 사업장에 근로자위원과 사용자위원이 같은 수로 구성되는 산업안전보건위원회를 구성·운영하여야 한다.
② 사업주는 다음 각 호의 사항에 대해서는 제1항에 따른 산업안전보건위원회(이하 "산업안전보건위원회"라 한다)의 심의·의결을 거쳐야 한다.
  1. 제15조 제1항 제1호부터 제5호까지 및 제7호에 관한 사항 → **8호는 포함 안 됨.**
  2. **제15조 제1항 제6호에 따른 사항 중 중대재해에 관한 사항** → **6호와 비교할 것.**
  3. 유해하거나 위험한 기계·기구·설비를 도입한 경우 안전 및 보건 관련 조치에 관한 사항
  4. 그 밖에 해당 사업장 근로자의 안전 및 보건을 유지·증진시키기 위하여 필요한 사항
③ 산업안전보건위원회는 대통령령으로 정하는 바에 따라 회의를 개최하고 그 결과를 회의록으로 작성하여 보존하여야 한다.
④ 사업주와 근로자는 제2항에 따라 산업안전보건위원회가 심의·의결한 사항을 성실하게 이행하여야 한다.
⑤ 산업안전보건위원회는 이 법, 이 법에 따른 명령, 단체협약, 취업규칙 및 제25조에 따른 안전보건관리규정에 반하는 내용으로 심의·의결해서는 아니 된다.
⑥ 사업주는 산업안전보건위원회의 위원에게 직무 수행과 관련한 사유로 불리한 처우를 해서는 아니 된다.
⑦ 산업안전보건위원회를 구성하여야 할 사업의 종류 및 사업장의 상시근로자 수, 산업안전보건위원회의 구성·운영 및 의결되지 아니한 경우의 처리방법, 그 밖에 필요한 사항은 대통령령으로 정한다.

★ **영 제34조(산업안전보건위원회 구성 대상)** 법 제24조 제1항에 따라 산업안전보건위원회를 구성해야 할 사업의 종류 및 사업장의 상시근로자 수는 별표 9와 같다.

제35조(산업안전보건위원회의 구성) ① 산업안전보건위원회의 근로자위원은 다음 각 호의 사람으로 구성한다.
1. 근로자대표
2. **명예산업안전감독관이 위촉되어 있는 사업장의 경우 근로자대표가 지명하는 1명 이상의 명예산업안전감독관**
3. 근로자대표가 지명하는 9명(근로자인 제2호의 위원이 있는 경우에는 9명에서 그 위원의 수를 제외한 수를 말한다) 이내의 해당 사업장의 근로자

② 산업안전보건위원회의 사용자위원은 다음 각 호의 사람으로 구성한다. 다만, 상시근로자 50명 이상 100명 미만을 사용하는 사업장에서는 **제5호에 해당하는 사람을 제외**하고 구성할 수 있다.
1. 해당 사업의 대표자(같은 사업으로서 다른 지역에 사업장이 있는 경우에는 그 사업장의 안전보건관리책임자를 말한다. 이하 같다)
2. 안전관리자(제16조 제1항에 따라 안전관리자를 두어야 하는 사업장으로 한정하되, 안전관리자의 업무를 안전관리전문기관에 위탁한 사업장의 경우에는 그 안전관리전문기관의 해당 사업장 담당자를 말한다) 1명
3. 보건관리자(제20조 제1항에 따라 보건관리자를 두어야 하는 사업장으로 한정하되, 보건관리자의 업무를 보건관리전문기관에 위탁한 사업장의 경우에는 그 보건관리전문기관의 해당 사업장 담당자를 말한다) 1명
4. 산업보건의(해당 사업장에 선임되어 있는 경우로 한정한다)
5. 해당 사업의 대표자가 지명하는 9명 이내의 해당 사업장 부서의 장

③ 제1항 및 제2항에도 불구하고 법 제69조 제1항에 따른 건설공사도급인(이하 "건설공사도급인"이라 한다)이 법 제64조 제1항 제1호에 따른 안전 및 보건에 관한 협의체를 구성한 경우에는 산업안전보건위원회의 위원을 다음 각 호의 사람을 포함하여 구성할 수 있다.
1. 근로자위원: 도급 또는 하도급 사업을 포함한 전체 사업의 근로자대표, 명예산업안전감독관 및 근로자대표가 지명하는 해당 사업장의 근로자
2. 사용자위원: 도급인 대표자, 관계수급인의 각 대표자 및 안전관리자

시행규칙 제24조(근로자위원의 지명) 영 제35조 제1항 제3호에 따라 근로자대표가 근로자위원을 지명하는 경우에 근로자대표는 조합원인 근로자와 조합원이 아닌 근로자의 비율을 반영하여 근로자위원을 지명하도록 노력해야 한다.

제36조(산업안전보건위원회의 위원장) 산업안전보건위원회의 위원장은 위원 중에서 호선(互選)한다. 이 경우 근로자위원과 사용자위원 중 각 1명을 공동위원장으로 선출할 수 있다.

제37조(산업안전보건위원회의 회의 등) ① 법 제24조 제3항에 따라 산업안전보건위원회의 회의는 정기회의와 임시회의로 구분하되, **정기회의는 분기마다** 산업안전보건위원회의 위원장이 소집하며, 임시회의는 위원장이 필요하다고 인정할 때에 소집한다.
② 회의는 근로자위원 및 사용자위원 각 과반수의 출석으로 개의(開議)하고 출석위원 과반수의 찬성으로 의결한다.
③ 근로자대표, 명예산업안전감독관, 해당 사업의 대표자, 안전관리자 또는 보건관리자는 회의에 출석할 수 없는 경우에는 해당 사업에 종사하는 사람 중에서 1명을 지정하여 위원으로서의 직무를 대리하게 할 수 있다.
④ 산업안전보건위원회는 다음 각 호의 사항을 기록한 회의록을 작성하여 갖추어 두어야 한다.
1. 개최 일시 및 장소
2. 출석위원
3. 심의 내용 및 의결·결정 사항
4. 그 밖의 토의사항

제38조(의결되지 않은 사항 등의 처리) ① 산업안전보건위원회는 다음 각 호의 어느 하나에 해당하는 경우에는 근로자위원과 사용자위원의 합의에 따라 산업안전보건위원회에 중재기구를 두어 해결하거나 제3자에 의한 중재를 받아야 한다.
  1. 법 제24조 제2항 각 호에 따른 사항에 대하여 산업안전보건위원회에서 의결하지 못한 경우
  2. 산업안전보건위원회에서 의결된 사항의 해석 또는 이행방법 등에 관하여 의견이 일치하지 않는 경우
② 제1항에 따른 중재 결정이 있는 경우에는 산업안전보건위원회의 의결을 거친 것으로 보며, 사업주와 근로자는 그 결정에 따라야 한다.

영 제39조(회의 결과 등의 공지) 산업안전보건위원회의 위원장은 산업안전보건위원회에서 심의·의결된 내용 등 회의 결과와 중재 결정된 내용 등을 사내방송이나 사내보(社內報), 게시 또는 자체 정례조회, 그 밖의 적절한 방법으로 근로자에게 신속히 알려야 한다.

산업안전보건법 시행령 [별표 9]

산업안전보건위원회를 구성해야 할 사업의 종류 및 사업장의 상시근로자 수(제34조 관련)

사업의 종류	사업장의 상시근로자 수
1. 토사석 광업 2. 목재 및 나무제품 제조업; **가구제외** 3. 화학물질 및 화학제품 제조업; **의약품 제외**(세제, 화장품 및 광택제 제조업과 화학섬유 제조업은 제외한다) 4. 비금속 광물제품 제조업 5. 1차 금속 제조업 6. 금속가공제품 제조업; **기계 및 가구 제외** 7. 자동차 및 트레일러 제조업 8. 기타 기계 및 장비 제조업(**사무용 기계 및 장비 제조업은 제외**한다) 9. 기타 운송장비 제조업(**전투용 차량 제조업은 제외**한다)	상시근로자 50명 이상
10. 농업 11. 어업 12. 소프트웨어 개발 및 공급업 13. 컴퓨터 프로그래밍, 시스템 통합 및 관리업 14. 정보서비스업 15. 금융 및 보험업 16. 임대업; 부동산 제외 17. 전문, 과학 및 기술 서비스업(**연구개발업은 제외**한다) 18. 사업지원 서비스업 19. 사회복지 서비스업	상시근로자 300명 이상
20. 건설업	공사금액 120억원 이상(「건설산업기본법 시행령」 별표 1의 종합공사를 시공하는 업종의 건설업종란 제1호에 따른 토목공사업의 경우에는 150억원 이상)
21. 제1호부터 제20호까지의 사업을 제외한 사업	상시근로자 100명 이상

정답 ②

08 산업안전보건법령상 산업안전보건위원회에 관한 설명으로 옳지 않은 것은?

① 사업주는 산업안전·보건에 관한 중요 사항을 심의·의결하기 위하여 근로자와 사용자가 같은 수로 구성되는 산업안전보건위원회를 설치·운영하여야 한다.
② 사업주는 유해하거나 위험한 기계·기구와 그 밖의 설비를 도입한 경우 안전·보건조치에 관한 사항에 대하여는 산업안전보건위원회의 심의·의결을 거쳐야 한다.
③ 산업안전보건위원회의 위원장은 위원 중에서 호선(互選)한다. 이 경우 근로자위원과 사용자위원 중 각 1명을 공동위원장으로 선출할 수 있다.
④ 사업주는 안전보건관리규정을 작성하거나 변경할 때에는 산업안전보건위원회의 심의·의결을 거쳐야 한다. 다만, 산업안전보건위원회가 설치되어 있지 아니한 사업장의 경우에는 근로자대표의 동의를 받아야 한다.
⑤ 산업안전보건위원회를 구성하여야 할 사업의 종류 및 사업장의 상시근로자 수, 산업안전보건위원회의 구성·운영 및 의결되지 아니한 경우의 처리방법, 그 밖에 필요한 사항은 고용노동부령으로 정한다.

> **해설**

> **근거조문** 법률 제24조, 영 제34조 이하

정답 ⑤

09 산업안전보건법령상 산업안전보건위원회를 설치·운영하여야 하는 사업에 해당하는 것은?

① 상시 근로자 50명인 2차 금속 제조업
② 상시 근로자 100명인 비금속 광물제품 제조업
③ 상시 근로자 50명인 전투용 차량 제조업
④ 상시 근로자 100명인 사무용 기계 및 장비 제조업
⑤ 상시 근로자 50명인 의약품 제조업

> **해설**

> **근거조문** 법률 제24조, 영 제34조 이하

정답 ②

10 산업안전보건법령상 산업안전보건위원회에 대한 설명으로 옳지 않은 것은?

① 산업안전보건위원회의 위원장은 위원 중에서 호선(互選)하며, 이 경우 근로자위원과 사용자위원 중 각 1명을 공동위원장으로 선출할 수 있다.
② 명예산업안전감독관이 위촉되어 있는 사업장의 경우 근로자대표가 지명하는 1명 이상의 명예산업안전감독관은 사용자 위원이다.
③ 위 ②항의 경우 근로자의 과반수로 조직된 노동조합이 없는 경우에는 근로자의 과반수를 대표하는 사람을 말한다.
④ 유해·위험사업의 대표자가 사용자위원을 지명하는 경우 상시근로자 50명 이상 100명 미만을 사용하는 사업장에서는 해당 사업장의 해당부서의 장을 제외하고 구성할 수 있다.
⑤ 산업안전보건위원회의 회의는 근로자위원 및 사용자위원 각 과반수의 출석으로 시작하고 출석위원 과반수의 찬성으로 의결한다.

> 해설

> 근거조문 ▶ 법률 제24조, 영 제34조 이하

정답 ②

11 다음 중 산업안전보건위원회에 관한 설명으로 옳지 않은 것은?

① 전문, 과학 및 기술 서비스업(연구개발업은 제외한다)의 경우 상시 근로자 300명 이상일 때 산업안전보건위원회를 구성해야 한다.
② 세제, 화장품 및 광택제 제조업과 화학섬유 제조업의 경우 상시 근로자 50명 이상일 때 산업안전보건위원회를 구성해야 한다.
③ 산업안전보건위원회의 회의는 정기회의와 임시회의로 구분하되, 정기회의는 반기마다 산업안전보건위원회의 위원장이 소집하며, 임시회의는 위원장이 필요하다고 인정할 때에 소집한다.
④ 산업안전보건위원회의 위원장은 산업안전보건위원회에서 심의·의결된 내용 등 회의 결과와 중재 결정된 내용 등을 사내방송이나 사내보(社內報), 게시 또는 자체 정례조회, 그 밖의 적절한 방법으로 근로자에게 신속히 알려야 한다.
⑤ 중대재해의 원인 조사 및 재발 방지대책 수립에 관한 사항은 산업안전보건위원회의 심의·의결 사항이다.

> 해설

> 근거조문 ▶ 법률 제24조, 영 제34조 이하

산업안전보건위원회 정기회의	작업환경측정
분기마다	반기마다

시행규칙 제190조(작업환경측정 주기 및 횟수) ① 사업주는 작업장 또는 작업공정이 신규로 가동되거나 변경되는 등으로 제186조에 따른 작업환경측정 대상 작업장이 된 경우에는 그 날부터 30일 이내에 작업환경측정을 하고, 그 후 반기(半期)에 1회 이상 정기적으로 작업환경을 측정해야 한다. 다만, 작업환경측정 결과가 다음 각 호의 어느 하나에 해당하는 작업장 또는 작업공정은 해당 유해인자에 대하여 그 측정일부터 3개월에 1회 이상 작업환경측정을 해야 한다.
　1. 별표 21 제1호에 해당하는 화학적 인자(고용노동부장관이 정하여 고시하는 물질만 해당한다)의 측정치가 노출기준을 초과하는 경우
　2. 별표 21 제1호에 해당하는 화학적 인자(고용노동부장관이 정하여 고시하는 물질은 제외한다)의 측정치가 노출기준을 2배 이상 초과하는 경우
② 제1항에도 불구하고 사업주는 최근 1년간 작업공정에서 공정 설비의 변경, 작업방법의 변경, 설비의 이전, 사용 화학물질의 변경 등으로 작업환경측정 결과에 영향을 주는 변화가 없는 경우로서 다음 각 호의 어느 하나에 해당하는 경우에는 해당 유해인자에 대한 작업환경측정을 연(年) 1회 이상 할 수 있다. 다만, 고용노동부장관이 정하여 고시하는 물질을 취급하는 작업공정은 그렇지 않다.
　1. 작업공정 내 소음의 작업환경측정 결과가 최근 2회 연속 85데시벨(dB) 미만인 경우
　2. 작업공정 내 소음 외의 다른 모든 인자의 작업환경측정 결과가 최근 2회 연속 노출기준 미만인 경우

정답 ③

12. 다음 중 산업안전보건법령상 안전보건관리규정에 관한 설명으로 옳지 않은 것은?

① 안전보건관리규정은 해당 사업장에 적용되는 단체협약 및 취업규칙에 반할 수 없다.
② 사업주는 안전보건관리규정을 작성하거나 변경할 때에는 산업안전보건위원회의 심의·의결을 거쳐야 한다. 다만, 산업안전보건위원회가 설치되어 있지 아니한 사업장의 경우에는 근로자대표의 동의를 받아야 한다.
③ 사업주는 안전보건관리규정을 작성해야 할 사유가 발생한 날부터 30일 이내에 안전보건관리규정을 작성해야 한다. 이를 변경할 사유가 발생한 경우에도 또한 같다.
④ 안전보건관리규정은 소방·가스·전기·교통분야 등 다른 법령에서 정하는 안전관리에 관한 규정과 별도로 작성하여야 한다.
⑤ 안전보건관리규정에 관하여 이 법에서 규정한 것을 제외하고는 그 성질에 반하지 아니하는 범위에서 「근로기준법」 중 취업규칙에 관한 규정을 준용한다.

해설

근거조문 법률 제25조, 시행규칙 제25조 이하

제2절 안전보건관리규정
제25조(안전보건관리규정의 작성) ① 사업주는 사업장의 안전 및 보건을 유지하기 위하여 다음 각 호의 사항이 포함된 안전보건관리규정을 작성하여야 한다.
　1. 안전 및 보건에 관한 관리조직과 그 직무에 관한 사항
　2. 안전보건교육에 관한 사항
　3. 작업장의 안전 및 보건 관리에 관한 사항

4. 사고 조사 및 대책 수립에 관한 사항
5. 그 밖에 안전 및 보건에 관한 사항

② 제1항에 따른 안전보건관리규정(이하 "안전보건관리규정"이라 한다)은 단체협약 또는 취업규칙에 반할 수 없다. 이 경우 안전보건관리규정 중 단체협약 또는 취업규칙에 반하는 부분에 관하여는 그 단체협약 또는 취업규칙으로 정한 기준에 따른다.

③ 안전보건관리규정을 작성하여야 할 사업의 종류, 사업장의 상시근로자 수 및 안전보건관리규정에 포함되어야 할 세부적인 내용, 그 밖에 필요한 사항은 고용노동부령으로 정한다.

제26조(안전보건관리규정의 작성·변경 절차) 사업주는 안전보건관리규정을 작성하거나 변경할 때에는 산업안전보건위원회의 심의·의결을 거쳐야 한다. 다만, 산업안전보건위원회가 설치되어 있지 아니한 사업장의 경우에는 근로자대표의 동의를 받아야 한다.

제27조(안전보건관리규정의 준수) 사업주와 근로자는 안전보건관리규정을 지켜야 한다.

제28조(다른 법률의 준용) 안전보건관리규정에 관하여 이 법에서 규정한 것을 제외하고는 그 성질에 반하지 아니하는 범위에서 「근로기준법」 중 취업규칙에 관한 규정을 준용한다.

시행규칙 제25조(안전보건관리규정의 작성) ① 법 제25조 제3항에 따라 안전보건관리규정을 작성해야 할 사업의 종류 및 상시근로자 수는 별표 2와 같다.

② 제1항에 따른 사업의 사업주는 안전보건관리규정을 작성해야 할 사유가 발생한 날부터 **30일** 이내에 별표 3의 내용을 포함한 안전보건관리규정을 작성해야 한다. 이를 변경할 사유가 발생한 경우에도 또한 같다.

③ 사업주가 제2항에 따라 안전보건관리규정을 작성할 때에는 소방·가스·전기·교통 분야 등의 다른 법령에서 정하는 안전관리에 관한 규정과 통합하여 작성할 수 있다.

■ 산업안전보건법 시행규칙 [별표 2]

안전보건관리규정을 작성해야 할 사업의 종류 및 상시근로자 수(제25조 제1항 관련)

사업의 종류	상시근로자 수
1. 농업 2. 어업 3. 소프트웨어 개발 및 공급업 4. 컴퓨터 프로그래밍, 시스템 통합 및 관리업 5. 정보서비스업 6. 금융 및 보험업 7. 임대업; 부동산 제외 8. 전문, 과학 및 기술 서비스업(연구개발업은 제외한다) 9. 사업지원 서비스업 10. 사회복지 서비스업	300명 이상
11. 제1호부터 제10호까지의 사업을 제외한 사업	100명 이상

■ 산업안전보건법 시행규칙 [별표 3]

안전보건관리규정의 세부 내용(제25조 제2항 관련)

1. 총칙
   가. 안전보건관리규정 작성의 목적 및 적용 범위에 관한 사항
   나. 사업주 및 근로자의 재해 예방 책임 및 의무 등에 관한 사항
   다. 하도급 사업장에 대한 안전·보건관리에 관한 사항
2. 안전·보건 관리조직과 그 직무
   가. 안전·보건 관리조직의 구성방법, 소속, 업무 분장 등에 관한 사항
   나. 안전보건관리책임자(안전보건총괄책임자), 안전관리자, 보건관리자, 관리감독자의 직무 및 선임에 관한 사항
   다. 산업안전보건위원회의 설치·운영에 관한 사항
   라. 명예산업안전감독관의 직무 및 활동에 관한 사항
   마. 작업지휘자 배치 등에 관한 사항
3. 안전·보건교육
   가. 근로자 및 관리감독자의 안전·보건교육에 관한 사항
   나. 교육계획의 수립 및 기록 등에 관한 사항
4. 작업장 안전관리
   가. 안전·보건관리에 관한 계획의 수립 및 시행에 관한 사항
   나. 기계·기구 및 설비의 방호조치에 관한 사항
   다. 유해·위험기계등에 대한 자율검사프로그램에 의한 검사 또는 안전검사에 관한 사항
   라. 근로자의 안전수칙 준수에 관한 사항
   마. 위험물질의 보관 및 출입 제한에 관한 사항
   바. 중대재해 및 중대산업사고 발생, 급박한 산업재해 발생의 위험이 있는 경우 작업중지에 관한 사항
   사. 안전표지·안전수칙의 종류 및 게시에 관한 사항과 그 밖에 안전관리에 관한 사항
5. 작업장 보건관리
   가. 근로자 건강진단, 작업환경측정의 실시 및 조치절차 등에 관한 사항
   나. 유해물질의 취급에 관한 사항
   다. 보호구의 지급 등에 관한 사항
   라. 질병자의 근로 금지 및 취업 제한 등에 관한 사항
   마. 보건표지·보건수칙의 종류 및 게시에 관한 사항과 그 밖에 보건관리에 관한 사항
6. 사고 조사 및 대책 수립
   가. 산업재해 및 중대산업사고의 발생 시 처리 절차 및 긴급조치에 관한 사항
   나. 산업재해 및 중대산업사고의 발생원인에 대한 조사 및 분석, 대책 수립에 관한 사항
   다. 산업재해 및 중대산업사고 발생의 기록·관리 등에 관한 사항
7. 위험성평가에 관한 사항
   가. 위험성평가의 실시 시기 및 방법, 절차에 관한 사항
   나. 위험성 감소대책 수립 및 시행에 관한 사항
8. 보칙
   가. 무재해운동 참여, 안전·보건 관련 제안 및 포상·징계 등 산업재해 예방을 위하여 필요하다고 판단하는 사항
   나. 안전·보건 관련 문서의 보존에 관한 사항
   다. 그 밖의 사항
      사업장의 규모·업종 등에 적합하게 작성하며, 필요한 사항을 추가하거나 그 사업장에 관련되지 않는 사항은 제외할 수 있다.

정답 ④

13 산업안전보건법령상 안전보건관리규정에 관한 설명으로 옳은 것은?

① '안전보건교육에 관한 사항'은 안전보건관리규정에 포함되지 않는다.
② 상시근로자 수가 100명인 금융업의 경우 안전보건관리규정을 작성해야 한다.
③ 사업주가 안전보건관리규정을 작성할 때에는 소방·가스·전기·교통 분야 등의 다른 법령에서 정하는 안전관리에 관한 규정과 분리하여 작성할 수 있다.
④ 산업안전보건위원회가 설치되어 있지 아니한 사업장의 사업주가 안전보건관리규정을 변경할 경우 근로자대표의 동의를 받지 않아도 된다.
⑤ 사업주는 안전보건관리규정을 작성해야 할 사유가 발생한 날부터 30일 이내에 이를 작성해야 한다.

해설

근거조문 | 법률 제25조, 시행규칙 제25조 이하

정답 ⑤

14 안전보건관리규정의 세부내용에 관한 설명으로 옳지 않은 것은?

① 총칙-하도급 사업장에 대한 안전·보건관리에 관한 사항
② 안전·보건 관리조직과 그 직무-사업주 및 근로자의 재해 예방책임 및 의무 등에 관한 사항
③ 작업장 안전관리-위험물질의 보관 및 출입 제한에 관한 사항
④ 작업장 보건관리-유해물질의 취급에 관한 사항
⑤ 작업장 보건관리-보호구의 지급 등에 관한 사항

해설

근거조문 | 시행규칙 별표3

정답 ②

15

산업안전보건법령상 관리감독자의 지위에 있는 근로자 A에 대하여 근로자정기교육시간을 면제할 수 있는 경우를 모두 고른 것은?

> ㄱ. A가 직무교육기관에서 실시한 전문화교육을 이수한 경우
> ㄴ. A가 직무교육기관에서 실시한 인터넷 원격교육을 이수한 경우
> ㄷ. A가 직무교육기관에서 실시한 안전보건관리담당자 양성교육을 이수한 경우
> ㄹ. A가 검사원 성능검사 교육을 이수한 경우

① ㄱ
② ㄱ, ㄴ
③ ㄱ, ㄷ
④ ㄴ, ㄷ, ㄹ
⑤ ㄱ, ㄴ, ㄹ

해설

근거조문 시행규칙 제26조, 제27조

시행규칙 제26조(교육시간 및 교육내용) ① 법 제29조 제1항부터 제3항까지의 규정에 따라 사업주가 근로자에게 실시해야 하는 안전보건교육의 교육시간은 별표 4와 같고, 교육내용은 별표 5와 같다. 이 경우 사업주가 법 제29조 제3항에 따른 유해하거나 위험한 작업에 필요한 안전보건교육(이하 "특별교육"이라 한다)을 실시한 때에는 해당 근로자에 대하여 법 제29조 제2항에 따라 채용할 때 해야 하는 교육(이하 "채용 시 교육"이라 한다) 및 작업내용을 변경할 때 해야 하는 교육(이하 "작업내용 변경 시 교육"이라 한다)을 실시한 것으로 본다.
② 제1항에 따른 교육을 실시하기 위한 교육방법과 그 밖에 교육에 필요한 사항은 고용노동부장관이 정하여 고시한다.
③ 사업주가 법 제29조 제1항부터 제3항까지의 규정에 따른 **안전보건교육을 자체적으로** 실시하는 경우에 교육을 할 수 있는 사람은 다음 각 호의 어느 하나에 해당하는 사람으로 한다.
  1. 다음 각 목의 어느 하나에 해당하는 사람
     가. 법 제15조 제1항에 따른 안전보건관리책임자
     나. 법 제16조 제1항에 따른 관리감독자
     다. 법 제17조 제1항에 따른 안전관리자(안전관리전문기관에서 안전관리자의 위탁업무를 수행하는 사람을 포함한다)
     라. 법 제18조 제1항에 따른 보건관리자(보건관리전문기관에서 보건관리자의 위탁업무를 수행하는 사람을 포함한다)
     마. 법 제19조 제1항에 따른 안전보건관리담당자(안전관리전문기관 및 보건관리전문기관에서 안전보건관리담당자의 위탁업무를 수행하는 사람을 포함한다)
     바. 법 제22조 제1항에 따른 산업보건의
  2. 공단에서 실시하는 해당 분야의 강사요원 교육과정을 이수한 사람
  3. 법 제142조에 따른 산업안전지도사 또는 산업보건지도사(이하 "지도사"라 한다)
  4. 산업안전보건에 관하여 학식과 경험이 있는 사람으로서 고용노동부장관이 정하는 기준에 해당하는 사람

시행규칙 제27조(안전보건교육의 면제) ① 전년도에 산업재해가 발생하지 않은 사업장의 사업주의 경우 법 제29조 제1항에 따른 근로자 정기교육(이하 "근로자 정기교육"이라 한다)을 그 다음 연도에 한정하여 별표 4에서 정한 실시기준 시간의 100분의 50 범위에서 면제할 수 있다.

② 영 제16조 및 제20조에 따른 안전관리자 및 보건관리자를 선임할 의무가 없는 사업장의 사업주가 법 제11조 제3호에 따라 노무를 제공하는 자의 건강 유지·증진을 위하여 설치된 근로자건강센터(이하 "근로자건강센터"라 한다)에서 실시하는 안전보건교육, 건강상담, 건강관리프로그램 등 근로자 건강관리 활동에 해당 사업장의 근로자를 참여하게 한 경우에는 해당 시간을 제26조 제1항에 따른 교육 중 해당 분기(관리감독자의 지위에 있는 사람의 경우 해당 연도)의 근로자 정기교육 시간에서 면제할 수 있다. 이 경우 사업주는 해당 사업장의 근로자가 근로자건강센터에서 실시하는 건강관리 활동에 참여한 사실을 입증할 수 있는 서류를 갖춰 두어야 한다.

③ 법 제30조 제1항 제3호에 따라 관리감독자가 다음 각 호의 어느 하나에 해당하는 교육을 이수한 경우 별표 4에서 정한 근로자 정기교육시간을 면제할 수 있다.
  1. 법 제32조 제1항 각 호 외의 부분 본문에 따라 영 제40조 제3항에 따른 직무교육기관(이하 "직무교육기관"이라 한다)에서 실시한 전문화교육
  2. 법 제32조 제1항 각 호 외의 부분 본문에 따라 직무교육기관에서 실시한 인터넷 원격교육
  3. 법 제32조 제1항 각 호 외의 부분 본문에 따라 공단에서 실시한 안전보건관리담당자 양성교육
  4. 법 제98조 제1항 제2호에 따른 검사원 성능검사 교육
  5. 그 밖에 고용노동부장관이 근로자 정기교육 면제대상으로 인정하는 교육

④ 사업주는 법 제30조 제2항에 따라 해당 근로자가 채용되거나 변경된 작업에 경험이 있을 경우 채용 시 교육 또는 특별교육 시간을 다음 각 호의 기준에 따라 실시할 수 있다.
  1. 「통계법」 제22조에 따라 통계청장이 고시한 한국표준산업분류의 세분류 중 같은 종류의 업종에 6개월 이상 근무한 경험이 있는 근로자를 이직 후 1년 이내에 채용하는 경우: 별표 4에서 정한 채용 시 교육시간의 100분의 50 이상
  2. 별표 5의 특별교육 대상작업에 6개월 이상 근무한 경험이 있는 근로자가 다음 각 목의 어느 하나에 해당하는 경우: 별표 4에서 정한 특별교육 시간의 100분의 50 이상
     가. 근로자가 이직 후 1년 이내에 채용되어 이직 전과 동일한 특별교육 대상작업에 종사하는 경우
     나. 근로자가 같은 사업장 내 다른 작업에 배치된 후 1년 이내에 배치 전과 동일한 특별교육 대상작업에 종사하는 경우
  3. 채용 시 교육 또는 특별교육을 이수한 근로자가 같은 도급인의 사업장 내에서 이전에 하던 업무와 동일한 업무에 종사하는 경우: 소속 사업장의 변경에도 불구하고 해당 근로자에 대한 채용 시 교육 또는 특별교육 면제
  4. 그 밖에 고용노동부장관이 채용 시 교육 또는 특별교육 면제 대상으로 인정하는 교육

정답 ⑤

16 산업안전보건법령상 안전보건관리책임자 등에 대한 직무교육에 관한 설명으로 옳지 않은 것은?

① 법령에 따른 안전보건관리책임자에 해당하는 사람이 해당 직위에 위촉된 경우에는 위촉된 후 3개월 이내에 직무를 수행하는 데 필요한 신규교육을 받아야 한다.
② 법령에 따른 보건관리자가 의사인 경우에는 채용된 후 1년 이내에 직무를 수행하는 데 필요한 신규교육을 받아야 한다.
③ 법령에 따른 안전보건총괄책임자에 해당하는 사람은 선임된 후 매 2년이 되는 날을 기준으로 전후 3개월 사이에 고용노동부장관이 실시하는 안전·보건에 관한 보수교육을 받아야 한다.
④ 직무교육기관의 장은 직무교육을 실시하기 15일 전까지 교육 일시 및 장소 등을 직무교육 대상자에게 알려야 한다.
⑤ 직무교육을 이수한 사람이 다른 사업장으로 전직하여 신규로 선임되어 선임신고를 하는 경우에는 전직 전에 받은 교육이수증명서를 제출하면 해당 교육을 이수한 것으로 본다.

> 해설

> 근거조문   시행규칙 제29조, 제35조

시행규칙 제29조(안전보건관리책임자 등에 대한 직무교육) ① 법 제32조 제1항 각 호 외의 부분 본문에 따라 다음 각 호의 어느 하나에 해당하는 사람은 해당 직위에 **선임(위촉의 경우를 포함한다.** 이하 같다)되거나 **채용된 후 3개월(보건관리자가 의사인 경우는 1년을 말한다)** 이내에 직무를 수행하는 데 필요한 신규교육을 받아야 하며, **신규교육을 이수한 후 매 2년이 되는 날을 기준으로 전후 3개월 사이에** 고용노동부장관이 실시하는 안전보건에 관한 **보수교육을 받아야 한다.**

1. 법 제15조 제1항에 따른 안전보건관리책임자 → 안전보건총괄책임자(x)
2. 법 제17조 제1항에 따른 안전관리자(「기업활동 규제완화에 관한 특별조치법」 제30조 제3항에 따라 안전관리자로 채용된 것으로 보는 사람을 포함한다)
3. 법 제18조 제1항에 따른 보건관리자
4. 법 제19조 제1항에 따른 안전보건관리담당자
5. 법 제21조 제1항에 따른 안전관리전문기관 또는 보건관리전문기관에서 안전관리자 또는 보건관리자의 위탁 업무를 수행하는 사람
6. 법 제74조 제1항에 따른 건설재해예방전문지도기관에서 지도업무를 수행하는 사람
7. 법 제96조 제1항에 따라 지정받은 안전검사기관에서 검사업무를 수행하는 사람
8. 법 제100조 제1항에 따라 지정받은 자율안전검사기관에서 검사업무를 수행하는 사람
9. 법 제120조 제1항에 따른 석면조사기관에서 석면조사 업무를 수행하는 사람

② 제1항에 따른 신규교육 및 보수교육(이하 "직무교육"이라 한다)의 교육시간은 별표 4와 같고, 교육내용은 별표 5와 같다.
③ 직무교육을 실시하기 위한 집체교육, 현장교육, 인터넷원격교육 등의 교육 방법, 직무교육 기관의 관리, 그 밖에 교육에 필요한 사항은 고용노동부장관이 정하여 고시한다.

시행규칙 제35조(직무교육의 신청 등) ① 직무교육을 받으려는 자는 별지 제15호서식의 직무교육 수강신청서를 직무교육기관의 장에게 제출해야 한다.
② 직무교육기관의 장은 직무교육을 실시하기 **15일 전까지 교육 일시 및 장소** 등을 직무교육 대상자에게 알려야 한다.
③ 직무교육을 이수한 사람이 다른 사업장으로 전직하여 신규로 선임되어 선임신고를 하는 경우에는 전직 전에 받은 교육이수증명서를 제출하면 해당 교육을 이수한 것으로 본다.
④ 직무교육기관의 장이 직무교육을 실시하려는 경우에는 매년 12월 31일까지 다음 연도의 교육 실시계획서를 고용노동부장관에게 제출(전자문서로 제출하는 것을 포함한다)하여 승인을 받아야 한다.

정답 ③

17 산업안전보건법령상 고용노동부장관이 실시하는 안전·보건에 관한 직무교육을 받아야 할 대상자를 모두 고른 것은?

> ㄱ. 안전보건관리책임자
> ㄴ. 명예산업안전감독관
> ㄷ. 안전관리자
> ㄹ. 관리감독자
> ㅁ. 지정받은 안전검사기관에서 검사업무를 수행하는 사람

① ㄱ, ㄴ
② ㄴ, ㄷ
③ ㄱ, ㄴ, ㄷ
④ ㄱ, ㄷ, ㅁ
⑤ ㄱ, ㄷ, ㄹ, ㅁ

해설

근거조문 시행규칙 제29조

정답 ④

---

18 산업안전보건법령상 직무교육에 관한 설명으로 옳은 것은? (단, 전직하여 신규로 선임된 경우는 고려하지 않음)

① 직무교육기관의 장은 직무교육을 실시하기 30일 전까지 교육 일시 및 장소 등을 직무 교육 대상자에게 알려야 한다.
② 보건관리자로 의사가 선임된 경우 선임된 후 3개월 이내에 직무를 수행하는 데 필요한 신규교육을 받아야 한다.
③ 재해예방 전문지도기관에서 지도업무를 수행하는 사람은 해당 직위에 선임된 후 3개월 이내에 직무를 수행하는 데 필요한 신규교육을 받아야 한다.
④ 안전보건관리책임자는 신규교육을 이수한 후 매 3년이 되는 날을 기준으로 전후 2개월 사이에 안전·보건에 관한 보수교육을 받아야 한다.
⑤ 안전관리자로 선임된 자는 해당 직위에 선임된 후 6개월 이내에 직무를 수행하는 데 필요한 신규교육을 받아야 한다.

해설

근거조문 시행규칙 제29조

정답 ③

19 산업안전보건법령상 사업주가 근로자에 대하여 실시하는 안전·보건교육의 교육대상, 교육과정 및 교육시간의 조합으로 옳은 것은? (단기, 간헐적 작업은 제외)

① 일용근로자를 제외한 근로자에 대한 작업내용변경 시의 교육 - 8시간 이상
② 밀폐공간에서의 작업에 종사하는 일용근로자를 제외한 근로자에 대한 특별 안전·보건교육 - 16시간 이상
③ 건설 일용근로자에 대한 건설업 기초안전·보건교육 - 2시간
④ 관리감독자의 지위에 있는 사람에 대한 정기교육 - 연간 12시간 이상
⑤ 판매업무에 직접 종사하는 근로자에 대한 정기교육 - 매분기 6시간 이상

> **해설**

근거조문 시행규칙 별표4, 별표5

■ 산업안전보건법 시행규칙 [별표 4] ★

안전보건교육 교육과정별 교육시간(제26조 제1항 등 관련)

1. 근로자 안전보건교육(제26조 제1항, 제28조 제1항 관련)

교육과정	교육대상		교육시간
가. 정기교육	사무직 종사 근로자		매분기 3시간 이상
	사무직 종사 근로자 외의 근로자	판매업무에 직접 종사하는 근로자	매분기 3시간 이상
		판매업무에 직접 종사하는 근로자 외의 근로자	매분기 6시간 이상
	관리감독자의 지위에 있는 사람		연간 16시간 이상
나. 채용 시 교육	일용근로자		1시간 이상
	일용근로자를 제외한 근로자		8시간 이상
다. 작업내용 변경 시 교육	일용근로자		1시간 이상
	일용근로자를 제외한 근로자		2시간 이상
라. 특별교육	별표 5 제1호 라목 각 호(제40호는 제외한다)의 어느 하나에 해당하는 작업에 종사하는 일용근로자		2시간 이상
	별표 5 제1호 라목제40호의 타워크레인 신호작업에 종사하는 일용근로자		8시간 이상
	별표 5 제1호 라목 각 호의 어느 하나에 해당하는 작업에 종사하는 일용근로자를 제외한 근로자		- 16시간 이상(최초 작업에 종사하기 전 4시간 이상 실시하고 12시간은 3개월 이내에서 분할하여 실시가능) - 단기간 작업 또는 간헐적 작업인 경우에는 2시간 이상
마. 건설업 기초안전·보건교육	건설 일용근로자		4시간 이상

비고
1. 상시근로자 50명 미만의 도매업과 숙박 및 음식점업은 위 표의 가목부터 라목까지의 규정에도 불구하고 해당 교육과정별 교육시간의 2분의 1이상을 실시해야 한다.
2. 근로자(관리감독자의 지위에 있는 사람은 제외한다)가 「화학물질관리법 시행규칙」 제37조 제4항에 따른 유해화학물질 안전교육을 받은 경우에는 그 시간만큼 가목에 따른 해당 분기의 정기교육을 받은 것으로 본다.
3. 방사선작업종사자가 「원자력안전법 시행령」 제148조 제1항에 따라 방사선작업종사자 정기교육을 받은 때에는 그 해당시간 만큼 가목에 따른 해당 분기의 정기교육을 받은 것으로 본다.
4. 방사선 업무에 관계되는 작업에 종사하는 근로자가 「원자력안전법 시행령」 제148조 제1항에 따라 방사선작업종사자 신규교육 중 직장교육을 받은 때에는 그 시간만큼 라목 중 별표 5 제1호 라목 33에 따른 해당 근로자에 대한 특별교육을 받은 것으로 본다.

2. 안전보건관리책임자 등에 대한 교육(제29조 제2항 관련) ★

교육대상	교육시간	
	신규교육	보수교육
가. 안전보건관리책임자	6시간 이상	6시간 이상
나. 안전관리자, 안전관리전문기관의 종사자	34시간 이상	24시간 이상
다. 보건관리자, 보건관리전문기관의 종사자	34시간 이상	24시간 이상
라. 건설재해예방전문지도기관의 종사자	34시간 이상	24시간 이상
마. 석면조사기관의 종사자	34시간 이상	24시간 이상
바. <u>안전보건관리담당자</u>	-	8시간 이상
사. <u>안전검사기관, 자율안전검사기관의 종사자</u>	34시간 이상	24시간 이상

3. 특수형태근로종사자에 대한 안전보건교육(제95조 제1항 관련)

교육과정	교육시간
가. 최초 노무제공 시 교육	2시간 이상(단기간 작업 또는 간헐적 작업에 노무를 제공하는 경우에는 1시간 이상 실시하고, 특별교육을 실시한 경우는 면제)
나. 특별교육	16시간 이상(최초 작업에 종사하기 전 4시간 이상 실시하고 12시간은 3개월 이내에서 분할하여 실시가능)
	단기간 작업 또는 간헐적 작업인 경우에는 2시간 이상

4. 검사원 성능검사 교육(제131조 제2항 관련)

교육과정	교육대상	교육시간
성능검사 교육	-	<u>28시간 이상</u>

■ 산업안전보건법 시행규칙 [별표 5] ★

안전보건교육 교육대상별 교육내용(제26조 제1항 등 관련)

1. 근로자 안전보건교육(제26조 제1항 관련)
가. 근로자 정기교육

교육내용
○ 산업안전 및 사고 예방에 관한 사항 ○ 산업보건 및 직업병 예방에 관한 사항 ○ 건강증진 및 질병 예방에 관한 사항 ○ 유해·위험 작업환경 관리에 관한 사항 ○ 산업안전보건법령 및 일반관리에 관한 사항 ○ 직무스트레스 예방 및 관리에 관한 사항 ○ 산업재해보상보험 제도에 관한 사항

나. 관리감독자 정기교육

교육내용
○ 작업공정의 유해·위험과 재해 예방대책에 관한 사항 ○ 표준안전작업방법 및 지도 요령에 관한 사항 ○ 관리감독자의 역할과 임무에 관한 사항 ○ 산업보건 및 직업병 예방에 관한 사항 ○ 유해·위험 작업환경 관리에 관한 사항 ○ 산업안전보건법령 및 일반관리에 관한 사항 ○ 직무스트레스 예방 및 관리에 관한 사항 ○ 산재보상보험제도에 관한 사항 ○ 안전보건교육 능력 배양에 관한 사항 - 현장근로자와의 의사소통능력 향상, 강의능력 향상, 기타 안전보건교육 능력 배양 등에 관한 사항 (※ 안전보건교육 능력 배양 내용은 전체 관리감독자 교육시간의 1/3이하에서 할 수 있다.)

다. 채용 시 교육 및 작업내용 변경 시 교육

교육내용
○ 기계·기구의 위험성과 작업의 순서 및 동선에 관한 사항 ○ 작업 개시 전 점검에 관한 사항 ○ 정리정돈 및 청소에 관한 사항 ○ 사고 발생 시 긴급조치에 관한 사항 ○ 산업보건 및 직업병 예방에 관한 사항 ○ 물질안전보건자료에 관한 사항 ○ 직무스트레스 예방 및 관리에 관한 사항 ○ 산업안전보건법령 및 일반관리에 관한 사항

라. 특별교육 대상 작업별 교육

작업명	교육내용
<공통내용> 제1호부터 제40호까지의 작업	다목과 같은 내용

<개별내용> 1. 고압실 내 작업(잠함공법이나 그 밖의 압기공법으로 대기압을 넘는 기압인 작업실 또는 수갱 내부에서 하는 작업만 해당한다)	○ 고기압 장해의 인체에 미치는 영향에 관한 사항 ○ 작업의 시간·작업 방법 및 절차에 관한 사항 ○ 압기공법에 관한 기초지식 및 보호구 착용에 관한 사항 ○ 이상 발생 시 응급조치에 관한 사항 ○ 그 밖에 안전·보건관리에 필요한 사항
2. 아세틸렌 용접장치 또는 가스집합 용접장치를 사용하는 금속의 용접·용단 또는 가열작업(발생기·도관 등에 의하여 구성되는 용접장치만 해당한다)	○ 용접 흄, 분진 및 유해광선 등의 유해성에 관한 사항 ○ 가스용접기, 압력조정기, 호스 및 취관두(불꽃이 나오는 용접기의 앞부분) 등의 기기점검에 관한 사항 ○ 작업방법·순서 및 응급처치에 관한 사항 ○ 안전기 및 보호구 취급에 관한 사항 ○ 화재예방 및 초기대응에 관한사항 ○ 그 밖에 안전·보건관리에 필요한 사항
3. 밀폐된 장소(탱크 내 또는 환기가 극히 불량한 좁은 장소를 말한다)에서 하는 용접작업 또는 습한 장소에서 하는 전기용접 작업	○ 작업순서, 안전작업방법 및 수칙에 관한 사항 ○ 환기설비에 관한 사항 ○ 전격 방지 및 보호구 착용에 관한 사항 ○ 질식 시 응급조치에 관한 사항 ○ 작업환경 점검에 관한 사항 ○ 그 밖에 안전·보건관리에 필요한 사항
4. 폭발성·물반응성·자기반응성·자기발열성 물질, 자연발화성 액체·고체 및 인화성 액체의 제조 또는 취급작업(시험연구를 위한 취급작업은 제외한다)	○ 폭발성·물반응성·자기반응성·자기발열성 물질, 자연발화성 액체·고체 및 인화성 액체의 성질이나 상태에 관한 사항 ○ 폭발 한계점, 발화점 및 인화점 등에 관한 사항 ○ 취급방법 및 안전수칙에 관한 사항 ○ 이상 발견 시의 응급처치 및 대피 요령에 관한 사항 ○ 화기·정전기·충격 및 자연발화 등의 위험방지에 관한 사항 ○ 작업순서, 취급주의사항 및 방호거리 등에 관한 사항 ○ 그 밖에 안전·보건관리에 필요한 사항
5. 액화석유가스·수소가스 등 인화성 가스 또는 폭발성 물질 중 가스의 발생장치 취급 작업	○ 취급가스의 상태 및 성질에 관한 사항 ○ 발생장치 등의 위험 방지에 관한 사항 ○ 고압가스 저장설비 및 안전취급방법에 관한 사항 ○ 설비 및 기구의 점검 요령 ○ 그 밖에 안전·보건관리에 필요한 사항
6. 화학설비 중 반응기, 교반기·추출기의 사용 및 세척작업	○ 각 계측장치의 취급 및 주의에 관한 사항 ○ 투시창·수위 및 유량계 등의 점검 및 밸브의 조작주의에 관한 사항 ○ 세척액의 유해성 및 인체에 미치는 영향에 관한 사항 ○ 작업 절차에 관한 사항 ○ 그 밖에 안전·보건관리에 필요한 사항
7. 화학설비의 탱크 내 작업	○ 차단장치·정지장치 및 밸브 개폐장치의 점검에 관한 사항 ○ 탱크 내의 산소농도 측정 및 작업환경에 관한 사항 ○ 안전보호구 및 이상 발생 시 응급조치에 관한 사항 ○ 작업절차·방법 및 유해·위험에 관한 사항 ○ 그 밖에 안전·보건관리에 필요한 사항

8. 분말·원재료 등을 담은 호퍼(하부가 깔대기 모양으로 된 저장통)·저장창고 등 저장탱크의 내부작업	○ 분말·원재료의 인체에 미치는 영향에 관한 사항 ○ 저장탱크 내부작업 및 복장보호구 착용에 관한 사항 ○ 작업의 지정·방법·순서 및 작업환경 점검에 관한 사항 ○ 팬·풍기(風旗) 조작 및 취급에 관한 사항 ○ 분진 폭발에 관한 사항 ○ 그 밖에 안전·보건관리에 필요한 사항	

9. 다음 각 목에 정하는 설비에 의한 물건의 가열·건조작업
  가. 건조설비 중 위험물 등에 관계되는 설비로 속부피가 1세제곱미터 이상인 것
  나. 건조설비 중 가목의 위험물 등 외의 물질에 관계되는 설비로서, 연료를 열원으로 사용하는 것(그 최대연소소비량이 매 시간당 10킬로그램 이상인 것만 해당한다) 또는 전력을 열원으로 사용하는 것(정격소비전력이 10킬로와트 이상인 경우만 해당한다)
	○ 건조설비 내외면 및 기기기능의 점검에 관한 사항
	○ 복장보호구 착용에 관한 사항
	○ 건조 시 유해가스 및 고열 등이 인체에 미치는 영향에 관한 사항
	○ 건조설비에 의한 화재·폭발 예방에 관한 사항	

10. 다음 각 목에 해당하는 집재장치(집재기·가선·운반기구·지주 및 이들에 부속하는 물건으로 구성되고, 동력을 사용하여 원목 또는 장작과 숯을 담아 올리거나 공중에서 운반하는 설비를 말한다)의 조립, 해체, 변경 또는 수리작업 및 이들 설비에 의한 집재 또는 운반 작업
  가. 원동기의 정격출력이 7.5킬로와트를 넘는 것
  나. 지간의 경사거리 합계가 350미터 이상인 것
  다. 최대사용하중이 200킬로그램 이상인 것
	○ 기계의 브레이크 비상정지장치 및 운반경로, 각종 기능 점검에 관한 사항
	○ 작업 시작 전 준비사항 및 작업방법에 관한 사항
	○ 취급물의 유해·위험에 관한 사항
	○ 구조상의 이상 시 응급처치에 관한 사항
	○ 그 밖에 안전·보건관리에 필요한 사항	

11. 동력에 의하여 작동되는 프레스기계를 5대 이상 보유한 사업장에서 해당 기계로 하는 작업	○ 프레스의 특성과 위험성에 관한 사항 ○ 방호장치 종류와 취급에 관한 사항 ○ 안전작업방법에 관한 사항 ○ 프레스 안전기준에 관한 사항 ○ 그 밖에 안전·보건관리에 필요한 사항	

12. 목재가공용 기계[둥근톱기계, 띠톱기계, 대패기계, 모떼기 기계 및 라우터기(목재를 자르거나 홈을 파는 기계)만 해당하며, 휴대용은 제외한다]를 5대 이상 보유한 사업장에서 해당 기계로 하는 작업	○ 목재가공용 기계의 특성과 위험성에 관한 사항 ○ 방호장치의 종류와 구조 및 취급에 관한 사항 ○ 안전기준에 관한 사항 ○ 안전작업방법 및 목재 취급에 관한 사항 ○ 그 밖에 안전·보건관리에 필요한 사항
13. 운반용 등 하역기계를 5대 이상 보유한 사업장에서의 해당 기계로 하는 작업	○ 운반하역기계 및 부속설비의 점검에 관한 사항 ○ 작업순서와 방법에 관한 사항 ○ 안전운전방법에 관한 사항 ○ 화물의 취급 및 작업신호에 관한 사항 ○ 그 밖에 안전·보건관리에 필요한 사항
14. 1톤 이상의 크레인을 사용하는 작업 또는 1톤 미만의 크레인 또는 호이스트를 5대 이상 보유한 사업장에서 해당 기계로 하는 작업(제40호의 작업은 제외한다)	○ 방호장치의 종류, 기능 및 취급에 관한 사항 ○ 걸고리·와이어로프 및 비상정지장치 등의 기계·기구 점검에 관한 사항 ○ 화물의 취급 및 안전작업방법에 관한 사항 ○ 신호방법 및 공동작업에 관한 사항 ○ 인양 물건의 위험성 및 낙하·비래(飛來)·충돌재해 예방에 관한 사항 ○ 인양물이 적재될 지반의 조건, 인양하중, 풍압 등이 인양물과 타워크레인에 미치는 영향 ○ 그 밖에 안전·보건관리에 필요한 사항
15. 건설용 리프트·곤돌라를 이용한 작업	○ 방호장치의 기능 및 사용에 관한 사항 ○ 기계, 기구, 달기체인 및 와이어 등의 점검에 관한 사항 ○ 화물의 권상·권하 작업방법 및 안전작업 지도에 관한 사항 ○ 기계·기구에 특성 및 동작원리에 관한 사항 ○ 신호방법 및 공동작업에 관한 사항 ○ 그 밖에 안전·보건관리에 필요한 사항
16. 주물 및 단조(금속을 두들기거나 눌러서 형체를 만드는 일) 작업	○ 고열물의 재료 및 작업환경에 관한 사항 ○ 출탕·주조 및 고열물의 취급과 안전작업방법에 관한 사항 ○ 고열작업의 유해·위험 및 보호구 착용에 관한 사항 ○ 안전기준 및 중량물 취급에 관한 사항 ○ 그 밖에 안전·보건관리에 필요한 사항
17. 전압이 75볼트 이상인 정전 및 활선작업	○ 전기의 위험성 및 전격 방지에 관한 사항 ○ 해당 설비의 보수 및 점검에 관한 사항 ○ 정전작업·활선작업 시의 안전작업방법 및 순서에 관한 사항 ○ 절연용 보호구, 절연용 보호구 및 활선작업용 기구 등의 사용에 관한 사항 ○ 그 밖에 안전·보건관리에 필요한 사항
18. 콘크리트 파쇄기를 사용하여 하는 파쇄작업(2미터 이상인 구축물의 파쇄작업만 해당한다)	○ 콘크리트 해체 요령과 방호거리에 관한 사항 ○ 작업안전조치 및 안전기준에 관한 사항 ○ 파쇄기의 조작 및 공통작업 신호에 관한 사항 ○ 보호구 및 방호장비 등에 관한 사항 ○ 그 밖에 안전·보건관리에 필요한 사항

19. 굴착면의 높이가 2미터 이상이 되는 지반 굴착(터널 및 수직갱 외의 갱 굴착은 제외한다)작업	○ 지반의 형태·구조 및 굴착 요령에 관한 사항 ○ 지반의 붕괴재해 예방에 관한 사항 ○ 붕괴 방지용 구조물 설치 및 작업방법에 관한 사항 ○ 보호구의 종류 및 사용에 관한 사항 ○ 그 밖에 안전·보건관리에 필요한 사항	
20. 흙막이 지보공의 보강 또는 동바리를 설치하거나 해체하는 작업	○ 작업안전 점검 요령과 방법에 관한 사항 ○ 동바리의 운반·취급 및 설치 시 안전작업에 관한 사항 ○ 해체작업 순서와 안전기준에 관한 사항 ○ 보호구 취급 및 사용에 관한 사항 ○ 그 밖에 안전·보건관리에 필요한 사항	
21. 터널 안에서의 굴착작업(굴착용 기계를 사용하여 하는 굴착작업 중 근로자가 칼날 밑에 접근하지 않고 하는 작업은 제외한다) 또는 같은 작업에서의 터널 거푸집 지보공의 조립 또는 콘크리트 작업	○ 작업환경의 점검 요령과 방법에 관한 사항 ○ 붕괴 방지용 구조물 설치 및 안전작업 방법에 관한 사항 ○ 재료의 운반 및 취급·설치의 안전기준에 관한 사항 ○ 보호구의 종류 및 사용에 관한 사항 ○ 소화설비의 설치장소 및 사용방법에 관한 사항 ○ 그 밖에 안전·보건관리에 필요한 사항	
22. 굴착면의 높이가 2미터 이상이 되는 암석의 굴착작업	○ 폭발물 취급 요령과 대피 요령에 관한 사항 ○ 안전거리 및 안전기준에 관한 사항 ○ 방호물의 설치 및 기준에 관한 사항 ○ 보호구 및 신호방법 등에 관한 사항 ○ 그 밖에 안전·보건관리에 필요한 사항	
23. 높이가 2미터 이상인 물건을 쌓거나 무너뜨리는 작업(하역기계로만 하는 작업은 제외한다)	○ 원부재료의 취급 방법 및 요령에 관한 사항 ○ 물건의 위험성·낙하 및 붕괴재해 예방에 관한 사항 ○ 적재방법 및 전도 방지에 관한 사항 ○ 보호구 착용에 관한 사항 ○ 그 밖에 안전·보건관리에 필요한 사항	
24. 선박에 짐을 쌓거나 부리거나 이동시키는 작업	○ 하역 기계·기구의 운전방법에 관한 사항 ○ 운반·이송경로의 안전작업방법 및 기준에 관한 사항 ○ 중량물 취급 요령과 신호 요령에 관한 사항 ○ 작업안전 점검과 보호구 취급에 관한 사항 ○ 그 밖에 안전·보건관리에 필요한 사항	
25. 거푸집 동바리의 조립 또는 해체작업	○ 동바리의 조립방법 및 작업 절차에 관한 사항 ○ 조립재료의 취급방법 및 설치기준에 관한 사항 ○ 조립 해체 시의 사고 예방에 관한 사항 ○ 보호구 착용 및 점검에 관한 사항 ○ 그 밖에 안전·보건관리에 필요한 사항	
26. 비계의 조립·해체 또는 변경작업	○ 비계의 조립순서 및 방법에 관한 사항 ○ 비계작업의 재료 취급 및 설치에 관한 사항 ○ 추락재해 방지에 관한 사항 ○ 보호구 착용에 관한 사항 ○ 비계상부 작업 시 최대 적재하중에 관한 사항 ○ 그 밖에 안전·보건관리에 필요한 사항	

작업명	교육내용
27. 건축물의 골조, 다리의 상부구조 또는 탑의 금속제의 부재로 구성되는 것(5미터 이상인 것만 해당한다)의 조립·해체 또는 변경작업	○ 건립 및 버팀대의 설치순서에 관한 사항 ○ 조립 해체 시의 추락재해 및 위험요인에 관한 사항 ○ 건립용 기계의 조작 및 작업신호 방법에 관한 사항 ○ 안전장비 착용 및 해체순서에 관한 사항 ○ 그 밖에 안전·보건관리에 필요한 사항
28. 처마 높이가 5미터 이상인 목조건축물의 구조 부재의 조립이나 건축물의 지붕 또는 외벽 밑에서의 설치작업	○ 붕괴·추락 및 재해 방지에 관한 사항 ○ 부재의 강도·재질 및 특성에 관한 사항 ○ 조립·설치 순서 및 안전작업방법에 관한 사항 ○ 보호구 착용 및 작업 점검에 관한 사항 ○ 그 밖에 안전·보건관리에 필요한 사항
29. 콘크리트 인공구조물(그 높이가 2미터 이상인 것만 해당한다)의 해체 또는 파괴작업	○ 콘크리트 해체기계의 점검에 관한 사항 ○ 파괴 시의 안전거리 및 대피 요령에 관한 사항 ○ 작업방법·순서 및 신호 방법 등에 관한 사항 ○ 해체·파괴 시의 작업안전기준 및 보호구에 관한 사항 ○ 그 밖에 안전·보건관리에 필요한 사항
30. 타워크레인을 설치(상승작업을 포함한다)·해체하는 작업	○ 붕괴·추락 및 재해 방지에 관한 사항 ○ 설치·해체 순서 및 안전작업방법에 관한 사항 ○ 부재의 구조·재질 및 특성에 관한 사항 ○ 신호방법 및 요령에 관한 사항 ○ 이상 발생 시 응급조치에 관한 사항 ○ 그 밖에 안전·보건관리에 필요한 사항
31. 보일러(소형 보일러 및 다음 각 목에서 정하는 보일러는 제외한다)의 설치 및 취급 작업 　가. 몸통 반지름이 750밀리미터 이하이고 그 길이가 1,300밀리미터 이하인 증기보일러 　나. 전열면적이 3제곱미터 이하인 증기보일러 　다. 전열면적이 14제곱미터 이하인 온수보일러 　라. 전열면적이 30제곱미터 이하인 관류보일러(물관을 사용하여 가열시키는 방식의 보일러)	○ 기계 및 기기 점화장치 계측기의 점검에 관한 사항 ○ 열관리 및 방호장치에 관한 사항 ○ 작업순서 및 방법에 관한 사항 ○ 그 밖에 안전·보건관리에 필요한 사항
32. 게이지 압력을 제곱센티미터당 1킬로그램 이상으로 사용하는 압력용기의 설치 및 취급작업	○ 안전시설 및 안전기준에 관한 사항 ○ 압력용기의 위험성에 관한 사항 ○ 용기 취급 및 설치기준에 관한 사항 ○ 작업안전 점검 방법 및 요령에 관한 사항 ○ 그 밖에 안전·보건관리에 필요한 사항

작업	교육내용
33. 방사선 업무에 관계되는 작업(의료 및 실험용은 제외한다)	○ 방사선의 유해·위험 및 인체에 미치는 영향 ○ 방사선의 측정기기 기능의 점검에 관한 사항 ○ 방호거리·방호벽 및 방사선물질의 취급 요령에 관한 사항 ○ 응급처치 및 보호구 착용에 관한 사항 ○ 그 밖에 안전·보건관리에 필요한 사항
34. 맨홀작업	○ 장비·설비 및 시설 등의 안전점검에 관한 사항 ○ 산소농도 측정 및 작업환경에 관한 사항 ○ 작업내용·안전작업방법 및 절차에 관한 사항 ○ 보호구 착용 및 보호 장비 사용에 관한 사항 ○ 그 밖에 안전·보건관리에 필요한 사항
35. 밀폐공간에서의 작업	○ 산소농도 측정 및 작업환경에 관한 사항 ○ 사고 시의 응급처치 및 비상 시 구출에 관한 사항 ○ 보호구 착용 및 사용방법에 관한 사항 ○ 밀폐공간작업의 안전작업방법에 관한 사항 ○ 그 밖에 안전·보건관리에 필요한 사항
36. 허가 및 관리 대상 유해물질의 제조 또는 취급작업	○ 취급물질의 성질 및 상태에 관한 사항 ○ 유해물질이 인체에 미치는 영향 ○ 국소배기장치 및 안전설비에 관한 사항 ○ 안전작업방법 및 보호구 사용에 관한 사항 ○ 그 밖에 안전·보건관리에 필요한 사항
37. 로봇작업	○ 로봇의 기본원리·구조 및 작업방법에 관한 사항 ○ 이상 발생 시 응급조치에 관한 사항 ○ 안전시설 및 안전기준에 관한 사항 ○ 조작방법 및 작업순서에 관한 사항
38. 석면해체·제거작업	○ 석면의 특성과 위험성 ○ 석면해체·제거의 작업방법에 관한 사항 ○ 장비 및 보호구 사용에 관한 사항 ○ 그 밖에 안전·보건관리에 필요한 사항
39. 가연물이 있는 장소에서 하는 화재위험작업	○ 작업준비 및 작업절차에 관한 사항 ○ 작업장 내 위험물, 가연물의 사용·보관·설치 현황에 관한 사항 ○ 화재위험작업에 따른 인근 인화성 액체에 대한 방호조치에 관한 사항 ○ 화재위험작업으로 인한 불꽃, 불티 등의 흩날림 방지 조치에 관한 사항 ○ 인화성 액체의 증기가 남아 있지 않도록 환기 등의 조치에 관한 사항 ○ 화재감시자의 직무 및 피난교육 등 비상조치에 관한 사항 ○ 그 밖에 안전·보건관리에 필요한 사항
40. 타워크레인을 사용하는 작업 시 신호업무를 하는 작업	○ 타워크레인의 기계적 특성 및 방호장치 등에 관한 사항 ○ 화물의 취급 및 안전작업방법에 관한 사항 ○ 신호방법 및 요령에 관한 사항 ○ 인양 물건의 위험성 및 낙하·비래·충돌재해 예방에 관한 사항 ○ 인양물이 적재될 지반의 조건, 인양하중, 풍압 등이 인양물과 타워크레인에 미치는 영향 ○ 그 밖에 안전·보건관리에 필요한 사항

2. 건설업 기초안전보건교육에 대한 내용 및 시간(제28조 제1항 관련)

구분	교육 내용	시간
공통	산업안전보건법령 주요 내용(건설 일용근로자 관련 부분)	1시간
	안전의식 제고에 관한 사항	
교육 대상별	작업별 위험요인과 안전작업 방법(재해사례 및 예방대책)	2시간
	건설 직종별 건강장해 위험요인과 건강관리	1시간

3. 안전보건관리책임자 등에 대한 교육(제29조 제2항 관련)

교육대상	교육내용	
	신규과정	보수과정
가. 안전보건관리책임자	1) 관리책임자의 책임과 직무에 관한 사항 2) 산업안전보건법령 및 안전·보건조치에 관한 사항	1) 산업안전·보건정책에 관한 사항 2) 자율안전·보건관리에 관한 사항
나. 안전관리자 및 안전관리전문기관 종사자	1) 산업안전보건법령에 관한 사항 2) 산업안전보건개론에 관한 사항 3) 인간공학 및 산업심리에 관한 사항 4) 안전보건교육방법에 관한 사항 5) 재해 발생 시 응급처치에 관한 사항 6) 안전점검·평가 및 재해 분석기법에 관한 사항 7) 안전기준 및 개인보호구 등 분야별 재해예방 실무에 관한 사항 8) 산업안전보건관리비 계상 및 사용기준에 관한 사항 9) 작업환경 개선 등 산업위생 분야에 관한 사항 10) 무재해운동 추진기법 및 실무에 관한 사항 11) 위험성평가에 관한 사항 12) 그 밖에 안전관리자의 직무 향상을 위하여 필요한 사항	1) 산업안전보건법령 및 정책에 관한 사항 2) 안전관리계획 및 안전보건개선계획의 수립·평가·실무에 관한 사항 3) 안전보건교육 및 무재해운동 추진실무에 관한 사항 4) 산업안전보건관리비 사용기준 및 사용방법에 관한 사항 5) 분야별 재해 사례 및 개선 사례에 관한 연구와 실무에 관한 사항 6) 사업장 안전 개선기법에 관한 사항 7) 위험성평가에 관한 사항 8) 그 밖에 안전관리자 직무 향상을 위하여 필요한 사항
다. 보건관리자 및 보건관리전문기관 종사자	1) 산업안전보건법령 및 작업환경측정에 관한 사항 2) 산업안전보건개론에 관한 사항 3) 안전보건교육방법에 관한 사항 4) 산업보건관리계획 수립·평가 및 산업역학에 관한 사항 5) 작업환경 및 직업병 예방에 관한 사항	1) 산업안전보건법령, 정책 및 작업환경 관리에 관한 사항 2) 산업보건관리계획 수립·평가 및 안전보건교육 추진 요령에 관한 사항 3) 근로자 건강 증진 및 구급환자 관리에 관한 사항 4) 산업위생 및 산업환기에 관한 사항 5) 직업병 사례 연구에 관한 사항

		6) 작업환경 개선에 관한 사항(소음·분진·관리대상 유해물질 및 유해광선 등) 7) 산업역학 및 통계에 관한 사항 8) 산업환기에 관한 사항 9) 안전보건관리의 체제·규정 및 보건관리자 역할에 관한 사항 10) 보건관리계획 및 운용에 관한 사항 11) 근로자 건강관리 및 응급처치에 관한 사항 12) 위험성평가에 관한 사항 13) 그 밖에 보건관리자의 직무 향상을 위하여 필요한 사항	6) 유해물질별 작업환경 관리에 관한 사항 7) 위험성평가에 관한 사항 8) 그 밖에 보건관리자 직무 향상을 위하여 필요한 사항
	라. 건설재해예방 전문지도기관 종사자	1) 산업안전보건법령 및 정책에 관한 사항 2) 분야별 재해사례 연구에 관한 사항 3) 새로운 공법 소개에 관한 사항 4) 사업장 안전관리기법에 관한 사항 5) 위험성평가의 실시에 관한 사항 6) 그 밖에 직무 향상을 위하여 필요한 사항	1) 산업안전보건법령 및 정책에 관한 사항 2) 분야별 재해사례 연구에 관한 사항 3) 새로운 공법 소개에 관한 사항 4) 사업장 안전관리기법에 관한 사항 5) 위험성평가의 실시에 관한 사항 6) 그 밖에 직무 향상을 위하여 필요한 사항
	마. 석면조사기관 종사자	1) 석면 제품의 종류 및 구별 방법에 관한 사항 2) 석면에 의한 건강유해성에 관한 사항 3) 석면 관련 법령 및 제도(법, 「석면안전관리법」 및 「건축법」 등)에 관한 사항 4) 법 및 산업안전보건 정책방향에 관한 사항 5) 석면 시료채취 및 분석 방법에 관한 사항 6) 보호구 착용 방법에 관한 사항 7) 석면조사결과서 및 석면지도 작성 방법에 관한 사항 8) 석면 조사 실습에 관한 사항	1) 석면 관련 법령 및 제도(법, 「석면안전관리법」 및 「건축법」 등)에 관한 사항 2) 실내공기오염 관리(또는 작업환경측정 및 관리)에 관한 사항 3) 산업안전보건 정책방향에 관한 사항 4) 건축물·설비 구조의 이해에 관한 사항 5) 건축물·설비 내 석면함유 자재 사용 및 시공·제거 방법에 관한 사항 6) 보호구 선택 및 관리방법에 관한 사항 7) 석면해체·제거작업 및 석면 흩날림 방지 계획 수립 및 평가에 관한 사항 8) 건축물 석면조사 시 위해도평가 및 석면지도 작성·관리 실무에 관한 사항 9) 건축 자재의 종류별 석면조사실무에 관한 사항
	바. 안전보건관리 담당자		1) 위험성평가에 관한 사항 2) 안전·보건교육방법에 관한 사항 3) 사업장 순회점검 및 지도에 관한 사항 4) 기계·기구의 적격품 선정에 관한 사항 5) 산업재해 통계의 유지·관리 및 조사에 관한 사항 6) 그 밖에 안전보건관리담당자 직무 향상을 위하여 필요한 사항

| 사. 안전검사기관 및 자율안전검사 기관 | 1) 산업안전보건법령에 관한 사항
2) 기계, 장비의 주요장치에 관한 사항
3) 측정기기 작동 방법에 관한 사항
4) 공통점검 사항 및 주요 위험요인별 점검내용에 관한 사항
5) 기계, 장비의 주요안전장치에 관한 사항
6) 검사시 안전보건 유의사항
7) 기계・전기・화공 등 공학적 기초 지식에 관한 사항
8) 검사원의 직무윤리에 관한 사항
9) 그 밖에 종사자의 직무 향상을 위하여 필요한 사항 | 1) 산업안전보건법령 및 정책에 관한 사항
2) 주요 위험요인별 점검내용에 관한 사항
3) 기계, 장비의 주요장치와 안전장치에 관한 심화과정
4) 검사시 안전보건 유의 사항
5) 구조해석, 용접, 피로, 파괴, 피해예측, 작업환기, 위험성평가 등에 관한 사항
6) 검사대상 기계별 재해 사례 및 개선 사례에 관한 연구와 실무에 관한 사항
7) 검사원의 직무윤리에 관한 사항
8) 그 밖에 종사자의 직무 향상을 위하여 필요한 사항 |

4. 특수형태근로종사자에 대한 안전보건교육(제95조 제1항 관련)
가. 최초 노무제공 시 교육

교육내용
아래의 내용 중 특수형태근로종사자의 직무에 적합한 내용을 교육해야 한다. ○ 교통안전 및 운전안전에 관한 사항 ○ 보호구 착용에 대한 사항 ○ 산업안전 및 사고 예방에 관한 사항 ○ 산업보건, 건강증진 및 질병 예방에 관한 사항 ○ 유해・위험 작업환경 관리에 관한 사항 ○ 기계・기구의 위험성과 작업의 순서 및 동선에 관한 사항 ○ 작업 개시 전 점검에 관한 사항 ○ 정리정돈 및 청소에 관한 사항 ○ 사고 발생 시 긴급조치에 관한 사항 ○ 물질안전보건자료에 관한 사항 ○ 직무스트레스 예방 및 관리에 관한 사항 ○ 「산업안전보건법」 및 산업재해보상보험 제도에 관한 사항

나. 특별교육 대상 작업별 교육 : 제1호 라목과 같다.
5. 검사원 성능검사 교육(제131조 제2항 관련)

설비명	교육과정	교육내용
가. 프레스 및 전단기	성능검사 교육	○ 관계 법령 ○ 프레스 및 전단기 개론 ○ 프레스 및 전단기 구조 및 특성 ○ 검사기준 ○ 방호장치 ○ 검사장비 용도 및 사용방법 ○ 검사실습 및 체크리스트 작성 요령 ○ 위험검출 훈련

나. 크레인	성능검사 교육	○ 관계 법령 ○ 크레인 개론 ○ 크레인 구조 및 특성 ○ 검사기준 ○ 방호장치 ○ 검사장비 용도 및 사용방법 ○ 검사실습 및 체크리스트 작성 요령 ○ 위험검출 훈련 ○ 검사원 직무
다. 리프트	성능검사 교육	○ 관계 법령 ○ 리프트 개론 ○ 리프트 구조 및 특성 ○ 검사기준 ○ 방호장치 ○ 검사장비 용도 및 사용방법 ○ 검사실습 및 체크리스트 작성 요령 ○ 위험검출 훈련 ○ 검사원 직무
라. 곤돌라	성능검사 교육	○ 관계 법령 ○ 곤돌라 개론 ○ 곤돌라 구조 및 특성 ○ 검사기준 ○ 방호장치 ○ 검사장비 용도 및 사용방법 ○ 검사실습 및 체크리스트 작성 요령 ○ 위험검출 훈련 ○ 검사원 직무
마. 국소배기장치	성능검사 교육	○ 관계 법령 ○ 산업보건 개요 ○ 산업환기의 기본원리 ○ 국소환기장치의 설계 및 실습 ○ 국소배기장치 및 제진장치 검사기준 ○ 검사실습 및 체크리스트 작성 요령 ○ 검사원 직무
바. 원심기	성능검사 교육	○ 관계 법령 ○ 원심기 개론 ○ 원심기 종류 및 구조 ○ 검사기준 ○ 방호장치 ○ 검사장비 용도 및 사용방법 ○ 검사실습 및 체크리스트 작성 요령

사. 롤러기	성능검사 교육	○ 관계 법령 ○ 롤러기 개론 ○ 롤러기 구조 및 특성 ○ 검사기준 ○ 방호장치 ○ 검사장비의 용도 및 사용방법 ○ 검사실습 및 체크리스트 작성 요령
아. 사출성형기	성능검사 교육	○ 관계 법령 ○ 사출성형기 개론 ○ 사출성형기 구조 및 특성 ○ 검사기준 ○ 방호장치 ○ 검사장비 용도 및 사용방법 ○ 검사실습 및 체크리스트 작성 요령
자. 고소작업대	성능검사 교육	○ 관계 법령 ○ 고소작업대 개론 ○ 고소작업대 구조 및 특성 ○ 검사기준 ○ 방호장치 ○ 검사장비의 용도 및 사용방법 ○ 검사실습 및 체크리스트 작성 요령
차. 컨베이어	성능검사 교육	○ 관계 법령 ○ 컨베이어 개론 ○ 컨베이어 구조 및 특성 ○ 검사기준 ○ 방호장치 ○ 검사장비의 용도 및 사용방법 ○ 검사실습 및 체크리스트 작성 요령
카. 산업용 로봇	성능검사 교육	○ 관계 법령 ○ 산업용 로봇 개론 ○ 산업용 로봇 구조 및 특성 ○ 검사기준 ○ 방호장치 ○ 검사장비 용도 및 사용방법 ○ 검사실습 및 체크리스트 작성 요령

6. 물질안전보건자료에 관한 교육(제169조 제1항 관련)

교육내용
○ 대상화학물질의 명칭(또는 제품명) ○ 물리적 위험성 및 건강 유해성 ○ 취급상의 주의사항 ○ 적절한 보호구 ○ 응급조치 요령 및 사고시 대처방법 ○ 물질안전보건자료 및 경고표지를 이해하는 방법

정답 ②

20

산업안전보건법령상 안전보건교육 교육과정별 교육시간에 관한 설명으로 옳지 않은 것은?

① 일용근로자를 제외한 근로자의 채용 시 교육시간-8시간 이상
② 타워크레인 신호작업에 종사하는 일용근로자의 특별교육시간-8시간 이상
③ 특수형태근로종사자에 대한 안전보건교육 중 특별교육-단기간 작업 또는 간헐적 작업인 경우에는 2시간 이상
④ 안전보건관리담당자의 보수교육-8시간 이상
⑤ 검사원 성능검사 교육-18시간 이상

해설

근거조문 시행규칙 별표4

정답 ⑤

21

산업안전보건법령상 안전보건관리책임자 등에 대한 직무교육에 관한 설명으로 옳은 것은?

① 보건관리자가 의사인 경우는 선임된 후 1년 이내에 직무를 수행하는 데 필요한 신규교육을 받아야 한다.
② 안전보건관리책임자로 선임된 자는 6개월 이내에 직무를 수행하는 데 필요한 신규교육을 받아야 한다.
③ 안전관리자로 선임된 자는 신규교육을 이수한 후 매 2년이 되는 날을 기준으로 전후 6개월 사이에 고용노동부장관이 실시하는 안전·보건에 관한 보수교육을 받아야 한다.
④ 기업활동 규제완화에 관한 특별조치법에 따라 안전관리자로 채용된 것으로 보는 사람은 신규교육이 면제된다.
⑤ 직무교육기관의 장은 직무교육을 실시하기 10일 전까지 교육 일시 및 장소 등을 직무교육 대상자에게 알려야 한다.

해설

근거조문 시행규칙 제29조

시행규칙 제29조(안전보건관리책임자 등에 대한 직무교육) ① 법 제32조 제1항 각 호 외의 부분 본문에 따라 다음 각 호의 어느 하나에 해당하는 사람은 해당 직위에 선임(위촉의 경우를 포함한다. 이하 같다)되거나 **채용된 후 3개월**(보건관리자가 의사인 경우는 1년을 말한다) 이내에 직무를 수행하는 데 필요한 신규교육을 받아야 하며, 신규교육을 이수한 후 매 2년이 되는 날을 기준으로 전후 3개월 사이에 고용노동부장관이 실시하는 안전보건에 관한 **보수교육을 받아야 한다.**
1. 법 제15조 제1항에 따른 안전보건관리책임자 → **안전보건총괄책임자(x)**
2. 법 제17조 제1항에 따른 안전관리자(「기업활동 규제완화에 관한 특별조치법」 제30조 제3항에 따라 안전관리자로 채용된 것으로 보는 사람을 포함한다)
3. 법 제18조 제1항에 따른 보건관리자
4. 법 제19조 제1항에 따른 안전보건관리담당자

5. 법 제21조 제1항에 따른 안전관리전문기관 또는 보건관리전문기관에서 안전관리자 또는 보건관리자의 위탁 업무를 수행하는 사람
6. 법 제74조 제1항에 따른 건설재해예방전문지도기관에서 지도업무를 수행하는 사람
7. 법 제96조 제1항에 따라 지정받은 안전검사기관에서 검사업무를 수행하는 사람
8. 법 제100조 제1항에 따라 지정받은 자율안전검사기관에서 검사업무를 수행하는 사람
9. 법 제120조 제1항에 따른 석면조사기관에서 석면조사 업무를 수행하는 사람

② 제1항에 따른 신규교육 및 보수교육(이하 "직무교육"이라 한다)의 교육시간은 별표 4와 같고, 교육내용은 별표 5와 같다.
③ 직무교육을 실시하기 위한 집체교육, 현장교육, 인터넷원격교육 등의 교육 방법, 직무교육 기관의 관리, 그 밖에 교육에 필요한 사항은 고용노동부장관이 정하여 고시한다.

정답 ①

22 산업안전보건기준에 관한 규칙상 석면해체 · 제거작업 및 유지 · 관리 등의 조치기준으로 옳지 않은 것은?

① 사업주는 석면해체 · 제거작업에 근로자를 종사하도록 하는 경우에는 1급 방진 마스크를 지급하여 착용하도록 하여야 한다.
② 사업주는 분말 상태의 석면을 혼합하거나 용기에 넣거나 꺼내는 작업, 절단 · 천공 또는 연마하는 작업 등 석면분진이 흩날리는 작업에 근로자를 종사하도록 하는 경우에 석면의 부스러기 등을 넣어두기 위하여 해당 장소에 뚜껑이 있는 용기를 갖추어 두어야 한다.
③ 사업주는 석면 취급작업을 마친 근로자의 오염된 작업복은 석면 전용의 탈의실에서만 벗도록 하여야 한다.
④ 사업주는 석면해체 · 제거작업장과 연결되거나 인접한 장소에 탈의실 · 샤워실 및 작업복 갱의실 등의 위생설비를 설치하고 필요한 용품 및 용구를 갖추어 두어야 한다.
⑤ 사업주는 석면해체 · 제거작업에서 발생된 석면을 함유한 잔재물은 습식으로 청소하거나 고성능필터가 장착된 진공청소기를 사용하여 청소하는 등 석면분진이 흩날리지 않도록 하여야 한다.

해설

근거조문 보호구 안전인증 고시 별표4, 안전보건규칙 제495조 이하

제495조(석면해체 · 제거작업 시의 조치) 사업주는 석면해체 · 제거작업에 근로자를 종사하도록 하는 경우에 다음 각 호의 구분에 따른 조치를 하여야 한다. 다만, 사업주가 다른 조치를 한 경우로서 지방고용노동관서의 장이 다음 각 호의 조치와 같거나 그 이상의 효과를 가진다고 인정하는 경우에는 다음 각 호의 조치를 한 것으로 본다.
1. 분무(噴霧)된 석면이나 석면이 함유된 보온재 또는 내화피복재(耐火被覆材)의 해체 · 제거작업
   가. 창문 · 벽 · 바닥 등은 비닐 등 불침투성 차단재로 밀폐하고 해당 장소를 음압(陰壓)으로 유지하고 그 결과를 기록 · 보존할 것(작업장이 실내인 경우에만 해당한다)
   나. 작업 시 석면분진이 흩날리지 않도록 고성능 필터가 장착된 석면분진 포집장치를 가동하는 등 필요한 조치를 할 것(작업장이 실외인 경우에만 해당한다)
   다. 물이나 습윤제(濕潤劑)를 사용하여 습식(濕式)으로 작업할 것
   라. 평상복 탈의실, 샤워실 및 작업복 탈의실 등의 위생설비를 작업장과 연결하여 설치할 것(작업장이 실내인 경우에만 해당한다)

2. 석면이 함유된 벽체, 바닥타일 및 천장재의 해체·제거작업{천공(穿孔)작업 등 석면이 적게 흩날리는 작업을 하는 경우에는 나목의 조치로 한정한다}
   가. 창문·벽·바닥 등은 비닐 등 불침투성 차단재로 밀폐할 것
   나. 물이나 습윤제를 사용하여 습식으로 작업할 것
   다. 작업장소를 음압으로 유지하고 그 결과를 기록·보존할 것(석면함유 벽체·바닥타일·천장재를 물리적으로 깨거나 기계 등을 이용하여 절단하는 작업인 경우에만 해당한다)
3. 석면이 함유된 지붕재의 해체·제거작업
   가. 해체된 지붕재는 직접 땅으로 떨어뜨리거나 던지지 말 것
   나. 물이나 습윤제를 사용하여 습식으로 작업할 것(습식작업 시 안전상 위험이 있는 경우는 제외한다)
   다. 난방이나 환기를 위한 통풍구가 지붕 근처에 있는 경우에는 이를 밀폐하고 환기설비의 가동을 중단할 것
4. 석면이 함유된 그 밖의 자재의 해체·제거작업
   가. 창문·벽·바닥 등은 비닐 등 불침투성 차단재로 밀폐할 것(작업장이 실내인 경우에만 해당한다)
   나. 석면분진이 흩날리지 않도록 석면분진 포집장치를 가동하는 등 필요한 조치를 할 것(작업장이 실외인 경우에만 해당한다)
   다. 물이나 습윤제를 사용하여 습식으로 작업할 것

제496조(석면함유 잔재물 등의 처리) ① 사업주는 석면해체·제거작업이 완료된 후 그 작업 과정에서 발생한 석면함유 잔재물 등이 해당 작업장에 남지 아니하도록 청소 등 필요한 조치를 하여야 한다.
② 사업주는 석면해체·제거작업 및 제1항에 따른 조치 중에 발생한 석면함유 잔재물 등을 비닐이나 그 밖에 이와 유사한 재질의 포대에 담아 밀봉한 후 별지 제3호서식에 따른 표지를 붙여 「폐기물관리법」에 따라 처리하여야 한다.

제497조(잔재물의 흩날림 방지) ① 사업주는 석면해체·제거작업에서 발생된 석면을 함유한 잔재물은 습식으로 청소하거나 고성능필터가 장착된 진공청소기를 사용하여 청소하는 등 석면분진이 흩날리지 않도록 하여야 한다.
② 사업주는 제1항에 따라 청소하는 경우에 압축공기를 분사하는 방법으로 청소해서는 아니 된다.

제497조의2(석면해체·제거작업 기준의 적용 특례) 석면해체·제거작업 중 석면의 함유율이 1퍼센트 이하인 경우의 작업에 관해서는 제489조부터 제497조까지의 규정에 따른 기준을 적용하지 아니한다.

제497조의3(석면함유 폐기물 처리작업 시 조치) ① 사업주는 석면을 1퍼센트 이상 함유한 폐기물(석면의 제거작업 등에 사용된 비닐시트·방진마스크·작업복 등을 포함한다)을 처리하는 작업으로서 석면분진이 발생할 우려가 있는 작업에 근로자를 종사하도록 하는 경우에는 석면분진 발산원을 밀폐하거나 국소배기장치를 설치하거나 습식방법으로 작업하도록 하는 등 석면분진이 발생하지 않도록 필요한 조치를 하여야 한다.
② 제1항에 따른 사업주에 관하여는 제464조, 제491조 제1항, 제492조, 제493조, 제494조 제2항부터 제4항까지 및 제500조를 준용하고, 제1항에 따른 근로자에 관하여는 제491조 제2항을 준용한다.

등급	특급	1급	2급
사용장소	• 베릴륨등과 같이 독성이 강한 물질들을 함유한 분진 등 발생장소 • 석면 취급장소	• 특급마스크 착용장소를 제외한 분진 등 발생장소 • 금속흄 등과 같이 열적으로 생기는 분진 등 발생장소 • 기계적으로 생기는 분진 등 발생장소(규소등과 같이 2급 방진마스크를 착용하여도 무방한 경우는 제외한다)	• 특급 및 1급 마스크 착용장소를 제외한 분진 등 발생장소
	배기밸브가 없는 안면부여과식 마스크는 특급 및 1급 장소에 사용해서는 안 된다.		

정답 ①

23 산업안전보건기준에 관한 규칙상 밀폐 공간 내 작업에 관한 설명으로 옳은 것은?

① "산소결핍"이란 공기 중의 산소농도가 18퍼센트 미만인 상태를 말한다.
② 밀폐공간 보건작업 프로그램에는 작업시작 전·후 공기상태가 적정한지를 확인하기 위한 측정·평가, 방독마스크의 착용과 관리에 대한 내용이 포함되어야 한다.
③ 근로자가 밀폐공간에서 작업을 하는 경우 밀폐공간 보건작업 프로그램을 수립하여 시행하여야 하는 주체는 보건관리자 선임의무가 있는 사업주에 한한다.
④ 사업주는 근로자가 밀폐공간에서 작업을 하는 경우 상시 작업 상황을 감시할 수 있는 감시인을 지정하여 밀폐공간 내부에 배치하여야 한다.
⑤ 사업주는 밀폐공간에 종사하는 근로자에 대하여 응급처치 등 긴급 구조훈련을 1년에 1회 이상 주기적으로 실시하여야 한다.

해설

근거조문 안전보건규칙 제618조 이하

제1절 **통칙**
제618조(정의) 이 장에서 사용하는 용어의 뜻은 다음과 같다.
1. "밀폐공간"이란 산소결핍, 유해가스로 인한 질식·화재·폭발 등의 위험이 있는 장소로서 별표 18에서 정한 장소를 말한다.
2. "유해가스"란 탄산가스·일산화탄소·황화수소 등의 기체로서 인체에 유해한 영향을 미치는 물질을 말한다.
3. "적정공기"란 산소농도의 범위가 18퍼센트 이상 23.5퍼센트 미만, 탄산가스의 농도가 1.5퍼센트 미만, 일산화탄소의 농도가 30피피엠 미만, 황화수소의 농도가 10피피엠 미만인 수준의 공기를 말한다.
4. "산소결핍"이란 공기 중의 산소농도가 18퍼센트 미만인 상태를 말한다.
5. "산소결핍증"이란 산소가 결핍된 공기를 들이마심으로써 생기는 증상을 말한다.

제2절 **밀폐공간 내 작업 시의 조치 등**
제619조(밀폐공간 작업 프로그램의 수립·시행) ① 사업주는 밀폐공간에서 근로자에게 작업을 하도록 하는 경우 다음 각 호의 내용이 포함된 **밀폐공간 작업 프로그램**을 수립하여 시행하여야 한다.
1. 사업장 내 밀폐공간의 위치 파악 및 관리 방안
2. 밀폐공간 내 질식·중독 등을 일으킬 수 있는 유해·위험 요인의 파악 및 관리 방안
3. 제2항에 따라 밀폐공간 작업 시 사전 확인이 필요한 사항에 대한 확인 절차
4. 안전보건교육 및 훈련
5. 그 밖에 밀폐공간 작업 근로자의 건강장해 예방에 관한 사항
② **사업주는 근로자가 밀폐공간에서 작업을 시작하기 전**에 다음 각 호의 사항을 확인하여 근로자가 안전한 상태에서 작업하도록 하여야 한다.
1. 작업 일시, 기간, 장소 및 내용 등 작업 정보
2. 관리감독자, 근로자, 감시인 등 작업자 정보
3. 산소 및 유해가스 농도의 측정결과 및 후속조치 사항
4. 작업 중 불활성가스 또는 유해가스의 누출·유입·발생 가능성 검토 및 후속조치 사항
5. 작업 시 착용하여야 할 보호구의 종류
6. 비상연락체계

③ 사업주는 밀폐공간에서의 작업이 종료될 때까지 제2항 각 호의 내용을 해당 작업장 출입구에 게시하여야 한다.

제619조의2(산소 및 유해가스 농도의 측정) ① 사업주는 밀폐공간에서 근로자에게 작업을 하도록 하는 경우 작업을 시작(작업을 일시 중단하였다가 다시 시작하는 경우를 포함한다)하기 전 다음 각 호의 어느 하나에 해당하는 자로 하여금 해당 밀폐공간의 산소 및 유해가스 농도를 측정하여 적정공기가 유지되고 있는지를 평가하도록 하여야 한다.
1. 관리감독자
2. 법 제17조 제1항에 따른 안전관리자 또는 법 제18조 제1항에 따른 보건관리자
3. 법 제21조에 따른 안전관리전문기관
4. 법 제21조에 따른 보건관리전문기관
5. 법 제125조 제3항에 따른 작업환경측정기관

② 사업주는 제1항에 따라 산소 및 유해가스 농도를 측정한 결과 적정공기가 유지되고 있지 아니하다고 평가된 경우에는 작업장을 환기시키거나, 근로자에게 공기호흡기 또는 송기마스크를 지급하여 착용하도록 하는 등 근로자의 건강장해 예방을 위하여 필요한 조치를 하여야 한다.

제620조(환기 등) ① 사업주는 근로자가 밀폐공간에서 작업을 하는 경우에 작업을 시작하기 전과 작업 중에 해당 작업장을 적정공기 상태가 유지되도록 환기하여야 한다. 다만, 폭발이나 산화 등의 위험으로 인하여 환기할 수 없거나 작업의 성질상 환기하기가 매우 곤란한 경우에는 근로자에게 공기호흡기 또는 송기마스크를 지급하여 착용하도록 하고 환기하지 아니할 수 있다.

② 근로자는 제1항 단서에 따라 지급된 보호구를 착용하여야 한다.

제621조(인원의 점검) 사업주는 근로자가 밀폐공간에서 작업을 하는 경우에 그 장소에 근로자를 입장시킬 때와 퇴장시킬 때마다 인원을 점검하여야 한다.

제622조(출입의 금지) ① 사업주는 사업장 내 밀폐공간을 사전에 파악하여 밀폐공간에는 관계 근로자가 아닌 사람의 출입을 금지하고, 별지 제4호 서식에 따른 출입금지 표지를 밀폐공간 근처의 보기 쉬운 장소에 게시하여야 한다.

② 근로자는 제1항에 따라 출입이 금지된 장소에 사업주의 허락 없이 출입해서는 아니 된다.

제623조(감시인의 배치 등) ① 사업주는 근로자가 밀폐공간에서 작업을 하는 동안 작업상황을 감시할 수 있는 감시인을 지정하여 밀폐공간 외부에 배치하여야 한다.

② 제1항에 따른 감시인은 밀폐공간에 종사하는 근로자에게 이상이 있을 경우에 구조요청 등 필요한 조치를 한 후 이를 즉시 관리감독자에게 알려야 한다.

③ 사업주는 근로자가 밀폐공간에서 작업을 하는 동안 그 작업장과 외부의 감시인 간에 항상 연락을 취할 수 있는 설비를 설치하여야 한다.

제624조(안전대 등) ① 사업주는 밀폐공간에서 작업하는 근로자가 산소결핍이나 유해가스로 인하여 추락할 우려가 있는 경우에는 해당 근로자에게 안전대나 구명밧줄, 공기호흡기 또는 송기마스크를 지급하여 착용하도록 하여야 한다.

② 사업주는 제1항에 따라 안전대나 구명밧줄을 착용하도록 하는 경우에 이를 안전하게 착용할 수 있는 설비 등을 설치하여야 한다.

③ 근로자는 제1항에 따라 지급된 보호구를 착용하여야 한다.

제625조(대피용 기구의 비치) 사업주는 근로자가 밀폐공간에서 작업을 하는 경우에 공기호흡기 또는 송기마스크, 사다리 및 섬유로프 등 비상시에 근로자를 피난시키거나 구출하기 위하여 필요한 기구를 갖추어 두어야 한다.

제640조(긴급 구조훈련) 사업주는 긴급상황 발생 시 대응할 수 있도록 밀폐공간에서 작업하는 근로자에 대하여 비상연락체계 운영, 구조용 장비의 사용, 공기호흡기 또는 송기마스크의 착용, 응급처치 등에 관한 훈련을 6개월에 1회 이상 주기적으로 실시하고, 그 결과를 기록하여 보존하여야 한다.

■ 산업안전보건기준에 관한 규칙 [별표 18]

밀폐공간(제618조 제1호 관련)

1. 다음의 지층에 접하거나 통하는 우물·수직갱·터널·잠함·피트 또는 그밖에 이와 유사한 것의 내부
   가. 상층에 물이 통과하지 않는 지층이 있는 역암층 중 함수 또는 용수가 없거나 적은 부분
   나. 제1철 염류 또는 제1망간 염류를 함유하는 지층
   다. 메탄·에탄 또는 부탄을 함유하는 지층
   라. 탄산수를 용출하고 있거나 용출할 우려가 있는 지층
2. 장기간 사용하지 않은 우물 등의 내부
3. 케이블·가스관 또는 지하에 부설되어 있는 매설물을 수용하기 위하여 지하에 부설한 암거·맨홀 또는 피트의 내부
4. 빗물·하천의 유수 또는 용수가 있거나 있었던 통·암거·맨홀 또는 피트의 내부
5. 바닷물이 있거나 있었던 열교환기·관·암거·맨홀·둑 또는 피트의 내부
6. 장기간 밀폐된 강재(鋼材)의 보일러·탱크·반응탑이나 그 밖에 그 내벽이 산화하기 쉬운 시설(그 내벽이 스테인리스강으로 된 것 또는 그 내벽의 산화를 방지하기 위하여 필요한 조치가 되어 있는 것은 제외한다)의 내부
7. 석탄·아탄·황화광·강재·원목·건성유(乾性油)·어유(魚油) 또는 그 밖의 공기 중의 산소를 흡수하는 물질이 들어 있는 탱크 또는 호퍼(hopper) 등의 저장시설이나 선창의 내부
8. 천장·바닥 또는 벽이 건성유를 함유하는 페인트로 도장되어 그 페인트가 건조되기 전에 밀폐된 지하실·창고 또는 탱크 등 통풍이 불충분한 시설의 내부
9. 곡물 또는 사료의 저장용 창고 또는 피트의 내부, 과일의 숙성용 창고 또는 피트의 내부, 종자의 발아용 창고 또는 피트의 내부, 버섯류의 재배를 위하여 사용하고 있는 사일로(silo), 그 밖에 곡물 또는 사료종자를 적재한 선창의 내부
10. 간장·주류·효모 그 밖에 발효하는 물품이 들어 있거나 들어 있었던 탱크·창고 또는 양조주의 내부
11. 분뇨, 오염된 흙, 썩은 물, 폐수, 오수, 그 밖에 부패하거나 분해되기 쉬운 물질이 들어있는 정화조·침전조·집수조·탱크·암거·맨홀·관 또는 피트의 내부
12. 드라이아이스를 사용하는 냉장고·냉동고·냉동화물자동차 또는 냉동컨테이너의 내부
13. 헬륨·아르곤·질소·프레온·탄산가스 또는 그 밖의 불활성기체가 들어 있거나 있었던 보일러·탱크 또는 반응탑 등 시설의 내부
14. <u>산소농도가 18퍼센트 미만 또는 23.5퍼센트 이상, 탄산가스농도가 1.5퍼센트 이상, 일산화탄소농도가 30피피엠 이상 또는 황화수소농도가 10피피엠 이상인 장소의 내부</u>
15. 갈탄·목탄·연탄난로를 사용하는 콘크리트 양생장소(養生場所) 및 가설숙소 내부
16. 화학물질이 들어있던 반응기 및 탱크의 내부
17. 유해가스가 들어있던 배관이나 집진기의 내부
18. 근로자가 상주(常住)하지 않는 공간으로서 출입이 제한되어 있는 장소의 내부

정답 ①

24

산업안전보건기준에 관한 규칙상 근로자의 추락위험 예방에 관한 설명으로 옳지 않은 것은?

① 추락방호망의 설치위치는 가능하면 작업면으로부터 가까운 지점에 설치하여야 하며, 작업면으로부터 망의 설치지점까지의 수직거리는 20미터를 초과하지 아니하여야한다.
② 안전난간은 상부 난간대, 중간 난간대, 발끝막이판 및 난간기둥으로 구성하여야한다.
③ 안전난간은 구조적으로 가장 취약한 지점에서 가장 취약한 방향으로 작용하는 100킬로그램 이상의 하중에 견딜 수 있는 구조이어야 한다.
④ 사업주는 높이 1미터 이상인 계단의 개방된 측면에 안전난간을 설치하여야 한다.
⑤ 사업주는 높이 또는 깊이 2미터 이상의 추락할 위험이 있는 장소에서 작업하는 근로자에게 안전대를 지급하고 착용하도록 하여야 한다.

> 해설

근거조문 안전보건규칙 제13조 이하

제13조(안전난간의 구조 및 설치요건) 사업주는 근로자의 추락 등의 위험을 방지하기 위하여 안전난간을 설치하는 경우 다음 각 호의 기준에 맞는 구조로 설치하여야 한다.
1. 상부 난간대, 중간 난간대, 발끝막이판 및 난간기둥으로 구성할 것. 다만, 중간 난간대, 발끝막이판 및 난간기둥은 이와 비슷한 구조와 성능을 가진 것으로 대체할 수 있다.
2. 상부 난간대는 바닥면·발판 또는 경사로의 표면(이하 "바닥면등"이라 한다)으로부터 90센티미터 이상 지점에 설치하고, 상부 난간대를 120센티미터 이하에 설치하는 경우에는 중간 난간대는 상부 난간대와 바닥면등의 중간에 설치하여야 하며, 120센티미터 이상 지점에 설치하는 경우에는 중간 난간대를 2단 이상으로 균등하게 설치하고 난간의 상하 간격은 60센티미터 이하가 되도록 할 것. 다만, 계단의 개방된 측면에 설치된 난간기둥 간의 간격이 25센티미터 이하인 경우에는 중간 난간대를 설치하지 아니할 수 있다.
3. 발끝막이판은 바닥면등으로부터 10센티미터 이상의 높이를 유지할 것. 다만, 물체가 떨어지거나 날아올 위험이 없거나 그 위험을 방지할 수 있는 망을 설치하는 등 필요한 예방 조치를 한 장소는 제외한다.
4. 난간기둥은 상부 난간대와 중간 난간대를 견고하게 떠받칠 수 있도록 적정한 간격을 유지할 것
5. 상부 난간대와 중간 난간대는 난간 길이 전체에 걸쳐 바닥면등과 평행을 유지할 것
6. 난간대는 지름 2.7센티미터 이상의 금속제 파이프나 그 이상의 강도가 있는 재료일 것
7. 안전난간은 구조적으로 가장 취약한 지점에서 가장 취약한 방향으로 작용하는 100킬로그램 이상의 하중에 견딜 수 있는 튼튼한 구조일 것

제23조(가설통로의 구조) 사업주는 가설통로를 설치하는 경우 다음 각 호의 사항을 준수하여야 한다.
1. 견고한 구조로 할 것
2. 경사는 30도 이하로 할 것. 다만, 계단을 설치하거나 높이 2미터 미만의 가설통로로서 튼튼한 손잡이를 설치한 경우에는 그러하지 아니하다.
3. 경사가 15도를 초과하는 경우에는 미끄러지지 아니하는 구조로 할 것
4. 추락할 위험이 있는 장소에는 안전난간을 설치할 것. 다만, 작업상 부득이한 경우에는 필요한 부분만 임시로 해체할 수 있다.
5. 수직갱에 가설된 통로의 길이가 15미터 이상인 경우에는 10미터 이내마다 계단참을 설치할 것
6. 건설공사에 사용하는 높이 8미터 이상인 비계다리에는 7미터 이내마다 계단참을 설치할 것

제26조(계단의 강도) ① 사업주는 계단 및 계단참을 설치하는 경우 매제곱미터당 500킬로그램 이상의 하중에 견딜 수 있는 강도를 가진 구조로 설치하여야 하며, 안전율[안전의 정도를 표시하는 것으로서 재료의 파괴응력도(破壞應力度)와 허용응력도(許容應力度)의 비율을 말한다]은 4 이상으로 하여야 한다.

② 사업주는 계단 및 승강구 바닥을 구멍이 있는 재료로 만드는 경우 렌치나 그 밖의 공구 등이 낙하할 위험이 없는 구조로 하여야 한다.

제30조(계단의 난간) 사업주는 높이 1미터 이상인 계단의 개방된 측면에 안전난간을 설치하여야 한다.

제42조(추락의 방지) ① 사업주는 근로자가 추락하거나 넘어질 위험이 있는 장소[작업발판의 끝·개구부(開口部) 등을 제외한다]또는 기계·설비·선박블록 등에서 작업을 할 때에 근로자가 위험해질 우려가 있는 경우 비계(飛階)를 조립하는 등의 방법으로 작업발판을 설치하여야 한다.

② 사업주는 제1항에 따른 작업발판을 설치하기 곤란한 경우 다음 각 호의 기준에 맞는 추락방호망을 설치하여야 한다. 다만, 추락방호망을 설치하기 곤란한 경우에는 근로자에게 안전대를 착용하도록 하는 등 추락위험을 방지하기 위하여 필요한 조치를 하여야 한다.

1. 추락방호망의 설치위치는 가능하면 작업면으로부터 가까운 지점에 설치하여야 하며, 작업면으로부터 망의 설치지점까지의 수직거리는 10미터를 초과하지 아니할 것
2. 추락방호망은 수평으로 설치하고, 망의 처짐은 짧은 변 길이의 12퍼센트 이상이 되도록 할 것
3. 건축물 등의 바깥쪽으로 설치하는 경우 추락방호망의 내민 길이는 벽면으로부터 3미터 이상 되도록 할 것. 다만, 그물코가 20밀리미터 이하인 추락방호망을 사용한 경우에는 제14조 제3항에 따른 낙하물방지망을 설치한 것으로 본다.

③ 사업주는 추락방호망을 설치하는 경우에는 「산업표준화법」에 따른 한국산업표준에서 정하는 성능기준에 적합한 추락방호망을 사용하여야 한다.

정답 ①

25. 산업안전보건기준에 관한 규칙상 근로자의 위험을 예방하기 위하여 규정된 내용으로 옳은 것은?

① 거푸집 동바리로 사용하는 파이프서포트를 2개 이상 이어서 사용하지 않도록 하여야 한다.
② 콘크리트를 타설하는 경우에는 지지강도가 높게 나오게 중앙부위에 집중적으로 타설하여야 한다.
③ 흙막이 등 기울기면의 붕괴방지 조치를 하지 않고 풍화암으로 이루어진 지반을 굴착하는 경우 굴착면의 기울기는 1 : 0.5에 맞도록 하여야 한다.
④ 위 ③항의 경우 습지인 보통 흙으로 이루어진 지반을 굴착하는 경우에는 굴착면의 기울기는 1 : 0.5 ~ 1 : 1에 맞도록 하여야 한다.
⑤ 흙막이 등 기울기면의 붕괴방지 조치를 하지 않은 상태에서 굴착면의 경사가 달라서 기울기를 계산하기 곤란한 경우 해당 굴착면에 대하여 굴착면의 기울기 기준에 따라 붕괴의 위험이 증가하지 않도록 해당 각 부분의 경사를 유지하여야 한다.

해설

근거조문 안전보건규칙 제332조 이하, 별표11

제332조(거푸집동바리등의 안전조치) 사업주는 거푸집동바리등을 조립하는 경우에는 다음 각 호의 사항을 준수하여야 한다. <개정 2019. 12. 26.>
1. 깔목의 사용, 콘크리트 타설, 말뚝박기 등 동바리의 침하를 방지하기 위한 조치를 할 것
2. 개구부 상부에 동바리를 설치하는 경우에는 상부하중을 견딜 수 있는 견고한 받침대를 설치할 것
3. 동바리의 상하 고정 및 미끄러짐 방지 조치를 하고, 하중의 지지상태를 유지할 것

4. 동바리의 이음은 맞댄이음이나 장부이음으로 하고 같은 품질의 재료를 사용할 것
5. 강재와 강재의 접속부 및 교차부는 볼트·클램프 등 전용철물을 사용하여 단단히 연결할 것
6. 거푸집이 곡면인 경우에는 버팀대의 부착 등 그 거푸집의 부상(浮上)을 방지하기 위한 조치를 할 것
7. 동바리로 사용하는 강관 [파이프 서포트(pipe support)는 제외한다]에 대해서는 다음 각 목의 사항을 따를 것
    가. 높이 2미터 이내마다 수평연결재를 2개 방향으로 만들고 수평연결재의 변위를 방지할 것
    나. 멍에 등을 상단에 올릴 경우에는 해당 상단에 강재의 단판을 붙여 멍에 등을 고정시킬 것
8. **동바리로 사용하는 파이프 서포트에 대해서는 다음 각 목의 사항을 따를 것**
    가. <u>파이프 서포트를 3개 이상 이어서 사용하지 않도록 할 것</u>
    나. 파이프 서포트를 이어서 사용하는 경우에는 4개 이상의 볼트 또는 전용철물을 사용하여 이을 것
    다. 높이가 3.5미터를 초과하는 경우에는 제7호 가목의 조치를 할 것
9. 동바리로 사용하는 강관틀에 대해서는 다음 각 목의 사항을 따를 것
    가. 강관틀과 강관틀 사이에 교차가새를 설치할 것
    나. 최상층 및 5층 이내마다 거푸집 동바리의 측면과 틀면의 방향 및 교차가새의 방향에서 5개 이내마다 수평연결재를 설치하고 수평연결재의 변위를 방지할 것
    다. 최상층 및 5층 이내마다 거푸집동바리의 틀면의 방향에서 양단 및 5개틀 이내마다 교차가새의 방향으로 띠장틀을 설치할 것
    라. 제7호 나목의 조치를 할 것
10. 동바리로 사용하는 조립강주에 대해서는 다음 각목의 사항을 따를 것
    가. 제7호 나목의 조치를 할 것
    나. 높이가 4미터를 초과하는 경우에는 높이 4미터 이내마다 수평연결재를 2개 방향으로 설치하고 수평연결재의 변위를 방지할 것
11. 시스템 동바리(규격화·부품화된 수직재, 수평재 및 가새재 등의 부재를 현장에서 조립하여 거푸집으로 지지하는 동바리 형식을 말한다)는 다음 각 목의 방법에 따라 설치할 것
    가. 수평재는 수직재와 직각으로 설치하여야 하며, 흔들리지 않도록 견고하게 설치할 것
    나. 연결철물을 사용하여 수직재를 견고하게 연결하고, 연결 부위가 탈락 또는 꺾어지지 않도록 할 것
    다. 수직 및 수평하중에 의한 동바리 본체의 변위로부터 구조적 안전성이 확보되도록 조립도에 따라 수직재 및 수평재에는 가새재를 견고하게 설치하도록 할 것
    라. <u>동바리 최상단과 최하단의 수직재와 받침철물은 서로 밀착되도록 설치하고 수직재와 받침철물의 연결부의 겹침길이는 받침철물 전체길이의 3분의 1 이상 되도록 할 것</u>
12. 동바리로 사용하는 목재에 대해서는 다음 각 목의 사항을 따를 것
    가. 제7호 가목의 조치를 할 것
    나. 목재를 이어서 사용하는 경우에는 2개 이상의 덧댐목을 대고 네 군데 이상 견고하게 묶은 후 상단을 보나 멍에에 고정시킬 것
13. 보로 구성된 것은 다음 각 목의 사항을 따를 것
    가. 보의 양끝을 지지물로 고정시켜 보의 미끄러짐 및 탈락을 방지할 것
    나. 보와 보 사이에 수평연결재를 설치하여 보가 옆으로 넘어지지 않도록 견고하게 할 것
14. 거푸집을 조립하는 경우에는 거푸집이 콘크리트 하중이나 그 밖의 외력에 견딜 수 있거나, 넘어지지 않도록 견고한 구조의 긴결재, 버팀대 또는 지지대를 설치하는 등 필요한 조치를 할 것

제334조(콘크리트의 타설작업) 사업주는 콘크리트 타설작업을 하는 경우에는 다음 각 호의 사항을 준수하여야 한다.
1. 당일의 작업을 시작하기 전에 해당 작업에 관한 거푸집동바리등의 변형·변위 및 지반의 침하 유무 등을 점검하고 이상이 있으면 보수할 것
2. 작업 중에는 거푸집동바리등의 변형·변위 및 침하 유무 등을 감시할 수 있는 감시자를 배치하여 이상이 있으면 작업을 중지하고 근로자를 대피시킬 것
3. 콘크리트 타설작업 시 거푸집 붕괴의 위험이 발생할 우려가 있으면 충분한 보강조치를 할 것

4. 설계도서상의 콘크리트 양생기간을 준수하여 거푸집동바리등을 해체할 것
5. 콘크리트를 타설하는 경우에는 편심이 발생하지 않도록 골고루 분산하여 타설할 것

제338조(지반 등의 굴착 시 위험 방지) ① 사업주는 지반 등을 굴착하는 경우에는 굴착면의 기울기를 별표 11의 기준에 맞도록 하여야 한다. 다만, 흙막이 등 기울기면의 붕괴 방지를 위하여 적절한 조치를 한 경우에는 그러하지 아니하다.

② 제1항의 경우 굴착면의 경사가 달라서 기울기를 계산하기가 곤란한 경우에는 해당 굴착면에 대하여 별표 11의 기준에 따라 붕괴의 위험이 증가하지 않도록 해당 각 부분의 경사를 유지하여야 한다.

■ 산업안전보건기준에 관한 규칙 [별표 11]

굴착면의 기울기 기준(제338조 제1항 관련)

구분	지반의 종류	기울기
보통흙	습지	1 : 1~1 : 1.5
	건지	1 : 0.5~1 : 1
암반	풍화암	1 : 0.8
	연암	1 : 0.5
	경암	1 : 0.3

정답 ⑤

3회

산업안전보건법령 진도별 모의고사 해설

01 산업안전보건법령상 근로자대표가 사업주에게 그 내용 또는 결과를 통지할 것을 요청할 수 있는 사항이 아닌 것은?

① 산업재해 예방계획의 수립에 관하여 산업안전보건위원회가 의결할 사항
② 개별 근로자의 건강진단 결과에 관한 사항
③ 작업환경측정에 관한 사항
④ 안전보건개선계획의 수립·시행명령을 받은 사업장의 경우 안전보건개선계획의 수립·시행 내용에 관한 사항
⑤ 물질안전보건자료의 작성·비치 등에 관한 사항

해설

근거조문 법률 제35조

제35조(근로자대표의 통지 요청) 근로자대표는 사업주에게 다음 각 호의 사항을 통지하여 줄 것을 요청할 수 있고, 사업주는 이에 성실히 따라야 한다.
1. 산업안전보건위원회(제75조에 따라 노사협의체를 구성·운영하는 경우에는 노사협의체를 말한다)가 의결한 사항
2. 제47조에 따른 안전보건진단 결과에 관한 사항
3. 제49조에 따른 안전보건개선계획의 수립·시행에 관한 사항
4. 제64조 제1항 각 호에 따른 도급인의 이행 사항
5. 제110조 제1항에 따른 물질안전보건자료에 관한 사항
6. 제125조 제1항에 따른 작업환경측정에 관한 사항
7. 그 밖에 고용노동부령으로 정하는 안전 및 보건에 관한 사항

제64조(도급에 따른 산업재해 예방조치) ① 도급인은 관계수급인 근로자가 도급인의 사업장에서 작업을 하는 경우 다음 각 호의 사항을 이행하여야 한다.
1. 도급인과 수급인을 구성원으로 하는 안전 및 보건에 관한 협의체의 구성 및 운영
2. 작업장 순회점검
3. 관계수급인이 근로자에게 하는 제29조 제1항부터 제3항까지의 규정에 따른 안전보건교육을 위한 장소 및 자료의 제공 등 지원
4. 관계수급인이 근로자에게 하는 제29조 제3항에 따른 안전보건교육의 실시 확인
5. 다음 각 목의 어느 하나의 경우에 대비한 경보체계 운영과 대피방법 등 훈련
   가. 작업 장소에서 발파작업을 하는 경우
   나. 작업 장소에서 화재·폭발, 토사·구축물 등의 붕괴 또는 지진 등이 발생한 경우
6. 위생시설 등 고용노동부령으로 정하는 시설의 설치 등을 위하여 필요한 장소의 제공 또는 도급인이 설치한 위생시설 이용의 협조

② 제1항에 따른 도급인은 고용노동부령으로 정하는 바에 따라 자신의 근로자 및 관계수급인 근로자와 함께 정기적으로 또는 수시로 작업장의 안전 및 보건에 관한 점검을 하여야 한다.
③ 제1항에 따른 안전 및 보건에 관한 협의체 구성 및 운영, 작업장 순회점검, 안전보건교육 지원, 그 밖에 필요한 사항은 고용노동부령으로 정한다.

정답 ②

02 산업안전보건법령상 근로자대표의 자료요청에 대하여 사업주가 응하지 않아도 되는 것만을 모두 고른 것은?

ㄱ. 산업안전보건위원회가 의결한 사항
ㄴ. 도급사업에 있어서의 도급 사업주의 산업재해예방조치
ㄷ. 안전·보건교육 실시 결과에 관한 사항
ㄹ. 공정안전보고서의 작성 및 확인에 관한 사항
ㅁ. 근로자 건강진단에 관한 사항
ㅂ. 작업환경측정에 관한 사항

① ㄱ, ㄴ, ㄷ
② ㄱ, ㅁ, ㅂ
③ ㄴ, ㄷ, ㄹ
④ ㄷ, ㄹ, ㅁ
⑤ ㄹ, ㅁ, ㅂ

해설

근거조문 ▶ 법률 제35조

정답 ④

03 산업안전보건법령상 안전보건표지에 관한 설명으로 옳지 않은 것은?

① 안전보건표지의 표시를 명확히 하기 위하여 필요한 경우에는 그 안전보건표지의 주위에 표시사항을 흰색 바탕에 검은색 한글고딕체로 표기한 글자로 덧붙여 적을 수 있다.
② 사업주는 사업장에 설치한 안전보건표지의 색도기준이 유지되도록 관리해야 한다.
③ 안전보건표지의 성질상 부착하는 것이 곤란한 경우에도 해당 물체에 직접 도색할 수 없다.
④ 안전보건표지 속의 그림의 크기는 안전보건표지 전체 규격의 30퍼센트 이상이 되어야 한다.
⑤ 안전보건표지는 쉽게 변형되지 않는 재료로 제작해야 한다.

> 해설

> 근거조문 법률 제35조

제37조(안전보건표지의 설치·부착) ① 사업주는 유해하거나 위험한 장소·시설·물질에 대한 경고, 비상시에 대처하기 위한 지시·안내 또는 그 밖에 근로자의 안전 및 보건 의식을 고취하기 위한 사항 등을 그림, 기호 및 글자 등으로 나타낸 표지(이하 이 조에서 "안전보건표지"라 한다)를 근로자가 쉽게 알아볼 수 있도록 설치하거나 붙여야 한다. 이 경우 「외국인근로자의 고용 등에 관한 법률」 제2조에 따른 외국인근로자(같은 조 단서에 따른 사람을 포함한다)를 사용하는 사업주는 안전보건표지를 고용노동부장관이 정하는 바에 따라 해당 외국인근로자의 모국어로 작성하여야 한다. <개정 2020. 5. 26.>
② 안전보건표지의 종류, 형태, 색채, 용도 및 설치·부착 장소, 그 밖에 필요한 사항은 고용노동부령으로 정한다.

> **외국인 고용법 제2조(외국인근로자의 정의)** 이 법에서 "외국인근로자"란 대한민국의 국적을 가지지 아니한 사람으로서 국내에 소재하고 있는 사업 또는 사업장에서 임금을 목적으로 근로를 제공하고 있거나 제공하려는 사람을 말한다. 다만, 「출입국관리법」 제18조 제1항에 따라 취업활동을 할 수 있는 체류자격을 받은 외국인 중 취업분야 또는 체류기간 등을 고려하여 대통령령으로 정하는 사람은 제외한다.

시행규칙 제38조(안전보건표지의 종류·형태·색채 및 용도 등) ① 법 제37조 제2항에 따른 안전보건표지의 종류와 형태는 별표 6과 같고, 그 용도, 설치·부착 장소, 형태 및 색채는 별표 7과 같다.
② 안전보건표지의 표시를 명확히 하기 위하여 필요한 경우에는 그 안전보건표지의 주위에 표시사항을 글자로 덧붙여 적을 수 있다. 이 경우 글자는 흰색 바탕에 검은색 한글고딕체로 표기해야 한다.
③ 안전보건표지에 사용되는 색채의 색도기준 및 용도는 별표 8과 같고, 사업주는 사업장에 설치하거나 부착한 안전보건표지의 색도기준이 유지되도록 관리해야 한다.
④ 안전보건표지에 관하여 법 또는 법에 따른 명령에서 규정하지 않은 사항으로서 다른 법 또는 다른 법에 따른 명령에서 규정한 사항이 있으면 그 부분에 대해서는 그 법 또는 명령을 적용한다.

시행규칙 제39조(안전보건표지의 설치 등) ① 사업주는 법 제37조에 따라 안전보건표지를 설치하거나 부착할 때에는 별표 7의 구분에 따라 근로자가 쉽게 알아볼 수 있는 장소·시설 또는 물체에 설치하거나 부착해야 한다.
② 사업주는 안전보건표지를 설치하거나 부착할 때에는 흔들리거나 쉽게 파손되지 않도록 견고하게 설치하거나 부착해야 한다.
③ 안전보건표지의 성질상 설치하거나 부착하는 것이 곤란한 경우에는 해당 물체에 직접 도색할 수 있다.

시행규칙 제40조(안전보건표지의 제작) ① 안전보건표지는 그 종류별로 별표 9에 따른 기본모형에 의하여 별표 7의 구분에 따라 제작해야 한다.
② 안전보건표지는 그 표시내용을 근로자가 빠르고 쉽게 알아볼 수 있는 크기로 제작해야 한다.
③ 안전보건표지 속의 그림 또는 부호의 크기는 안전보건표지의 크기와 비례해야 하며, 안전보건표지 전체 규격의 30퍼센트 이상이 되어야 한다.
④ 안전보건표지는 쉽게 파손되거나 변형되지 않는 재료로 제작해야 한다.
⑤ 야간에 필요한 안전보건표지는 야광물질을 사용하는 등 쉽게 알아볼 수 있도록 제작해야 한다.

■ 산업안전보건법 시행규칙 [별표 6]

안전보건표지의 종류와 형태(제38조 제1항 관련)

1. 금지표지	101 출입금지	102 보행금지	103 차량통행금지	104 사용금지	105 탑승금지	106 금연
	107 화기금지	108 물체이동금지	2. 경고표지	201 인화성물질 경고	202 산화성물질 경고	203 폭발성물질 경고	204 급성독성물질 경고
	205 부식성물질 경고	206 방사성물질 경고	207 고압전기 경고	208 매달린 물체 경고	209 낙하물 경고	210 고온 경고	211 저온 경고
	212 몸균형 상실 경고	213 레이저광선 경고	214 발암성·변이원성·생식독성·전신독성·호흡기 과민성 물질 경고	215 위험장소 경고	3. 지시표지	301 보안경 착용	302 방독마스크 착용
	303 방진마스크 착용	304 보안면 착용	305 안전모 착용	306 귀마개 착용	307 안전화 착용	308 안전장갑 착용	309 안전복 착용

4. 안내표지	401 녹십자표지	402 응급구호표지	403 들것	404 세안장치	405 비상용기구	406 비상구
					비상용 기구	

407 좌측비상구	408 우측비상구	5. 관계자외 출입금지	501 허가대상물질 작업장	502 석면취급/해체 작업장	503 금지대상물질의 취급 실험실 등
			관계자외 출입금지 (허가물질 명칭) 제조/사용/보관 중 보호구/보호복 착용 흡연 및 음식물 섭취 금지	관계자외 출입금지 석면 취급/해체 중 보호구/보호복 착용 흡연 및 음식물 섭취 금지	관계자외 출입금지 발암물질 취급 중 보호구/보호복 착용 흡연 및 음식물 섭취 금지
6. 문자추가시 예시문		▶ 내 자신의 건강과 복지를 위하여 안전을 늘 생각한다. ▶ 내 가정의 행복과 화목을 위하여 안전을 늘 생각한다. ▶ 내 자신의 실수로써 동료를 해치지 않도록 안전을 늘 생각한다. ▶ 내 자신이 일으킨 사고로 인한 회사의 재산과 손실을 방지하기 위하여 안전을 늘 생각한다. ▶ 내 자신의 방심과 불안전한 행동이 조국의 번영에 장애가 되지 않도록 하기 위하여 안전을 늘 생각한다.			

※ 비고: 아래 표의 각각의 안전·보건표지(28종)는 다음과 같이 「산업표준화법」에 따른 한국산업표준(KS S ISO 7010)의 안전표지로 대체할 수 있다.

■ 산업안전보건법 시행규칙 [별표 7]

<u>안전보건표지의 종류별 용도, 설치·부착 장소, 형태 및 색채</u>
(제38조 제1항, 제39조 제1항 및 제40조 제1항 관련)

분류	색채
금지	흰색 바탕에 관련 부호 및 그림은 검은색
경고	노란색 바탕에 관련 부호 및 그림은 검은색
지시	파란색 바탕에 관련 그림은 흰색
안내	흰색 바탕에 관련 부호 및 그림은 녹색

* 다만, 인화성물질 경고, 산화성물질 경고, 폭발성물질 경고, 급성독성물질 경고, 부식성물질 경고 및 발암성·변이원성·생식독성·전신독성·호흡기과민성 물질 경고의 경우 바탕은 무색, 기본모형은 빨간색(검은색도 가능)

정답 ③

04 산업안전보건법령상 안전보건표지의 분류별 색채 및 도형에 관한 설명으로 옳지 않은 것은?

① 금지-흰색 바탕에 관련 부호 및 그림은 검은색
② 경고-노란색 바탕에 관련 부호 및 그림은 검은색
③ 지시-파란색 바탕에 관련 그림은 흰색
④ 경고-삼각형 또는 사각형 모양
⑤ 금지-원 모양

해설

근거조문 법률 제35조

정답 ④

05 산업안전보건법령상 법령 요지의 게시 등과 안전·보건표지의 부착 등에 관한 설명으로 옳지 않은 것은?

① 근로자대표는 작업환경측정의 결과를 통지할 것을 사업주에게 요청할 수 있고, 사업주는 이에 성실히 응하여야 한다.
② 야간에 필요한 안전·보건표지는 야광물질을 사용하는 등 쉽게 알아볼 수 있도록 제작하여야 한다.
③ 안전·보건표지의 표시를 명백히 하기 위하여 필요한 경우에는 안전·보건표지의 주위에 표시사항을 글자로 덧붙여 적을 수 있으며, 이 경우 글자는 노란색 바탕에 검은색 한글고딕체로 표기하여야 한다.
④ 안전·보건표지의 성질상 설치하거나 부착하는 것이 곤란한 경우에는 해당 물체에 직접 도장(塗裝)할 수 있다.
⑤ 사업주는 산업안전보건법과 산업안전보건법에 따른 명령의 요지를 상시 각 작업장 내에 근로자가 쉽게 볼 수 있는 장소에 게시하거나 갖추어 두어 근로자로 하여금 알게 하여야 한다.

해설

근거조문 법률 제37조

정답 ③

06 산업안전보건법령상 안전·보건표지 중 안내표지에 해당하는 것은?

① 세안장치

② 방진마스크 착용

③ 금연

④ 석면취급/해체 작업장

```
관계자외 출입금지
석면 취급/해체 중

보호구/보호복 착용
흡연 및 음식물
섭취 금지
```

⑤ 고압전기 경고

해설

근거조문 법률 제37조

정답 ①

07 산업안전보건법령상 안전·보건표지의 부착 등에 관한 설명으로 옳지 않은 것은?

① 「외국인근로자의 고용 등에 관한 법률」 제2조에 따른 외국인근로자를 사용하는 사업주는 안전보건표지를 고용노동부장관이 정하는 바에 따라 해당 외국인근로자의 모국어로 작성하여야 한다.
② 안전·보건표지의 표시를 명백히 하기 위하여 필요한 경우에는 그 안전·보건표지의 주위에 표시사항을 글자로 덧붙여 적을 수 있다.
③ 안전·보건표지 속의 그림 또는 부호의 크기는 안전·보건표지의 크기와 비례하여야 하며, 안전·보건표지 전체 규격의 30퍼센트 이상이 되어야 한다.
④ 안전·보건표지의 성질상 설치하거나 부착하는 것이 곤란한 경우에는 해당 물체에 직접 도장(塗裝)할 수 있다.
⑤ 안전모 착용 지시표지의 경우 바탕은 노란색, 관련 그림은 검은색으로 한다.

해설

근거조문 법률 제37조

제37조(안전보건표지의 설치·부착) ① 사업주는 유해하거나 위험한 장소·시설·물질에 대한 경고, 비상시에 대처하기 위한 지시·안내 또는 그 밖에 근로자의 안전 및 보건 의식을 고취하기 위한 사항 등을 그림, 기호 및 글자 등으로 나타낸 표지(이하 이 조에서 "안전보건표지"라 한다)를 근로자가 쉽게 알아 볼 수 있도록 설치하거나 붙여야 한다. 이 경우 「외국인근로자의 고용 등에 관한 법률」 제2조에 따른 외국인근로자(같은 조 단서에 따른 사람을 포함한다)를 사용하는 사업주는 안전보건표지를 고용노동부장관이 정하는 바에 따라 <u>해당 외국인근로자의 모국어로 작성하여야 한다.</u> <개정 2020. 5. 26.>

정답 ⑤

08 산업안전보건법령상 법령 요지의 게시 및 안전·보건표지의 부착 등에 관한 설명으로 옳지 않은 것은?

① 사업주는 이 법에 따른 명령의 요지를 상시 각 작업장 내에 근로자가 쉽게 볼 수 있는 장소에 게시하거나 갖추어 두어 근로자로 하여금 알게 하여야 한다.
② 근로자대표는 안전·보건진단 결과를 통지할 것을 사업주에게 요청할 수 있고 사업주는 이에 성실히 응하여야 한다.
③ 사업주는 사업장의 유해하거나 위험한 시설 및 장소에 대한 경고를 위하여 안전·보건표지를 설치하거나 부착하여야 한다.
④ 안전·보건표지 속의 그림 또는 부호의 크기는 안전·보건표지의 크기와 비례하여야 하며, 안전·보건표지 전체 규격의 20퍼센트 이상이 되어야 한다.
⑤ 안전·보건표지의 성질상 설치하거나 부착하는 것이 곤란한 경우에는 해당 물체에 직접 도장(塗裝)할 수 있다.

해설

근거조문 법률 제37조

정답 ④

09 산업안전보건법령상 안전·보건표지의 분류별 종류와 색채가 올바르게 연결된 것은?

① 지시표지(방독마스크 착용) - 바탕은 파란색, 관련 그림은 흰색
② 금지표지(물체이동금지) - 바탕은 흰색, 기본모형은 녹색, 관련 부호 및 그림은 흰색
③ 경고표지(폭발성물질 경고) - 바탕은 노란색, 기본모형, 관련 부호 및 그림은 흰색
④ 안내표지(비상용기구) - 바탕은 흰색, 기본모형은 빨간색, 관련 부호 및 그림은 검은색
⑤ 안내표지(응급구호표지) - 바탕은 무색, 기본모형은 검은색

해설

근거조문 법률 제37조

정답 ①

10 산업안전보건법령상 고객의 폭언 등으로 인한 건강장해 발생 등에 관하여 사업주가 조치하여야 하는 것으로 명시된 것이 아닌 것은?

① 업무의 일시적 중단 또는 전환
② 고객과의 문제 상황 발생 시 대처방법 등을 포함하는 고객응대업무 매뉴얼 마련
③ 근로기준법에 따른 휴게시간의 연장
④ 폭언 등으로 인한 건강장해 관련 치료 지원
⑤ 관할 수사기관에 증거물을 제출하는 등 고객응대근로자가 폭언 등으로 인하여 고소, 고발 등을 하는 데 필요한 지원

해설

근거조문 법률 제41조, 영 제41조

제41조(고객의 폭언 등으로 인한 건강장해 예방조치) ① 사업주는 주로 고객을 직접 대면하거나 「정보통신망 이용촉진 및 정보보호 등에 관한 법률」 제2조 제1항 제1호에 따른 정보통신망을 통하여 상대하면서 상품을 판매하거나 서비스를 제공하는 업무에 종사하는 근로자(이하 "고객응대근로자"라 한다)에 대하여 고객의 폭언, 폭행, 그 밖에 적정 범위를 벗어난 신체적·정신적 고통을 유발하는 행위(이하 "폭언등"이라 한다)로 인한 건강장해를 예방하기 위하여 고용노동부령으로 정하는 바에 따라 필요한 조치를 하여야 한다.
② 사업주는 고객의 폭언등으로 인하여 고객응대근로자에게 건강장해가 발생하거나 발생할 현저한 우려가 있는 경우에는 업무의 일시적 중단 또는 전환 등 대통령령으로 정하는 필요한 조치를 하여야 한다.
③ 고객응대근로자는 사업주에게 제2항에 따른 조치를 요구할 수 있고, 사업주는 고객응대근로자의 요구를 이유로 해고 또는 그 밖의 불리한 처우를 해서는 아니 된다.

영 제41조(고객의 폭언등으로 인한 건강장해 발생 등에 대한 조치) 법 제41조 제2항에서 "업무의 일시적 중단 또는 전환 등 대통령령으로 정하는 필요한 조치"란 다음 각 호의 조치 중 필요한 조치를 말한다.
1. 업무의 일시적 중단 또는 전환
2. 「근로기준법」 제54조 제1항에 따른 휴게시간의 연장
3. 법 제41조 제1항에 따른 폭언등으로 인한 건강장해 관련 치료 및 상담 지원
4. 관할 수사기관 또는 법원에 증거물·증거서류를 제출하는 등 법 제41조 제1항에 따른 고객응대근로자 등이 같은 항에 따른 폭언등으로 인하여 고소, 고발 또는 손해배상 청구 등을 하는 데 필요한 지원

정답 ②

11 산업안전보건법령상 유해·위험방지계획서에 관한 설명으로 옳지 않은 것은?

① 산업재해발생률 등을 고려하여 고용노동부령으로 정하는 기준에 적합한 건설업체의 경우는 고용노동부령으로 정하는 자격을 갖춘 자의 의견을 생략하고 유해·위험방지계획서를 작성한 후 이를 스스로 심사하여야 한다.
② 유해·위험방지계획서는 고용노동부장관에게 제출하여야 한다.
③ 유해·위험방지계획서를 제출한 사업주는 고용노동부장관의 확인을 받아야 한다.
④ 고용노동부장관은 유해·위험방지계획서를 심사한 후 근로자의 안전과 보건을 위하여 필요하다고 인정할 때에는 공사계획을 변경할 것을 명령할 수는 있으나, 공사중지명령을 내릴 수는 없다.
⑤ 깊이 10미터 이상인 굴착공사를 착공하려는 사업주는 유해·위험방지계획서를 작성하여야 한다.

해설

근거조문 법률 제41조, 영 제41조

정답 ④

12 산업안전보건법령상 유해·위험방지계획서의 제출 대상 업종에 해당하지 않는 것은? (단, 전기 계약용량이 300킬로와트 이상인 사업에 한함)

① 전기장비 제조업
② 식료품 제조업
③ 가구 제조업
④ 목재 및 나무제품 제조업
⑤ 전자부품 제조업

해설

근거조문 법률 제41조, 영 제42조

★ **영 제42조(유해위험방지계획서 제출 대상)** ① 법 제42조 제1항 제1호에서 "대통령령으로 정하는 사업의 종류 및 규모에 해당하는 사업"이란 다음 각 호의 어느 하나에 해당하는 사업으로서 전기계약용량이 300킬로와트 이상인 경우를 말한다.
1. 금속가공제품 제조업; 기계 및 가구 제외
2. 비금속 광물제품 제조업
3. 기타 기계 및 장비 제조업
4. 자동차 및 트레일러 제조업
5. 식료품 제조업
6. 고무제품 및 플라스틱제품 제조업
7. 목재 및 나무제품 제조업
8. 기타 제품 제조업

9. 1차 금속 제조업
10. 가구 제조업
11. 화학물질 및 화학제품 제조업
12. 반도체 제조업
13. 전자부품 제조업 → **전기부품 제조업(x)**

② 법 제42조 제1항 제2호에서 "대통령령으로 정하는 기계·기구 및 설비"란 다음 각 호의 어느 하나에 해당하는 기계·기구 및 설비를 말한다. 이 경우 다음 각 호에 해당하는 기계·기구 및 설비의 구체적인 범위는 고용노동부장관이 정하여 고시한다.
1. 금속이나 그 밖의 광물의 용해로
2. 화학설비
3. 건조설비
4. 가스집합 용접장치
5. 법 제117조 제1항에 따른 제조등금지물질 또는 법 제118조 제1항에 따른 허가대상물질 관련 설비
6. 분진작업 관련 설비

③ 법 제42조 제1항 제3호에서 "대통령령으로 정하는 크기 높이 등에 해당하는 건설공사"란 다음 각 호의 어느 하나에 해당하는 공사를 말한다.
1. 다음 각 목의 어느 하나에 해당하는 건축물 또는 시설 등의 건설·개조 또는 해체(이하 "건설등"이라 한다) 공사
   가. 지상높이가 31미터 이상인 건축물 또는 인공구조물
   나. 연면적 3만제곱미터 이상인 건축물
   다. 연면적 5천제곱미터 이상인 시설로서 다음의 어느 하나에 해당하는 시설
      1) 문화 및 집회시설(**전시장 및 동물원·식물원은 제외**한다)
      2) 판매시설, 운수시설(**고속철도의 역사 및 집배송시설은 제외**한다)
      3) 종교시설
      4) 의료시설 중 종합병원
      5) 숙박시설 중 관광숙박시설
      6) 지하도상가
      7) 냉동·냉장 창고시설
2. 연면적 5천제곱미터 이상인 냉동·냉장 창고시설의 설비공사 및 단열공사
3. 최대 지간(支間)길이(다리의 기둥과 기둥의 중심사이의 거리)가 50미터 이상인 다리의 건설등 공사
4. 터널의 건설등 공사
5. 다목적댐, 발전용댐, 저수용량 2천만톤 이상의 용수 전용 댐 및 지방상수도 전용 댐의 건설등 공사
6. 깊이 10미터 이상인 굴착공사

제42조(유해위험방지계획서의 작성·제출 등) ① 사업주는 다음 각 호의 어느 하나에 해당하는 경우에는 이 법 또는 이 법에 따른 명령에서 정하는 유해·위험 방지에 관한 사항을 적은 계획서(이하 "유해위험방지계획서"라 한다)를 작성하여 고용노동부령으로 정하는 바에 따라 고용노동부장관에게 제출하고 심사를 받아야 한다. 다만, 제3호에 해당하는 사업주 중 산업재해발생률 등을 고려하여 고용노동부령으로 정하는 기준에 해당하는 사업주는 유해위험방지계획서를 **스스로 심사**하고, 그 심사결과서를 작성하여 고용노동부장관에게 제출하여야 한다. <개정 2020. 5. 26.>
1. 대통령으로 정하는 사업의 종류 및 규모에 해당하는 사업으로서 해당 제품의 생산 공정과 직접적으로 관련된 건설물·기계·기구 및 설비 등 전부를 설치·이전하거나 그 주요 구조부분을 변경하려는 경우

2. 유해하거나 위험한 작업 또는 장소에서 사용하거나 건강장해를 방지하기 위하여 사용하는 기계·기구 및 설비로서 대통령령으로 정하는 기계·기구 및 설비를 설치·이전하거나 그 주요 구조부분을 변경하려는 경우
3. 대통령령으로 정하는 크기, 높이 등에 해당하는 **건설공사**를 착공하려는 경우

② 제1항 제3호에 따른 건설공사를 착공하려는 사업주(제1항 각 호 외의 부분 단서에 따른 사업주는 제외한다)는 유해위험방지계획서를 작성할 때 건설안전 분야의 자격 등 고용노동부령으로 정하는 자격을 갖춘 자의 의견을 들어야 한다.

③ 제1항에도 불구하고 사업주가 제44조 제1항에 따라 <u>**공정안전보고서**를 고용노동부장관에게 제출한 경우에는 해당 유해·위험설비에 대해서는 **유해위험방지계획서를 제출한 것으로 본다**.</u>

④ 고용노동부장관은 제1항 각 호 외의 부분 본문에 따라 제출된 유해위험방지계획서를 고용노동부령으로 정하는 바에 따라 심사하여 그 결과를 사업주에게 서면으로 알려 주어야 한다. 이 경우 근로자의 안전 및 보건의 유지·증진을 위하여 필요하다고 인정하는 경우에는 해당 작업 또는 건설공사를 중지하거나 유해위험방지계획서를 변경할 것을 명할 수 있다.

⑤ 제1항에 따른 사업주는 같은 항 각 호 외의 부분 단서에 따라 스스로 심사하거나 제4항에 따라 고용노동부장관이 심사한 유해위험방지계획서와 그 심사결과서를 사업장에 갖추어 두어야 한다.

⑥ 제1항 제3호에 따른 건설공사를 착공하려는 사업주로서 제5항에 따라 유해위험방지계획서 및 그 심사결과서를 사업장에 갖추어 둔 사업주는 해당 건설공사의 공법의 변경 등으로 인하여 그 유해위험방지계획서를 변경할 필요가 있는 경우에는 이를 변경하여 갖추어 두어야 한다.

제43조(유해위험방지계획서 이행의 확인 등) ① 제42조 제4항에 따라 유해위험방지계획서에 대한 심사를 받은 사업주는 고용노동부령으로 정하는 바에 따라 유해위험방지계획서의 이행에 관하여 고용노동부장관의 확인을 받아야 한다.

② <u>제42조 제1항 각 호 외의 부분 단서에 따른 사업주는 고용노동부령으로 정하는 바에 따라 유해위험방지계획서의 이행에 관하여 스스로 확인하여야 한다.</u> 다만, 해당 건설공사 중에 근로자가 사망(교통사고 등 고용노동부령으로 정하는 경우는 제외한다)한 경우에는 고용노동부령으로 정하는 바에 따라 유해위험방지계획서의 이행에 관하여 고용노동부장관의 확인을 받아야 한다.

③ 고용노동부장관은 제1항 및 제2항 단서에 따른 확인 결과 유해위험방지계획서대로 유해·위험방지를 위한 조치가 되지 아니하는 경우에는 <u>고용노동부령으로 정하는 바에 따라 시설 등의 개선, 사용중지 또는 작업중지 등 필요한 조치를 명할 수 있다.</u>

④ 제3항에 따른 시설 등의 개선, 사용중지 또는 작업중지 등의 절차 및 방법, 그 밖에 필요한 사항은 고용노동부령으로 정한다.

★ **영 제42조(유해위험방지계획서 제출 대상)** ① 법 제42조 제1항 제1호에서 "대통령령으로 정하는 사업의 종류 및 규모에 해당하는 사업"이란 다음 각 호의 어느 하나에 해당하는 사업으로서 전기 계약용량이 300킬로와트 이상인 경우를 말한다.
1. 금속가공제품 제조업; 기계 및 가구 제외
2. 비금속 광물제품 제조업
3. 기타 기계 및 장비 제조업
4. 자동차 및 트레일러 제조업
5. 식료품 제조업
6. 고무제품 및 플라스틱제품 제조업
7. 목재 및 나무제품 제조업
8. 기타 제품 제조업
9. 1차 금속 제조업
10. 가구 제조업
11. 화학물질 및 화학제품 제조업

12. 반도체 제조업
13. 전자부품 제조업

② 법 제42조 제1항 제2호에서 "대통령령으로 정하는 기계·기구 및 설비"란 다음 각 호의 어느 하나에 해당하는 기계·기구 및 설비를 말한다. 이 경우 다음 각 호에 해당하는 기계·기구 및 설비의 구체적인 범위는 고용노동부장관이 정하여 고시한다.
1. 금속이나 그 밖의 광물의 용해로
2. 화학설비
3. 건조설비
4. 가스집합 용접장치
5. 법 제117조 제1항에 따른 제조등금지물질 또는 법 제118조 제1항에 따른 허가대상물질 관련 설비
6. 분진작업 관련 설비

③ 법 제42조 제1항 제3호에서 "대통령령으로 정하는 크기 높이 등에 해당하는 건설공사"란 다음 각 호의 어느 하나에 해당하는 공사를 말한다.
1. 다음 각 목의 어느 하나에 해당하는 건축물 또는 시설 등의 건설·개조 또는 해체(이하 "건설등"이라 한다) 공사
   가. 지상높이가 31미터 이상인 건축물 또는 인공구조물
   나. 연면적 3만제곱미터 이상인 건축물
   다. 연면적 5천제곱미터 이상인 시설로서 다음의 어느 하나에 해당하는 시설
      1) 문화 및 집회시설(전시장 및 동물원·식물원은 제외한다)
      2) 판매시설, 운수시설(고속철도의 역사 및 집배송시설은 제외한다)
      3) 종교시설
      4) 의료시설 중 종합병원
      5) 숙박시설 중 관광숙박시설
      6) 지하도상가
      7) 냉동·냉장 창고시설
2. 연면적 5천제곱미터 이상인 냉동·냉장 창고시설의 설비공사 및 단열공사
3. 최대 지간(支間)길이(다리의 기둥과 기둥의 중심사이의 거리)가 50미터 이상인 다리의 건설등 공사
4. 터널의 건설등 공사
5. 다목적댐, 발전용댐, 저수용량 2천만톤 이상의 용수 전용 댐 및 지방상수도 전용 댐의 건설등 공사
6. 깊이 10미터 이상인 굴착공사

시행규칙 제42조(제출서류 등) ① 법 제42조 제1항 제1호에 해당하는 사업주가 유해위험방지계획서를 제출할 때에는 사업장별로 별지 제16호서식의 제조업 등 유해위험방지계획서에 다음 각 호의 서류를 첨부하여 해당 작업 시작 15일 전까지 공단에 2부를 제출해야 한다. 이 경우 유해위험방지계획서의 작성기준, 작성자, 심사기준, 그 밖에 심사에 필요한 사항은 고용노동부장관이 정하여 고시한다.
1. 건축물 각 층의 평면도
2. 기계·설비의 개요를 나타내는 서류
3. 기계·설비의 배치도면
4. 원재료 및 제품의 취급, 제조 등의 작업방법의 개요
5. 그 밖에 고용노동부장관이 정하는 도면 및 서류

② 법 제42조 제1항 제2호에 해당하는 사업주가 유해위험방지계획서를 제출할 때에는 사업장별로 별지 제16호서식의 제조업 등 유해위험방지계획서에 다음 각 호의 서류를 첨부하여 해당 작업 시작 15일 전까지 공단에 2부를 제출해야 한다.
1. 설치장소의 개요를 나타내는 서류
2. 설비의 도면
3. 그 밖에 고용노동부장관이 정하는 도면 및 서류

③ 법 제42조 제1항 제3호에 해당하는 사업주가 유해위험방지계획서를 제출할 때에는 별지 제17호서식의 건설공사 유해위험방지계획서에 별표 10의 서류를 첨부하여 해당 공사의 착공(유해위험방지계획서 작성 대상 시설물 또는 구조물의 공사를 시작하는 것을 말하며, 대지 정리 및 가설사무소 설치 등의 공사 준비기간은 착공으로 보지 않는다) 전날까지 공단에 2부를 제출해야 한다. 이 경우 해당 공사가 「건설기술 진흥법」 제62조에 따른 안전관리계획을 수립해야 하는 건설공사에 해당하는 경우에는 유해위험방지계획서와 안전관리계획서를 통합하여 작성한 서류를 제출할 수 있다.

④ 같은 사업장 내에서 영 제42조 제3항 각 호에 따른 공사의 착공시기를 달리하는 사업의 사업주는 해당 공사별 또는 해당 공사의 단위작업공사 종류별로 유해위험방지계획서를 분리하여 각각 제출할 수 있다. 이 경우 이미 제출한 유해위험방지계획서의 첨부서류와 중복되는 서류는 제출하지 않을 수 있다.

⑤ 법 제42조 제1항 단서에서 "산업재해발생률 등을 고려하여 고용노동부령으로 정하는 기준에 해당하는 사업주"란 별표 11의 기준에 적합한 건설업체(이하 "자체심사 및 확인업체"라 한다)의 사업주를 말한다.

⑥ 자체심사 및 확인업체는 별표 11의 자체심사 및 확인방법에 따라 유해위험방지계획서를 스스로 심사하여 해당 공사의 착공 전날까지 별지 제18호서식의 유해위험방지계획서 자체심사서를 공단에 제출해야 한다. 이 경우 공단은 필요한 경우 자체심사 및 확인업체의 자체심사에 관하여 지도·조언할 수 있다.

제43조(유해위험방지계획서의 건설안전분야 자격 등) 법 제42조 제2항에서 "건설안전 분야의 자격 등 고용노동부령으로 정하는 자격을 갖춘 자"란 다음 각 호의 어느 하나에 해당하는 사람을 말한다.
1. 건설안전 분야 산업안전지도사
2. 건설안전기술사 또는 토목·건축 분야 기술사
3. 건설안전산업기사 이상의 자격을 취득한 후 건설안전 관련 실무경력이 건설안전기사 이상의 자격은 5년, 건설안전산업기사 자격은 7년 이상인 사람

제44조(계획서의 검토 등) ① 공단은 제42조에 따른 유해위험방지계획서 및 그 첨부서류를 접수한 경우에는 접수일부터 15일 이내에 심사하여 사업주에게 그 결과를 알려야 한다. 다만, 제42조 제6항에 따라 자체심사 및 확인업체가 유해위험방지계획서 자체심사서를 제출한 경우에는 심사를 하지 않을 수 있다.

② 공단은 제1항에 따른 유해위험방지계획서 심사 시 관련 분야의 학식과 경험이 풍부한 사람을 심사위원으로 위촉하여 해당 분야의 심사에 참여하게 할 수 있다.

③ 공단은 유해위험방지계획서 심사에 참여한 위원에게 수당과 여비를 지급할 수 있다. 다만, 소관 업무와 직접 관련되어 참여한 위원의 경우에는 그렇지 않다.

④ 고용노동부장관이 정하는 건설물·기계·기구 및 설비 또는 건설공사의 경우에는 법 제145조에 따라 등록된 지도사에게 유해위험방지계획서에 대한 평가를 받은 후 별지 제19호서식에 따라 그 결과를 제출할 수 있다. 이 경우 공단은 제출된 평가 결과가 고용노동부장관이 정하는 대상에 대하여 고용노동부장관이 정하는 요건을 갖춘 지도사가 평가한 것으로 인정되면 해당 평가결과서로 유해위험방지계획서의 심사를 갈음할 수 있다.

⑤ 건설공사의 경우 제4항에 따른 유해위험방지계획서에 대한 평가는 같은 건설공사에 대하여 법 제42조 제2항에 따라 의견을 제시한 자가 해서는 안 된다.

제45조(심사 결과의 구분) ① 공단은 유해위험방지계획서의 심사 결과를 다음 각 호와 같이 구분·판정한다.
1. 적정: 근로자의 안전과 보건을 위하여 필요한 조치가 구체적으로 확보되었다고 인정되는 경우
2. 조건부 적정: 근로자의 안전과 보건을 확보하기 위하여 일부 개선이 필요하다고 인정되는 경우
3. 부적정: 건설물·기계·기구 및 설비 또는 건설공사가 심사기준에 위반되어 공사착공 시 중대한 위험이 발생할 우려가 있거나 해당 계획에 근본적 결함이 있다고 인정되는 경우

② 공단은 심사 결과 적정판정 또는 조건부 적정판정을 한 경우에는 별지 제20호서식의 유해위험방지계획서 심사 결과 통지서에 보완사항을 포함(조건부 적정판정을 한 경우만 해당한다)하여 해당 사업주에게 발급하고 지방고용노동관서의 장에게 보고해야 한다.

③ 공단은 심사 결과 부적정판정을 한 경우에는 지체 없이 별지 제21호서식의 유해위험방지계획서 심사 결과(부적정) 통지서에 그 이유를 기재하여 지방고용노동관서의 장에게 통보하고 사업장 소재지 특별자치시장·특별자치도지사·시장·군수·구청장(구청장은 자치구의 구청장을 말한다. 이하 같다)에게 그 사실을 통보해야 한다.

④ 제3항에 따른 통보를 받은 지방고용노동관서의 장은 사실 여부를 확인한 후 공사착공중지명령, 계획변경명령 등 필요한 조치를 해야 한다.

⑤ 사업주는 지방고용노동관서의 장으로부터 공사착공중지명령 또는 계획변경명령을 받은 경우에는 유해위험방지계획서를 보완하거나 변경하여 공단에 제출해야 한다.

제46조(확인) ① 법 제42조 제1항 제1호 및 제2호에 따라 유해위험방지계획서를 제출한 사업주는 해당 건설물·기계·기구 및 **설비의 시운전단계**에서, 법 제42조 제1항 제3호에 따른 사업주는 **건설공사 중 6개월 이내**마다 법 제43조 제1항에 따라 다음 각 호의 사항에 관하여 공단의 확인을 받아야 한다.

  1. 유해위험방지계획서의 내용과 실제공사 내용이 부합하는지 여부
  2. 법 제42조 제6항에 따른 유해위험방지계획서 변경내용의 적정성
  3. 추가적인 유해·위험요인의 존재 여부

② 공단은 제1항에 따른 확인을 할 경우에는 그 일정을 사업주에게 미리 통보해야 한다.

③ 제44조 제4항에 따른 건설물·기계·기구 및 설비 또는 건설공사의 경우 사업주가 고용노동부장관이 정하는 요건을 갖춘 지도사에게 확인을 받고 별지 제22호서식에 따라 그 결과를 공단에 제출하면 공단은 제1항에 따른 확인에 필요한 현장방문을 지도사의 확인결과로 대체할 수 있다. 다만, 건설업의 경우 최근 2년간 사망재해(별표 1 제3호 라목에 따른 재해는 제외한다)가 발생한 경우에는 그렇지 않다.

④ 제3항에 따른 유해위험방지계획서에 대한 확인은 제44조 제4항에 따라 평가를 한 자가 해서는 안 된다.

제47조(자체심사 및 확인업체의 확인 등) ① 자체심사 및 확인업체의 사업주는 별표 11에 따라 해당 공사 준공 시까지 **6개월 이내마다** 제46조 제1항 각 호의 사항에 관하여 자체확인을 해야 하며, 공단은 필요한 경우 해당 자체확인에 관하여 지도·조언할 수 있다. 다만, 그 공사 중 사망재해(별표 1 제3호 라목에 따른 재해는 제외한다)가 발생한 경우에는 제46조 제1항에 따른 공단의 확인을 받아야 한다.

② 공단은 제1항에 따른 확인을 할 경우에는 그 일정을 사업주에게 미리 통보해야 한다.

제48조(확인 결과의 조치 등) ① 공단은 제46조 및 제47조에 따른 확인 결과 해당 사업장의 유해·위험의 방지상태가 적정하다고 판단되는 경우에는 5일 이내에 별지 제23호서식의 확인 결과 통지서를 사업주에게 발급해야 하며, 확인결과 경미한 유해·위험요인이 발견된 경우에는 일정한 기간을 정하여 개선하도록 권고하되, 해당 기간 내에 개선되지 않은 경우에는 기간 만료일부터 10일 이내에 별지 제24호서식의 확인결과 조치 요청서에 그 이유를 적은 서면을 첨부하여 지방고용노동관서의 장에게 보고해야 한다.

② 공단은 확인 결과 중대한 유해·위험요인이 있어 법 제43조 제3항에 따라 시설 등의 개선, 사용중지 또는 작업중지 등의 조치가 필요하다고 인정되는 경우에는 지체 없이 별지 제24호서식의 확인결과 조치 요청서에 그 이유를 적은 서면을 첨부하여 지방고용노동관서의 장에게 보고해야 한다.

③ 제1항 또는 제2항에 따른 보고를 받은 지방고용노동관서의 장은 사실 여부를 확인한 후 필요한 조치를 해야 한다.

시행규칙 제49조(보고 등) 공단은 유해위험방지계획서의 작성·제출·확인업무와 관련하여 다음 각 호의 어느 하나에 해당하는 사업장을 발견한 경우에는 지체 없이 해당 사업장의 명칭·소재지 및 사업주명 등을 구체적으로 적어 지방고용노동관서의 장에게 보고해야 한다.

  1. 유해위험방지계획서를 제출하지 않은 사업장
  2. 유해위험방지계획서 제출기간이 지난 사업장
  3. 제43조 각 호의 자격을 갖춘 자의 의견을 듣지 않고 유해위험방지계획서를 작성한 사업장

■ 산업안전보건법 시행규칙 [별표 11]

자체심사 및 확인업체의 기준, 자체심사 및 확인방법
(제42조 제5항·제6항 및 제47조 제1항 관련)

1. 자체심사 및 확인업체가 되기 위한 기준
   고용노동부장관이 정하는 규모 이상인 건설업체 중 별표 1에 따라 산정한 직전 3년간의 평균산업재해발생률(직전 3년간의 사고사망만인율 중 산정하지 않은 연도가 있을 경우 산정한 연도의 평균값을 말한다)이 고용노동부장관이 정하는 규모 이상인 건설업체 전체의 직전 3년간 평균산업재해발생률 이하이며, 영 제17조에 따른 안전관리자의 자격을 갖춘 사람(영 별표4 제10호와 제11호에 해당하는 사람은 제외한다) 1명 이상을 포함하여 3명 이상의 안전전담직원으로 구성된 안전만을 전담하는 과 또는 팀 이상의 별도조직이 있고, 제4조 제1항 제7호 나목의 규정에 따른 직전년도 건설업체 산업재해예방활동 실적 평가 점수가 70점 이상인 건설업체로서 직전년도 8월 1일부터 해당 연도 7월 31일까지 기간 동안 동시에 2명 이상의 근로자가 사망한 재해(별표 1 제3호 라목에 따른 재해는 제외한다. 이하 같다)가 없어야 한다. 다만, 동시에 2명 이상의 근로자가 사망한 재해가 발생한 경우에는 즉시 자체심사 및 확인업체에서 제외한다.

2. 자체심사 및 확인방법
   가. 자체심사는 임직원 및 외부 전문가 중 다음에 해당하는 사람 1명 이상이 참여하도록 해야 한다.
      1) 산업안전지도사(건설안전 분야만 해당한다)
      2) 건설안전기술사
      3) 건설안전기사(산업안전기사 이상의 자격을 취득한 후 건설안전 실무경력이 3년 이상인 사람을 포함한다)로서 공단에서 실시하는 유해위험방지계획서 심사전문화 교육과정을 28시간 이상 이수한 사람
   나. 자체확인은 가목의 인력기준에 해당하는 사람이 실시하도록 해야 한다.
   다. 자체확인을 실시한 사업주는 별지 제103호서식의 유해위험방지계획서 자체확인 결과서를 작성하여 해당 사업장에 갖추어 두어야 한다.

정답 ①

13 산업안전보건법령상 공정안전보고서에 관한 설명으로 옳지 않은 것은?

① 공정안전보고서에는 공정안전자료, 공정위험성 평가서, 안전운전계획, 비상조치계획 등의 사항이 포함되어야 한다.
② 사업주가 공정안전보고서를 제출한 경우에는 해당 유해·위험설비에 관하여 유해·위험방지계획서를 제출한 것으로 본다.
③ 고용노동부장관은 공정안전보고서 심사 완료 후 1년이 지난날부터 2년 이내에 이행상태 평가를 실시하고 이후 사업주의 요청이 없으면 4년마다 이행상태 평가를 실시하여야 한다.
④ 신규로 설치될 유해·위험설비에 대해 공정안전보고서를 제출하여 심사를 받은 사업주는 설치과정 및 설치완료 후 시운전단계에서 각 1회씩 한국산업안전보건공단의 확인을 받아야 한다.
⑤ 심사 결과가 적합으로 통보된 공정안전보고서를 사업장에 갖추어 둔 사업자가 공정안전보고서의 내용을 변경할 사유가 발생한 경우에는 지체 없이 이를 보완하고 그 내용을 한국산업안전보건공단에 제출하여야 한다.

> **해설**

근거조문 법률 제42조, 제44조 이하, 시행규칙 제53조 이하

> ★ **시행규칙 제54조(공정안전보고서 이행 상태의 평가)** ① 법 제46조 제4항에 따라 고용노동부장관은 같은 조 제2항에 따른 공정안전보고서의 <u>확인(신규로 설치되는 유해하거나 위험한 설비의 경우에는 설치 완료 후 시운전 단계에서의 확인을 말한다) 후 1년이 지난 날부터 2년 이내에 공정안전보고서 이행 상태의 평가</u>(이하 "이행상태평가"라 한다)를 해야 한다.
> ② 고용노동부장관은 제1항에 따른 **이행상태평가 후 4년마다 이행상태평가**를 해야 한다. 다만, 다음 각 호의 어느 하나에 해당하는 경우에는 1년 또는 2년마다 이행상태평가를 할 수 있다.
>   1. 이행상태평가 후 사업주가 이행상태평가를 요청하는 경우
>   2. 법 제155조에 따라 사업장에 출입하여 검사 및 안전·보건점검 등을 실시한 결과 제50조 제1항 제3호 사목에 따른 변경요소 관리계획 미준수로 공정안전보고서 이행상태가 불량한 것으로 인정되는 경우 등 고용노동부장관이 정하여 고시하는 경우
> ③ 이행상태평가는 제50조 제1항 각 호에 따른 공정안전보고서의 세부내용에 관하여 실시한다.
> ④ 이행상태평가의 방법 등 이행상태평가에 필요한 세부적인 사항은 고용노동부장관이 정한다.

제44조(공정안전보고서의 작성·제출) ① 사업주는 사업장에 대통령령으로 정하는 유해하거나 위험한 설비가 있는 경우 그 설비로부터의 위험물질 <u>누출, 화재 및 폭발</u> 등으로 인하여 사업장 내의 근로자에게 즉시 피해를 주거나 사업장 인근 지역에 피해를 줄 수 있는 사고로서 대통령령으로 정하는 사고(이하 "중대산업사고"라 한다)를 예방하기 위하여 대통령령으로 정하는 바에 따라 공정안전보고서를 작성하고 고용노동부장관에게 제출하여 심사를 받아야 한다. 이 경우 공정안전보고서의 내용이 중대산업사고를 예방하기 위하여 적합하다고 통보받기 전에는 관련된 유해하거나 위험한 설비를 가동해서는 아니 된다.
② 사업주는 제1항에 따라 공정안전보고서를 작성할 때 **산업안전보건위원회의 심의**를 거쳐야 한다. 다만, 산업안전보건위원회가 설치되어 있지 아니한 사업장의 경우에는 근로자대표의 의견을 들어야 한다.

제45조(공정안전보고서의 심사 등) ① 고용노동부장관은 공정안전보고서를 고용노동부령으로 정하는 바에 따라 심사하여 그 결과를 사업주에게 서면으로 알려 주어야 한다. 이 경우 근로자의 안전 및 보건의 유지·증진을 위하여 필요하다고 인정하는 경우에는 그 공정안전보고서의 변경을 명할 수 있다.
② 사업주는 제1항에 따라 심사를 받은 공정안전보고서를 사업장에 갖추어 두어야 한다.

제46조(공정안전보고서의 이행 등) ① 사업주와 근로자는 제45조 제1항에 따라 심사를 받은 공정안전보고서(이 조 제3항에 따라 보완한 공정안전보고서를 포함한다)의 내용을 지켜야 한다.
② 사업주는 제45조 제1항에 따라 심사를 받은 공정안전보고서의 내용을 실제로 이행하고 있는지 여부에 대하여 고용노동부령으로 정하는 바에 따라 고용노동부장관의 확인을 받아야 한다.
③ **사업주는 제45조 제1항에 따라 심사를 받은 공정안전보고서의 내용을 변경하여야 할 사유가 발생한 경우에는 지체 없이 그 내용을 보완하여야 한다.** → 제출의무는 없음.
④ 고용노동부장관은 고용노동부령으로 정하는 바에 따라 공정안전보고서의 이행 상태를 정기적으로 평가할 수 있다.
⑤ 고용노동부장관은 제4항에 따른 평가 결과 제3항에 따른 보완 상태가 불량한 사업장의 사업주에게는 공정안전보고서의 변경을 명할 수 있으며, 이에 따르지 아니하는 경우 공정안전보고서를 다시 제출하도록 명할 수 있다.

> **시행규칙 제45조(심사 결과의 구분)** ① 공단은 유해위험방지계획서의 심사 결과를 다음 각 호와 같이 구분·판정한다.
>   1. 적정: 근로자의 안전과 보건을 위하여 필요한 조치가 구체적으로 확보되었다고 인정되는 경우
>   2. 조건부 적정: 근로자의 안전과 보건을 확보하기 위하여 일부 개선이 필요하다고 인정되는 경우

3. 부적정: 건설물·기계·기구 및 설비 또는 건설공사가 심사기준에 위반되어 공사착공 시 중대한 위험이 발생할 우려가 있거나 해당 계획에 근본적 결함이 있다고 인정되는 경우

② 공단은 심사 결과 적정판정 또는 조건부 적정판정을 한 경우에는 별지 제20호서식의 유해위험방지계획서 심사 결과 통지서에 보완사항을 포함(조건부 적정판정을 한 경우만 해당한다)하여 해당 사업주에게 발급하고 지방고용노동관서의 장에게 보고해야 한다.

③ 공단은 심사 결과 부적정판정을 한 경우에는 지체 없이 별지 제21호서식의 유해위험방지계획서 심사 결과(부적정) 통지서에 그 이유를 기재하여 지방고용노동관서의 장에게 통보하고 사업장 소재지 특별자치시장·특별자치도지사·시장·군수·구청장(구청장은 자치구의 구청장을 말한다. 이하 같다)에게 그 사실을 통보해야 한다.

④ 제3항에 따른 통보를 받은 지방고용노동관서의 장은 사실 여부를 확인한 후 공사착공중지명령, 계획변경명령 등 필요한 조치를 해야 한다.

⑤ 사업주는 지방고용노동관서의 장으로부터 공사착공중지명령 또는 계획변경명령을 받은 경우에는 유해위험방지계획서를 보완하거나 변경하여 **공단에 제출**해야 한다.

★ **영 제43조(공정안전보고서의 제출 대상)** ① 법 제44조 제1항 전단에서 "대통령령으로 정하는 유해하거나 위험한 설비"란 다음 각 호의 어느 하나에 해당하는 사업을 하는 사업장의 경우에는 그 보유설비를 말하고, 그 외의 사업을 하는 사업장의 경우에는 별표 13에 따른 유해·위험물질 중 하나 이상의 물질을 같은 표에 따른 규정량 이상 제조·취급·저장하는 설비 및 그 설비의 운영과 관련된 모든 공정설비를 말한다.
  1. 원유 정제처리업
  2. 기타 석유정제물 재처리업
  3. 석유화학계 기초화학물질 제조업 또는 합성수지 및 기타 플라스틱물질 제조업. 다만, 합성수지 및 기타 플라스틱물질 제조업은 별표 13 제1호 또는 제2호에 해당하는 경우로 한정한다. → **인화성 가스, 인화성 액체**
  4. 질소 화합물, 질소·인산 및 칼리질 화학비료 제조업 중 질소질 비료 제조
  5. 복합비료 및 기타 화학비료 제조업 중 복합비료 제조(단순혼합 또는 배합에 의한 경우는 제외한다)
  6. 화학 살균·살충제 및 농업용 약제 제조업[**농약 원제(原劑) 제조만 해당**한다]
  7. 화약 및 불꽃제품 제조업

② 제1항에도 불구하고 다음 각 호의 설비는 유해하거나 위험한 설비로 보지 않는다.
  1. 원자력 설비
  2. 군사시설
  3. 사업주가 해당 사업장 내에서 직접 사용하기 위한 난방용 연료의 저장설비 및 사용설비
  4. 도매·소매시설
  5. 차량 등의 운송설비
  6. 「액화석유가스의 안전관리 및 사업법」에 따른 액화석유가스의 충전·저장시설
  7. 「도시가스사업법」에 따른 가스공급시설
  8. 그 밖에 고용노동부장관이 누출·화재·폭발 등의 사고가 있더라도 그에 따른 피해의 정도가 크지 않다고 인정하여 고시하는 설비

③ 법 제44조 제1항 전단에서 "대통령령으로 정하는 사고"란 다음 각 호의 어느 하나에 해당하는 사고를 말한다.
  1. 근로자가 사망하거나 부상을 입을 수 있는 제1항에 따른 설비(제2항에 따른 설비는 제외한다. 이하 제2호에서 같다)에서의 누출·화재·폭발 사고
  2. 인근 지역의 주민이 인적 피해를 입을 수 있는 제1항에 따른 설비에서의 누출·화재·폭발 사고

제44조(공정안전보고서의 내용) ① 법 제44조 제1항 전단에 따른 공정안전보고서에는 다음 각 호의 사항이 포함되어야 한다.

1. 공정안전자료
2. 공정위험성 평가서
3. 안전운전계획
4. 비상조치계획
5. 그 밖에 공정상의 안전과 관련하여 고용노동부장관이 필요하다고 인정하여 고시하는 사항

② 제1항 제1호부터 제4호까지의 규정에 따른 사항에 관한 세부 내용은 고용노동부령으로 정한다.

제45조(공정안전보고서의 제출) ① 사업주는 제43조에 따른 유해하거나 위험한 설비를 설치(기존 설비의 제조·취급·저장 물질이 변경되거나 제조량·취급량·저장량이 증가하여 별표 13에 따른 유해·위험물질 규정량에 해당하게 된 경우를 포함한다)·이전하거나 고용노동부장관이 정하는 주요 구조부분을 변경할 때에는 고용노동부령으로 정하는 바에 따라 법 제44조 제1항 전단에 따른 공정안전보고서를 작성하여 고용노동부장관에게 제출해야 한다. 이 경우 「화학물질관리법」에 따라 사업주가 환경부장관에게 제출해야 하는 같은 법 제23조에 따른 유해화학물질 화학사고 장외영향평가서(이하 이 항에서 "장외영향평가서"라 한다) 또는 같은 법 제41조에 따른 위해관리계획서(이하 이 항에서 "위해관리계획서"라 한다)의 내용이 제44조에 따라 공정안전보고서에 포함시켜야 할 사항에 해당하는 경우에는 그 해당 부분에 대해서 장외영향평가서 또는 위해관리계획서 사본의 제출로 갈음할 수 있다.

② 제1항 전단에도 불구하고 사업주가 제출해야 할 공정안전보고서가 「고압가스 안전관리법」 제2조에 따른 고압가스를 사용하는 단위공정 설비에 관한 것인 경우로서 해당 사업주가 같은 법 제11조에 따른 안전관리규정과 같은 법 제13조의2에 따른 안전성향상계획을 작성하여 공단 및 같은 법 제28조에 따른 한국가스안전공사가 공동으로 검토·작성한 의견서를 첨부하여 허가 관청에 제출한 경우에는 해당 단위공정 설비에 관한 공정안전보고서를 제출한 것으로 본다.

영 제45조(공정안전보고서의 제출) ① 사업주는 제43조에 따른 유해하거나 위험한 설비를 설치(기존 설비의 제조·취급·저장 물질이 변경되거나 제조량·취급량·저장량이 증가하여 별표 13에 따른 유해·위험물질 규정량에 해당하게 된 경우를 포함한다)·이전하거나 고용노동부장관이 정하는 주요 구조부분을 변경할 때에는 고용노동부령으로 정하는 바에 따라 법 제44조 제1항 전단에 따른 공정안전보고서를 작성하여 고용노동부장관에게 제출해야 한다. 이 경우 「화학물질관리법」에 따라 사업주가 환경부장관에게 제출해야 하는 같은 법 제23조에 따른 화학사고예방관리계획서의 내용이 제44조에 따라 공정안전보고서에 포함시켜야 할 사항에 해당하는 경우에는 그 해당 부분에 대한 작성·제출을 같은 법 제23조에 따른 화학사고예방관리계획서 사본의 제출로 갈음할 수 있다. <개정 2020. 9. 8.>

② 제1항 전단에도 불구하고 사업주가 제출해야 할 공정안전보고서가 「고압가스 안전관리법」 제2조에 따른 고압가스를 사용하는 단위공정 설비에 관한 것인 경우로서 해당 사업주가 같은 법 제11조에 따른 안전관리규정과 같은 법 제13조의2에 따른 안전성향상계획을 작성하여 공단 및 같은 법 제28조에 따른 한국가스안전공사가 공동으로 검토·작성한 의견서를 첨부하여 허가 관청에 제출한 경우에는 해당 단위공정 설비에 관한 공정안전보고서를 제출한 것으로 본다.

[시행일 : 2021. 4. 1.] 제45조 제1항 후단

★ **시행규칙 제50조(공정안전보고서의 세부 내용 등)** ① 영 제44조에 따라 공정안전보고서에 포함해야 할 세부내용은 다음 각 호와 같다.

1. 공정안전자료
   가. 취급·저장하고 있거나 취급·저장하려는 유해·위험물질의 종류 및 수량
   나. 유해·위험물질에 대한 물질안전보건자료
   다. 유해하거나 위험한 설비의 목록 및 사양
   라. 유해하거나 위험한 설비의 운전방법을 알 수 있는 공정도면
   마. 각종 건물·설비의 배치도
   바. 폭발위험장소 구분도 및 전기단선도
   사. 위험설비의 안전설계·제작 및 설치 관련 지침서

2. 공정위험성평가서 및 잠재위험에 대한 사고예방·피해 최소화 대책(공정위험성평가서는 공정의 특성 등을 고려하여 다음 각 목의 위험성평가 기법 중 한 가지 이상을 선정하여 위험성평가를 한 후 그 결과에 따라 작성해야 하며, 사고예방·피해최소화 대책은 위험성평가 결과 잠재위험이 있다고 인정되는 경우에만 작성한다)
   가. 체크리스트(Check List)
   나. 상대위험순위 결정(Dow and Mond Indices)
   다. 작업자 실수 분석(HEA)
   라. 사고 예상 질문 분석(What-if)
   마. 위험과 운전 분석(HAZOP)
   바. 이상위험도 분석(FMECA)
   사. 결함 수 분석(FTA)
   아. 사건 수 분석(ETA)
   자. 원인결과 분석(CCA)
   차. 가목부터 자목까지의 규정과 같은 수준 이상의 기술적 평가기법
3. 안전운전계획
   가. 안전운전지침서
   나. 설비점검·검사 및 보수계획, 유지계획 및 지침서
   다. 안전작업허가
   라. 도급업체 안전관리계획
   마. 근로자 등 교육계획
   바. 가동 전 점검지침
   사. 변경요소 관리계획
   아. 자체감사 및 사고조사계획
   자. 그 밖에 안전운전에 필요한 사항
4. 비상조치계획
   가. 비상조치를 위한 장비·인력 보유현황
   나. 사고발생 시 각 부서·관련 기관과의 비상연락체계
   다. 사고발생 시 비상조치를 위한 조직의 임무 및 수행 절차
   라. 비상조치계획에 따른 교육계획
   마. <u>주민홍보계획</u>
   바. 그 밖에 비상조치 관련 사항

② 공정안전보고서의 세부내용별 작성기준, 작성자 및 심사기준, 그 밖에 심사에 필요한 사항은 고용노동부장관이 정하여 고시한다.

제51조(공정안전보고서의 제출 시기) 사업주는 영 제45조 제1항에 따라 유해하거나 위험한 설비의 설치·이전 또는 주요 구조부분의 변경공사의 착공일(기존 설비의 제조·취급·저장 물질이 변경되거나 제조량·취급량·저장량이 증가하여 영 별표 13에 따른 유해·위험물질 규정량에 해당하게 된 경우에는 그 해당일을 말한다) <u>30일</u> 전까지 공정안전보고서를 2부 작성하여 공단에 제출해야 한다.

제52조(공정안전보고서의 심사 등) ① 공단은 제51조에 따라 공정안전보고서를 제출받은 경우에는 제출받은 날부터 <u>30일</u> 이내에 심사하여 1부를 사업주에게 송부하고, 그 내용을 지방고용노동관서의 장에게 보고해야 한다.

② 공단은 제1항에 따라 공정안전보고서를 심사한 결과 「위험물안전관리법」에 따른 화재의 예방·소방 등과 관련된 부분이 있다고 인정되는 경우에는 그 관련 내용을 관할 소방관서의 장에게 통보해야 한다.

제53조(공정안전보고서의 확인 등) ① <u>공정안전보고서를 제출하여 심사를 받은 사업주는 법 제46조 제2항에 따라 다음 각 호의 시기별로 공단의 확인을 받아야 한다.</u> 다만, 화공안전 분야 산업안전지도사, 대학에서

조교수 이상으로 재직하고 있는 사람으로서 화공 관련 교과를 담당하고 있는 사람, 그 밖에 자격 및 관련 업무 경력 등을 고려하여 고용노동부장관이 정하여 고시하는 요건을 갖춘 사람에게 제50조 제3호 아목에 따른 자체감사를 하게 하고 그 결과를 공단에 제출한 경우에는 공단의 확인을 생략할 수 있다.

1. **신규로 설치될 유해하거나 위험한 설비에 대해서는 설치 과정 및 설치 완료 후 시운전단계에서 각 1회**
2. 기존에 설치되어 사용 중인 유해하거나 위험한 설비에 대해서는 심사 완료 후 3개월 이내
3. 유해하거나 위험한 설비와 관련한 공정의 중대한 변경이 있는 경우에는 변경 완료 후 1개월 이내
4. 유해하거나 위험한 설비 또는 이와 관련된 공정에 중대한 사고 또는 결함이 발생한 경우에는 1개월 이내. 다만, 법 제47조에 따른 안전보건진단을 받은 사업장 등 고용노동부장관이 정하여 고시하는 사업장의 경우에는 공단의 확인을 생략할 수 있다.

② 공단은 사업주로부터 확인요청을 받은 날부터 1개월 이내에 제50조 제1호부터 제4호까지의 내용이 현장과 일치하는지 여부를 확인하고, 확인한 날부터 15일 이내에 그 결과를 사업주에게 통보하고 지방고용노동관서의 장에게 보고해야 한다.

③ 제1항 및 제2항에 따른 확인의 절차 등에 관하여 필요한 사항은 고용노동부장관이 정하여 고시한다.

★ **시행규칙 제54조(공정안전보고서 이행 상태의 평가)** ① 법 제46조 제4항에 따라 고용노동부장관은 같은 조 제2항에 따른 공정안전보고서의 확인(신규로 설치되는 유해하거나 위험한 설비의 경우에는 설치 완료 후 시운전 단계에서의 확인을 말한다) 후 1년이 지난 날부터 2년 이내에 공정안전보고서 이행 상태의 평가(이하 **"이행상태평가"**라 한다)를 해야 한다.

② 고용노동부장관은 제1항에 따른 **이행상태평가 후 4년마다 이행상태평가**를 해야 한다. 다만, 다음 각 호의 어느 하나에 해당하는 경우에는 1년 또는 2년마다 이행상태평가를 할 수 있다.
  1. 이행상태평가 후 사업주가 이행상태평가를 요청하는 경우
  2. 법 제155조에 따라 사업장에 출입하여 검사 및 안전·보건점검 등을 실시한 결과 제50조 제1항 제3호 사목에 따른 변경요소 관리계획 미준수로 공정안전보고서 이행상태가 불량한 것으로 인정되는 경우 등 고용노동부장관이 정하여 고시하는 경우

③ 이행상태평가는 제50조 제1항 각 호에 따른 공정안전보고서의 세부내용에 관하여 실시한다.
④ 이행상태평가의 방법 등 이행상태평가에 필요한 세부적인 사항은 고용노동부장관이 정한다.

정답 ⑤

14 산업안전보건법령상 안전검사대상 유해·위험기계 등의 검사 주기가 공정안전보고서를 제출하여 확인을 받은 경우 최초 안전검사를 실시한 후 4년 마다인 것은?

① 이삿짐운반용 리프트
② 고소작업대
③ 이동식 크레인
④ 압력용기
⑤ 원심기

> 해설

> 근거조문 시행규칙 제126조

시행규칙 제126조(안전검사의 주기와 합격표시 및 표시방법) ① 법 제93조 제3항에 따른 안전검사대상기계등의 안전검사 주기는 다음 각 호와 같다.
1. 크레인(이동식 크레인은 제외한다), 리프트(이삿짐운반용 리프트는 제외한다) 및 곤돌라: 사업장에 설치가 끝난 날부터 3년 이내에 최초 안전검사를 실시하되, 그 이후부터 2년마다(건설현장에서 사용하는 것은 최초로 설치한 날부터 6개월마다)
2. 이동식 크레인, 이삿짐운반용 리프트 및 고소작업대: 「자동차관리법」 제8조에 따른 신규등록 이후 3년 이내에 최초 안전검사를 실시하되, 그 이후부터 2년마다
3. 프레스, 전단기, 압력용기, 국소 배기장치, 원심기, 롤러기, 사출성형기, 컨베이어 및 산업용 로봇: 사업장에 설치가 끝난 날부터 3년 이내에 최초 안전검사를 실시하되, 그 이후부터 2년마다(공정안전보고서를 제출하여 확인을 받은 압력용기는 4년마다)

정답 ④

15 산업안전보건법령상 공정안전보고서에 관한 설명으로 옳지 않은 것은?

① 공정안전보고서를 작성하여야 하는 사업장의 사업주는 산업안전보건위원회가 설치되어 있지 아니한 경우 근로자대표의 의견을 들어 작성하여야 한다.
② 공정안전보고서에는 공정안전자료, 공정위험성 평가서, 안전운전계획, 비상조치계획이 포함되어야 한다.
③ 사업주가 공정안전보고서를 제출한 경우에는 해당 유해·위험설비에 관하여 유해·위험방지계획서를 제출한 것으로 본다.
④ 「액화석유가스의 안전관리 및 사업법」에 따른 액화석유가스의 충전·저장시설은 공정안전보고서를 작성하여 제출하여야 하는 대상이 아니다.
⑤ 공정안전보고서 이행 상태의 평가는 공정안전보고서의 확인 후 1년이 경과한 날부터 4년 이내에 하여야 한다.

> 해설

> 근거조문 법률 제44조

정답 ⑤

16 산업안전보건법령상 유해·위험방지계획서 또는 공정안전보고서에 관한 설명으로 옳은 것은?

① 전기장비 제조업으로서 전기 계약 용량이 200킬로와트 이상인 사업은 유해·위험방지계획서 제출 대상 업종에 포함되어 있다.
② 깊이 5미터 이상의 굴착공사를 하는 경우 사업주는 건설안전 분야 산업안전지도사의 의견을 들은 후 유해·위험방지계획서를 제출하여야 한다.
③ 유해·위험방지계획서에 대한 심사결과 사업주는 지방고용노동관서의 장으로부터 공사착공중지명령 또는 계획변경명령을 받은 경우에는 계획서를 보완하거나 변경하여 한국산업안전보건공단에 제출하여야 한다.
④ 사업주는 공정안전보고서 심사결과를 근로자에게 알려주어야 한다.
⑤ 사업주는 유해·위험설비의 설치·이전 또는 주요 구조부분의 변경공사의 착공일전까지 공정안전보고서를 2부 작성하여 한국산업안전보건공단에 제출하여야 한다.

해설

근거조문 시행규칙 제45조

정답 ③

17 산업안전보건법령상 공정안전보고서에 관한 설명으로 옳지 않은 것은?

① 공정안전보고서에는 공정안전자료, 공정위험성 평가서, 안전운전계획, 비상조치계획 등의 사항이 포함되어야 한다.
② 사업주가 공정안전보고서를 제출한 경우에는 해당 유해·위험설비에 관하여 유해·위험방지계획서를 제출한 것으로 본다.
③ 고용노동부장관은 공정안전보고서의 확인(신규로 설치되는 유해하거나 위험한 설비의 경우에는 설치 완료 후 시운전 단계에서의 확인) 후 1년이 지난날부터 2년 이내에 공정안전보고서 이행 상태의 평가를 해야 한다.
④ 신규로 설치될 유해·위험설비에 대해 공정안전보고서를 제출하여 심사를 받은 사업주는 설치과정 및 설치완료 후 시운전단계에서 각 1회씩 한국산업안전보건공단의 확인을 받아야 한다.
⑤ 심사 결과가 적합으로 통보된 공정안전보고서를 사업장에 갖추어 둔 사업자가 공정안전보고서의 내용을 변경할 사유가 발생한 경우에는 지체 없이 이를 보완하고 그 내용을 한국산업안전보건공단에 제출하여야 한다.

해설

근거조문 법률 제46조

정답 ⑤

18 산업안전보건법령에 따라 안전·보건진단을 받아 안전보건개선계획을 수립·제출하도록 명할 수 있는 사업장에 해당하는 것은?

① 산업재해율이 같은 업종 평균 산업재해율의 1.5배인 사업장
② 산업재해율이 같은 업종의 규모별 평균 산업재해율보다 높은 사업장으로서 부상자가 동시에 5명 발생한 사업장
③ 2개월의 요양이 필요한 부상자가 동시에 2명 발생한 사업장
④ 상시 근로자가 1,200명으로서 직업병에 걸린 사람이 연간 2명 발생한 사업장
⑤ 작업환경 불량 등으로 사업장 주변으로 피해가 확산된 사업장으로서 고용노동부령으로 정하는 사업장

> 해설

근거조문 영 제49조

영 제49조(안전보건진단을 받아 안전보건개선계획을 수립할 대상) 법 제49조 제1항 각 호 외의 부분 후단에서 "대통령령으로 정하는 사업장"이란 다음 각 호의 사업장을 말한다.
1. 산업재해율이 같은 업종 평균 산업재해율의 2배 이상인 사업장
2. 법 제49조 제1항 제2호에 해당하는 사업장 →

2. 사업주가 필요한 안전조치 또는 보건조치를 이행하지 아니하여 중대재해가 발생한 사업장

3. 직업성 질병자가 연간 2명 이상(상시근로자 1천명 이상 사업장의 경우 3명 이상) 발생한 사업장
4. 그 밖에 작업환경 불량, 화재·폭발 또는 누출 사고 등으로 사업장 주변까지 피해가 확산된 사업장으로서 고용노동부령으로 정하는 사업장

정답 ⑤

19 산업안전보건법령상 안전보건개선계획에 관한 설명으로 옳지 않은 것은?

① 지방고용노동관서의 장은 산업재해율이 같은 업종의 규모별 평균 산업재해율보다 높은 사업장에 대하여 안전보건개선계획의 수립을 명할 수 있다.
② 안전보건개선계획서에는 시설, 안전·보건관리체제, 안전·보건교육, 산업재해 예방 및 작업환경의 개선을 위하여 필요한 사항이 포함되어야 한다.
③ 안전보건개선계획의 수립·시행명령을 받은 사업주는 안전보건개선계획서를 작성하여 그 명령을 받은 날부터 60일 이내에 관할 지방고용노동관서의 장에게 제출하여야 한다.
④ 지방고용노동관서의 장은 산업재해발생률이 같은 업종의 평균 산업재해발생률의 2배 이상인 사업장에 대하여는 안전·보건진단을 받아 안전보건개선계획의 수립을 명할 수 있다.
⑤ 사업주가 안전보건개선계획을 수립할 때에는 산업안전보건위원회의 심의를 거쳐야 하며, 산업안전보건위원회가 설치되어 있지 아니한 사업장의 경우에는 근로자대표의 동의를 얻어야 한다.

> **해설**

근거조문 법률 제26조, 제49조

안전보건관리규정의 작성·변경	안전보건개선계획의 수립 공정안전보고서의 작성
산업안전보건위원회의 심의·의결 근로자대표의 동의	산업안전보건위원회의 심의 근로자대표의 의견

제26조(안전보건관리규정의 작성·변경 절차) 사업주는 안전보건관리규정을 작성하거나 변경할 때에는 산업안전보건위원회의 **심의·의결**을 거쳐야 한다. 다만, 산업안전보건위원회가 설치되어 있지 아니한 사업장의 경우에는 근로자대표의 동의를 받아야 한다.

49조(안전보건개선계획의 수립·시행 명령) ① 고용노동부장관은 다음 각 호의 어느 하나에 해당하는 사업장으로서 산업재해 예방을 위하여 종합적인 개선조치를 할 필요가 있다고 인정되는 사업장의 사업주에게 고용노동부령으로 정하는 바에 따라 그 사업장, 시설, 그 밖의 사항에 관한 안전 및 보건에 관한 개선계획(이하 "안전보건개선계획"이라 한다)을 수립하여 시행할 것을 명할 수 있다. 이 경우 대통령령으로 정하는 사업장의 사업주에게는 제47조에 따라 안전보건진단을 받아 안전보건개선계획을 수립하여 시행할 것을 명할 수 있다.
1. 산업재해율이 같은 업종의 규모별 평균 산업재해율보다 높은 사업장
2. 사업주가 필요한 안전조치 또는 보건조치를 이행하지 아니하여 중대재해가 발생한 사업장
3. 대통령령으로 정하는 수 이상의 직업성 질병자가 발생한 사업장 → **2명**
4. 제106조에 따른 유해인자의 노출기준을 초과한 사업장

② 사업주는 안전보건개선계획을 수립할 때에는 산업안전보건위원회의 **심의**를 거쳐야 한다. 다만, 산업안전보건위원회가 설치되어 있지 아니한 사업장의 경우에는 근로자대표의 **의견**을 들어야 한다. → 동의(x)

영 제49조(안전보건진단을 받아 안전보건개선계획을 수립할 대상) 법 제49조 제1항 각 호 외의 부분 후단에서 "대통령령으로 정하는 사업장"이란 다음 각 호의 사업장을 말한다.
1. 산업재해율이 같은 업종 평균 산업재해율의 2배 이상인 사업장
2. 법 제49조 제1항 제2호에 해당하는 사업장 →

> **2. 사업주가 필요한 안전조치 또는 보건조치를 이행하지 아니하여 중대재해가 발생한 사업장**

3. 직업성 질병자가 연간 2명 이상(상시근로자 1천명 이상 사업장의 경우 3명 이상) 발생한 사업장
4. 그 밖에 작업환경 불량, 화재·폭발 또는 누출 사고 등으로 사업장 주변까지 피해가 확산된 사업장으로서 고용노동부령으로 정하는 사업장

정답 ⑤

20 산업안전보건법령에서 안전보건개선계획에 관한 설명으로 옳지 않은 것은?

① 고용노동부장관은 산업재해율이 같은 업종의 규모별 평균 산업재해율보다 높은 사업장의 경우 사업장의 사업주에게 고용노동부령으로 정하는 바에 따라 그 사업장, 시설, 그 밖의 사항에 관한 안전 및 보건에 관한 개선계획을 수립하여 시행할 것을 명할 수 있다.
② 사업주는 안전보건개선계획을 수립할 때에는 산업안전보건위원회의 심의·의결을 거쳐야 한다.
③ 안전보건개선계획을 수립할 때 업안전보건위원회가 설치되어 있지 아니한 사업장의 경우에는 근로자대표의 의견을 들어야 한다.
④ 산업재해율이 같은 업종 평균 산업재해율의 2배 이상인 사업장의 경우 안전보건진단을 받아 안전보건개선계획 수립·시행할 대상이다.
⑤ 직업성 질병자가 연간 2명 이상(상시근로자 1천명 이상 사업장의 경우 3명 이상) 발생한 사업장의 경우 안전보건진단을 받아 안전보건개선계획 수립·시행할 대상이다.

> **해설**

근거조문 법률 제26조, 제49조

정답 ②

21 산업안전보건법령상 작업중지 등에 관한 설명으로 옳지 않은 것은?

① 사업주는 산업재해가 발생할 급박한 위험이 있을 때 또는 중대재해가 발생하였을 때에는 즉시 작업을 중지시키고 근로자를 작업장소로부터 대피시키는 등 필요한 안전·보건상의 조치를 한 후 작업을 다시 시작하여야 한다.
② 근로자는 산업재해가 발생할 급박한 위험으로 인하여 작업을 중지하고 대피하였을 때에는 사태가 안정된 후에 그 사실을 위 상급자에게 보고하는 등 적절한 조치를 취하여야 한다.
③ 사업주는 산업재해가 발생할 급박한 위험이 있다고 믿을 만한 합리적인 근거가 있을 때에는 산업안전보건법의 규정에 따라 작업을 중지하고 대피한 근로자에 대하여 이를 이유로 해고나 그 밖의 불리한 처우를 하여서는 아니 된다.
④ 고용노동부장관은 중대재해가 발생하였을 때에는 그 원인 규명 또는 예방대책 수립을 위하여 중대재해 발생원인을 조사하고, 근로감독관과 관계 전문가로 하여금 고용노동부령으로 정하는 바에 따라 안전·보건진단이나 그 밖에 필요한 조치를 하도록 할 수 있다.
⑤ 누구든지 중대재해 발생현장을 훼손하여 중대재해 발생의 원인조사를 방해하여서는 아니 된다.

> 해설

> 근거조문 법률 제52조

제51조(사업주의 작업중지) 사업주는 산업재해가 발생할 급박한 위험이 있을 때에는 즉시 작업을 중지시키고 근로자를 작업장소에서 대피시키는 등 안전 및 보건에 관하여 필요한 조치를 하여야 한다.

제52조(근로자의 작업중지) ① 근로자는 산업재해가 발생할 급박한 위험이 있는 경우에는 작업을 중지하고 대피할 수 있다.
② 제1항에 따라 작업을 중지하고 대피한 근로자는 **지체 없이** 그 사실을 관리감독자 또는 그 밖에 부서의 장(이하 "관리감독자등"이라 한다)에게 보고하여야 한다. → **사업주(X)**
③ 관리감독자등은 제2항에 따른 보고를 받으면 안전 및 보건에 관하여 필요한 조치를 하여야 한다.
④ 사업주는 산업재해가 발생할 급박한 위험이 있다고 근로자가 믿을 만한 합리적인 이유가 있을 때에는 제1항에 따라 작업을 중지하고 대피한 근로자에 대하여 해고나 그 밖의 불리한 처우를 해서는 아니 된다.

정답 ②

22. 산업안전보건법령상 사업주가 작업 중 위험을 방지하기 위하여 필요한 안전조치를 취해야 할 장소가 아닌 것은?

① 근로자가 추락할 위험이 있는 장소
② 토사·구축물 등이 붕괴할 우려가 있는 장소
③ 방사선·유해광선·고온·저온·초음파·소음·진동·이상기압 등에 의한 건강 장해의 우려가 있는 장소
④ 물체가 떨어지거나 날아올 위험이 있는 장소
⑤ 작업 시 천재지변으로 인한 위험이 발생할 우려가 있는 장소

> 해설

> 근거조문 법률 제38조, 제39조

제38조(안전조치) ① 사업주는 다음 각 호의 어느 하나에 해당하는 위험으로 인한 산업재해를 예방하기 위하여 필요한 조치를 하여야 한다.
  1. 기계·기구, 그 밖의 설비에 의한 위험
  2. 폭발성, 발화성 및 인화성 물질 등에 의한 위험
  3. 전기, 열, 그 밖의 에너지에 의한 위험
② 사업주는 굴착, 채석, 하역, 벌목, 운송, 조작, 운반, 해체, 중량물 취급, 그 밖의 작업을 할 때 불량한 작업방법 등에 의한 위험으로 인한 산업재해를 예방하기 위하여 필요한 조치를 하여야 한다.
③ 사업주는 근로자가 다음 각 호의 어느 하나에 해당하는 장소에서 작업을 할 때 발생할 수 있는 산업재해를 예방하기 위하여 필요한 조치를 하여야 한다.
  1. 근로자가 추락할 위험이 있는 장소
  2. 토사·구축물 등이 붕괴할 우려가 있는 장소

3. 물체가 떨어지거나 날아올 위험이 있는 장소
4. 천재지변으로 인한 위험이 발생할 우려가 있는 장소
④ 사업주가 제1항부터 제3항까지의 규정에 따라 하여야 하는 조치(이하 "안전조치"라 한다)에 관한 구체적인 사항은 고용노동부령으로 정한다.

제39조(보건조치) ① 사업주는 다음 각 호의 어느 하나에 해당하는 건강장해를 예방하기 위하여 필요한 조치(이하 "보건조치"라 한다)를 하여야 한다.
1. 원재료·가스·증기·분진·흄(fume, 열이나 화학반응에 의하여 형성된 고체증기가 응축되어 생긴 미세입자를 말한다)·미스트(mist, 공기 중에 떠다니는 작은 액체방울을 말한다)·산소결핍·병원체 등에 의한 건강장해
2. 방사선·유해광선·고온·저온·초음파·소음·진동·이상기압 등에 의한 건강장해
3. 사업장에서 배출되는 기체·액체 또는 찌꺼기 등에 의한 건강장해
4. 계측감시(計測監視), 컴퓨터 단말기 조작, 정밀공작(精密工作) 등의 작업에 의한 건강장해
5. 단순반복작업 또는 인체에 과도한 부담을 주는 작업에 의한 건강장해
6. 환기·채광·조명·보온·방습·청결 등의 적정기준을 유지하지 아니하여 발생하는 건강장해
② 제1항에 따라 사업주가 하여야 하는 보건조치에 관한 구체적인 사항은 고용노동부령으로 정한다.

정답 ③

23 산업안전보건기준에 관한 규칙상 소음 및 진동에 의한 건강장해의 예방에 관한 설명으로 옳지 않은 것은?

① "소음작업"이란 1일 8시간 작업을 기준으로 85데시벨 이상의 소음이 발생하는작업을 말한다.
② 105데시벨 이상의 소음이 1일 1시간 이상 발생하는 작업은 강렬한 소음작업이다.
③ "청력보존 프로그램"이란 소음노출 평가, 소음노출 기준 초과에 따른 공학적 대책, 청력보호구의 지급과 착용, 소음의 유해성과 예방에 관한 교육, 정기적 청력검사, 기록·관리 사항 등이 포함된 소음성 난청을 예방·관리하기 위한 종합적인 계획을 말한다.
④ 체인톱, 동력을 이용한 연삭기를 사용하는 작업은 진동 작업에 속한다.
⑤ 1초 이상의 간격으로 130데시벨을 초과하는 소음이 1일 1백회 발생하는 작업은 충격소음작업이다.

해설

근거조문 안전보건규칙 제512조

제512조(정의) 이 장에서 사용하는 용어의 뜻은 다음과 같다.
1. "소음작업"이란 1일 8시간 작업을 기준으로 85데시벨 이상의 소음이 발생하는 작업을 말한다.
2. "강렬한 소음작업"이란 다음 각목의 어느 하나에 해당하는 작업을 말한다.
    가. 90데시벨 이상의 소음이 1일 8시간 이상 발생하는 작업
    나. 95데시벨 이상의 소음이 1일 4시간 이상 발생하는 작업
    다. 100데시벨 이상의 소음이 1일 2시간 이상 발생하는 작업
    라. 105데시벨 이상의 소음이 1일 1시간 이상 발생하는 작업
    마. 110데시벨 이상의 소음이 1일 30분 이상 발생하는 작업
    바. 115데시벨 이상의 소음이 1일 15분 이상 발생하는 작업

3. "충격소음작업"이란 소음이 1초 이상의 간격으로 발생하는 작업으로서 다음 각 목의 어느 하나에 해당하는 작업을 말한다.
   가. 120데시벨을 초과하는 소음이 1일 1만회 이상 발생하는 작업
   나. 130데시벨을 초과하는 소음이 1일 1천회 이상 발생하는 작업
   다. 140데시벨을 초과하는 소음이 1일 1백회 이상 발생하는 작업
4. "진동작업"이란 다음 각 목의 어느 하나에 해당하는 기계·기구를 사용하는 작업을 말한다.
   가. 착암기(鑿巖機)
   나. 동력을 이용한 해머
   다. 체인톱
   라. 엔진 커터(engine cutter)
   마. 동력을 이용한 연삭기
   바. 임팩트 렌치(impact wrench)
   사. 그 밖에 진동으로 인하여 건강장해를 유발할 수 있는 기계·기구
5. "청력보존 프로그램"이란 소음노출 평가, 소음노출 기준 초과에 따른 공학적 대책, 청력보호구의 지급 및 착용, 소음의 유해성과 예방에 관한 교육, 정기적 청력검사, 기록·관리 사항 등이 포함된 소음성 난청을 예방·관리하기 위한 종합적인 계획을 말한다.

정답 ⑤

24 산업안전보건기준에 관한 규칙상 근골격계부담작업과 근골격계질환에 관한 설명으로 옳지 않은 것은?

① "근골격계부담작업"이란 단순반복작업 또는 인체에 과도한 부담을 주는 작업에 의한 건강장해에 따른 작업으로서 작업량·작업속도·작업강도 및 작업장 구조 등에 따라 고용노동부장관이 정하여 고시하는 작업을 말한다.
② "근골격계질환"이란 반복적인 동작, 부적절한 작업자세, 무리한 힘의 사용, 날카로운 면과의 신체 접촉, 진동 및 온도 등의 요인에 의하여 발생하는 건강장해로서 목, 어깨, 허리, 팔·다리의 신경·근육 및 그 주변 신체조직 등에 나타나는 질환을 말한다.
③ 사업주는 근로자가 근골격계부담작업을 하는 경우에 3년마다 유해요인조사를 하여야 한다. 다만, 신설되는 사업장의 경우에는 신설일부터 1년 이내에 최초의 유해요인 조사를 하여야 한다.
④ 사업주는 근골격계질환으로 업무상 질병으로 인정받은 근로자가 연간 10명 이상 발생한 사업장 또는 5명 이상 발생한 사업장으로서 발생 비율이 그 사업장 근로자 수의 10퍼센트 이상인 경우 근골격계질환 예방관리 프로그램을 수립하여 시행하여야 한다.
⑤ 근로자는 근골격계부담작업으로 인하여 운동범위의 축소, 쥐는 힘의 저하, 기능의 손실 등의 징후가 나타나는 경우 즉시 관할 지방노동청에 신고하여야 한다.

> 해설

> 근거조문 안전보건규칙 제656조 이하

제656조(정의) 이 장에서 사용하는 용어의 뜻은 다음과 같다. <개정 2019. 12. 26.>
1. "근골격계부담작업"이란 법 제39조 제1항 제5호에 따른 작업으로서 작업량·작업속도·작업강도 및 작업장 구조 등에 따라 고용노동부장관이 정하여 고시하는 작업을 말한다.
2. "근골격계질환"이란 반복적인 동작, 부적절한 작업자세, 무리한 힘의 사용, 날카로운 면과의 신체접촉, 진동 및 온도 등의 요인에 의하여 발생하는 건강장해로서 목, 어깨, 허리, 팔·다리의 신경·근육 및 그 주변 신체조직 등에 나타나는 질환을 말한다.
3. "근골격계질환 예방관리 프로그램"이란 유해요인 조사, 작업환경 개선, 의학적 관리, 교육·훈련, 평가에 관한 사항 등이 포함된 근골격계질환을 예방관리하기 위한 종합적인 계획을 말한다.

제657조(유해요인 조사) ① 사업주는 근로자가 근골격계부담작업을 하는 경우에 3년마다 다음 각 호의 사항에 대한 유해요인조사를 하여야 한다. 다만, 신설되는 사업장의 경우에는 신설일부터 1년 이내에 최초의 유해요인 조사를 하여야 한다.
1. 설비·작업공정·작업량·작업속도 등 작업장 상황
2. 작업시간·작업자세·작업방법 등 작업조건
3. 작업과 관련된 근골격계질환 징후와 증상 유무 등

② 사업주는 다음 각 호의 어느 하나에 해당하는 사유가 발생하였을 경우에 제1항에도 불구하고 지체 없이 유해요인 조사를 하여야 한다. 다만, 제1호의 경우는 근골격계부담작업이 아닌 작업에서 발생한 경우를 포함한다.
1. 법에 따른 임시건강진단 등에서 근골격계질환자가 발생하였거나 근로자가 근골격계질환으로 「산업재해보상보험법 시행령」 별표 3 제2호 가목·마목 및 제12호 라목에 따라 업무상 질병으로 인정받은 경우
2. 근골격계부담작업에 해당하는 새로운 작업·설비를 도입한 경우
3. 근골격계부담작업에 해당하는 업무의 양과 작업공정 등 작업환경을 변경한 경우

③ 사업주는 유해요인 조사에 근로자 대표 또는 해당 작업 근로자를 참여시켜야 한다.

제658조(유해요인 조사 방법 등) 사업주는 유해요인 조사를 하는 경우에 근로자와의 면담, 증상 설문조사, 인간공학적 측면을 고려한 조사 등 적절한 방법으로 하여야 한다. 이 경우 제657조 제2항 제1호에 해당하는 경우에는 고용노동부장관이 정하여 고시하는 방법에 따라야 한다.

제659조(작업환경 개선) 사업주는 유해요인 조사 결과 근골격계질환이 발생할 우려가 있는 경우에 인간공학적으로 설계된 인력작업 보조설비 및 편의설비를 설치하는 등 작업환경 개선에 필요한 조치를 하여야 한다.

제660조(통지 및 사후조치) ① 근로자는 근골격계부담작업으로 인하여 운동범위의 축소, 쥐는 힘의 저하, 기능의 손실 등의 징후가 나타나는 경우 그 사실을 사업주에게 통지할 수 있다.

② 사업주는 근골격계부담작업으로 인하여 제1항에 따른 징후가 나타난 근로자에 대하여 의학적 조치를 하고 필요한 경우에는 제659조에 따른 작업환경 개선 등 적절한 조치를 하여야 한다.

제661조(유해성 등의 주지) ① 사업주는 근로자가 근골격계부담작업을 하는 경우에 다음 각 호의 사항을 근로자에게 알려야 한다.
1. 근골격계부담작업의 유해요인
2. 근골격계질환의 징후와 증상
3. 근골격계질환 발생 시의 대처요령
4. 올바른 작업자세와 작업도구, 작업시설의 올바른 사용방법
5. 그 밖에 근골격계질환 예방에 필요한 사항

② 사업주는 제657조 제1항과 제2항에 따른 유해요인 조사 및 그 결과, 제658조에 따른 조사방법 등을 해당 근로자에게 알려야 한다.
③ 사업주는 근로자대표의 요구가 있으면 설명회를 개최하여 제657조 제2항 제1호에 따른 유해요인 조사 결과를 해당 근로자와 같은 방법으로 작업하는 근로자에게 알려야 한다.

제662조(근골격계질환 예방관리 프로그램 시행) ① 사업주는 다음 각 호의 어느 하나에 해당하는 경우에 근골격계질환 예방관리 프로그램을 수립하여 시행하여야 한다.
1. 근골격계질환으로 「산업재해보상보험법 시행령」 별표 3 제2호 가목·마목 및 제12호 라목에 따라 업무상 질병으로 인정받은 근로자가 연간 10명 이상 발생한 사업장 또는 5명 이상 발생한 사업장으로서 발생 비율이 그 사업장 근로자 수의 10퍼센트 이상인 경우
2. 근골격계질환 예방과 관련하여 노사 간 이견(異見)이 지속되는 사업장으로서 고용노동부장관이 필요하다고 인정하여 근골격계질환 예방관리 프로그램을 수립하여 시행할 것을 명령한 경우
② 사업주는 근골격계질환 예방관리 프로그램을 작성·시행할 경우에 노사협의를 거쳐야 한다.
③ 사업주는 근골격계질환 예방관리 프로그램을 작성·시행할 경우에 인간공학·산업의학·산업위생·산업간호 등 분야별 전문가로부터 필요한 지도·조언을 받을 수 있다.

정답 ⑤

25

산업안전기준에 관한 규칙에서 규정하는 철골작업의 작업 중지 기후조건에 관한 설명이다. 다음 ( )안에 들어갈 숫자의 조합으로 옳은 것은?

> **제383조(작업의 제한)** 사업주는 다음 각 호의 어느 하나에 해당하는 경우에 철골작업을 중지하여야 한다.
> 1. 풍속이 초당 (ㄱ)미터 이상인 경우
> 2. 강우량이 시간당 (ㄴ)밀리미터 이상인 경우
> 3. 강설량이 시간당 (ㄷ)센티미터 이상인 경우

	ㄱ	ㄴ	ㄷ
①	3	1	1
②	10	1	1
③	3	10	1
④	10	1	3
⑤	15	5	3

해설

근거조문 안전보건규칙 제383조

> **제383조(작업의 제한)** 사업주는 다음 각 호의 어느 하나에 해당하는 경우에 철골작업을 중지하여야 한다. → 기온(x)
> 1. 풍속이 초당 10미터 이상인 경우
> 2. 강우량이 시간당 1밀리미터 이상인 경우
> 3. 강설량이 시간당 1센티미터 이상인 경우

정답 ②

4회

산업안전보건법령 진도별 모의고사 해설

01 산업안전보건법령상 공정안전보고서의 세부내용 중 비상조치계획에 포함할 사항은?

① 유해·위험물질에 대한 물질안전보건자료
② 변경요소 관리계획
③ 도급업체 안전관리계획
④ 자체감사 및 사고조사계획
⑤ 주민홍보계획

> 해설

근거조문 시행규칙 제50조

★ **시행규칙 제50조(공정안전보고서의 세부 내용 등)** ① 영 제44조에 따라 공정안전보고서에 포함해야 할 세부내용은 다음 각 호와 같다.
1. 공정안전자료
   가. 취급·저장하고 있거나 취급·저장하려는 유해·위험물질의 종류 및 수량
   나. 유해·위험물질에 대한 물질안전보건자료
   다. 유해하거나 위험한 설비의 목록 및 사양
   라. 유해하거나 위험한 설비의 운전방법을 알 수 있는 공정도면
   마. 각종 건물·설비의 배치도
   바. 폭발위험장소 구분도 및 전기단선도
   사. 위험설비의 안전설계·제작 및 설치 관련 지침서
2. 공정위험성평가서 및 잠재위험에 대한 사고예방·피해 최소화 대책(공정위험성평가서는 공정의 특성 등을 고려하여 다음 각 목의 위험성평가 기법 중 한 가지 이상을 선정하여 위험성평가를 한 후 그 결과에 따라 작성해야 하며, 사고예방·피해최소화 대책은 위험성평가 결과 잠재위험이 있다고 인정되는 경우에만 작성한다)
   가. 체크리스트(Check List)
   나. 상대위험순위 결정(Dow and Mond Indices)
   다. 작업자 실수 분석(HEA)
   라. 사고 예상 질문 분석(What-if)
   마. 위험과 운전 분석(HAZOP)
   바. 이상위험도 분석(FMECA)
   사. 결함 수 분석(FTA)
   아. 사건 수 분석(ETA)
   자. 원인결과 분석(CCA)
   차. 가목부터 자목까지의 규정과 같은 수준 이상의 기술적 평가기법

3. 안전운전계획
    가. 안전운전지침서
    나. 설비점검·검사 및 보수계획, 유지계획 및 지침서
    다. 안전작업허가
    라. 도급업체 안전관리계획
    마. 근로자 등 교육계획
    바. 가동 전 점검지침
    사. 변경요소 관리계획
    아. 자체감사 및 사고조사계획
    자. 그 밖에 안전운전에 필요한 사항
4. 비상조치계획
    가. 비상조치를 위한 장비·인력 보유현황
    나. 사고발생 시 각 부서·관련 기관과의 비상연락체계
    다. 사고발생 시 비상조치를 위한 조직의 임무 및 수행 절차
    라. 비상조치계획에 따른 교육계획
    마. 주민홍보계획
    바. 그 밖에 비상조치 관련 사항

② 공정안전보고서의 세부내용별 작성기준, 작성자 및 심사기준, 그 밖에 심사에 필요한 사항은 고용노동부장관이 정하여 고시한다.

정답 ⑤

02 산업안전보건법령상 산업재해 발생 보고에 관한 설명이다. 다음 ( )안에 들어갈 숫자로 옳은 것은?

사업주는 산업재해로 사망자가 발생하거나 (ㄱ)일 이상의 휴업이 필요한 부상을 입거나 질병에 걸린 사람이 발생한 경우에는 법 제57조 제3항에 따라 해당 산업재해가 발생한 날부터 (ㄴ)개월 이내에 별지 제30호서식의 산업재해조사표를 작성하여 관할 지방고용노동관서의 장에게 제출(전자문서로 제출하는 것을 포함한다)해야 한다.

	ㄱ	ㄴ
①	1	1
②	2	2
③	3	1
④	5	1
⑤	5	2

> 해설

> 근거조문 시행규칙 제73조

★ **시행규칙 제73조(산업재해 발생 보고 등)** ① 사업주는 산업재해로 사망자가 발생하거나 3일 이상의 휴업이 필요한 부상을 입거나 질병에 걸린 사람이 발생한 경우에는 법 제57조 제3항에 따라 해당 **산업재해가 발생한 날부터 1개월 이내에 별지 제30호서식의 산업재해조사표를 작성**하여 관할 지방고용노동관서의 장에게 제출(전자문서로 제출하는 것을 포함한다)해야 한다.
② 제1항에도 불구하고 다음 각 호의 모두에 해당하지 않는 사업주가 법률 제11882호 산업안전보건법 일부개정법률 제10조 제2항의 개정규정의 시행일인 2014년 7월 1일 이후 해당 사업장에서 처음 발생한 산업재해에 대하여 지방고용노동관서의 장으로부터 별지 제30호서식의 산업재해조사표를 작성하여 제출하도록 명령을 받은 경우 그 명령을 받은 날부터 15일 이내에 이를 이행한 때에는 제1항에 따른 보고를 한 것으로 본다. 제1항에 따른 보고기한이 지난 후에 자진하여 별지 제30호서식의 산업재해조사표를 작성ㆍ제출한 경우에도 또한 같다.
  1. 안전관리자 또는 보건관리자를 두어야 하는 사업주
  2. 법 제62조 제1항에 따라 안전보건총괄책임자를 지정해야 하는 도급인
  3. 법 제73조 제1항에 따라 건설재해예방전문지도기관의 지도를 받아야 하는 사업주
  4. 산업재해 발생사실을 은폐하려고 한 사업주
③ 사업주는 제1항에 따른 산업재해조사표에 근로자대표의 확인을 받아야 하며, 그 기재 내용에 대하여 근로자대표의 이견이 있는 경우에는 그 내용을 첨부해야 한다. 다만, 근로자대표가 없는 경우에는 재해자 본인의 확인을 받아 산업재해조사표를 제출할 수 있다.
④ 제1항부터 제3항까지의 규정에서 정한 사항 외에 산업재해발생 보고에 필요한 사항은 고용노동부장관이 정한다.
⑤ 「산업재해보상보험법」 제41조에 따라 요양급여의 신청을 받은 근로복지공단은 지방고용노동관서의 장 또는 공단으로부터 요양신청서 사본, 요양업무 관련 전산입력자료, 그 밖에 산업재해예방업무 수행을 위하여 필요한 자료의 송부를 요청받은 경우에는 이에 협조해야 한다.

정답 ③

03 산업안전보건법령상 도급사업 시의 안전보건조치에 관한 설명으로 옳지 않은 것은?

① 제조업의 사업주가 사업의 일부를 도급한 경우 도급인인 사업주는 1주일에 1회 이상 작업장을 순회점검하여야 한다.
② 건설업의 사업주가 안전ㆍ보건에 관한 협의체를 구성한 경우 그 협의체에 근로자위원으로서 도급 또는 하도급 사업을 포함한 전체 사업의 근로자대표, 명예산업안전감독관 및 근로자대표가 지명하는 해당 사업장의 근로자를 포함한 산업안전보건위원회를 구성할 수 있다.
③ 안전ㆍ보건에 관한 협의체는 도급인인 사업주 및 그의 수급인인 사업주 전원으로 구성하여야 한다.
④ 안전ㆍ보건에 관한 협의체는 매월 1회 이상 정기적으로 회의를 개최하고 그 결과를 기록ㆍ보존하여야 한다.
⑤ 도급인인 사업주는 수급인인 사업주가 실시하는 근로자의 해당 안전ㆍ보건교육에 필요한 장소 및 자료의 제공 등 필요한 조치를 하여야 한다.

> **해설**

근거조문 시행규칙 제79조 이하

제2절 도급인의 안전조치 및 보건조치

제79조(협의체의 구성 및 운영) ① 법 제64조 제1항 제1호에 따른 안전 및 보건에 관한 협의체(이하 이 조에서 "협의체"라 한다)는 도급인 및 그의 수급인 전원으로 구성해야 한다.
② 협의체는 다음 각 호의 사항을 협의해야 한다.
  1. 작업의 시작 시간
  2. 작업 또는 작업장 간의 연락방법
  3. 재해발생 위험이 있는 경우 대피방법
  4. 작업장에서의 법 제36조에 따른 위험성평가의 실시에 관한 사항
  5. 사업주와 수급인 또는 수급인 상호 간의 연락 방법 및 작업공정의 조정
③ 협의체는 매월 1회 이상 정기적으로 회의를 개최하고 그 결과를 기록·보존해야 한다.

★ **제80조(도급사업 시의 안전·보건조치 등)** ① 도급인은 법 제64조 제1항 제2호에 따른 작업장 **순회점검**을 다음 각 호의 구분에 따라 실시해야 한다.
  1. **다음 각 목의 사업: 2일에 1회 이상**
     가. 건설업
     나. 제조업
     다. 토사석 광업
     라. 서적, 잡지 및 기타 인쇄물 출판업
     마. 음악 및 기타 오디오물 출판업
     바. 금속 및 비금속 원료 재생업
  2. 제1호 각 목의 사업을 제외한 사업: 1주일에 1회 이상
② 관계수급인은 제1항에 따라 도급인이 실시하는 순회점검을 거부·방해 또는 기피해서는 안 되며 점검 결과 도급인의 시정요구가 있으면 이에 따라야 한다.
③ 도급인은 법 제64조 제1항 제3호에 따라 관계수급인이 실시하는 근로자의 안전·보건교육에 필요한 장소 및 자료의 제공 등을 요청받은 경우 협조해야 한다.

제82조(도급사업의 합동 안전·보건점검) ① 법 제64조 제2항에 따라 도급인이 작업장의 안전 및 보건에 관한 점검을 할 때에는 다음 각 호의 사람으로 점검반을 구성해야 한다.
  1. 도급인(같은 사업 내에 지역을 달리하는 사업장이 있는 경우에는 그 사업장의 안전보건관리책임자)
  2. 관계수급인(같은 사업 내에 지역을 달리하는 사업장이 있는 경우에는 그 사업장의 안전보건관리책임자)
  3. 도급인 및 관계수급인의 근로자 각 1명(관계수급인의 근로자의 경우에는 해당 공정만 해당한다)
② 법 제64조 제2항에 따른 정기 안전·보건점검의 실시 횟수는 다음 각 호의 구분에 따른다.
  1. **다음 각 목의 사업: 2개월에 1회 이상**
     가. 건설업
     나. 선박 및 보트 건조업
  2. 제1호의 사업을 제외한 사업: 분기에 1회 이상

정답 ①

04 도급인은 관계수급인 근로자가 도급인의 사업장에서 작업을 하는 경우에 자신의 근로자와 관계수급인 근로자의 산업재해를 예방하기 위하여 안전 및 보건 시설의 설치 등 필요한 안전조치 및 보건조치를 하여야 한다. 이에 관한 설명으로 옳지 않은 것은?

① 도급인의 안전조치 및 보건조치에는 보호구 착용의 지시 등 관계수급인 근로자의 작업행동에 관한 직접적인 조치를 포함한다.
② 도급인은 관계수급인 근로자가 도급인의 사업장에서 작업을 하는 경우 도급인과 수급인을 구성원으로 하는 안전 및 보건에 관한 협의체를 구성 및 운영한다.
③ 도급인은 고용노동부령으로 정하는 바에 따라 자신의 근로자 및 관계수급인 근로자와 함께 정기적으로 또는 수시로 작업장의 안전 및 보건에 관한 점검을 하여야 한다.
④ 도급인은 자신의 근로자 및 관계수급인 근로자와 함께 정기적으로 또는 수시로 작업장의 안전 및 보건에 관한 점검을 하여야 한다.
⑤ 선박 및 보트 건조업의 경우 2개월에 1회 이상 도급사업의 합동안전·보건점검을 시행한다.

해설

근거조문 법률 제63조

제63조(도급인의 안전조치 및 보건조치) 도급인은 관계수급인 근로자가 도급인의 사업장에서 작업을 하는 경우에 자신의 근로자와 관계수급인 근로자의 산업재해를 예방하기 위하여 안전 및 보건 시설의 설치 등 필요한 안전조치 및 보건조치를 하여야 한다. 다만, 보호구 착용의 지시 등 관계수급인 근로자의 작업행동에 관한 직접적인 조치는 제외한다.

제64조(도급에 따른 산업재해 예방조치) ① **도급인은** 관계수급인 근로자가 도급인의 사업장에서 작업을 하는 경우 다음 각 호의 사항을 이행하여야 한다.
 1. 도급인과 수급인을 구성원으로 하는 안전 및 보건에 관한 **협의체**의 구성 및 운영
 2. **작업장 순회점검**
 3. 관계수급인이 근로자에게 하는 제29조 제1항부터 제3항까지의 규정에 따른 안전보건교육을 위한 장소 및 자료의 제공 등 지원
 4. 관계수급인이 근로자에게 하는 제29조 제3항에 따른 안전보건교육의 실시 확인
 5. 다음 각 목의 어느 하나의 경우에 대비한 경보체계 운영과 대피방법 등 훈련
    가. 작업 장소에서 발파작업을 하는 경우
    나. 작업 장소에서 화재·폭발, 토사·구축물 등의 붕괴 또는 지진 등이 발생한 경우
 6. 위생시설 등 고용노동부령으로 정하는 시설의 설치 등을 위하여 필요한 장소의 제공 또는 도급인이 설치한 위생시설 이용의 협조
② 제1항에 따른 **도급인은 고용노동부령으로 정하는 바에 따라 자신의 근로자 및 관계수급인 근로자와 함께** 정기적으로 또는 수시로 작업장의 **안전 및 보건에 관한 점검**을 하여야 한다.
③ 제1항에 따른 안전 및 보건에 관한 협의체 구성 및 운영, 작업장 순회점검, 안전보건교육 지원, 그 밖에 필요한 사항은 고용노동부령으로 정한다.

정답 ①

05 도급인의 안전조치 및 보건조치에 관한 설명으로 옳지 않은 것은?

① 도급인은 관계수급인 근로자가 도급인의 사업장에서 작업을 하는 경우 도급인 및 그의 수급인 전원으로 하는 노사협의체를 구성해야 한다.
② 도급인은 음악 및 기타 오디오물 출판업의 경우 2일에 1회 이상 작업장 순회점검을 실시해야 한다.
③ 도급인은 서적, 잡지 및 기타 인쇄물 출판업의 경우 2일에 1회 이상 작업장 순회점검을 실시해야 한다.
④ 도급인은 건설업의 경우 2일에 1회 이상 작업장 순회점검을 실시하고, 2개월에 1회 이상 합동안전보건점검을 실시해야 한다.
⑤ 도급인은 선박 및 보트 건조업의 경우 7일에 1회 이상 작업장 순회점검을 실시하고, 2개월에 1회 이상 합동안전보건점검을 실시해야 한다.

해설

근거조문 시행규칙 제79조

시행규칙 제2절 도급인의 안전조치 및 보건조치
제79조(협의체의 구성 및 운영) ① 법 제64조 제1항 제1호에 따른 안전 및 보건에 관한 협의체(이하 이 조에서 "**협의체**"라 한다)는 도급인 및 그의 수급인 전원으로 구성해야 한다.
② 협의체는 다음 각 호의 사항을 협의해야 한다.
  1. 작업의 시작 시간
  2. 작업 또는 작업장 간의 연락방법
  3. 재해발생 위험이 있는 경우 대피방법
  4. 작업장에서의 법 제36조에 따른 위험성평가의 실시에 관한 사항
  5. 사업주와 수급인 또는 수급인 상호 간의 연락 방법 및 작업공정의 조정
③ **협의체는 매월 1회 이상 정기적으로 회의를 개최하고 그 결과를 기록·보존해야 한다.**
★ **제80조(도급사업 시의 안전·보건조치 등)** ① 도급인은 법 제64조 제1항 제2호에 따른 작업장 **순회점검**을 다음 각 호의 구분에 따라 실시해야 한다.
  1. **다음 각 목의 사업: 2일에 1회 이상**
    가. **건설업**
    나. **제조업**
    다. 토사석 광업
    라. 서적, 잡지 및 기타 인쇄물 출판업
    마. 음악 및 기타 오디오물 출판업
    바. 금속 및 비금속 원료 재생업
  2. **제1호 각 목의 사업을 제외한 사업: 1주일에 1회 이상**

정답 ①

06 산업안전보건법령상 도급사업 시의 안전·보건조치에 관한 설명이다. 순회점검의 실시 주기를 분류할 때 2일에 1회 이상 실시해야 하는 사업에 해당하지 않는 것은?

① 서적, 잡지 및 기타 인쇄물 출판업
② 금속 및 비금속 원료 재생업
③ 토사석 광업
④ 선박 및 보트 건조업
⑤ 건설업

> **해설**

> **근거조문** 시행규칙 제80조

★ **제80조(도급사업 시의 안전·보건조치 등)** ① 도급인은 법 제64조 제1항 제2호에 따른 작업장 **순회점검**을 다음 각 호의 구분에 따라 실시해야 한다.
  1. 다음 각 목의 사업: **2일에 1회 이상**
     가. **건설업**
     나. **제조업**
     다. 토사석 광업
     라. 서적, 잡지 및 기타 인쇄물 출판업
     마. 음악 및 기타 오디오물 출판업
     바. 금속 및 비금속 원료 재생업
  2. 제1호 각 목의 사업을 제외한 사업: 1주일에 1회 이상

정답 ④

07 산업안전보건법령상 도급의 승인 등에 관한 설명으로 옳은 것을 모두 고른 것은?

> ㄱ. 고용노동부장관은 사업주가 유해한 작업의 도급금지 의무위반에 해당하는 경우에는 10억원 이하의 과징금을 부과·징수할 수 있다.
> ㄴ. 도급승인 신청을 받은 지방고용노동관서의 장은 도급승인 기준을 충족한 경우 신청서가 접수된 날부터 30일 이내에 승인서를 신청인에게 발급해야 한다.
> ㄷ. 도급에 대한 변경승인을 받으려는 자는 안전 및 보건에 관한 평가결과의 서류를 첨부하여 관할 지방고용노동관서의 장에게 제출해야 한다.

① ㄱ
② ㄴ
③ ㄷ
④ ㄱ, ㄷ
⑤ ㄴ, ㄷ

> **해설**

> **근거조문** 법률 제58조 이하

제58조(유해한 작업의 도급금지) ① 사업주는 근로자의 안전 및 보건에 유해하거나 위험한 작업으로서 다음 각 호의 어느 하나에 해당하는 작업을 도급하여 자신의 사업장에서 수급인의 근로자가 그 작업을 하도록 해서는 아니 된다.
  1. 도금작업
  2. 수은, 납 또는 카드뮴을 제련, 주입, 가공 및 가열하는 작업
  3. 제118조 제1항에 따른 허가대상물질을 제조하거나 사용하는 작업
② 사업주는 제1항에도 불구하고 다음 각 호의 어느 하나에 해당하는 경우에는 제1항 각 호에 따른 작업을 도급하여 자신의 사업장에서 수급인의 근로자가 그 작업을 하도록 할 수 있다.
  1. 일시·간헐적으로 하는 작업을 도급하는 경우
  2. 수급인이 보유한 기술이 전문적이고 사업주(수급인에게 도급을 한 도급인으로서의 사업주를 말한다)의 사업 운영에 필수 불가결한 경우로서 **고용노동부장관의 승인**을 받은 경우
③ 사업주는 제2항 제2호에 따라 고용노동부장관의 승인을 받으려는 경우에는 고용노동부령으로 정하는 바에 따라 고용노동부장관이 실시하는 **안전 및 보건에 관한 평가**를 받아야 한다.
④ 제2항 제2호에 따른 승인의 유효기간은 3년의 범위에서 정한다.
⑤ 고용노동부장관은 제4항에 따른 유효기간이 만료되는 경우에 사업주가 유효기간의 연장을 신청하면 승인의 유효기간이 만료되는 날의 다음 날부터 3년의 범위에서 고용노동부령으로 정하는 바에 따라 그 기간의 **연장을 승인**할 수 있다. 이 경우 사업주는 제3항에 따른 **안전 및 보건에 관한 평가**를 받아야 한다.
⑥ 사업주는 제2항 제2호 또는 제5항에 따라 승인을 받은 사항 중 고용노동부령으로 정하는 사항을 변경하려는 경우에는 고용노동부령으로 정하는 바에 따라 **변경에 대한 승인**을 받아야 한다.
⑦ 고용노동부장관은 제2항 제2호, 제5항 또는 제6항에 따라 승인, 연장승인 또는 변경승인을 받은 자가 제8항에 따른 기준에 미달하게 된 경우에는 승인, 연장승인 또는 변경승인을 취소하여야 한다.
⑧ 제2항 제2호, 제5항 또는 제6항에 따른 승인, 연장승인 또는 변경승인의 기준·절차 및 방법, 그 밖에 필요한 사항은 고용노동부령으로 정한다.

제59조(도급의 승인) ① 사업주는 자신의 사업장에서 안전 및 보건에 유해하거나 위험한 작업 중 **급성 독성, 피부 부식성** 등이 있는 물질의 취급 등 대통령령으로 정하는 작업을 도급하려는 경우에는 고용노동부장관의 승인을 받아야 한다. 이 경우 사업주는 고용노동부령으로 정하는 바에 따라 **안전 및 보건에 관한 평가**를 받아야 한다.
② 제1항에 따른 승인에 관하여는 제58조 제4항부터 제8항까지의 규정을 준용한다.

제60조(도급의 승인 시 하도급 금지) 제58조 제2항 제2호에 따른 승인, 같은 조 제5항 또는 제6항(제59조 제2항에 따라 준용되는 경우를 포함한다)에 따른 연장승인 또는 변경승인 및 제59조 제1항에 따른 **승인을 받은 작업을 도급받은 수급인**은 그 작업을 하도급할 수 없다.

제61조(적격 수급인 선정 의무) 사업주는 산업재해 예방을 위한 조치를 할 수 있는 능력을 갖춘 사업주에게 도급하여야 한다.

제161조(도급금지 등 의무위반에 따른 과징금 부과) ① 고용노동부장관은 사업주가 다음 각 호의 어느 하나에 해당하는 경우에는 10억원 이하의 과징금을 부과·징수할 수 있다.
  1. 제58조 제1항을 위반하여 도급한 경우
  2. 제58조 제2항 제2호 또는 제59조 제1항을 위반하여 승인을 받지 아니하고 도급한 경우
  3. 제60조를 위반하여 승인을 받아 도급받은 작업을 재하도급한 경우
② 고용노동부장관은 제1항에 따른 과징금을 부과하는 경우에는 다음 각 호의 사항을 고려하여야 한다.

1. 도급 금액, 기간 및 횟수 등
   2. 관계수급인 근로자의 산업재해 예방에 필요한 조치 이행을 위한 노력의 정도
   3. 산업재해 발생 여부
③ 고용노동부장관은 제1항에 따른 과징금을 내야 할 자가 납부기한까지 내지 아니하면 납부기한의 다음 날부터 과징금을 납부한 날의 전날까지의 기간에 대하여 내지 아니한 과징금의 연 100분의 6의 범위에서 대통령령으로 정하는 가산금을 징수한다. 이 경우 가산금을 징수하는 기간은 60개월을 초과할 수 없다.
④ 고용노동부장관은 제1항에 따른 과징금을 내야 할 자가 납부기한까지 내지 아니하면 기간을 정하여 독촉을 하고, 그 기간 내에 제1항에 따른 과징금 및 제3항에 따른 가산금을 내지 아니하면 국세 체납처분의 예에 따라 징수한다.
⑤ 제1항 및 제3항에 따른 과징금 및 가산금의 징수와 제4항에 따른 체납처분 절차, 그 밖에 필요한 사항은 대통령령으로 정한다.

시행규칙 제75조(도급승인 등의 절차·방법 및 기준 등) ① 법 제58조 제2항 제2호에 따른 승인, 같은 조 제5항 또는 제6항에 따른 연장승인 또는 변경승인을 받으려는 자는 별지 제31호서식의 도급승인 신청서, 별지 제32호서식의 연장신청서 및 별지 제33호서식의 변경신청서에 다음 각 호의 서류를 첨부하여 관할 지방고용노동관서의 장에게 제출해야 한다.
   1. 도급대상 작업의 공정 관련 서류 일체(기계·설비의 종류 및 운전조건, 유해·위험물질의 종류·사용량, 유해·위험요인의 발생 실태 및 종사 근로자 수 등에 관한 사항이 포함되어야 한다)
   2. 도급작업 안전보건관리계획서(안전작업절차, 도급 시 안전·보건관리 및 도급작업에 대한 안전·보건시설 등에 관한 사항이 포함되어야 한다)
   3. 제74조에 따른 안전 및 보건에 관한 평가 결과(법 제58조 제6항에 따른 변경승인은 해당되지 않는다)
② 법 제58조 제2항 제2호에 따른 승인, 같은 조 제5항 또는 제6항에 따른 연장승인 또는 변경승인의 작업별 도급승인 기준은 다음 각 호와 같다.
   1. 공통: 작업공정의 안전성, 안전보건관리계획 및 안전 및 보건에 관한 평가 결과의 적정성
   2. 법 제58조 제1항 제1호 및 제2호에 따른 작업: 안전보건규칙 제5조, 제7조, 제8조, 제10조, 제11조, 제17조, 제19조, 제21조, 제22조, 제33조, 제72조부터 제79조까지, 제81조, 제83조부터 제85조까지, 제225조, 제232조, 제299조, 제301조부터 제305조까지, 제422조, 제429조부터 제435조까지, 제442조부터 제444조까지, 제448조, 제450조, 제451조 및 제513조에서 정한 기준
   3. 법 제58조 제1항 제3호에 따른 작업: 안전보건규칙 제5조, 제7조, 제8조, 제10조, 제11조, 제17조, 제19조, 제21조, 제22조까지, 제33조, 제72조부터 제79조까지, 제81조, 제83조부터 제85조까지, 제225조, 제232조, 제299조, 제301조부터 제305조까지, 제453조부터 제455조까지, 제459조, 제461조, 제463조부터 제466조까지, 제469조부터 제474조까지 및 제513조에서 정한 기준
③ 지방고용노동관서의 장은 필요한 경우 법 제58조 제2항 제2호에 따른 승인, 같은 조 제5항 또는 제6항에 따른 연장승인 또는 변경승인을 신청한 사업장이 제2항에 따른 도급승인 기준을 준수하고 있는지 공단으로 하여금 확인하게 할 수 있다.
④ 제1항에 따라 도급승인 신청을 받은 지방고용노동관서의 장은 제2항에 따른 도급승인 기준을 충족한 경우 신청서가 접수된 날부터 14일 이내에 별지 제34호서식에 따른 승인서를 신청인에게 발급해야 한다.

제76조(도급승인 변경 사항) 법 제58조 제6항에서 "고용노동부령으로 정하는 사항"이란 다음 각 호의 어느 하나에 해당하는 사항을 말한다.
   1. 도급공정
   2. 도급공정 사용 최대 유해화학 물질량
   3. 도급기간(3년 미만으로 승인 받은 자가 승인일부터 3년 내에서 연장하는 경우만 해당한다)

제77조(도급승인의 취소) 고용노동부장관은 법 제58조 제2항 제2호에 따른 승인, 같은 조 제5항 또는 제6항에 따른 연장승인 또는 변경승인을 받은 자가 다음 각 호의 어느 하나에 해당하는 경우에는 승인을 취소해야 한다.

1. 제75조 제2항의 도급승인 기준에 미달하게 된 때
2. 거짓이나 그 밖의 부정한 방법으로 승인, 연장승인, 변경승인을 받은 경우
3. 법 제58조 제5항 및 제6항에 따른 연장승인 및 변경승인을 받지 않고 사업을 계속한 경우

제78조(도급승인 등의 신청) ① 법 제59조에 따른 안전 및 보건에 유해하거나 위험한 작업의 도급에 대한 승인, 연장승인 또는 변경승인을 받으려는 자는 별지 제31호서식의 도급승인 신청서, 별지 제32호서식의 연장신청서 및 별지 제33호서식의 변경신청서에 다음 각 호의 서류를 첨부하여 관할 지방고용노동관서의 장에게 제출해야 한다.
1. 도급대상 작업의 공정 관련 서류 일체(기계·설비의 종류 및 운전조건, 유해·위험물질의 종류·사용량, 유해·위험요인의 발생 실태 및 종사 근로자 수 등에 관한 사항이 포함되어야 한다)
2. 도급작업 안전보건관리계획서(안전작업절차, 도급 시 안전·보건관리 및 도급작업에 대한 안전·보건시설 등에 관한 사항이 포함되어야 한다)
3. 안전 및 보건에 관한 평가 결과(**변경승인은 해당되지 않는다**)

② **제1항에도 불구하고 산업재해가 발생할 급박한 위험이 있어 긴급하게 도급을 해야 할 경우에는 제1항 제1호 및 제3호의 서류를 제출하지 않을 수 있다.** → 안전보건관리계획서만 제출

③ 법 제59조에 따른 승인, 연장승인 또는 변경승인의 작업별 도급승인 기준은 다음 각 호와 같다.
1. 공통: 작업공정의 안전성, 안전보건관리계획 및 안전 및 보건에 관한 평가 결과의 적정성
2. 영 제51조 제1호에 따른 작업: 안전보건규칙 제5조, 제7조, 제8조, 제10조, 제11조, 제17조, 제19조, 제21조, 제22조, 제33조, 제42조부터 제44조까지, 제72조부터 제79조까지, 제81조, 제83조부터 제85조까지, 제225조, 제232조, 제297조부터 제299조까지, 제301조부터 제305조까지, 제422조, 제429조부터 제435조까지, 제442조부터 제444조까지, 제448조, 제450조, 제451조, 제513조, 제619조, 제620조, 제624조, 제625조, 제630조 및 제631조에서 정한 기준
3. 영 제51조 제2호에 따른 작업: 고용노동부장관이 정한 기준

④ 제1항 제3호에 따른 안전 및 보건에 관한 평가에 관하여는 제74조를 준용하고, 도급승인의 절차, 변경 및 취소 등에 관하여는 제75조 제3항, 같은 조 제4항, 제76조 및 제77조의 규정을 준용한다. 이 경우 "법 제58조 제2항 제2호에 따른 승인, 같은 조 제5항 또는 제6항에 따른 연장승인 또는 변경승인"은 "법 제59조에 따른 승인, 연장승인 또는 변경승인"으로, "제75조 제2항의 도급승인 기준"은 "제78조 제3항의 도급승인 기준"으로 본다.

정답 ①

08 산업안전보건법령상 도급인의 안전조치 및 보건조치 등에 관한 설명으로 옳은 것은?

① 관계수급인 근로자가 도급인의 토사석 광업 사업장에서 작업을 하는 경우 도급인은 1주일에 1회 작업장 순회점검을 실시하여야 한다.
② 도급인은 관계수급인 근로자의 산업재해 예방을 위해 보호구 착용 지시 등 관계수급인 근로자의 작업행동에 관한 직접적인 조치도 포함하여 필요한 안전조치를 하여야 한다.
③ 안전 및 보건에 관한 협의체는 회의를 분기별 1회 정기적으로 개최하여야 한다.
④ 관계수급인 근로자가 도급인의 사업장에서 작업하는 경우 도급인은 위생시설 등 고용노동부령으로 정하는 시설의 설치 등을 위하여 필요한 장소의 제공 또는 도급인이 설치한 위생시설 이용의 협조를 이행하여야 한다.
⑤ 도급에 따른 산업재해 예방조치의무에 따라 도급인이 작업장의 안전 및 보건에 관한 합동점검을 할 때에는 도급인, 관계수급인, 도급인 및 관계수급인의 근로자 각 2명으로 점검반을 구성하여야 한다.

> 해설

> 근거조문 법률 제64조 이하, 시행규칙 제82조

제64조(도급에 따른 산업재해 예방조치) ① 도급인은 관계수급인 근로자가 도급인의 사업장에서 작업을 하는 경우 다음 각 호의 사항을 이행하여야 한다.
  1. 도급인과 수급인을 구성원으로 하는 안전 및 보건에 관한 협의체의 구성 및 운영
  2. 작업장 순회점검
  3. 관계수급인이 근로자에게 하는 제29조 제1항부터 제3항까지의 규정에 따른 안전보건교육을 위한 장소 및 자료의 제공 등 지원
  4. 관계수급인이 근로자에게 하는 제29조 제3항에 따른 안전보건교육의 실시 확인
  5. 다음 각 목의 어느 하나의 경우에 대비한 경보체계 운영과 대피방법 등 훈련
      가. 작업 장소에서 발파작업을 하는 경우
      나. 작업 장소에서 화재·폭발, 토사·구축물 등의 붕괴 또는 지진 등이 발생한 경우
  6. 위생시설 등 고용노동부령으로 정하는 시설의 설치 등을 위하여 필요한 장소의 제공 또는 도급인이 설치한 위생시설 이용의 협조
② 제1항에 따른 도급인은 고용노동부령으로 정하는 바에 따라 자신의 근로자 및 관계수급인 근로자와 함께 정기적으로 또는 수시로 작업장의 안전 및 보건에 관한 점검을 하여야 한다.
③ 제1항에 따른 안전 및 보건에 관한 협의체 구성 및 운영, 작업장 순회점검, 안전보건교육 지원, 그 밖에 필요한 사항은 고용노동부령으로 정한다.

제65조(도급인의 안전 및 보건에 관한 정보 제공 등) ① 다음 각 호의 작업을 도급하는 자는 그 작업을 수행하는 수급인 근로자의 산업재해를 예방하기 위하여 고용노동부령으로 정하는 바에 따라 해당 작업 시작 전에 수급인에게 안전 및 보건에 관한 정보를 문서로 제공하여야 한다. <개정 2020. 5. 26.>
  1. 폭발성·발화성·인화성·독성 등의 유해성·위험성이 있는 화학물질 중 고용노동부령으로 정하는 화학물질 또는 그 화학물질을 포함한 혼합물을 제조·사용·운반 또는 저장하는 반응기·증류탑·배관 또는 저장탱크로서 고용노동부령으로 정하는 설비를 개조·분해·해체 또는 철거하는 작업
  2. 제1호에 따른 설비의 내부에서 이루어지는 작업
  3. 질식 또는 붕괴의 위험이 있는 작업으로서 대통령령으로 정하는 작업
② 도급인이 제1항에 따라 안전 및 보건에 관한 정보를 해당 작업 시작 전까지 제공하지 아니한 경우에는 수급인이 정보 제공을 요청할 수 있다.
③ 도급인은 수급인이 제1항에 따라 제공받은 안전 및 보건에 관한 정보에 따라 필요한 안전조치 및 보건조치를 하였는지를 확인하여야 한다.
④ 수급인은 제2항에 따른 요청에도 불구하고 도급인이 정보를 제공하지 아니하는 경우에는 해당 도급 작업을 하지 아니할 수 있다. 이 경우 수급인은 계약의 이행 지체에 따른 책임을 지지 아니한다.

제66조(도급인의 관계수급인에 대한 시정조치) ① 도급인은 관계수급인 근로자가 도급인의 사업장에서 작업을 하는 경우에 관계수급인 또는 관계수급인 근로자가 도급받은 작업과 관련하여 이 법 또는 이 법에 따른 명령을 위반하면 관계수급인에게 그 위반행위를 시정하도록 필요한 조치를 할 수 있다. 이 경우 관계수급인은 정당한 사유가 없으면 그 조치에 따라야 한다.
② 도급인은 제65조 제1항 각 호의 작업을 도급하는 경우에 수급인 또는 수급인 근로자가 도급받은 작업과 관련하여 이 법 또는 이 법에 따른 명령을 위반하면 수급인에게 그 위반행위를 시정하도록 필요한 조치를 할 수 있다. 이 경우 수급인은 정당한 사유가 없으면 그 조치에 따라야 한다.

시행규칙 제82조(도급사업의 합동 안전·보건점검) ① 법 제64조 제2항에 따라 도급인이 작업장의 안전 및 보건에 관한 점검을 할 때에는 다음 각 호의 사람으로 점검반을 구성해야 한다.
  1. 도급인(같은 사업 내에 지역을 달리하는 사업장이 있는 경우에는 그 사업장의 안전보건관리책임자)

2. 관계수급인(같은 사업 내에 지역을 달리하는 사업장이 있는 경우에는 그 사업장의 안전보건관리책임자)
3. 도급인 및 관계수급인의 근로자 각 1명(관계수급인의 근로자의 경우에는 해당 공정만 해당한다)
② 법 제64조 제2항에 따른 정기 안전·보건점검의 실시 횟수는 다음 각 호의 구분에 따른다.
1. 다음 각 목의 사업: 2개월에 1회 이상
   가. 건설업
   나. 선박 및 보트 건조업
2. 제1호의 사업을 제외한 사업: 분기에 1회 이상

정답 ④

09 건설업 등의 산업재해 예방에 관한 설명으로 옳지 않은 것은?

① 총공사금액이 50억원 이상인 건설공사의 발주자는 산업재해 예방을 위하여 건설공사의 계획, 설계 및 시공 단계에서 산업재해 예방조치를 취해야 한다.
② 2개 이상의 건설공사를 도급한 건설공사발주자는 그 2개 이상의 건설공사가 같은 장소에서 행해지는 경우에 작업의 혼재로 인하여 발생할 수 있는 산업재해를 예방하기 위하여 건설공사 현장에 안전보건조정자를 두어야 한다.
③ 안전보건조정자를 두어야 하는 건설공사의 금액은 총 건설공사 금액의 총합이 50억원 이상이어야 한다.
④ 건설공사도급인은 작업발판 일체형 거푸집 또는 높이 6미터 이상인 거푸집 동바리의 붕괴 등으로 산업재해가 발생할 위험이 있다고 판단되면 건축·토목 분야의 전문가 등 대통령으로 정하는 전문가의 의견을 들어 건설공사발주자에게 해당 건설공사의 설계변경을 요청할 수 있다.
⑤ 「건축법」 제11조에 따른 건축허가의 대상이 되는 공사의 건설공사도급인은 해당 건설공사를 하는 동안에 건설재해예방전문지도기관에서 건설 산업재해 예방을 위한 지도를 받아야 한다.

해설

근거조문 법률 제67조 이하

제3절 건설업 등의 산업재해 예방
제67조(건설공사발주자의 산업재해 예방 조치) ① 대통령령으로 정하는 건설공사의 건설공사발주자는 산업재해 예방을 위하여 건설공사의 계획, 설계 및 시공 단계에서 다음 각 호의 구분에 따른 조치를 하여야 한다. → 총공사금액이 50억원 이상인 공사
1. 건설공사 계획단계: 해당 건설공사에서 중점적으로 관리하여야 할 유해·위험요인과 이의 감소방안을 포함한 기본안전보건대장을 작성할 것
2. 건설공사 설계단계: 제1호에 따른 기본안전보건대장을 설계자에게 제공하고, 설계자로 하여금 유해·위험요인의 감소방안을 포함한 설계안전보건대장을 작성하게 하고 이를 확인할 것
3. 건설공사 시공단계: 건설공사발주자로부터 건설공사를 최초로 도급받은 수급인에게 제2호에 따른 설계안전보건대장을 제공하고, 그 수급인에게 이를 반영하여 안전한 작업을 위한 공사안전보건대장을 작성하게 하고 그 이행 여부를 확인할 것
② 제1항 각 호에 따른 대장에 포함되어야 할 구체적인 내용은 고용노동부령으로 정한다.

제68조(안전보건조정자) ① 2개 이상의 건설공사를 도급한 건설공사발주자는 그 2개 이상의 건설공사가 같은 장소에서 행해지는 경우에 작업의 혼재로 인하여 발생할 수 있는 산업재해를 예방하기 위하여 건설공사 현장에 안전보건조정자를 두어야 한다.
② 제1항에 따라 안전보건조정자를 두어야 하는 건설공사의 금액, 안전보건조정자의 자격·업무, 선임방법, 그 밖에 필요한 사항은 대통령령으로 정한다. → **각 건설공사의 금액의 합이 50억원 이상인 경우**

제69조(공사기간 단축 및 공법변경 금지) ① 건설공사발주자 또는 건설공사도급인(건설공사발주자로부터 해당 건설공사를 최초로 도급받은 수급인 또는 건설공사의 시공을 주도하여 총괄·관리하는 자를 말한다. 이하 이 절에서 같다)은 설계도서 등에 따라 산정된 공사기간을 단축해서는 아니 된다.
② 건설공사발주자 또는 건설공사도급인은 공사비를 줄이기 위하여 위험성이 있는 공법을 사용하거나 정당한 사유 없이 정해진 공법을 변경해서는 아니 된다.

제70조(건설공사 기간의 연장) ① 건설공사발주자는 다음 각 호의 어느 하나에 해당하는 사유로 건설공사가 지연되어 해당 건설공사도급인이 산업재해 예방을 위하여 공사기간의 연장을 요청하는 경우에는 특별한 사유가 없으면 공사기간을 연장하여야 한다.
  1. 태풍·홍수 등 악천후, 전쟁·사변, 지진, 화재, 전염병, 폭동, 그 밖에 계약 당사자가 통제할 수 없는 사태의 발생 등 불가항력의 사유가 있는 경우
  2. 건설공사발주자에게 책임이 있는 사유로 착공이 지연되거나 시공이 중단된 경우
② 건설공사의 관계수급인은 제1항 제1호에 해당하는 사유 또는 건설공사도급인에게 책임이 있는 사유로 착공이 지연되거나 시공이 중단되어 해당 건설공사가 지연된 경우에 산업재해 예방을 위하여 건설공사도급인에게 공사기간의 연장을 요청할 수 있다. 이 경우 건설공사도급인은 특별한 사유가 없으면 공사기간을 연장하거나 건설공사발주자에게 그 기간의 연장을 요청하여야 한다.
③ 제1항 및 제2항에 따른 건설공사 기간의 연장 요청 절차, 그 밖에 필요한 사항은 고용노동부령으로 정한다.

제71조(설계변경의 요청) ① 건설공사도급인은 해당 건설공사 중에 **대통령령으로 정하는 가설구조물의 붕괴 등**으로 산업재해가 발생할 위험이 있다고 판단되면 건축·토목 분야의 전문가 등 대통령령으로 정하는 전문가의 의견을 들어 건설공사발주자에게 해당 건설공사의 설계변경을 요청할 수 있다. 다만, 건설공사발주자가 설계를 포함하여 발주한 경우는 그러하지 아니하다. →

  1. 높이 31미터 이상인 비계
  2. 작업발판 일체형 거푸집 또는 높이 6미터 이상인 거푸집 동바리[타설(打設)된 콘크리트가 일정 강도에 이르기까지 하중 등을 지지하기 위하여 설치하는 부재(部材)]
  3. 터널의 지보공(支保工: 무너지지 않도록 지지하는 구조물) 또는 높이 2미터 이상인 흙막이 지보공
  4. 동력을 이용하여 움직이는 가설구조물

② 제42조 제4항 후단에 따라 고용노동부장관으로부터 공사중지 또는 유해위험방지계획서의 변경 명령을 받은 건설공사도급인은 설계변경이 필요한 경우 건설공사발주자에게 설계변경을 요청할 수 있다.
③ 건설공사의 관계수급인은 건설공사 중에 제1항에 따른 가설구조물의 붕괴 등으로 산업재해가 발생할 위험이 있다고 판단되면 제1항에 따른 전문가의 의견을 들어 건설공사도급인에게 해당 건설공사의 설계변경을 요청할 수 있다. 이 경우 건설공사도급인은 그 요청받은 내용이 기술적으로 적용이 불가능한 명백한 경우가 아니면 이를 반영하여 해당 건설공사의 설계를 변경하거나 건설공사발주자에게 설계변경을 요청하여야 한다.
④ 제1항부터 제3항까지의 규정에 따라 설계변경 요청을 받은 건설공사발주자는 그 요청받은 내용이 기술적으로 적용이 불가능한 명백한 경우가 아니면 이를 반영하여 설계를 변경하여야 한다.
⑤ 제1항부터 제3항까지의 규정에 따른 설계변경의 요청 절차·방법, 그 밖에 필요한 사항은 고용노동부령으로 정한다. 이 경우 미리 국토교통부장관과 협의하여야 한다.

제72조(건설공사 등의 산업안전보건관리비 계상 등) ① 건설공사발주자가 도급계약을 체결하거나 건설공사의 시공을 주도하여 총괄·관리하는 자(건설공사발주자로부터 건설공사를 최초로 도급받은 수급인은 제외한다)

가 건설공사 사업 계획을 수립할 때에는 고용노동부장관이 정하여 고시하는 바에 따라 산업재해 예방을 위하여 사용하는 비용(이하 "산업안전보건관리비"라 한다)을 도급금액 또는 사업비에 계상(計上)하여야 한다. <개정 2020. 6. 9.>

② 고용노동부장관은 산업안전보건관리비의 효율적인 사용을 위하여 다음 각 호의 사항을 정할 수 있다.
  1. 사업의 규모별·종류별 계상 기준
  2. 건설공사의 진척 정도에 따른 사용비율 등 기준
  3. 그 밖에 산업안전보건관리비의 사용에 필요한 사항

③ 건설공사도급인은 산업안전보건관리비를 제2항에서 정하는 바에 따라 사용하고 고용노동부령으로 정하는 바에 따라 그 사용명세서를 작성하여 보존하여야 한다. <개정 2020. 6. 9.>

④ 선박의 건조 또는 수리를 최초로 도급받은 수급인은 사업 계획을 수립할 때에는 고용노동부장관이 정하여 고시하는 바에 따라 산업안전보건관리비를 사업비에 계상하여야 한다.

⑤ 건설공사도급인 또는 제4항에 따른 선박의 건조 또는 수리를 최초로 도급받은 수급인은 산업안전보건관리비를 산업재해 예방 외의 목적으로 사용해서는 아니 된다. <개정 2020. 6. 9.>

제73조(건설공사의 산업재해 예방 지도) ① 대통령령으로 정하는 건설공사도급인은 해당 건설공사를 하는 동안에 제74조에 따라 지정받은 **전문기관**(이하 "건설재해예방전문지도기관"이라 한다)에서 건설 산업재해 예방을 위한 지도를 받아야 한다. → 공사금액 1억원 이상 120억원(토목공사업에 속하는 공사는 150억원) 미만인 공사를 하는 자와 「건축법」 제11조에 따른 건축허가의 대상이 되는 공사를 하는 자

② 건설재해예방전문지도기관의 지도업무의 내용, 지도대상 분야, 지도의 수행방법, 그 밖에 필요한 사항은 대통령령으로 정한다.

제74조(건설재해예방전문지도기관) ① 건설재해예방전문지도기관이 되려는 자는 대통령령으로 정하는 인력·시설 및 장비 등의 요건을 갖추어 고용노동부장관의 지정을 받아야 한다.

② 제1항에 따른 건설재해예방전문지도기관의 지정 절차, 그 밖에 필요한 사항은 대통령령으로 정한다.

③ 고용노동부장관은 건설재해예방전문지도기관에 대하여 평가하고 그 결과를 공개할 수 있다. 이 경우 평가의 기준·방법, 결과의 공개에 필요한 사항은 고용노동부령으로 정한다.

④ 건설재해예방전문지도기관에 관하여는 제21조 제4항 및 제5항을 준용한다. 이 경우 "안전관리전문기관 또는 보건관리전문기관"은 "건설재해예방전문지도기관"으로 본다.

제75조(안전 및 보건에 관한 협의체 등의 구성·운영에 관한 특례) ① 대통령령으로 정하는 규모의 건설공사의 건설공사도급인은 해당 건설공사 현장에 근로자위원과 사용자위원이 같은 수로 구성되는 안전 및 보건에 관한 협의체(이하 "노사협의체"라 한다)를 대통령령으로 정하는 바에 따라 구성·운영할 수 있다. → 공사금액이 120억원(「건설산업기본법 시행령」 별표 1의 종합공사를 시공하는 업종의 건설업종란 제1호에 따른 토목공사업은 150억원) 이상인 건설공사

② 건설공사도급인이 제1항에 따라 노사협의체를 구성·운영하는 경우에는 산업안전보건위원회 및 제64조 제1항 제1호에 따른 안전 및 보건에 관한 협의체를 각각 구성·운영하는 것으로 본다.

③ 제1항에 따라 노사협의체를 구성·운영하는 건설공사도급인은 제24조 제2항 각 호의 사항에 대하여 노사협의체의 심의·의결을 거쳐야 한다. 이 경우 노사협의체에서 의결되지 아니한 사항의 처리방법은 대통령령으로 정한다.

④ 노사협의체는 대통령령으로 정하는 바에 따라 회의를 개최하고 그 결과를 회의록으로 작성하여 보존하여야 한다.

⑤ 노사협의체는 산업재해 예방 및 산업재해가 발생한 경우의 대피방법 등 고용노동부령으로 정하는 사항에 대하여 협의하여야 한다.

⑥ 노사협의체를 구성·운영하는 건설공사도급인·근로자 및 관계수급인·근로자는 제3항에 따라 노사협의체가 심의·의결한 사항을 성실하게 이행하여야 한다.

⑦ 노사협의체에 관하여는 제24조 제5항 및 제6항을 준용한다. 이 경우 "산업안전보건위원회"는 "노사협의체"로 본다.

제76조(기계·기구 등에 대한 건설공사도급인의 안전조치) 건설공사도급인은 자신의 사업장에서 타워크레인 등 대통령령으로 정하는 기계·기구 또는 설비 등이 설치되어 있거나 작동하고 있는 경우 또는 이를 설치·해체·조립하는 등의 작업이 이루어지고 있는 경우에는 필요한 안전조치 및 보건조치를 하여야 한다.

영 제55조(산업재해 예방 조치 대상 건설공사) 법 제67조 제1항 각 호 외의 부분에서 "대통령령으로 정하는 건설공사"란 총공사금액이 50억원 이상인 공사를 말한다.

제56조(안전보건조정자의 선임 등) ① 법 제68조 제1항에 따른 안전보건조정자(이하 "안전보건조정자"라 한다)를 두어야 하는 건설공사는 **각 건설공사의 금액의 합이 50억원 이상**인 경우를 말한다.

② 제1항에 따라 안전보건조정자를 두어야 하는 건설공사발주자는 제1호 또는 제4호부터 제7호까지에 해당하는 사람 중에서 안전보건조정자를 선임하거나 제2호 또는 제3호에 해당하는 사람 중에서 안전보건조정자를 지정해야 한다. <개정 2020. 9. 8.>

1. 법 제143조 제1항에 따른 산업안전지도사 자격을 가진 사람
2. 「건설기술 진흥법」 제2조 제6호에 따른 발주청이 발주하는 건설공사인 경우 발주청이 같은 법 제49조 제1항에 따라 선임한 공사감독자
3. 다음 각 목의 어느 하나에 해당하는 사람으로서 해당 건설공사 중 주된 공사의 책임감리자
   가. 「건축법」 제25조에 따라 지정된 공사감리자
   나. 「건설기술 진흥법」 제2조 제5호에 따른 감리업무를 수행하는 사람
   다. 「주택법」 제43조에 따라 지정된 감리자
   라. 「전력기술관리법」 제12조의2에 따라 배치된 감리원
   마. 「정보통신공사업법」 제8조 제2항에 따라 해당 건설공사에 대하여 감리업무를 수행하는 사람
4. 「건설산업기본법」 제8조에 따른 종합공사에 해당하는 건설현장에서 안전보건관리책임자로서 3년 이상 재직한 사람
5. 「국가기술자격법」에 따른 건설안전기술사
6. 「국가기술자격법」에 따른 건설안전기사 자격을 취득한 후 건설안전 분야에서 5년 이상의 실무경력이 있는 사람
7. 「국가기술자격법」에 따른 건설안전산업기사 자격을 취득한 후 건설안전 분야에서 7년 이상의 실무경력이 있는 사람

③ 제1항에 따라 안전보건조정자를 두어야 하는 건설공사발주자는 분리하여 발주되는 공사의 착공일 전날까지 제2항에 따라 안전보건조정자를 선임하거나 지정하여 각각의 공사 도급인에게 그 사실을 알려야 한다.

제57조(안전보건조정자의 업무) ① 안전보건조정자의 업무는 다음 각 호와 같다.
1. 법 제68조 제1항에 따라 같은 장소에서 이루어지는 각각의 공사 간에 혼재된 작업의 파악
2. 제1호에 따른 혼재된 작업으로 인한 산업재해 발생의 위험성 파악
3. 제1호에 따른 혼재된 작업으로 인한 산업재해를 예방하기 위한 작업의 시기·내용 및 안전보건 조치 등의 조정
4. 각각의 공사 도급인의 안전보건관리책임자 간 작업 내용에 관한 정보 공유 여부의 확인

② 안전보건조정자는 제1항의 업무를 수행하기 위하여 필요한 경우 해당 공사의 도급인과 관계수급인에게 자료의 제출을 요구할 수 있다.

★ **제58조(설계변경 요청 대상 및 전문가의 범위)** ① 법 제71조 제1항 본문에서 "대통령령으로 정하는 가설구조물"이란 다음 각 호의 어느 하나에 해당하는 것을 말한다.
1. 높이 31미터 이상인 비계
2. 작업발판 일체형 거푸집 또는 높이 6미터 이상인 거푸집 동바리[타설(打設)된 콘크리트가 일정 강도에 이르기까지 하중 등을 지지하기 위하여 설치하는 부재(部材)]
3. 터널의 지보공(支保工: 무너지지 않도록 지지하는 구조물) 또는 높이 2미터 이상인 흙막이 지보공
4. 동력을 이용하여 움직이는 가설구조물

② 법 제71조 제1항 본문에서 "건축·토목 분야의 전문가 등 대통령령으로 정하는 전문가"란 공단 또는 다음 각 호의 어느 하나에 해당하는 사람으로서 해당 건설공사도급인 또는 관계수급인에게 고용되지 않은 사람을 말한다.
1. 「국가기술자격법」에 따른 건축구조기술사(토목공사 및 제1항 제3호의 구조물의 경우는 제외한다)
2. 「국가기술자격법」에 따른 토목구조기술사(토목공사로 한정한다)
3. 「국가기술자격법」에 따른 토질및기초기술사(제1항 제3호의 구조물의 경우로 한정한다)
4. 「국가기술자격법」에 따른 건설기계기술사(제1항 제4호의 구조물의 경우로 한정한다)

제59조(건설재해예방 지도 대상 건설공사도급인) 법 제73조 제1항에서 "대통령령으로 정하는 건설공사도급인"이란 공사금액 1억원 이상 120억원(「건설산업기본법 시행령」 별표 1의 종합공사를 시공하는 업종의 건설업종란 제1호에 따른 토목공사업에 속하는 공사는 150억원) 미만인 공사를 하는 자와 「건축법」 제11조에 따른 건축허가의 대상이 되는 공사를 하는 자를 말한다. **다만, 다음 각 호의 어느 하나에 해당하는 공사를 하는 자는 제외**한다.
1. 공사기간이 1개월 미만인 공사
2. 육지와 연결되지 않은 섬 지역(제주특별자치도는 제외한다)에서 이루어지는 공사
3. 사업주가 별표 4에 따른 안전관리자의 자격을 가진 사람을 선임(같은 광역지방자치단체의 구역 내에서 같은 사업주가 시공하는 셋 이하의 공사에 대하여 공동으로 안전관리자의 자격을 가진 사람 1명을 선임한 경우를 포함한다)하여 제18조 제1항 각 호에 따른 안전관리자의 업무만을 전담하도록 하는 공사
4. 법 제42조 제1항에 따라 유해위험방지계획서를 제출해야 하는 공사

제60조(건설재해예방전문지도기관의 지도 기준) 법 제73조 제1항에 따른 건설재해예방전문지도기관(이하 "건설재해예방전문지도기관"이라 한다)의 지도업무의 내용, 지도대상 분야, 지도의 수행방법, 그 밖에 필요한 사항은 별표 18과 같다.

제63조(노사협의체의 설치 대상) 법 제75조 제1항에서 "대통령령으로 정하는 규모의 건설공사"란 공사금액이 120억원(「건설산업기본법 시행령」 별표 1의 종합공사를 시공하는 업종의 건설업종란 제1호에 따른 토목공사업은 150억원) 이상인 건설공사를 말한다.

★ **제64조(노사협의체의 구성)** ① 노사협의체는 다음 각 호에 따라 근로자위원과 사용자위원으로 구성한다.
1. 근로자위원
    가. 도급 또는 하도급 사업을 포함한 전체 사업의 근로자대표
    나. 근로자대표가 지명하는 명예산업안전감독관 1명. 다만, 명예산업안전감독관이 위촉되어 있지 않은 경우에는 근로자대표가 지명하는 해당 사업장 근로자 1명
    다. 공사금액이 20억원 이상인 공사의 관계수급인의 각 근로자대표
2. 사용자위원
    가. 도급 또는 하도급 사업을 포함한 전체 사업의 대표자
    나. 안전관리자 1명
    다. 보건관리자 1명(별표 5 제44호에 따른 보건관리자 선임대상 건설업으로 한정한다)
    라. 공사금액이 20억원 이상인 공사의 관계수급인의 각 대표자
② 노사협의체의 근로자위원과 사용자위원은 합의하여 노사협의체에 공사금액이 20억원 미만인 공사의 관계수급인 및 관계수급인 근로자대표를 위원으로 위촉할 수 있다.
③ 노사협의체의 근로자위원과 사용자위원은 합의하여 제67조 제2호에 따른 사람을 노사협의체에 참여하도록 할 수 있다. → 2. 「건설기계관리법」 제3조 제1항에 따라 등록된 건설기계를 직접 운전하는 사람

★ **제65조(노사협의체의 운영 등)** ① 노사협의체의 회의는 정기회의와 임시회의로 구분하여 개최하되, 정기회의는 2개월마다 노사협의체의 위원장이 소집하며, 임시회의는 위원장이 필요하다고 인정할 때에 소집한다.
② 노사협의체 위원장의 선출, 노사협의체의 회의, 노사협의체에서 의결되지 않은 사항에 대한 처리방법 및 회의 결과 등의 공지에 관하여는 각각 제36조, 제37조 제2항부터 제4항까지, 제38조 및 제39조를 준용한다. 이 경우 "산업안전보건위원회"는 "노사협의체"로 본다.

정답 ③

10 산업안전보건법령상의 노사협의체에 관한 설명으로 옳지 않은 것은?

① 노사협의체의 회의는 정기회의와 임시회의로 구분하여 개최하되, 정기회의는 2개월마다 노사협의체의 위원장이 소집하며, 임시회의는 위원장이 필요하다고 인정할 때에 소집한다.
② 노사협의체는 도급인 및 그의 수급인 전원으로 구성해야 한다.
③ 공사금액이 20억원 이상인 공사의 관계수급인의 각 대표자는 노사협의체의 사용자 위원이다.
④ 근로자대표가 지명하는 명예산업안전감독관 1명은 노사협의체의 근로자 위원이다.
⑤ 노사협의체의 근로자위원과 사용자위원은 합의하여 노사협의체에 공사금액이 20억원 미만인 공사의 관계수급인 및 관계수급인 근로자대표를 위원으로 위촉할 수 있다.

> 해설

> 근거조문 영 제64조 이하

★**영 제64조(노사협의체의 구성)** ① 노사협의체는 다음 각 호에 따라 근로자위원과 사용자위원으로 구성한다.
   1. 근로자위원
      가. 도급 또는 하도급 사업을 포함한 전체 사업의 근로자대표
      나. 근로자대표가 지명하는 명예산업안전감독관 1명. 다만, 명예산업안전감독관이 위촉되어 있지 않은 경우에는 근로자대표가 지명하는 해당 사업장 근로자 1명
      다. 공사금액이 20억원 이상인 공사의 관계수급인의 각 근로자대표
   2. 사용자위원
      가. 도급 또는 하도급 사업을 포함한 전체 사업의 대표자
      나. 안전관리자 1명
      다. 보건관리자 1명(별표 5 제44호에 따른 보건관리자 선임대상 건설업으로 한정한다)
      라. 공사금액이 20억원 이상인 공사의 관계수급인의 각 대표자
② 노사협의체의 근로자위원과 사용자위원은 합의하여 노사협의체에 공사금액이 20억원 미만인 공사의 관계수급인 및 관계수급인 근로자대표를 위원으로 위촉할 수 있다.
③ 노사협의체의 근로자위원과 사용자위원은 합의하여 제67조 제2호에 따른 사람을 노사협의체에 참여하도록 할 수 있다.

★**영 제65조(노사협의체의 운영 등)** ① 노사협의체의 회의는 정기회의와 임시회의로 구분하여 개최하되, 정기회의는 2개월마다 노사협의체의 위원장이 소집하며, 임시회의는 위원장이 필요하다고 인정할 때에 소집한다.
② 노사협의체 위원장의 선출, 노사협의체의 회의, 노사협의체에서 의결되지 않은 사항에 대한 처리방법 및 회의 결과 등의 공지에 관하여는 각각 제36조, 제37조 제2항부터 제4항까지, 제38조 및 제39조를 준용한다. 이 경우 "산업안전보건위원회"는 "노사협의체"로 본다.

시행규칙 제2절 도급인의 안전조치 및 보건조치
제79조(협의체의 구성 및 운영) ① 법 제64조 제1항 제1호에 따른 안전 및 보건에 관한 협의체(이하 이 조에서 "협의체"라 한다)는 도급인 및 그의 수급인 전원으로 구성해야 한다.
② 협의체는 다음 각 호의 사항을 협의해야 한다.
   1. 작업의 시작 시간
   2. 작업 또는 작업장 간의 연락방법
   3. 재해발생 위험이 있는 경우 대피방법
   4. 작업장에서의 법 제36조에 따른 위험성평가의 실시에 관한 사항
   5. 사업주와 수급인 또는 수급인 상호 간의 연락 방법 및 작업공정의 조정
③ 협의체는 매월 1회 이상 정기적으로 회의를 개최하고 그 결과를 기록·보존해야 한다.

정답 ②

11 지방고용노동관서의 장은 일정 사유가 발생한 경우 사업주에게 안전관리자·보건관리자 또는 안전보건관리담당자를 정수 이상으로 증원하게 하거나 교체하여 임명할 것을 명할 수 있다. 증원 또는 교체 사유에 해당하는 것이 아닌 것은?

① 해당 사업장의 연간재해율이 같은 업종의 평균재해율의 2배 이상인 경우
② 중대재해가 연간 2건 이상 발생한 경우.
③ 관리자가 질병으로 3개월 이상 직무를 수행할 수 없게 된 경우
④ 관리자가 그 밖의 사유로 3개월 이상 직무를 수행할 수 없게 된 경우
⑤ 화학적 인자로 인한 직업성 질병자가 연간 3명 이상 발생한 경우

> **해설**

근거조문 시행규칙 제12조

시행규칙 제12조(안전관리자 등의 증원·교체임명 명령) ① 지방고용노동관서의 장은 다음 각 호의 어느 하나에 해당하는 사유가 발생한 경우에는 법 제17조 제3항·제18조 제3항 또는 제19조 제3항에 따라 사업주에게 안전관리자·보건관리자 또는 안전보건관리담당자(이하 이 조에서 "관리자"라 한다)를 정수 이상으로 증원하게 하거나 교체하여 임명할 것을 명할 수 있다. 다만, 제4호에 해당하는 경우로서 직업성 질병자 발생 당시 사업장에서 해당 화학적 인자(因子)를 사용하지 않은 경우에는 그렇지 않다.
1. 해당 사업장의 연간재해율이 같은 업종의 평균재해율의 2배 이상인 경우
2. 중대재해가 연간 2건 이상 발생한 경우. 다만, 해당 사업장의 전년도 사망만인율이 같은 업종의 평균 사망만인율 이하인 경우는 제외한다.
3. 관리자가 질병이나 그 밖의 사유로 3개월 이상 직무를 수행할 수 없게 된 경우
4. 별표 22 제1호에 따른 화학적 인자로 인한 직업성 질병자가 연간 3명 이상 발생한 경우. 이 경우 직업성 질병자의 발생일은 「산업재해보상보험법 시행규칙」 제21조 제1항에 따른 요양급여의 결정일로 한다.
② 제1항에 따라 관리자를 정수 이상으로 증원하게 하거나 교체하여 임명할 것을 명하는 경우에는 미리 사업주 및 해당 관리자의 의견을 듣거나 소명자료를 제출받아야 한다. 다만, 정당한 사유 없이 의견진술 또는 소명자료의 제출을 게을리한 경우에는 그렇지 않다.
③ 제1항에 따른 관리자의 정수 이상 증원 및 교체임명 명령은 별지 제4호서식에 따른다.

정답 ②

12 지방고용노동관서의 장이 사업주에게 안전관리자·보건관리자 또는 안전보건관리담당자를 정수 이상으로 증원하게 하거나 교체하여 임명할 것을 명할 수 있는 사유에 해당하는 것은?

① 해당 사업장의 사망만인율이 같은 업종의 사망만인율의 2배 이상인 경우
② 중대재해가 연간 2건 이상 발생한 경우
③ 관리자가 질병이나 그 밖의 사유로 2개월 동안 직무를 수행할 수 없게 된 경우
④ 사업장의 소음으로 인한 직업성 질병자가 연간 3명 이상 발생한 경우
⑤ 사업장에서 사용하는 벤젠으로 인한 직업성 질병자가 연간 3명 이상 발생한 경우

해설

근거조문 시행규칙 제12조

정답 ⑤

---

13 산업안전보건법령상 120억원 이상의 건설공사의 건설공사도급인은 해당 건설공사 현장에 근로자위원과 사용자위원이 같은 수로 구성되는 안전 및 보건에 관한 협의체를 구성·운영할 수 있다. 이와 같은 노사협의체에 관한 설명으로 옳은 것은?

① 노사협의체를 구성·운영하는 건설공사도급인은 산업재해의 원인 조사 및 재발 방지대책 수립에 관한 사항에 관하여 노사협의체의 심의·의결을 거쳐야 한다.
② 노사협의체의 회의는 정기회의와 임시회의로 구분하여 개최하되, 정기회의는 분기마다 노사협의체의 위원장이 소집하며, 임시회의는 위원장이 필요하다고 인정할 때에 소집한다.
③ 노사협의체의 위원장은 위원 중에서 호선(互選)한다. 이 경우 근로자위원과 사용자위원 중 각 1명을 공동위원장으로 선출할 수 있다.
④ 노사협의체에서 의결된 사항의 해석 또는 이행방법 등에 관하여 의견이 일치하지 않는 경우 공동위원장이 노사협의체에 중재기구를 두어 해결하거나 제3자에 의한 중재를 받아야 한다.
⑤ 노사협의체의 근로자위원과 사용자위원은 합의하여 노사협의체에 공사금액이 30억원 미만인 공사의 관계수급인 및 관계수급인 근로자대표를 위원으로 위촉할 수 있다.

해설

근거조문 법률 제75조 이하

제75조(안전 및 보건에 관한 협의체 등의 구성·운영에 관한 특례) ① 대통령령으로 정하는 규모의 건설공사의 건설공사도급인은 해당 건설공사 현장에 근로자위원과 사용자위원이 같은 수로 구성되는 안전 및 보건에 관한 협의체(이하 "노사협의체"라 한다)를 대통령령으로 정하는 바에 따라 구성·운영할 수 있다.
② 건설공사도급인이 제1항에 따라 노사협의체를 구성·운영하는 경우에는 산업안전보건위원회 및 제64조 제1항 제1호에 따른 안전 및 보건에 관한 협의체를 각각 구성·운영하는 것으로 본다.

③ 제1항에 따라 노사협의체를 구성·운영하는 건설공사도급인은 **제24조 제2항 각 호**의 사항에 대하여 노사협의체의 심의·의결을 거쳐야 한다. 이 경우 노사협의체에서 의결되지 아니한 사항의 처리방법은 대통령령으로 정한다.

> **제15조(안전보건관리책임자)** ① 사업주는 사업장을 실질적으로 총괄하여 관리하는 사람에게 해당 사업장의 다음 각 호의 업무를 총괄하여 관리하도록 하여야 한다.
> 1. 사업장의 산업재해 예방계획의 수립에 관한 사항
> 2. 제25조 및 제26조에 따른 안전보건관리규정의 작성 및 변경에 관한 사항
> 3. 제29조에 따른 안전보건교육에 관한 사항
> 4. 작업환경측정 등 작업환경의 점검 및 개선에 관한 사항
> 5. 제129조부터 제132조까지에 따른 근로자의 건강진단 등 건강관리에 관한 사항
> 6. 산업재해의 원인 조사 및 재발 방지대책 수립에 관한 사항
> 7. 산업재해에 관한 통계의 기록 및 유지에 관한 사항
> 8. 안전장치 및 보호구 구입 시 적격품 여부 확인에 관한 사항
> 9. 그 밖에 근로자의 유해·위험 방지조치에 관한 사항으로서 고용노동부령으로 정하는 사항
>
> **제24조(산업안전보건위원회)** ① 사업주는 사업장의 안전 및 보건에 관한 중요 사항을 심의·의결하기 위하여 사업장에 근로자위원과 사용자위원이 같은 수로 구성되는 산업안전보건위원회를 구성·운영하여야 한다.
> ② 사업주는 다음 각 호의 사항에 대해서는 제1항에 따른 산업안전보건위원회(이하 "산업안전보건위원회"라 한다)의 심의·의결을 거쳐야 한다.
> 1. 제15조 제1항 제1호부터 제5호까지 및 제7호에 관한 사항
> 2. 제15조 제1항 제6호에 따른 사항 중 중대재해에 관한 사항
> 3. 유해하거나 위험한 기계·기구·설비를 도입한 경우 안전 및 보건 관련 조치에 관한 사항
> 4. 그 밖에 해당 사업장 근로자의 안전 및 보건을 유지·증진시키기 위하여 필요한 사항

④ 노사협의체는 대통령령으로 정하는 바에 따라 회의를 개최하고 그 결과를 회의록으로 작성하여 보존하여야 한다.
⑤ 노사협의체는 산업재해 예방 및 산업재해가 발생한 경우의 대피방법 등 고용노동부령으로 정하는 사항에 대하여 협의하여야 한다.

> **시행규칙 제93조(노사협의체 협의사항 등)** 법 제75조 제5항에서 "고용노동부령으로 정하는 사항"이란 다음 각 호의 사항을 말한다.
> 1. 산업재해 예방방법 및 산업재해가 발생한 경우의 대피방법
> 2. 작업의 시작시간, 작업 및 작업장 간의 연락방법
> 3. 그 밖의 산업재해 예방과 관련된 사항

⑥ 노사협의체를 구성·운영하는 건설공사도급인·근로자 및 관계수급인·근로자는 제3항에 따라 노사협의체가 심의·의결한 사항을 성실하게 이행하여야 한다.
⑦ 노사협의체에 관하여는 제24조 제5항 및 제6항을 준용한다. 이 경우 "산업안전보건위원회"는 "노사협의체"로 본다.

제76조(기계·기구 등에 대한 건설공사도급인의 안전조치) 건설공사도급인은 자신의 사업장에서 타워크레인 등 대통령령으로 정하는 기계·기구 또는 설비 등이 설치되어 있거나 작동하고 있는 경우 또는 이를 설치·해체·조립하는 등의 작업이 이루어지고 있는 경우에는 필요한 안전조치 및 보건조치를 하여야 한다.

> **영 제66조(기계·기구 등)** 법 제76조에서 "타워크레인 등 대통령령으로 정하는 기계·기구 또는 설비 등"이란 다음 각 호의 어느 하나에 해당하는 기계·기구 또는 설비를 말한다.
> 1. 타워크레인
> 2. 건설용 리프트
> 3. 항타기(해머나 동력을 사용하여 말뚝을 박는 기계) 및 항발기(박힌 말뚝을 빼내는 기계)

제77조(특수형태근로종사자에 대한 안전조치 및 보건조치 등) ① 계약의 형식에 관계없이 근로자와 유사하게 노무를 제공하여 업무상의 재해로부터 보호할 필요가 있음에도 「근로기준법」 등이 적용되지 아니하는 사람으로서 다음 각 호의 요건을 모두 충족하는 사람(이하 "특수형태근로종사자"라 한다)의 노무를 제공받는 자는 특수형태근로종사자의 산업재해 예방을 위하여 필요한 안전조치 및 보건조치를 하여야 한다. <개정 2020. 5. 26.>
  1. 대통령령으로 정하는 직종에 종사할 것
  2. 주로 하나의 사업에 노무를 상시적으로 제공하고 보수를 받아 생활할 것
  3. 노무를 제공할 때 타인을 사용하지 아니할 것
② 대통령령으로 정하는 특수형태근로종사자로부터 노무를 제공받는 자는 고용노동부령으로 정하는 바에 따라 안전 및 보건에 관한 교육을 실시하여야 한다.

> **영 제68조(안전 및 보건 교육 대상 특수형태근로종사자)** 법 제77조 제2항에서 "대통령령으로 정하는 특수형태근로종사자"란 제67조 제2호, 제4호부터 제6호까지 및 제9호에 따른 사람을 말한다.

③ 정부는 특수형태근로종사자의 안전 및 보건의 유지·증진에 사용하는 비용의 일부 또는 전부를 지원할 수 있다.

제78조(배달종사자에 대한 안전조치) 「이동통신단말장치 유통구조 개선에 관한 법률」 제2조 제4호에 따른 이동통신단말장치로 물건의 수거·배달 등을 중개하는 자는 그 중개를 통하여 「자동차관리법」 제3조 제1항 제5호에 따른 이륜자동차로 물건을 수거·배달 등을 하는 사람의 산업재해 예방을 위하여 필요한 안전조치 및 보건조치를 하여야 한다. <개정 2020. 5. 26.>

제79조(가맹본부의 산업재해 예방 조치) ① 「가맹사업거래의 공정화에 관한 법률」 제2조 제2호에 따른 가맹본부 중 대통령령으로 정하는 가맹본부는 같은 조 제3호에 따른 가맹점사업자에게 가맹점의 설비나 기계, 원자재 또는 상품 등을 공급하는 경우에 가맹점사업자와 그 소속 근로자의 산업재해 예방을 위하여 다음 각 호의 조치를 하여야 한다.
  1. 가맹점의 안전 및 보건에 관한 프로그램의 마련·시행
  2. 가맹본부가 가맹점에 설치하거나 공급하는 설비·기계 및 원자재 또는 상품 등에 대하여 가맹점사업자에게 안전 및 보건에 관한 정보의 제공
② 제1항 제1호에 따른 안전 및 보건에 관한 프로그램의 내용·시행방법, 같은 항 제2호에 따른 안전 및 보건에 관한 정보의 제공방법, 그 밖에 필요한 사항은 고용노동부령으로 정한다.

영 제63조(노사협의체의 설치 대상) 법 제75조 제1항에서 "대통령령으로 정하는 규모의 건설공사"란 공사금액이 120억원(「건설산업기본법 시행령」 별표 1의 종합공사를 시공하는 업종의 건설업종란 제1호에 따른 토목공사업은 150억원) 이상인 건설공사를 말한다.

제64조(노사협의체의 구성) ① 노사협의체는 다음 각 호에 따라 근로자위원과 사용자위원으로 구성한다.
  1. 근로자위원
     가. 도급 또는 하도급 사업을 포함한 전체 사업의 근로자대표
     나. 근로자대표가 지명하는 명예산업안전감독관 1명. 다만, 명예산업안전감독관이 위촉되어 있지 않은 경우에는 근로자대표가 지명하는 해당 사업장 근로자 1명
     다. 공사금액이 20억원 이상인 공사의 관계수급인의 각 근로자대표

    2. 사용자위원
        가. 도급 또는 하도급 사업을 포함한 전체 사업의 대표자
        나. 안전관리자 1명
        다. 보건관리자 1명(별표 5 제44호에 따른 보건관리자 선임대상 건설업으로 한정한다)
        라. 공사금액이 20억원 이상인 공사의 관계수급인의 각 대표자
② 노사협의체의 근로자위원과 사용자위원은 합의하여 노사협의체에 공사금액이 20억원 미만인 공사의 관계수급인 및 관계수급인 근로자대표를 위원으로 위촉할 수 있다.
③ 노사협의체의 근로자위원과 사용자위원은 합의하여 제67조 제2호에 따른 사람을 노사협의체에 참여하도록 할 수 있다.

★**제65조(노사협의체의 운영 등)** ① 노사협의체의 회의는 정기회의와 임시회의로 구분하여 개최하되, 정기회의는 **2개월마다** 노사협의체의 위원장이 소집하며, 임시회의는 위원장이 필요하다고 인정할 때에 소집한다.
② 노사협의체 위원장의 선출, 노사협의체의 회의, 노사협의체에서 의결되지 않은 사항에 대한 처리방법 및 회의 결과 등의 공지에 관하여는 각각 제36조, 제37조 제2항부터 제4항까지, 제38조 및 제39조를 준용한다. 이 경우 "산업안전보건위원회"는 "노사협의체"로 본다.

> **제36조(산업안전보건위원회의 위원장)** 산업안전보건위원회의 위원장은 위원 중에서 호선(互選)한다. 이 경우 근로자위원과 사용자위원 중 각 1명을 공동위원장으로 선출할 수 있다.
> **제37조(산업안전보건위원회의 회의 등)** ① 법 제24조 제3항에 따라 산업안전보건위원회의 회의는 정기회의와 임시회의로 구분하되, 정기회의는 **분기마다** 산업안전보건위원회의 위원장이 소집하며, 임시회의는 위원장이 필요하다고 인정할 때에 소집한다.
> ② 회의는 근로자위원 및 사용자위원 각 과반수의 출석으로 개의(開議)하고 출석위원 과반수의 찬성으로 의결한다.
> ③ 근로자대표, 명예산업안전감독관, 해당 사업의 대표자, 안전관리자 또는 보건관리자는 회의에 출석할 수 없는 경우에는 해당 사업에 종사하는 사람 중에서 1명을 지정하여 위원으로서의 직무를 대리하게 할 수 있다.
> ④ 산업안전보건위원회는 다음 각 호의 사항을 기록한 회의록을 작성하여 갖추어 두어야 한다.
>   1. 개최 일시 및 장소
>   2. 출석위원
>   3. 심의 내용 및 의결·결정 사항
>   4. 그 밖의 토의사항
> **제38조(의결되지 않은 사항 등의 처리)** ① 산업안전보건위원회는 다음 각 호의 어느 하나에 해당하는 경우에는 근로자위원과 사용자위원의 합의에 따라 산업안전보건위원회에 중재기구를 두어 해결하거나 제3자에 의한 중재를 받아야 한다.
>   1. 법 제24조 제2항 각 호에 따른 사항에 대하여 산업안전보건위원회에서 의결하지 못한 경우
>   2. 산업안전보건위원회에서 의결된 사항의 해석 또는 이행방법 등에 관하여 의견이 일치하지 않는 경우
> ② 제1항에 따른 중재 결정이 있는 경우에는 산업안전보건위원회의 의결을 거친 것으로 보며, 사업주와 근로자는 그 결정에 따라야 한다.
> **제39조(회의 결과 등의 공지)** 산업안전보건위원회의 위원장은 산업안전보건위원회에서 심의·의결된 내용 등 회의 결과와 중재 결정된 내용 등을 사내방송이나 사내보(社內報), 게시 또는 자체 정례조회, 그 밖의 적절한 방법으로 근로자에게 신속히 알려야 한다.

제66조(기계·기구 등) 법 제76조에서 "타워크레인 등 대통령령으로 정하는 기계·기구 또는 설비 등"이란 다음 각 호의 어느 하나에 해당하는 기계·기구 또는 설비를 말한다.
    1. 타워크레인

2. 건설용 리프트
3. 항타기(해머나 동력을 사용하여 말뚝을 박는 기계) 및 항발기(박힌 말뚝을 빼내는 기계)

제67조(특수형태근로종사자의 범위 등) 법 제77조 제1항 제1호에 따른 요건을 충족하는 사람은 다음 각 호의 어느 하나에 해당하는 사람으로 한다.
1. 보험을 모집하는 사람으로서 다음 각 목의 어느 하나에 해당하는 사람
   가. 「보험업법」 제83조 제1항 제1호에 따른 보험설계사
   나. 「우체국예금·보험에 관한 법률」에 따른 우체국보험의 모집을 전업(專業)으로 하는 사람
2. 「건설기계관리법」 제3조 제1항에 따라 등록된 건설기계를 직접 운전하는 사람
3. 「통계법」 제22조에 따라 통계청장이 고시하는 직업에 관한 표준분류(이하 "한국표준직업분류표"라 한다)의 세세분류에 따른 학습지 교사
4. 「체육시설의 설치·이용에 관한 법률」 제7조에 따라 직장체육시설로 설치된 골프장 또는 같은 법 제19조에 따라 체육시설업의 등록을 한 골프장에서 골프경기를 보조하는 골프장 캐디
5. 한국표준직업분류표의 세분류에 따른 택배원으로서 택배사업(소화물을 집화·수송 과정을 거쳐 배송하는 사업을 말한다)에서 집화 또는 배송 업무를 하는 사람
6. 한국표준직업분류표의 세분류에 따른 택배원으로서 고용노동부장관이 정하는 기준에 따라 주로 하나의 퀵서비스업자로부터 업무를 의뢰받아 배송 업무를 하는 사람
7. 「대부업 등의 등록 및 금융이용자 보호에 관한 법률」 제3조 제1항 단서에 따른 대출모집인
8. 「여신전문금융업법」 제14조의2 제1항 제2호에 따른 신용카드회원 모집인
9. 고용노동부장관이 정하는 기준에 따라 주로 하나의 대리운전업자로부터 업무를 의뢰받아 대리운전 업무를 하는 사람

제68조(안전 및 보건 교육 대상 특수형태근로종사자) 법 제77조 제2항에서 "대통령령으로 정하는 특수형태근로종사자"란 제67조 제2호, 제4호부터 제6호까지 및 제9호에 따른 사람을 말한다.

제69조(산업재해 예방 조치 시행 대상) 법 제79조 제1항 각 호 외의 부분에서 "대통령령으로 정하는 가맹본부"란 「가맹사업거래의 공정화에 관한 법률」 제6조의2에 따라 등록한 정보공개서(직전 사업연도 말 기준으로 등록된 것을 말한다)상 업종이 다음 각 호의 어느 하나에 해당하는 경우로서 가맹점의 수가 200개 이상인 가맹본부를 말한다. <개정 2020. 9. 8.>
1. 대분류가 외식업인 경우
2. 대분류가 도소매업으로서 중분류가 편의점인 경우

시행규칙 제93조(노사협의체 협의사항 등) 법 제75조 제5항에서 "고용노동부령으로 정하는 사항"이란 다음 각 호의 사항을 말한다.
1. 산업재해 예방방법 및 산업재해가 발생한 경우의 대피방법
2. 작업의 시작시간, 작업 및 작업장 간의 연락방법
3. 그 밖의 산업재해 예방과 관련된 사항

제94조(기계·기구 등에 대한 안전조치 등) 법 제76조에 따라 건설공사도급인은 영 제66조에 따른 기계·기구 또는 설비가 설치되어 있거나 작동하고 있는 경우 또는 이를 설치·해체·조립하는 등의 작업을 하는 경우에는 다음 각 호의 사항을 실시·확인 또는 조치해야 한다.
1. 작업시작 전 기계·기구 등을 소유 또는 대여하는 자와 합동으로 안전점검 실시
2. 작업을 수행하는 사업주의 작업계획서 작성 및 이행여부 확인(영 제66조 제1호 및 제3호에 한정한다)
3. 작업자가 법 제140조에서 정한 자격·면허·경험 또는 기능을 가지고 있는지 여부 확인(영 제66조 제1호 및 제3호에 한정한다)
4. 그 밖에 해당 기계·기구 또는 설비 등에 대하여 안전보건규칙에서 정하고 있는 안전보건 조치
5. 기계·기구 등의 결함, 작업방법과 절차 미준수, 강풍 등 이상 환경으로 인하여 작업수행 시 현저한 위험이 예상되는 경우 작업중지 조치

제4절 그 밖의 고용형태에서의 산업재해 예방

제95조(교육시간 및 교육내용 등) ① 특수형태근로종사자로부터 노무를 제공받는 자가 법 제77조 제2항에 따라 특수형태근로종사자에 대하여 실시해야 하는 안전 및 보건에 관한 교육시간은 별표 4와 같고, 교육내용은 별표 5와 같다.

② 특수형태근로종사자로부터 노무를 제공받는 자가 제1항에 따른 교육을 자체적으로 실시하는 경우 교육을 할 수 있는 사람은 제26조 제3항 각 호의 어느 하나에 해당하는 사람으로 한다.

③ 특수형태근로종사자로부터 노무를 제공받는 자는 제1항에 따른 교육을 안전보건교육기관에 위탁할 수 있다.

④ 제1항에 따른 교육을 실시하기 위한 교육방법과 그 밖에 교육에 필요한 사항은 고용노동부장관이 정하여 고시한다.

⑤ 특수형태근로종사자의 교육면제에 대해서는 제27조 제4항을 준용한다. 이 경우 "사업주"는 "특수형태근로종사자로부터 노무를 제공받는 자"로, "근로자"는 "특수형태근로종사자"로, "채용"은 "최초 노무제공"으로 본다.

제96조(프로그램의 내용 및 시행) ① 법 제79조 제1항 제1호에 따른 안전 및 보건에 관한 프로그램에는 다음 각 호의 사항이 포함되어야 한다.
1. 가맹본부의 안전보건경영방침 및 안전보건활동 계획
2. 가맹본부의 프로그램 운영 조직의 구성, 역할 및 가맹점사업자에 대한 안전보건교육 지원 체계
3. 가맹점 내 위험요소 및 예방대책 등을 포함한 가맹점 안전보건매뉴얼
4. 가맹점의 재해 발생에 대비한 가맹본부 및 가맹점사업자의 조치사항

② 가맹본부는 가맹점사업자에 대하여 법 제79조 제1항 제1호에 따른 안전 및 보건에 관한 프로그램을 연 1회 이상 교육해야 한다.

제97조(안전 및 보건에 관한 정보 제공 방법) 가맹본부는 법 제79조 제1항 제2호의 안전 및 보건에 관한 정보를 제공하려는 경우에는 다음 각 호의 어느 하나에 해당하는 방법으로 제공할 수 있다.
1. 「가맹사업거래의 공정화에 관한 법률」 제2조 제9호에 따른 가맹계약서의 관계 서류에 포함하여 제공
2. 가맹본부가 가맹점에 설비·기계 및 원자재 또는 상품 등을 설치하거나 공급하는 때에 제공
3. 「가맹사업거래의 공정화에 관한 법률」 제5조 제4호의 가맹점사업자와 그 직원에 대한 교육·훈련 시에 제공
4. 그 밖에 프로그램 운영을 위하여 가맹본부가 가맹점사업자에 대하여 정기·수시 방문지도 시에 제공
5. 「정보통신망 이용촉진 및 정보보호 등에 관한 법률」 제2조 제1항 제1호에 따른 정보통신망 등을 이용하여 수시로 제공

정답 ③

14 건설공사도급인은 자신의 사업장에서 대통령령으로 정하는 기계·기구 또는 설비 등이 설치되어 있거나 작동하고 있는 경우 또는 이를 설치·해체·조립하는 등의 작업이 이루어지고 있는 경우에는 필요한 안전조치 및 보건조치를 하여야 한다. 이에 해당하는 기계·기구 또는 설비에 해당하는 것을 모두 고른 것은?

> ㄱ. 타워크레인
> ㄴ. 건설용리프트
> ㄷ. 곤돌라
> ㄹ. 항타기
> ㅁ. 항발기

① ㄱ, ㄴ, ㄷ, ㄹ ② ㄴ, ㄷ, ㄹ, ㅁ
③ ㄱ, ㄴ, ㄷ, ㅁ ④ ㄱ, ㄴ, ㄹ, ㅁ
⑤ ㄱ, ㄴ, ㄷ, ㄹ, ㅁ

해설

근거조문 영 제66조

제66조(기계·기구 등) 법 제76조에서 "타워크레인 등 대통령령으로 정하는 기계·기구 또는 설비 등"이란 다음 각 호의 어느 하나에 해당하는 기계·기구 또는 설비를 말한다.
1. 타워크레인
2. 건설용 리프트
3. 항타기(해머나 동력을 사용하여 말뚝을 박는 기계) 및 항발기(박힌 말뚝을 빼내는 기계)

정답 ④

15 「가맹사업거래의 공정화에 관한 법률」에 따른 가맹본부 중 대통령령으로 정하는 가맹본부는 가맹점사업자에게 가맹점의 설비나 기계, 원자재 또는 상품 등을 공급하는 경우에 가맹점사업자와 그 소속 근로자의 산업재해 예방을 위한 조치를 하여야 한다. 이에 관한 설명으로 옳은 것은?

① 직전 사업연도 말 기준으로 등록된 정보공개서상 업종이 대분류상 외식업인 경우 가맹점의 수가 200개 이상인 가맹본부는 산업재해 예방조치를 취해야 한다.
② 직전 사업연도 말 기준으로 등록된 정보공개서상 업종이 대분류가 도소매업인 경우 가맹점의 수가 200개 이상인 가맹본부는 산업재해 예방조치를 취해야 한다.
③ 직전 사업연도 말 기준으로 등록된 정보공개서상 업종이 대분류가 서비스업인 경우 가맹점의 수가 200개 이상인 가맹본부는 산업재해 예방조치를 취해야 한다.
④ 직전 사업연도 말 기준으로 등록된 정보공개서상 업종이 대분류가 서비스업인 경우 가맹점의 수가 300개 이상인 가맹본부는 산업재해 예방조치를 취해야 한다.
⑤ 직전 사업연도 말 기준으로 등록된 정보공개서상 업종이 대분류가 도소매업으로서 중분류가 편의점인 경우 가맹점의 수가 300개 이상인 가맹본부는 산업재해 예방조치를 취해야 한다.

> 해설

> 근거조문 법률 제79조

제79조(가맹본부의 산업재해 예방 조치) ① 「가맹사업거래의 공정화에 관한 법률」 제2조 제2호에 따른 가맹본부 중 대통령령으로 정하는 가맹본부는 같은 조 제3호에 따른 가맹점사업자에게 가맹점의 설비나 기계, 원자재 또는 상품 등을 공급하는 경우에 가맹점사업자와 그 소속 근로자의 산업재해 예방을 위하여 다음 각 호의 조치를 하여야 한다.
  1. 가맹점의 안전 및 보건에 관한 프로그램의 마련·시행
  2. 가맹본부가 가맹점에 설치하거나 공급하는 설비·기계 및 원자재 또는 상품 등에 대하여 가맹점사업자에게 안전 및 보건에 관한 정보의 제공
② 제1항 제1호에 따른 안전 및 보건에 관한 프로그램의 내용·시행방법, 같은 항 제2호에 따른 안전 및 보건에 관한 정보의 제공방법, 그 밖에 필요한 사항은 고용노동부령으로 정한다.

영 제69조(산업재해 예방 조치 시행 대상) 법 제79조 제1항 각 호 외의 부분에서 "대통령령으로 정하는 가맹본부"란 「가맹사업거래의 공정화에 관한 법률」 제6조의2에 따라 등록한 정보공개서(직전 사업연도 말 기준으로 등록된 것을 말한다)상 업종이 다음 각 호의 어느 하나에 해당하는 경우로서 <u>가맹점의 수가 200개 이상인 가맹본부</u>를 말한다. <개정 2020. 9. 8.>
  1. <u>대분류가 외식업인 경우</u>
  2. <u>대분류가 도소매업으로서 중분류가 편의점인 경우</u>

정답 ①

16 산업안전보건법령상 계약의 형식에 관계없이 근로자와 유사하게 노무를 제공하여 업무상의 재해로부터 보호할 필요가 있음에도 「근로기준법」 등이 적용되지 아니하는 사람인 "특수형태근로종사자"의 노무를 제공받는 자는 특수형태근로종사자의 산업재해 예방을 위하여 필요한 안전조치 및 보건조치를 하여야 한다. 안전·보건조치를 취해야 할 특수형태근로종사자의 범위에 해당하는 것이 아닌 것은?

① 한국표준직업분류표의 세분류에 따른 택배원으로서 고용노동부장관이 정하는 기준에 따라 주로 하나의 퀵서비스업자로부터 업무를 의뢰받아 배송 업무를 하는 사람
② 「보험업법」 제83조 제1항 제1호에 따른 보험설계사
③ 「건설기계관리법」 제3조 제1항에 따라 등록된 건설기계를 직접 운전하는 사람
④ 한국표준직업분류표의 세분류에 따른 택배원으로서 택배사업(소화물을 집화·수송 과정을 거쳐 배송하는 사업을 말한다)에서 집화 또는 배송 업무를 하는 사람
⑤ 체육시설의 설치·이용에 관한 법률」법 제19조에 따라 체육시설업의 등록을 한 골프장에서 골프 경기를 보조하는 골프장 캐디

> 해설

> 근거조문 법률 제77조

제77조(특수형태근로종사자에 대한 안전조치 및 보건조치 등) ① 계약의 형식에 관계없이 근로자와 유사하게 노무를 제공하여 업무상의 재해로부터 보호할 필요가 있음에도 「근로기준법」 등이 적용되지 아니하는 사람으로서 다음 각 호의 요건을 모두 충족하는 사람(이하 "특수형태근로종사자"라 한다)의 노무를 제공받는 자는 특수형태근로종사자의 산업재해 예방을 위하여 필요한 안전조치 및 보건조치를 하여야 한다. <개정 2020. 5. 26.>

1. 대통령령으로 정하는 직종에 종사할 것
2. 주로 하나의 사업에 노무를 상시적으로 제공하고 보수를 받아 생활할 것
3. 노무를 제공할 때 타인을 사용하지 아니할 것

② 대통령령으로 정하는 특수형태근로종사자로부터 노무를 제공받는 자는 고용노동부령으로 정하는 바에 따라 안전 및 보건에 관한 교육을 실시하여야 한다.

> **영 제67조(특수형태근로종사자의 범위 등)** 법 제77조 제1항 제1호에 따른 요건을 충족하는 사람은 다음 각 호의 어느 하나에 해당하는 사람으로 한다.
> 1. 보험을 모집하는 사람으로서 다음 각 목의 어느 하나에 해당하는 사람
>   가. 「보험업법」 제83조 제1항 제1호에 따른 보험설계사
>   나. 「우체국예금·보험에 관한 법률」에 따른 우체국보험의 모집을 전업(專業)으로 하는 사람
> 2. 「건설기계관리법」 제3조 제1항에 따라 등록된 건설기계를 직접 운전하는 사람
> 3. 「통계법」 제22조에 따라 통계청장이 고시하는 직업에 관한 표준분류(이하 "한국표준직업분류표"라 한다)의 세세분류에 따른 학습지 교사
> 4. 「체육시설의 설치·이용에 관한 법률」 제7조에 따라 직장체육시설로 설치된 골프장 또는 같은 법 제19조에 따라 체육시설업의 등록을 한 골프장에서 골프경기를 보조하는 골프장 캐디
> 5. 한국표준직업분류표의 세분류에 따른 택배원으로서 택배사업(소화물을 집화·수송 과정을 거쳐 배송하는 사업을 말한다)에서 집화 또는 배송 업무를 하는 사람
> 6. 한국표준직업분류표의 세분류에 따른 택배원으로서 고용노동부장관이 정하는 기준에 따라 주로 하나의 퀵서비스업자로부터 업무를 의뢰받아 배송 업무를 하는 사람
> 7. 「대부업 등의 등록 및 금융이용자 보호에 관한 법률」 제3조 제1항 단서에 따른 대출모집인
> 8. 「여신전문금융업법」 제14조의2 제1항 제2호에 따른 신용카드회원 모집인
> 9. 고용노동부장관이 정하는 기준에 따라 주로 하나의 대리운전업자로부터 업무를 의뢰받아 대리운전 업무를 하는 사람
>
> **영 제68조(안전 및 보건 교육 대상 특수형태근로종사자)** 법 제77조 제2항에서 "대통령령으로 정하는 특수형태근로종사자"란 제67조 제2호, 제4호부터 제6호까지 및 제9호에 따른 사람을 말한다.

정답 ②

17 산업안전보건법령상 유해하거나 위험한 기계·기구에 대한 유해·위험 방지를 위한 방호조치가 필요한 기계·기구에 해당하는 것을 모두 고른 것은?

> ㄱ. 예초기
> ㄴ. 항타기
> ㄷ. 트렌치
> ㄹ. 포장기계(진공포장기, 래핑기로 한정한다)
> ㅁ. 지게차

① ㄱ, ㄴ, ㄷ ② ㄱ, ㄷ, ㄹ
③ ㄱ, ㄹ, ㅁ ④ ㄴ, ㄷ, ㅁ
⑤ ㄷ, ㄹ, ㅁ

> 해설

> 근거조문 법률 제80조

제1절 유해하거나 위험한 기계 등에 대한 방호조치 등

제80조(유해하거나 위험한 기계·기구에 대한 방호조치) ① 누구든지 동력(動力)으로 작동하는 기계·기구로서 대통령령으로 정하는 것은 고용노동부령으로 정하는 유해·위험 방지를 위한 방호조치를 하지 아니하고는 양도, 대여, 설치 또는 사용에 제공하거나 양도·대여의 목적으로 진열해서는 아니 된다.

② 누구든지 동력으로 작동하는 기계·기구로서 다음 각 호의 어느 하나에 해당하는 것은 고용노동부령으로 정하는 방호조치를 하지 아니하고는 양도, 대여, 설치 또는 사용에 제공하거나 양도·대여의 목적으로 진열해서는 아니 된다.
  1. 작동 부분에 돌기 부분이 있는 것
  2. 동력전달 부분 또는 속도조절 부분이 있는 것
  3. 회전기계에 물체 등이 말려 들어갈 부분이 있는 것

③ 사업주는 제1항 및 제2항에 따른 방호조치가 정상적인 기능을 발휘할 수 있도록 방호조치와 관련되는 장치를 상시적으로 점검하고 정비하여야 한다.

④ 사업주와 근로자는 제1항 및 제2항에 따른 방호조치를 해체하려는 경우 등 고용노동부령으로 정하는 경우에는 필요한 안전조치 및 보건조치를 하여야 한다.

제81조(기계·기구 등의 대여자 등의 조치) 대통령령으로 정하는 기계·기구·설비 또는 건축물 등을 타인에게 대여하거나 대여받는 자는 필요한 안전조치 및 보건조치를 하여야 한다.

제82조(타워크레인 설치·해체업의 등록 등) ① 타워크레인을 설치하거나 해체를 하려는 자는 대통령령으로 정하는 바에 따라 인력·시설 및 장비 등의 요건을 갖추어 고용노동부장관에게 등록하여야 한다. 등록한 사항 중 대통령령으로 정하는 중요한 사항을 변경할 때에도 또한 같다.

② 사업주는 제1항에 따라 등록한 자로 하여금 타워크레인을 설치하거나 해체하는 작업을 하도록 하여야 한다.

③ 제1항에 따른 등록 절차, 그 밖에 필요한 사항은 고용노동부령으로 정한다.

④ 제1항에 따라 등록한 자에 대해서는 제21조 제4항 및 제5항을 준용한다. 이 경우 "안전관리전문기관 또는 보건관리전문기관"은 "제1항에 따라 등록한 자"로, "지정"은 "등록"으로 본다.

영 제70조(방호조치를 해야 하는 유해하거나 위험한 기계·기구) 법 제80조 제1항에서 "대통령령으로 정하는 것"이란 별표 20에 따른 기계·기구를 말한다.

제71조(대여자 등이 안전조치 등을 해야 하는 기계·기구 등) 법 제81조에서 "대통령령으로 정하는 기계·기구·설비 및 건축물 등"이란 별표 21에 따른 기계·기구·설비 및 건축물 등을 말한다.

제72조(타워크레인 설치·해체업의 등록요건) ① 법 제82조 제1항 전단에 따라 타워크레인을 설치하거나 해체하려는 자가 갖추어야 하는 인력·시설 및 장비의 기준은 별표 22와 같다.

② 법 제82조 제1항 후단에서 "대통령령으로 정하는 중요한 사항"이란 다음 각 호의 사항을 말한다.
  1. 업체의 명칭(상호)
  2. 업체의 소재지
  3. 대표자의 성명

제73조(타워크레인 설치·해체업의 등록 취소 등의 사유) 법 제82조 제4항에 따라 준용되는 법 제21조 제4항 제5호에서 "대통령령으로 정하는 사유에 해당하는 경우"란 다음 각 호의 어느 하나에 해당하는 경우를 말한다.
  1. 법 제38조에 따른 안전조치를 준수하지 않아 벌금형 또는 금고 이상의 형의 선고를 받은 경우
  2. 법에 따른 관계 공무원의 지도·감독을 거부·방해 또는 기피한 경우

산업안전보건법 시행령 [별표 20]

유해·위험 방지를 위한 방호조치가 필요한 기계·기구(제70조 관련)

1. 예초기
2. 원심기
3. 공기압축기
4. 금속절단기
5. 지게차
6. 포장기계(진공포장기, 래핑기로 한정한다)

산업안전보건법 시행령 [별표 21]

대여자 등이 안전조치 등을 해야 하는 기계·기구·설비 및 건축물 등
(제71조 관련)

1. 사무실 및 공장용 건축물
2. 이동식 크레인
3. 타워크레인
4. 불도저
5. 모터 그레이더
6. 로더
7. 스크레이퍼
8. 스크레이퍼 도저
9. 파워 셔블
10. 드래그라인
11. 클램셸
12. 버킷굴삭기
13. 트렌치
14. 항타기
15. 항발기
16. 어스드릴
17. 천공기
18. 어스오거
19. 페이퍼드레인머신
20. 리프트
21. 지게차
22. 롤러기
23. 콘크리트 펌프
24. 고소작업대
25. 그 밖에 산업재해보상보험및예방심의위원회 심의를 거쳐 고용노동부장관이 정하여 고시하는 기계, 기구, 설비 및 건축물 등

시행규칙 제1절 유해하거나 위험한 기계 등에 대한 방호조치 등

제98조(방호조치) ① 법 제80조 제1항에 따라 영 제70조 및 영 별표 20의 기계·기구에 설치해야 할 방호장치는 다음 각 호와 같다.
1. 영 별표 20 제1호에 따른 예초기: 날접촉 예방장치
2. 영 별표 20 제2호에 따른 원심기: 회전체 접촉 예방장치
3. 영 별표 20 제3호에 따른 공기압축기: 압력방출장치
4. 영 별표 20 제4호에 따른 금속절단기: 날접촉 예방장치
5. 영 별표 20 제5호에 따른 지게차: 헤드 가드, 백레스트(backrest), 전조등, 후미등, 안전벨트
6. 영 별표 20 제6호에 따른 포장기계: 구동부 방호 연동장치

② 법 제80조 제2항에서 "고용노동부령으로 정하는 방호조치"란 다음 각 호의 방호조치를 말한다.
1. 작동 부분의 돌기부분은 묻힘형으로 하거나 덮개를 부착할 것
2. 동력전달부분 및 속도조절부분에는 덮개를 부착하거나 방호망을 설치할 것
3. 회전기계의 물림점(롤러나 톱니바퀴 등 반대방향의 두 회전체에 물려 들어가는 위험점)에는 덮개 또는 울을 설치할 것

③ 제1항 및 제2항에 따른 방호조치에 필요한 사항은 고용노동부장관이 정하여 고시한다.

제99조(방호조치 해체 등에 필요한 조치) ① 법 제80조 제4항에서 "고용노동부령으로 정하는 경우"란 다음 각 호의 경우를 말하며, 그에 필요한 안전조치 및 보건조치는 다음 각 호에 따른다.
1. 방호조치를 해체하려는 경우: 사업주의 허가를 받아 해체할 것
2. 방호조치 해체 사유가 소멸된 경우: 방호조치를 지체 없이 원상으로 회복시킬 것
3. 방호조치의 기능이 상실된 것을 발견한 경우: 지체 없이 사업주에게 신고할 것

② 사업주는 제1항 제3호에 따른 신고가 있으면 즉시 수리, 보수 및 작업중지 등 적절한 조치를 해야 한다.

제100조(기계등 대여자의 조치) 법 제81조에 따라 영 제71조 및 영 별표 21의 기계·기구·설비 및 건축물 등(이하 "기계등"이라 한다)을 타인에게 대여하는 자가 해야 할 유해·위험 방지조치는 다음 각 호와 같다.
1. 해당 기계등을 미리 점검하고 이상을 발견한 경우에는 즉시 보수하거나 그 밖에 필요한 정비를 할 것
2. 해당 기계등을 대여받은 자에게 다음 각 목의 사항을 적은 서면을 발급할 것
   가. 해당 기계등의 성능 및 방호조치의 내용
   나. 해당 기계등의 특성 및 사용 시의 주의사항
   다. 해당 기계등의 수리·보수 및 점검 내역과 주요 부품의 제조일
   라. 해당 기계등의 정밀진단 및 수리 후 안전점검 내역, 주요 안전부품의 교환이력 및 제조일
3. 사용을 위하여 설치·해체 작업(기계등을 높이는 작업을 포함한다. 이하 같다)이 필요한 기계등을 대여하는 경우로서 해당 기계등의 설치·해체 작업을 다른 설치·해체업자에게 위탁하는 경우에는 다음 각 목의 사항을 준수할 것
   가. 설치·해체업자가 기계등의 설치·해체에 필요한 법령상 자격을 갖추고 있는지와 설치·해체에 필요한 장비를 갖추고 있는지를 확인할 것
   나. 설치·해체업자에게 제2호 각 목의 사항을 적은 서면을 발급하고, 해당 내용을 주지시킬 것
   다. 설치·해체업자가 설치·해체 작업 시 안전보건규칙에 따른 산업안전보건기준을 준수하고 있는지를 확인 할 것
4. 해당 기계등을 대여받은 자에게 제3호 가목 및 다목에 따른 확인 결과를 알릴 것

제101조(기계등을 대여받는 자의 조치) ① 법 제81조에 따라 기계등을 대여받는 자는 그가 사용하는 근로자가 아닌 사람에게 해당 기계등을 조작하도록 하는 경우에는 다음 각 호의 조치를 해야 한다. 다만, 해당 기계등을 구입할 목적으로 기종(機種)의 선정 등을 위하여 일시적으로 대여받는 경우에는 그렇지 않다.
1. 해당 기계등을 조작하는 사람이 관계 법령에서 정하는 자격이나 기능을 가진 사람인지 확인할 것

2. 해당 기계등을 조작하는 사람에게 다음 각 목의 사항을 주지시킬 것
   가. 작업의 내용
   나. 지휘계통
   다. 연락·신호 등의 방법
   라. 운행경로, 제한속도, 그 밖에 해당 기계등의 운행에 관한 사항
   마. 그 밖에 해당 기계등의 조작에 따른 산업재해를 방지하기 위하여 필요한 사항
② 타워크레인을 대여받은 자는 다음 각 호의 조치를 해야 한다.
   1. 타워크레인을 사용하는 작업 중에 타워크레인 장비 간 또는 타워크레인과 인접 구조물 간 충돌위험이 있으면 충돌방지장치를 설치하는 등 충돌방지를 위하여 필요한 조치를 할 것
   2. 타워크레인 설치·해체 작업이 이루어지는 동안 작업과정 전반(全般)을 영상으로 기록하여 대여기간 동안 보관할 것
③ 해당 기계등을 대여하는 자가 제100조 제2호 각 목의 사항을 적은 서면을 발급하지 않는 경우 해당 기계등을 대여받은 자는 해당 사항에 대한 정보 제공을 요구할 수 있다.
④ 기계등을 대여받은 자가 기계등을 대여한 자에게 해당 기계등을 반환하는 경우에는 해당 기계등의 수리·보수 및 점검 내역과 부품교체 사항 등이 있는 경우 해당 사항에 대한 정보를 제공해야 한다.

제102조(기계등을 조작하는 자의 의무) 제101조에 따라 기계등을 조작하는 사람은 같은 조 제1항 제2호 각 목에 규정된 사항을 지켜야 한다.

제103조(기계등 대여사항의 기록·보존) 기계등을 대여하는 자는 해당 기계등의 대여에 관한 사항을 별지 제39호서식에 따라 기록·보존해야 한다.

제104조(대여 공장건축물에 대한 조치) 공용으로 사용하는 공장건축물로서 다음 각 호의 어느 하나의 장치가 설치된 것을 대여하는 자는 해당 건축물을 대여받은 자가 2명 이상인 경우로서 다음 각 호의 어느 하나의 장치의 전부 또는 일부를 공용으로 사용하는 경우에는 그 공용부분의 기능이 유효하게 작동되도록 하기 위하여 점검·보수 등 필요한 조치를 해야 한다.
1. 국소 배기장치
2. 전체 환기장치
3. 배기처리장치

제105조(편의 제공) 건축물을 대여받은 자는 국소 배기장치, 소음방지를 위한 칸막이벽, 그 밖에 산업재해 예방을 위하여 필요한 설비의 설치에 관하여 해당 설비의 설치에 수반된 건축물의 변경승인, 해당 설비의 설치공사에 필요한 시설의 이용 등 편의 제공을 건축물을 대여한 자에게 요구할 수 있다. 이 경우 건축물을 대여한 자는 특별한 사정이 없으면 이에 따라야 한다.

제106조(설치·해체업 등록신청 등) ① 법 제82조 제1항에 따라 타워크레인 설치·해체업을 등록하려는 자는 별지 제40호서식의 설치·해체업 등록신청서에 다음 각 호의 서류를 첨부하여 주된 사무소의 소재지를 관할하는 지방고용노동관서의 장에게 제출해야 한다.
1. 영 별표 22에 따른 인력기준에 해당하는 사람의 자격과 채용을 증명할 수 있는 서류
2. 건물임대차계약서 사본이나 그 밖에 사무실의 보유를 증명할 수 있는 서류와 장비 명세서

② 지방고용노동관서의 장은 제1항에 따른 타워크레인 설치·해체업 등록신청서를 접수하였을 때에 영 별표 22의 기준에 적합하면 그 등록신청서가 접수된 날부터 20일 이내에 별지 제41호서식의 등록증을 신청인에게 발급해야 한다.

③ 타워크레인 설치·해체업을 등록한 자에 대한 등록증의 재발급, 등록받은 사항의 변경 및 등록증의 반납 등에 관하여는 제16조 제4항부터 제6항까지의 규정을 준용한다. 이 경우 "지정서"는 "등록증"으로, "안전관리전문기관 또는 보건관리전문기관"은 "타워크레인 설치·해체업을 등록한 자"로, "고용노동부장관 또는 지방고용노동청장"은 "지방고용노동관서의 장"으로 본다.

정답 ③

18 산업안전보건법령상 유해하거나 위험한 기계 등에 대한 방호조치에서 기계·기구에 설치해야 할 방호장치에 대한 설명으로 옳지 않은 것은?

① 예초기: 날접촉 예방장치
② 원심기: 회전체 접촉 예방장치
③ 금속절단기: 날접촉 예방장치
④ 지게차: 헤드 가드, 백레스트(backrest), 전조등, 후미등, 안전벨트
⑤ 포장기계: 압력방출장치

해설

근거조문 시행규칙 제98조

시행규칙 제1절 유해하거나 위험한 기계 등에 대한 방호조치 등
제98조(방호조치) ① 법 제80조 제1항에 따라 영 제70조 및 영 별표 20의 기계·기구에 설치해야 할 방호장치는 다음 각 호와 같다.
  1. 영 별표 20 제1호에 따른 예초기: 날접촉 예방장치
  2. 영 별표 20 제2호에 따른 원심기: 회전체 접촉 예방장치
  3. 영 별표 20 제3호에 따른 공기압축기: 압력방출장치
  4. 영 별표 20 제4호에 따른 금속절단기: 날접촉 예방장치
  5. 영 별표 20 제5호에 따른 지게차: 헤드 가드, 백레스트(backrest), 전조등, 후미등, 안전벨트
  6. 영 별표 20 제6호에 따른 포장기계: 구동부 방호 연동장치
② 법 제80조 제2항에서 "고용노동부령으로 정하는 방호조치"란 다음 각 호의 방호조치를 말한다.
  1. 작동 부분의 돌기부분은 묻힘형으로 하거나 덮개를 부착할 것
  2. 동력전달부분 및 속도조절부분에는 덮개를 부착하거나 방호망을 설치할 것
  3. 회전기계의 물림점(롤러나 톱니바퀴 등 반대방향의 두 회전체에 물려 들어가는 위험점)에는 덮개 또는 울을 설치할 것
③ 제1항 및 제2항에 따른 방호조치에 필요한 사항은 고용노동부장관이 정하여 고시한다.

정답 ⑤

19 산업안전보건법령상 유해하거나 위험한 기계 등에 대한 방호조치에서 기계·기구에 설치해야 할 방호장치에 대한 설명으로 옳지 않은 것은?

① 작동 부분의 돌기부분은 묻힘형으로 하거나 덮개를 부착할 것
② 동력전달부분 및 속도조절부분에는 덮개를 부착하거나 방호망을 설치할 것
③ 회전기계의 물림점(롤러나 톱니바퀴 등 반대방향의 두 회전체에 물려 들어가는 위험점)에는 덮개 또는 방호망을 설치할 것
④ 지게차를 타인에게 대여하거나 대여받는 자는 필요한 안전조치 및 보건조치를 하여야 한다.
⑤ 지게차의 경우 헤드 가드, 백레스트(backrest), 전조등, 후미등, 안전벨트의 방호조치를 해야 한다.

해설

근거조문 ▶ 법률 제80조

제80조(유해하거나 위험한 기계·기구에 대한 방호조치) ① 누구든지 동력(動力)으로 작동하는 기계·기구로서 대통령령으로 정하는 것은 고용노동부령으로 정하는 유해·위험 방지를 위한 방호조치를 하지 아니하고는 양도, 대여, 설치 또는 사용에 제공하거나 양도·대여의 목적으로 진열해서는 아니 된다.
② 누구든지 동력으로 작동하는 기계·기구로서 다음 각 호의 어느 하나에 해당하는 것은 고용노동부령으로 정하는 방호조치를 하지 아니하고는 양도, 대여, 설치 또는 사용에 제공하거나 양도·대여의 목적으로 진열해서는 아니 된다.
  1. 작동 부분에 돌기 부분이 있는 것
  2. 동력전달 부분 또는 속도조절 부분이 있는 것
  3. 회전기계에 물체 등이 말려 들어갈 부분이 있는 것
③ 사업주는 제1항 및 제2항에 따른 방호조치가 정상적인 기능을 발휘할 수 있도록 방호조치와 관련되는 장치를 상시적으로 점검하고 정비하여야 한다.
④ 사업주와 근로자는 제1항 및 제2항에 따른 방호조치를 해체하려는 경우 등 고용노동부령으로 정하는 경우에는 필요한 안전조치 및 보건조치를 하여야 한다.

정답 ③

20 산업안전보건법령상 다음 설명 중 옳지 않은 것은?

① 안전·보건에 관한 협의체는 매월 1회 이상 정기적으로 회의를 개최하고 그 결과를 기록·보존하여야 한다.
② 노사협의체의 회의는 정기회의와 임시회의로 구분하여 개최하되, 정기회의는 2개월마다 노사협의체의 위원장이 소집하며, 임시회의는 위원장이 필요하다고 인정할 때에 소집한다.
③ 산업안전보건위원회의 회의는 정기회의와 임시회의로 구분하되, 정기회의는 분기마다 산업안전보건위원회의 위원장이 소집하며, 임시회의는 위원장이 필요하다고 인정할 때에 소집한다.
④ 사업주는 작업장 또는 작업공정이 신규로 가동되거나 변경되는 등으로 작업환경측정 대상 작업장이 된 경우에는 그 날부터 30일 이내에 작업환경측정을 하고, 그 후 분기에 1회 이상 정기적으로 작업환경을 측정해야 한다.
⑤ 안전인증기관은 안전인증을 받은 자가 안전인증기준을 지키고 있는지를 2년에 1회 이상 확인해야 한다. 그러나 최근 2회의 확인 결과 기술능력 및 생산체계가 고용노동부장관이 정하는 기준 이상인 경우에는 3년에 1회 이상 확인할 수 있다.

> **해설**

> **근거조문** 시행규칙 제111조, 제190조

○ 정기회의

협의체	노사협의체	산업안전보건위원회
매월 1회 이상	2개월마다	분기마다

시행규칙 제111조(확인의 방법 및 주기 등) ① 안전인증기관은 법 제84조 제4항에 따라 안전인증을 받은 자에 대하여 다음 각 호의 사항을 확인해야 한다.
  1. 안전인증서에 적힌 제조 사업장에서 해당 유해·위험기계등을 생산하고 있는지 여부
  2. 안전인증을 받은 유해·위험기계등이 안전인증기준에 적합한지 여부(심사의 종류 및 방법은 제110조 제1항 제4호를 준용한다)
  3. 제조자가 안전인증을 받을 당시의 기술능력·생산체계를 지속적으로 유지하고 있는지 여부
  4. 유해·위험기계등이 서면심사 내용과 같은 수준 이상의 재료 및 부품을 사용하고 있는지 여부
② 법 제84조 제4항에 따라 안전인증기관은 안전인증을 받은 자가 안전인증기준을 지키고 있는지를 2년에 1회 이상 확인해야 한다. 다만, 다음 각 호의 모두에 해당하는 경우에는 3년에 1회 이상 확인할 수 있다.
  1. 최근 3년 동안 법 제86조 제1항에 따라 안전인증이 취소되거나 안전인증표시의 사용금지 또는 시정명령을 받은 사실이 없는 경우
  2. 최근 2회의 확인 결과 기술능력 및 생산체계가 고용노동부장관이 정하는 기준 이상인 경우
③ 안전인증기관은 제1항 및 제2항에 따라 확인한 경우에는 별지 제47호서식의 안전인증확인 통지서를 제조자에게 발급해야 한다.
④ 안전인증기관은 제1항 및 제2항에 따라 확인한 결과 법 제87조 제1항 각 호의 어느 하나에 해당하는 사실을 확인한 경우에는 그 사실을 증명할 수 있는 서류를 첨부하여 유해·위험기계등을 제조하는 사업장의 소재지(제품의 제조자가 외국에 있는 경우에는 그 대리인의 소재지로 하되, 대리인이 없는 경우에는 그 안전인증기관의 소재지로 한다)를 관할하는 지방고용노동관서의 장에게 지체 없이 알려야 한다.
⑤ 안전인증기관은 제109조 제2항 제1호에 따라 일부 항목에 한정하여 안전인증을 면제한 경우에는 외국의 해당 안전인증기관에서 실시한 안전인증 확인의 결과를 제출받아 고용노동부장관이 정하는 바에 따라 법 제84조 제4항에 따른 확인의 전부 또는 일부를 생략할 수 있다.

시행규칙 제190조(작업환경측정 주기 및 횟수) ① 사업주는 작업장 또는 작업공정이 신규로 가동되거나 변경되는 등으로 제186조에 따른 작업환경측정 대상 작업장이 된 경우에는 그 날부터 30일 이내에 작업환경측정을 하고, 그 후 반기(半期)에 1회 이상 정기적으로 작업환경을 측정해야 한다. 다만, 작업환경측정 결과가 다음 각 호의 어느 하나에 해당하는 작업장 또는 작업공정은 해당 유해인자에 대하여 그 측정일부터 3개월에 1회 이상 작업환경측정을 해야 한다.
  1. 별표 21 제1호에 해당하는 화학적 인자(고용노동부장관이 정하여 고시하는 물질만 해당한다)의 측정치가 노출기준을 초과하는 경우
  2. 별표 21 제1호에 해당하는 화학적 인자(고용노동부장관이 정하여 고시하는 물질은 제외한다)의 측정치가 노출기준을 2배 이상 초과하는 경우
② 제1항에도 불구하고 사업주는 최근 1년간 작업공정에서 공정 설비의 변경, 작업방법의 변경, 설비의 이전, 사용 화학물질의 변경 등으로 작업환경측정 결과에 영향을 주는 변화가 없는 경우로서 다음 각 호의 어느 하나에 해당하는 경우에는 해당 유해인자에 대한 작업환경측정을 연(年) 1회 이상 할 수 있다. 다만, 고용노동부장관이 정하여 고시하는 물질을 취급하는 작업공정은 그렇지 않다.
  1. 작업공정 내 소음의 작업환경측정 결과가 최근 2회 연속 85데시벨(dB) 미만인 경우
  2. 작업공정 내 소음 외의 다른 모든 인자의 작업환경측정 결과가 최근 2회 연속 노출기준 미만인 경우

정답 ④

21 산업안전보건법령상 지게차에 설치하여야 할 방호장치에 해당하지 않는 것은?

① 헤드 가드
② 백레스트(backrest)
③ 전조등
④ 후미등
⑤ 구동부 방호 연동장치

> 해설

근거조문 시행규칙 제98조

정답 ⑤

22 산업안전보건법령상 불도저를 대여 받는 자가 그가 사용하는 근로자가 아닌 사람에게 불도저를 조작하도록 하는 경우 조작하는 사람에게 주지시켜야 할 사항으로 명시되지 않은 것은?

① 작업의 내용
② 지휘계통
③ 연락·신호 등의 방법
④ 운행경로
⑤ 면허의 갱신

> 해설

근거조문 시행규칙 제101조

시행규칙 제101조(기계등을 대여받는 자의 조치) ① 법 제81조에 따라 기계등을 대여받는 자는 그가 사용하는 근로자가 아닌 사람에게 해당 기계등을 조작하도록 하는 경우에는 다음 각 호의 조치를 해야 한다. 다만, 해당 기계등을 구입할 목적으로 기종(機種)의 선정 등을 위하여 일시적으로 대여받는 경우에는 그렇지 않다.
  1. 해당 기계등을 조작하는 사람이 관계 법령에서 정하는 자격이나 기능을 가진 사람인지 확인할 것
  2. 해당 기계등을 조작하는 사람에게 다음 각 목의 사항을 주지시킬 것
     가. 작업의 내용
     나. 지휘계통
     다. 연락·신호 등의 방법
     라. 운행경로, 제한속도, 그 밖에 해당 기계등의 운행에 관한 사항
     마. 그 밖에 해당 기계등의 조작에 따른 산업재해를 방지하기 위하여 필요한 사항

정답 ⑤

23 산업안전보건기준에 관한 규칙에서 사업주는 근로자가 관리대상 유해물질의 물질을 취급하는 경우에 근로자가 작업을 시작하기 전에 해당 물질이 급성 독성을 일으키는 물질임을 근로자에게 알려야 한다. 급성독성물질로 근로자에게 고지해야 하는 것에 해당되지 않는 것은?

① 디메틸포름아미드
② 벤젠
③ 페놀
④ 아크릴로니트릴
⑤ 1,1,2,2-테트라클로로에탄

> **해설**

근거조문 ▶ 안전보건규칙 제449조

디메틸포름아미드, 벤젠, 아크릴로니트릴, 퍼클로로에틸렌, 사염화탄소, 1,1,2,2-테트라클로로에탄

제449조(유해성 등의 주지) ① 사업주는 관리대상 유해물질을 취급하는 작업에 근로자를 종사하도록 하는 경우에 근로자를 작업에 배치하기 전에 다음 각 호의 사항을 근로자에게 알려야 한다.
  1. 관리대상 유해물질의 명칭 및 물리적·화학적 특성
  2. 인체에 미치는 영향과 증상
  3. 취급상의 주의사항
  4. 착용하여야 할 보호구와 착용방법
  5. 위급상황 시의 대처방법과 응급조치 요령
  6. 그 밖에 근로자의 건강장해 예방에 관한 사항
② 사업주는 근로자가 별표 12 제1호12)·44)·56)·67)·96)·106)의 물질을 취급하는 경우에 근로자가 작업을 시작하기 전에 해당 물질이 급성 독성을 일으키는 물질임을 근로자에게 알려야 한다.

■ 산업안전보건기준에 관한 규칙 [별표 12] <개정 2019. 12. 26.>

관리대상 유해물질의 종류(제420조, 제439조 및 제440조 관련)

1. 유기화합물(117종)
   1) 글루타르알데히드(Glutaraldehyde; 111-30-8)
   2) 니트로글리세린(Nitroglycerin; 55-63-0)
   3) 니트로메탄(Nitromethane; 75-52-5)
   4) 니트로벤젠(Nitrobenzene; 98-95-3)
   5) p-니트로아닐린(p-Nitroaniline; 100-01-6)
   6) p-니트로클로로벤젠(p-Nitrochlorobenzene; 100-00-5)
   7) 디(2-에틸헥실)프탈레이트(Di(2-ethylhexyl)phthalate; 117-81-7)
   8) 디니트로톨루엔(Dinitrotoluene; 25321-14-6 등)(특별관리물질)
   9) N,N-디메틸아닐린(N,N-Dimethylaniline; 121-69-7)
   10) 디메틸아민(Dimethylamine; 124-40-3)
   11) N,N-디메틸아세트아미드(N,N-Dimethylacetamide; 127-19-5)(특별관리물질)
   12) **디메틸포름아미드**(Dimethylformamide; 68-12-2)(특별관리물질)

13) 디에탄올아민(Diethanolamine; 111-42-2)
14) 디에틸 에테르(Diethyl ether; 60-29-7)
15) 디에틸렌트리아민(Diethylenetriamine; 111-40-0)
16) 2-디에틸아미노에탄올(2-Diethylaminoethanol; 100-37-8)
17) 디에틸아민(Diethylamine; 109-89-7)
18) 1,4-디옥산(1,4-Dioxane; 123-91-1)
19) 디이소부틸케톤(Diisobutylketone; 108-83-8)
20) 1,1-디클로로-1-플루오로에탄(1,1-Dichloro-1-fluoroethane; 1717-00-6)
21) 디클로로메탄(Dichloromethane; 75-09-2)
22) o-디클로로벤젠(o-Dichlorobenzene; 95-50-1)
23) 1,2-디클로로에탄(1,2-Dichloroethane; 107-06-2)(특별관리물질)
24) 1,2-디클로로에틸렌(1,2-Dichloroethylene; 540-59-0 등)
25) 1,2-디클로로프로판(1,2-Dichloropropane; 78-87-5)(특별관리물질)
26) 디클로로플루오로메탄(Dichlorofluoromethane; 75-43-4)
27) p-디히드록시벤젠(p-dihydroxybenzene; 123-31-9)
28) 메탄올(Methanol; 67-56-1)
29) 2-메톡시에탄올(2-Methoxyethanol; 109-86-4)(특별관리물질)
30) 2-메톡시에틸 아세테이트(2-Methoxyethyl acetate; 110-49-6)(특별관리물질)
31) 메틸 n-부틸 케톤(Methyl n-butyl ketone; 591-78-6)
32) 메틸 n-아밀 케톤(Methyl n-amyl ketone; 110-43-0)
33) 메틸 아민(Methyl amine; 74-89-5)
34) 메틸 아세테이트(Methyl acetate; 79-20-9)
35) 메틸 에틸 케톤(Methyl ethyl ketone; 78-93-3)
36) 메틸 이소부틸 케톤(Methyl isobutyl ketone; 108-10-1)
37) 메틸 클로라이드(Methyl chloride; 74-87-3)
38) 메틸 클로로포름(Methyl chloroform; 71-55-6)
39) 메틸렌 비스(페닐 이소시아네이트)(Methylene bis(phenyl isocyanate); 101-68-8 등)
40) o-메틸시클로헥사논(o-Methylcyclohexanone; 583-60-8)
41) 메틸시클로헥사놀(Methylcyclohexanol; 25639-42-3 등)
42) 무수 말레산(Maleic anhydride; 108-31-6)
43) 무수 프탈산(Phthalic anhydride; 85-44-9)
44) **벤젠**(Benzene; 71-43-2)(특별관리물질)
45) 1,3-부타디엔(1,3-Butadiene; 106-99-0)(특별관리물질)
46) n-부탄올(n-Butanol; 71-36-3)
47) 2-부탄올(2-Butanol; 78-92-2)
48) 2-부톡시에탄올(2-Butoxyethanol; 111-76-2)
49) 2-부톡시에틸 아세테이트(2-Butoxyethyl acetate; 112-07-2)
50) n-부틸 아세테이트(n-Butyl acetate; 123-86-4)
51) 1-브로모프로판(1-Bromopropane; 106-94-5)(특별관리물질)
52) 2-브로모프로판(2-Bromopropane; 75-26-3)(특별관리물질)
53) 브롬화 메틸(Methyl bromide; 74-83-9)
54) 브이엠 및 피 나프타(VM&P Naphtha; 8032-32-4)
55) 비닐 아세테이트(Vinyl acetate; 108-05-4)
56) **사염화탄소**(Carbon tetrachloride; 56-23-5)(특별관리물질)
57) 스토다드 솔벤트(Stoddard solvent; 8052-41-3)(벤젠을 0.1% 이상 함유한 경우만 특별관리물질)
58) 스티렌(Styrene; 100-42-5)

59) 시클로헥사논(Cyclohexanone; 108-94-1)
60) 시클로헥사놀(Cyclohexanol; 108-93-0)
61) 시클로헥산(Cyclohexane; 110-82-7)
62) 시클로헥센(Cyclohexene; 110-83-8)
63) 아닐린[62-53-3] 및 그 동족체(Aniline and its homologues)
64) 아세토니트릴(Acetonitrile; 75-05-8)
65) 아세톤(Acetone; 67-64-1)
66) 아세트알데히드(Acetaldehyde; 75-07-0)
67) **아크릴로니트릴**(Acrylonitrile; 107-13-1)(특별관리물질)
68) 아크릴아미드(Acrylamide; 79-06-1)(특별관리물질)
69) 알릴 글리시딜 에테르(Allyl glycidyl ether; 106-92-3)
70) 에탄올아민(Ethanolamine; 141-43-5)
71) 2-에톡시에탄올(2-Ethoxyethanol; 110-80-5)(특별관리물질)
72) 2-에톡시에틸 아세테이트(2-Ethoxyethyl acetate; 111-15-9)(특별관리물질)
73) 에틸 벤젠(Ethyl benzene; 100-41-4)
74) 에틸 아세테이트(Ethyl acetate; 141-78-6)
75) 에틸 아크릴레이트(Ethyl acrylate; 140-88-5)
76) 에틸렌 글리콜(Ethylene glycol; 107-21-1)
77) 에틸렌 글리콜 디니트레이트(Ethylene glycol dinitrate; 628-96-6)
78) 에틸렌 클로로히드린(Ethylene chlorohydrin; 107-07-3)
79) 에틸렌이민(Ethyleneimine; 151-56-4)(특별관리물질)
80) 에틸아민(Ethylamine; 75-04-7)
81) 2,3-에폭시-1-프로판올(2,3-Epoxy-1-propanol; 556-52-5 등)(특별관리물질)
82) 1,2-에폭시프로판(1,2-Epoxypropane; 75-56-9 등)(특별관리물질)
83) 에피클로로히드린(Epichlorohydrin; 106-89-8 등)(특별관리물질)
84) 요오드화 메틸(Methyl iodide; 74-88-4)
85) 이소부틸 아세테이트(Isobutyl acetate; 110-19-0)
86) 이소부틸 알코올(Isobutyl alcohol; 78-83-1)
87) 이소아밀 아세테이트(Isoamyl acetate; 123-92-2)
88) 이소아밀 알코올(Isoamyl alcohol; 123-51-3)
89) 이소프로필 아세테이트(Isopropyl acetate; 108-21-4)
90) 이소프로필 알코올(Isopropyl alcohol; 67-63-0)
91) 이황화탄소(Carbon disulfide; 75-15-0)
92) 크레졸(Cresol; 1319-77-3 등)
93) 크실렌(Xylene; 1330-20-7 등)
94) 2-클로로-1,3-부타디엔(2-Chloro-1,3-butadiene; 126-99-8)
95) 클로로벤젠(Chlorobenzene; 108-90-7)
96) **1,1,2,2-테트라클로로에탄**(1,1,2,2-Tetrachloroethane; 79-34-5)
97) 테트라히드로푸란(Tetrahydrofuran; 109-99-9)
98) 톨루엔(Toluene; 108-88-3)
99) 톨루엔-2,4-디이소시아네이트(Toluene-2,4-diisocyanate; 584-84-9 등)
100) 톨루엔-2,6-디이소시아네이트(Toluene-2,6-diisocyanate); 91-08-7 등)
101) 트리에틸아민(Triethylamine; 121-44-8)
102) 트리클로로메탄(Trichloromethane; 67-66-3)
103) 1,1,2-트리클로로에탄(1,1,2-Trichloroethane; 79-00-5)
104) 트리클로로에틸렌(Trichloroethylene; 79-01-6)(특별관리물질)

105) 1,2,3-트리클로로프로판(1,2,3-Trichloropropane; 96-18-4)(특별관리물질)
106) **퍼클로로에틸렌**(Perchloroethylene; 127-18-4)(특별관리물질)
107) 페놀(Phenol; 108-95-2)(특별관리물질)
108) 페닐 글리시딜 에테르(Phenyl glycidyl ether; 122-60-1 등)
109) 포름알데히드(Formaldehyde; 50-00-0)(특별관리물질)
110) 프로필렌이민(Propyleneimine; 75-55-8)(특별관리물질)
111) n-프로필 아세테이트(n-Propyl acetate; 109-60-4)
112) 피리딘(Pyridine; 110-86-1)
113) 헥사메틸렌 디이소시아네이트(Hexamethylene diisocyanate; 822-06-0)
114) n-헥산(n-Hexane; 110-54-3)
115) n-헵탄(n-Heptane; 142-82-5)
116) 황산 디메틸(Dimethyl sulfate; 77-78-1)(특별관리물질)
117) 히드라진[302-01-2] 및 그 수화물(Hydrazine and its hydrates)(특별관리물질)
118) 1)부터 117)까지의 물질을 중량비율 1%[N,N-디메틸아세트아미드(특별관리물질), 디메틸포름아미드(특별관리물질), 2-메톡시에탄올(특별관리물질), 2-메톡시에틸 아세테이트(특별관리물질), 1-브로모프로판(특별관리물질), 2-브로모프로판(특별관리물질), 2-에톡시에탄올(특별관리물질), 2-에톡시에틸 아세테이트(특별관리물질) 및 페놀(특별관리물질)은 0.3%, 그 밖의 특별관리물질은 0.1%] 이상 함유한 혼합물

2. 금속류(24종)
    1) 구리[7440-50-8] 및 그 화합물(Copper and its compounds)
    2) 납[7439-92-1] 및 그 무기화합물(Lead and its inorganic compounds)(특별관리물질)
    3) 니켈[7440-02-0] 및 그 무기화합물, 니켈 카르보닐(Nickel and its inorganic compounds, Nickel carbonyl)(불용성화합물만 특별관리물질)
    4) 망간[7439-96-5] 및 그 무기화합물(Manganese and its inorganic compounds)
    5) 바륨[7440-39-3] 및 그 가용성 화합물(Barium and its soluble compounds)
    6) 백금[7440-06-4] 및 그 화합물(Platinum and its compounds)
    7) 산화마그네슘(Magnesium oxide; 1309-48-4)
    8) 셀레늄[7782-49-2] 및 그 화합물(Selenium and its compounds)
    9) 수은[7439-97-6] 및 그 화합물(Mercury and its compounds)(특별관리물질. 다만, 아릴화합물 및 알킬화합물은 특별관리물질에서 제외한다)
    10) 아연[7440-66-6] 및 그 화합물(Zinc and its compounds)
    11) 안티몬[7440-36-0] 및 그 화합물(Antimony and its compounds) (삼산화안티몬만 특별관리물질)
    12) 알루미늄[7429-90-5] 및 그 화합물(Aluminum and its compounds)
    13) 오산화바나듐(Vanadium pentoxide; 1314-62-1)
    14) 요오드[7553-56-2] 및 요오드화물(Iodine and iodides)
    15) 은[7440-22-4] 및 그 화합물(Silver and its compounds)
    16) 이산화티타늄(Titanium dioxide; 13463-67-7)
    17) 인듐[7440-74-6] 및 그 화합물(Indium and its compounds)
    18) 주석[7440-31-5] 및 그 화합물(Tin and its compounds)
    19) 지르코늄[7440-67-7] 및 그 화합물(Zirconium and its compounds)
    20) 철[7439-89-6] 및 그 화합물(Iron and its compounds)
    21) 카드뮴[7440-43-9] 및 그 화합물(Cadmium and its compounds)(특별관리물질)
    22) 코발트[7440-48-4] 및 그 무기화합물(Cobalt and its inorganic compounds)
    23) 크롬[7440-47-3] 및 그 화합물(Chromium and its compounds)(6가크롬 화합물만 특별관리물질)
    24) 텅스텐[7440-33-7] 및 그 화합물(Tungsten and its compounds)

25) 1)부터 24)까지의 물질을 중량비율 1%[납 및 그 무기화합물(특별관리물질), 수은 및 그 화합물(특별관리물질. 다만, 아릴화합물 및 알킬화합물은 특별관리물질에서 제외한다)은 0.3%, 그 밖의 특별관리물질은 0.1%] 이상 함유한 혼합물

3. 산·알칼리류(17종)
    1) 개미산(Formic acid; 64-18-6)
    2) 과산화수소(Hydrogen peroxide; 7722-84-1)
    3) 무수 초산(Acetic anhydride; 108-24-7)
    4) 불화수소(Hydrogen fluoride; 7664-39-3)
    5) 브롬화수소(Hydrogen bromide; 10035-10-6)
    6) 수산화 나트륨(Sodium hydroxide; 1310-73-2)
    7) 수산화 칼륨(Potassium hydroxide; 1310-58-3)
    8) 시안화 나트륨(Sodium cyanide; 143-33-9)
    9) 시안화 칼륨(Potassium cyanide; 151-50-8)
    10) 시안화 칼슘(Calcium cyanide; 592-01-8)
    11) 아크릴산(Acrylic acid; 79-10-7)
    12) 염화수소(Hydrogen chloride; 7647-01-0)
    13) 인산(Phosphoric acid; 7664-38-2)
    14) 질산(Nitric acid; 7697-37-2)
    15) 초산(Acetic acid; 64-19-7)
    16) 트리클로로아세트산(Trichloroacetic acid; 76-03-9)
    17) 황산(Sulfuric acid; 7664-93-9)(pH 2.0 이하인 강산은 특별관리물질)
    18) 1)부터 17)까지의 물질을 중량비율 1%(특별관리물질은 0.1%) 이상 함유한 혼합물

4. 가스 상태 물질류(15종)
    1) 불소(Fluorine; 7782-41-4)
    2) 브롬(Bromine; 7726-95-6)
    3) 산화에틸렌(Ethylene oxide; 75-21-8)(특별관리물질)
    4) 삼수소화 비소(Arsine; 7784-42-1)
    5) 시안화 수소(Hydrogen cyanide; 74-90-8)
    6) 암모니아(Ammonia; 7664-41-7 등)
    7) 염소(Chlorine; 7782-50-5)
    8) 오존(Ozone; 10028-15-6)
    9) 이산화질소(nitrogen dioxide; 10102-44-0)
    10) 이산화황(Sulfur dioxide; 7446-09-5)
    11) 일산화질소(Nitric oxide; 10102-43-9)
    12) 일산화탄소(Carbon monoxide; 630-08-0)
    13) 포스겐(Phosgene; 75-44-5)
    14) 포스핀(Phosphine; 7803-51-2)
    15) 황화수소(Hydrogen sulfide; 7783-06-4)
    16) 1)부터 15)까지의 물질을 중량비율 1%(특별관리물질은 0.1%) 이상 함유한 혼합물

비고: '등'이란 해당 화학물질에 이성질체 등 동일 속성을 가지는 2개 이상의 화합물이 존재할 수 있는 경우를 말한다.

정답 ③

24

산업안전보건기준에 관한 규칙에 관한 설명으로 옳지 않은 것은?

① 사업주는 작업으로 인하여 물체가 떨어지거나 날아올 위험이 있는 경우 낙하물 방지망 또는 방호선반을 설치할 경우 높이 10미터 이내마다 설치하고, 내민 길이는 벽면으로부터 2미터 이상으로 할 것
② 사업주는 작업으로 인하여 물체가 떨어지거나 날아올 위험이 있는 경우 낙하물 방지망 또는 방호선반을 설치할 경우 수평면과의 각도는 30도 이상 40도 이하를 유지할 것
③ 사업주는 높이가 3미터 이상인 장소로부터 물체를 투하하는 경우 적당한 투하설비를 설치하거나 감시인을 배치하는 등 위험을 방지하기 위하여 필요한 조치를 하여야 한다.
④ 사업주는 순간풍속이 초당 10미터를 초과하는 경우 타워크레인의 설치·수리·점검 또는 해체 작업을 중지하여야 한다.
⑤ 사업주는 순간풍속이 초당 15미터를 초과하는 경우에는 타워크레인의 운전작업을 중지하여야 한다.

해설

근거조문 안전보건규칙 제14조

제14조(낙하물에 의한 위험의 방지) ① 사업주는 작업장의 바닥, 도로 및 통로 등에서 낙하물이 근로자에게 위험을 미칠 우려가 있는 경우 보호망을 설치하는 등 필요한 조치를 하여야 한다.
② 사업주는 작업으로 인하여 물체가 떨어지거나 날아올 위험이 있는 경우 낙하물 방지망, 수직보호망 또는 방호선반의 설치, 출입금지구역의 설정, 보호구의 착용 등 위험을 방지하기 위하여 필요한 조치를 하여야 한다. 이 경우 낙하물 방지망 및 수직보호망은 「산업표준화법」에 따른 한국산업표준에서 정하는 성능기준에 적합한 것을 사용하여야 한다.
③ 제2항에 따라 낙하물 방지망 또는 방호선반을 설치하는 경우에는 다음 각 호의 사항을 준수하여야 한다.
  1. 높이 10미터 이내마다 설치하고, 내민 길이는 벽면으로부터 2미터 이상으로 할 것
  2. 수평면과의 각도는 20도 이상 30도 이하를 유지할 것

제15조(투하설비 등) 사업주는 높이가 3미터 이상인 장소로부터 물체를 투하하는 경우 적당한 투하설비를 설치하거나 감시인을 배치하는 등 위험을 방지하기 위하여 필요한 조치를 하여야 한다.

제37조(악천후 및 강풍 시 작업 중지) ① 사업주는 비·눈·바람 또는 그 밖의 기상상태의 불안정으로 인하여 근로자가 위험해질 우려가 있는 경우 작업을 중지하여야 한다. 다만, 태풍 등으로 위험이 예상되거나 발생되어 긴급 복구작업을 필요로 하는 경우에는 그러하지 아니하다.
② 사업주는 순간풍속이 초당 10미터를 초과하는 경우 타워크레인의 설치·수리·점검 또는 해체 작업을 중지하여야 하며, 순간풍속이 초당 15미터를 초과하는 경우에는 타워크레인의 운전작업을 중지하여야 한다.

정답 ②

25

다음은 산업안전보건기준에 관한 규칙상 사업주가 근골격계질환 예방관리 프로그램을 수립하여 시행하여야 하는 사항이다. ( ) 안에 들어갈 숫자의 조합으로 옳은 것은?

> **제662조(근골격계질환 예방관리 프로그램 시행)** ① 사업주는 다음 각 호의 어느 하나에 해당하는 경우에 근골격계질환 예방관리 프로그램을 수립하여 시행하여야 한다.
> 1. 근골격계질환으로 「산업재해보상보험법 시행령」 별표 3 제2호가 목·마목 및 제12호 라목에 따라 업무상 질병으로 인정받은 근로자가 연간 10명 이상 발생한 사업장 또는 (ㄱ)명 이상 발생한 사업장으로서 발생 비율이 그 사업장 근로자 수의 (ㄴ)퍼센트 이상인 경우
> 2. 근골격계질환 예방과 관련하여 노사 간 이견(異見)이 지속되는 사업장으로서 고용노동부장관이 필요하다고 인정하여 근골격계질환 예방관리 프로그램을 수립하여 시행할 것을 명령한 경우

	ㄱ	ㄴ
①	3	5
②	5	5
③	5	10
④	10	10
⑤	10	20

해설

근거조문 안전보건규칙 제662조

제662조(근골격계질환 예방관리 프로그램 시행) ① 사업주는 다음 각 호의 어느 하나에 해당하는 경우에 근골격계질환 예방관리 프로그램을 수립하여 시행하여야 한다.
1. 근골격계질환으로 「산업재해보상보험법 시행령」 별표 3 제2호 가목·마목 및 제12호 라목에 따라 업무상 질병으로 인정받은 근로자가 연간 10명 이상 발생한 사업장 또는 5명 이상 발생한 사업장으로서 발생 비율이 그 사업장 근로자 수의 10퍼센트 이상인 경우
2. 근골격계질환 예방과 관련하여 노사 간 이견(異見)이 지속되는 사업장으로서 고용노동부장관이 필요하다고 인정하여 근골격계질환 예방관리 프로그램을 수립하여 시행할 것을 명령한 경우
② 사업주는 근골격계질환 예방관리 프로그램을 작성·시행할 경우에 노사협의를 거쳐야 한다.
③ 사업주는 근골격계질환 예방관리 프로그램을 작성·시행할 경우에 인간공학·산업의학·산업위생·산업간호 등 분야별 전문가로부터 필요한 지도·조언을 받을 수 있다.

정답 ③

5회

산업안전보건법령 진도별 모의고사 해설

01 산업안전보건법령상 설치·이전하는 경우 안전인증을 받아야 하는 기계·기구에 해당하는 것은?

① 프레스
② 곤돌라
③ 롤러기
④ 사출성형기(射出成形機)
⑤ 기계톱

해설

근거조문 시행규칙 제107조

★ **제107조(안전인증대상기계등)** 법 제84조 제1항에서 "고용노동부령으로 정하는 안전인증대상기계등"이란 다음 각 호의 기계 및 설비를 말한다.
1. 설치·이전하는 경우 안전인증을 받아야 하는 기계
   가. 크레인
   나. 리프트
   다. 곤돌라
2. 주요 구조 부분을 변경하는 경우 안전인증을 받아야 하는 기계 및 설비
   가. 프레스
   나. 전단기 및 절곡기(折曲機)
   다. 크레인
   라. 리프트
   마. 압력용기
   바. 롤러기
   사. 사출성형기(射出成形機)
   아. 고소(高所)작업대
   자. 곤돌라

정답 ②

02

산업안전보건법령상 하는 주요 구조 부분을 변경하는 경우 안전인증을 받아야 하는 기계 및 설비에 해당하는 것은?

① 압력용기
② 산업용 로봇
③ 파쇄기
④ 교류 아크용접기용 자동전격방지기
⑤ 컨베이어

해설

근거조문 시행규칙 제107조

정답 ①

03

산업안전보건법령상 안전인증에 관한 설명으로 옳은 것은?

① 연구·개발을 목적으로 안전인증대상 기계·기구등을 제조하는 경우에도 안전인증을 받아야 한다.
② 고용노동부장관은 안전인증을 받은 자가 안전인증기준을 지키고 있는지를 5년을 주기로 확인하여야 한다.
③ 곤돌라를 설치·이전하는 경우뿐만 아니라 그 주요 구조 부분을 변경하는 경우에도 안전인증을 받아야 한다.
④ 서면심사와 기술능력 및 생산체계 심사 결과가 안전인증기준에 적합할 경우에 유해·위험한 기계·기구·설비 등의 표본을 추출하여 하는 심사를 개별 제품심사라고 한다.
⑤ 예비심사의 경우 안전인증 신청서를 제출받은 안전인증기관은 10일 이내에 심사 하여야 하며 부득이한 사유가 있을 때에는 15일의 범위에서 심사기간을 연장할 수 있다.

해설

근거조문 법률 제83조 이하, 시행규칙 제110조 이하

제83조(안전인증기준) ① 고용노동부장관은 유해하거나 위험한 기계·기구·설비 및 방호장치·보호구(이하 "유해·위험기계등"이라 한다)의 안전성을 평가하기 위하여 그 안전에 관한 성능과 제조자의 기술능력 및 생산 체계 등에 관한 기준(이하 "안전인증기준"이라 한다)을 정하여 고시하여야 한다.
② 안전인증기준은 유해·위험기계등의 종류별, 규격 및 형식별로 정할 수 있다.
제84조(안전인증) ① 유해·위험기계등 중 근로자의 **안전 및 보건에 위해(危害)**를 미칠 수 있다고 인정되어 대통령령으로 정하는 것(이하 "안전인증대상기계등"이라 한다)을 **제조하거나 수입하는 자**(고용노동부령으로 정하는 안전인증대상기계등을 설치·이전하거나 주요 구조 부분을 변경하는 자를 포함한다. 이하 이 조 및 제85조부터 제87조까지의 규정에서 같다)는 안전인증대상기계등이 안전인증기준에 맞는지에 대하여 고용노동부장관이 실시하는 안전인증을 받아야 한다.

② 고용노동부장관은 다음 각 호의 어느 하나에 해당하는 경우에는 고용노동부령으로 정하는 바에 따라 제1항에 따른 안전인증의 전부 또는 일부를 면제할 수 있다.
  1. 연구·개발을 목적으로 제조·수입하거나 수출을 목적으로 제조하는 경우
  2. 고용노동부장관이 정하여 고시하는 외국의 안전인증기관에서 인증을 받은 경우
  3. 다른 법령에 따라 안전성에 관한 검사나 인증을 받은 경우로서 고용노동부령으로 정하는 경우
③ 안전인증대상기계등이 아닌 유해·위험기계등을 제조하거나 수입하는 자가 그 유해·위험기계등의 안전에 관한 성능 등을 평가받으려면 고용노동부장관에게 안전인증을 신청할 수 있다. 이 경우 고용노동부장관은 안전인증기준에 따라 안전인증을 할 수 있다.
④ 고용노동부장관은 제1항 및 제3항에 따른 안전인증(이하 "안전인증"이라 한다)을 받은 자가 안전인증기준을 지키고 있는지를 3년 이하의 범위에서 고용노동부령으로 정하는 주기마다 확인하여야 한다. 다만, 제2항에 따라 안전인증의 일부를 면제받은 경우에는 고용노동부령으로 정하는 바에 따라 확인의 전부 또는 일부를 생략할 수 있다.
⑤ 제1항에 따라 안전인증을 받은 자는 안전인증을 받은 안전인증대상기계등에 대하여 고용노동부령으로 정하는 바에 따라 제품명·모델명·제조수량·판매수량 및 판매처 현황 등의 사항을 기록하여 보존하여야 한다.
⑥ 고용노동부장관은 근로자의 안전 및 보건에 필요하다고 인정하는 경우 안전인증대상기계등을 제조·수입 또는 판매하는 자에게 고용노동부령으로 정하는 바에 따라 해당 안전인증대상기계등의 제조·수입 또는 판매에 관한 자료를 공단에 제출하게 할 수 있다.
⑦ 안전인증의 신청 방법·절차, 제4항에 따른 확인의 방법·절차, 그 밖에 필요한 사항은 고용노동부령으로 정한다.

시행규칙 제110조(안전인증 심사의 종류 및 방법) ① 유해·위험기계등이 안전인증기준에 적합한지를 확인하기 위하여 안전인증기관이 하는 심사는 다음 각 호와 같다.
  1. 예비심사: 기계 및 방호장치·보호구가 유해·위험기계등 인지를 확인하는 심사(법 제84조 제3항에 따라 안전인증을 신청한 경우만 해당한다)
  2. 서면심사: 유해·위험기계등의 종류별 또는 형식별로 설계도면 등 유해·위험기계등의 제품기술과 관련된 문서가 안전인증기준에 적합한지에 대한 심사
  3. 기술능력 및 생산체계 심사: 유해·위험기계등의 안전성능을 지속적으로 유지·보증하기 위하여 사업장에서 갖추어야 할 기술능력과 생산체계가 안전인증기준에 적합한지에 대한 심사. 다만, 다음 각 목의 어느 하나에 해당하는 경우에는 기술능력 및 생산체계 심사를 생략한다.
    가. 영 제74조 제1항 제2호 및 제3호에 따른 방호장치 및 보호구를 고용노동부장관이 정하여 고시하는 수량 이하로 수입하는 경우
    나. 제4호 가목의 개별 제품심사를 하는 경우
    다. 안전인증(제4호 나목의 형식별 제품심사를 하여 안전인증을 받은 경우로 한정한다)을 받은 후 같은 공정에서 제조되는 같은 종류의 안전인증대상기계등에 대하여 안전인증을 하는 경우
  4. 제품심사: 유해·위험기계등이 서면심사 내용과 일치하는지와 유해·위험기계등의 안전에 관한 성능이 안전인증기준에 적합한지에 대한 심사. 다만, 다음 각 목의 심사는 유해·위험기계등별로 고용노동부장관이 정하여 고시하는 기준에 따라 어느 하나만을 받는다.
    가. 개별 제품심사: 서면심사 결과가 안전인증기준에 적합할 경우에 유해·위험기계등 **모두에 대하여 하는 심사**(안전인증을 받으려는 자가 서면심사와 개별 제품심사를 동시에 할 것을 요청하는 경우 병행할 수 있다)
    나. 형식별 제품심사: 서면심사와 기술능력 및 생산체계 심사 결과가 안전인증기준에 적합할 경우에 유해·위험기계등의 **형식별로 표본을 추출하여** 하는 심사(안전인증을 받으려는 자가 서면심사, 기술능력 및 생산체계 심사와 형식별 제품심사를 동시에 할 것을 요청하는 경우 병행할 수 있다)
② 제1항에 따른 유해·위험기계등의 종류별 또는 형식별 심사의 절차 및 방법은 고용노동부장관이 정하여 고시한다.

③ 안전인증기관은 제108조 제1항에 따라 안전인증 신청서를 제출받으면 다음 각 호의 구분에 따른 심사 종류별 기간 내에 심사해야 한다. 다만, 제품심사의 경우 처리기간 내에 심사를 끝낼 수 없는 부득이한 사유가 있을 때에는 15일의 범위에서 심사기간을 연장할 수 있다.
  1. 예비심사: 7일
  2. 서면심사: 15일(외국에서 제조한 경우는 30일)
  3. 기술능력 및 생산체계 심사: 30일(외국에서 제조한 경우는 45일)
  4. 제품심사
     가. 개별 제품심사: 15일
     나. 형식별 제품심사: 30일(영 제74조 제1항 제2호 사목의 방호장치와 같은 항 제3호 가목부터 아목까지의 보호구는 60일)
④ 안전인증기관은 제3항에 따른 심사가 끝나면 안전인증을 신청한 자에게 별지 제45호서식의 심사결과 통지서를 발급해야 한다. 이 경우 해당 심사 결과가 모두 적합한 경우에는 별지 제46호서식의 안전인증서를 함께 발급해야 한다.
⑤ 안전인증기관은 안전인증대상기계등이 특수한 구조 또는 재료로 제조되어 안전인증기준의 일부를 적용하기 곤란할 경우 해당 제품이 안전인증기준과 같은 수준 이상의 안전에 관한 성능을 보유한 것으로 인정(안전인증을 신청한 자의 요청이 있거나 필요하다고 판단되는 경우를 포함한다)되면 「산업표준화법」 제12조에 따른 한국산업표준 또는 관련 국제규격 등을 참고하여 안전인증기준의 일부를 생략하거나 추가하여 제1항 제2호 또는 제4호에 따른 심사를 할 수 있다.
⑥ 안전인증기관은 제5항에 따라 안전인증대상기계등이 안전인증기준과 같은 수준 이상의 안전에 관한 성능을 보유한 것으로 인정되는지와 해당 안전인증대상기계등에 생략하거나 추가하여 적용할 안전인증기준을 심의·의결하기 위하여 안전인증심의위원회를 설치·운영해야 한다. 이 경우 안전인증심의위원회의 구성·개최에 걸리는 기간은 제3항에 따른 심사기간에 산입하지 않는다.
⑦ 제6항에 따른 안전인증심의위원회의 구성·기능 및 운영 등에 필요한 사항은 고용노동부장관이 정하여 고시한다.

제111조(확인의 방법 및 주기 등) ① 안전인증기관은 법 제84조 제4항에 따라 안전인증을 받은 자에 대하여 다음 각 호의 사항을 확인해야 한다.
  1. 안전인증서에 적힌 제조 사업장에서 해당 유해·위험기계등을 생산하고 있는지 여부
  2. 안전인증을 받은 유해·위험기계등이 안전인증기준에 적합한지 여부(심사의 종류 및 방법은 제110조 제1항 제4호를 준용한다)
  3. 제조자가 안전인증을 받을 당시의 기술능력·생산체계를 지속적으로 유지하고 있는지 여부
  4. 유해·위험기계등이 서면심사 내용과 같은 수준 이상의 재료 및 부품을 사용하고 있는지 여부
② 법 제84조 제4항에 따라 안전인증기관은 안전인증을 받은 자가 안전인증기준을 지키고 있는지를 2년에 1회 이상 확인해야 한다. 다만, 다음 각 호의 모두에 해당하는 경우에는 3년에 1회 이상 확인할 수 있다.
  1. 최근 3년 동안 법 제86조 제1항에 따라 안전인증이 취소되거나 안전인증표시의 사용금지 또는 시정명령을 받은 사실이 없는 경우
  2. 최근 2회의 확인 결과 기술능력 및 생산체계가 고용노동부장관이 정하는 기준 이상인 경우
③ 안전인증기관은 제1항 및 제2항에 따라 확인한 경우에는 별지 제47호서식의 안전인증확인 통지서를 제조자에게 발급해야 한다.
④ 안전인증기관은 제1항 및 제2항에 따라 확인한 결과 법 제87조 제1항 각 호의 어느 하나에 해당하는 사실을 확인한 경우에는 그 사실을 증명할 수 있는 서류를 첨부하여 유해·위험기계등을 제조하는 사업장의 소재지(제품의 제조자가 외국에 있는 경우에는 그 대리인의 소재지로 하되, 대리인이 없는 경우에는 그 안전인증기관의 소재지로 한다)를 관할하는 지방고용노동관서의 장에게 지체 없이 알려야 한다.
⑤ 안전인증기관은 제109조 제2항 제1호에 따라 일부 항목에 한정하여 안전인증을 면제한 경우에는 외국의 해당 안전인증기관에서 실시한 안전인증 확인의 결과를 제출받아 고용노동부장관이 정하는 바에 따라 법 제84조 제4항에 따른 확인의 전부 또는 일부를 생략할 수 있다.

제112조(안전인증제품에 관한 자료의 기록·보존) 안전인증을 받은 자는 법 제84조 제5항에 따라 안전인증제품에 관한 자료를 안전인증을 받은 제품별로 기록·보존해야 한다.

제113조(안전인증 관련 자료의 제출 등) 지방고용노동관서의 장은 법 제84조 제6항에 따라 안전인증대상기계등을 제조·수입 또는 판매하는 자에게 자료의 제출을 요구할 때에는 10일 이상의 기간을 정하여 문서로 요구하되, 부득이한 사유가 있을 때에는 신청을 받아 30일의 범위에서 그 기간을 연장할 수 있다.

정답 ③

04 산업안전보건법령상 안전인증 심사에 관한 설명으로 옳지 않은 것은?

① 유해·위험기계등의 안전성능을 지속적으로 유지·보증하기 위하여 사업장에서 갖추어야 할 기술능력과 생산체계가 안전인증기준에 적합한지에 대한 심사는 30일(외국에서 제조한 경우는 45일) 내에 심사하여야 한다.
② 서면심사 결과가 안전인증기준에 적합할 경우에 유해·위험기계등 모두에 대하여 하는 심사는 15일 내에 심사하여야 한다.
③ 서면심사와 기술능력 및 생산체계 심사 결과가 안전인증기준에 적합할 경우에 유해·위험기계등의 형식별로 표본을 추출하여 하는 심사는 30일 내에 심사하여야 한다.
④ 서면심사의 경우 처리기간 내에 심사를 끝낼 수 없는 부득이한 사유가 있을 때에는 15일의 범위에서 심사기간을 연장할 수 있다.
⑤ 개별제품심사를 하는 경우에는 기술능력 및 생산체계 심사를 생략한다.

해설

근거조문 시행규칙 제110조

시행규칙 제110조(안전인증 심사의 종류 및 방법) ① 유해·위험기계등이 안전인증기준에 적합한지를 확인하기 위하여 안전인증기관이 하는 심사는 다음 각 호와 같다.
  1. 예비심사: 기계 및 방호장치·보호구가 유해·위험기계등 인지를 확인하는 심사(법 제84조 제3항에 따라 안전인증을 신청한 경우만 해당한다)
  2. 서면심사: 유해·위험기계등의 종류별 또는 형식별로 설계도면 등 유해·위험기계등의 제품기술과 관련된 문서가 안전인증기준에 적합한지에 대한 심사
  3. 기술능력 및 생산체계 심사: 유해·위험기계등의 안전성능을 지속적으로 유지·보증하기 위하여 사업장에서 갖추어야 할 기술능력과 생산체계가 안전인증기준에 적합한지에 대한 심사. 다만, 다음 각 목의 어느 하나에 해당하는 경우에는 기술능력 및 생산체계 심사를 생략한다.
      가. 영 제74조 제1항 제2호 및 제3호에 따른 방호장치 및 보호구를 고용노동부장관이 정하여 고시하는 수량 이하로 수입하는 경우
      나. 제4호 가목의 개별 제품심사를 하는 경우
      다. 안전인증(제4호 나목의 형식별 제품심사를 하여 안전인증을 받은 경우로 한정한다)을 받은 후 같은 공정에서 제조되는 같은 종류의 안전인증대상기계등에 대하여 안전인증을 하는 경우
  4. 제품심사: 유해·위험기계등이 서면심사 내용과 일치하는지와 유해·위험기계등의 안전에 관한 성능이 안전인증기준에 적합한지에 대한 심사. 다만, 다음 각 목의 심사는 유해·위험기계등별로 고용노동부장관이 정하여 고시하는 기준에 따라 어느 하나만을 받는다.

가. 개별 제품심사: 서면심사 결과가 안전인증기준에 적합할 경우에 유해·위험기계등 **모두에 대하여 하는 심사**(안전인증을 받으려는 자가 서면심사와 개별 제품심사를 동시에 할 것을 요청하는 경우 병행할 수 있다)

나. 형식별 제품심사: 서면심사와 기술능력 및 생산체계 심사 결과가 안전인증기준에 적합할 경우에 유해·위험기계등의 **형식별로 표본을 추출하여** 하는 심사(안전인증을 받으려는 자가 서면심사, 기술능력 및 생산체계 심사와 형식별 제품심사를 동시에 할 것을 요청하는 경우 병행할 수 있다)

② 제1항에 따른 유해·위험기계등의 종류별 또는 형식별 심사의 절차 및 방법은 고용노동부장관이 정하여 고시한다.

③ 안전인증기관은 제108조 제1항에 따라 안전인증 신청서를 제출받으면 다음 각 호의 구분에 따른 심사 종류별 기간 내에 심사해야 한다. 다만, 제품심사의 경우 처리기간 내에 심사를 끝낼 수 없는 부득이한 사유가 있을 때에는 15일의 범위에서 심사기간을 연장할 수 있다.

1. 예비심사: 7일
2. 서면심사: 15일(외국에서 제조한 경우는 30일)
3. 기술능력 및 생산체계 심사: 30일(외국에서 제조한 경우는 45일)
4. 제품심사
   가. 개별 제품심사: 15일
   나. 형식별 제품심사: 30일(영 제74조 제1항 제2호 사목의 방호장치와 같은 항 제3호 가목부터 아목까지의 보호구는 60일)

영 제74조(안전인증대상기계등) ① 법 제84조 제1항에서 "대통령령으로 정하는 것"이란 다음 각 호의 어느 하나에 해당하는 것을 말한다.

1. 다음 각 목의 어느 하나에 해당하는 기계 또는 설비
   가. 프레스
   나. 전단기 및 절곡기(折曲機)
   다. 크레인
   라. 리프트
   마. 압력용기
   바. 롤러기
   사. 사출성형기(射出成形機)
   아. 고소(高所) 작업대
   자. 곤돌라
2. 다음 각 목의 어느 하나에 해당하는 방호장치
   가. 프레스 및 전단기 방호장치
   나. 양중기용(揚重機用) 과부하 방지장치
   다. 보일러 압력방출용 안전밸브
   라. 압력용기 압력방출용 안전밸브
   마. 압력용기 압력방출용 파열판
   바. 절연용 방호구 및 활선작업용(活線作業用) 기구
   사. 방폭구조(防爆構造) 전기기계·기구 및 부품 →60일 내 심사
   아. 추락·낙하 및 붕괴 등의 위험 방지 및 보호에 필요한 가설기자재로서 고용노동부장관이 정하여 고시하는 것
   자. 충돌·협착 등의 위험 방지에 필요한 산업용 로봇 방호장치로서 고용노동부장관이 정하여 고시하는 것
3. 다음 각 목의 어느 하나에 해당하는 보호구
   가. 추락 및 감전 위험방지용 안전모 → 이하 60일 심사

나. 안전화
　　다. 안전장갑
　　라. 방진마스크
　　마. 방독마스크
　　바. 송기(送氣)마스크
　　사. 전동식 호흡보호구
　　아. 보호복
　　자. 안전대 → 이하 30일
　　차. 차광(遮光) 및 비산물(飛散物) 위험방지용 보안경
　　카. 용접용 보안면
　　타. 방음용 귀마개 또는 귀덮개
② 안전인증대상기계등의 세부적인 종류, 규격 및 형식은 고용노동부장관이 정하여 고시한다.

④ 안전인증기관은 제3항에 따른 심사가 끝나면 안전인증을 신청한 자에게 별지 제45호서식의 심사결과 통지서를 발급해야 한다. 이 경우 해당 심사 결과가 모두 적합한 경우에는 별지 제46호서식의 안전인증서를 함께 발급해야 한다.

⑤ 안전인증기관은 안전인증대상기계등이 특수한 구조 또는 재료로 제조되어 안전인증기준의 일부를 적용하기 곤란할 경우 해당 제품이 안전인증기준과 같은 수준 이상의 안전에 관한 성능을 보유한 것으로 인정(안전인증을 신청한 자의 요청이 있거나 필요하다고 판단되는 경우를 포함한다)되면 「산업표준화법」 제12조에 따른 한국산업표준 또는 관련 국제규격 등을 참고하여 안전인증기준의 일부를 생략하거나 추가하여 제1항 제2호 또는 제4호에 따른 심사를 할 수 있다.

⑥ 안전인증기관은 제5항에 따라 안전인증대상기계등이 안전인증기준과 같은 수준 이상의 안전에 관한 성능을 보유한 것으로 인정되는지와 해당 안전인증대상기계등에 생략하거나 추가하여 적용할 안전인증기준을 심의·의결하기 위하여 안전인증심의위원회를 설치·운영해야 한다. 이 경우 안전인증심의위원회의 구성·개최에 걸리는 기간은 제3항에 따른 심사기간에 산입하지 않는다.

⑦ 제6항에 따른 안전인증심의위원회의 구성·기능 및 운영 등에 필요한 사항은 고용노동부장관이 정하여 고시한다.

정답 ④

05

산업안전보건법령상 안전인증기관은 안전인증 신청서를 제출받으면 심사 종류별 기간 내에 심사해야 한다. 형식별 제품심사의 경우 원칙적으로 60일 내에 심사를 마쳐야 하는 것에 해당하는 것은?

① 안전대
② 안전화
③ 차광(遮光) 및 비산물(飛散物) 위험방지용 보안경
④ 용접용 보안면
⑤ 방음용 귀마개 또는 귀덮개

해설

근거조문 시행규칙 제110조

정답 ②

06

산업안전보건법령상 기계·기구 등을 설치·이전하는 경우에 안전인증을 받아야 하는 기계·기구 등을 모두 고른 것은?

ㄱ. 크레인	ㄴ. 고소(高所)작업대
ㄷ. 리프트	ㄹ. 곤돌라
ㅁ. 기계톱	

① ㄱ, ㄴ, ㄷ
② ㄱ, ㄷ, ㄹ
③ ㄴ, ㄷ, ㅁ
④ ㄴ, ㄹ, ㅁ
⑤ ㄷ, ㄹ, ㅁ

해설

근거조문 시행규칙 제110조

정답 ②

07

산업안전보건법령상 안전인증에 관한 설명으로 옳지 않은 것은?

① 안전인증대상인 프레스의 주요 구조 부분을 변경하는 경우 안전인증을 받아야 한다.
② 안전인증을 신청하는 경우에는 고용노동부장관이 정하여 고시하는 바에 따라 안전인증 심사에 필요한 시료(試料)를 제출하여야 한다.
③ 안전인증을 받은 자는 안전인증제품에 관한 자료를 안전인증을 받은 제품별로 기록·보존하여야 한다.
④ 기계·기구 및 방호장치·보호구가 유해·위험한 기계·기구·설비등 인지를 확인하는 심사는 서면심사로서 15일 내에 심사를 완료해야 한다.
⑤ 지방고용노동관서의 장은 안전인증대상 기계·기구등을 제조·수입 또는 판매하는 자에게 자료의 제출을 요구할 때에는 10일 이상의 기간을 정하여 문서로 요구하되, 부득이한 사유가 있을 때에는 신청을 받아 30일의 범위에서 그 기간을 연장할 수 있다.

해설

근거조문 시행규칙 제110조

정답 ④

08 산업안전보건법령상 안전인증에 관한 설명으로 옳지 않은 것은?

① 안전인증을 받은 자는 안전인증을 받은 제품에 대하여 고용노동부령으로 정하는 바에 따라 제품명·모델·제조수량·판매수량 및 판매처 현황 등의 사항을 기록·보존하여야 한다.
② 안전인증이 취소된 자는 취소된 날부터 1년 이내에는 같은 규격과 형식의 유해·위험한 기계·기구·설비 등에 대하여 안전인증을 신청할 수 없다.
③ 고용노동부장관이 정하여 고시하는 안전인증기준에 맞지 아니하게 된 안전인증대상 기계·기구등을 사용한 자는 3년 이하의 징역 또는 3천만원 이하의 벌금에 처해지게 된다.
④ 거짓이나 부정한 방법으로 안전인증을 받은 경우 3년 이내의 기간 동안 안전인증 표시의 사용이 금지된다.
⑤ 수출을 목적으로 제조하는 안전인증대상 기계·기구등은 안전인증이 전부 면제된다.

해설

근거조문 법 제84조 이하, 시행규칙 제109조 이하

제84조(안전인증) ① 유해·위험기계등 중 근로자의 안전 및 보건에 위해(危害)를 미칠 수 있다고 인정되어 대통령령으로 정하는 것(이하 "안전인증대상기계등"이라 한다)을 제조하거나 수입하는 자(고용노동부령으로 정하는 안전인증대상기계등을 설치·이전하거나 주요 구조 부분을 변경하는 자를 포함한다. 이하 이 조 및 제85조부터 제87조까지의 규정에서 같다)는 안전인증대상기계등이 안전인증기준에 맞는지에 대하여 고용노동부장관이 실시하는 안전인증을 받아야 한다.
② 고용노동부장관은 다음 각 호의 어느 하나에 해당하는 경우에는 고용노동부령으로 정하는 바에 따라 제1항에 따른 안전인증의 전부 또는 일부를 면제할 수 있다.
  1. 연구·개발을 목적으로 제조·수입하거나 수출을 목적으로 제조하는 경우
  2. 고용노동부장관이 정하여 고시하는 외국의 안전인증기관에서 인증을 받은 경우
  3. 다른 법령에 따라 안전성에 관한 검사나 인증을 받은 경우로서 고용노동부령으로 정하는 경우
③ 안전인증대상기계등이 아닌 유해·위험기계등을 제조하거나 수입하는 자가 그 유해·위험기계등의 안전에 관한 성능 등을 평가받으려면 고용노동부장관에게 안전인증을 신청할 수 있다. 이 경우 고용노동부장관은 안전인증기준에 따라 안전인증을 할 수 있다.
④ 고용노동부장관은 제1항 및 제3항에 따른 안전인증(이하 "안전인증"이라 한다)을 받은 자가 안전인증기준을 지키고 있는지를 3년 이하의 범위에서 고용노동부령으로 정하는 주기마다 확인하여야 한다. 다만, 제2항에 따라 안전인증의 일부를 면제받은 경우에는 고용노동부령으로 정하는 바에 따라 확인의 전부 또는 일부를 생략할 수 있다.
⑤ <u>제1항에 따라 안전인증을 받은 자는 안전인증을 받은 안전인증대상기계등에 대하여 고용노동부령으로 정하는 바에 따라 제품명·모델명·제조수량·판매수량 및 판매처 현황 등의 사항을 기록하여 보존하여야 한다.</u>
⑥ 고용노동부장관은 근로자의 안전 및 보건에 필요하다고 인정하는 경우 안전인증대상기계등을 제조·수입 또는 판매하는 자에게 고용노동부령으로 정하는 바에 따라 해당 안전인증대상기계등의 제조·수입 또는 판매에 관한 자료를 공단에 제출하게 할 수 있다.
⑦ 안전인증의 신청 방법·절차, 제4항에 따른 확인의 방법·절차, 그 밖에 필요한 사항은 고용노동부령으로 정한다.

제86조(안전인증의 취소 등) ① 고용노동부장관은 안전인증을 받은 자가 다음 각 호의 어느 하나에 해당하면 안전인증을 취소하거나 <u>6개월 이내의 기간을 정하여 안전인증표시의 사용을 금지</u>하거나 안전인증기준에 맞게 시정하도록 명할 수 있다. 다만, 제1호의 경우에는 안전인증을 취소하여야 한다.

1. 거짓이나 그 밖의 부정한 방법으로 안전인증을 받은 경우
2. 안전인증을 받은 유해·위험기계등의 안전에 관한 성능 등이 안전인증기준에 맞지 아니하게 된 경우
3. 정당한 사유 없이 제84조 제4항에 따른 확인을 거부, 방해 또는 기피하는 경우

② 고용노동부장관은 제1항에 따라 안전인증을 취소한 경우에는 고용노동부령으로 정하는 바에 따라 그 사실을 관보 등에 공고하여야 한다.

③ 제1항에 따라 안전인증이 취소된 자는 안전인증이 취소된 날부터 1년 이내에는 취소된 유해·위험기계 등에 대하여 안전인증을 신청할 수 없다.

제87조(안전인증대상기계등의 제조 등의 금지 등) ① 누구든지 다음 각 호의 어느 하나에 해당하는 안전인증대상기계등을 제조·수입·양도·대여·사용하거나 양도·대여의 목적으로 진열할 수 없다.
1. 제84조 제1항에 따른 안전인증을 받지 아니한 경우(같은 조 제2항에 따라 안전인증이 전부 면제되는 경우는 제외한다)
2. 안전인증기준에 맞지 아니하게 된 경우
3. 제86조 제1항에 따라 안전인증이 취소되거나 안전인증표시의 사용 금지 명령을 받은 경우

② 고용노동부장관은 제1항을 위반하여 안전인증대상기계등을 제조·수입·양도·대여하는 자에게 고용노동부령으로 정하는 바에 따라 그 안전인증대상기계등을 수거하거나 파기할 것을 명할 수 있다.

제169조(벌칙) 다음 각 호의 어느 하나에 해당하는 자는 3년 이하의 징역 또는 3천만원 이하의 벌금에 처한다. <개정 2020. 3. 31.>
1. 제44조 제1항 후단, 제63조(제166조의2에서 준용하는 경우를 포함한다), 제76조, 제81조, 제82조 제2항, 제84조 제1항, 제87조 제1항, 제118조 제3항, 제123조 제1항, 제139조 제1항 또는 제140조 제1항(제166조의2에서 준용하는 경우를 포함한다)을 위반한 자
2. 제45조 제1항 후단, 제46조 제5항, 제53조 제1항(제166조의2에서 준용하는 경우를 포함한다), 제87조 제2항, 제118조 제4항, 제119조 제4항 또는 제131조 제1항(제166조의2에서 준용하는 경우를 포함한다)에 따른 명령을 위반한 자
3. 제58조 제3항 또는 같은 조 제5항 후단(제59조 제2항에 따라 준용되는 경우를 포함한다)에 따른 안전 및 보건에 관한 평가 업무를 제165조 제2항에 따라 위탁받은 자로서 그 업무를 거짓이나 그 밖의 부정한 방법으로 수행한 자
4. 제84조 제1항 및 제3항에 따른 안전인증 업무를 제165조 제2항에 따라 위탁받은 자로서 그 업무를 거짓이나 그 밖의 부정한 방법으로 수행한 자
5. 제93조 제1항에 따른 안전검사 업무를 제165조 제2항에 따라 위탁받은 자로서 그 업무를 거짓이나 그 밖의 부정한 방법으로 수행한 자
6. 제98조에 따른 자율검사프로그램에 따른 안전검사 업무를 거짓이나 그 밖의 부정한 방법으로 수행한 자

시행규칙 제109조(안전인증의 면제) ① 법 제84조 제1항에 따른 안전인증대상기계등(이하 "안전인증대상기계등"이라 한다)이 다음 각 호의 어느 하나에 해당하는 경우에는 법 제84조 제1항에 따른 **안전인증을 전부 면제**한다.
1. 연구·개발을 목적으로 제조·수입하거나 수출을 목적으로 제조하는 경우
2. 「건설기계관리법」 제13조 제1항 제1호부터 제3호까지에 따른 검사를 받은 경우 또는 같은 법 제18조에 따른 형식승인을 받거나 같은 조에 따른 형식신고를 한 경우
3. 「고압가스 안전관리법」 제17조 제1항에 따른 검사를 받은 경우
4. 「광산안전법」 제9조에 따른 검사 중 광업시설의 설치공사 또는 변경공사가 완료되었을 때에 받는 검사를 받은 경우
5. 「방위사업법」 제28조 제1항에 따른 품질보증을 받은 경우
6. 「선박안전법」 제7조에 따른 검사를 받은 경우
7. 「에너지이용 합리화법」 제39조 제1항 및 제2항에 따른 검사를 받은 경우
8. 「원자력안전법」 제16조 제1항에 따른 검사를 받은 경우

9. 「위험물안전관리법」 제8조 제1항 또는 제20조 제2항에 따른 검사를 받은 경우
10. 「전기사업법」 제63조에 따른 검사를 받은 경우
11. 「항만법」 제26조 제1항 제1호·제2호 및 제4호에 따른 검사를 받은 경우
12. 「화재예방, 소방시설 설치·유지 및 안전관리에 관한 법률」 제36조 제1항에 따른 형식승인을 받은 경우

② 안전인증대상기계등이 다음 각 호의 어느 하나에 해당하는 인증 또는 시험을 받았거나 그 일부 항목이 법 제83조 제1항에 따른 안전인증기준(이하 "안전인증기준"이라 한다)과 같은 수준 이상인 것으로 인정되는 경우에는 해당 인증 또는 시험이나 그 일부 항목에 한정하여 법 제84조 제1항에 따른 안전인증을 면제한다.
1. 고용노동부장관이 정하여 고시하는 외국의 안전인증기관에서 인증을 받은 경우
2. 국제전기기술위원회(IEC)의 국제방폭전기기계·기구 상호인정제도(IECEx Scheme)에 따라 인증을 받은 경우
3. 「국가표준기본법」에 따른 시험·검사기관에서 실시하는 시험을 받은 경우
4. 「산업표준화법」 제15조에 따른 인증을 받은 경우
5. 「전기용품 및 생활용품 안전관리법」 제5조에 따른 안전인증을 받은 경우

③ 법 제84조 제2항 제1호에 따라 안전인증이 면제되는 안전인증대상기계등을 제조하거나 수입하는 자는 해당 공산품의 출고 또는 통관 전에 별지 제43호서식의 안전인증 면제신청서에 다음 각 호의 서류를 첨부하여 안전인증기관에 제출해야 한다.
1. 제품 및 용도설명서
2. 연구·개발을 목적으로 사용되는 것임을 증명하는 서류

④ 안전인증기관은 제3항에 따라 안전인증 면제신청을 받으면 이를 확인하고 별지 제44호서식의 안전인증 면제확인서를 발급해야 한다.

제110조(안전인증 심사의 종류 및 방법) ① 유해·위험기계등이 안전인증기준에 적합한지를 확인하기 위하여 안전인증기관이 하는 심사는 다음 각 호와 같다.
1. 예비심사: 기계 및 방호장치·보호구가 유해·위험기계등 인지를 확인하는 심사(법 제84조 제3항에 따라 안전인증을 신청한 경우만 해당한다)
2. 서면심사: 유해·위험기계등의 종류별 또는 형식별로 설계도면 등 유해·위험기계등의 제품기술과 관련된 문서가 안전인증기준에 적합한지에 대한 심사
3. 기술능력 및 생산체계 심사: 유해·위험기계등의 안전성능을 지속적으로 유지·보증하기 위하여 사업장에서 갖추어야 할 기술능력과 생산체계가 안전인증기준에 적합한지에 대한 심사. 다만, 다음 각 목의 어느 하나에 해당하는 경우에는 기술능력 및 생산체계 심사를 생략한다.
   가. 영 제74조 제1항 제2호 및 제3호에 따른 방호장치 및 보호구를 고용노동부장관이 정하여 고시하는 수량 이하로 수입하는 경우
   나. 제4호 가목의 개별 제품심사를 하는 경우
   다. 안전인증(제4호 나목의 형식별 제품심사를 하여 안전인증을 받은 경우로 한정한다)을 받은 후 같은 공정에서 제조되는 같은 종류의 안전인증대상기계등에 대하여 안전인증을 하는 경우
4. 제품심사: 유해·위험기계등이 서면심사 내용과 일치하는지와 유해·위험기계등의 안전에 관한 성능이 안전인증기준에 적합한지에 대한 심사. 다만, 다음 각 목의 심사는 유해·위험기계등별로 고용노동부장관이 정하여 고시하는 기준에 따라 어느 하나만을 받는다.
   가. 개별 제품심사: 서면심사 결과가 안전인증기준에 적합할 경우에 유해·위험기계등 모두에 대하여 하는 심사(안전인증을 받으려는 자가 서면심사와 개별 제품심사를 동시에 할 것을 요청하는 경우 병행할 수 있다)
   나. 형식별 제품심사: 서면심사와 기술능력 및 생산체계 심사 결과가 안전인증기준에 적합할 경우에 유해·위험기계등의 형식별로 표본을 추출하여 하는 심사(안전인증을 받으려는 자가 서면심사, 기술능력 및 생산체계 심사와 형식별 제품심사를 동시에 할 것을 요청하는 경우 병행할 수 있다)

② 제1항에 따른 유해·위험기계등의 종류별 또는 형식별 심사의 절차 및 방법은 고용노동부장관이 정하여 고시한다.
③ 안전인증기관은 제108조 제1항에 따라 안전인증 신청서를 제출받으면 다음 각 호의 구분에 따른 심사 종류별 기간 내에 심사해야 한다. 다만, 제품심사의 경우 처리기간 내에 심사를 끝낼 수 없는 부득이한 사유가 있을 때에는 15일의 범위에서 심사기간을 연장할 수 있다.
  1. 예비심사: 7일
  2. 서면심사: 15일(외국에서 제조한 경우는 30일)
  3. 기술능력 및 생산체계 심사: 30일(외국에서 제조한 경우는 45일)
  4. 제품심사
     가. 개별 제품심사: 15일
     나. 형식별 제품심사: 30일(영 제74조 제1항 제2호 사목의 방호장치와 같은 항 제3호 가목부터 아목까지의 보호구는 60일)
④ 안전인증기관은 제3항에 따른 심사가 끝나면 안전인증을 신청한 자에게 별지 제45호서식의 심사결과 통지서를 발급해야 한다. 이 경우 해당 심사 결과가 모두 적합한 경우에는 별지 제46호서식의 안전인증서를 함께 발급해야 한다.
⑤ 안전인증기관은 안전인증대상기계등이 특수한 구조 또는 재료로 제조되어 안전인증기준의 일부를 적용하기 곤란할 경우 해당 제품이 안전인증기준과 같은 수준 이상의 안전에 관한 성능을 보유한 것으로 인정(안전인증을 신청한 자의 요청이 있거나 필요하다고 판단되는 경우를 포함한다)되면 「산업표준화법」 제12조에 따른 한국산업표준 또는 관련 국제규격 등을 참고하여 안전인증기준의 일부를 생략하거나 추가하여 제1항 제2호 또는 제4호에 따른 심사를 할 수 있다.
⑥ 안전인증기관은 제5항에 따라 안전인증대상기계등이 안전인증기준과 같은 수준 이상의 안전에 관한 성능을 보유한 것으로 인정되는지와 해당 안전인증대상기계등에 생략하거나 추가하여 적용할 안전인증기준을 심의·의결하기 위하여 안전인증심의위원회를 설치·운영해야 한다. 이 경우 안전인증심의위원회의 구성·개최에 걸리는 기간은 제3항에 따른 심사기간에 산입하지 않는다.
⑦ 제6항에 따른 안전인증심의위원회의 구성·기능 및 운영 등에 필요한 사항은 고용노동부장관이 정하여 고시한다.

제111조(확인의 방법 및 주기 등) ① 안전인증기관은 법 제84조 제4항에 따라 안전인증을 받은 자에 대하여 다음 각 호의 사항을 확인해야 한다.
  1. 안전인증서에 적힌 제조 사업장에서 해당 유해·위험기계등을 생산하고 있는지 여부
  2. 안전인증을 받은 유해·위험기계등이 안전인증기준에 적합한지 여부(심사의 종류 및 방법은 제110조 제1항 제4호를 준용한다)
  3. 제조자가 안전인증을 받을 당시의 기술능력·생산체계를 지속적으로 유지하고 있는지 여부
  4. 유해·위험기계등이 서면심사 내용과 같은 수준 이상의 재료 및 부품을 사용하고 있는지 여부
② 법 제84조 제4항에 따라 안전인증기관은 안전인증을 받은 자가 안전인증기준을 지키고 있는지를 2년에 1회 이상 확인해야 한다. 다만, 다음 각 호의 모두에 해당하는 경우에는 3년에 1회 이상 확인할 수 있다.
  1. 최근 3년 동안 법 제86조 제1항에 따라 안전인증이 취소되거나 안전인증표시의 사용금지 또는 시정명령을 받은 사실이 없는 경우
  2. 최근 2회의 확인 결과 기술능력 및 생산체계가 고용노동부장관이 정하는 기준 이상인 경우
③ 안전인증기관은 제1항 및 제2항에 따라 확인한 경우에는 별지 제47호서식의 안전인증확인 통지서를 제조자에게 발급해야 한다.
④ 안전인증기관은 제1항 및 제2항에 따라 확인한 결과 법 제87조 제1항 각 호의 어느 하나에 해당하는 사실을 확인한 경우에는 그 사실을 증명할 수 있는 서류를 첨부하여 유해·위험기계등을 제조하는 사업장의 소재지(제품의 제조자가 외국에 있는 경우에는 그 대리인의 소재지로 하되, 대리인이 없는 경우에는 그 안전인증기관의 소재지로 한다)를 관할하는 지방고용노동관서의 장에게 지체 없이 알려야 한다.

⑤ 안전인증기관은 제109조 제2항 제1호에 따라 일부 항목에 한정하여 안전인증을 면제한 경우에는 외국의 해당 안전인증기관에서 실시한 안전인증 확인의 결과를 제출받아 고용노동부장관이 정하는 바에 따라 법 제84조 제4항에 따른 확인의 전부 또는 일부를 생략할 수 있다.

제112조(안전인증제품에 관한 자료의 기록·보존) 안전인증을 받은 자는 법 제84조 제5항에 따라 안전인증제품에 관한 자료를 안전인증을 받은 제품별로 기록·보존해야 한다.

제113조(안전인증 관련 자료의 제출 등) 지방고용노동관서의 장은 법 제84조 제6항에 따라 안전인증대상기계등을 제조·수입 또는 판매하는 자에게 자료의 제출을 요구할 때에는 10일 이상의 기간을 정하여 문서로 요구하되, 부득이한 사유가 있을 때에는 신청을 받아 30일의 범위에서 그 기간을 연장할 수 있다.

제114조(안전인증의 표시) ① 법 제85조 제1항에 따른 안전인증의 표시 중 안전인증대상기계등의 안전인증의 표시 및 표시방법은 별표 14와 같다.

② 법 제85조 제1항에 따른 안전인증의 표시 중 법 제84조 제3항에 따른 안전인증대상기계등이 아닌 유해·위험기계등의 안전인증 표시 및 표시방법은 별표 15와 같다.

제115조(안전인증의 취소 공고 등) ① 지방고용노동관서의 장은 법 제86조 제1항에 따라 안전인증을 취소한 경우에는 고용노동부장관에게 보고해야 한다.

② 고용노동부장관은 법 제86조 제1항에 따라 안전인증을 취소한 경우에는 안전인증을 취소한 날부터 30일 이내에 다음 각 호의 사항을 관보와 「신문 등의 진흥에 관한 법률」 제9조 제1항에 따라 그 보급지역을 전국으로 하여 등록한 일반일간신문 또는 인터넷 등에 공고해야 한다.
1. 유해·위험기계등의 명칭 및 형식번호
2. 안전인증번호
3. 제조자(수입자) 및 대표자
4. 사업장 소재지
5. 취소일 및 취소 사유

정답 ④

09 산업안전보건법령상 안전인증 심사에 관한 내용으로 옳지 않은 것은?

① 안전인증 심사의 종류는 예비심사, 서면심사, 기술능력 및 생산체계 심사, 제품심사로 구분한다.
② 안전인증대상 기계·기구 등을 제조하는 자는 안전인증기관의 심사를 거쳐 안전인증을 받아야 한다.
③ 안전인증대상 기계·기구 등을 수입하려는 경우에는 수입하는 자가 안전인증을 받을 수 있다.
④ 안전인증 심사의 기간은 예비심사는 7일, 서면심사는 15일, 개별 제품심사는 30일 이내이다.
⑤ 안전인증기관은 안전인증을 받은 자가 안전인증기준을 지키고 있는지를 2년에 1회 이상 확인해야 하는 것이 원칙이다.

해설

근거조문 시행규칙 제111조

시행규칙 제111조(확인의 방법 및 주기 등) ① 안전인증기관은 법 제84조 제4항에 따라 안전인증을 받은 자에 대하여 다음 각 호의 사항을 확인해야 한다.
1. 안전인증서에 적힌 제조 사업장에서 해당 유해·위험기계등을 생산하고 있는지 여부
2. 안전인증을 받은 유해·위험기계등이 안전인증기준에 적합한지 여부(심사의 종류 및 방법은 제110조 제1항 제4호를 준용한다)

3. 제조자가 안전인증을 받을 당시의 기술능력·생산체계를 지속적으로 유지하고 있는지 여부
4. 유해·위험기계등이 서면심사 내용과 같은 수준 이상의 재료 및 부품을 사용하고 있는지 여부

② 법 제84조 제4항에 따라 안전인증기관은 안전인증을 받은 자가 안전인증기준을 지키고 있는지를 2년에 1회 이상 확인해야 한다. 다만, 다음 각 호의 모두에 해당하는 경우에는 3년에 1회 이상 확인할 수 있다.
   1. 최근 3년 동안 법 제86조 제1항에 따라 안전인증이 취소되거나 안전인증표시의 사용금지 또는 시정명령을 받은 사실이 없는 경우
   2. 최근 2회의 확인 결과 기술능력 및 생산체계가 고용노동부장관이 정하는 기준 이상인 경우
③ 안전인증기관은 제1항 및 제2항에 따라 확인한 경우에는 별지 제47호서식의 안전인증확인 통지서를 제조자에게 발급해야 한다.
④ 안전인증기관은 제1항 및 제2항에 따라 확인한 결과 법 제87조 제1항 각 호의 어느 하나에 해당하는 사실을 확인한 경우에는 그 사실을 증명할 수 있는 서류를 첨부하여 유해·위험기계등을 제조하는 사업장의 소재지(제품의 제조자가 외국에 있는 경우에는 그 대리인의 소재지로 하되, 대리인이 없는 경우에는 그 안전인증기관의 소재지로 한다)를 관할하는 지방고용노동관서의 장에게 지체 없이 알려야 한다.
⑤ 안전인증기관은 제109조 제2항 제1호에 따라 일부 항목에 한정하여 안전인증을 면제한 경우에는 외국의 해당 안전인증기관에서 실시한 안전인증 확인의 결과를 제출받아 고용노동부장관이 정하는 바에 따라 법 제84조 제4항에 따른 확인의 전부 또는 일부를 생략할 수 있다.

정답 ④

10

산업안전보건법령상 자율안전확인의 신고 및 자율안전확인대상 기계·기구등에 관한 설명으로 옳지 않은 것은?

① 휴대형 연마기는 자율안전확인대상 기계·기구등에 해당한다.
② 연구·개발을 목적으로 산업용 로봇을 제조하는 경우에는 신고를 면제할 수 있다.
③ 파쇄·절단·혼합·제면기가 아닌 식품가공용기계는 자율안전확인대상 기계·기구등에 해당하지 않는다.
④ 자동차정비용 리프트에 대하여 안전인증을 받은 경우에는 그 안전인증이 취소되거나 안전인증표시의 사용 금지 명령을 받은 경우가 아니라면 신고를 면제할 수 있다.
⑤ 인쇄기에 대하여 고용노동부령으로 정하는 다른 법령에서 안전성에 관한 검사나 인증을 받은 경우에는 신고를 면제할 수 있다.

해설

근거조문 법 제89조 이하, 영 제77조

제3절 **자율안전확인의 신고**

제89조(자율안전확인의 신고) ① 안전인증대상기계등이 아닌 유해·위험기계등으로서 대통령령으로 정하는 것(이하 "자율안전확인대상기계등"이라 한다)을 제조하거나 수입하는 자는 자율안전확인대상기계등의 안전에 관한 성능이 고용노동부장관이 정하여 고시하는 안전기준(이하 "자율안전기준"이라 한다)에 맞는지 확인(이하 "자율안전확인"이라 한다)하여 고용노동부장관에게 신고(신고한 사항을 변경하는 경우를 포함한다)하여야 한다. 다만, 다음 각 호의 어느 하나에 해당하는 경우에는 신고를 면제할 수 있다.

1. 연구·개발을 목적으로 제조·수입하거나 수출을 목적으로 제조하는 경우
2. 제84조 제3항에 따른 안전인증을 받은 경우(제86조 제1항에 따라 안전인증이 취소되거나 안전인증 표시의 사용 금지 명령을 받은 경우는 제외한다)
3. 다른 법령에 따라 안전성에 관한 검사나 인증을 받은 경우로서 고용노동부령으로 정하는 경우

> **시행규칙 제119조(신고의 면제)** 법 제89조 제1항 제3호에서 "고용노동부령으로 정하는 경우"란 다음 각 호의 어느 하나에 해당하는 경우를 말한다.
> 1. 「농업기계화촉진법」 제9조에 따른 검정을 받은 경우
> 2. 「산업표준화법」 제15조에 따른 인증을 받은 경우
> 3. 「전기용품 및 생활용품 안전관리법」 제5조 및 제8조에 따른 안전인증 및 안전검사를 받은 경우
> 4. 국제전기기술위원회의 국제방폭전기기계·기구 상호인정제도에 따라 인증을 받은 경우

② 고용노동부장관은 제1항 각 호 외의 부분 본문에 따른 신고를 받은 경우 그 내용을 검토하여 이 법에 적합하면 신고를 수리하여야 한다.
③ 제1항 각 호 외의 부분 본문에 따라 신고를 한 자는 자율안전확인대상기계등이 자율안전기준에 맞는 것임을 증명하는 서류를 보존하여야 한다.
④ 제1항 각 호 외의 부분 본문에 따른 신고의 방법 및 절차, 그 밖에 필요한 사항은 고용노동부령으로 정한다.

제90조(자율안전확인의 표시 등) ① 제89조 제1항 각 호 외의 부분 본문에 따라 신고를 한 자는 자율안전확인대상기계등이나 이를 담은 용기 또는 포장에 고용노동부령으로 정하는 바에 따라 자율안전확인의 표시(이하 "자율안전확인표시"라 한다)를 하여야 한다.
② 제89조 제1항 각 호 외의 부분 본문에 따라 신고된 자율안전확인대상기계등이 아닌 것은 자율안전확인표시 또는 이와 유사한 표시를 하거나 자율안전확인에 관한 광고를 해서는 아니 된다.
③ 제89조 제1항 각 호 외의 부분 본문에 따라 신고된 자율안전확인대상기계등을 제조·수입·양도·대여하는 자는 자율안전확인표시를 임의로 변경하거나 제거해서는 아니 된다.
④ 고용노동부장관은 다음 각 호의 어느 하나에 해당하는 경우에는 자율안전확인표시나 이와 유사한 표시를 제거할 것을 명하여야 한다.
1. 제2항을 위반하여 자율안전확인표시나 이와 유사한 표시를 한 경우
2. 거짓이나 그 밖의 부정한 방법으로 제89조 제1항 각 호 외의 부분 본문에 따른 신고를 한 경우
3. 제91조 제1항에 따라 자율안전확인표시의 사용 금지 명령을 받은 경우

제91조(자율안전확인표시의 사용 금지 등) ① 고용노동부장관은 제89조 제1항 각 호 외의 부분 본문에 따라 신고된 자율안전확인대상기계등의 안전에 관한 성능이 자율안전기준에 맞지 아니하게 된 경우에는 같은 항 각 호 외의 부분 본문에 따라 신고한 자에게 6개월 이내의 기간을 정하여 자율안전확인표시의 사용을 금지하거나 자율안전기준에 맞게 시정하도록 명할 수 있다.
② 고용노동부장관은 제1항에 따라 자율안전확인표시의 사용을 금지하였을 때에는 그 사실을 관보 등에 공고하여야 한다.
③ 제2항에 따른 공고의 내용, 방법 및 절차, 그 밖에 필요한 사항은 고용노동부령으로 정한다.

제92조(자율안전확인대상기계등의 제조 등의 금지 등) ① 누구든지 다음 각 호의 어느 하나에 해당하는 자율안전확인대상기계등을 제조·수입·양도·대여·사용하거나 양도·대여의 목적으로 진열할 수 없다.
1. 제89조 제1항 각 호 외의 부분 본문에 따른 신고를 하지 아니한 경우(같은 항 각 호 외의 부분 단서에 따라 신고가 면제되는 경우는 제외한다)
2. 거짓이나 그 밖의 부정한 방법으로 제89조 제1항 각 호 외의 부분 본문에 따른 신고를 한 경우
3. 자율안전확인대상기계등의 안전에 관한 성능이 자율안전기준에 맞지 아니하게 된 경우
4. 제91조 제1항에 따라 자율안전확인표시의 사용 금지 명령을 받은 경우

② 고용노동부장관은 제1항을 위반하여 자율안전확인대상기계등을 제조·수입·양도·대여하는 자에게 고용노동부령으로 정하는 바에 따라 그 자율안전확인대상기계등을 수거하거나 파기할 것을 명할 수 있다.

영 제77조(자율안전확인대상기계등) ① 법 제89조 제1항 각 호 외의 부분 본문에서 "대통령령으로 정하는 것"이란 다음 각 호의 어느 하나에 해당하는 것을 말한다.
1. 다음 각 목의 어느 하나에 해당하는 기계 또는 설비
   가. 연삭기(研削機) 또는 연마기. **이 경우 휴대형은 제외**한다.
   나. 산업용 로봇
   다. 혼합기
   라. 파쇄기 또는 분쇄기
   마. 식품가공용 기계(**파쇄·절단·혼합·제면기만 해당**한다)
   바. 컨베이어
   사. 자동차정비용 리프트
   아. 공작기계(**선반, 드릴기, 평삭·형삭기, 밀링만 해당**한다)
   자. 고정형 목재가공용 기계(**둥근톱, 대패, 루타기, 띠톱, 모떼기 기계만 해당**한다)
   차. 인쇄기
2. 다음 각 목의 어느 하나에 해당하는 방호장치
   가. 아세틸렌 용접장치용 또는 가스집합 용접장치용 안전기
   나. **교류 아크용접기용 자동전격방지기**
   다. 롤러기 급정지장치
   라. 연삭기 덮개
   마. 목재 가공용 둥근톱 반발 예방장치와 날 접촉 예방장치
   바. 동력식 수동대패용 칼날 접촉 방지장치
   사. 추락·낙하 및 붕괴 등의 위험 방지 및 보호에 필요한 가설기자재(제74조 제1항 제2호 아목의 가설기자재는 제외한다)로서 고용노동부장관이 정하여 고시하는 것
3. 다음 각 목의 어느 하나에 해당하는 보호구
   가. 안전모(제74조 제1항 제3호 가목의 안전모는 제외한다) → **추락 및 감전 위험방지용 안전모는 안전인증**
   나. 보안경(제74조 제1항 제3호 차목의 보안경은 제외한다) → **차광(遮光) 및 비산물(飛散物) 위험방지용 보안경은 안전인증**
   다. 보안면(제74조 제1항 제3호 카목의 보안면은 제외한다) → **용접용 보안면은 안전인증**
② 자율안전확인대상기계등의 세부적인 종류, 규격 및 형식은 고용노동부장관이 정하여 고시한다.

> **제74조(안전인증대상기계등)** ① 법 제84조 제1항에서 "대통령령으로 정하는 것"이란 다음 각 호의 어느 하나에 해당하는 것을 말한다.
> 1. 다음 각 목의 어느 하나에 해당하는 기계 또는 설비
>   가. 프레스
>   나. 전단기 및 절곡기(折曲機)
>   다. 크레인
>   라. 리프트
>   마. 압력용기
>   바. 롤러기
>   사. 사출성형기(射出成形機)
>   아. 고소(高所) 작업대
>   자. 곤돌라

2. 다음 각 목의 어느 하나에 해당하는 방호장치
   가. 프레스 및 전단기 방호장치
   나. 양중기용(揚重機用) 과부하 방지장치
   다. 보일러 압력방출용 안전밸브
   라. 압력용기 압력방출용 안전밸브
   마. 압력용기 압력방출용 파열판
   바. 절연용 방호구 및 활선작업용(活線作業用) 기구
   사. 방폭구조(防爆構造) 전기기계·기구 및 부품
   아. 추락·낙하 및 붕괴 등의 위험 방지 및 보호에 필요한 가설기자재로서 고용노동부장관이 정하여 고시하는 것
   자. 충돌·협착 등의 위험 방지에 필요한 산업용 로봇 방호장치로서 고용노동부장관이 정하여 고시하는 것
3. 다음 각 목의 어느 하나에 해당하는 보호구
   가. 추락 및 감전 위험방지용 안전모
   나. 안전화
   다. 안전장갑
   라. 방진마스크
   마. 방독마스크
   바. 송기(送氣)마스크
   사. 전동식 호흡보호구
   아. 보호복
   자. 안전대
   차. 차광(遮光) 및 비산물(飛散物) 위험방지용 보안경
   카. 용접용 보안면
   타. 방음용 귀마개 또는 귀덮개
② 안전인증대상기계등의 세부적인 종류, 규격 및 형식은 고용노동부장관이 정하여 고시한다.

정답 ①

11 산업안전보건법령상 자율안전확인대상 기계·기구등에 해당하지 않는 것은?

① 휴대형 연삭기
② 혼합기
③ 파쇄기
④ 자동차정비용 리프트
⑤ 산업용 로봇

> **해설**

> **근거조문** 영 제77조

영 제77조(자율안전확인대상기계등) ① 법 제89조 제1항 각 호 외의 부분 본문에서 "대통령령으로 정하는 것"이란 다음 각 호의 어느 하나에 해당하는 것을 말한다.
  1. 다음 각 목의 어느 하나에 해당하는 기계 또는 설비
     가. 연삭기(研削機) 또는 연마기. **이 경우 휴대형은 제외**한다.
     나. 산업용 로봇
     다. 혼합기
     라. 파쇄기 또는 분쇄기
     마. 식품가공용 기계(**파쇄·절단·혼합·제면기만 해당**한다)
     바. 컨베이어
     사. 자동차정비용 리프트
     아. 공작기계(**선반, 드릴기, 평삭·형삭기, 밀링만 해당**한다)
     자. 고정형 목재가공용 기계(**둥근톱, 대패, 루타기, 띠톱, 모떼기 기계만 해당**한다)
     차. 인쇄기
  2. 다음 각 목의 어느 하나에 해당하는 방호장치
     가. 아세틸렌 용접장치용 또는 가스집합 용접장치용 안전기
     나. **교류 아크용접기용 자동전격방지기**
     다. 롤러기 급정지장치
     라. 연삭기 덮개
     마. 목재 가공용 둥근톱 반발 예방장치와 날 접촉 예방장치
     바. 동력식 수동대패용 칼날 접촉 방지장치
     사. 추락·낙하 및 붕괴 등의 위험 방지 및 보호에 필요한 가설기자재(제74조 제1항 제2호 아목의 가설기자재는 제외한다)로서 고용노동부장관이 정하여 고시하는 것
  3. 다음 각 목의 어느 하나에 해당하는 보호구
     가. 안전모(제74조 제1항 제3호 가목의 안전모는 제외한다) → **추락 및 감전 위험방지용 안전모는 안전인증**
     나. 보안경(제74조 제1항 제3호 차목의 보안경은 제외한다) → **차광(遮光) 및 비산물(飛散物) 위험 방지용 보안경은 안전인증**
     다. 보안면(제74조 제1항 제3호 카목의 보안면은 제외한다) → **용접용 보안면은 안전인증**
  ② 자율안전확인대상기계등의 세부적인 종류, 규격 및 형식은 고용노동부장관이 정하여 고시한다.

정답 ①

12 산업안전보건법령상 자율안전확인의 신고를 면제하는 경우에 해당하지 않는 것은?

① 「품질경영 및 공산품안전관리법」 제14조에 따라 안전인증을 받은 경우
② 「산업표준화법」 제15조에 따른 인증을 받은 경우
③ 「전기용품 및 생활용품 안전관리법」 제5조 및 제8조에 따른 안전인증 및 안전검사를 받은 경우
④ 「농업기계화촉진법」 제9조에 따른 검정을 받은 경우
⑤ 국제전기기술위원회의 국제방폭전기기계·기구 상호인정제도에 따라 인증을 받은 경우

> 해설

> 근거조문 시행규칙 제119조

시행규칙 제119조(신고의 면제) 법 제89조 제1항 제3호에서 "고용노동부령으로 정하는 경우"란 다음 각 호의 어느 하나에 해당하는 경우를 말한다.
1. 「농업기계화촉진법」 제9조에 따른 검정을 받은 경우
2. 「산업표준화법」 제15조에 따른 인증을 받은 경우
3. 「전기용품 및 생활용품 안전관리법」 제5조 및 제8조에 따른 안전인증 및 안전검사를 받은 경우
4. 국제전기기술위원회의 국제방폭전기기계·기구 상호인정제도에 따라 인증을 받은 경우

정답 ①

13 산업안전보건법령상 자율안전확인대상 기계·기구등에 해당하는 것을 모두 고른 것은?

ㄱ. 휴대형 연마기
ㄴ. 인쇄기
ㄷ. 컨베이어
ㄹ. 식품가공용기계 중 제면기
ㅁ. 공작기계 중 평삭·형삭기

① ㄱ, ㄴ
② ㄴ, ㄷ
③ ㄱ, ㄷ, ㅁ
④ ㄷ, ㄹ, ㅁ
⑤ ㄴ, ㄷ, ㄹ, ㅁ

> 해설

> 근거조문 영 제77조

정답 ⑤

14 산업안전보건법령상 안전검사 대상에 해당하는 것을 모두 고른 것은?

ㄱ. 2톤의 크레인	ㄴ. 이동식 국소배기장치
ㄷ. 밀폐형 구조의 롤러기	ㄹ. 실험실용 원심기
ㅁ. 곤돌라	ㅂ. 화물자동차에 탑재된 고소작업대

① ㄱ, ㅁ, ㅂ
② ㄴ, ㅁ, ㅂ
③ ㄱ, ㄴ, ㄷ, ㅂ
④ ㄴ, ㄷ, ㄹ, ㅁ
⑤ ㄱ, ㄴ, ㄷ, ㄹ, ㅁ

해설

근거조문 영 제78조

★ 영 제78조(안전검사대상기계등) ① 법 제93조 제1항 전단에서 "대통령령으로 정하는 것"이란 다음 각 호의 어느 하나에 해당하는 것을 말한다.
1. 프레스
2. 전단기
3. 크레인(정격 하중이 2톤 미만인 것은 제외한다)
4. 리프트
5. 압력용기
6. 곤돌라
7. 국소 배기장치(이동식은 제외한다)
8. 원심기(산업용만 해당한다)
9. 롤러기(밀폐형 구조는 제외한다)
10. 사출성형기[형 체결력(型 締結力) 294킬로뉴턴(KN) 미만은 제외한다]
11. 고소작업대(「자동차관리법」 제3조 제3호 또는 제4호에 따른 화물자동차 또는 특수자동차에 탑재한 고소작업대로 한정한다)
12. 컨베이어
13. 산업용 로봇

정답 ①

15 산업안전보건법령상 유해·위험 방지를 위하여 방호조치가 필요한 기계·기구등과 이에 설치하여야 할 방호장치를 옳게 연결한 것은?

① 예초기 - 회전체 접촉 예방장치
② 진공포장기 - 압력방출장치
③ 금속절단기 - 구동부 방호 연동장치
④ 원심기 - 날접촉 예방장치
⑤ 공기압축기 - 압력방출장치

> 해설

> 근거조문 시행규칙 제98조

시행규칙 제98조(방호조치) ① 법 제80조 제1항에 따라 영 제70조 및 영 별표 20의 기계·기구에 설치해야 할 방호장치는 다음 각 호와 같다.
  1. 영 별표 20 제1호에 따른 예초기: 날접촉 예방장치
  2. 영 별표 20 제2호에 따른 원심기: 회전체 접촉 예방장치
  3. 영 별표 20 제3호에 따른 공기압축기: 압력방출장치
  4. 영 별표 20 제4호에 따른 금속절단기: 날접촉 예방장치
  5. 영 별표 20 제5호에 따른 지게차: 헤드 가드, 백레스트(backrest), 전조등, 후미등, 안전벨트
  6. 영 별표 20 제6호에 따른 포장기계: 구동부 방호 연동장치

정답 ⑤

16 산업안전보건법령상 안전검사 대상인 것은?

① 고소작업대(승합자동차에 탑재한 고소작업대)
② 사출성형기(형 체결력(型 締結力) 294킬로뉴턴(KN) 미만)
③ 롤러기(밀폐형 구조)
④ 원심기(산업용)
⑤ 국소 배기장치(이동식)

> 해설

> 근거조문 영 제78조

★ **영 제78조(안전검사대상기계등)** ① 법 제93조 제1항 전단에서 "대통령령으로 정하는 것"이란 다음 각 호의 어느 하나에 해당하는 것을 말한다.
  1. 프레스
  2. 전단기
  3. 크레인(정격 하중이 2톤 미만인 것은 제외한다)
  4. 리프트
  5. 압력용기
  6. 곤돌라
  7. 국소 배기장치(이동식은 제외한다)
  8. 원심기(산업용만 해당한다)
  9. 롤러기(밀폐형 구조는 제외한다)
  10. 사출성형기[형 체결력(型 締結力) 294킬로뉴턴(KN) 미만은 제외한다]
  11. 고소작업대(「자동차관리법」 제3조 제3호 또는 제4호에 따른 화물자동차 또는 특수자동차에 탑재한 고소작업대로 한정한다)
  12. 컨베이어
  13. 산업용 로봇

정답 ④

17 산업안전보건법령상 자율안전확인대상 기계·기구만으로 짝지어진 것은?

① 휴대형 연삭기 - 동력식 수동대패용 칼날 접촉 방지장치 - 안전화
② 자동차정비용 리프트 - 롤러기 급정지장치 - 보안면(용접용 보안면 제외)
③ 산업용 로봇 - 양중기용 과부하방지장치 - 잠수기
④ 사출성형기 - 산업용 로봇 안전매트 - 방진마스크
⑤ 파쇄기 - 교류 아크용접기용 자동전격방지기 - 보안경(차광(遮光) 및 비산물(飛散物) 위험방지용 보안경 제외)

> **해설**

> **근거조문** 영 제77조

영 제77조(자율안전확인대상기계등) ① 법 제89조 제1항 각 호 외의 부분 본문에서 "대통령령으로 정하는 것"이란 다음 각 호의 어느 하나에 해당하는 것을 말한다.
1. 다음 각 목의 어느 하나에 해당하는 기계 또는 설비
   가. 연삭기(研削機) 또는 연마기. **이 경우 휴대형은 제외**한다.
   나. 산업용 로봇
   다. 혼합기
   라. 파쇄기 또는 분쇄기
   마. 식품가공용 기계(**파쇄·절단·혼합·제면기만 해당**한다)
   바. 컨베이어
   사. 자동차정비용 리프트
   아. 공작기계(**선반, 드릴기, 평삭·형삭기, 밀링만 해당**한다)
   자. 고정형 목재가공용 기계(**둥근톱, 대패, 루타기, 띠톱, 모떼기 기계만 해당**한다)
   차. 인쇄기
2. 다음 각 목의 어느 하나에 해당하는 방호장치
   가. 아세틸렌 용접장치용 또는 가스집합 용접장치용 안전기
   나. **교류 아크용접기용 자동전격방지기**
   다. 롤러기 급정지장치
   라. 연삭기 덮개
   마. 목재 가공용 둥근톱 반발 예방장치와 날 접촉 예방장치
   바. 동력식 수동대패용 칼날 접촉 방지장치
   사. 추락·낙하 및 붕괴 등의 위험 방지 및 보호에 필요한 가설기자재(제74조 제1항 제2호 아목의 가설기자재는 제외한다)로서 고용노동부장관이 정하여 고시하는 것
3. 다음 각 목의 어느 하나에 해당하는 보호구
   가. 안전모(제74조 제1항 제3호 가목의 안전모는 제외한다) → **추락 및 감전 위험방지용 안전모는 안전인증**
   나. 보안경(제74조 제1항 제3호 차목의 보안경은 제외한다) → **차광(遮光) 및 비산물(飛散物) 위험방지용 보안경은 안전인증**
   다. 보안면(제74조 제1항 제3호 카목의 보안면은 제외한다) → **용접용 보안면은 안전인증**

② 자율안전확인대상기계등의 세부적인 종류, 규격 및 형식은 고용노동부장관이 정하여 고시한다.

정답 ⑤

18 산업안전보건법령상 안전검사에 관한 설명으로 옳은 것은?

① 유해·위험기계등이 고용노동부령이 정하는 다른 법령에 따라 안전성에 관한 검사나 인증을 받은 경우라 하더라도 안전검사를 실시하여야 한다.
② 건설현장에서 사용하는 크레인은 최초로 설치한 날부터 1년마다 안전검사를 받아야 한다.
③ 고용노동부장관은 안전검사 업무를 위탁받아 수행할 기관을 지정할 수 있다.
④ 공정안전보고서를 제출하여 확인을 받은 압력용기는 3년마다 안전검사를 받아야 한다.
⑤ 안전검사에 합격한 유해·위험기계등을 사용하는 사업주는 그 유해·위험기계등이 안전검사에 합격한 것임을 나타내는 표시를 하지 않아도 된다.

> 해설

근거조문 시행규칙 제126조

제93조(안전검사) ① 유해하거나 위험한 기계·기구·설비로서 대통령령으로 정하는 것(이하 "안전검사대상기계등"이라 한다)을 사용하는 사업주(근로자를 사용하지 아니하고 사업을 하는 자를 포함한다. 이하 이 조, 제94조, 제95조 및 제98조에서 같다)는 안전검사대상기계등의 안전에 관한 성능이 고용노동부장관이 정하여 고시하는 검사기준에 맞는지에 대하여 고용노동부장관이 실시하는 검사(이하 "안전검사"라 한다)를 받아야 한다. 이 경우 안전검사대상기계등을 사용하는 사업주와 소유자가 다른 경우에는 안전검사대상기계등의 소유자가 안전검사를 받아야 한다.
② 제1항에도 불구하고 안전검사대상기계등이 다른 법령에 따라 안전성에 관한 검사나 인증을 받은 경우로서 고용노동부령으로 정하는 경우에는 안전검사를 면제할 수 있다.

시행규칙 제124조(안전검사의 신청 등) ① 법 제93조 제1항에 따라 안전검사를 받아야 하는 자는 별지 제50호서식의 안전검사 신청서를 제126조에 따른 검사 주기 만료일 30일 전에 영 제116조 제2항에 따라 안전검사 업무를 위탁받은 기관(이하 "안전검사기관"이라 한다)에 제출(전자문서로 제출하는 것을 포함한다)해야 한다.
② 제1항에 따른 안전검사 신청을 받은 안전검사기관은 검사 주기 만료일 전후 각각 30일 이내에 해당 기계·기구 및 설비별로 안전검사를 해야 한다. 이 경우 해당 검사기간 이내에 검사에 합격한 경우에는 검사 주기 만료일에 안전검사를 받은 것으로 본다.

시행규칙 제125조(안전검사의 면제) 법 제93조 제2항에서 "고용노동부령으로 정하는 경우"란 다음 각 호의 어느 하나에 해당하는 경우를 말한다.
1. 「건설기계관리법」 제13조 제1항 제1호·제2호 및 제4호에 따른 검사를 받은 경우(안전검사 주기에 해당하는 시기의 검사로 한정한다)
2. 「고압가스 안전관리법」 제17조 제2항에 따른 검사를 받은 경우
3. 「광산안전법」 제9조에 따른 검사 중 광업시설의 설치·변경공사 완료 후 일정한 기간이 지날 때마다 받는 검사를 받은 경우
4. 「선박안전법」 제8조부터 제12조까지의 규정에 따른 검사를 받은 경우
5. 「에너지이용 합리화법」 제39조 제4항에 따른 검사를 받은 경우
6. 「원자력안전법」 제22조 제1항에 따른 검사를 받은 경우
7. 「위험물안전관리법」 제18조에 따른 **정기점검 또는 정기검사를 받은 경우**
8. 「전기사업법」 제65조에 따른 검사를 받은 경우
9. 「항만법」 제26조 제1항 제3호에 따른 검사를 받은 경우
10. 「화재예방, 소방시설 설치·유지 및 안전관리에 관한 법률」 제25조 제1항에 따른 자체점검 등을 받은 경우
11. 「화학물질관리법」 제24조 제3항 본문에 따른 **정기검사를 받은 경우** → 수시검사(x)

③ 안전검사의 신청, 검사 주기 및 검사합격 표시방법, 그 밖에 필요한 사항은 고용노동부령으로 정한다. 이 경우 검사 주기는 안전검사대상기계등의 종류, 사용연한(使用年限) 및 위험성을 고려하여 정한다.

제94조(안전검사합격증명서 발급 등) ① 고용노동부장관은 제93조 제1항에 따라 안전검사에 합격한 사업주에게 고용노동부령으로 정하는 바에 따라 안전검사합격증명서를 발급하여야 한다.

② 제1항에 따라 안전검사합격증명서를 발급받은 사업주는 그 증명서를 안전검사대상기계등에 붙여야 한다. <개정 2020. 5. 26.>

제95조(안전검사대상기계등의 사용 금지) 사업주는 다음 각 호의 어느 하나에 해당하는 안전검사대상기계등을 사용해서는 아니 된다.
1. 안전검사를 받지 아니한 안전검사대상기계등(제93조 제2항에 따라 안전검사가 면제되는 경우는 제외한다)
2. 안전검사에 불합격한 안전검사대상기계등

제96조(안전검사기관) ① 고용노동부장관은 안전검사 업무를 위탁받아 수행하는 기관을 안전검사기관으로 지정할 수 있다.

② 제1항에 따라 안전검사기관으로 지정받으려는 자는 대통령령으로 정하는 인력·시설 및 장비 등의 요건을 갖추어 고용노동부장관에게 신청하여야 한다.

③ 고용노동부장관은 제1항에 따라 지정받은 안전검사기관(이하 "안전검사기관"이라 한다)에 대하여 평가하고 그 결과를 공개할 수 있다. 이 경우 평가의 기준·방법 및 결과의 공개에 필요한 사항은 고용노동부령으로 정한다.

④ 안전검사기관의 지정 신청 절차, 그 밖에 필요한 사항은 고용노동부령으로 정한다.

⑤ 안전검사기관에 관하여는 제21조 제4항 및 제5항을 준용한다. 이 경우 "안전관리전문기관 또는 보건관리전문기관"은 "안전검사기관"으로 본다.

시행규칙 제126조(안전검사의 주기와 합격표시 및 표시방법) ① 법 제93조 제3항에 따른 안전검사대상기계등의 안전검사 주기는 다음 각 호와 같다.
1. 크레인(이동식 크레인은 제외한다), 리프트(이삿짐운반용 리프트는 제외한다) 및 곤돌라: 사업장에 설치가 끝난 날부터 3년 이내에 최초 안전검사를 실시하되, 그 이후부터 2년마다(건설현장에서 사용하는 것은 최초로 설치한 날부터 6개월마다)
2. 이동식 크레인, 이삿짐운반용 리프트 및 고소작업대: 「자동차관리법」 제8조에 따른 신규등록 이후 3년 이내에 최초 안전검사를 실시하되, 그 이후부터 2년마다
3. 프레스, 전단기, 압력용기, 국소 배기장치, 원심기, 롤러기, 사출성형기, 컨베이어 및 산업용 로봇: 사업장에 설치가 끝난 날부터 3년 이내에 최초 안전검사를 실시하되, 그 이후부터 2년마다(공정안전보고서를 제출하여 확인을 받은 압력용기는 4년마다)

② 법 제93조 제3항에 따른 안전검사의 합격표시 및 표시방법은 별표 16과 같다

정답 ③

19 산업안전보건법령상 안전검사에 관한 설명으로 옳지 않은 것은?

① 프레스, 전단기 등 유해·위험기계등을 사용하는 사업주는 유해·위험기계등의 안전에 관한 성능이 검사기준에 맞는지에 대하여 안전검사를 받아야 한다.
② 위 ①항의 경우 유해·위험기계등을 사용하는 사업주와 소유자가 다른 경우에는 해당 유해·위험기계등을 사용하는 사업주가 안전검사를 받아야 한다.
③ 안전검사 대상인 크레인, 리프트 및 곤돌라의 검사주기는 사업장에 설치가 끝난 날부터 3년 이내에 최초 안전검사를 실시하되, 그 이후부터 2년마다 실시하여야 한다.
④ 위 ③항의 안전검사 대상 기계·기구를 건설현장에서 사용하는 경우에는 최초로 설치한 날부터 6개월마다 안전검사를 실시하여야 한다.
⑤ 안전검사 대상인 프레스, 전단기의 검사주기는 사업장에 설치가 끝난 날부터 3년 이내에 최초 안전검사를 실시하되, 그 이후부터 2년마다 실시하여야 한다.

해설

근거조문 법 제93조

정답 ②

20 산업안전보건법령상 3년 이하의 징역 또는 3천만원 이하의 벌금에 처하게 될 수 있는 자는?

① 중대재해 발생현장을 훼손한 자
② 공정안전보고서의 내용이 중대산업사고를 예방하기 위하여 적합하다고 통보받기 전에 관련 설비를 가동한 자
③ 동력으로 작동하는 기계·기구로서 작동부분의 돌기부분을 묻힘형으로 하지 않거나 덮개를 부착하지 않고 양도한 자
④ 안전인증을 받지 않은 유해·위험한 기계·기구·설비등에 안전인증표시를 한 자
⑤ 작업환경측정 결과에 따라 근로자의 건강을 보호하기 위하여 해당 시설·설비의 설치·개선 또는 건강진단의 실시 등의 조치를 하지 아니한 자

해설

근거조문 법 제169조

제44조(공정안전보고서의 작성·제출) ① 사업주는 사업장에 대통령령으로 정하는 유해하거나 위험한 설비가 있는 경우 그 설비로부터의 위험물질 누출, 화재 및 폭발 등으로 인하여 사업장 내의 근로자에게 즉시 피해를 주거나 사업장 인근 지역에 피해를 줄 수 있는 사고로서 대통령령으로 정하는 사고(이하 "중대산업사고"라 한다)를 예방하기 위하여 대통령령으로 정하는 바에 따라 공정안전보고서를 작성하고 고용노동부장관에게 제출하여 심사를 받아야 한다. 이 경우 공정안전보고서의 내용이 중대산업사고를 예방하기 위하여 적합하다고 통보받기 전에는 관련된 유해하거나 위험한 설비를 가동해서는 아니 된다.

② 사업주는 제1항에 따라 공정안전보고서를 작성할 때 산업안전보건위원회의 심의를 거쳐야 한다. 다만, 산업안전보건위원회가 설치되어 있지 아니한 사업장의 경우에는 근로자대표의 의견을 들어야 한다.

제167조(벌칙) ① 제38조 제1항부터 제3항까지(제166조의2에서 준용하는 경우를 포함한다), 제39조 제1항(제166조의2에서 준용하는 경우를 포함한다) 또는 제63조(제166조의2에서 준용하는 경우를 포함한다)를 위반하여 근로자를 사망에 이르게 한 자는 7년 이하의 징역 또는 1억원 이하의 벌금에 처한다. <개정 2020. 3. 31.>

② 제1항의 죄로 형을 선고받고 그 형이 확정된 후 5년 이내에 다시 제1항의 죄를 저지른 자는 그 형의 2분의 1까지 가중한다. <개정 2020. 5. 26.>

제168조(벌칙) 다음 각 호의 어느 하나에 해당하는 자는 5년 이하의 징역 또는 5천만원 이하의 벌금에 처한다. <개정 2020. 3. 31., 2020. 6. 9.>

1. 제38조 제1항부터 제3항까지(제166조의2에서 준용하는 경우를 포함한다), 제39조 제1항(제166조의2에서 준용하는 경우를 포함한다), 제51조(제166조의2에서 준용하는 경우를 포함한다), 제54조 제1항(제166조의2에서 준용하는 경우를 포함한다), 제117조 제1항, 제118조 제1항, 제122조 제1항 또는 제157조 제3항(제166조의2에서 준용하는 경우를 포함한다)을 위반한 자
2. 제42조 제4항 후단, 제53조 제3항(제166조의2에서 준용하는 경우를 포함한다), 제55조 제1항(제166조의2에서 준용하는 경우를 포함한다)·제2항(제166조의2에서 준용하는 경우를 포함한다) 또는 제118조 제5항에 따른 명령을 위반한 자

제169조(벌칙) 다음 각 호의 어느 하나에 해당하는 자는 3년 이하의 징역 또는 3천만원 이하의 벌금에 처한다. <개정 2020. 3. 31.>

1. **제44조 제1항 후단**, 제63조(제166조의2에서 준용하는 경우를 포함한다), 제76조, 제81조, 제82조 제2항, 제84조 제1항, 제87조 제1항, 제118조 제3항, 제123조 제1항, 제139조 제1항 또는 제140조 제1항(제166조의2에서 준용하는 경우를 포함한다)을 위반한 자
2. 제45조 제1항 후단, 제46조 제5항, 제53조 제1항(제166조의2에서 준용하는 경우를 포함한다), 제87조 제2항, 제118조 제4항, 제119조 제4항 또는 제131조 제1항(제166조의2에서 준용하는 경우를 포함한다)에 따른 명령을 위반한 자
3. 제58조 제3항 또는 같은 조 제5항 후단(제59조 제2항에 따라 준용되는 경우를 포함한다)에 따른 안전 및 보건에 관한 평가 업무를 제165조 제2항에 따라 위탁받은 자로서 그 업무를 거짓이나 그 밖의 부정한 방법으로 수행한 자
4. 제84조 제1항 및 제3항에 따른 안전인증 업무를 제165조 제2항에 따라 위탁받은 자로서 그 업무를 거짓이나 그 밖의 부정한 방법으로 수행한 자
5. 제93조 제1항에 따른 안전검사 업무를 제165조 제2항에 따라 위탁받은 자로서 그 업무를 거짓이나 그 밖의 부정한 방법으로 수행한 자
6. 제98조에 따른 자율검사프로그램에 따른 안전검사 업무를 거짓이나 그 밖의 부정한 방법으로 수행한 자

정답 ②

21 산업안전보건법령상 안전인증과 안전검사에 관한 설명으로 옳지 않은 것은?

① 「화학물질관리법」에 따른 수시검사를 받은 경우 안전검사를 면제한다.
② 산업용 원심기는 안전검사대상기계등에 해당된다.
③ 프레스와 압력용기는 고용노동부장관이 실시하는 안전인증과 안전검사를 모두 받아야 한다.
④ 고용노동부장관은 안전인증을 받은 자가 안전인증기준을 지키고 있는지를 3년이하의 범위에서 고용노동부령으로 정하는 주기마다 확인하여야 한다.
⑤ 안전검사 신청을 받은 안전검사기관은 검사 주기 만료일 전후 각각 30일 이내에 해당 기계·기구 및 설비별로 안전검사를 하여야 한다.

> 해설

> 근거조문 영 제78조, 시행규칙 제107조

★ **영 제78조(안전검사대상기계등)** ① 법 제93조 제1항 전단에서 "대통령령으로 정하는 것"이란 다음 각 호의 어느 하나에 해당하는 것을 말한다.
  1. 프레스
  2. 전단기
  3. 크레인(**정격 하중이 2톤 미만인 것은 제외**한다)
  4. 리프트
  5. **압력용기**
  6. 곤돌라
  7. 국소 배기장치(**이동식은 제외**한다)
  8. 원심기(산업용만 해당한다)
  9. 롤러기(**밀폐형 구조는 제외**한다)
  10. 사출성형기[**형 체결력(型 締結力) 294킬로뉴턴(KN) 미만은 제외**한다]
  11. 고소작업대(「자동차관리법」 제3조 제3호 또는 제4호에 따른 **화물자동차 또는 특수자동차에 탑재한 고소작업대로 한정**한다)
  12. 컨베이어
  13. 산업용 로봇

★**시행규칙 제107조(안전인증대상기계등)** 법 제84조 제1항에서 "고용노동부령으로 정하는 안전인증대상기계등"이란 다음 각 호의 기계 및 설비를 말한다.
  1. 설치·이전하는 경우 안전인증을 받아야 하는 기계
    가. 크레인
    나. 리프트
    다. 곤돌라
  2. 주요 구조 부분을 변경하는 경우 안전인증을 받아야 하는 기계 및 설비
    가. 프레스
    나. 전단기 및 절곡기(折曲機)
    다. 크레인
    라. 리프트
    마. **압력용기**
    바. 롤러기

사. 사출성형기(射出成形機)
아. 고소(高所)작업대
자. 곤돌라

정답 ①

22
산업안전보건기준에 관한 규칙 제662조(근골격계질환 예방관리 프로그램시행) 제1항 규정의 일부이다. (   )에 들어갈 숫자가 옳은 것은?

> 사업주는 다음 각 호의 어느 하나에 해당하는 경우에 근골격계질환 예방관리 프로그램을 수립하여 시행하여야 한다.
> 1. 근골격계질환으로 「산업재해보상보험법 시행령」별표 3 제2호 가목·마목 및 제12호 라목에 따라 업무상 질병으로 인정받은 근로자가 연간10명 이상 발생한 사업장 또는 5명 이상 발생한 사업장으로서 발생비율이 그 사업장 근로자 수의 (   )퍼센트 이상인 경우
> 2. <이하 생략>

① 5
② 10
③ 20
④ 30
⑤ 50

해설

근거조문 안전보건규칙 제662조

정답 ②

23 산업안전보건기준에 관한 규칙의 내용으로 옳지 않은 것은?

① 사업주는 순간풍속이 초당 10미터를 초과하는 바람이 불어올 우려가 있는 경우 옥외에 설치된 주행 크레인에 대하여 이탈방지를 위한 조치를 하여야 한다.
② 사업주는 순간풍속이 초당 15미터를 초과하는 경우에는 타워크레인의 운전작업을 중지하여야 한다.
③ 사업주는 높이가 3미터를 초과하는 계단에 높이 3미터 이내마다 너비 1.2미터 이상의 계단참을 설치하여야 한다.
④ 사업주는 높이 1미터 이상인 계단의 개방된 측면에 안전난간을 설치하여야 한다.
⑤ 사업주는 연면적이 400제곱미터 이상이거나 상시 50명 이상의 근로자가 작업하는 옥내작업장에는 비상시에 근로자에게 신속하게 알리기 위한 경보용 설비 또는 기구를 설치하여야 한다.

> 해설

> 근거조문 안전보건규칙 제140조

제26조(계단의 강도) ① 사업주는 계단 및 계단참을 설치하는 경우 매제곱미터당 500킬로그램 이상의 하중에 견딜 수 있는 강도를 가진 구조로 설치하여야 하며, 안전율[안전의 정도를 표시하는 것으로서 재료의 파괴응력도(破壞應力度)와 허용응력도(許容應力度)의 비율을 말한다)]은 4 이상으로 하여야 한다.
② 사업주는 계단 및 승강구 바닥을 구멍이 있는 재료로 만드는 경우 렌치나 그 밖의 공구 등이 낙하할 위험이 없는 구조로 하여야 한다.

제27조(계단의 폭) ① 사업주는 계단을 설치하는 경우 그 폭을 1미터 이상으로 하여야 한다. 다만, 급유용·보수용·비상용 계단 및 나선형 계단이거나 높이 1미터 미만의 이동식 계단인 경우에는 그러하지 아니하다.
② 사업주는 계단에 손잡이 외의 다른 물건 등을 설치하거나 쌓아 두어서는 아니 된다.

제28조(계단참의 높이) 사업주는 높이가 3미터를 초과하는 계단에 높이 3미터 이내마다 너비 1.2미터 이상의 계단참을 설치하여야 한다.

제29조(천장의 높이) 사업주는 계단을 설치하는 경우 바닥면으로부터 높이 2미터 이내의 공간에 장애물이 없도록 하여야 한다. 다만, 급유용·보수용·비상용 계단 및 나선형 계단인 경우에는 그러하지 아니하다.

제30조(계단의 난간) 사업주는 높이 1미터 이상인 계단의 개방된 측면에 안전난간을 설치하여야 한다.

제31조(보호구의 제한적 사용) ① 사업주는 보호구를 사용하지 아니하더라도 근로자가 유해·위험작업으로부터 보호를 받을 수 있도록 설비개선 등 필요한 조치를 하여야 한다.
② 사업주는 제1항의 조치를 하기 어려운 경우에만 제한적으로 해당 작업에 맞는 보호구를 사용하도록 하여야 한다.

제32조(보호구의 지급 등) ① 사업주는 다음 각 호의 어느 하나에 해당하는 작업을 하는 근로자에 대해서는 다음 각 호의 구분에 따라 그 작업조건에 맞는 보호구를 작업하는 근로자 수 이상으로 지급하고 착용하도록 하여야 한다.
  1. 물체가 떨어지거나 날아올 위험 또는 근로자가 추락할 위험이 있는 작업: 안전모
  2. 높이 또는 깊이 2미터 이상의 추락할 위험이 있는 장소에서 하는 작업: 안전대(安全帶)
  3. 물체의 낙하·충격, 물체에의 끼임, 감전 또는 정전기의 대전(帶電)에 의한 위험이 있는 작업: 안전화
  4. 물체가 흩날릴 위험이 있는 작업: 보안경
  5. 용접 시 불꽃이나 물체가 흩날릴 위험이 있는 작업: 보안면
  6. 감전의 위험이 있는 작업: 절연용 보호구
  7. 고열에 의한 화상 등의 위험이 있는 작업: 방열복

8. 선창 등에서 분진(粉塵)이 심하게 발생하는 하역작업: 방진마스크
9. 섭씨 영하 18도 이하인 급냉동어창에서 하는 하역작업: 방한모·방한복·방한화·방한장갑
10. 물건을 운반하거나 수거·배달하기 위하여 「자동차관리법」 제3조 제1항 제5호에 따른 이륜자동차(이하 "이륜자동차"라 한다)를 운행하는 작업: 「도로교통법 시행규칙」 제32조 제1항 각 호의 기준에 적합한 승차용 안전모

② 사업주로부터 제1항에 따른 보호구를 받거나 착용지시를 받은 근로자는 그 보호구를 착용하여야 한다.

제36조(사용의 제한) 사업주는 법 제80조·제81조에 따른 방호조치를 하지 아니하거나 법 제83조 제1항에 따른 안전인증기준, 법 제89조 제1항에 따른 자율안전기준 또는 법 제93조 제1항에 따른 안전검사기준에 적합하지 않은 기계·기구·설비 및 방호장치·보호구 등을 사용해서는 아니 된다.

제37조(악천후 및 강풍 시 작업 중지) ① 사업주는 비·눈·바람 또는 그 밖의 기상상태의 불안정으로 인하여 근로자가 위험해질 우려가 있는 경우 작업을 중지하여야 한다. 다만, 태풍 등으로 위험이 예상되거나 발생되어 긴급 복구작업을 필요로 하는 경우에는 그러하지 아니하다.

② 사업주는 순간풍속이 초당 10미터를 초과하는 경우 타워크레인의 설치·수리·점검 또는 해체 작업을 중지하여야 하며, 순간풍속이 초당 15미터를 초과하는 경우에는 타워크레인의 운전작업을 중지하여야 한다.

제140조(폭풍에 의한 이탈 방지) 사업주는 순간풍속이 초당 30미터를 초과하는 바람이 불어올 우려가 있는 경우 옥외에 설치되어 있는 주행 크레인에 대하여 이탈방지장치를 작동시키는 등 이탈 방지를 위한 조치를 하여야 한다.

정답 ①

24

산업안전보건기준에 관한 규칙상 근로자가 주사 및 채혈 작업을 하는 경우 사업주가 하여야 할 조치에 해당하지 않는 것은?

① 안정되고 편안한 자세로 주사 및 채혈을 할 수 있는 장소를 제공할 것
② 채취한 혈액을 검사 용기에 옮기는 경우에는 주사침 사용을 금지하도록 할 것
③ 사용한 주사침의 바늘을 구부리는 행위를 금지할 것
④ 사용한 주사침의 뚜껑을 부득이하게 다시 씌워야 하는 경우에는 두 손으로 씌우도록 할 것
⑤ 사용한 주사침은 안전한 전용 수거용기에 모아 튼튼한 용기를 사용하여 폐기할 것

해설

근거조문 안전보건규칙 제597조

제597조(혈액노출 예방 조치) ① 사업주는 근로자가 혈액노출의 위험이 있는 작업을 하는 경우에 다음 각 호의 조치를 하여야 한다.
1. 혈액노출의 가능성이 있는 장소에서는 음식물을 먹거나 담배를 피우는 행위, 화장 및 콘택트렌즈의 교환 등을 금지할 것
2. 혈액 또는 환자의 혈액으로 오염된 가검물, 주사침, 각종 의료 기구, 솜 등의 혈액오염물(이하 "혈액오염물"이라 한다)이 보관되어 있는 냉장고 등에 음식물 보관을 금지할 것
3. 혈액 등으로 오염된 장소나 혈액오염물은 적절한 방법으로 소독할 것
4. 혈액오염물은 별도로 표기된 용기에 담아서 운반할 것
5. 혈액노출 근로자는 즉시 소독약품이 포함된 세척제로 접촉 부위를 씻도록 할 것

② 사업주는 근로자가 주사 및 채혈 작업을 하는 경우에 다음 각 호의 조치를 하여야 한다.
  1. 안정되고 편안한 자세로 주사 및 채혈을 할 수 있는 장소를 제공할 것
  2. 채취한 혈액을 검사 용기에 옮기는 경우에는 주사침 사용을 금지하도록 할 것
  3. 사용한 주사침은 바늘을 구부리거나, 자르거나, 뚜껑을 다시 씌우는 등의 행위를 금지할 것(부득이하게 뚜껑을 다시 씌워야 하는 경우에는 한 손으로 씌우도록 한다)
  4. 사용한 주사침은 안전한 전용 수거용기에 모아 튼튼한 용기를 사용하여 폐기할 것
③ 근로자는 제1항에 따라 흡연 또는 음식물 등의 섭취 등이 금지된 장소에서 흡연 또는 음식물 섭취 등의 행위를 해서는 아니 된다.

제600조(개인보호구의 지급 등) ① 사업주는 근로자가 혈액노출이 우려되는 작업을 하는 경우에 다음 각 호에 따른 보호구를 지급하고 착용하도록 하여야 한다.
  1. 혈액이 분출되거나 분무될 가능성이 있는 작업: 보안경과 보호마스크
  2. 혈액 또는 혈액오염물을 취급하는 작업: 보호장갑
  3. 다량의 혈액이 의복을 적시고 피부에 노출될 우려가 있는 작업: 보호앞치마
② 근로자는 제1항에 따라 지급된 보호구를 사업주의 지시에 따라 착용하여야 한다.

정답 ④

25 산업안전보건기준에 관한 규칙상 통로등에 관한 설명으로 옳지 않은 것은?

① 사업주는 계단 및 승강구 바닥을 구멍이 있는 재료로 만드는 경우 렌치나 그 밖의 공구 등이 낙하할 위험이 없는 구조로 하여야 한다.
② 사업주는 급유용·보수용·비상용 계단 및 나선형 계단을 설치하는 경우 그 폭을 1미터 이상으로 하여야 한다.
③ 사업주는 높이가 3미터를 초과하는 계단에 높이 3미터 이내마다 너비 1.2미터 이상의 계단참을 설치하여야 한다.
④ 사업주는 갱내에 설치한 통로 또는 사다리식 통로에 권상장치(卷上裝置)가 설치된 경우 권상장치와 근로자의 접촉에 의한 위험이 있는 장소에 판자벽이나 그 밖에 위험 방지를 위한 격벽(隔壁)을 설치하여야 한다.
⑤ 사업주는 높이 1미터 이상인 계단의 개방된 측면에 안전난간을 설치하여야 한다.

해설

근거조문 안전보건규칙 제27조

정답 ②

6회

산업안전보건법령 진도별 모의고사 해설

01 산업안전보건법령상 제조·수입·양도·제공 또는 사용이 금지되는 유해물질이 아닌 것은?

① 염화비닐
② 석면
③ 베타-나프틸아민과 그 염
④ 4-니트로디페닐과 그 염
⑤ 폴리클로리네이티드 터페닐(PCT)

> **해설**
>
> **근거조문** 영 제87조

> **영 제87조(제조 등이 금지되는 유해물질)** 법 제117조 제1항 각 호 외의 부분에서 "대통령령으로 정하는 물질"이란 다음 각 호의 물질을 말한다. <개정 2020. 9. 8.>
> 1. β-나프틸아민[91-59-8]과 그 염(β-Naphthylamine and its salts)
> 2. 4-니트로디페닐[92-93-3]과 그 염(4-Nitrodiphenyl and its salts)
> 3. 백연[1319-46-6]을 포함한 페인트(포함된 중량의 비율이 2퍼센트 이하인 것은 제외한다)
> 4. 벤젠[71-43-2]을 포함하는 고무풀(포함된 중량의 비율이 5퍼센트 이하인 것은 제외한다)
> 5. 석면(Asbestos; 1332-21-4 등)
> 6. 폴리클로리네이티드 터페닐(Polychlorinated terphenyls; 61788-33-8 등)
> 7. 황린(黃燐)[12185-10-3] 성냥(Yellow phosphorus match)
> 8. 제1호, 제2호, 제5호 또는 제6호에 해당하는 물질을 포함한 혼합물(포함된 중량의 비율이 1퍼센트 이하인 것은 제외한다)
> 9. 「화학물질관리법」제2조 제5호에 따른 금지물질(같은 법 제3조 제1항 제1호부터 제12호까지의 규정에 해당하는 화학물질은 제외한다)
> 10. 그 밖에 보건상 해로운 물질로서 산업재해보상보험및예방심의위원회의 심의를 거쳐 고용노동부장관이 정하는 유해물질

제104조(유해인자의 분류기준) 고용노동부장관은 고용노동부령으로 정하는 바에 따라 근로자에게 건강장해를 일으키는 화학물질 및 물리적 인자 등(이하 "유해인자"라 한다)의 유해성·위험성 분류기준을 마련하여야 한다.

제105조(유해인자의 유해성·위험성 평가 및 관리) ① 고용노동부장관은 유해인자가 근로자의 건강에 미치는 유해성·위험성을 평가하고 그 결과를 관보 등에 공표할 수 있다.
② 고용노동부장관은 제1항에 따른 평가 결과 등을 고려하여 고용노동부령으로 정하는 바에 따라 유해성·위험성 수준별로 유해인자를 구분하여 관리하여야 한다.
③ 제1항에 따른 유해성·위험성 평가대상 유해인자의 선정기준, 유해성·위험성 평가의 방법, 그 밖에 필요한 사항은 고용노동부령으로 정한다.

제106조(유해인자의 노출기준 설정) 고용노동부장관은 제105조 제1항에 따른 유해성·위험성 평가 결과 등 고용노동부령으로 정하는 사항을 고려하여 유해인자의 노출기준을 정하여 고시하여야 한다.

제107조(유해인자 허용기준의 준수) ① 사업주는 발암성 물질 등 근로자에게 중대한 건강장해를 유발할 우려가 있는 유해인자로서 대통령령으로 정하는 유해인자는 작업장 내의 그 노출 농도를 고용노동부령으로 정하는 허용기준 이하로 유지하여야 한다. 다만, 다음 각 호의 어느 하나에 해당하는 경우에는 그러하지 아니하다.
  1. 유해인자를 취급하거나 정화·배출하는 시설 및 설비의 설치나 개선이 현존하는 기술로 가능하지 아니한 경우
  2. 천재지변 등으로 시설과 설비에 중대한 결함이 발생한 경우
  3. 고용노동부령으로 정하는 임시 작업과 단시간 작업의 경우
  4. 그 밖에 대통령령으로 정하는 경우
② 사업주는 제1항 각 호 외의 부분 단서에도 불구하고 유해인자의 노출 농도를 제1항에 따른 허용기준 이하로 유지하도록 노력하여야 한다.

제108조(신규화학물질의 유해성·위험성 조사) ① 대통령령으로 정하는 화학물질 외의 화학물질(이하 "신규화학물질"이라 한다)을 제조하거나 수입하려는 자(이하 "신규화학물질제조자등"이라 한다)는 신규화학물질에 의한 근로자의 건강장해를 예방하기 위하여 고용노동부령으로 정하는 바에 따라 그 신규화학물질의 유해성·위험성을 조사하고 그 조사보고서를 고용노동부장관에게 제출하여야 한다. 다만, 다음 각 호의 어느 하나에 해당하는 경우에는 그러하지 아니하다.
  1. 일반 소비자의 생활용으로 제공하기 위하여 신규화학물질을 수입하는 경우로서 고용노동부령으로 정하는 경우
  2. 신규화학물질의 수입량이 소량이거나 그 밖에 위해의 정도가 적다고 인정되는 경우로서 고용노동부령으로 정하는 경우
② 신규화학물질제조자등은 제1항 각 호 외의 부분 본문에 따라 유해성·위험성을 조사한 결과 해당 신규화학물질에 의한 근로자의 건강장해를 예방하기 위하여 필요한 조치를 하여야 하는 경우 이를 즉시 시행하여야 한다.
③ 고용노동부장관은 제1항에 따라 신규화학물질의 유해성·위험성 조사보고서가 제출되면 고용노동부령으로 정하는 바에 따라 그 신규화학물질의 명칭, 유해성·위험성, 근로자의 건강장해 예방을 위한 조치 사항 등을 공표하고 관계 부처에 통보하여야 한다.
④ 고용노동부장관은 제1항에 따라 제출된 신규화학물질의 유해성·위험성 조사보고서를 검토한 결과 근로자의 건강장해 예방을 위하여 필요하다고 인정할 때에는 신규화학물질제조자등에게 시설·설비를 설치·정비하고 보호구를 갖추어 두는 등의 조치를 하도록 명할 수 있다.
⑤ 신규화학물질제조자등이 신규화학물질을 양도하거나 제공하는 경우에는 제4항에 따른 근로자의 건강장해 예방을 위하여 조치하여야 할 사항을 기록한 서류를 함께 제공하여야 한다.

제109조(중대한 건강장해 우려 화학물질의 유해성·위험성 조사) ① 고용노동부장관은 근로자의 건강장해를 예방하기 위하여 필요하다고 인정할 때에는 고용노동부령으로 정하는 바에 따라 암 또는 그 밖에 중대한 건강장해를 일으킬 우려가 있는 화학물질을 제조·수입하는 자 또는 사용하는 사업주에게 해당 화학물질의 유해성·위험성 조사와 그 결과의 제출 또는 제105조 제1항에 따른 유해성·위험성 평가에 필요한 자료의 제출을 명할 수 있다.
② 제1항에 따라 화학물질의 유해성·위험성 조사 명령을 받은 자는 유해성·위험성 조사 결과 해당 화학물질로 인한 근로자의 건강장해가 우려되는 경우 근로자의 건강장해를 예방하기 위하여 시설·설비의 설치 또는 개선 등 필요한 조치를 하여야 한다.
③ 고용노동부장관은 제1항에 따라 제출된 조사 결과 및 자료를 검토하여 근로자의 건강장해를 예방하기 위하여 필요하다고 인정하는 경우에는 해당 화학물질을 제105조 제2항에 따라 구분하여 관리하거나 해당 화학물질을 제조·수입한 자 또는 사용하는 사업주에게 근로자의 건강장해 예방을 위한 시설·설비의 설치 또는 개선 등 필요한 조치를 하도록 명할 수 있다.

제117조(유해·위험물질의 제조 등 금지) ① 누구든지 다음 각 호의 어느 하나에 해당하는 물질로서 대통령령으로 정하는 물질(이하 "제조등금지물질"이라 한다)을 제조·수입·양도·제공 또는 사용해서는 아니 된다.
  1. 직업성 암을 유발하는 것으로 확인되어 근로자의 건강에 특히 해롭다고 인정되는 물질
  2. 제105조 제1항에 따라 유해성·위험성이 평가된 유해인자나 제109조에 따라 유해성·위험성이 조사된 화학물질 중 근로자에게 중대한 건강장해를 일으킬 우려가 있는 물질
② 제1항에도 불구하고 시험·연구 또는 검사 목적의 경우로서 다음 각 호의 어느 하나에 해당하는 경우에는 제조등금지물질을 제조·수입·양도·제공 또는 사용할 수 있다.
  1. 제조·수입 또는 사용을 위하여 고용노동부령으로 정하는 요건을 갖추어 고용노동부장관의 **승인**을 받은 경우
  2. 「화학물질관리법」 제18조 제1항 단서에 따른 금지물질의 판매 허가를 받은 자가 같은 항 단서에 따라 판매 허가를 받은 자나 제1호에 따라 사용 승인을 받은 자에게 제조등금지물질을 양도 또는 제공하는 경우
③ 고용노동부장관은 제2항 제1호에 따른 승인을 받은 자가 같은 호에 따른 승인요건에 적합하지 아니하게 된 경우에는 승인을 취소하여야 한다.
④ 제2항 제1호에 따른 승인 절차, 승인 취소 절차, 그 밖에 필요한 사항은 고용노동부령으로 정한다.

제118조(유해·위험물질의 제조 등 허가) ① 제117조 제1항 각 호의 어느 하나에 해당하는 물질로서 대체물질이 개발되지 아니한 물질 등 대통령령으로 정하는 물질(이하 "허가대상물질"이라 한다)을 제조하거나 사용하려는 자는 고용노동부장관의 허가를 받아야 한다. 허가받은 사항을 변경할 때에도 또한 같다.
② 허가대상물질의 제조·사용설비, 작업방법, 그 밖의 허가기준은 고용노동부령으로 정한다.
③ 제1항에 따라 허가를 받은 자(이하 "허가대상물질제조·사용자"라 한다)는 그 제조·사용설비를 제2항에 따른 허가기준에 적합하도록 유지하여야 하며, 그 기준에 적합한 작업방법으로 허가대상물질을 제조·사용하여야 한다.
④ 고용노동부장관은 허가대상물질제조·사용자의 제조·사용설비 또는 작업방법이 제2항에 따른 허가기준에 적합하지 아니하다고 인정될 때에는 그 기준에 적합하도록 제조·사용설비를 수리·개조 또는 이전하도록 하거나 그 기준에 적합한 작업방법으로 그 물질을 제조·사용하도록 명할 수 있다.
⑤ 고용노동부장관은 허가대상물질제조·사용자가 다음 각 호의 어느 하나에 해당하면 그 허가를 취소하거나 6개월 이내의 기간을 정하여 영업을 정지하게 할 수 있다. 다만, 제1호에 해당할 때에는 그 허가를 취소하여야 한다.
  1. 거짓이나 그 밖의 부정한 방법으로 허가를 받은 경우
  2. 제2항에 따른 허가기준에 맞지 아니하게 된 경우
  3. 제3항을 위반한 경우
  4. 제4항에 따른 명령을 위반한 경우
  5. 자체검사 결과 이상을 발견하고도 즉시 보수 및 필요한 조치를 하지 아니한 경우
⑥ 제1항에 따른 허가의 신청절차, 그 밖에 필요한 사항은 고용노동부령으로 정한다.

영 제84조(유해인자 허용기준 이하 유지 대상 유해인자) 법 제107조 제1항 각 호 외의 부분 본문에서 "**대통령령으로 정하는 유해인자**"란 별표 26 각 호에 따른 유해인자를 말한다.

■ 산업안전보건법 시행령 [별표 26]

유해인자 허용기준 이하 유지 대상 유해인자(제84조 관련)

1. 6가크롬[18540-29-9] 화합물(Chromium VI compounds)
2. 납[7439-92-1] 및 그 무기화합물(Lead and its inorganic compounds)
3. 니켈[7440-02-0] 화합물(불용성 무기화합물로 한정한다)(Nickel and its insoluble inorganic compounds)
4. 니켈카르보닐(Nickel carbonyl; 13463-39-3)
5. 디메틸포름아미드(Dimethylformamide; 68-12-2)
6. 디클로로메탄(Dichloromethane; 75-09-2)
7. 1,2-디클로로프로판(1,2-Dichloropropane; 78-87-5)
8. 망간[7439-96-5] 및 그 무기화합물(Manganese and its inorganic compounds)
9. 메탄올(Methanol; 67-56-1)
10. 메틸렌 비스(페닐 이소시아네이트)(Methylene bis(phenyl isocyanate); 101-68-8 등)
11. 베릴륨[7440-41-7] 및 그 화합물(Beryllium and its compounds)
12. 벤젠(Benzene; 71-43-2)
13. 1,3-부타디엔(1,3-Butadiene; 106-99-0)
14. 2-브로모프로판(2-Bromopropane; 75-26-3)
15. 브롬화 메틸(Methyl bromide; 74-83-9)
16. 산화에틸렌(Ethylene oxide; 75-21-8)
17. 석면(제조·사용하는 경우만 해당한다)(Asbestos; 1332-21-4 등)
18. 수은[7439-97-6] 및 그 무기화합물(Mercury and its inorganic compounds)
19. 스티렌(Styrene; 100-42-5)
20. 시클로헥사논(Cyclohexanone; 108-94-1)
21. 아닐린(Aniline; 62-53-3)
22. 아크릴로니트릴(Acrylonitrile; 107-13-1)
23. 암모니아(Ammonia; 7664-41-7 등)
24. 염소(Chlorine; 7782-50-5)
25. 염화비닐(Vinyl chloride; 75-01-4)
26. 이황화탄소(Carbon disulfide; 75-15-0)
27. 일산화탄소(Carbon monoxide; 630-08-0)
28. 카드뮴[7440-43-9] 및 그 화합물(Cadmium and its compounds)
29. 코발트[7440-48-4] 및 그 무기화합물(Cobalt and its inorganic compounds)
30. 콜타르피치[65996-93-2] 휘발물(Coal tar pitch volatiles)
31. 톨루엔(Toluene; 108-88-3)
32. 톨루엔-2,4-디이소시아네이트(Toluene-2,4-diisocyanate; 584-84-9 등)
33. 톨루엔-2,6-디이소시아네이트(Toluene-2,6-diisocyanate; 91-08-7 등)
34. 트리클로로메탄(Trichloromethane; 67-66-3)
35. 트리클로로에틸렌(Trichloroethylene; 79-01-6)
36. 포름알데히드(Formaldehyde; 50-00-0)
37. n-헥산(n-Hexane; 110-54-3)
38. 황산(Sulfuric acid; 7664-93-9)

영 제85조(유해성·위험성 조사 제외 화학물질) 법 제108조 제1항 각 호 외의 부분 본문에서 "대통령령으로 정하는 화학물질"이란 다음 각 호의 어느 하나에 해당하는 화학물질을 말한다.

1. 원소
2. 천연으로 산출된 화학물질
3. 「건강기능식품에 관한 법률」 제3조 제1호에 따른 건강기능식품
4. 「군수품관리법」 제2조 및 「방위사업법」 제3조 제2호에 따른 군수품[「군수품관리법」 제3조에 따른 통상품(通常品)은 제외한다]
5. 「농약관리법」 제2조 제1호 및 제3호에 따른 농약 및 원제
6. 「마약류 관리에 관한 법률」 제2조 제1호에 따른 마약류
7. 「비료관리법」 제2조 제1호에 따른 비료
8. 「사료관리법」 제2조 제1호에 따른 사료
9. 「생활화학제품 및 살생물제의 안전관리에 관한 법률」 제3조 제7호 및 제8호에 따른 살생물물질 및 살생물제품
10. 「식품위생법」 제2조 제1호 및 제2호에 따른 식품 및 식품첨가물
11. 「약사법」 제2조 제4호 및 제7호에 따른 의약품 및 의약외품(醫藥外品)
12. 「원자력안전법」 제2조 제5호에 따른 방사성물질
13. 「위생용품 관리법」 제2조 제1호에 따른 위생용품
14. 「의료기기법」 제2조 제1항에 따른 의료기기
15. 「총포·도검·화약류 등의 안전관리에 관한 법률」 제2조 제3항에 따른 화약류
16. 「화장품법」 제2조 제1호에 따른 화장품과 화장품에 사용하는 원료
17. 법 제108조 제3항에 따라 고용노동부장관이 명칭, 유해성·위험성, 근로자의 건강장해 예방을 위한 조치 사항 및 연간 제조량·수입량을 공표한 물질로서 공표된 연간 제조량·수입량 이하로 제조하거나 수입한 물질
18. 고용노동부장관이 환경부장관과 협의하여 고시하는 화학물질 목록에 기록되어 있는 물질

영 제86조(물질안전보건자료의 작성·제출 제외 대상 화학물질 등) 법 제110조 제1항 각 호 외의 부분 전단에서 "대통령령으로 정하는 것"이란 다음 각 호의 어느 하나에 해당하는 것을 말한다. <개정 2020. 8. 27.>

1. 「건강기능식품에 관한 법률」 제3조 제1호에 따른 건강기능식품
2. 「농약관리법」 제2조 제1호에 따른 농약
3. 「마약류 관리에 관한 법률」 제2조 제2호 및 제3호에 따른 마약 및 향정신성의약품
4. 「비료관리법」 제2조 제1호에 따른 비료
5. 「사료관리법」 제2조 제1호에 따른 사료
6. 「생활주변방사선 안전관리법」 제2조 제2호에 따른 원료물질
7. 「생활화학제품 및 살생물제의 안전관리에 관한 법률」 제3조 제4호 및 제8호에 따른 안전확인대상생활화학제품 및 살생물제품 중 일반소비자의 생활용으로 제공되는 제품
8. 「식품위생법」 제2조 제1호 및 제2호에 따른 식품 및 식품첨가물
9. 「약사법」 제2조 제4호 및 제7호에 따른 의약품 및 의약외품
10. 「원자력안전법」 제2조 제5호에 따른 방사성물질
11. 「위생용품 관리법」 제2조 제1호에 따른 위생용품
12. 「의료기기법」 제2조 제1항에 따른 의료기기
12의2. 「첨단재생의료 및 첨단바이오의약품 안전 및 지원에 관한 법률」 제2조 제5호에 따른 첨단바이오의약품
13. 「총포·도검·화약류 등의 안전관리에 관한 법률」 제2조 제3항에 따른 화약류
14. 「폐기물관리법」 제2조 제1호에 따른 폐기물

15. 「화장품법」 제2조 제1호에 따른 화장품
16. 제1호부터 제15호까지의 규정 외의 화학물질 또는 혼합물로서 일반소비자의 생활용으로 제공되는 것(일반소비자의 생활용으로 제공되는 화학물질 또는 혼합물이 사업장 내에서 취급되는 경우를 포함한다)
17. 고용노동부장관이 정하여 고시하는 연구ㆍ개발용 화학물질 또는 화학제품. 이 경우 법 제110조 제1항부터 제3항까지의 규정에 따른 자료의 제출만 제외된다.
18. 그 밖에 고용노동부장관이 독성ㆍ폭발성 등으로 인한 위해의 정도가 적다고 인정하여 고시하는 화학물질

[시행일:2020. 8. 28.] 제86조 제12호의2

영 제87조(제조 등이 금지되는 유해물질) 법 제117조 제1항 각 호 외의 부분에서 "대통령령으로 정하는 물질"이란 다음 각 호의 물질을 말한다. <개정 2020. 9. 8.>

1. β-나프틸아민[91-59-8]과 그 염(β-Naphthylamine and its salts)
2. 4-니트로디페닐[92-93-3]과 그 염(4-Nitrodiphenyl and its salts)
3. 백연[1319-46-6]을 포함한 페인트(포함된 중량의 비율이 2퍼센트 이하인 것은 제외한다)
4. 벤젠[71-43-2]을 포함하는 고무풀(포함된 중량의 비율이 5퍼센트 이하인 것은 제외한다)
5. 석면(Asbestos; 1332-21-4 등)
6. 폴리클로리네이티드 터페닐(Polychlorinated terphenyls; 61788-33-8 등)
7. 황린(黃燐)[12185-10-3] 성냥(Yellow phosphorus match)
8. 제1호, 제2호, 제5호 또는 제6호에 해당하는 물질을 포함한 혼합물(포함된 중량의 비율이 1퍼센트 이하인 것은 제외한다)
9. 「화학물질관리법」 제2조 제5호에 따른 금지물질(같은 법 제3조 제1항 제1호부터 제12호까지의 규정에 해당하는 화학물질은 제외한다)
10. 그 밖에 보건상 해로운 물질로서 산업재해보상보험및예방심의위원회의 심의를 거쳐 고용노동부장관이 정하는 유해물질

영 제88조(허가 대상 유해물질) 법 제118조 제1항 전단에서 "대체물질이 개발되지 아니한 물질 등 대통령령으로 정하는 물질"이란 다음 각 호의 물질을 말한다. <개정 2020. 9. 8.>

1. α-나프틸아민[134-32-7] 및 그 염(α-Naphthylamine and its salts)
2. 디아니시딘[119-90-4] 및 그 염(Dianisidine and its salts)
3. 디클로로벤지딘[91-94-1] 및 그 염(Dichlorobenzidine and its salts)
4. 베릴륨(Beryllium; 7440-41-7)
5. 벤조트리클로라이드(Benzotrichloride; 98-07-7)
6. 비소[7440-38-2] 및 그 무기화합물(Arsenic and its inorganic compounds)
7. 염화비닐(Vinyl chloride; 75-01-4)
8. 콜타르피치[65996-93-2] 휘발물(Coal tar pitch volatiles)
9. 크롬광 가공(열을 가하여 소성 처리하는 경우만 해당한다)(Chromite ore processing)
10. 크롬산 아연(Zinc chromates; 13530-65-9 등)
11. o-톨리딘[119-93-7] 및 그 염(o-Tolidine and its salts)
12. 황화니켈류(Nickel sulfides; 12035-72-2, 16812-54-7)
13. 제1호부터 제4호까지 또는 제6호부터 제12호까지의 어느 하나에 해당하는 물질을 포함한 혼합물(포함된 중량의 비율이 1퍼센트 이하인 것은 제외한다)
14. 제5호의 물질을 포함한 혼합물(포함된 중량의 비율이 0.5퍼센트 이하인 것은 제외한다)
15. 그 밖에 보건상 해로운 물질로서 산업재해보상보험및예방심의위원회의 심의를 거쳐 고용노동부장관이 정하는 유해물질

영 제89조(기관석면조사 대상) ① 법 제119조 제2항 각 호 외의 부분 본문에서 "대통령령으로 정하는 규모 이상"란 다음 각 호의 어느 하나에 해당하는 경우를 말한다.

1. 건축물(제2호에 따른 주택은 제외한다. 이하 이 호에서 같다)의 연면적 합계가 50제곱미터 이상이면서, 그 건축물의 철거·해체하려는 부분의 면적 합계가 50제곱미터 이상인 경우
2. 주택(「건축법 시행령」 제2조 제12호에 따른 부속건축물을 포함한다. 이하 이 호에서 같다)의 연면적 합계가 200제곱미터 이상이면서, 그 주택의 철거·해체하려는 부분의 면적 합계가 200제곱미터 이상인 경우
3. 설비의 철거·해체하려는 부분에 다음 각 목의 어느 하나에 해당하는 자재(물질을 포함한다. 이하 같다)를 사용한 면적의 합이 15제곱미터 이상 또는 그 부피의 합이 1세제곱미터 이상인 경우
    가. 단열재
    나. 보온재
    다. 분무재
    라. 내화피복재(耐火被覆材)
    마. 개스킷(Gasket: 누설방지재)
    바. 패킹재(Packing material: 틈박이재)
    사. 실링재(Sealing material: 액상 메움재)
    아. 그 밖에 가목부터 사목까지의 자재와 유사한 용도로 사용되는 자재로서 고용노동부장관이 정하여 고시하는 자재
4. 파이프 길이의 합이 80미터 이상이면서, 그 파이프의 철거·해체하려는 부분의 보온재로 사용된 길이의 합이 80미터 이상인 경우

② 법 제119조 제2항 각 호 외의 부분 단서에서 "석면함유 여부가 명백한 경우 등 대통령령으로 정하는 사유"란 다음 각 호의 어느 하나에 해당하는 경우를 말한다. <개정 2020. 9. 8.>
1. 건축물이나 설비의 철거·해체 부분에 사용된 자재가 설계도서, 자재 이력 등 관련 자료를 통해 석면을 포함하고 있지 않음이 명백하다고 인정되는 경우
2. 건축물이나 설비의 철거·해체 부분에 석면이 중량비율 1퍼센트가 넘게 포함된 자재를 사용하였음이 명백하다고 인정되는 경우

정답 ①

02 산업안전보건법령상 유해물질의 제조 등의 금지·허가에 관한 설명으로 옳지 않은 것은?

① 함유된 용량의 비율이 5%인 백연을 함유한 페인트를 제조·수입·양도·제공 또는 사용하여서는 아니 된다.
② 위 ①의 경우 시험·연구를 목적으로 하는 경우에도 고용노동부장관의 승인을 받아 제조·수입 또는 사용하여야 한다.
③ 베릴륨을 제조하거나 사용하려는 자는 고용노동부장관의 허가를 받아야 한다.
④ 위 ③에 따라 허가를 받은 사항을 변경할 때에는 고용노동부장관에게 신고하는 것으로 변경허가를 갈음할 수 있다.
⑤ 고용노동부장관은 유해물질 제조·사용자가 거짓이나 그 밖의 부정한 방법으로 허가를 받은 경우라면 반드시 그 허가를 취소하여야 한다.

> **해설**

근거조문 법 제118조

제117조(유해·위험물질의 제조 등 금지) ① 누구든지 다음 각 호의 어느 하나에 해당하는 물질로서 대통령령으로 정하는 물질(이하 "제조등금지물질"이라 한다)을 제조·수입·양도·제공 또는 사용해서는 아니 된다.
  1. 직업성 암을 유발하는 것으로 확인되어 근로자의 건강에 특히 해롭다고 인정되는 물질
  2. 제105조 제1항에 따라 유해성·위험성이 평가된 유해인자나 제109조에 따라 유해성·위험성이 조사된 화학물질 중 근로자에게 중대한 건강장해를 일으킬 우려가 있는 물질
② 제1항에도 불구하고 시험·연구 또는 검사 목적의 경우로서 다음 각 호의 어느 하나에 해당하는 경우에는 제조등금지물질을 제조·수입·양도·제공 또는 사용할 수 있다.
  1. 제조·수입 또는 사용을 위하여 고용노동부령으로 정하는 요건을 갖추어 고용노동부장관의 승인을 받은 경우
  2. 「화학물질관리법」 제18조 제1항 단서에 따른 금지물질의 판매 허가를 받은 자가 같은 항 단서에 따라 판매 허가를 받은 자나 제1호에 따라 사용 승인을 받은 자에게 제조등금지물질을 양도 또는 제공하는 경우
③ 고용노동부장관은 제2항 제1호에 따른 승인을 받은 자가 같은 호에 따른 승인요건에 적합하지 아니하게 된 경우에는 승인을 취소하여야 한다.
④ 제2항 제1호에 따른 승인 절차, 승인 취소 절차, 그 밖에 필요한 사항은 고용노동부령으로 정한다.

제118조(유해·위험물질의 제조 등 허가) ① 제117조 제1항 각 호의 어느 하나에 해당하는 물질로서 대체물질이 개발되지 아니한 물질 등 대통령령으로 정하는 물질(이하 "허가대상물질"이라 한다)을 제조하거나 사용하려는 자는 고용노동부장관의 허가를 받아야 한다. 허가받은 사항을 변경할 때에도 또한 같다.
② 허가대상물질의 제조·사용설비, 작업방법, 그 밖의 허가기준은 고용노동부령으로 정한다.
③ 제1항에 따라 허가를 받은 자(이하 "허가대상물질제조·사용자"라 한다)는 그 제조·사용설비를 제2항에 따른 허가기준에 적합하도록 유지하여야 하며, 그 기준에 적합한 작업방법으로 허가대상물질을 제조·사용하여야 한다.
④ 고용노동부장관은 허가대상물질제조·사용자의 제조·사용설비 또는 작업방법이 제2항에 따른 허가기준에 적합하지 아니하다고 인정될 때에는 그 기준에 적합하도록 제조·사용설비를 수리·개조 또는 이전하도록 하거나 그 기준에 적합한 작업방법으로 그 물질을 제조·사용하도록 명할 수 있다.
⑤ 고용노동부장관은 허가대상물질제조·사용자가 다음 각 호의 어느 하나에 해당하면 그 허가를 취소하거나 6개월 이내의 기간을 정하여 영업을 정지하게 할 수 있다. 다만, 제1호에 해당할 때에는 그 허가를 취소하여야 한다.
  1. 거짓이나 그 밖의 부정한 방법으로 허가를 받은 경우
  2. 제2항에 따른 허가기준에 맞지 아니하게 된 경우
  3. 제3항을 위반한 경우
  4. 제4항에 따른 명령을 위반한 경우
  5. 자체검사 결과 이상을 발견하고도 즉시 보수 및 필요한 조치를 하지 아니한 경우
⑥ 제1항에 따른 허가의 신청절차, 그 밖에 필요한 사항은 고용노동부령으로 정한다.

영 제87조(제조 등이 금지되는 유해물질) 법 제117조 제1항 각 호 외의 부분에서 "대통령령으로 정하는 물질"이란 다음 각 호의 물질을 말한다. <개정 2020. 9. 8.>
  1. β-나프틸아민[91-59-8]과 그 염(β-Naphthylamine and its salts)
  2. 4-니트로디페닐[92-93-3]과 그 염(4-Nitrodiphenyl and its salts)
  3. 백연[1319-46-6]을 포함한 페인트(포함된 중량의 비율이 2퍼센트 이하인 것은 제외한다)
  4. 벤젠[71-43-2]을 포함하는 고무풀(포함된 중량의 비율이 5퍼센트 이하인 것은 제외한다)

5. 석면(Asbestos; 1332-21-4 등)
6. 폴리클로리네이티드 터페닐(Polychlorinated terphenyls; 61788-33-8 등)
7. 황린(黃燐)[12185-10-3] 성냥(Yellow phosphorus match)
8. 제1호, 제2호, 제5호 또는 제6호에 해당하는 물질을 포함한 혼합물(포함된 중량의 비율이 1퍼센트 이하인 것은 제외한다)
9. 「화학물질관리법」 제2조 제5호에 따른 금지물질(같은 법 제3조 제1항 제1호부터 제12호까지의 규정에 해당하는 화학물질은 제외한다)
10. 그 밖에 보건상 해로운 물질로서 산업재해보상보험및예방심의위원회의 심의를 거쳐 고용노동부장관이 정하는 유해물질

영 제88조(허가 대상 유해물질) 법 제118조 제1항 전단에서 "대체물질이 개발되지 아니한 물질 등 대통령령으로 정하는 물질"이란 다음 각 호의 물질을 말한다. <개정 2020. 9. 8.>
1. α-나프틸아민[134-32-7] 및 그 염(α-Naphthylamine and its salts)
2. 디아니시딘[119-90-4] 및 그 염(Dianisidine and its salts)
3. 디클로로벤지딘[91-94-1] 및 그 염(Dichlorobenzidine and its salts)
4. 베릴륨(Beryllium; 7440-41-7)
5. 벤조트리클로라이드(Benzotrichloride; 98-07-7)
6. 비소[7440-38-2] 및 그 무기화합물(Arsenic and its inorganic compounds)
7. 염화비닐(Vinyl chloride; 75-01-4)
8. 콜타르피치[65996-93-2] 휘발물(Coal tar pitch volatiles)
9. 크롬광 가공(열을 가하여 소성 처리하는 경우만 해당한다)(Chromite ore processing)
10. 크롬산 아연(Zinc chromates; 13530-65-9 등)
11. o-톨리딘[119-93-7] 및 그 염(o-Tolidine and its salts)
12. 황화니켈류(Nickel sulfides; 12035-72-2, 16812-54-7)
13. 제1호부터 제4호까지 또는 제6호부터 제12호까지의 어느 하나에 해당하는 물질을 포함한 혼합물(포함된 중량의 비율이 1퍼센트 이하인 것은 제외한다)
14. 제5호의 물질을 포함한 혼합물(포함된 중량의 비율이 0.5퍼센트 이하인 것은 제외한다)
15. 그 밖에 보건상 해로운 물질로서 산업재해보상보험및예방심의위원회의 심의를 거쳐 고용노동부장관이 정하는 유해물질

정답 ④

03 산업안전보건법령상 제조 또는 사용허가를 받아야 하는 유해물질에 해당하지 않는 것은?

① 디클로로벤지딘과 그 염
② 오로토-톨리딘과 그 염
③ 디아니시딘과 그 염
④ 비소 및 그 무기화합물
⑤ 베타-나프틸아민과 그 염

> 해설

> 근거조문 영 제88조

영 제88조(허가 대상 유해물질) 법 제118조 제1항 전단에서 "대체물질이 개발되지 아니한 물질 등 대통령령으로 정하는 물질"이란 다음 각 호의 물질을 말한다. <개정 2020. 9. 8.>
1. α-나프틸아민[134-32-7] 및 그 염(α-Naphthylamine and its salts)
2. 디아니시딘[119-90-4] 및 그 염(Dianisidine and its salts)
3. 디클로로벤지딘[91-94-1] 및 그 염(Dichlorobenzidine and its salts)
4. 베릴륨(Beryllium; 7440-41-7)
5. 벤조트리클로라이드(Benzotrichloride; 98-07-7)
6. 비소[7440-38-2] 및 그 무기화합물(Arsenic and its inorganic compounds)
7. 염화비닐(Vinyl chloride; 75-01-4)
8. 콜타르피치[65996-93-2] 휘발물(Coal tar pitch volatiles)
9. 크롬광 가공(열을 가하여 소성 처리하는 경우만 해당한다)(Chromite ore processing)
10. 크롬산 아연(Zinc chromates; 13530-65-9 등)
11. o-톨리딘[119-93-7] 및 그 염(o-Tolidine and its salts)
12. 황화니켈류(Nickel sulfides; 12035-72-2, 16812-54-7)
13. 제1호부터 제4호까지 또는 제6호부터 제12호까지의 어느 하나에 해당하는 물질을 포함한 혼합물(포함된 중량의 비율이 1퍼센트 이하인 것은 제외한다)
14. 제5호의 물질을 포함한 혼합물(포함된 중량의 비율이 0.5퍼센트 이하인 것은 제외한다)
15. 그 밖에 보건상 해로운 물질로서 산업재해보상보험및예방심의위원회의 심의를 거쳐 고용노동부장관이 정하는 유해물질

정답 ⑤

04 산업안전보건법령상 제조·수입·양도·제공 또는 사용이 금지되는 유해물질에 해당하는 것은?

① 함유된 용량의 비율이 3퍼센트인 백연을 함유한 페인트
② 오로토-톨리딘과 그 염
③ 함유된 용량의 비율이 4퍼센트인 벤젠을 함유하는 고무풀
④ 알파-나프틸아민과 그 염
⑤ 벤조트리클로리드

> 해설

> 근거조문 영 제87조

영 제87조(제조 등이 금지되는 유해물질) 법 제117조 제1항 각 호 외의 부분에서 "대통령령으로 정하는 물질"이란 다음 각 호의 물질을 말한다. <개정 2020. 9. 8.>
1. β-나프틸아민[91-59-8]과 그 염(β-Naphthylamine and its salts)
2. 4-니트로디페닐[92-93-3]과 그 염(4-Nitrodiphenyl and its salts)

3. 백연[1319-46-6]을 포함한 페인트(포함된 중량의 비율이 2퍼센트 이하인 것은 제외한다)
4. 벤젠[71-43-2]을 포함하는 고무풀(포함된 중량의 비율이 5퍼센트 이하인 것은 제외한다)
5. 석면(Asbestos; 1332-21-4 등)
6. 폴리클로리네이티드 터페닐(Polychlorinated terphenyls; 61788-33-8 등)
7. 황린(黃燐)[12185-10-3] 성냥(Yellow phosphorus match)
8. 제1호, 제2호, 제5호 또는 제6호에 해당하는 물질을 포함한 혼합물(포함된 중량의 비율이 1퍼센트 이하인 것은 제외한다)
9. 「화학물질관리법」 제2조 제5호에 따른 금지물질(같은 법 제3조 제1항 제1호부터 제12호까지의 규정에 해당하는 화학물질은 제외한다)
10. 그 밖에 보건상 해로운 물질로서 산업재해보상보험및예방심의위원회의 심의를 거쳐 고용노동부장관이 정하는 유해물질

정답 ①

05 산업안전보건법령상 신규화학물질의 유해성·위험성 조사 대상에서 제외되는 것은?

① 방사성 물질
② 노말헥산
③ 포름알데히드
④ 카드뮴 및 그 화합물
⑤ 트리클로로에틸렌

해설

근거조문 영 제85조

영 제85조(유해성·위험성 조사 제외 화학물질) 법 제108조 제1항 각 호 외의 부분 본문에서 "대통령령으로 정하는 화학물질"이란 다음 각 호의 어느 하나에 해당하는 화학물질을 말한다.
1. 원소
2. 천연으로 산출된 화학물질
3. 「건강기능식품에 관한 법률」 제3조 제1호에 따른 건강기능식품
4. 「군수품관리법」 제2조 및 「방위사업법」 제3조 제2호에 따른 군수품[「군수품관리법」 제3조에 따른 통상품(通常品)은 제외한다]
5. 「농약관리법」 제2조 제1호 및 제3호에 따른 농약 및 원제
6. 「마약류 관리에 관한 법률」 제2조 제1호에 따른 마약류
7. 「비료관리법」 제2조 제1호에 따른 비료
8. 「사료관리법」 제2조 제1호에 따른 사료
9. 「생활화학제품 및 살생물제의 안전관리에 관한 법률」 제3조 제7호 및 제8호에 따른 살생물물질 및 살생물제품
10. 「식품위생법」 제2조 제1호 및 제2호에 따른 식품 및 식품첨가물
11. 「약사법」 제2조 제4호 및 제7호에 따른 의약품 및 의약외품(醫藥外品)
12. 「원자력안전법」 제2조 제5호에 따른 **방사성물질**

13. 「위생용품 관리법」 제2조 제1호에 따른 위생용품
14. 「의료기기법」 제2조 제1항에 따른 의료기기
15. 「총포·도검·화약류 등의 안전관리에 관한 법률」 제2조 제3항에 따른 화약류
16. 「화장품법」 제2조 제1호에 따른 화장품과 화장품에 사용하는 원료
17. 법 제108조 제3항에 따라 고용노동부장관이 명칭, 유해성·위험성, 근로자의 건강장해 예방을 위한 조치 사항 및 연간 제조량·수입량을 공표한 물질로서 공표된 연간 제조량·수입량 이하로 제조하거나 수입한 물질
18. 고용노동부장관이 환경부장관과 협의하여 고시하는 화학물질 목록에 기록되어 있는 물질

정답 ①

06 산업안전보건법령의 내용에 관한 설명으로 옳지 않은 것은?

① 염화비닐을 제조하거나 사용하는 경우에는 고용노동부장관의 허가를 받아야 한다.
② 트리클로로에틸렌은 작업장 내의 노출농도를 시간가중평균값 50ppm 이하로 유지하여야 한다.
③ 일반 소비자의 생활용품으로 제공하기 위하여 신규화학물질을 수입하는 경우에는 신규화학물질의 유해성·위험성 조사보고서를 제출하지 않는다.
④ 신규화학물질의 수입을 대행하는 자가 따로 있는 경우에는 그 수입을 대행하는 자가 신규화학물질을 유해성·위험성 조사보고서를 제출하여야 한다.
⑤ "단시간 노출값(STEL, Short-Term Exposure Limit)"이란 15분 간의 시간가중평균값으로서 노출 농도가 시간가중평균값을 초과하고 단시간 노출값 이하인 경우에는 1회 노출 지속시간이 15분 미만이어야 하고, 이러한 상태가 1일 4회 이하로 발생해야 하며, 각 회의 간격은 60분 이상이어야 한다.

해설

근거조문 시행규칙 별표19

제108조(신규화학물질의 유해성·위험성 조사) ① 대통령령으로 정하는 화학물질 외의 화학물질(이하 "신규화학물질"이라 한다)을 제조하거나 수입하려는 자(이하 "신규화학물질제조자등"이라 한다)는 신규화학물질에 의한 근로자의 건강장해를 예방하기 위하여 고용노동부령으로 정하는 바에 따라 그 신규화학물질의 유해성·위험성을 조사하고 그 조사보고서를 고용노동부장관에게 제출하여야 한다. 다만, 다음 각 호의 어느 하나에 해당하는 경우에는 그러하지 아니하다.
 1. 일반 소비자의 생활용으로 제공하기 위하여 신규화학물질을 수입하는 경우로서 고용노동부령으로 정하는 경우
 2. 신규화학물질의 수입량이 소량이거나 그 밖에 위해의 정도가 적다고 인정되는 경우로서 고용노동부령으로 정하는 경우
② 신규화학물질제조자등은 제1항 각 호 외의 부분 본문에 따라 유해성·위험성을 조사한 결과 해당 신규화학물질에 의한 근로자의 건강장해를 예방하기 위하여 필요한 조치를 하여야 하는 경우 이를 즉시 시행하여야 한다.

③ 고용노동부장관은 제1항에 따라 신규화학물질의 유해성·위험성 조사보고서가 제출되면 고용노동부령으로 정하는 바에 따라 그 신규화학물질의 명칭, 유해성·위험성, 근로자의 건강장해 예방을 위한 조치사항 등을 공표하고 관계 부처에 통보하여야 한다.

④ 고용노동부장관은 제1항에 따라 제출된 신규화학물질의 유해성·위험성 조사보고서를 검토한 결과 근로자의 건강장해 예방을 위하여 필요하다고 인정할 때에는 신규화학물질제조자등에게 시설·설비를 설치·정비하고 보호구를 갖추어 두는 등의 조치를 하도록 명할 수 있다.

⑤ 신규화학물질제조자등이 신규화학물질을 양도하거나 제공하는 경우에는 제4항에 따른 근로자의 건강장해 예방을 위하여 조치하여야 할 사항을 기록한 서류를 함께 제공하여야 한다.

제109조(중대한 건강장해 우려 화학물질의 유해성·위험성 조사) ① 고용노동부장관은 근로자의 건강장해를 예방하기 위하여 필요하다고 인정할 때에는 고용노동부령으로 정하는 바에 따라 암 또는 그 밖에 중대한 건강장해를 일으킬 우려가 있는 화학물질을 제조·수입하는 자 또는 사용하는 사업주에게 해당 화학물질의 유해성·위험성 조사와 그 결과의 제출 또는 제105조 제1항에 따른 유해성·위험성 평가에 필요한 자료의 제출을 명할 수 있다.

② 제1항에 따라 화학물질의 유해성·위험성 조사 명령을 받은 자는 유해성·위험성 조사 결과 해당 화학물질로 인한 근로자의 건강장해가 우려되는 경우 근로자의 건강장해를 예방하기 위하여 시설·설비의 설치 또는 개선 등 필요한 조치를 하여야 한다.

③ 고용노동부장관은 제1항에 따라 제출된 조사 결과 및 자료를 검토하여 근로자의 건강장해를 예방하기 위하여 필요하다고 인정하는 경우에는 해당 화학물질을 제105조 제2항에 따라 구분하여 관리하거나 해당 화학물질을 제조·수입한 자 또는 사용하는 사업주에게 근로자의 건강장해 예방을 위한 시설·설비의 설치 또는 개선 등 필요한 조치를 하도록 명할 수 있다.

제123조(석면해체·제거 작업기준의 준수) ① 석면이 포함된 건축물이나 설비를 철거하거나 해체하는 자는 고용노동부령으로 정하는 석면해체·제거의 작업기준을 준수하여야 한다. <개정 2020. 5. 26.>

② 근로자는 석면이 포함된 건축물이나 설비를 철거하거나 해체하는 자가 제1항의 작업기준에 따라 근로자에게 한 조치로서 고용노동부령으로 정하는 조치 사항을 준수하여야 한다. <개정 2020. 5. 26.>

■ 산업안전보건법 시행규칙 [별표 19]

유해인자별 노출 농도의 허용기준(제145조 제1항 관련)

유해인자		허용기준			
		시간가중평균값(TWA)		단시간 노출값(STEL)	
		ppm	mg/㎥	ppm	mg/㎥
1. 6가크롬[18540-29-9] 화합물 (Chromium VI compounds)	불용성		0.01		
	수용성		0.05		
2. 납[7439-92-1] 및 그 무기화합물(Lead and its inorganic compounds)			0.05		
3. 니켈[7440-02-0] 화합물(불용성 무기화합물로 한정한다)(Nickel and its insoluble inorganic compounds)			0.2		
4. 니켈카르보닐(Nickel carbonyl; 13463-39-3)		0.001			

물질명			
5. 디메틸포름아미드(Dimethylformamide; 68-12-2)	10		
6. 디클로로메탄(Dichloromethane; 75-09-2)	50		
7. 1,2-디클로로프로판(1,2-Dichloro propane; 78-87-5)	10		110
8. 망간[7439-96-5] 및 그 무기화합물(Manganese and its inorganic compounds)	1		
9. 메탄올(Methanol; 67-56-1)	200		250
10. 메틸렌 비스(페닐 이소시아네이트) [Methylene bis(phenyl isocya nate); 101-68-8 등]	0.005		
11. 베릴륨[7440-41-7] 및 그 화합물 (Beryllium and its compounds)	0.002		0.01
12. 벤젠(Benzene; 71-43-2)	0.5		2.5
13. 1,3-부타디엔(1,3-Butadiene; 106-99-0)	2		10
14. 2-브로모프로판 (2-Bromopropane; 75-26-3)	1		
15. 브롬화 메틸(Methyl bromide; 74-83-9)	1		
16. 산화에틸렌(Ethylene oxide; 75-21-8)	1		
17. 석면(제조·사용하는 경우만 해당한다) (Asbestos; 1332-21-4 등)	0.1개/㎤		
18. 수은[7439-97-6] 및 그 무기화합물 (Mercury and its inorganic compounds)	0.025		
19. 스티렌(Styrene; 100-42-5)	20		40
20. 시클로헥사논(Cyclohexanone; 108-94-1)	25		50
21. 아닐린(Aniline; 62-53-3)	2		
22. 아크릴로니트릴(Acrylonitrile; 107-13-1)	2		
23. 암모니아(Ammonia; 7664-41-7 등)	25		35
24. 염소(Chlorine; 7782-50-5)	0.5		1
25. 염화비닐(Vinyl chloride; 75-01-4)	1		
26. 이황화탄소(Carbon disulfide; 75-15-0)	1		
27. 일산화탄소(Carbon monoxide; 630-08-0)	30		200
28. 카드뮴[7440-43-9] 및 그 화합물 (Cadmium and its compounds)	0.01 (호흡성 분진인 경우 0.002)		

화학물질			
29. 코발트[7440-48-4] 및 그 무기화합물 (Cobalt and its inorganic compounds)		0.02	
30. 콜타르피치[65996-93-2] 휘발물(Coal tar pitch volatiles)		0.2	
31. 톨루엔(Toluene; 108-88-3)	50		150
32. 톨루엔-2,4-디이소시아네이트 (Toluene-2,4-diisocyanate; 584-84-9 등)	0.005		0.02
33. 톨루엔-2,6-디이소시아네이트 (Toluene-2,6-diisocyanate; 91-08-7 등)	0.005		0.02
34. 트리클로로메탄(Trichloromethane; 67-66-3)	10		
35. 트리클로로에틸렌(Trichloroethylene; 79-01-6)	10		25
36. 포름알데히드(Formaldehyde; 50-00-0)	0.3		
37. n-헥산(n-Hexane; 110-54-3)	50		
38. 황산(Sulfuric acid; 7664-93-9)		0.2	0.6

※ 비고

1. "시간가중평균값(TWA, Time-Weighted Average)"이란 1일 8시간 작업을 기준으로 한 평균노출농도로서 산출공식은 다음과 같다.

$$TWA 환산값 = \frac{C_1 \cdot T_1 + C_1 \cdot T_1 + \cdots + C_n \cdot T_n}{8}$$

주) C: 유해인자의 측정농도(단위: ppm, mg/m³ 또는 개/cm³)
    T: 유해인자의 발생시간(단위: 시간)

2. "단시간 노출값(STEL, Short-Term Exposure Limit)"이란 15분 간의 시간가중평균값으로서 노출 농도가 시간가중평균값을 초과하고 단시간 노출값 이하인 경우에는 ① 1회 노출 지속시간이 15분 미만이어야 하고, ② 이러한 상태가 1일 4회 이하로 발생해야 하며, ③ 각 회의 간격은 60분 이상이어야 한다.

3. "등"이란 해당 화학물질에 이성질체 등 동일 속성을 가지는 2개 이상의 화합물이 존재할 수 있는 경우를 말한다.

정답 ②

07 산업안전보건법령상 제조 또는 사용허가를 받아야 하는 유해물질에 해당하는 것은?

① 황린(黃燐) 성냥
② 벤조트리클로리드
③ 석면
④ 폴리클로리네이티드 터페닐(PCT)
⑤ 4-니트로디페닐과 그 염

> 해설

근거조문 영 제87조, 제88조

영 제88조(허가 대상 유해물질) 법 제118조 제1항 전단에서 "대체물질이 개발되지 아니한 물질 등 대통령령으로 정하는 물질"이란 다음 각 호의 물질을 말한다. <개정 2020. 9. 8.>
1. α-나프틸아민[134-32-7] 및 그 염(α-Naphthylamine and its salts)
2. 디아니시딘[119-90-4] 및 그 염(Dianisidine and its salts)
3. 디클로로벤지딘[91-94-1] 및 그 염(Dichlorobenzidine and its salts)
4. 베릴륨(Beryllium; 7440-41-7)
5. **벤조트리클로라이드**(Benzotrichloride; 98-07-7)
6. 비소[7440-38-2] 및 그 무기화합물(Arsenic and its inorganic compounds)
7. 염화비닐(Vinyl chloride; 75-01-4)
8. 콜타르피치[65996-93-2] 휘발물(Coal tar pitch volatiles)
9. 크롬광 가공(열을 가하여 소성 처리하는 경우만 해당한다)(Chromite ore processing)
10. 크롬산 아연(Zinc chromates; 13530-65-9 등)
11. o-톨리딘[119-93-7] 및 그 염(o-Tolidine and its salts)
12. 황화니켈류(Nickel sulfides; 12035-72-2, 16812-54-7)
13. 제1호부터 제4호까지 또는 제6호부터 제12호까지의 어느 하나에 해당하는 물질을 포함한 혼합물(포함된 중량의 비율이 1퍼센트 이하인 것은 제외한다)
14. 제5호의 물질을 포함한 혼합물(포함된 중량의 비율이 0.5퍼센트 이하인 것은 제외한다)
15. 그 밖에 보건상 해로운 물질로서 산업재해보상보험및예방심의위원회의 심의를 거쳐 고용노동부장관이 정하는 유해물질

영 제87조(제조 등이 금지되는 유해물질) 법 제117조 제1항 각 호 외의 부분에서 "대통령령으로 정하는 물질"이란 다음 각 호의 물질을 말한다. <개정 2020. 9. 8.>
1. β-나프틸아민[91-59-8]과 그 염(β-Naphthylamine and its salts)
2. 4-니트로디페닐[92-93-3]과 그 염(4-Nitrodiphenyl and its salts)
3. 백연[1319-46-6]을 포함한 페인트(포함된 중량의 비율이 2퍼센트 이하인 것은 제외한다)
4. 벤젠[71-43-2]을 포함하는 고무풀(포함된 중량의 비율이 5퍼센트 이하인 것은 제외한다)
5. 석면(Asbestos; 1332-21-4 등)
6. 폴리클로리네이티드 터페닐(Polychlorinated terphenyls; 61788-33-8 등) →(PCT)
7. 황린(黃燐)[12185-10-3] 성냥(Yellow phosphorus match)
8. 제1호, 제2호, 제5호 또는 제6호에 해당하는 물질을 포함한 혼합물(포함된 중량의 비율이 1퍼센트 이하인 것은 제외한다)
9. 「화학물질관리법」 제2조 제5호에 따른 금지물질(같은 법 제3조 제1항 제1호부터 제12호까지의 규정에 해당하는 화학물질은 제외한다)
10. 그 밖에 보건상 해로운 물질로서 산업재해보상보험및예방심의위원회의 심의를 거쳐 고용노동부장관이 정하는 유해물질

정답 ②

08 산업안전보건법령상 신규화학물질의 유해성·위험성 조사 대상에서 제외 화학물질이 아닌 것은?

① 방사성 물질
② 원소
③ 천연으로 산출된 화학물질
④ 「군수품관리법」 제3조에 따른 통상품(通常品)
⑤ 「비료관리법」 제2조 제1호에 따른 비료

해설

근거조문 법 제108조

제108조(신규화학물질의 유해성·위험성 조사) ① 대통령령으로 정하는 화학물질 외의 화학물질(이하 "신규화학물질"이라 한다)을 제조하거나 수입하려는 자(이하 "신규화학물질제조자등"이라 한다)는 신규화학물질에 의한 근로자의 건강장해를 예방하기 위하여 고용노동부령으로 정하는 바에 따라 그 신규화학물질의 유해성·위험성을 조사하고 그 조사보고서를 고용노동부장관에게 제출하여야 한다. 다만, 다음 각 호의 어느 하나에 해당하는 경우에는 그러하지 아니하다.
1. 일반 소비자의 생활용으로 제공하기 위하여 신규화학물질을 수입하는 경우로서 고용노동부령으로 정하는 경우
2. 신규화학물질의 수입량이 소량이거나 그 밖에 위해의 정도가 적다고 인정되는 경우로서 고용노동부령으로 정하는 경우

> **시행규칙 제149조(소량 신규화학물질의 유해성·위험성 조사 제외)** ① 법 제108조 제1항 제2호에 따른 신규화학물질의 수입량이 소량이어서 유해성·위험성 조사보고서를 제출하지 않는 경우란 신규화학물질의 연간 수입량이 100킬로그램 미만인 경우로서 고용노동부장관의 확인을 받은 경우를 말한다.
> ② 제1항에 따른 확인을 받은 자가 같은 항에서 정한 수량 이상의 신규화학물질을 수입하였거나 수입하려는 경우에는 그 사유가 발생한 날부터 30일 이내에 유해성·위험성 조사보고서를 고용노동부장관에게 제출해야 한다.
> ③ 제1항에 따른 확인의 신청에 관하여는 제148조 제2항을 준용한다.
> ④ 제1항에 따른 확인의 유효기간은 1년으로 한다. 다만, 신규화학물질의 연간 수입량이 100킬로그램 미만인 경우로서 제151조 제2항에 따라 확인을 받은 것으로 보는 경우에는 그 확인은 계속 유효한 것으로 본다.
>
> **시행규칙 제150조(그 밖의 신규화학물질의 유해성·위험성 조사 제외)** ① 법 제108조 제1항 제2호에서 "위해의 정도가 적다고 인정되는 경우로서 고용노동부령으로 정하는 경우"란 다음 각 호의 어느 하나에 해당하는 경우로서 고용노동부장관의 확인을 받은 경우를 말한다.
> 1. 제조하거나 수입하려는 신규화학물질이 시험·연구를 위하여 사용되는 경우
> 2. 신규화학물질을 전량 수출하기 위하여 연간 10톤 이하로 제조하거나 수입하는 경우
> 3. 신규화학물질이 아닌 화학물질로만 구성된 고분자화합물로서 고용노동부장관이 정하여 고시하는 경우
> ② 제1항에 따른 확인의 신청에 관하여는 제148조 제2항을 준용한다.

② 신규화학물질제조자등은 제1항 각 호 외의 부분 본문에 따라 유해성·위험성을 조사한 결과 해당 신규화학물질에 의한 근로자의 건강장해를 예방하기 위하여 필요한 조치를 하여야 하는 경우 이를 즉시 시행하여야 한다.

③ 고용노동부장관은 제1항에 따라 신규화학물질의 유해성·위험성 조사보고서가 제출되면 고용노동부령으로 정하는 바에 따라 그 신규화학물질의 명칭, 유해성·위험성, 근로자의 건강장해 예방을 위한 조치사항 등을 공표하고 관계 부처에 통보하여야 한다.

④ 고용노동부장관은 제1항에 따라 제출된 신규화학물질의 유해성·위험성 조사보고서를 검토한 결과 근로자의 건강장해 예방을 위하여 필요하다고 인정할 때에는 신규화학물질제조자등에게 시설·설비를 설치·정비하고 보호구를 갖추어 두는 등의 조치를 하도록 명할 수 있다.

⑤ 신규화학물질제조자등이 신규화학물질을 양도하거나 제공하는 경우에는 제4항에 따른 근로자의 건강장해 예방을 위하여 조치하여야 할 사항을 기록한 서류를 함께 제공하여야 한다.

영 제85조(유해성·위험성 조사 제외 화학물질) 법 제108조 제1항 각 호 외의 부분 본문에서 "대통령령으로 정하는 화학물질"이란 다음 각 호의 어느 하나에 해당하는 화학물질을 말한다.

1. 원소
2. 천연으로 산출된 화학물질
3. 「건강기능식품에 관한 법률」 제3조 제1호에 따른 건강기능식품
4. 「군수품관리법」 제2조 및 「방위사업법」 제3조 제2호에 따른 군수품[「군수품관리법」 제3조에 따른 통상품(通常品)은 제외한다]
5. 「농약관리법」 제2조 제1호 및 제3호에 따른 농약 및 원제
6. 「마약류 관리에 관한 법률」 제2조 제1호에 따른 마약류
7. 「비료관리법」 제2조 제1호에 따른 비료
8. 「사료관리법」 제2조 제1호에 따른 사료
9. 「생활화학제품 및 살생물제의 안전관리에 관한 법률」 제3조 제7호 및 제8호에 따른 살생물물질 및 살생물제품
10. 「식품위생법」 제2조 제1호 및 제2호에 따른 식품 및 식품첨가물
11. 「약사법」 제2조 제4호 및 제7호에 따른 의약품 및 의약외품(醫藥外品)
12. 「원자력안전법」 제2조 제5호에 따른 **방사성물질**
13. 「위생용품 관리법」 제2조 제1호에 따른 위생용품
14. 「의료기기법」 제2조 제1항에 따른 의료기기
15. 「총포·도검·화약류 등의 안전관리에 관한 법률」 제2조 제3항에 따른 화약류
16. 「화장품법」 제2조 제1호에 따른 화장품과 화장품에 사용하는 원료
17. 법 제108조 제3항에 따라 고용노동부장관이 명칭, 유해성·위험성, 근로자의 건강장해 예방을 위한 조치 사항 및 연간 제조량·수입량을 공표한 물질로서 공표된 연간 제조량·수입량 이하로 제조하거나 수입한 물질
18. 고용노동부장관이 환경부장관과 협의하여 고시하는 화학물질 목록에 기록되어 있는 물질

정답 ④

09 산업안전보건법령상 유해인자인 메탄올의 노출농도의 허용기준을 옳게 연결한 것은?

	시간가중평균값(TWA)	단시간 노출값(STEL)
①	100ppm	150ppm
②	100ppm	200ppm
③	200ppm	250ppm
④	200ppm	300ppm
⑤	300ppm	400ppm

해설

근거조문 ▶ 시행규칙 별표19

정답 ③

---

10 산업안전보건법령상 유해인자별 노출 농도의 허용기준과 관련하여 단시간 노출값의 내용이다. ( )에 들어갈 숫자가 순서대로 옳은 것은?

> "단시간 노출값(STEL)"이란 15분 간의 시간가중평균값으로서 노출 농도가 시간가중평균값을 초과하고 단시간 노출값 이하인 경우에는 1회 노출지속시간이 15분 미만이어야 하고, 이러한 상태가 1일 ( )회 이하로 발생해야 하며, 각 회의 간격은 ( )분 이상이어야 한다.

① 4, 30
② 4, 60
③ 5, 30
④ 5, 60
⑤ 6, 60

해설

근거조문 ▶ 시행규칙 별표19

정답 ②

11

산업안전보건법령상 고용노동부장관의 확인을 받은 경우로서 화학물질의 유해성·위험성 조사에서 제외되는 것을 모두 고른 것은?

> ㄱ. 신규화학물질을 전량 수출하기 위하여 연간 100톤 이하로 제조하는 경우
> ㄴ. 신규화학물질의 연간 수입량이 100킬로그램 미만인 경우
> ㄷ. 해당 신규화학물질의 용기를 국내에서 변경하지 아니하는 경우
> ㄹ. 해당 신규화학물질이 완성된 제품으로서 국내에서 가공하지 아니하는 경우

① ㄱ, ㄹ
② ㄴ, ㄷ
③ ㄱ, ㄴ, ㄷ
④ ㄴ, ㄷ, ㄹ
⑤ ㄱ, ㄴ, ㄷ, ㄹ

해설

근거조문 시행규칙 제148조 이하

제108조(신규화학물질의 유해성·위험성 조사) ① 대통령령으로 정하는 화학물질 외의 화학물질(이하 "신규화학물질"이라 한다)을 제조하거나 수입하려는 자(이하 "신규화학물질제조자등"이라 한다)는 신규화학물질에 의한 근로자의 건강장해를 예방하기 위하여 고용노동부령으로 정하는 바에 따라 그 신규화학물질의 유해성·위험성을 조사하고 그 조사보고서를 고용노동부장관에게 제출하여야 한다. **다만, 다음 각 호의 어느 하나에 해당하는 경우에는 그러하지 아니하다.**
1. 일반 소비자의 생활용으로 제공하기 위하여 신규화학물질을 수입하는 경우로서 고용노동부령으로 정하는 경우
2. 신규화학물질의 수입량이 소량이거나 그 밖에 위해의 정도가 적다고 인정되는 경우로서 고용노동부령으로 정하는 경우

② 신규화학물질제조자등은 제1항 각 호 외의 부분 본문에 따라 유해성·위험성을 조사한 결과 해당 신규화학물질에 의한 근로자의 건강장해를 예방하기 위하여 필요한 조치를 하여야 하는 경우 이를 즉시 시행하여야 한다.

③ 고용노동부장관은 제1항에 따라 신규화학물질의 유해성·위험성 조사보고서가 제출되면 고용노동부령으로 정하는 바에 따라 그 신규화학물질의 명칭, 유해성·위험성, 근로자의 건강장해 예방을 위한 조치 사항 등을 공표하고 관계 부처에 통보하여야 한다.

④ 고용노동부장관은 제1항에 따라 제출된 신규화학물질의 유해성·위험성 조사보고서를 검토한 결과 근로자의 건강장해 예방을 위하여 필요하다고 인정할 때에는 신규화학물질제조자등에게 시설·설비를 설치·정비하고 보호구를 갖추어 두는 등의 조치를 하도록 명할 수 있다.

⑤ 신규화학물질제조자등이 신규화학물질을 양도하거나 제공하는 경우에는 제4항에 따른 근로자의 건강장해 예방을 위하여 조치하여야 할 사항을 기록한 서류를 함께 제공하여야 한다.

제109조(중대한 건강장해 우려 화학물질의 유해성·위험성 조사) ① 고용노동부장관은 근로자의 건강장해를 예방하기 위하여 필요하다고 인정할 때에는 고용노동부령으로 정하는 바에 따라 암 또는 그 밖에 중대한 건강장해를 일으킬 우려가 있는 화학물질을 제조·수입하는 자 또는 사용하는 사업주에게 해당 화학물질의 유해성·위험성 조사와 그 결과의 제출 또는 제105조 제1항에 따른 유해성·위험성 평가에 필요한 자료의 제출을 명할 수 있다.

② 제1항에 따라 화학물질의 유해성·위험성 조사 명령을 받은 자는 유해성·위험성 조사 결과 해당 화학물질로 인한 근로자의 건강장해가 우려되는 경우 근로자의 건강장해를 예방하기 위하여 시설·설비의 설치 또는 개선 등 필요한 조치를 하여야 한다.

③ 고용노동부장관은 제1항에 따라 제출된 조사 결과 및 자료를 검토하여 근로자의 건강장해를 예방하기 위하여 필요하다고 인정하는 경우에는 해당 화학물질을 제105조 제2항에 따라 구분하여 관리하거나 해당 화학물질을 제조·수입한 자 또는 사용하는 사업주에게 근로자의 건강장해 예방을 위한 시설·설비의 설치 또는 개선 등 필요한 조치를 하도록 명할 수 있다.

시행규칙 제148조(일반소비자 생활용 신규화학물질의 유해성·위험성 조사 제외) ① 법 제108조 제1항 제1호에서 "고용노동부령으로 정하는 경우"란 다음 각 호의 어느 하나에 해당하는 경우로서 **고용노동부장관의 확인을 받은 경우**를 말한다.
   1. 해당 신규화학물질이 완성된 제품으로서 국내에서 가공하지 않는 경우
   2. 해당 신규화학물질의 포장 또는 용기를 국내에서 변경하지 않거나 국내에서 포장하거나 용기에 담지 않는 경우
   3. 해당 신규화학물질이 직접 소비자에게 제공되고 국내의 사업장에서 사용되지 않는 경우
② 제1항에 따른 확인을 받으려는 자는 최초로 신규화학물질을 수입하려는 날 7일 전까지 별지 제60호서식의 신청서에 제1항 각 호의 어느 하나에 해당하는 사실을 증명하는 서류를 첨부하여 고용노동부장관에게 제출해야 한다.

제149조(소량 신규화학물질의 유해성·위험성 조사 제외) ① 법 제108조 제1항 제2호에 따른 신규화학물질의 **수입량이 소량**이어서 유해성·위험성 조사보고서를 제출하지 않는 경우란 신규화학물질의 연간 수입량이 100킬로그램 미만인 경우로서 고용노동부장관의 확인을 받은 경우를 말한다.
② 제1항에 따른 확인을 받은 자가 같은 항에서 정한 수량 이상의 신규화학물질을 수입하였거나 수입하려는 경우에는 그 사유가 발생한 날부터 30일 이내에 유해성·위험성 조사보고서를 고용노동부장관에게 제출해야 한다.
③ 제1항에 따른 확인의 신청에 관하여는 제148조 제2항을 준용한다.
④ 제1항에 따른 확인의 유효기간은 1년으로 한다. 다만, 신규화학물질의 연간 수입량이 100킬로그램 미만인 경우로서 제151조 제2항에 따라 확인을 받은 것으로 보는 경우에는 그 확인은 계속 유효한 것으로 본다.

제150조(그 밖의 신규화학물질의 유해성·위험성 조사 제외) ① 법 제108조 제1항 제2호에서 "위해의 정도가 적다고 인정되는 경우로서 고용노동부령으로 정하는 경우"란 다음 각 호의 어느 하나에 해당하는 경우로서 고용노동부장관의 확인을 받은 경우를 말한다.
   1. 제조하거나 수입하려는 신규화학물질이 시험·연구를 위하여 사용되는 경우
   2. **신규화학물질을 전량 수출**하기 위하여 연간 10톤 이하로 제조하거나 수입하는 경우
   3. 신규화학물질이 아닌 화학물질로만 구성된 고분자화합물로서 고용노동부장관이 정하여 고시하는 경우
② 제1항에 따른 확인의 신청에 관하여는 제148조 제2항을 준용한다.

제151조(확인의 면제) ① 제148조 및 제150조에 따라 확인을 받아야 할 자가 「화학물질의 등록 및 평가 등에 관한 법률」 제11조에 따라 환경부장관으로부터 화학물질의 등록 면제확인을 통지받은 경우에는 제148조 및 제150조에 따른 확인을 받은 것으로 본다.
② 제149조 제1항에 따라 확인을 받아야 할 자가 「화학물질의 등록 및 평가 등에 관한 법률」 제10조 제7항에 따라 환경부장관으로부터 화학물질의 신고를 통지받았거나 법률 제11789호 화학물질의 등록 및 평가 등에 관한 법률 부칙 제4조에 따라 등록면제확인을 받은 것으로 보는 경우에는 제149조에 따른 확인을 받은 것으로 본다.

제152조(확인 및 결과 통보) 고용노동부장관은 제148조 제2항(제149조 제3항 및 제150조 제2항에서 준용하는 경우를 포함한다)에 따른 신청서가 제출된 경우에는 이를 지체 없이 확인한 후 접수된 날부터 20일 이내에 그 결과를 해당 신청인에게 알려야 한다.

정답 ④

12 산업안전보건법령상 화학물질의 유해성·위험성을 조사하고 그 조사보고서를 고용노동부장관에게 제출하여야 하는 것은?

① 방사성 물질
② 천연으로 산출된 화학물질
③ 연간 수입량이 1,000킬로그램 미만인 경우로서 고용노동부장관의 확인을 받은 신규화학물질
④ 전량 수출하기 위하여 연간 10톤 이하로 제조하거나 수입하는 경우로서 고용노동부장관의 확인을 받은 신규화학물질
⑤ 일반 소비자의 생활용으로 직접 소비자에게 제공되고 국내의 사업장에서 사용되지 않는 경우로서 고용노동부장관의 확인을 받은 신규화학물질

해설

근거조문 ▶ 영 제85조

영 제85조(유해성·위험성 조사 제외 화학물질) 법 제108조 제1항 각 호 외의 부분 본문에서 "대통령령으로 정하는 화학물질"이란 다음 각 호의 어느 하나에 해당하는 화학물질을 말한다.
1. 원소
2. 천연으로 산출된 화학물질
3. 「건강기능식품에 관한 법률」 제3조 제1호에 따른 건강기능식품
4. 「군수품관리법」 제2조 및 「방위사업법」 제3조 제2호에 따른 군수품[「군수품관리법」 제3조에 따른 통상품(痛常品)은 제외한다]
5. 「농약관리법」 제2조 제1호 및 제3호에 따른 농약 및 원제
6. 「마약류 관리에 관한 법률」 제2조 제1호에 따른 마약류
7. 「비료관리법」 제2조 제1호에 따른 비료
8. 「사료관리법」 제2조 제1호에 따른 사료
9. 「생활화학제품 및 살생물제의 안전관리에 관한 법률」 제3조 제7호 및 제8호에 따른 살생물물질 및 살생물제품
10. 「식품위생법」 제2조 제1호 및 제2호에 따른 식품 및 식품첨가물
11. 「약사법」 제2조 제4호 및 제7호에 따른 의약품 및 의약외품(醫藥外品)
12. 「원자력안전법」 제2조 제5호에 따른 방사성물질
13. 「위생용품 관리법」 제2조 제1호에 따른 위생용품
14. 「의료기기법」 제2조 제1항에 따른 의료기기
15. 「총포·도검·화약류 등의 안전관리에 관한 법률」 제2조 제3항에 따른 화약류
16. 「화장품법」 제2조 제1호에 따른 화장품과 화장품에 사용하는 원료
17. 법 제108조 제3항에 따라 고용노동부장관이 명칭, 유해성·위험성, 근로자의 건강장해 예방을 위한 조치 사항 및 연간 제조량·수입량을 공표한 물질로서 공표된 연간 제조량·수입량 이하로 제조하거나 수입한 물질
18. 고용노동부장관이 환경부장관과 협의하여 고시하는 화학물질 목록에 기록되어 있는 물질

정답 ③

13 산업안전보건법령상 유해물질의 제조 등의 금지·허가에 관한 설명으로 옳지 않은 것은?

① 함유된 용량의 비율이 5%인 백연을 함유한 페인트를 제조·수입·양도·제공 또는 사용하여서는 아니 된다.
② 위 ①의 경우 시험·연구를 목적으로 하는 경우에도 고용노동부장관의 승인을 받아 제조·수입 또는 사용하여야 한다.
③ 베릴륨을 제조하거나 사용하려는 자는 고용노동부장관의 허가를 받아야 한다.
④ 위 ③에 따라 허가를 받은 사항을 변경할 때에는 고용노동부장관에게 신고하는 것으로 변경허가를 갈음할 수 있다.
⑤ 고용노동부장관은 유해물질 제조·사용자가 거짓이나 그 밖의 부정한 방법으로 허가를 받은 경우라면 반드시 그 허가를 취소하여야 한다.

해설

근거조문 법 제117조 이하

제117조(유해·위험물질의 제조 등 금지) ① 누구든지 다음 각 호의 어느 하나에 해당하는 물질로서 대통령령으로 정하는 물질(이하 "제조등금지물질"이라 한다)을 제조·수입·양도·제공 또는 사용해서는 아니 된다.
  1. 직업성 암을 유발하는 것으로 확인되어 근로자의 건강에 특히 해롭다고 인정되는 물질
  2. 제105조 제1항에 따라 유해성·위험성이 평가된 유해인자나 제109조에 따라 유해성·위험성이 조사된 화학물질 중 근로자에게 중대한 건강장해를 일으킬 우려가 있는 물질
② 제1항에도 불구하고 시험·연구 또는 검사 목적의 경우로서 다음 각 호의 어느 하나에 해당하는 경우에는 제조등금지물질을 제조·수입·양도·제공 또는 사용할 수 있다.
  1. 제조·수입 또는 사용을 위하여 고용노동부령으로 정하는 요건을 갖추어 **고용노동부장관의 승인을 받은 경우**
  2. 「화학물질관리법」 제18조 제1항 단서에 따른 금지물질의 판매 허가를 받은 자가 같은 항 단서에 따라 판매 허가를 받은 자나 제1호에 따라 사용 승인을 받은 자에게 제조등금지물질을 양도 또는 제공하는 경우
③ 고용노동부장관은 제2항 제1호에 따른 승인을 받은 자가 같은 호에 따른 승인요건에 적합하지 아니하게 된 경우에는 승인을 취소하여야 한다.
④ 제2항 제1호에 따른 승인 절차, 승인 취소 절차, 그 밖에 필요한 사항은 고용노동부령으로 정한다.

제118조(유해·위험물질의 제조 등 허가) ① 제117조 제1항 각 호의 어느 하나에 해당하는 물질로서 대체물질이 개발되지 아니한 물질 등 대통령령으로 정하는 물질(이하 "허가대상물질"이라 한다)을 제조하거나 사용하려는 자는 **고용노동부장관의 허가**를 받아야 한다. 허가받은 사항을 변경할 때에도 또한 같다. → 허가를 받아야 한다.
② 허가대상물질의 제조·사용설비, 작업방법, 그 밖의 허가기준은 고용노동부령으로 정한다.
③ 제1항에 따라 허가를 받은 자(이하 "허가대상물질제조·사용자"라 한다)는 그 제조·사용설비를 제2항에 따른 허가기준에 적합하도록 유지하여야 하며, 그 기준에 적합한 작업방법으로 허가대상물질을 제조·사용하여야 한다.
④ 고용노동부장관은 허가대상물질제조·사용자의 제조·사용설비 또는 작업방법이 제2항에 따른 허가기준에 적합하지 아니하다고 인정될 때에는 그 기준에 적합하도록 제조·사용설비를 수리·개조 또는 이전하도록 하거나 그 기준에 적합한 작업방법으로 그 물질을 제조·사용하도록 명할 수 있다.

⑤ 고용노동부장관은 허가대상물질제조·사용자가 다음 각 호의 어느 하나에 해당하면 그 허가를 취소하거나 6개월 이내의 기간을 정하여 영업을 정지하게 할 수 있다. 다만, 제1호에 해당할 때에는 그 허가를 취소하여야 한다.
  1. 거짓이나 그 밖의 부정한 방법으로 허가를 받은 경우
  2. 제2항에 따른 허가기준에 맞지 아니하게 된 경우
  3. 제3항을 위반한 경우
  4. 제4항에 따른 명령을 위반한 경우
  5. 자체검사 결과 이상을 발견하고도 즉시 보수 및 필요한 조치를 하지 아니한 경우
⑥ 제1항에 따른 허가의 신청절차, 그 밖에 필요한 사항은 고용노동부령으로 정한다.

정답 ④

14 산업안전보건법령상 위험성평가 실시내용 및 결과의 기록·보존에 관한 설명으로 옳지 않은 것은?

① 위험성평가 대상의 유해·위험요인이 포함되어야 한다.
② 위험성 결정의 내용이 포함되어야 한다.
③ 위험성 결정에 따른 조치의 내용이 포함되어야 한다.
④ 위험성평가의 실시내용을 확인하기 위하여 필요한 사항으로서 고용노동부장관이 정하여 고시하는 사항이 포함되어야 한다.
⑤ 사업주는 위험성평가 실시내용 및 결과의 기록·보존에 따른 자료를 5년간 보존 하여야 한다.

해설

근거조문 시행규칙 제37조

제36조(위험성평가의 실시) ① 사업주는 건설물, 기계·기구·설비, 원재료, 가스, 증기, 분진, 근로자의 작업행동 또는 그 밖의 업무로 인한 유해·위험 요인을 찾아내어 부상 및 질병으로 이어질 수 있는 위험성의 크기가 허용 가능한 범위인지를 평가하여야 하고, 그 결과에 따라 이 법과 이 법에 따른 명령에 따른 조치를 하여야 하며, 근로자에 대한 위험 또는 건강장해를 방지하기 위하여 필요한 경우에는 추가적인 조치를 하여야 한다.
② 사업주는 제1항에 따른 평가 시 고용노동부장관이 정하여 고시하는 바에 따라 해당 작업장의 근로자를 참여시켜야 한다.
③ 사업주는 제1항에 따른 평가의 결과와 조치사항을 고용노동부령으로 정하는 바에 따라 기록하여 보존하여야 한다.
④ 제1항에 따른 평가의 방법, 절차 및 시기, 그 밖에 필요한 사항은 고용노동부장관이 정하여 고시한다.
시행규칙 제37조(위험성평가 실시내용 및 결과의 기록·보존) ① 사업주가 법 제36조 제3항에 따라 위험성평가의 결과와 조치사항을 기록·보존할 때에는 다음 각 호의 사항이 포함되어야 한다.
  1. 위험성평가 대상의 유해·위험요인
  2. 위험성 결정의 내용
  3. 위험성 결정에 따른 조치의 내용
  4. 그 밖에 위험성평가의 실시내용을 확인하기 위하여 필요한 사항으로서 고용노동부장관이 정하여 고시하는 사항
② **사업주는 제1항에 따른 자료를 3년간 보존**해야 한다.

정답 ⑤

15 산업안전보건법령상 작업환경측정에 대한 설명으로 옳은 것은?

① 작업환경측정 대상 작업장은 작업환경측정 대상 유해인자가 존재하는 작업장을 말한다.
② 작업환경측정을 할 때에는 모든 측정은 반드시 개인시료채취방법으로 하여야 한다.
③ 작업장 또는 작업공정이 신규로 가동되거나 변경되어 작업환경측정 대상 작업장이 된 경우에는 지체 없이 작업환경측정을 하여야 한다.
④ 발암성물질인 화학적 인자의 측정치가 노출기준을 초과하는 경우 해당 사업장 전체에 대하여 그 측정일부터 3개월에 1회 이상 작업환경측정을 하여야 한다.
⑤ 사업주는 작업환경측정 결과 노출기준을 초과한 작업공정이 있는 경우 개선 등 적절한 조치를 하고 시료채취를 마친 날부터 60일 이내에 해당 작업공정의 개선을 증명할 수 있는 서류 또는 개선계획을 관할 지방고용노동관서의 장에게 제출하여야 한다.

> 해설

근거조문 법 제125조 이하

제1절 **근로환경의 개선**

제125조(작업환경측정) ① 사업주는 유해인자로부터 근로자의 건강을 보호하고 쾌적한 작업환경을 조성하기 위하여 **인체에 해로운 작업을 하는 작업장으로서 고용노동부령으로 정하는 작업장**에 대하여 고용노동부령으로 정하는 자격을 가진 자로 하여금 작업환경측정을 하도록 하여야 한다.
② 제1항에도 불구하고 도급인의 사업장에서 관계수급인 또는 관계수급인의 근로자가 작업을 하는 경우에는 **도급인**이 제1항에 따른 자격을 가진 자로 하여금 작업환경측정을 하도록 하여야 한다.
③ 사업주(제2항에 따른 도급인을 포함한다. 이하 이 조 및 제127조에서 같다)는 제1항에 따른 작업환경측정을 제126조에 따라 지정받은 기관(이하 "작업환경측정기관"이라 한다)에 위탁할 수 있다. 이 경우 필요한 때에는 작업환경측정 중 시료의 분석만을 위탁할 수 있다.
④ 사업주는 근로자대표(관계수급인의 근로자대표를 포함한다. 이하 이 조에서 같다)가 요구하면 작업환경측정 시 근로자대표를 참석시켜야 한다.
⑤ 사업주는 작업환경측정 결과를 기록하여 보존하고 고용노동부령으로 정하는 바에 따라 고용노동부장관에게 보고하여야 한다. 다만, 제3항에 따라 사업주로부터 작업환경측정을 위탁받은 작업환경측정기관이 작업환경측정을 한 후 그 결과를 고용노동부령으로 정하는 바에 따라 고용노동부장관에게 제출한 경우에는 작업환경측정 결과를 보고한 것으로 본다.
⑥ 사업주는 작업환경측정 결과를 해당 작업장의 근로자(관계수급인 및 관계수급인 근로자를 포함한다. 이하 이 항, 제127조 및 제175조 제5항 제15호에서 같다)에게 알려야 하며, 그 결과에 따라 근로자의 건강을 보호하기 위하여 해당 시설·설비의 설치·개선 또는 건강진단의 실시 등의 조치를 하여야 한다.
⑦ 사업주는 산업안전보건위원회 또는 근로자대표가 **요구하면** 작업환경측정 결과에 대한 설명회 등을 개최하여야 한다. 이 경우 제3항에 따라 작업환경측정을 위탁하여 실시한 경우에는 작업환경측정기관에 작업환경측정 결과에 대하여 설명하도록 할 수 있다.
⑧ 제1항 및 제2항에 따른 작업환경측정의 방법·횟수, 그 밖에 필요한 사항은 고용노동부령으로 정한다.

제126조(작업환경측정기관) ① 작업환경측정기관이 되려는 자는 대통령령으로 정하는 인력·시설 및 장비 등의 요건을 갖추어 고용노동부장관의 지정을 받아야 한다.
② 고용노동부장관은 작업환경측정기관의 측정·분석 결과에 대한 정확성과 정밀도를 확보하기 위하여 작업환경측정기관의 측정·분석능력을 확인하고, 작업환경측정기관을 지도하거나 교육할 수 있다. 이 경우 측정·분석능력의 확인, 작업환경측정기관에 대한 교육의 방법·절차, 그 밖에 필요한 사항은 고용노동부장관이 정하여 고시한다.

③ 고용노동부장관은 작업환경측정의 수준을 향상시키기 위하여 필요한 경우 작업환경측정기관을 평가하고 그 결과(제2항에 따른 측정·분석능력의 확인 결과를 포함한다)를 공개할 수 있다. 이 경우 평가기준·방법 및 결과의 공개, 그 밖에 필요한 사항은 고용노동부령으로 정한다.
④ 작업환경측정기관의 유형, 업무 범위 및 지정 절차, 그 밖에 필요한 사항은 고용노동부령으로 정한다.
⑤ 작업환경측정기관에 관하여는 제21조 제4항 및 제5항을 준용한다. 이 경우 "안전관리전문기관 또는 보건관리전문기관"은 "작업환경측정기관"으로 본다.

제127조(작업환경측정 신뢰성 평가) ① 고용노동부장관은 제125조 제1항 및 제2항에 따른 작업환경측정 결과에 대하여 그 신뢰성을 평가할 수 있다.
② 사업주와 근로자는 고용노동부장관이 제1항에 따른 신뢰성을 평가할 때에는 적극적으로 협조하여야 한다.
③ 제1항에 따른 신뢰성 평가의 방법·대상 및 절차, 그 밖에 필요한 사항은 고용노동부령으로 정한다.

제128조(작업환경전문연구기관의 지정) ① 고용노동부장관은 작업장의 유해인자로부터 근로자의 건강을 보호하고 작업환경관리방법 등에 관한 전문연구를 촉진하기 위하여 유해인자별·업종별 작업환경전문연구기관을 지정하여 예산의 범위에서 필요한 지원을 할 수 있다.
② 제1항에 따른 유해인자별·업종별 작업환경전문연구기관의 지정기준, 그 밖에 필요한 사항은 고용노동부장관이 정하여 고시한다.

영 제95조(작업환경측정기관의 지정 요건) 법 제126조 제1항에 따라 작업환경측정기관으로 지정받을 수 있는 자는 다음 각 호의 어느 하나에 해당하는 자로서 작업환경측정기관의 유형별로 별표 29에 따른 인력·시설 및 장비를 갖추고 법 제126조 제2항에 따라 고용노동부장관이 실시하는 작업환경측정기관의 측정·분석능력 확인에서 적합 판정을 받은 자로 한다.
1. 국가 또는 지방자치단체의 소속기관
2. 「의료법」에 따른 종합병원 또는 병원
3. 「고등교육법」 제2조 제1호부터 제6호까지의 규정에 따른 대학 또는 그 부속기관
4. 작업환경측정 업무를 하려는 법인
5. 작업환경측정 대상 사업장의 부속기관(해당 부속기관이 소속된 사업장 등 고용노동부령으로 정하는 범위로 한정하여 지정받으려는 경우로 한정한다)

영 제96조(작업환경측정기관의 지정 취소 등의 사유) 법 제126조 제5항에 따라 준용되는 법 제21조 제4항 제5호에서 "대통령령으로 정하는 사유에 해당하는 경우"란 다음 각 호의 경우를 말한다.
1. 작업환경측정 관련 서류를 거짓으로 작성한 경우
2. 정당한 사유 없이 작업환경측정 업무를 거부한 경우
3. 위탁받은 작업환경측정 업무에 차질을 일으킨 경우
4. 법 제125조 제8항에 따라 고용노동부령으로 정하는 작업환경측정 방법 등을 위반한 경우
5. 법 제126조 제2항에 따라 고용노동부장관이 실시하는 작업환경측정기관의 측정·분석능력 확인을 1년 이상 받지 않거나 작업환경측정기관의 측정·분석능력 확인에서 부적합 판정을 받은 경우
6. 작업환경측정 업무와 관련된 비치서류를 보존하지 않은 경우
7. 법에 따른 관계 공무원의 지도·감독을 거부·방해 또는 기피한 경우

시행규칙 제1절 근로환경의 개선

제186조(작업환경측정 대상 작업장 등) ① 법 제125조 제1항에서 "고용노동부령으로 정하는 작업장"이란 별표 21의 작업환경측정 대상 유해인자에 노출되는 근로자가 있는 작업장을 말한다. 다만, 다음 각 호의 어느 하나에 해당하는 경우에는 작업환경측정을 하지 않을 수 있다.
1. 안전보건규칙 제420조 제1호에 따른 관리대상 유해물질의 허용소비량을 초과하지 않는 작업장(그 관리대상 유해물질에 관한 작업환경측정만 해당한다)
2. 안전보건규칙 제420조 제8호에 따른 임시 작업 및 같은 조 제9호에 따른 단시간 작업을 하는 작업장(고용노동부장관이 정하여 고시하는 물질을 취급하는 작업을 하는 경우는 제외한다)

3. 안전보건규칙 제605조 제2호에 따른 분진작업의 적용 제외 작업장(분진에 관한 작업환경측정만 해당한다)
4. 그 밖에 작업환경측정 대상 유해인자의 노출 수준이 노출기준에 비하여 현저히 낮은 경우로서 고용노동부장관이 정하여 고시하는 작업장

② 안전보건진단기관이 안전보건진단을 실시하는 경우에 제1항에 따른 작업장의 유해인자 전체에 대하여 고용노동부장관이 정하는 방법에 따라 작업환경을 측정하였을 때에는 사업주는 법 제125조에 따라 해당 측정주기에 실시해야 할 해당 작업장의 작업환경측정을 하지 않을 수 있다.

제187조(작업환경측정자의 자격) 법 제125조 제1항에서 "고용노동부령으로 정하는 자격을 가진 자"란 그 사업장에 소속된 사람 중 <u>산업위생관리산업기사 이상</u>의 자격을 가진 사람을 말한다.

제188조(작업환경측정 결과의 보고) ① 사업주는 법 제125조 제1항에 따라 작업환경측정을 한 경우에는 별지 제82호서식의 작업환경측정 결과보고서에 별지 제83호서식의 작업환경측정 결과표를 첨부하여 제189조 제1항 제3호에 따른 **시료채취방법으로 시료채취(이하 이 조에서 "시료채취"라 한다)를 마친 날부터 30일 이내에 관할 지방고용노동관서의 장에게 제출**해야 한다. 다만, 시료분석 및 평가에 상당한 시간이 걸려 시료채취를 마친 날부터 30일 이내에 보고하는 것이 어려운 사업장의 사업주는 고용노동부장관이 정하여 고시하는 바에 따라 그 사실을 증명하여 관할 지방고용노동관서의 장에게 신고하면 <u>30일의 범위에서 제출기간을 연장</u>할 수 있다.

② 법 제125조 제5항 단서에 따라 작업환경측정기관이 작업환경측정을 한 경우에는 시료채취를 마친 날부터 30일 이내에 작업환경측정 결과표를 전자적 방법으로 지방고용노동관서의 장에게 제출해야 한다. 다만, 시료분석 및 평가에 상당한 시간이 걸려 시료채취를 마친 날부터 30일 이내에 보고하는 것이 어려운 작업환경측정기관은 고용노동부장관이 정하여 고시하는 바에 따라 그 사실을 증명하여 관할 지방고용노동관서의 장에게 신고하면 30일의 범위에서 제출기간을 연장할 수 있다.

③ **사업주는 작업환경측정 결과 노출기준을 초과한 작업공정이 있는 경우**에는 법 제125조 제6항에 따라 해당 시설·설비의 설치·개선 또는 건강진단의 실시 등 **적절한 조치**를 하고 시료채취를 마친 날부터 60일 이내에 해당 작업공정의 개선을 증명할 수 있는 서류 또는 개선 계획을 관할 지방고용노동관서의 장에게 제출해야 한다.

④ 제1항 및 제2항에 따른 작업환경측정 결과의 보고내용, 방식 및 절차에 관한 사항은 고용노동부장관이 정하여 고시한다.

제189조(작업환경측정방법) ① 사업주는 법 제125조 제1항에 따른 작업환경측정을 할 때에는 다음 각 호의 사항을 지켜야 한다.
1. 작업환경측정을 하기 전에 예비조사를 할 것
2. 작업이 정상적으로 이루어져 작업시간과 유해인자에 대한 근로자의 노출 정도를 정확히 평가할 수 있을 때 실시할 것
3. **모든 측정은 개인 시료채취방법으로 하되, 개인 시료채취방법이 곤란한 경우에는 지역 시료채취방법으로 실시할 것**. 이 경우 그 사유를 별지 제83호서식의 작업환경측정 결과표에 분명하게 밝혀야 한다.
4. 법 제125조 제3항에 따라 작업환경측정기관에 위탁하여 실시하는 경우에는 해당 작업환경측정기관에 공정별 작업내용, 화학물질의 사용실태 및 물질안전보건자료 등 작업환경측정에 필요한 정보를 제공할 것

② <u>사업주는 근로자대표 또는 해당 작업공정을 수행하는 근로자가 요구하면 제1항 제1호에 따른 예비조사에 참석시켜야 한다.</u>

③ 제1항에 따른 측정방법 외에 유해인자별 세부 측정방법 등에 관하여 필요한 사항은 고용노동부장관이 정한다.

★ **제190조(작업환경측정 주기 및 횟수)** ① 사업주는 작업장 또는 작업공정이 신규로 가동되거나 변경되는 등으로 제186조에 따른 **작업환경측정 대상 작업장이 된 경우에는 그 날부터 30일 이내에 작업환경측정**을 하고, 그 후 **반기(半期)에 1회 이상 정기적**으로 작업환경을 측정해야 한다. 다만, 작업환경측정 결과가 다음 각 호의 어느 하나에 해당하는 **작업장 또는 작업공정은 해당 유해인자에 대하여 그 측정일부터 3개월에 1회 이상 작업환경측정**을 해야 한다.

1. 별표 21 제1호에 해당하는 화학적 인자(**고용노동부장관이 정하여 고시하는 물질만 해당**한다)의 측정치가 노출기준을 초과하는 경우
2. 별표 21 제1호에 해당하는 화학적 인자(**고용노동부장관이 정하여 고시하는 물질은 제외**한다)의 측정치가 노출기준을 2배 이상 초과하는 경우

② 제1항에도 불구하고 사업주는 최근 1년간 작업공정에서 공정 설비의 변경, 작업방법의 변경, 설비의 이전, 사용 화학물질의 변경 등으로 작업환경측정 결과에 영향을 주는 변화가 없는 경우로서 다음 각 호의 어느 하나에 해당하는 경우에는 해당 유해인자에 대한 작업환경측정을 **연(年) 1회 이상 할 수 있다**. 다만, 고용노동부장관이 정하여 고시하는 물질을 취급하는 작업공정은 그렇지 않다.
1. 작업공정 내 **소음**의 작업환경측정 결과가 최근 2회 연속 85데시벨(dB) 미만인 경우
2. 작업공정 내 소음 외의 다른 모든 인자의 작업환경측정 결과가 최근 2회 연속 노출기준 미만인 경우

제191조(작업환경측정기관의 평가 등) ① 공단이 법 제126조 제3항에 따라 작업환경측정기관을 평가하는 기준은 다음 각 호와 같다.
1. 인력·시설 및 장비의 보유 수준과 그에 대한 관리능력
2. 작업환경측정 및 시료분석 능력과 그 결과의 신뢰도
3. 작업환경측정 대상 사업장의 만족도

② 제1항에 따른 작업환경측정기관에 대한 평가 방법 및 평가 결과의 공개에 관하여는 제17조 제2항부터 제8항까지의 규정을 준용한다. 이 경우 "안전관리전문기관 또는 보건관리전문기관"은 "작업환경측정기관"으로 본다.

제192조(작업환경측정기관의 유형과 업무 범위) 작업환경측정기관의 유형 및 유형별 작업환경측정기관이 작업환경측정을 할 수 있는 사업장의 범위는 다음 각 호와 같다.
1. 사업장 위탁측정기관: 위탁받은 사업장
2. 사업장 자체측정기관: 그 사업장(계열회사 사업장을 포함한다) 또는 그 사업장 내에서 사업의 일부가 도급계약에 의하여 시행되는 경우에는 수급인의 사업장

제193조(작업환경측정기관의 지정신청 등) ① 법 제126조 제1항에 따른 작업환경측정기관으로 지정받으려는 자는 같은 조 제2항에 따라 작업환경측정·분석 능력이 적합하다는 고용노동부장관의 확인을 받은 후 별지 제6호서식의 작업환경측정기관 지정신청서에 다음 각 호의 서류를 첨부하여 측정을 하려는 지역을 관할하는 지방고용노동관서의 장에게 제출해야 한다. 다만, 사업장 부속기관의 경우에는 작업환경측정기관으로 지정받으려는 사업장의 소재지를 관할하는 지방고용노동관서의 장에게 제출해야 한다.
1. 정관
2. 정관을 갈음할 수 있는 서류(법인이 아닌 경우만 해당한다)
3. 법인등기사항증명서를 갈음할 수 있는 서류(법인이 아닌 경우만 해당한다)
4. 영 별표 29에 따른 인력기준에 해당하는 사람의 자격과 채용을 증명할 수 있는 자격증(국가기술자격증은 제외한다), 경력증명서 및 재직증명서 등의 서류
5. 건물임대차계약서 사본이나 그 밖에 사무실의 보유를 증명할 수 있는 서류와 시설·장비 명세서
6. 최초 1년간의 측정사업계획서(사업장 부속기관의 경우에는 측정대상 사업장의 명단 및 최종 작업환경측정 결과서 사본)

② 제1항에 따른 신청서를 제출받은 지방고용노동관서의 장은 「전자정부법」 제36조 제1항에 따른 행정정보의 공동이용을 통하여 법인등기사항증명서(법인인 경우만 해당한다) 및 국가기술자격증을 확인해야 한다. 다만, 신청인이 국가기술자격증의 확인에 동의하지 않는 경우에는 그 사본을 첨부하도록 해야 한다.

③ 작업환경측정기관에 대한 지정서의 발급, 지정받은 사항의 변경, 지정서의 반납 등에 관하여는 제16조 제3항부터 제6항까지의 규정을 준용한다. 이 경우 "고용노동부장관 또는 지방고용노동청장"은 "지방고용노동관서의 장"으로, "안전관리전문기관 또는 보건관리전문기관"은 "작업환경측정기관"으로 본다.

④ 작업환경측정기관의 수, 담당 지역, 그 밖에 필요한 사항은 고용노동부장관이 정하여 고시한다.

제194조(작업환경측정 신뢰성평가의 대상 등) ① 공단은 다음 각 호의 어느 하나에 해당하는 경우에는 법 제127조 제1항에 따른 작업환경측정 신뢰성평가(이하 "신뢰성평가"라 한다)를 할 수 있다.

1. 작업환경측정 결과가 노출기준 미만인데도 직업병 유소견자가 발생한 경우
2. 공정설비, 작업방법 또는 사용 화학물질의 변경 등 작업 조건의 변화가 없는데도 유해인자 노출수준이 현저히 달라진 경우
3. 제189조에 따른 작업환경측정방법을 위반하여 작업환경측정을 한 경우 등 신뢰성평가의 필요성이 인정되는 경우

② 공단이 제1항에 따라 신뢰성평가를 할 때에는 법 제125조 제5항에 따른 작업환경측정 결과와 법 제164조 제4항에 따른 작업환경측정 서류를 검토하고, 해당 작업공정 또는 사업장에 대하여 작업환경측정을 해야 하며, 그 결과를 해당 사업장의 소재지를 관할하는 지방고용노동관서의 장에게 보고해야 한다.

③ 지방고용노동관서의 장은 제2항에 따른 작업환경측정 결과 노출기준을 초과한 경우에는 사업주로 하여금 법 제125조 제6항에 따라 해당 시설·설비의 설치·개선 또는 건강진단의 실시 등 적절한 조치를 하도록 해야 한다.

■ 산업안전보건법 시행규칙 [별표 21]

작업환경측정 대상 유해인자(제186조 제1항 관련)

1. 화학적 인자
   가. 유기화합물(114종)
      1) 글루타르알데히드(Glutaraldehyde; 111-30-8)
      2) 니트로글리세린(Nitroglycerin; 55-63-0)
      3) 니트로메탄(Nitromethane; 75-52-5)
      4) 니트로벤젠(Nitrobenzene; 98-95-3)
      5) p-니트로아닐린(p-Nitroaniline; 100-01-6)
      6) p-니트로클로로벤젠(p-Nitrochlorobenzene; 100-00-5)
      7) 디니트로톨루엔(Dinitrotoluene; 25321-14-6 등)
      8) N,N-디메틸아닐린(N,N-Dimethylaniline; 121-69-7)
      9) 디메틸아민(Dimethylamine; 124-40-3)
      10) N,N-디메틸아세트아미드(N,N-Dimethylacetamide; 127-19-5)
      11) 디메틸포름아미드(Dimethylformamide; 68-12-2)
      12) 디에탄올아민(Diethanolamine; 111-42-2)
      13) 디에틸 에테르(Diethyl ether; 60-29-7)
      14) 디에틸렌트리아민(Diethylenetriamine; 111-40-0)
      15) 2-디에틸아미노에탄올(2-Diethylaminoethanol; 100-37-8)
      16) 디에틸아민(Diethylamine; 109-89-7)
      17) 1,4-디옥산(1,4-Dioxane; 123-91-1)
      18) 디이소부틸케톤(Diisobutylketone; 108-83-8)
      19) 1,1-디클로로-1-플루오로에탄(1,1-Dichloro-1-fluoroethane; 1717-00-6)
      20) 디클로로메탄(Dichloromethane; 75-09-2)
      21) o-디클로로벤젠(o-Dichlorobenzene; 95-50-1)
      22) 1,2-디클로로에탄(1,2-Dichloroethane; 107-06-2)
      23) 1,2-디클로로에틸렌(1,2-Dichloroethylene; 540-59-0 등)
      24) 1,2-디클로로프로판(1,2-Dichloropropane; 78-87-5)
      25) 디클로로플루오로메탄(Dichlorofluoromethane; 75-43-4)
      26) p-디히드록시벤젠(p-Dihydroxybenzene; 123-31-9)

27) 메탄올(Methanol; 67-56-1)
28) 2-메톡시에탄올(2-Methoxyethanol; 109-86-4)
29) 2-메톡시에틸 아세테이트(2-Methoxyethyl acetate; 110-49-6)
30) 메틸 n-부틸 케톤(Methyl n-butyl ketone; 591-78-6)
31) 메틸 n-아밀 케톤(Methyl n-amyl ketone; 110-43-0)
32) 메틸 아민(Methyl amine; 74-89-5)
33) 메틸 아세테이트(Methyl acetate; 79-20-9)
34) 메틸 에틸 케톤(Methyl ethyl ketone; 78-93-3)
35) 메틸 이소부틸 케톤(Methyl isobutyl ketone; 108-10-1)
36) 메틸 클로라이드(Methyl chloride; 74-87-3)
37) 메틸 클로로포름(Methyl chloroform; 71-55-6)
38) 메틸렌 비스(페닐 이소시아네이트)[Methylene bis(phenyl isocyanate); 101-68-8 등]
39) o-메틸시클로헥사논(o-Methylcyclohexanone; 583-60-8)
40) 메틸시클로헥사놀(Methylcyclohexanol; 25639-42-3 등)
41) 무수 말레산(Maleic anhydride; 108-31-6)
42) 무수 프탈산(Phthalic anhydride; 85-44-9)
43) 벤젠(Benzene; 71-43-2)
44) 1,3-부타디엔(1,3-Butadiene; 106-99-0)
45) n-부탄올(n-Butanol; 71-36-3)
46) 2-부탄올(2-Butanol; 78-92-2)
47) 2-부톡시에탄올(2-Butoxyethanol; 111-76-2)
48) 2-부톡시에틸 아세테이트(2-Butoxyethyl acetate; 112-07-2)
49) n-부틸 아세테이트(n-Butyl acetate; 123-86-4)
50) 1-브로모프로판(1-Bromopropane; 106-94-5)
51) 2-브로모프로판(2-Bromopropane; 75-26-3)
52) 브롬화 메틸(Methyl bromide; 74-83-9)
53) 비닐 아세테이트(Vinyl acetate; 108-05-4)
54) 사염화탄소(Carbon tetrachloride; 56-23-5)
55) 스토다드 솔벤트(Stoddard solvent; 8052-41-3)
56) 스티렌(Styrene; 100-42-5)
57) 시클로헥사논(Cyclohexanone; 108-94-1)
58) 시클로헥사놀(Cyclohexanol; 108-93-0)
59) 시클로헥산(Cyclohexane; 110-82-7)
60) 시클로헥센(Cyclohexene; 110-83-8)
61) 아닐린[62-53-3] 및 그 동족체(Aniline and its homologues)
62) 아세토니트릴(Acetonitrile; 75-05-8)
63) 아세톤(Acetone; 67-64-1)
64) 아세트알데히드(Acetaldehyde; 75-07-0)
65) 아크릴로니트릴(Acrylonitrile; 107-13-1)
66) 아크릴아미드(Acrylamide; 79-06-1)
67) 알릴 글리시딜 에테르(Allyl glycidyl ether; 106-92-3)
68) 에탄올아민(Ethanolamine; 141-43-5)
69) 2-에톡시에탄올(2-Ethoxyethanol; 110-80-5)
70) 2-에톡시에틸 아세테이트(2-Ethoxyethyl acetate; 111-15-9)

71) 에틸 벤젠(Ethyl benzene; 100-41-4)
72) 에틸 아세테이트(Ethyl acetate; 141-78-6)
73) 에틸 아크릴레이트(Ethyl acrylate; 140-88-5)
74) 에틸렌 글리콜(Ethylene glycol; 107-21-1)
75) 에틸렌 글리콜 디니트레이트(Ethylene glycol dinitrate; 628-96-6)
76) 에틸렌 클로로히드린(Ethylene chlorohydrin; 107-07-3)
77) 에틸렌이민(Ethyleneimine; 151-56-4)
78) 에틸아민(Ethylamine; 75-04-7)
79) 2,3-에폭시-1-프로판올(2,3-Epoxy-1-propanol; 556-52-5 등)
80) 1,2-에폭시프로판(1,2-Epoxypropane; 75-56-9 등)
81) 에피클로로히드린(Epichlorohydrin; 106-89-8 등)
82) 요오드화 메틸(Methyl iodide; 74-88-4)
83) 이소부틸 아세테이트(Isobutyl acetate; 110-19-0)
84) 이소부틸 알코올(Isobutyl alcohol; 78-83-1)
85) 이소아밀 아세테이트(Isoamyl acetate; 123-92-2)
86) 이소아밀 알코올(Isoamyl alcohol; 123-51-3)
87) 이소프로필 아세테이트(Isopropyl acetate; 108-21-4)
88) 이소프로필 알코올(Isopropyl alcohol; 67-63-0)
89) 이황화탄소(Carbon disulfide; 75-15-0)
90) 크레졸(Cresol; 1319-77-3 등)
91) 크실렌(Xylene; 1330-20-7 등)
92) 클로로벤젠(Chlorobenzene; 108-90-7)
93) 1,1,2,2-테트라클로로에탄(1,1,2,2-Tetrachloroethane; 79-34-5)
94) 테트라히드로푸란(Tetrahydrofuran; 109-99-9)
95) 톨루엔(Toluene; 108-88-3)
96) 톨루엔-2,4-디이소시아네이트(Toluene-2,4-diisocyanate; 584-84-9 등)
97) 톨루엔-2,6-디이소시아네이트(Toluene-2,6-diisocyanate; 91-08-7 등)
98) 트리에틸아민(Triethylamine; 121-44-8)
99) 트리클로로메탄(Trichloromethane; 67-66-3)
100) 1,1,2-트리클로로에탄(1,1,2-Trichloroethane; 79-00-5)
101) 트리클로로에틸렌(Trichloroethylene; 79-01-6)
102) 1,2,3-트리클로로프로판(1,2,3-Trichloropropane; 96-18-4)
103) 퍼클로로에틸렌(Perchloroethylene; 127-18-4)
104) 페놀(Phenol; 108-95-2)
105) 펜타클로로페놀(Pentachlorophenol; 87-86-5)
106) 포름알데히드(Formaldehyde; 50-00-0)
107) 프로필렌이민(Propyleneimine; 75-55-8)
108) n-프로필 아세테이트(n-Propyl acetate; 109-60-4)
109) 피리딘(Pyridine; 110-86-1)
110) 헥사메틸렌 디이소시아네이트(Hexamethylene diisocyanate; 822-06-0)
111) n-헥산(n-Hexane; 110-54-3)
112) n-헵탄(n-Heptane; 142-82-5)
113) 황산 디메틸(Dimethyl sulfate; 77-78-1)
114) 히드라진(Hydrazine; 302-01-2)
115) 1)부터 114)까지의 물질을 용량비율 1퍼센트 이상 함유한 혼합물

나. 금속류(24종)
　　1) 구리(Copper; 7440-50-8) (분진, 미스트, 흄)
　　2) 납[7439-92-1] 및 그 무기화합물(Lead and its inorganic compounds)
　　3) 니켈[7440-02-0] 및 그 무기화합물, 니켈 카르보닐[13463-39-3](Nickel and its inorganic compounds, Nickel carbonyl)
　　4) 망간[7439-96-5] 및 그 무기화합물(Manganese and its inorganic compounds)
　　5) 바륨[7440-39-3] 및 그 가용성 화합물(Barium and its soluble compounds)
　　6) 백금[7440-06-4] 및 그 가용성 염(Platinum and its soluble salts)
　　7) 산화마그네슘(Magnesium oxide; 1309-48-4)
　　8) 산화아연(Zinc oxide; 1314-13-2) (분진, 흄)
　　9) 산화철(Iron oxide; 1309-37-1 등) (분진, 흄)
　　10) 셀레늄[7782-49-2] 및 그 화합물(Selenium and its compounds)
　　11) 수은[7439-97-6] 및 그 화합물(Mercury and its compounds)
　　12) 안티몬[7440-36-0] 및 그 화합물(Antimony and its compounds)
　　13) 알루미늄[7429-90-5] 및 그 화합물(Aluminum and its compounds)
　　14) 오산화바나듐(Vanadium pentoxide; 1314-62-1) (분진, 흄)
　　15) 요오드[7553-56-2] 및 요오드화물(Iodine and iodides)
　　16) 인듐[7440-74-6] 및 그 화합물(Indium and its compounds)
　　17) 은[7440-22-4] 및 그 가용성 화합물(Silver and its soluble compounds)
　　18) 이산화티타늄(Titanium dioxide; 13463-67-7)
　　19) 주석[7440-31-5] 및 그 화합물(Tin and its compounds)(수소화 주석은 제외한다)
　　20) 지르코늄[7440-67-7] 및 그 화합물(Zirconium and its compounds)
　　21) 카드뮴[7440-43-9] 및 그 화합물(Cadmium and its compounds)
　　22) 코발트[7440-48-4] 및 그 무기화합물(Cobalt and its inorganic compounds)
　　23) 크롬[7440-47-3] 및 그 무기화합물(Chromium and its inorganic compounds)
　　24) 텅스텐[7440-33-7] 및 그 화합물(Tungsten and its compounds)
　　25) 1)부터 24)까지의 규정에 따른 물질을 중량비율 1퍼센트 이상 함유한 혼합물
다. 산 및 알칼리류(17종)
　　1) 개미산(Formic acid; 64-18-6)
　　2) 과산화수소(Hydrogen peroxide; 7722-84-1)
　　3) 무수 초산(Acetic anhydride; 108-24-7)
　　4) 불화수소(Hydrogen fluoride; 7664-39-3)
　　5) 브롬화수소(Hydrogen bromide; 10035-10-6)
　　6) 수산화 나트륨(Sodium hydroxide; 1310-73-2)
　　7) 수산화 칼륨(Potassium hydroxide; 1310-58-3)
　　8) 시안화 나트륨(Sodium cyanide; 143-33-9)
　　9) 시안화 칼륨(Potassium cyanide; 151-50-8)
　　10) 시안화 칼슘(Calcium cyanide; 592-01-8)
　　11) 아크릴산(Acrylic acid; 79-10-7)
　　12) 염화수소(Hydrogen chloride; 7647-01-0)
　　13) 인산(Phosphoric acid; 7664-38-2)
　　14) 질산(Nitric acid; 7697-37-2)
　　15) 초산(Acetic acid; 64-19-7)
　　16) 트리클로로아세트산(Trichloroacetic acid; 76-03-9)

17) 황산(Sulfuric acid; 7664-93-9)

18) 1)부터 17)까지의 물질을 중량비율 1퍼센트 이상 함유한 혼합물

라. 가스 상태 물질류(15종)

1) 불소(Fluorine; 7782-41-4)

2) 브롬(Bromine; 7726-95-6)

3) 산화에틸렌(Ethylene oxide; 75-21-8)

4) 삼수소화 비소(Arsine; 7784-42-1)

5) 시안화 수소(Hydrogen cyanide; 74-90-8)

6) 암모니아(Ammonia; 7664-41-7 등)

7) 염소(Chlorine; 7782-50-5)

8) 오존(Ozone; 10028-15-6)

9) 이산화질소(nitrogen dioxide; 10102-44-0)

10) 이산화황(Sulfur dioxide; 7446-09-5)

11) 일산화질소(Nitric oxide; 10102-43-9)

12) 일산화탄소(Carbon monoxide; 630-08-0)

13) 포스겐(Phosgene; 75-44-5)

14) 포스핀(Phosphine; 7803-51-2)

15) 황화수소(Hydrogen sulfide; 7783-06-4)

16) 1)부터 15)까지의 물질을 용량비율 1퍼센트 이상 함유한 혼합물

마. 영 제88조에 따른 허가 대상 유해물질(12종)

1) α-나프틸아민[134-32-7] 및 그 염(α-naphthylamine and its salts)

2) 디아니시딘[119-90-4] 및 그 염(Dianisidine and its salts)

3) 디클로로벤지딘[91-94-1] 및 그 염(Dichlorobenzidine and its salts)

4) 베릴륨[7440-41-7] 및 그 화합물(Beryllium and its compounds)

5) 벤조트리클로라이드(Benzotrichloride; 98-07-7)

6) 비소[7440-38-2] 및 그 무기화합물(Arsenic and its inorganic compounds)

7) 염화비닐(Vinyl chloride; 75-01-4)

8) 콜타르피치[65996-93-2] 휘발물(Coal tar pitch volatiles as benzene soluble aerosol)

9) 크롬광 가공[열을 가하여 소성(변형된 형태 유지) 처리하는 경우만 해당한다](Chromite ore processing)

10) 크롬산 아연(Zinc chromates; 13530-65-9 등)

11) o-톨리딘[119-93-7] 및 그 염(o-Tolidine and its salts)

12) 황화니켈류(Nickel sulfides; 12035-72-2, 16812-54-7)

13) 1)부터 4)까지 및 6)부터 12)까지의 어느 하나에 해당하는 물질을 중량비율 1퍼센트 이상 함유한 혼합물

14) 5)의 물질을 중량비율 0.5퍼센트 이상 함유한 혼합물

바. 금속가공유[Metal working fluids(MWFs), 1종]

2. 물리적 인자(2종)

가. 8시간 시간가중평균 80dB 이상의 소음

나. 안전보건규칙 제558조에 따른 고열

3. 분진(7종)

가. 광물성 분진(Mineral dust)

1) 규산(Silica)

가) 석영(Quartz; 14808-60-7 등)

　　　　　나) 크리스토발라이트(Cristobalite; 14464-46-1)
　　　　　다) 트리디마이트(Trydimite; 15468-32-3)
　　　　2) 규산염(Silicates, less than 1% crystalline silica)
　　　　　가) 소우프스톤(Soapstone; 14807-96-6)
　　　　　나) 운모(Mica; 12001-26-2)
　　　　　다) 포틀랜드 시멘트(Portland cement; 65997-15-1)
　　　　　라) 활석(석면 불포함)[Talc(Containing no asbestos fibers); 14807-96-6]
　　　　　마) 흑연(Graphite; 7782-42-5)
　　　　3) 그 밖의 광물성 분진(Mineral dusts)
　　　나. 곡물 분진(Grain dusts)
　　　다. 면 분진(Cotton dusts)
　　　라. 목재 분진(Wood dusts)
　　　마. 석면 분진(Asbestos dusts; 1332-21-4 등)
　　　바. 용접 흄(Welding fume)
　　　사. 유리섬유(Glass fibers)
　4. 그 밖에 고용노동부장관이 정하여 고시하는 인체에 해로운 유해인자

※ 비고: "등"이란 해당 화학물질에 이성질체 등 동일 속성을 가지는 2개 이상의 화합물이 존재할 수 있는 경우를 말한다.

정답 ⑤

16 산업안전보건법령상 작업환경측정에 관한 설명으로 옳은 것을 모두 고른 것은?

> ㄱ. 작업환경측정 대상인 작업장에서 작업환경측정을 할 수 있는 "고용노동부령으로 정하는 자격을 가진 자"란 그 사업장에 소속된 사람으로서 산업위생관리산업기사 이상의 자격을 가진 사람을 말한다.
> ㄴ. 지정측정기관의 작업환경측정 수준을 평가하려는 경우의 평가기준은 1. 인력·시설 및 장비의 보유 수준과 그에 대한 관리능력 2. 작업환경측정 및 시료분석 능력과 그 결과의 신뢰도 3. 작업환경측정 대상 사업장의 만족도이다.
> ㄷ. 모든 측정은 지역시료채취방법으로 하되, 지역시료채취방법이 곤란한 경우에는 개인시료채취방법으로 실시하여야 한다.
> ㄹ. 작업환경측정 결과 고용노동부장관이 정하여 고시하는 화학적 인자의 측정치가 노출기준을 초과하는 작업장 또는 작업공정은 해당 유해인자에 대하여 그 측정일부터 6개월에 1회 이상 작업환경측정을 하여야 한다.

① ㄱ
② ㄱ, ㄴ
③ ㄴ, ㄷ
④ ㄷ, ㄹ
⑤ ㄱ, ㄴ, ㄷ

> [해설]

> **근거조문** 시행규칙 제191조

시행규칙 제191조(작업환경측정기관의 평가 등) ① 공단이 법 제126조 제3항에 따라 작업환경측정기관을 평가하는 기준은 다음 각 호와 같다.
  1. 인력·시설 및 장비의 보유 수준과 그에 대한 관리능력
  2. 작업환경측정 및 시료분석 능력과 그 결과의 신뢰도
  3. 작업환경측정 대상 사업장의 만족도
② 제1항에 따른 작업환경측정기관에 대한 평가 방법 및 평가 결과의 공개에 관하여는 제17조 제2항부터 제8항까지의 규정을 준용한다. 이 경우 "안전관리전문기관 또는 보건관리전문기관"은 "작업환경측정기관"으로 본다.

> **제17조(안전관리·보건관리전문기관의 평가 기준 등)** ① 공단이 법 제21조 제2항에 따라 안전관리전문기관 또는 보건관리전문기관을 평가하는 기준은 다음 각 호와 같다.
>   1. 인력·시설 및 장비의 보유 수준과 그에 대한 관리능력
>   2. 기술지도의 충실성을 포함한 안전관리·보건관리 업무 수행능력
>   3. 안전관리·보건관리 업무를 위탁한 사업장의 만족도
> ② 공단은 안전관리전문기관 또는 보건관리전문기관에 대한 평가를 위하여 필요한 경우 안전관리전문기관 또는 보건관리전문기관에 자료의 제출을 요구할 수 있다. 이 경우 안전관리전문기관 또는 보건관리전문기관은 특별한 사정이 없는 한 요구받은 자료를 공단에 제출해야 한다.
> ③ 안전관리전문기관 또는 보건관리전문기관에 대한 평가는 서면조사 및 방문조사의 방법으로 실시한다.
> ④ 공단은 안전관리전문기관 또는 보건관리전문기관에 대한 평가를 실시한 경우 그 평가 결과를 해당 안전관리전문기관 또는 보건관리전문기관에 서면으로 통보해야 한다.
> ⑤ 제4항에 따라 평가 결과를 통보받은 평가대상기관은 평가 결과를 통보받은 날부터 7일 이내에 서면으로 공단에 이의신청을 할 수 있다. 이 경우 공단은 이의신청을 받은 날부터 14일 이내에 이의신청에 대한 처리결과를 해당 기관에 서면으로 알려야 한다.
> ⑥ 공단은 제5항에 따른 이의신청에 대한 결과를 반영하여 안전관리전문기관 또는 보건관리전문기관에 대한 평가 결과를 고용노동부장관에게 보고해야 한다.
> ⑦ 고용노동부장관 및 공단은 안전관리전문기관 또는 보건관리전문기관에 대한 평가 결과를 인터넷 홈페이지에 각각 공개해야 한다.
> ⑧ 제1항부터 제7항까지의 규정에서 정한 사항 외에 평가의 기준, 절차·방법 및 이의신청 절차 등에 관하여 필요한 사항은 공단이 정하여 공개해야 한다.

정답 ②

17 산업안전보건법령상 사업주의 의무에 관한 설명으로 옳은 것은?

① 사업주는 근로자가 산업안전보건법령의 요지를 알 수 있도록 서면으로 교부하여야 한다.
② 외국인근로자를 채용한 사업주는 해당 근로자의 모국어로 된 안전·보건표지와 작업안전수칙을 부착하여야 한다.
③ 사업주는 연속적으로 컴퓨터 단말기 작업에 종사하는 근로자에 대하여 작업 시간 중에 적절한 휴식시간을 주어야 한다.
④ 사업주는 작업환경측정 결과를 기록한 서류를 3년간 보존하여야 한다.
⑤ 사업주는 안전·보건표지의 성질상 설치나 부착이 곤란한 경우에는 해당 물체에 직접 도색하여야 한다.

해설

근거조문 법 제164조

제34조(법령 요지 등의 게시 등) 사업주는 이 법과 이 법에 따른 명령의 요지 및 안전보건관리규정을 각 사업장의 근로자가 쉽게 볼 수 있는 장소에 게시하거나 갖추어 두어 근로자에게 널리 알려야 한다.

제37조(안전보건표지의 설치·부착) ① 사업주는 유해하거나 위험한 장소·시설·물질에 대한 경고, 비상 시에 대처하기 위한 지시·안내 또는 그 밖에 근로자의 안전 및 보건 의식을 고취하기 위한 사항 등을 그림, 기호 및 글자 등으로 나타낸 표지(이하 이 조에서 "안전보건표지"라 한다)를 근로자가 쉽게 알아 볼 수 있도록 설치하거나 붙여야 한다. 이 경우 「외국인근로자의 고용 등에 관한 법률」 제2조에 따른 외국인근로자(같은 조 단서에 따른 사람을 포함한다)를 사용하는 사업주는 안전보건표지를 고용노동부장관이 정하는 바에 따라 해당 외국인근로자의 모국어로 작성하여야 한다. <개정 2020. 5. 26.>

② 안전보건표지의 종류, 형태, 색채, 용도 및 설치·부착 장소, 그 밖에 필요한 사항은 고용노동부령으로 정한다.

제164조(서류의 보존) ① 사업주는 다음 각 호의 서류를 3년(제2호의 경우 2년을 말한다) 동안 보존하여야 한다. 다만, 고용노동부령으로 정하는 바에 따라 보존기간을 연장할 수 있다.
  1. 안전보건관리책임자·안전관리자·보건관리자·안전보건관리담당자 및 산업보건의의 선임에 관한 서류
  2. 제24조 제3항 및 제75조 제4항에 따른 회의록
  3. 안전조치 및 보건조치에 관한 사항으로서 고용노동부령으로 정하는 사항을 적은 서류
  4. 제57조 제2항에 따른 산업재해의 발생 원인 등 기록
  5. 제108조 제1항 본문 및 제109조 제1항에 따른 화학물질의 유해성·위험성 조사에 관한 서류
  6. 제125조에 따른 작업환경측정에 관한 서류
  7. 제129조부터 제131조까지의 규정에 따른 건강진단에 관한 서류

② 안전인증 또는 안전검사의 업무를 위탁받은 안전인증기관 또는 안전검사기관은 안전인증·안전검사에 관한 사항으로서 고용노동부령으로 정하는 서류를 3년 동안 보존하여야 하고, 안전인증을 받은 자는 제84조 제5항에 따라 안전인증대상기계등에 대하여 기록한 서류를 3년 동안 보존하여야 하며, 자율안전확인대상기계등을 제조하거나 수입하는 자는 자율안전기준에 맞는 것임을 증명하는 서류를 2년 동안 보존하여야 하고, 제98조 제1항에 따라 자율안전검사를 받은 자는 자율검사프로그램에 따라 실시한 검사 결과에 대한 서류를 2년 동안 보존하여야 한다.

③ 일반석면조사를 한 건축물·설비소유주등은 그 결과에 관한 서류를 그 건축물이나 설비에 대한 해체·제거작업이 종료될 때까지 보존하여야 하고, 기관석면조사를 한 건축물·설비소유주등과 석면조사기관은 그 결과에 관한 서류를 3년 동안 보존하여야 한다.

④ 작업환경측정기관은 작업환경측정에 관한 사항으로서 고용노동부령으로 정하는 사항을 적은 서류를 3년 동안 보존하여야 한다.

⑤ 지도사는 그 업무에 관한 사항으로서 고용노동부령으로 정하는 사항을 적은 서류를 5년 동안 보존하여야 한다.

⑥ 석면해체·제거업자는 제122조 제3항에 따른 석면해체·제거작업에 관한 서류 중 고용노동부령으로 정하는 서류를 30년 동안 보존하여야 한다.
⑦ 제1항부터 제6항까지의 경우 전산입력자료가 있을 때에는 그 서류를 대신하여 전산입력자료를 보존할 수 있다.

시행규칙 제241조(서류의 보존) ① 법 제164조 제1항 단서에 따라 제188조에 따른 작업환경측정 결과를 기록한 서류는 보존(전자적 방법으로 하는 보존을 포함한다)기간을 5년으로 한다. 다만, 고용노동부장관이 정하여 고시하는 물질에 대한 기록이 포함된 서류는 그 보존기간을 30년으로 한다.
② 법 제164조 제1항 단서에 따라 사업주는 제209조 제3항에 따라 송부 받은 건강진단 결과표 및 법 제133조 단서에 따라 근로자가 제출한 건강진단 결과를 증명하는 서류(이들 자료가 전산입력된 경우에는 그 전산입력된 자료를 말한다)를 5년간 보존해야 한다. 다만, 고용노동부장관이 정하여 고시하는 물질을 취급하는 근로자에 대한 건강진단 결과의 서류 또는 전산입력 자료는 30년간 보존해야 한다.
③ 법 제164조 제2항에서 "고용노동부령으로 정하는 서류"란 다음 각 호의 서류를 말한다.
  1. 제108조 제1항에 따른 안전인증 신청서(첨부서류를 포함한다) 및 제110조에 따른 심사와 관련하여 인증기관이 작성한 서류
  2. 제124조에 따른 안전검사 신청서 및 검사와 관련하여 안전검사기관이 작성한 서류
④ 법 제164조 제4항에서 "고용노동부령으로 정하는 사항"이란 다음 각 호를 말한다. →3년 보존
  1. 측정 대상 사업장의 명칭 및 소재지
  2. 측정 연월일
  3. 측정을 한 사람의 성명
  4. 측정방법 및 측정 결과
  5. 기기를 사용하여 분석한 경우에는 분석자·분석방법 및 분석자료 등 분석과 관련된 사항
⑤ 법 제164조 제5항에서 "고용노동부령으로 정하는 사항"이란 다음 각 호를 말한다.
  1. 의뢰자의 성명(법인인 경우에는 그 명칭을 말한다) 및 주소
  2. 의뢰를 받은 연월일
  3. 실시항목
  4. 의뢰자로부터 받은 보수액
⑥ 법 제164조 제6항에서 "고용노동부령으로 정하는 사항"이란 다음 각 호를 말한다.
  1. 석면해체·제거작업장의 명칭 및 소재지
  2. 석면해체·제거작업 근로자의 인적사항(성명, 생년월일 등을 말한다)
  3. 작업의 내용 및 작업기간

시행규칙 제39조(안전보건표지의 설치 등) ① 사업주는 법 제37조에 따라 안전보건표지를 설치하거나 부착할 때에는 별표 7의 구분에 따라 근로자가 쉽게 알아볼 수 있는 장소·시설 또는 물체에 설치하거나 부착해야 한다.
② 사업주는 안전보건표지를 설치하거나 부착할 때에는 흔들리거나 쉽게 파손되지 않도록 견고하게 설치하거나 부착해야 한다.
③ 안전보건표지의 성질상 설치하거나 부착하는 것이 곤란한 경우에는 해당 물체에 직접 도색할 수 있다.

안전보건규칙 제667조(컴퓨터 단말기 조작업무에 대한 조치) 사업주는 근로자가 컴퓨터 단말기의 조작업무를 하는 경우에 다음 각 호의 조치를 하여야 한다.
  1. 실내는 명암의 차이가 심하지 않도록 하고 직사광선이 들어오지 않는 구조로 할 것
  2. 저휘도형(低輝度型)의 조명기구를 사용하고 창·벽면 등은 반사되지 않는 재질을 사용할 것
  3. 컴퓨터 단말기와 키보드를 설치하는 책상과 의자는 작업에 종사하는 근로자에 따라 그 높낮이를 조절할 수 있는 구조로 할 것
  4. 연속적으로 컴퓨터 단말기 작업에 종사하는 근로자에 대하여 작업시간 중에 적절한 휴식시간을 부여할 것

정답 ③

18 산업안전보건법령상 서류의 보존기간에 관한 설명으로 옳지 않은 것은?

① 기관석면조사를 한 건축물이나 설비의 소유주 등과 석면조사기관은 그 결과에 관한 서류를 5년간 보존하여야 한다.
② 작업환경측정기관은 작업환경측정에 관한 사항으로서 측정대상 사업장의 명칭 및 소재지 등을 기재한 서류를 3년간 보존하여야 한다.
③ 사업주는 노사협의체 회의록을 2년간 보존하여야 한다.
④ 자율안전확인대상 기계·기구 등을 제조하거나 수입하려는 자는 자율안전기준에 맞는 것임을 증명하는 서류를 2년간 보존하여야 한다.
⑤ 사업주는 화학물질의 유해성·위험성 조사에 관한 서류를 3년간 보존하여야 한다.

> **해설**
>
> **근거조문** 법 제164조

정답 ①

19 산업안전보건법령상 건강진단에 관한 내용으로 ( ) 안에 들어갈 내용을 순서대로 옳게 나열한 것은?

> ○ "(ㄱ)건강진단"이란 특수건강진단대상업무로 인하여 해당 유해인자에 의한 직업성 천식, 직업성 피부염, 그 밖에 건강장해를 의심하게 하는 증상을 보이거나 의학적 소견이 있는 근로자에 대하여 사업주가 실시하는 건강진단을 말한다.
> ○ 사업주는 이 법령 또는 다른 법령에 따른 건강진단 결과 근로자의 건강을 유지하기 위하여 필요하다고 인정할 때에는 작업장소 변경, 작업 전환, 근로시간 단축, 야간근로[(ㄴ) 사이의 근로를 말한다)]의 제한, 작업환경측정 또는 시설·설비의 설치·개선 등 적절한 조치를 하여야 한다.
> ○ 사업주는 건강진단기관에서 송부받은 건강진단 결과표 및 근로자가 제출한 건강진단 결과를 증명하는 서류(이들 자료가 전산입력된 경우에는 그 전산입력된 자료를 말한다)를 5년간 보존하여야 한다. 다만, 고용노동부장관이 정하여 고시하는 물질을 취급하는 근로자에 대한 건강진단 결과의 서류 또는 전산입력 자료는 (ㄷ)간 보존하여야 한다.

① ㄱ: 특수, ㄴ: 오후 10시부터 오전 6시까지, ㄷ: 10년
② ㄱ: 수시, ㄴ: 오후 10시부터 오전 6시까지, ㄷ: 30년
③ ㄱ: 특수, ㄴ: 오후 10시부터 오전 6시까지, ㄷ: 20년
④ ㄱ: 수시, ㄴ: 오후 8시부터 오전 4시까지, ㄷ: 30년
⑤ ㄱ: 특별, ㄴ: 오후 8시부터 오전 4시까지, ㄷ: 20년

> 해설

> 근거조문   시행규칙 제241조

제138조(질병자의 근로 금지·제한) ① 사업주는 감염병, 정신질환 또는 근로로 인하여 병세가 크게 악화될 우려가 있는 질병으로서 고용노동부령으로 정하는 질병에 걸린 사람에게는 「의료법」 제2조에 따른 의사의 진단에 따라 근로를 금지하거나 제한하여야 한다.

② 사업주는 제1항에 따라 근로가 금지되거나 제한된 근로자가 건강을 회복하였을 때에는 지체 없이 근로를 할 수 있도록 하여야 한다.

제139조(유해·위험작업에 대한 근로시간 제한 등) ① 사업주는 유해하거나 위험한 작업으로서 높은 기압에서 하는 작업 등 대통령령으로 정하는 작업에 종사하는 근로자에게는 1일 6시간, 1주 34시간을 초과하여 근로하게 해서는 아니 된다.

② 사업주는 대통령령으로 정하는 유해하거나 위험한 작업에 종사하는 근로자에게 필요한 안전조치 및 보건조치 외에 작업과 휴식의 적정한 배분 및 근로시간과 관련된 근로조건의 개선을 통하여 근로자의 건강 보호를 위한 조치를 하여야 한다.

★영 제99조(유해·위험작업에 대한 근로시간 제한 등) ① 법 제139조 제1항에서 "높은 기압에서 하는 작업 등 대통령령으로 정하는 작업"이란 잠함(潛函) 또는 잠수 작업 등 높은 기압에서 하는 작업을 말한다.

② 제1항에 따른 작업에서 잠함·잠수 작업시간, 가압·감압방법 등 해당 근로자의 안전과 보건을 유지하기 위하여 필요한 사항은 고용노동부령으로 정한다.

③ 법 제139조 제2항에서 "대통령령으로 정하는 유해하거나 위험한 작업"이란 다음 각 호의 어느 하나에 해당하는 작업을 말한다.
  1. 갱(坑) 내에서 하는 작업
  2. 다량의 고열물체를 취급하는 작업과 현저히 덥고 뜨거운 장소에서 하는 작업
  3. 다량의 저온물체를 취급하는 작업과 현저히 춥고 차가운 장소에서 하는 작업
  4. 라듐방사선이나 엑스선, 그 밖의 유해 방사선을 취급하는 작업
  5. 유리·흙·돌·광물의 먼지가 심하게 날리는 장소에서 하는 작업
  6. 강렬한 소음이 발생하는 장소에서 하는 작업
  7. 착암기(바위에 구멍을 뚫는 기계) 등에 의하여 신체에 강렬한 진동을 주는 작업
  8. 인력(人力)으로 중량물을 취급하는 작업
  9. 납·수은·크롬·망간·카드뮴 등의 중금속 또는 이황화탄소·유기용제, 그 밖에 고용노동부령으로 정하는 특정 화학물질의 먼지·증기 또는 가스가 많이 발생하는 장소에서 하는 작업

★ 제202조(특수건강진단의 실시 시기 및 주기 등) ① 사업주는 법 제130조 제1항 제1호에 해당하는 근로자에 대해서는 별표 23에서 특수건강진단 대상 유해인자별로 정한 시기 및 주기에 따라 특수건강진단을 실시해야 한다.

② 제1항에도 불구하고 법 제125조에 따른 사업장의 작업환경측정 결과 또는 특수건강진단 실시 결과에 따라 다음 각 호의 어느 하나에 해당하는 근로자에 대해서는 다음 회에 한정하여 관련 유해인자별로 **특수건강진단 주기를 2분의 1로 단축해야 한다. → 암기할 것!**
  1. 작업환경을 측정한 결과 노출기준 이상인 작업공정에서 해당 유해인자에 노출되는 모든 근로자
  2. 특수건강진단, 법 제130조 제3항에 따른 수시건강진단(이하 "수시건강진단"이라 한다) 또는 법 제131조 제1항에 따른 임시건강진단(이하 "임시건강진단"이라 한다)을 실시한 결과 **직업병 유소견자가 발견된 작업공정**에서 해당 유해인자에 노출되는 모든 근로자. 다만, 고용노동부장관이 정하는 바에 따라 특수건강진단·수시건강진단 또는 임시건강진단을 실시한 의사로부터 특수건강진단 주기를 단축하는 것이 필요하지 않다는 소견을 받은 경우는 제외한다.
  3. 특수건강진단 또는 임시건강진단을 실시한 결과 해당 유해인자에 대하여 특수건강진단 실시 주기를 단축해야 한다는 의사의 소견을 받은 근로자

③ 사업주는 법 제130조 제1항 제2호에 해당하는 근로자에 대해서는 직업병 유소견자 발생의 원인이 된 유해인자에 대하여 해당 근로자를 진단한 의사가 필요하다고 인정하는 시기에 특수건강진단을 실시해야 한다.
④ 법 제130조 제1항에 따라 특수건강진단을 실시해야 할 사업주는 특수건강진단 실시 시기를 안전보건관리규정 또는 취업규칙에 규정하는 등 특수건강진단이 정기적으로 실시되도록 노력해야 한다.

★ **제205조(수시건강진단 대상 근로자 등)** ① 법 제130조 제3항에서 "고용노동부령으로 정하는 근로자"란 특수건강진단대상업무로 인하여 해당 유해인자로 인한 것이라고 의심되는 **직업성 천식, 직업성 피부염,** 그 밖에 건강장해 증상을 보이거나 의학적 소견이 있는 근로자로서 다음 각 호의 어느 하나에 해당하는 근로자를 말한다. 다만, 사업주가 직전 특수건강진단을 실시한 특수건강진단기관의 의사로부터 수시건강진단이 필요하지 않다는 소견을 받은 경우는 제외한다.
  1. 산업보건의, 보건관리자, 보건관리 업무를 위탁받은 기관이 필요하다고 판단하여 사업주에게 수시건강진단을 건의한 근로자
  2. 해당 근로자나 근로자대표 또는 법 제23조에 따라 위촉된 명예산업안전감독관이 사업주에게 수시건강진단을 요청한 근로자
② 사업주는 제1항에 해당하는 근로자에 대해서는 지체 없이 수시건강진단을 실시해야 한다.
③ 제1항 및 제2항에서 정한 사항 외에 수시건강진단의 실시방법, 그 밖에 필요한 사항은 고용노동부장관이 정한다.

제207조(임시건강진단 명령 등) ① 법 제131조 제1항에서 "고용노동부령으로 정하는 경우"란 특수건강진단 대상 유해인자 또는 그 밖의 유해인자에 의한 **중독 여부, 질병에 걸렸는지 여부 또는 질병의 발생 원인 등을 확인하기 위하여 필요하다고 인정되는 경우**로서 다음 각 호에 어느 하나에 해당하는 경우를 말한다.
  1. 같은 부서에 근무하는 근로자 또는 같은 유해인자에 노출되는 근로자에게 유사한 질병의 자각·타각 증상이 발생한 경우
  2. 직업병 유소견자가 발생하거나 여러 명이 발생할 우려가 있는 경우
  3. 그 밖에 지방고용노동관서의 장이 필요하다고 판단하는 경우
② 임시건강진단의 검사항목은 별표 24에 따른 특수건강진단의 검사항목 중 전부 또는 일부와 건강진단 담당 의사가 필요하다고 인정하는 검사항목으로 한다.
③ 제2항에서 정한 사항 외에 임시건강진단의 검사방법, 실시방법, 그 밖에 필요한 사항은 고용노동부장관이 정한다.

★ **제220조(질병자의 근로금지)** ① 법 제138조 제1항에 따라 사업주는 다음 각 호의 어느 하나에 해당하는 사람에 대해서는 근로를 금지해야 한다.
  1. 전염될 우려가 있는 질병에 걸린 사람. 다만, 전염을 예방하기 위한 조치를 한 경우는 제외한다.
  2. 조현병, 마비성 치매에 걸린 사람
  3. 심장·신장·폐 등의 질환이 있는 사람으로서 근로에 의하여 병세가 악화될 우려가 있는 사람
  4. 제1호부터 제3호까지의 규정에 준하는 질병으로서 고용노동부장관이 정하는 질병에 걸린 사람
② 사업주는 제1항에 따라 근로를 금지하거나 근로를 다시 시작하도록 하는 경우에는 미리 보건관리자(의사인 보건관리자만 해당한다), 산업보건의 또는 건강진단을 실시한 의사의 의견을 들어야 한다.

★ **제221조(질병자 등의 근로 제한)** ① 사업주는 법 제129조부터 제130조에 따른 건강진단 결과 유기화합물·금속류 등의 유해물질에 중독된 사람, 해당 유해물질에 중독될 우려가 있다고 의사가 인정하는 사람, 진폐의 소견이 있는 사람 또는 방사선에 피폭된 사람을 해당 유해물질 또는 방사선을 취급하거나 해당 유해물질의 분진·증기 또는 가스가 발산되는 업무 또는 해당 업무로 인하여 근로자의 건강을 악화시킬 우려가 있는 업무에 종사하도록 해서는 안 된다.
② 사업주는 다음 각 호의 어느 하나에 해당하는 질병이 있는 근로자를 고기압 업무에 종사하도록 해서는 안 된다.

1. 감압증이나 그 밖에 고기압에 의한 장해 또는 그 후유증
2. 결핵, 급성상기도감염, 진폐, 폐기종, 그 밖의 호흡기계의 질병
3. 빈혈증, 심장판막증, 관상동맥경화증, 고혈압증, 그 밖의 혈액 또는 순환기계의 질병
4. 정신신경증, 알코올중독, 신경통, 그 밖의 정신신경계의 질병
5. 메니에르씨병, 중이염, 그 밖의 이관(耳管)협착을 수반하는 귀 질환
6. 관절염, 류마티스, 그 밖의 운동기계의 질병
7. 천식, 비만증, 바세도우씨병, 그 밖에 알레르기성·내분비계·물질대사 또는 영양장해 등과 관련된 질병

■ 산업안전보건법 시행규칙 [별표 22] ★

특수건강진단 대상 유해인자(제201조 관련)

1. 화학적 인자
    가. 유기화합물(109종)
        1) 가솔린(Gasoline; 8006-61-9)
        2) 글루타르알데히드(Glutaraldehyde; 111-30-8)
        3) β-나프틸아민(β-Naphthylamine; 91-59-8)
        4) 니트로글리세린(Nitroglycerin; 55-63-0)
        5) 니트로메탄(Nitromethane; 75-52-5)
        6) 니트로벤젠(Nitrobenzene; 98-95-3)
        7) p-니트로아닐린(p-Nitroaniline; 100-01-6)
        8) p-니트로클로로벤젠(p-Nitrochlorobenzene; 100-00-5)
        9) 디니트로톨루엔(Dinitrotoluene; 25321-14-6 등)
        10) N,N-디메틸아닐린(N,N-Dimethylaniline; 121-69-7)
        11) p-디메틸아미노아조벤젠(p-Dimethylaminoazobenzene; 60-11-7)
        12) N,N-디메틸아세트아미드(N,N-Dimethylacetamide; 127-19-5)
        13) 디메틸포름아미드(Dimethylformamide; 68-12-2)
        14) 디에틸 에테르(Diethyl ether; 60-29-7)
        15) 디에틸렌트리아민(Diethylenetriamine; 111-40-0)
        16) 1,4-디옥산(1,4-Dioxane; 123-91-1)
        17) 디이소부틸케톤(Diisobutylketone; 108-83-8)
        18) 디클로로메탄(Dichloromethane; 75-09-2)
        19) o-디클로로벤젠(o-Dichlorobenzene; 95-50-1)
        20) 1,2-디클로로에탄(1,2-Dichloroethane; 107-06-2)
        21) 1,2-디클로로에틸렌(1,2-Dichloroethylene; 540-59-0 등)
        22) 1,2-디클로로프로판(1,2-Dichloropropane; 78-87-5)
        23) 디클로로플루오로메탄(Dichlorofluoromethane; 75-43-4)
        24) p-디히드록시벤젠(p-dihydroxybenzene; 123-31-9)
        25) 마젠타(Magenta; 569-61-9)
        26) 메탄올(Methanol; 67-56-1)
        27) 2-메톡시에탄올(2-Methoxyethanol; 109-86-4)
        28) 2-메톡시에틸 아세테이트(2-Methoxyethyl acetate; 110-49-6)
        29) 메틸 n-부틸 케톤(Methyl n-butyl ketone; 591-78-6)

30) 메틸 n-아밀 케톤(Methyl n-amyl ketone; 110-43-0)
31) 메틸 에틸 케톤(Methyl ethyl ketone; 78-93-3)
32) 메틸 이소부틸 케톤(Methyl isobutyl ketone; 108-10-1)
33) 메틸 클로라이드(Methyl chloride; 74-87-3)
34) 메틸 클로로포름(Methyl chloroform; 71-55-6)
35) 메틸렌 비스(페닐 이소시아네이트)[Methylene bis(phenyl isocyanate); 101-68-8 등]
36) 4,4'-메틸렌 비스(2-클로로아닐린)[4,4'-Methylene bis(2-chloroaniline); 101-14-4]
37) o-메틸시클로헥사논(o-Methylcyclohexanone; 583-60-8)
38) 메틸시클로헥사놀(Methylcyclohexanol; 25639-42-3 등)
39) 무수 말레산(Maleic anhydride; 108-31-6)
40) 무수 프탈산(Phthalic anhydride; 85-44-9)
41) 벤젠(Benzene; 71-43-2)
42) 벤지딘 및 그 염(Benzidine and its salts; 92-87-5)
43) 1,3-부타디엔(1,3-Butadiene; 106-99-0)
44) n-부탄올(n-Butanol; 71-36-3)
45) 2-부탄올(2-Butanol; 78-92-2)
46) 2-부톡시에탄올(2-Butoxyethanol; 111-76-2)
47) 2-부톡시에틸 아세테이트(2-Butoxyethyl acetate; 112-07-2)
48) 1-브로모프로판(1-Bromopropane; 106-94-5)
49) 2-브로모프로판(2-Bromopropane; 75-26-3)
50) 브롬화 메틸(Methyl bromide; 74-83-9)
51) 비스(클로로메틸) 에테르(bis(Chloromethyl) ether; 542-88-1)
52) 사염화탄소(Carbon tetrachloride; 56-23-5)
53) 스토다드 솔벤트(Stoddard solvent; 8052-41-3)
54) 스티렌(Styrene; 100-42-5)
55) 시클로헥사논(Cyclohexanone; 108-94-1)
56) 시클로헥사놀(Cyclohexanol; 108-93-0)
57) 시클로헥산(Cyclohexane; 110-82-7)
58) 시클로헥센(Cyclohexene; 110-83-8)
59) 아닐린[62-53-3] 및 그 동족체(Aniline and its homologues)
60) 아세토니트릴(Acetonitrile; 75-05-8)
61) 아세톤(Acetone; 67-64-1)
62) 아세트알데히드(Acetaldehyde; 75-07-0)
63) 아우라민(Auramine; 492-80-8)
64) 아크릴로니트릴(Acrylonitrile; 107-13-1)
65) 아크릴아미드(Acrylamide; 79-06-1)
66) 2-에톡시에탄올(2-Ethoxyethanol; 110-80-5)
67) 2-에톡시에틸 아세테이트(2-Ethoxyethyl acetate; 111-15-9)
68) 에틸 벤젠(Ethyl benzene; 100-41-4)
69) 에틸 아크릴레이트(Ethyl acrylate; 140-88-5)
70) 에틸렌 글리콜(Ethylene glycol; 107-21-1)
71) 에틸렌 글리콜 디니트레이트(Ethylene glycol dinitrate; 628-96-6)
72) 에틸렌 클로로히드린(Ethylene chlorohydrin; 107-07-3)
73) 에틸렌이민(Ethyleneimine; 151-56-4)

74) 2,3-에폭시-1-프로판올(2,3-Epoxy-1-propanol; 556-52-5 등)
75) 에피클로로히드린(Epichlorohydrin; 106-89-8 등)
76) 염소화비페닐(Polychlorobiphenyls; 53469-21-9, 11097-69-1)
77) 요오드화 메틸(Methyl iodide; 74-88-4)
78) 이소부틸 알코올(Isobutyl alcohol; 78-83-1)
79) 이소아밀 아세테이트(Isoamyl acetate; 123-92-2)
80) 이소아밀 알코올(Isoamyl alcohol; 123-51-3)
81) 이소프로필 알코올(Isopropyl alcohol; 67-63-0)
82) 이황화탄소(Carbon disulfide; 75-15-0)
83) 콜타르(Coal tar; 8007-45-2)
84) 크레졸(Cresol; 1319-77-3 등)
85) 크실렌(Xylene; 1330-20-7 등)
86) 클로로메틸 메틸 에테르(Chloromethyl methyl ether; 107-30-2)
87) 클로로벤젠(Chlorobenzene; 108-90-7)
88) 테레빈유(Turpentine oil; 8006-64-2)
89) 1,1,2,2-테트라클로로에탄(1,1,2,2-Tetrachloroethane; 79-34-5)
90) 테트라히드로푸란(Tetrahydrofuran; 109-99-9)
91) 톨루엔(Toluene; 108-88-3)
92) 톨루엔-2,4-디이소시아네이트(Toluene-2,4-diisocyanate; 584-84-9 등)
93) 톨루엔-2,6-디이소시아네이트(Toluene-2,6-diisocyanate; 91-08-7 등)
94) 트리클로로메탄(Trichloromethane; 67-66-3)
95) 1,1,2-트리클로로에탄(1,1,2-Trichloroethane; 79-00-5)
96) 트리클로로에틸렌(Trichloroethylene(TCE); 79-01-6)
97) 1,2,3-트리클로로프로판(1,2,3-Trichloropropane; 96-18-4)
98) 퍼클로로에틸렌(Perchloroethylene; 127-18-4)
99) 페놀(Phenol; 108-95-2)
100) 펜타클로로페놀(Pentachlorophenol; 87-86-5)
102) 포름알데히드(Formaldehyde; 50-00-0)
102) β-프로피오락톤(β-Propiolactone; 57-57-8)
103) o-프탈로디니트릴(o-Phthalodinitrile; 91-15-6)
104) 피리딘(Pyridine; 110-86-1)
105) 헥사메틸렌 디이소시아네이트(Hexamethylene diisocyanate; 822-06-0)
106) n-헥산(n-Hexane; 110-54-3)
107) n-헵탄(n-Heptane; 142-82-5)
108) 황산 디메틸(Dimethyl sulfate; 77-78-1)
109) 히드라진(Hydrazine; 302-01-2)
110) 1)부터 109)까지의 물질을 용량비율 1퍼센트 이상 함유한 혼합물

나. 금속류(20종)
1) 구리(Copper; 7440-50-8)(분진, 미스트, 흄)
2) 납[7439-92-1] 및 그 무기화합물(Lead and its inorganic compounds)
3) 니켈[7440-02-0] 및 그 무기화합물, 니켈 카르보닐[13463-39-3](Nickel and its inorganic compounds, Nickel carbonyl)
4) 망간[7439-96-5] 및 그 무기화합물(Manganese and its inorganic compounds)
5) 사알킬납(Tetraalkyl lead; 78-00-2 등)

6) 산화아연(Zinc oxide; 1314-13-2)(분진, 흄)
7) 산화철(Iron oxide; 1309-37-1 등)(분진, 흄)
8) 삼산화비소(Arsenic trioxide; 1327-53-3)
9) 수은[7439-97-6] 및 그 화합물(Mercury and its compounds)
10) 안티몬[7440-36-0] 및 그 화합물(Antimony and its compounds)
11) 알루미늄[7429-90-5] 및 그 화합물(Aluminum and its compounds)
12) 오산화바나듐(Vanadium pentoxide; 1314-62-1)(분진, 흄)
13) 요오드[7553-56-2] 및 요오드화물(Iodine and iodides)
14) 인듐[7440-74-6] 및 그 화합물(Indium and its compounds)
15) 주석[7440-31-5] 및 그 화합물(Tin and its compounds)
16) 지르코늄[7440-67-7] 및 그 화합물(Zirconium and its compounds)
17) 카드뮴[7440-43-9] 및 그 화합물(Cadmium and its compounds)
18) 코발트(Cobalt; 7440-48-4)(분진, 흄)
19) 크롬[7440-47-3] 및 그 화합물(Chromium and its compounds)
20) 텅스텐[7440-33-7] 및 그 화합물(Tungsten and its compounds)
21) 1)부터 20)까지의 물질을 중량비율 1퍼센트 이상 함유한 혼합물

다. 산 및 알카리류(8종)
1) 무수 초산(Acetic anhydride; 108-24-7)
2) 불화수소(Hydrogen fluoride; 7664-39-3)
3) 시안화 나트륨(Sodium cyanide; 143-33-9)
4) 시안화 칼륨(Potassium cyanide; 151-50-8)
5) 염화수소(Hydrogen chloride; 7647-01-0)
6) 질산(Nitric acid; 7697-37-2)
7) 트리클로로아세트산(Trichloroacetic acid; 76-03-9)
8) 황산(Sulfuric acid; 7664-93-9)
9) 1)부터 8)까지의 물질을 중량비율 1퍼센트 이상 함유한 혼합물

라. 가스 상태 물질류(14종)
1) 불소(Fluorine; 7782-41-4)
2) 브롬(Bromine; 7726-95-6)
3) 산화에틸렌(Ethylene oxide; 75-21-8)
4) 삼수소화 비소(Arsine; 7784-42-1)
5) 시안화 수소(Hydrogen cyanide; 74-90-8)
6) 염소(Chlorine; 7782-50-5)
7) 오존(Ozone; 10028-15-6)
8) 이산화질소(nitrogen dioxide; 10102-44-0)
9) 이산화황(Sulfur dioxide; 7446-09-5)
10) 일산화질소(Nitric oxide; 10102-43-9)
11) 일산화탄소(Carbon monoxide; 630-08-0)
12) 포스겐(Phosgene; 75-44-5)
13) 포스핀(Phosphine; 7803-51-2)
14) 황화수소(Hydrogen sulfide; 7783-06-4)
15) 1)부터 14)까지의 규정에 따른 물질을 용량비율 1퍼센트 이상 함유한 혼합물

마. 영 제88조에 따른 허가 대상 유해물질(12종)
1) α-나프틸아민[134-32-7] 및 그 염(α-naphthylamine and its salts)

2) 디아니시딘[119-90-4] 및 그 염(Dianisidine and its salts)
3) 디클로로벤지딘[91-94-1] 및 그 염(Dichlorobenzidine and its salts)
4) 베릴륨[7440-41-7] 및 그 화합물(Beryllium and its compounds)
5) 벤조트리클로라이드(Benzotrichloride; 98-07-7)
6) 비소[7440-38-2] 및 그 무기화합물(Arsenic and its inorganic compounds)
7) 염화비닐(Vinyl chloride; 75-01-4)
8) 콜타르피치[65996-93-2] 휘발물(코크스 제조 또는 취급업무)(Coal tar pitch volatiles)
9) 크롬광 가공[열을 가하여 소성(변형된 형태 유지) 처리하는 경우만 해당한다](Chromite ore processing)
10) 크롬산 아연(Zinc chromates; 13530-65-9 등)
11) o-톨리딘[119-93-7] 및 그 염(o-Tolidine and its salts)
12) 황화니켈류(Nickel sulfides; 12035-72-2, 16812-54-7)
13) 1)부터 4)까지 및 6)부터 11)까지의 물질을 중량비율 1퍼센트 이상 함유한 혼합물
14) 5)의 물질을 중량비율 0.5퍼센트 이상 함유한 혼합물
바. 금속가공유(Metal working fluids); 미네랄 오일 미스트(광물성 오일, Oil mist, mineral)

2. 분진(7종)
가. 곡물 분진(Grain dusts)
나. 광물성 분진(Mineral dusts)
다. 면 분진(Cotton dusts)
라. 목재 분진(Wood dusts)
마. 용접 흄(Welding fume)
바. 유리 섬유(Glass fiber dusts)
사. 석면 분진(Asbestos dusts; 1332-21-4 등)

3. 물리적 인자(8종)
가. 안전보건규칙 제512조 제1호부터 제3호까지의 규정의 소음작업, 강렬한 소음작업 및 충격소음 작업에서 발생하는 소음
나. 안전보건규칙 제512조 제4호의 진동작업에서 발생하는 진동
다. 안전보건규칙 제573조 제1호의 방사선
라. 고기압
마. 저기압
바. 유해광선
  1) 자외선
  2) 적외선
  3) 마이크로파 및 라디오파

4. 야간작업(2종)
가. 6개월간 밤 12시부터 오전 5시까지의 시간을 포함하여 계속되는 8시간 작업을 월 평균 4회 이상 수행하는 경우
나. 6개월간 오후 10시부터 다음날 오전 6시 사이의 시간 중 작업을 월 평균 60시간 이상 수행하는 경우

※ 비고: "등"이란 해당 화학물질에 이성질체 등 동일 속성을 가지는 2개 이상의 화합물이 존재할 수 있는 경우를 말한다.

■ 산업안전보건법 시행규칙 [별표 23]

특수건강진단의 시기 및 주기(제202조 제1항 관련) ★

구분	대상 유해인자	시기 (배치 후 첫 번째 특수건강진단)	주기
1	N,N-디메틸아세트아미드 디메틸포름아미드	1개월 이내	6개월
2	벤젠	2개월 이내	6개월
3	1,1,2,2-테트라클로로에탄 사염화탄소 아크릴로니트릴 염화비닐	3개월 이내	6개월
4	석면, 면 분진	12개월 이내	12개월
5	광물성 분진 목재 분진 소음 및 충격소음	12개월 이내	24개월
6	제1호부터 제5호까지의 대상 유해인자를 제외한 별표22의 모든 대상 유해인자	6개월 이내	12개월

■ 산업안전보건법 시행규칙 [별표 25]

건강관리카드의 발급 대상(제214조 관련)

구분	건강장해가 발생할 우려가 있는 업무	대상 요건
1	베타-나프틸아민 또는 그 염(같은 물질이 함유된 화합물의 중량 비율이 1퍼센트를 초과하는 제제를 포함한다)을 제조하거나 취급하는 업무	3개월 이상 종사한 사람
2	벤지딘 또는 그 염(같은 물질이 함유된 화합물의 중량 비율이 1퍼센트를 초과하는 제제를 포함한다)을 제조하거나 취급하는 업무	3개월 이상 종사한 사람
3	베릴륨 또는 그 화합물(같은 물질이 함유된 화합물의 중량 비율이 1퍼센트를 초과하는 제제를 포함한다) 또는 그 밖에 베릴륨 함유물질(베릴륨이 함유된 화합물의 중량 비율이 3퍼센트를 초과하는 물질만 해당한다)을 제조하거나 취급하는 업무	제조하거나 취급하는 업무에 종사한 사람 중 양쪽 폐부분에 베릴륨에 의한 만성 결절성 음영이 있는 사람
4	비스-(클로로메틸)에테르(같은 물질이 함유된 화합물의 중량 비율이 1퍼센트를 초과하는 제제를 포함한다)를 제조하거나 취급하는 업무	3년 이상 종사한 사람

5	가. 석면 또는 석면방직제품을 제조하는 업무		3개월 이상 종사한 사람
	나. 다음의 어느 하나에 해당하는 업무 1) 석면함유제품(석면방직제품은 제외한다)을 제조하는 업무 2) 석면함유제품(석면이 1퍼센트를 초과하여 함유된 제품만 해당한다. 이하 다목에서 같다)을 절단하는 등 석면을 가공하는 업무 3) 설비 또는 건축물에 분무된 석면을 해체·제거 또는 보수하는 업무 4) 석면이 1퍼센트 초과하여 함유된 보온재 또는 내화피복제(耐火被覆劑)를 해체·제거 또는 보수하는 업무		1년 이상 종사한 사람
	다. 설비 또는 건축물에 포함된 석면시멘트, 석면마찰제품 또는 석면개스킷제품 등 석면함유제품을 해체·제거 또는 보수하는 업무		10년 이상 종사한 사람
	라. 나목 또는 다목 중 하나 이상의 업무에 중복하여 종사한 경우		다음의 계산식으로 산출한 숫자가 120을 초과하는 사람: (나목의 업무에 종사한 개월 수)×10+(다목의 업무에 종사한 개월 수)
	마. 가목부터 다목까지의 업무로서 가목부터 다목까지의 규정에서 정한 종사기간에 해당하지 않는 경우		흉부방사선상 석면으로 인한 질병 징후(흉막반 등)가 있는 사람
6	벤조트리클로라이드를 제조(태양광선에 의한 염소화반응에 의하여 제조하는 경우만 해당한다)하거나 취급하는 업무		3년 이상 종사한 사람
7	가. 갱내에서 동력을 사용하여 토석(土石)·광물 또는 암석(습기가 있는 것은 제외한다. 이하 "암석등"이라 한다)을 굴착 하는 작업 나. 갱내에서 동력(동력 수공구(手工具)에 의한 것은 제외한다)을 사용하여 암석 등을 파쇄(破碎)·분쇄 또는 체질하는 장소에서의 작업 다. 갱내에서 암석 등을 차량계 건설기계로 싣거나 내리거나 쌓아두는 장소에서의 작업 라. 갱내에서 암석 등을 컨베이어(이동식 컨베이어는 제외한다)에 싣거나 내리는 장소에서의 작업 마. 옥내에서 동력을 사용하여 암석 또는 광물을 조각 하거나 마무리하는 장소에서의 작업 바. 옥내에서 연마재를 분사하여 암석 또는 광물을 조각하는 장소에서의 작업 사. 옥내에서 동력을 사용하여 암석·광물 또는 금속을 연마·주물 또는 추출하거나 금속을 재단하는 장소에서의 작업 아. 옥내에서 동력을 사용하여 암석등·탄소원료 또는 알미늄박을 파쇄·분쇄 또는 체질하는 장소에서의 작업 자. 옥내에서 시멘트, 티타늄, 분말상의 광석, 탄소원료, 탄소제품, 알미늄 또는 산화티타늄을 포장하는 장소에서의 작업 차. 옥내에서 분말상의 광석, 탄소원료 또는 그 물질을 함유한 물질을 혼합·혼입 또는 살포하는 장소에서의 작업		3년 이상 종사한 사람으로서 흉부방사선 사진 상 진폐증이 있다고 인정되는 사람(「진폐의 예방과 진폐근로자의 보호 등에 관한 법률」에 따라 건강관리수첩을 발급받은 사람은 제외한다)

	카. 옥내에서 원료를 혼합하는 장소에서의 작업 중 다음의 어느 하나에 해당하는 작업
	  1) 유리 또는 법랑을 제조하는 공정에서 원료를 혼합하는 작업이나 원료 또는 혼합물을 용해로에 투입하는 작업(수중에서 원료를 혼합하는 작업은 제외한다)
	  2) 도자기・내화물・형상토제품(형상을 본떠 흙으로 만든 제품) 또는 연마재를 제조하는 공정에서 원료를 혼합 또는 성형하거나, 원료 또는 반제품을 건조하거나, 반제품을 차에 싣거나 쌓아 두는 장소에서의 작업 또는 가마 내부에서의 작업(도자기를 제조하는 공정에서 원료를 투입 또는 성형하여 반제품을 완성하거나 제품을 내리고 쌓아 두는 장소에서의 작업과 수중에서 원료를 혼합하는 장소에서의 작업은 제외한다)
	  3) 탄소제품을 제조하는 공정에서 탄소원료를 혼합하거나 성형하여 반제품을 노(爐: 가공할 원료를 녹이거나 굽는 시설)에 넣거나 반제품 또는 제품을 노에서 꺼내거나 제작하는 장소에서의 작업
	타. 옥내에서 내화 벽돌 또는 타일을 제조하는 작업 중 동력을 사용하여 원료(습기가 있는 것은 제외한다)를 성형하는 장소에서의 작업
	파. 옥내에서 동력을 사용하여 반제품 또는 제품을 다듬질하는 장소에서의 작업 중 다음의 의 어느 하나에 해당하는 작업
	  1) 도자기・내화물・형상토제품 또는 연마재를 제조하는 공정에서 원료를 혼합 또는 성형하거나, 원료 또는 반제품을 건조하거나, 반제품을 차에 싣거나 쌓은 장소에서의 작업또는 가마 내부에서의 작업(도자기를 제조하는 공정에서 원료를 투입 또는 성형하여 반제품을 완성하거나 제품을 내리고 쌓아 두는 장소에서의 작업과 수중에서 원료를 혼합하는 장소에서의 작업은 제외한다)
	  2) 탄소제품을 제조하는 공정에서 탄소원료를 혼합하거나 성형하여 반제품을 노에 넣거나 반제품 또는 제품을 노에서 꺼내거나 제작하는 장소에서의 작업
	하. 옥내에서 거푸집을 해체하거나, 분해장치를 이용하여 사형(似形: 광물의 결정형태)을 부수거나, 모래를 털어 내거나 동력을 사용하여 주물모래를 재생하거나 혼련(열과 기계를 사용하여 내용물을 고르게 섞는 것)하거나 주물품을 절삭(切削)하는 장소에서의 작업
	거. 옥내에서 수지식(手指式) 용융분사기를 이용하지 않고 금속을 용융분사하는 장소에서의 작업	

8	가. 염화비닐을 중합(결합 화합물화)하는 업무 또는 밀폐되어 있지 않은 원심분리기를 사용하여 폴리염화비닐(염화비닐의 중합체를 말한다)의 현탁액(懸濁液)에서 물을 분리시키는 업무 나. 염화비닐을 제조하거나 사용하는 석유화학설비를 유지・보수하는 업무	4년 이상 종사한 사람

9	크롬산·중크롬산 또는 이들 염(같은 물질이 함유된 화합물의 중량 비율이 1퍼센트를 초과하는 제제를 포함한다)을 광석으로부터 추출하여 제조하거나 취급하는 업무	4년 이상 종사한 사람
10	삼산화비소를 제조하는 공정에서 배소(낮은 온도로 가열하여 변화를 일으키는 과정) 또는 정제를 하는 업무나 비소가 함유된 화합물의 중량 비율이 3퍼센트를 초과하는 광석을 제련하는 업무	5년 이상 종사한 사람
11	니켈(니켈카보닐을 포함한다) 또는 그 화합물을 광석으로부터 추출하여 제조하거나 취급하는 업무	5년 이상 종사한 사람
12	카드뮴 또는 그 화합물을 광석으로부터 추출하여제조하거나 취급하는 업무	5년 이상 종사한 사람
13	가. 벤젠을 제조하거나 사용하는 업무(석유화학 업종만 해당한다) 나. 벤젠을 제조하거나 사용하는 석유화학설비를 유지·보수하는 업무	6년 이상 종사한 사람
14	제철용 코크스 또는 제철용 가스발생로를 제조하는 업무(코크스로 또는 가스발생로 상부에서의 업무 또는 코크스로에 접근하여 하는 업무만 해당한다)	6년 이상 종사한 사람
15	비파괴검사(X-선) 업무	1년이상 종사한 사람 또는 연간 누적선량이 20mSv 이상이었던 사람

정답 ②

20. 산업안전보건법령상 사업주는 일정한 질병이 있는 근로자를 고기압 업무에 종사하도록 하여서는 아니 된다. 이 질병에 해당하지 않는 것은?

① 빈혈증
② 메니에르씨병
③ 바이러스 감염에 의한 구순포진
④ 관절염
⑤ 천식

해설

근거조문 시행규칙 제221조

★ **제221조(질병자 등의 근로 제한)** ① 사업주는 법 제129조부터 제130조에 따른 건강진단 결과 유기화합물·금속류 등의 유해물질에 중독된 사람, 해당 유해물질에 중독될 우려가 있다고 의사가 인정하는 사람, 진폐의 소견이 있는 사람 또는 방사선에 피폭된 사람을 해당 유해물질 또는 방사선을 취급하거나 해당 유해물질의 분진·증기 또는 가스가 발산되는 업무 또는 해당 업무로 인하여 근로자의 건강을 악화시킬 우려가 있는 업무에 종사하도록 해서는 안 된다.

② 사업주는 다음 각 호의 어느 하나에 해당하는 질병이 있는 근로자를 고기압 업무에 종사하도록 해서는 안 된다.
1. 감압증이나 그 밖에 고기압에 의한 장해 또는 그 후유증
2. 결핵, 급성상기도감염, 진폐, 폐기종, 그 밖의 호흡기계의 질병
3. 빈혈증, 심장판막증, 관상동맥경화증, 고혈압증, 그 밖의 혈액 또는 순환기계의 질병
4. 정신신경증, 알코올중독, 신경통, 그 밖의 정신신경계의 질병
5. 메니에르씨병, 중이염, 그 밖의 이관(耳管)협착을 수반하는 귀 질환
6. 관절염, 류마티스, 그 밖의 운동기계의 질병
7. 천식, 비만증, 바세도우씨병, 그 밖에 알레르기성·내분비계·물질대사 또는 영양장해 등과 관련된 질병

정답 ③

21 산업안전보건법령상의 내용에 관한 설명으로 옳지 않은 것은?

① 작업환경측정 결과 직업성 질환에 걸렸는지 여부의 판단이 곤란한 근로자의 질병에 대하여 보건관리자 또는 산업보건의가 역학조사를 요청하는 경우 한국산업안전보건공단은 역학조사를 할 수 있다.
② 사업주 또는 근로자대표가 역학조사를 요청하는 경우에는 산업안전보건위원회의 의결을 거치거나 각각 상대방의 동의를 거쳐야 한다.
③ 건강관리카드를 발급받은 사람이 「산업재해보상보험법」에 따라 요양급여를 신청하는 경우에는 건강관리카드를 제출함으로써 해당 재해에 관한 의학적 소견을 적은 서류의 제출을 대신할 수 있다.
④ 사업주는 조현병에 걸린 사람에게 근로를 금지하거나 근로를 다시 시작하도록 하는 경우에는 미리 의사 또는 간호사인 보건관리자의 의견을 들어야 한다.
⑤ 사업주는 유해하거나 위험한 작업으로서 높은 기압에서 하는 작업 등 대통령령으로 정하는 작업에 종사하는 근로자에게는 1일 6시간, 1주 34시간을 초과하여 근로하게 해서는 아니 된다.

해설

근거조문 시행규칙 제220조

★ **제137조(건강관리카드)** ① 고용노동부장관은 고용노동부령으로 정하는 건강장해가 발생할 우려가 있는 업무에 종사하였거나 종사하고 있는 사람 중 고용노동부령으로 정하는 요건을 갖춘 사람의 직업병 조기발견 및 지속적인 건강관리를 위하여 건강관리카드를 발급하여야 한다.
② 건강관리카드를 발급받은 사람이 「산업재해보상보험법」 제41조에 따라 요양급여를 신청하는 경우에는 건강관리카드를 제출함으로써 해당 재해에 관한 의학적 소견을 적은 서류의 제출을 대신할 수 있다.
③ 건강관리카드를 발급받은 사람은 그 건강관리카드를 타인에게 양도하거나 대여해서는 아니 된다.
④ 건강관리카드를 발급받은 사람 중 제1항에 따라 건강관리카드를 발급받은 업무에 종사하지 아니하는 사람은 고용노동부령으로 정하는 바에 따라 특수건강진단에 준하는 건강진단을 받을 수 있다.
⑤ 건강관리카드의 서식, 발급 절차, 그 밖에 필요한 사항은 고용노동부령으로 정한다.

제139조(유해·위험작업에 대한 근로시간 제한 등) ① 사업주는 유해하거나 위험한 작업으로서 **높은 기압에서 하는 작업** 등 대통령령으로 정하는 작업에 종사하는 근로자에게는 1일 6시간, 1주 34시간을 초과하여 근로하게 해서는 아니 된다.

② 사업주는 대통령령으로 정하는 유해하거나 위험한 작업에 종사하는 근로자에게 필요한 안전조치 및 보건조치 외에 작업과 휴식의 적정한 배분 및 근로시간과 관련된 근로조건의 개선을 통하여 근로자의 건강 보호를 위한 조치를 하여야 한다.

★**영 제99조(유해·위험작업에 대한 근로시간 제한 등)** ① 법 제139조 제1항에서 "높은 기압에서 하는 작업 등 대통령령으로 정하는 작업"이란 **잠함(潛函) 또는 잠수 작업 등 높은 기압**에서 하는 작업을 말한다.

② 제1항에 따른 작업에서 잠함·잠수 작업시간, 가압·감압방법 등 해당 근로자의 안전과 보건을 유지하기 위하여 필요한 사항은 고용노동부령으로 정한다.

③ 법 제139조 제2항에서 "대통령령으로 정하는 유해하거나 위험한 작업"이란 다음 각 호의 어느 하나에 해당하는 작업을 말한다.
  1. 갱(坑) 내에서 하는 작업
  2. 다량의 고열물체를 취급하는 작업과 현저히 덥고 뜨거운 장소에서 하는 작업
  3. 다량의 저온물체를 취급하는 작업과 현저히 춥고 차가운 장소에서 하는 작업
  4. 라듐방사선이나 엑스선, 그 밖의 유해 방사선을 취급하는 작업
  5. 유리·흙·돌·광물의 먼지가 심하게 날리는 장소에서 하는 작업
  6. 강렬한 소음이 발생하는 장소에서 하는 작업
  7. 착암기(바위에 구멍을 뚫는 기계) 등에 의하여 신체에 강렬한 진동을 주는 작업
  8. 인력(人力)으로 중량물을 취급하는 작업
  9. 납·수은·크롬·망간·카드뮴 등의 중금속 또는 이황화탄소·유기용제, 그 밖에 고용노동부령으로 정하는 특정 화학물질의 먼지·증기 또는 가스가 많이 발생하는 장소에서 하는 작업

시행규칙 제220조(질병자의 근로금지) ① 법 제138조 제1항에 따라 사업주는 다음 각 호의 어느 하나에 해당하는 사람에 대해서는 근로를 금지해야 한다.
  1. 전염될 우려가 있는 질병에 걸린 사람. 다만, 전염을 예방하기 위한 조치를 한 경우는 제외한다.
  2. 조현병, 마비성 치매에 걸린 사람
  3. 심장·신장·폐 등의 질환이 있는 사람으로서 근로에 의하여 병세가 악화될 우려가 있는 사람
  4. 제1호부터 제3호까지의 규정에 준하는 질병으로서 고용노동부장관이 정하는 질병에 걸린 사람

② 사업주는 제1항에 따라 근로를 금지하거나 근로를 다시 시작하도록 하는 경우에는 미리 보건관리자(**의사인 보건관리자만 해당**한다), 산업보건의 또는 건강진단을 실시한 의사의 의견을 들어야 한다.

시행규칙 제222조(역학조사의 대상 및 절차 등) ① 공단은 법 제141조 제1항에 따라 다음 각 호의 어느 하나에 해당하는 경우에는 역학조사를 할 수 있다.
  1. 법 제125조에 따른 작업환경측정 또는 법 제129조부터 제131조에 따른 건강진단의 실시 결과만으로 직업성 질환에 걸렸는지를 판단하기 곤란한 근로자의 질병에 대하여 사업주·근로자대표·보건관리자(보건관리전문기관을 포함한다) 또는 건강진단기관의 의사가 역학조사를 요청하는 경우
  2. 「산업재해보상보험법」 제10조에 따른 근로복지공단이 고용노동부장관이 정하는 바에 따라 업무상 질병 여부의 결정을 위하여 역학조사를 요청하는 경우
  3. 공단이 직업성 질환의 예방을 위하여 필요하다고 판단하여 제224조 제1항에 따른 역학조사평가위원회의 심의를 거친 경우
  4. 그 밖에 직업성 질환에 걸렸는지 여부로 사회적 물의를 일으킨 질병에 대하여 작업장 내 유해요인과의 연관성 규명이 필요한 경우 등으로서 지방고용노동관서의 장이 요청하는 경우

② 제1항 제1호에 따라 **사업주 또는 근로자대표가 역학조사를 요청하는 경우에는 산업안전보건위원회의 의결을 거치거나 각각 상대방의 동의를 받아야 한다.** 다만, 관할 지방고용노동관서의 장이 역학조사의 필요성을 인정하는 경우에는 그렇지 않다.

③ 제1항에서 정한 사항 외에 역학조사의 방법 등에 필요한 사항은 고용노동부장관이 정하여 고시한다.

정답 ④

22 산업안전보건기준에 관한 규칙상 위험예방을 위한 조치에 관한 설명으로 옳은 것은?

① 주형조형기에 근로자의 신체 일부가 말려들어갈 우려가 있는 경우 게이트가드 또는 반발예방방지 장치 등에 의한 방호장치를 하여야 한다.
② ①의 게이트가드는 닫지 아니하면 기계가 작동되지 아니하는 연동구조여야 한다.
③ 산화에틸렌 또는 산화프로필렌을 탱크로리, 드럼 등에 주입하는 작업을 하는 경우에는 미리 그 내부의 증기를 활성가스로 바꾸는 등 안전한 상태로 되어 있는지를 확인한 후에 해당 작업을 하여야 한다.
④ 가스집합용접장치 전용 가스장치실의 지붕과 천장에는 난연성 재료를 사용해야 한다.
⑤ 충전전로 인근에서 차량, 기계장치 등의 작업이 있는 경우에는 차량 등을 충전전로의 충전부로부터 200cm 이상 이격시켜 유지하여야 한다.

해설

근거조문 안전보건규칙 제121조

안전보건규칙 제121조(사출성형기 등의 방호장치) ① 사업주는 사출성형기(射出成形機)·주형조형기(鑄型造形機) 및 형단조기(프레스등은 제외한다) 등에 근로자의 신체 일부가 말려들어갈 우려가 있는 경우 **게이트가드(gate guard) 또는 양수조작식 등에 의한 방호장치**, 그 밖에 필요한 방호 조치를 하여야 한다.
② 제1항의 게이트가드는 닫지 아니하면 기계가 작동되지 아니하는 연동구조(連動構造)여야 한다.
③ 사업주는 제1항에 따른 기계의 히터 등의 가열 부위 또는 감전 우려가 있는 부위에는 방호덮개를 설치하는 등 필요한 안전 조치를 하여야 한다.

제229조(산화에틸렌 등의 취급) ① 사업주는 산화에틸렌, 아세트알데히드 또는 산화프로필렌을 별표 7의 화학설비, 탱크로리, 드럼 등에 주입하는 작업을 하는 경우에는 미리 그 내부의 불활성가스가 아닌 가스나 증기를 불활성가스로 바꾸는 등 안전한 상태로 되어 있는 지를 확인한 후에 해당 작업을 하여야 한다.
② 사업주는 산화에틸렌, 아세트알데히드 또는 산화프로필렌을 별표 7의 화학설비, 탱크로리, 드럼 등에 저장하는 경우에는 항상 그 내부의 불활성가스가 아닌 가스나 증기를 불활성가스로 바꾸어 놓는 상태에서 저장하여야 한다.

제291조(가스집합장치의 위험 방지) ① 사업주는 가스집합장치에 대해서는 화기를 사용하는 설비로부터 5미터 이상 떨어진 장소에 설치하여야 한다.
② 사업주는 제1항의 가스집합장치를 설치하는 경우에는 전용의 방(이하 "가스장치실"이라 한다)에 설치하여야 한다. 다만, 이동하면서 사용하는 가스집합장치의 경우에는 그러하지 아니하다.
③ 사업주는 가스장치실에서 가스집합장치의 가스용기를 교환하는 작업을 할 때 가스장치실의 부속설비 또는 다른 가스용기에 충격을 줄 우려가 있는 경우에는 고무판 등을 설치하는 등 충격방지 조치를 하여야 한다.

제292조(가스장치실의 구조 등) 사업주는 가스장치실을 설치하는 경우에 다음 각 호의 구조로 설치하여야 한다.
1. 가스가 누출된 경우에는 그 가스가 정체되지 않도록 할 것
2. 지붕과 천장에는 가벼운 불연성 재료를 사용할 것
3. 벽에는 불연성 재료를 사용할 것

제322조(충전전로 인근에서의 차량·기계장치 작업) ① 사업주는 충전전로 인근에서 차량, 기계장치 등(이하 이 조에서 "차량등"이라 한다)의 작업이 있는 경우에는 차량등을 충전전로의 충전부로부터 300센티미터 이상 이격시켜 유지시키되, 대지전압이 50킬로볼트를 넘는 경우 이격시켜 유지하여야 하는 거리(이하 이 조에서 "이격거리"라 한다)는 10킬로볼트 증가할 때마다 10센티미터씩 증가시켜야 한다. 다만, 차량등의 높이를 낮춘 상태에서 이동하는 경우에는 이격거리를 120센티미터 이상(대지전압이 50킬로볼트를 넘는 경우에는 10킬로볼트 증가할 때마다 이격거리를 10센티미터씩 증가)으로 할 수 있다.

② 제1항에도 불구하고 충전전로의 전압에 적합한 절연용 방호구 등을 설치한 경우에는 이격거리를 절연용 방호구 앞면까지로 할 수 있으며, 차량등의 가공 붐대의 버킷이나 끝부분 등이 충전전로의 전압에 적합하게 절연되어 있고 유자격자가 작업을 수행하는 경우에는 붐대의 절연되지 않은 부분과 충전전로 간의 이격거리는 제321조 제1항의 표에 따른 접근 한계거리까지로 할 수 있다.
③ 사업주는 다음 각 호의 경우를 제외하고는 근로자가 차량등의 그 어느 부분과도 접촉하지 않도록 울타리를 설치하거나 감시인 배치 등의 조치를 하여야 한다. <개정 2019. 10. 15.>
  1. 근로자가 해당 전압에 적합한 제323조 제1항의 절연용 보호구등을 착용하거나 사용하는 경우
  2. 차량등의 절연되지 않은 부분이 제321조 제1항의 표에 따른 접근 한계거리 이내로 접근하지 않도록 하는 경우
④ 사업주는 충전전로 인근에서 접지된 차량등이 충전전로와 접촉할 우려가 있을 경우에는 지상의 근로자가 접지점에 접촉하지 않도록 조치하여야 한다.

정답 ②

23 산업안전보건기준에 관한 규칙의 내용으로 옳은 것은?

① 사다리식 통로(고정식 제외)의 기울기는 80° 이하로 하여야 한다.
② 콘크리트를 타설하는 경우에는 지지강도가 높게 나오게 중앙부위에 집중적으로 타설하여야 한다.
③ 양중기의 경우 근로자가 탑승하는 운반구를 지지하는 달기와이어로프 또는 달기체인에 대한 안전계수는 5 이상으로 하여야 한다.
④ 추락방호망의 설치위치는 가능하면 바닥면으로부터 가까운 지점에 설치하여야 하며, 바닥면으로부터 망의 설치지점가지의 수직거리는 15m를 초과하지 아니하여야 한다.
⑤ 낙하물방지망을 설치하는 경우 높이 10m 이내마다 설치하고, 내민길이는 벽면으로부터 2m 이상으로 하여야 하며, 수평면과의 각도는 20° 이상 30° 이하를 유지하여야 한다.

해설

근거조문 안전보건규칙 제14조

제14조(낙하물에 의한 위험의 방지) ① 사업주는 작업장의 바닥, 도로 및 통로 등에서 낙하물이 근로자에게 위험을 미칠 우려가 있는 경우 보호망을 설치하는 등 필요한 조치를 하여야 한다.
② 사업주는 작업으로 인하여 물체가 떨어지거나 날아올 위험이 있는 경우 낙하물 방지망, 수직보호망 또는 방호선반의 설치, 출입금지구역의 설정, 보호구의 착용 등 위험을 방지하기 위하여 필요한 조치를 하여야 한다. 이 경우 낙하물 방지망 및 수직보호망은 「산업표준화법」에 따른 한국산업표준에서 정하는 성능기준에 적합한 것을 사용하여야 한다.
③ 제2항에 따라 **낙하물 방지망 또는 방호선반**을 설치하는 경우에는 다음 각 호의 사항을 준수하여야 한다.
  1. 높이 10미터 이내마다 설치하고, 내민 길이는 벽면으로부터 2미터 이상으로 할 것
  2. 수평면과의 각도는 20도 이상 30도 이하를 유지할 것
제15조(투하설비 등) 사업주는 높이가 3미터 이상인 장소로부터 물체를 투하하는 경우 적당한 투하설비를 설치하거나 감시인을 배치하는 등 위험을 방지하기 위하여 필요한 조치를 하여야 한다.
제24조(사다리식 통로 등의 구조) ① 사업주는 사다리식 통로 등을 설치하는 경우 다음 각 호의 사항을 준수하여야 한다.

1. 견고한 구조로 할 것
2. 심한 손상·부식 등이 없는 재료를 사용할 것
3. 발판의 간격은 일정하게 할 것
4. 발판과 벽과의 사이는 15센티미터 이상의 간격을 유지할 것
5. 폭은 30센티미터 이상으로 할 것
6. 사다리가 넘어지거나 미끄러지는 것을 방지하기 위한 조치를 할 것
7. 사다리의 상단은 걸쳐놓은 지점으로부터 60센티미터 이상 올라가도록 할 것
8. 사다리식 통로의 길이가 10미터 이상인 경우에는 5미터 이내마다 계단참을 설치할 것
9. 사다리식 통로의 기울기는 75도 이하로 할 것. 다만, 고정식 사다리식 통로의 기울기는 90도 이하로 하고, 그 높이가 7미터 이상인 경우에는 바닥으로부터 높이가 2.5미터 되는 지점부터 등받이울을 설치할 것
10. 접이식 사다리 기둥은 사용 시 접혀지거나 펼쳐지지 않도록 철물 등을 사용하여 견고하게 조치할 것

② 잠함(潛函) 내 사다리식 통로와 건조·수리 중인 선박의 구명줄이 설치된 사다리식 통로(건조·수리작업을 위하여 임시로 설치한 사다리식 통로는 제외한다)에 대해서는 제1항 제5호부터 제10호까지의 규정을 적용하지 아니한다.

제42조(추락의 방지) ① 사업주는 근로자가 추락하거나 넘어질 위험이 있는 장소[작업발판의 끝·개구부(開口部) 등을 제외한다]또는 기계·설비·선박블록 등에서 작업을 할 때에 근로자가 위험해질 우려가 있는 경우 비계(飛階)를 조립하는 등의 방법으로 작업발판을 설치하여야 한다.

② 사업주는 제1항에 따른 작업발판을 설치하기 곤란한 경우 다음 각 호의 기준에 맞는 추락방호망을 설치하여야 한다. 다만, 추락방호망을 설치하기 곤란한 경우에는 근로자에게 안전대를 착용하도록 하는 등 추락위험을 방지하기 위하여 필요한 조치를 하여야 한다. <개정 2017. 12. 28.>

1. 추락방호망의 설치위치는 가능하면 작업면으로부터 가까운 지점에 설치하여야 하며, 작업면으로부터 망의 설치지점까지의 수직거리는 10미터를 초과하지 아니할 것
2. 추락방호망은 수평으로 설치하고, 망의 처짐은 짧은 변 길이의 12퍼센트 이상이 되도록 할 것
3. 건축물 등의 바깥쪽으로 설치하는 경우 추락방호망의 내민 길이는 벽면으로부터 3미터 이상 되도록 할 것. 다만, 그물코가 20밀리미터 이하인 추락방호망을 사용한 경우에는 제14조 제3항에 따른 낙하물방지망을 설치한 것으로 본다.

③ 사업주는 추락방호망을 설치하는 경우에는 「산업표준화법」에 따른 한국산업표준에서 정하는 성능기준에 적합한 추락방호망을 사용하여야 한다. <신설 2017. 12. 28.>

제55조(작업발판의 최대적재하중) ① 사업주는 비계의 구조 및 재료에 따라 작업발판의 최대적재하중을 정하고, 이를 초과하여 실어서는 아니 된다.

② 달비계(곤돌라의 달비계는 제외한다)의 최대 적재하중을 정하는 경우 그 안전계수는 다음 각 호와 같다.
1. 달기 와이어로프 및 달기 강선의 안전계수: 10 이상
2. 달기 체인 및 달기 훅의 안전계수: 5 이상
3. 달기 강대와 달비계의 하부 및 상부 지점의 안전계수: 강재(鋼材)의 경우 2.5 이상, 목재의 경우 5 이상

③ 제2항의 안전계수는 와이어로프 등의 절단하중 값을 그 와이어로프 등에 걸리는 하중의 최대값으로 나눈 값을 말한다.

제163조(와이어로프 등 달기구의 안전계수) ① 사업주는 양중기의 와이어로프 등 달기구의 안전계수(달기구 절단하중의 값을 그 달기구에 걸리는 하중의 최대값으로 나눈 값을 말한다)가 다음 각 호의 구분에 따른 기준에 맞지 아니한 경우에는 이를 사용해서는 아니 된다.

1. <u>근로자가 탑승하는 운반구를 지지하는 달기와이어로프 또는 달기체인의 경우: 10 이상</u>
2. 화물의 하중을 직접 지지하는 달기와이어로프 또는 달기체인의 경우: 5 이상
3. 훅, 샤클, 클램프, 리프팅 빔의 경우: 3 이상
4. 그 밖의 경우: 4 이상

② 사업주는 달기구의 경우 최대허용하중 등의 표식이 견고하게 붙어 있는 것을 사용하여야 한다.

제334조(콘크리트의 타설작업) 사업주는 콘크리트 타설작업을 하는 경우에는 다음 각 호의 사항을 준수하여야 한다.
1. 당일의 작업을 시작하기 전에 해당 작업에 관한 거푸집동바리등의 변형·변위 및 지반의 침하 유무 등을 점검하고 이상이 있으면 보수할 것
2. 작업 중에는 거푸집동바리등의 변형·변위 및 침하 유무 등을 감시할 수 있는 감시자를 배치하여 이상이 있으면 작업을 중지하고 근로자를 대피시킬 것
3. 콘크리트 타설작업 시 거푸집 붕괴의 위험이 발생할 우려가 있으면 충분한 보강조치를 할 것
4. 설계도서상의 콘크리트 양생기간을 준수하여 거푸집동바리등을 해체할 것
5. 콘크리트를 타설하는 경우에는 편심이 발생하지 않도록 골고루 분산하여 타설할 것

정답 ⑤

24

산업안전보건기준에 관한 규칙상 석면의 제조·사용 작업, 해체·제거작업 및 유지·관리 등의 조치 기준에 관한 설명으로 옳지 않은 것은?

① 사업주는 분말 상태의 석면을 혼합하거나 용기에 넣거나 꺼내는 작업, 절단·천공 또는 연마하는 작업 등 석면분진이 흩날리는 작업에 근로자를 종사하도록 하는 경우에 석면의 부스러기 등을 넣어두기 위하여 해당 장소에 뚜껑이 있는 용기를 갖추어 두어야 한다.
② 사업주는 석면으로 인한 직업성 질병의 발생 원인, 재발 방지 방법 등을 석면을 취급하는 근로자에게 알려야 한다.
③ 사업주는 석면에 오염된 장비, 보호구 또는 작업복 등을 처리하는 경우에 압축공기를 불어서 석면오염을 제거해야 한다.
④ 사업주는 석면해체·제거작업에서 발생된 석면을 함유한 잔재물은 습식으로 청소하거나 고성능필터가 장착된 진공청소기를 사용하여 청소하는 등 석면분진이 흩날리지 않도록 하여야 한다.
⑤ 사업주는 석면해체·제거작업장과 연결되거나 인접한 장소에 탈의실·샤워실 및 작업복 갱의실 등의 위생설비를 설치하고 필요한 용품 및 용구를 갖추어 두어야 한다.

해설

근거조문 안전보건규칙 제485조

제477조(격리) 사업주는 석면분진이 퍼지지 않도록 석면을 사용하는 장소를 다른 작업장소와 격리하여야 한다.
제478조(바닥) 사업주는 석면을 사용하는 작업장소의 바닥재료는 불침투성 재료를 사용하고 청소하기 쉬운 구조로 하여야 한다.
제479조(밀폐 등) ① 사업주는 석면을 사용하는 설비 중 근로자가 상시 접근할 필요가 없는 설비는 밀폐된 장소에 설치하여야 한다.
② 제1항에 따라 밀폐된 실내에 설치된 설비를 점검할 필요가 있는 경우에는 투명유리를 설치하는 등 실외에서 점검할 수 있는 구조로 하여야 한다.

제480조(국소배기장치의 설치 등) ① 사업주는 석면이 들어있는 포장 등의 개봉작업, 석면의 계량작업, 배합기(配合機) 또는 개면기(開綿機) 등에 석면을 투입하는 작업, 석면제품 등의 포장작업을 하는 장소 등 석면분진이 흩날릴 우려가 있는 작업을 하는 장소에는 국소배기장치를 설치·가동하여야 한다.
② 제1항에 따른 국소배기장치의 성능에 관하여는 제500조에 따른 입자 상태 물질에 대한 국소배기장치의 성능기준을 준용한다.

제481조(석면분진의 흩날림 방지 등) ① 사업주는 석면을 뿜어서 칠하는 작업에 근로자를 종사하도록 해서는 아니 된다.
② 사업주는 석면을 사용하거나 석면이 붙어 있는 물질을 이용하는 작업을 하는 경우에 석면이 흩날리지 않도록 습기를 유지하여야 한다. 다만, 작업의 성질상 습기를 유지하기 곤란한 경우에는 다음 각 호의 조치를 한 후 작업하도록 하여야 한다.
  1. 석면으로 인한 근로자의 건강장해 예방을 위하여 밀폐설비나 국소배기장치의 설치 등 필요한 보호대책을 마련할 것
  2. 석면을 함유하는 폐기물은 새지 않도록 불침투성 자루 등에 밀봉하여 보관할 것

제482조(작업수칙) 사업주는 석면의 제조·사용 작업에 근로자를 종사하도록 하는 경우에 석면분진의 발산과 근로자의 오염을 방지하기 위하여 다음 각 호의 사항에 관한 작업수칙을 정하고, 이를 작업근로자에게 알려야 한다.
  1. 진공청소기 등을 이용한 작업장 바닥의 청소방법
  2. 작업자의 왕래와 외부기류 또는 기계진동 등에 의하여 분진이 흩날리는 것을 방지하기 위한 조치
  3. 분진이 쌓일 염려가 있는 깔개 등을 작업장 바닥에 방치하는 행위를 방지하기 위한 조치
  4. 분진이 확산되거나 작업자가 분진에 노출될 위험이 있는 경우에는 선풍기 사용 금지
  5. 용기에 석면을 넣거나 꺼내는 작업
  6. 석면을 담은 용기의 운반
  7. 여과집진방식 집진장치의 여과재 교환
  8. 해당 작업에 사용된 용기 등의 처리
  9. 이상사태가 발생한 경우의 응급조치
  10. 보호구의 사용·점검·보관 및 청소
  11. 그 밖에 석면분진의 발산을 방지하기 위하여 필요한 조치

제483조(작업복 관리) ① 사업주는 석면 취급작업을 마친 근로자의 오염된 작업복은 석면 전용의 탈의실에서만 벗도록 하여야 한다.
② 사업주는 석면에 오염된 작업복을 세탁·정비·폐기 등의 목적으로 탈의실 밖으로 이송할 경우에 관계 근로자가 아닌 사람이 취급하지 않도록 하여야 한다.
③ 사업주는 석면에 오염된 작업복의 석면분진이 공기 중으로 날리지 않도록 뚜껑이 있는 용기에 넣어서 보관하고 석면으로 오염된 작업복임을 표시하여야 한다.

제484조(보관용기) 사업주는 분말 상태의 석면을 혼합하거나 용기에 넣거나 꺼내는 작업, 절단·천공 또는 연마하는 작업 등 석면분진이 흩날리는 작업에 근로자를 종사하도록 하는 경우에 석면의 부스러기 등을 넣어두기 위하여 해당 장소에 뚜껑이 있는 용기를 갖추어 두어야 한다.

제485조(석면오염 장비 등의 처리) ① 사업주는 석면에 오염된 장비, 보호구 또는 작업복 등을 폐기하는 경우에 밀봉된 불침투성 자루나 용기에 넣어 처리하여야 한다.
② 사업주는 제1항에 따라 오염된 장비 등을 처리하는 경우에 압축공기를 불어서 석면오염을 제거하게 해서는 아니 된다.

정답 ③

25 산업안전보건기준에 관한 규칙상 설명으로 옳지 않은 것은?

① "근골격계질환 예방관리 프로그램"이란 유해요인 조사, 작업환경 개선, 의학적 관리, 교육·훈련, 평가에 관한 사항 등이 포함된 근골격계질환을 예방관리하기 위한 종합적인 계획을 말한다.
② 사업주는 근로자가 근골격부담작업을 하는 경우에 3년마다 작업시간·작업자세·작업방법 등 작업조건에 대한 유해요인조사를 하여야 한다. 다만, 신설되는 사업장의 경우에는 신설일부터 1년 이내에 최초의 유해요인 조사를 하여야 한다.
③ 사업주는 근골격부담작업에 해당하는 새로운 작업·설비를 도입한 경우에는 지체 없이 유해요인 조사를 하여야 한다.
④ 사업주는 근로자대표의 요구가 있으면 설명회를 개최하여 유해요인 조사 결과를 해당 근로자와 같은 방법으로 작업하는 근로자에게 알려야 한다.
⑤ 사업주는 근골격계질환으로 업무상 질병으로 인정받은 근로자가 10명 이상 발생한 사업장으로서 발생 비율이 그 사업장 근로자 수의 5퍼센트 이상인 경우 근골격계질환 예방관리 프로그램을 수립하여 시행하여야 한다.

해설

근거조문 안전보건규칙 제656조 이하

제12장 근골격계부담작업으로 인한 건강장해의 예방
제1절 통칙
제656조(정의) 이 장에서 사용하는 용어의 뜻은 다음과 같다.
1. "근골격계부담작업"이란 법 제39조 제1항 제5호에 따른 작업으로서 작업량·작업속도·작업강도 및 작업장 구조 등에 따라 고용노동부장관이 정하여 고시하는 작업을 말한다.
2. "근골격계질환"이란 반복적인 동작, 부적절한 작업자세, 무리한 힘의 사용, 날카로운 면과의 신체접촉, 진동 및 온도 등의 요인에 의하여 발생하는 건강장해로서 목, 어깨, 허리, 팔·다리의 신경·근육 및 그 주변 신체조직 등에 나타나는 질환을 말한다.
3. "근골격계질환 예방관리 프로그램"이란 유해요인 조사, 작업환경 개선, 의학적 관리, 교육·훈련, 평가에 관한 사항 등이 포함된 근골격계질환을 예방관리하기 위한 종합적인 계획을 말한다.

제2절 유해요인 조사 및 개선 등
제657조(유해요인 조사) ① 사업주는 근로자가 근골격계부담작업을 하는 경우에 3년마다 다음 각 호의 사항에 대한 유해요인조사를 하여야 한다. 다만, 신설되는 사업장의 경우에는 신설일부터 1년 이내에 최초의 유해요인 조사를 하여야 한다.
1. 설비·작업공정·작업량·작업속도 등 작업장 상황
2. 작업시간·작업자세·작업방법 등 작업조건
3. 작업과 관련된 근골격계질환 징후와 증상 유무 등
② 사업주는 다음 각 호의 어느 하나에 해당하는 사유가 발생하였을 경우에 제1항에도 불구하고 지체 없이 유해요인 조사를 하여야 한다. 다만, 제1호의 경우는 근골격계부담작업이 아닌 작업에서 발생한 경우를 포함한다.
1. 법에 따른 임시건강진단 등에서 근골격계질환자가 발생하였거나 근로자가 근골격계질환으로 「산업재해보상보험법 시행령」 별표 3 제2호 가목·마목 및 제12호 라목에 따라 업무상 질병으로 인정받은 경우
2. 근골격계부담작업에 해당하는 새로운 작업·설비를 도입한 경우
3. 근골격계부담작업에 해당하는 업무의 양과 작업공정 등 작업환경을 변경한 경우
③ 사업주는 유해요인 조사에 근로자 대표 또는 해당 작업 근로자를 참여시켜야 한다.

제658조(유해요인 조사 방법 등) 사업주는 유해요인 조사를 하는 경우에 근로자와의 면담, 증상 설문조사, 인간공학적 측면을 고려한 조사 등 적절한 방법으로 하여야 한다. 이 경우 제657조 제2항 제1호에 해당하는 경우에는 고용노동부장관이 정하여 고시하는 방법에 따라야 한다.

제659조(작업환경 개선) 사업주는 유해요인 조사 결과 근골격계질환이 발생할 우려가 있는 경우에 인간공학적으로 설계된 인력작업 보조설비 및 편의설비를 설치하는 등 작업환경 개선에 필요한 조치를 하여야 한다.

제660조(통지 및 사후조치) ① 근로자는 근골격계부담작업으로 인하여 운동범위의 축소, 쥐는 힘의 저하, 기능의 손실 등의 징후가 나타나는 경우 그 사실을 사업주에게 통지할 수 있다.

② 사업주는 근골격계부담작업으로 인하여 제1항에 따른 징후가 나타난 근로자에 대하여 의학적 조치를 하고 필요한 경우에는 제659조에 따른 작업환경 개선 등 적절한 조치를 하여야 한다.

제661조(유해성 등의 주지) ① 사업주는 근로자가 근골격계부담작업을 하는 경우에 다음 각 호의 사항을 근로자에게 알려야 한다.
  1. 근골격계부담작업의 유해요인
  2. 근골격계질환의 징후와 증상
  3. 근골격계질환 발생 시의 대처요령
  4. 올바른 작업자세와 작업도구, 작업시설의 올바른 사용방법
  5. 그 밖에 근골격계질환 예방에 필요한 사항

② 사업주는 제657조 제1항과 제2항에 따른 유해요인 조사 및 그 결과, 제658조에 따른 조사방법 등을 해당 근로자에게 알려야 한다.

③ 사업주는 근로자대표의 요구가 있으면 설명회를 개최하여 제657조 제2항 제1호에 따른 유해요인 조사 결과를 해당 근로자와 같은 방법으로 작업하는 근로자에게 알려야 한다.

★**제662조(근골격계질환 예방관리 프로그램 시행)** ① 사업주는 다음 각 호의 어느 하나에 해당하는 경우에 근골격계질환 예방관리 프로그램을 수립하여 시행하여야 한다.
  1. 근골격계질환으로 「산업재해보상보험법 시행령」 별표 3 제2호 가목·마목 및 제12호 라목에 따라 업무상 질병으로 인정받은 근로자가 연간 10명 이상 발생한 사업장 또는 5명 이상 발생한 사업장으로서 발생 비율이 그 사업장 근로자 수의 10퍼센트 이상인 경우
  2. 근골격계질환 예방과 관련하여 노사 간 이견(異見)이 지속되는 사업장으로서 고용노동부장관이 필요하다고 인정하여 근골격계질환 예방관리 프로그램을 수립하여 시행할 것을 명령한 경우

② 사업주는 근골격계질환 예방관리 프로그램을 작성·시행할 경우에 노사협의를 거쳐야 한다.

③ 사업주는 근골격계질환 예방관리 프로그램을 작성·시행할 경우에 인간공학·산업의학·산업위생·산업간호 등 분야별 전문가로부터 필요한 지도·조언을 받을 수 있다.

제3절 중량물을 들어올리는 작업에 관한 특별 조치

제663조(중량물의 제한) 사업주는 근로자가 인력으로 들어올리는 작업을 하는 경우에 과도한 무게로 인하여 근로자의 목·허리 등 근골격계에 무리한 부담을 주지 않도록 최대한 노력하여야 한다.

제664조(작업조건) 사업주는 근로자가 취급하는 물품의 중량·취급빈도·운반거리·운반속도 등 인체에 부담을 주는 작업의 조건에 따라 작업시간과 휴식시간 등을 적정하게 배분하여야 한다.

제665조(중량의 표시 등) 사업주는 근로자가 5킬로그램 이상의 중량물을 들어올리는 작업을 하는 경우에 다음 각 호의 조치를 하여야 한다.
  1. 주로 취급하는 물품에 대하여 근로자가 쉽게 알 수 있도록 물품의 중량과 무게중심에 대하여 작업장 주변에 안내표시를 할 것
  2. 취급하기 곤란한 물품은 손잡이를 붙이거나 갈고리, 진공빨판 등 적절한 보조도구를 활용할 것

제666조(작업자세 등) 사업주는 근로자가 중량물을 들어올리는 작업을 하는 경우에 무게중심을 낮추거나 대상물에 몸을 밀착하도록 하는 등 신체의 부담을 줄일 수 있는 자세에 대하여 알려야 한다.

정답 ⑤

7회

산업안전보건법령 진도별 모의고사 해설

01 산업안전보건법령상 건강진단에 관한 설명으로 옳은 것은?

① 건강진단의 종류에는 일반건강진단, 특수건강진단, 채용시건강진단, 수시건강진단, 임시건강진단이 있다.
② 6개월간 밤 12시부터 오전 5시까지의 시간을 포함하여 계속되는 8시간 작업을 월 평균 4회 이상 수행하는 야간작업 근로자도 특수건강진단을 받아야 한다.
③ 디메틸포름아미드에 노출되는 업무에 종사하는 근로자는 배치 후 2개월 이내에 첫 번째 특수건강진단을 받고, 이후 6개월마다 주기적으로 특수건강진단을 받아야 한다.
④ 다른 사업장에서 해당 유해인자에 대하여 배치전건강진단을 받고 9개월이 지난 근로자로서 건강진단결과를 적은 서류를 제출한 근로자는 배치전건강진단을 실시하지 아니할 수 있다.
⑤ 특수건강진단대상업무로 인하여 해당 유해인자에 의한 건강장해를 의심하게 하는 증상을 보이는 근로자에 대하여 사업주가 실시하는 건강진단을 임시건강진단 이라 한다.

> **해설**

> **근거조문** (법 제129조 이하)

제2절 건강진단 및 건강관리
제129조(일반건강진단) ① 사업주는 상시 사용하는 근로자의 건강관리를 위하여 건강진단(이하 "일반건강진단"이라 한다)을 실시하여야 한다. 다만, 사업주가 고용노동부령으로 정하는 건강진단을 실시한 경우에는 그 건강진단을 받은 근로자에 대하여 일반건강진단을 실시한 것으로 본다.

> **시행규칙 제196조(일반건강진단 실시의 인정)** 법 제129조 제1항 단서에서 "고용노동부령으로 정하는 건강진단"이란 다음 각 호 어느 하나에 해당하는 건강진단을 말한다.
> 1. 「국민건강보험법」에 따른 건강검진
> 2. 「선원법」에 따른 건강진단
> 3. 「진폐의 예방과 진폐근로자의 보호 등에 관한 법률」에 따른 정기 건강진단
> 4. 「학교보건법」에 따른 건강검사
> 5. 「항공안전법」에 따른 신체검사
> 6. 그 밖에 제198조 제1항에서 정한 법 제129조 제1항에 따른 일반건강진단(이하 "일반건강진단"이라 한다)의 검사항목을 모두 포함하여 실시한 건강진단

② 사업주는 제135조 제1항에 따른 특수건강진단기관 또는 「건강검진기본법」 제3조 제2호에 따른 건강검진기관(이하 "건강진단기관"이라 한다)에서 일반건강진단을 실시하여야 한다.
③ 일반건강진단의 주기·항목·방법 및 비용, 그 밖에 필요한 사항은 고용노동부령으로 정한다.

제130조(특수건강진단 등) ① 사업주는 다음 각 호의 어느 하나에 해당하는 근로자의 건강관리를 위하여 건강진단(이하 "특수건강진단"이라 한다)을 실시하여야 한다. **다만, 사업주가 고용노동부령으로 정하는 건강진단을 실시한 경우에는 그 건강진단을 받은 근로자에 대하여 해당 유해인자에 대한 특수건강진단을 실시한 것으로 본다.**

> **시행규칙 제200조(특수건강진단 실시의 인정)** 법 제130조 제1항 단서에서 "고용노동부령으로 정하는 건강진단"이란 다음 각 호의 어느 하나에 해당하는 건강진단을 말한다.
> 1. 「원자력안전법」에 따른 건강진단(방사선만 해당한다)
> 2. 「진폐의 예방과 진폐근로자의 보호 등에 관한 법률」에 따른 정기 건강진단(광물성 분진만 해당한다)
> 3. 「진단용 방사선 발생장치의 안전관리에 관한 규칙」에 따른 건강진단(방사선만 해당한다)
> 4. 그 밖에 다른 법령에 따라 별표 24에서 정한 법 제130조 제1항에 따른 특수건강진단(이하 "특수건강진단"이라 한다)의 검사항목을 모두 포함하여 실시한 건강진단(해당하는 유해인자만 해당한다)

  1. 고용노동부령으로 정하는 유해인자에 노출되는 업무(이하 "특수건강진단대상업무"라 한다)에 종사하는 근로자

> **제201조(특수건강진단 대상업무)** 법 제130조 제1항 제1호에서 "고용노동부령으로 정하는 유해인자"는 별표 22와 같다.

  2. 제1호, 제3항 및 제131조에 따른 건강진단 실시 결과 직업병 소견이 있는 근로자로 판정받아 작업 전환을 하거나 작업 장소를 변경하여 해당 판정의 원인이 된 특수건강진단대상업무에 종사하지 아니하는 사람으로서 해당 유해인자에 대한 건강진단이 필요하다는 「의료법」 제2조에 따른 의사의 소견이 있는 근로자

② 사업주는 특수건강진단대상업무에 종사할 근로자의 배치 예정 업무에 대한 적합성 평가를 위하여 건강진단(이하 "**배치전건강진단**"이라 한다)을 실시하여야 한다. 다만, 고용노동부령으로 정하는 근로자에 대해서는 배치전건강진단을 실시하지 아니할 수 있다.

> **시행규칙 제203조(배치전건강진단 실시의 면제)** 법 제130조 제2항 단서에서 "고용노동부령으로 정하는 근로자"란 다음 각 호의 어느 하나에 해당하는 근로자를 말한다.
> 1. 다른 사업장에서 해당 유해인자에 대하여 다음 각 목의 어느 하나에 해당하는 건강진단을 받고 6개월이 지나지 않은 근로자로서 건강진단 결과를 적은 서류(이하 "건강진단개인표"라 한다) 또는 그 사본을 제출한 근로자
>   가. 법 제130조 제2항에 따른 배치전건강진단(이하 "배치전건강진단"이라 한다)
>   나. 배치전건강진단의 제1차 검사항목을 포함하는 특수건강진단, 수시건강진단 또는 임시건강진단
>   다. 배치전건강진단의 제1차 검사항목 및 제2차 검사항목을 포함하는 건강진단
> 2. 해당 사업장에서 해당 유해인자에 대하여 제1호 각 목의 어느 하나에 해당하는 건강진단을 받고 6개월이 지나지 않은 근로자

③ 사업주는 특수건강진단대상업무에 따른 유해인자로 인한 것이라고 **의심되는 건강장해 증상을 보이거나 의학적 소견이 있는** 근로자 중 보건관리자 등이 사업주에게 건강진단 실시를 건의하는 등 고용노동부령으로 정하는 근로자에 대하여 건강진단(이하 "**수시건강진단**"이라 한다)을 실시하여야 한다.

★ **시행규칙 제205조(수시건강진단 대상 근로자 등)** ① 법 제130조 제3항에서 "고용노동부령으로 정하는 근로자"란 특수건강진단대상업무로 인하여 해당 유해인자로 인한 것이라고 의심되는 **직업성 천식, 직업성 피부염**, 그 밖에 건강장해 증상을 보이거나 의학적 소견이 있는 근로자로서 다음 각 호의 어느 하나에 해당하는 근로자를 말한다. 다만, 사업주가 직전 특수건강진단을 실시한 특수건강진단기관의 의사로부터 수시건강진단이 필요하지 않다는 소견을 받은 경우는 제외한다.
  1. 산업보건의, 보건관리자, 보건관리 업무를 위탁받은 기관이 필요하다고 판단하여 사업주에게 수시건강진단을 건의한 근로자
  2. 해당 근로자나 근로자대표 또는 법 제23조에 따라 위촉된 명예산업안전감독관이 사업주에게 수시건강진단을 요청한 근로자
② 사업주는 제1항에 해당하는 근로자에 대해서는 지체 없이 수시건강진단을 실시해야 한다.
③ 제1항 및 제2항에서 정한 사항 외에 수시건강진단의 실시방법, 그 밖에 필요한 사항은 고용노동부장관이 정한다.

④ 사업주는 제135조 제1항에 따른 특수건강진단기관에서 제1항부터 제3항까지의 규정에 따른 건강진단을 실시하여야 한다.
⑤ 제1항부터 제3항까지의 규정에 따른 건강진단의 시기·주기·항목·방법 및 비용, 그 밖에 필요한 사항은 고용노동부령으로 정한다.

제131조(임시건강진단 명령 등) ① 고용노동부장관은 같은 유해인자에 노출되는 근로자들에게 **유사한 질병의 증상이 발생**한 경우 등 고용노동부령으로 정하는 경우에는 근로자의 건강을 보호하기 위하여 사업주에게 특정 근로자에 대한 건강진단(이하 "임시건강진단"이라 한다)의 실시나 작업전환, 그 밖에 필요한 조치를 명할 수 있다.

★ **시행규칙 제207조(임시건강진단 명령 등)** ① 법 제131조 제1항에서 "고용노동부령으로 정하는 경우"란 특수건강진단 대상 유해인자 또는 그 밖의 유해인자에 의한 중독 여부, 질병에 걸렸는지 여부 또는 질병의 발생 원인 등을 확인하기 위하여 필요하다고 인정되는 경우로서 다음 각 호에 어느 하나에 해당하는 경우를 말한다.
  1. 같은 부서에 근무하는 근로자 또는 같은 유해인자에 노출되는 근로자에게 <u>유사한</u> 질병의 자각·타각 증상이 발생한 경우
  2. 직업병 유소견자가 발생하거나 여러 명이 발생할 우려가 있는 경우
  3. 그 밖에 지방고용노동관서의 장이 필요하다고 판단하는 경우
② 임시건강진단의 검사항목은 별표 24에 따른 특수건강진단의 검사항목 중 전부 또는 일부와 건강진단 담당 의사가 필요하다고 인정하는 검사항목으로 한다.
③ 제2항에서 정한 사항 외에 임시건강진단의 검사방법, 실시방법, 그 밖에 필요한 사항은 고용노동부장관이 정한다.

② 임시건강진단의 항목, 그 밖에 필요한 사항은 고용노동부령으로 정한다.

제132조(건강진단에 관한 사업주의 의무) ① 사업주는 제129조부터 제131조까지의 규정에 따른 건강진단을 실시하는 경우 근로자대표가 요구하면 근로자대표를 참석시켜야 한다.
② 사업주는 산업안전보건위원회 또는 근로자대표가 요구할 때에는 직접 또는 제129조부터 제131조까지의 규정에 따른 건강진단을 한 건강진단기관에 건강진단 결과에 대하여 설명하도록 하여야 한다. 다만, 개별 근로자의 건강진단 결과는 본인의 동의 없이 공개해서는 아니 된다.
③ 사업주는 제129조부터 제131조까지의 규정에 따른 건강진단의 결과를 근로자의 건강 보호 및 유지 외의 목적으로 사용해서는 아니 된다.

④ 사업주는 제129조부터 제131조까지의 규정 또는 다른 법령에 따른 건강진단의 결과 근로자의 건강을 유지하기 위하여 필요하다고 인정할 때에는 작업장소 변경, 작업 전환, 근로시간 단축, 야간근로(오후 10시부터 다음 날 오전 6시까지 사이의 근로를 말한다)의 제한, 작업환경측정 또는 시설·설비의 설치·개선 등 고용노동부령으로 정하는 바에 따라 적절한 조치를 하여야 한다.

⑤ 제4항에 따라 적절한 조치를 하여야 하는 사업주로서 고용노동부령으로 정하는 사업주는 그 조치 결과를 고용노동부령으로 정하는 바에 따라 고용노동부장관에게 제출하여야 한다.

제133조(건강진단에 관한 근로자의 의무) 근로자는 제129조부터 제131조까지의 규정에 따라 사업주가 실시하는 건강진단을 받아야 한다. 다만, 사업주가 지정한 건강진단기관이 아닌 건강진단기관으로부터 이에 상응하는 건강진단을 받아 그 결과를 증명하는 서류를 사업주에게 제출하는 경우에는 사업주가 실시하는 건강진단을 받은 것으로 본다.

제134조(건강진단기관 등의 결과보고 의무) ① 건강진단기관은 제129조부터 제131조까지의 규정에 따른 건강진단을 실시한 때에는 고용노동부령으로 정하는 바에 따라 그 결과를 근로자 및 사업주에게 통보하고 고용노동부장관에게 보고하여야 한다.

② 제129조 제1항 단서에 따라 건강진단을 실시한 기관은 사업주가 근로자의 건강보호를 위하여 그 결과를 요청하는 경우 고용노동부령으로 정하는 바에 따라 그 결과를 사업주에게 통보하여야 한다.

제135조(특수건강진단기관) ① 「의료법」 제3조에 따른 의료기관이 **특수건강진단, 배치전건강진단 또는 수시건강진단**을 수행하려는 경우에는 고용노동부장관으로부터 건강진단을 할 수 있는 기관(이하 "특수건강진단기관"이라 한다)으로 지정받아야 한다.

제195조(근로자 건강진단 실시에 대한 협력 등) ① 사업주는 법 제135조 제1항에 따른 특수건강진단기관 또는 「건강검진기본법」 제3조 제2호에 따른 건강검진기관(이하 "건강진단기관"이라 한다)이 근로자의 건강진단을 위하여 다음 각 호의 정보를 요청하는 경우 해당 정보를 제공하는 등 근로자의 건강진단이 원활히 실시될 수 있도록 적극 협조해야 한다.
1. 근로자의 작업장소, 근로시간, 작업내용, 작업방식 등 근무환경에 관한 정보
2. 건강진단 결과, 작업환경측정 결과, 화학물질 사용 실태, 물질안전보건자료 등 건강진단에 필요한 정보

② 근로자는 사업주가 실시하는 건강진단 및 의학적 조치에 적극 협조해야 한다.

③ 건강진단기관은 사업주가 법 제129조부터 제131조까지의 규정에 따라 건강진단을 실시하기 위하여 출장검진을 요청하는 경우에는 출장검진을 할 수 있다.

② 특수건강진단기관으로 지정받으려는 자는 대통령령으로 정하는 요건을 갖추어 고용노동부장관에게 신청하여야 한다.

③ 고용노동부장관은 제1항에 따른 특수건강진단기관의 진단·분석 결과에 대한 정확성과 정밀도를 확보하기 위하여 특수건강진단기관의 진단·분석능력을 확인하고, 특수건강진단기관을 지도하거나 교육할 수 있다. 이 경우 진단·분석능력의 확인, 특수건강진단기관에 대한 지도 및 교육의 방법, 절차, 그 밖에 필요한 사항은 고용노동부장관이 정하여 고시한다.

④ 고용노동부장관은 특수건강진단기관을 평가하고 그 결과(제3항에 따른 진단·분석능력의 확인 결과를 포함한다)를 공개할 수 있다. 이 경우 평가 기준·방법 및 결과의 공개, 그 밖에 필요한 사항은 고용노동부령으로 정한다.

⑤ 특수건강진단기관의 지정 신청 절차, 업무 수행에 관한 사항, 업무를 수행할 수 있는 지역, 그 밖에 필요한 사항은 고용노동부령으로 정한다.

⑥ 특수건강진단기관에 관하여는 제21조 제4항 및 제5항을 준용한다. 이 경우 "안전관리전문기관 또는 보건관리전문기관"은 "특수건강진단기관"으로 본다.

영 **제98조(특수건강진단기관의 지정 취소 등의 사유)** 법 제135조 제6항에 따라 준용되는 법 제21조 제4항 제5호에서 "대통령령으로 정하는 사유에 해당하는 경우"란 다음 각 호의 경우를 말한다.
1. 고용노동부령으로 정하는 검사항목을 빠뜨리거나 검사방법 및 실시 절차를 준수하지 않고 건강진단을 하는 경우
2. 고용노동부령으로 정하는 건강진단의 비용을 줄이는 등의 방법으로 건강진단을 유인하거나 건강진단의 비용을 부당하게 징수한 경우
3. 법 제135조 제3항에 따라 고용노동부장관이 실시하는 특수건강진단기관의 진단·분석 능력 확인에서 부적합 판정을 받은 경우
4. 건강진단 결과를 거짓으로 판정하거나 고용노동부령으로 정하는 건강진단 개인표 등 건강진단 관련 서류를 거짓으로 작성한 경우
5. 무자격자 또는 제97조에 따른 특수건강진단기관의 지정 요건을 충족하지 못하는 자가 건강진단을 한 경우
6. 정당한 사유 없이 건강진단의 실시를 거부하거나 중단한 경우
7. 정당한 사유 없이 법 제135조 제4항에 따른 특수건강진단기관의 평가를 거부한 경우
8. 법에 따른 관계 공무원의 지도·감독을 거부·방해 또는 기피한 경우

제136조(유해인자별 특수건강진단 전문연구기관의 지정) ① 고용노동부장관은 작업장의 유해인자에 관한 전문연구를 촉진하기 위하여 유해인자별 특수건강진단 전문연구기관을 지정하여 예산의 범위에서 필요한 지원을 할 수 있다.
② 제1항에 따른 유해인자별 특수건강진단 전문연구기관의 지정 기준 및 절차, 그 밖에 필요한 사항은 고용노동부장관이 정하여 고시한다.

제137조(건강관리카드) ① 고용노동부장관은 고용노동부령으로 정하는 건강장해가 발생할 우려가 있는 업무에 종사하였거나 종사하고 있는 사람 중 고용노동부령으로 정하는 요건을 갖춘 사람의 직업병 조기발견 및 지속적인 건강관리를 위하여 건강관리카드를 발급하여야 한다.
② 건강관리카드를 발급받은 사람이 「산업재해보상보험법」 제41조에 따라 요양급여를 신청하는 경우에는 건강관리카드를 제출함으로써 해당 재해에 관한 의학적 소견을 적은 서류의 제출을 대신할 수 있다.
③ 건강관리카드를 발급받은 사람은 그 건강관리카드를 타인에게 양도하거나 대여해서는 아니 된다.
④ 건강관리카드를 발급받은 사람 중 제1항에 따라 건강관리카드를 발급받은 업무에 종사하지 아니하는 사람은 고용노동부령으로 정하는 바에 따라 특수건강진단에 준하는 건강진단을 받을 수 있다.
⑤ 건강관리카드의 서식, 발급 절차, 그 밖에 필요한 사항은 고용노동부령으로 정한다.

제138조(질병자의 근로 금지·제한) ① 사업주는 감염병, 정신질환 또는 근로로 인하여 병세가 크게 악화될 우려가 있는 질병으로서 고용노동부령으로 정하는 질병에 걸린 사람에게는 「의료법」 제2조에 따른 의사의 진단에 따라 근로를 금지하거나 제한하여야 한다.
② 사업주는 제1항에 따라 근로가 금지되거나 제한된 근로자가 건강을 회복하였을 때에는 지체 없이 근로를 할 수 있도록 하여야 한다.

제139조(유해·위험작업에 대한 근로시간 제한 등) ① 사업주는 유해하거나 위험한 작업으로서 높은 기압에서 하는 작업 등 대통령령으로 정하는 작업에 종사하는 근로자에게는 1일 6시간, 1주 34시간을 초과하여 근로하게 해서는 아니 된다.

영 **제99조(유해·위험작업에 대한 근로시간 제한 등)** ① 법 제139조 제1항에서 "높은 기압에서 하는 작업 등 대통령령으로 정하는 작업"이란 잠함(潛函) 또는 잠수 작업 등 높은 기압에서 하는 작업을 말한다.
② 제1항에 따른 작업에서 잠함·잠수 작업시간, 가압·감압방법 등 해당 근로자의 안전과 보건을 유지하기 위하여 필요한 사항은 고용노동부령으로 정한다.

② 사업주는 대통령령으로 정하는 유해하거나 위험한 작업에 종사하는 근로자에게 필요한 안전조치 및 보건조치 외에 **작업과 휴식의 적정한 배분 및 근로시간과 관련된 근로조건의 개선**을 통하여 근로자의 건강 보호를 위한 조치를 하여야 한다.

> **영 제99조(유해·위험작업에 대한 근로시간 제한 등)**
> ③ 법 제139조 제2항에서 "대통령령으로 정하는 유해하거나 위험한 작업"이란 다음 각 호의 어느 하나에 해당하는 작업을 말한다.
> 1. 갱(坑) 내에서 하는 작업
> 2. 다량의 고열물체를 취급하는 작업과 현저히 덥고 뜨거운 장소에서 하는 작업
> 3. 다량의 저온물체를 취급하는 작업과 현저히 춥고 차가운 장소에서 하는 작업
> 4. 라듐방사선이나 엑스선, 그 밖의 유해 방사선을 취급하는 작업
> 5. 유리·흙·돌·광물의 먼지가 심하게 날리는 장소에서 하는 작업
> 6. 강렬한 소음이 발생하는 장소에서 하는 작업
> 7. 착암기(바위에 구멍을 뚫는 기계) 등에 의하여 신체에 강렬한 진동을 주는 작업
> 8. 인력(人力)으로 중량물을 취급하는 작업
> 9. 납·수은·크롬·망간·카드뮴 등의 중금속 또는 이황화탄소·유기용제, 그 밖에 고용노동부령으로 정하는 특정 화학물질의 먼지·증기 또는 가스가 많이 발생하는 장소에서 하는 작업

제140조(자격 등에 의한 취업 제한 등) ① 사업주는 유해하거나 위험한 작업으로서 상당한 지식이나 숙련도가 요구되는 고용노동부령으로 정하는 작업의 경우 그 작업에 필요한 자격·면허·경험 또는 기능을 가진 근로자가 아닌 사람에게 그 작업을 하게 해서는 아니 된다.
② 고용노동부장관은 제1항에 따른 자격·면허의 취득 또는 근로자의 기능 습득을 위하여 교육기관을 지정할 수 있다.
③ 제1항에 따른 자격·면허·경험·기능, 제2항에 따른 교육기관의 지정 요건 및 지정 절차, 그 밖에 필요한 사항은 고용노동부령으로 정한다.
④ 제2항에 따른 교육기관에 관하여는 제21조 제4항 및 제5항을 준용한다. 이 경우 "안전관리전문기관 또는 보건관리전문기관"은 "제2항에 따른 교육기관"으로 본다.

> **영 제100조(교육기관의 지정 취소 등의 사유)** 법 제140조 제4항에 따라 준용되는 법 제21조 제4항 제5호에서 "대통령령으로 정하는 사유에 해당하는 경우"란 다음 각 호의 경우를 말한다.
> 1. 교육과 관련된 서류를 거짓으로 작성한 경우
> 2. 정당한 사유 없이 특정인에 대한 교육을 거부한 경우
> 3. 정당한 사유 없이 1개월 이상의 휴업으로 인하여 위탁받은 교육 업무의 수행에 차질을 일으킨 경우
> 4. 교육과 관련된 비치서류를 보존하지 않은 경우
> 5. 교육과 관련한 수수료 외의 금품을 받은 경우
> 6. 법에 따른 관계 공무원의 지도·감독을 거부·방해 또는 기피한 경우

제141조(역학조사) ① 고용노동부장관은 직업성 질환의 진단 및 예방, 발생 원인의 규명을 위하여 필요하다고 인정할 때에는 근로자의 질환과 작업장의 유해요인의 상관관계에 관한 역학조사(이하 "역학조사"라 한다)를 할 수 있다. 이 경우 사업주 또는 근로자대표, 그 밖에 고용노동부령으로 정하는 사람이 요구할 때 고용노동부령으로 정하는 바에 따라 역학조사에 참석하게 할 수 있다.

> **시행규칙 제223조(역학조사에의 참석)** 법 제141조 제1항 후단에서 "고용노동부령으로 정하는 사람"이란 해당 질병에 대하여 「산업재해보상보험법」 제36조 제1항 제1호 및 제5호에 따른 요양급여 및 유족급여를 신청한 자 또는 그 대리인(제222조 제1항 제2호에 따른 역학조사에 한한다)을 말한다.
> ② 공단은 법 제141조 제1항 후단에 따라 역학조사 참석을 요구받은 경우 사업주, 근로자대표 또는 제1항에 해당하는 사람에게 참석 시기와 장소를 통지한 후 해당 역학조사에 참석시킬 수 있다.

② 사업주 및 근로자는 고용노동부장관이 역학조사를 실시하는 경우 적극 협조하여야 하며, 정당한 사유 없이 역학조사를 거부·방해하거나 기피해서는 아니 된다.
③ 누구든지 제1항 후단에 따라 역학조사 참석이 허용된 사람의 역학조사 참석을 거부하거나 방해해서는 아니 된다.
④ 제1항 후단에 따라 역학조사에 참석하는 사람은 역학조사 참석과정에서 알게 된 비밀을 누설하거나 도용해서는 아니 된다.
⑤ 고용노동부장관은 역학조사를 위하여 필요하면 제129조부터 제131조까지의 규정에 따른 근로자의 건강진단 결과, 「국민건강보험법」에 따른 요양급여기록 및 건강검진 결과, 「고용보험법」에 따른 고용정보, 「암관리법」에 따른 질병정보 및 사망원인 정보 등을 관련 기관에 요청할 수 있다. 이 경우 자료의 제출을 요청받은 기관은 특별한 사유가 없으면 이에 따라야 한다.
⑥ 역학조사의 방법·대상·절차, 그 밖에 필요한 사항은 고용노동부령으로 정한다.

시행규칙 제197조(일반건강진단의 주기 등) ① 사업주는 상시 사용하는 근로자 중 사무직에 종사하는 근로자(공장 또는 공사현장과 같은 구역에 있지 않은 사무실에서 서무·인사·경리·판매·설계 등의 사무업무에 종사하는 근로자를 말하며, 판매업무 등에 직접 종사하는 근로자는 제외한다)에 대해서는 **2년에 1회 이상**, 그 밖의 근로자에 대해서는 1년에 1회 이상 일반건강진단을 실시해야 한다.
② 법 제129조에 따라 일반건강진단을 실시해야 할 사업주는 일반건강진단 실시 시기를 안전보건관리규정 또는 취업규칙에 규정하는 등 일반건강진단이 정기적으로 실시되도록 노력해야 한다.

제198조(일반건강진단의 검사항목 및 실시방법 등) ① 일반건강진단의 제1차 검사항목은 다음 각 호와 같다.
1. 과거병력, 작업경력 및 자각·타각증상(시진·촉진·청진 및 문진)
2. 혈압·혈당·요당·요단백 및 빈혈검사
3. 체중·시력 및 청력
4. 흉부방사선 촬영
5. AST(SGOT) 및 ALT(SGPT), γ-GTP 및 총콜레스테롤

② 제1항에 따른 제1차 검사항목 중 혈당·γ-GTP 및 총콜레스테롤 검사는 고용노동부장관이 정하는 근로자에 대하여 실시한다.
③ 제1항에 따른 검사 결과 질병의 확진이 곤란한 경우에는 제2차 건강진단을 받아야 하며, 제2차 건강진단의 범위, 검사항목, 방법 및 시기 등은 고용노동부장관이 정하여 고시한다.
④ 제196조 각 호 및 제200조 각 호에 따른 법령과 그 밖에 다른 법령에 따라 제1항부터 제3항까지의 규정에서 정한 검사항목과 같은 항목의 건강진단을 실시한 경우에는 해당 항목에 한정하여 제1항부터 제3항에 따른 검사를 생략할 수 있다.
⑤ 제1항부터 제4항까지의 규정에서 정한 사항 외에 일반건강진단의 검사방법, 실시방법, 그 밖에 필요한 사항은 고용노동부장관이 정한다.

제199조(일반건강진단 결과의 제출) 지방고용노동관서의 장은 근로자의 건강 유지를 위하여 필요하다고 인정되는 사업장의 경우 해당 사업주에게 별지 제84호서식의 일반건강진단 결과표를 제출하게 할 수 있다.

★ **제202조(특수건강진단의 실시 시기 및 주기 등)** ① 사업주는 법 제130조 제1항 제1호에 해당하는 근로자에 대해서는 별표 23에서 특수건강진단 대상 유해인자별로 정한 시기 및 주기에 따라 특수건강진단을 실시해야 한다.
② 제1항에도 불구하고 법 제125조에 따른 사업장의 작업환경측정 결과 또는 특수건강진단 실시 결과에 따라 다음 각 호의 어느 하나에 해당하는 근로자에 대해서는 다음 회에 한정하여 관련 유해인자별로 **특수건강진단 주기를 2분의 1로 단축해야 한다.**
1. 작업환경을 측정한 결과 노출기준 이상인 작업공정에서 해당 유해인자에 노출되는 모든 근로자
2. 특수건강진단, 법 제130조 제3항에 따른 수시건강진단(이하 "수시건강진단"이라 한다) 또는 법 제131조 제1항에 따른 임시건강진단(이하 "임시건강진단"이라 한다)을 실시한 결과 **직업병 유소견자가 발견**된 작업공정에서 해당 유해인자에 노출되는 모든 근로자. 다만, 고용노동부장관이 정하는 바에 따라 특수건강진단·수시건강진단 또는 임시건강진단을 실시한 의사로부터 특수건강진단 주기를 단축하는 것이 필요하지 않다는 소견을 받은 경우는 제외한다.

3. 특수건강진단 또는 임시건강진단을 실시한 결과 해당 유해인자에 대하여 특수건강진단 실시 주기를 단축해야 한다는 **의사의 소견**을 받은 근로자

③ 사업주는 법 제130조 제1항 제2호에 해당하는 근로자에 대해서는 직업병 유소견자 발생의 원인이 된 유해인자에 대하여 해당 근로자를 진단한 의사가 필요하다고 인정하는 시기에 특수건강진단을 실시해야 한다.

④ 법 제130조 제1항에 따라 특수건강진단을 실시해야 할 사업주는 특수건강진단 실시 시기를 안전보건관리규정 또는 취업규칙에 규정하는 등 특수건강진단이 정기적으로 실시되도록 노력해야 한다.

제204조(배치전건강진단의 실시 시기) 사업주는 특수건강진단대상업무에 근로자를 배치하려는 경우에는 해당 작업에 배치하기 전에 배치전건강진단을 실시해야 하고, 특수건강진단기관에 해당 근로자가 담당할 업무나 배치하려는 작업장의 특수건강진단 대상 유해인자 등 관련 정보를 미리 알려 주어야 한다.

제206조(특수건강진단 등의 검사항목 및 실시방법 등) ① 법 제130조에 따른 특수건강진단·배치전건강진단 및 수시건강진단의 검사항목은 제1차 검사항목과 제2차 검사항목으로 구분하며, 각 세부 검사항목은 별표 24와 같다.

② 제1항에 따른 제1차 검사항목은 특수건강진단, 배치전건강진단 및 수시건강진단의 대상이 되는 근로자 모두에 대하여 실시한다.

③ 제1항에 따른 제2차 검사항목은 제1차 검사항목에 대한 검사 결과 건강수준의 평가가 곤란하거나 질병이 의심되는 사람에 대하여 고용노동부장관이 정하여 고시하는 바에 따라 실시해야 한다. 다만, 건강진단 담당 의사가 해당 유해인자에 대한 근로자의 노출 정도, 병력 등을 고려하여 필요하다고 인정하면 제2차 검사항목의 일부 또는 전부에 대하여 제1차 검사항목을 검사할 때에 추가하여 실시할 수 있다.

④ 제196조 각 호 및 제200조 각 호에 따른 법령과 그 밖에 다른 법령에 따라 제1항 및 제2항에서 정한 검사항목과 같은 항목의 건강진단을 실시한 경우에는 해당 항목에 한정하여 제1항 및 제2항에 따른 검사를 생략할 수 있다.

⑤ 제1항부터 제4항까지의 규정에서 정한 사항 외에 특수건강진단·배치전건강진단 및 수시건강진단의 검사방법, 실시방법, 그 밖에 필요한 사항은 고용노동부장관이 정한다.

제208조(건강진단비용) 일반건강진단, 특수건강진단, 배치전건강진단, 수시건강진단, 임시건강진단의 비용은 「국민건강보험법」에서 정한 기준에 따른다.

제209조(건강진단 결과의 보고 등) ① 건강진단기관이 법 제129조부터 제131조까지의 규정에 따른 건강진단을 실시하였을 때에는 그 결과를 고용노동부장관이 정하는 건강진단개인표에 기록하고, 건강진단을 실시한 날부터 30일 이내에 근로자에게 송부해야 한다.

② 건강진단기관은 건강진단을 실시한 결과 질병 유소견자가 발견된 경우에는 건강진단을 실시한 날부터 30일 이내에 해당 근로자에게 의학적 소견 및 사후관리에 필요한 사항과 업무수행의 적합성 여부(특수건강진단기관인 경우만 해당한다)를 설명해야 한다. 다만, 해당 근로자가 소속한 사업장의 의사인 보건관리자에게 이를 설명한 경우에는 그렇지 않다.

③ 건강진단기관은 건강진단을 실시한 날부터 30일 이내에 다음 각 호의 구분에 따라 건강진단 결과표를 사업주에게 송부해야 한다.
  1. 일반건강진단을 실시한 경우: 별지 제84호서식의 일반건강진단 결과표
  2. 특수건강진단·배치전건강진단·수시건강진단 및 임시건강진단을 실시한 경우: 별지 제85호서식의 특수·배치전·수시·임시건강진단 결과표

④ 특수건강진단기관은 특수건강진단·수시건강진단 또는 임시건강진단을 실시한 경우에는 법 제134조 제1항에 따라 건강진단을 실시한 날부터 30일 이내에 건강진단 결과표를 지방고용노동관서의 장에게 제출해야 한다. 다만, 건강진단개인표 전산입력자료를 고용노동부장관이 정하는 바에 따라 공단에 송부한 경우에는 그렇지 않다.

⑤ 법 제129조 제1항 단서에 따른 건강진단을 한 기관은 사업주가 근로자의 건강보호를 위하여 건강진단 결과를 요청하는 경우 별지 제84호서식의 일반건강진단 결과표를 사업주에게 송부해야 한다.

제210조(건강진단 결과에 따른 사후관리 등) ① 사업주는 제209조 제3항에 따른 건강진단 결과표에 따라 근로자의 건강을 유지하기 위하여 필요하면 법 제132조 제4항에 따른 조치를 하고, 근로자에게 해당 조치 내용에 대하여 설명해야 한다.

② 고용노동부장관은 사업주가 제1항에 따른 조치를 하는 데 필요한 사항을 정하여 고시할 수 있다.

③ 법 제132조 제5항에서 "고용노동부령으로 정하는 사업주"란 특수건강진단, 수시건강진단, 임시건강진단의 결과 특정 근로자에 대하여 근로 금지 및 제한, 작업전환, 근로시간 단축, 직업병 확진 의뢰 안내의 조치가 필요하다는 건강진단을 실시한 의사의 소견이 있는 건강진단 결과표를 송부받은 사업주를 말한다.

④ 제3항에 따른 사업주는 건강진단 결과표를 송부받은 날부터 30일 이내에 별지 제86호서식의 사후관리 조치결과 보고서에 건강진단 결과표, 제3항에 따른 조치의 실시를 증명할 수 있는 서류 또는 실시 계획 등을 첨부하여 관할 지방고용노동관서의 장에게 제출해야 한다.

⑤ 그 밖에 제4항에 따른 사후관리 조치결과 보고서 등의 제출에 필요한 사항은 고용노동부장관이 정한다.

제211조(특수건강진단기관의 지정신청 등) ① 법 제135조 제1항에 따라 특수건강진단기관으로 지정받으려는 자는 별지 제6호서식의 특수건강진단기관 지정신청서에 다음 각 호의 구분에 따라 서류를 첨부하여 주된 사무소의 소재지를 관할하는 지방고용노동관서의 장에게 제출(전자문서로 제출하는 것을 포함한다)해야 한다.

1. 영 제97조 제1항에 따라 특수건강진단기관으로 지정받으려는 경우에는 다음 각 목의 서류
   가. 영 별표 30에 따른 인력기준에 해당하는 사람의 자격과 채용을 증명할 수 있는 자격증(국가기술자격증, 의료면허증 또는 전문의자격증은 제외한다), 경력증명서 및 재직증명서 등의 서류
   나. 건물임대차계약서 사본이나 그 밖에 사무실의 보유를 증명할 수 있는 서류와 시설·장비 명세서
   다. 최초 1년간의 건강진단사업계획서
   라. 법 제135조 제3항에 따라 최근 1년 이내에 건강진단기관의 건강진단·분석 능력 평가 결과 적합판정을 받았음을 증명하는 서류(건강진단·분석 능력 평가 결과 적합판정을 받은 건강진단기관과 생물학적 노출지표 분석의뢰계약을 체결한 경우에는 그 계약서를 말한다)

2. 영 제97조 제2항에 따라 특수건강진단기관으로 지정을 받으려는 경우에는 다음 각 목의 서류
   가. 일반검진기관 지정서 및 일반검진기관으로서의 지정요건을 갖추었음을 입증할 수 있는 서류
   나. 영 제97조 제2항에 따른 인력기준에 해당하는 사람의 자격과 채용을 증명할 수 있는 자격증(의료면허증은 제외한다) 및 재직증명서 등의 서류
   다. 소속 의사가 특수건강진단과 관련하여 고용노동부장관이 정하는 교육을 이수하였음을 입증할 수 있는 서류
   라. 최초 1년간의 건강진단사업계획서

② 영 제97조 제2항에 따른 "고용노동부령으로 정하는 유해인자"란 별표 22 제4호를 말한다.

③ 영 제97조 제2항에 따른 "고용노동부령으로 정하는 건강검진기관"이란 「건강검진기본법 시행규칙」 제4조 제1항 제1호에 따른 일반검진기관으로서 해당 지정요건을 갖추고 있는 기관을 말한다.

④ 제1항에 따라 특수건강진단기관 지정신청을 받은 지방고용노동관서의 장은 같은 항 제2호에 따른 지정신청의 경우 「전자정부법」 제36조 제1항에 따라 행정정보의 공동이용을 통하여 국가기술자격증, 의료면허증 또는 전문의자격증을 확인해야 한다. 다만, 신청인이 확인에 동의하지 않는 경우에는 해당 서류의 사본을 첨부하도록 해야 한다.

⑤ 지방고용노동관서의 장은 제1항에 따른 지정신청을 받아 같은 항 제2호에 따른 특수건강진단기관을 지정하는 경우에는 의사 1명당 연간 특수건강진단 실시 인원이 1만명을 초과하지 않도록 해야 한다.

⑥ 특수건강진단기관에 대한 지정서의 발급, 지정받은 사항의 변경, 지정서의 반납 등에 관하여는 제16조 제3항부터 제6항까지의 규정을 준용한다. 이 경우 "고용노동부장관 또는 지방고용노동청장"은 "지방고용노동관서의 장"으로, "안전관리전문기관 또는 보건관리전문기관"은 "특수건강진단기관"으로 본다.

⑦ 제1항부터 제6항까지의 규정에서 정한 사항 외에 특수건강진단기관의 지정방법, 관할지역, 그 밖에 특수건강진단기관의 지정·관리에 필요한 사항은 고용노동부장관이 정하여 고시한다.

제212조(특수건강진단기관의 평가 등) ① 공단이 법 제135조 제4항에 따라 특수건강진단기관을 평가하는 기준은 다음 각 호와 같다.
1. 인력·시설·장비의 보유 수준과 그에 관한 관리 능력
2. 건강진단·분석 능력, 건강진단 결과 및 판정의 신뢰도 등 건강진단 업무 수행능력
3. 건강진단을 받은 사업장과 근로자의 만족도 및 그 밖에 필요한 사항

② 제1항에 따른 특수건강진단기관에 대한 평가 방법 및 평가 결과의 공개 등에 관하여는 제17조 제2항부터 제8항까지의 규정을 준용한다. 이 경우 "안전관리전문기관 또는 보건관리전문기관"은 "특수건강진단기관"으로 본다.

제213조(특수건강진단 전문연구기관 지원업무의 대행) 고용노동부장관은 법 제136조 제1항에 따른 특수건강진단 전문연구기관의 지원에 필요한 업무를 공단으로 하여금 대행하게 할 수 있다.

제214조(건강관리카드의 발급 대상) 법 제137조 제1항에서 "고용노동부령으로 정하는 건강장해가 발생할 우려가 있는 업무" 및 "고용노동부령으로 정하는 요건을 갖춘 사람"은 별표 25와 같다.

제215조(건강관리카드 소지자의 건강진단) ① 법 제137조 제1항에 따른 건강관리카드(이하 "카드"라 한다)를 발급받은 근로자가 카드의 발급 대상 업무에 더 이상 종사하지 않는 경우에는 공단 또는 특수건강진단기관에서 실시하는 건강진단을 매년(카드 발급 대상 업무에서 종사하지 않게 된 첫 해는 제외한다) 1회 받을 수 있다. 다만, 카드를 발급받은 근로자(이하 "카드소지자"라 한다)가 카드의 발급 대상 업무와 같은 업무에 재취업하고 있는 기간 중에는 그렇지 않다.

② 공단은 제1항 본문에 따라 건강진단을 받는 카드소지자에게 교통비 및 식비를 지급할 수 있다.

③ 카드소지자는 건강진단을 받을 때에 해당 건강진단을 실시하는 의료기관에 카드 또는 주민등록증 등 신분을 확인할 수 있는 증명서를 제시해야 한다.

④ 제3항에 따른 의료기관은 건강진단을 실시한 날부터 30일 이내에 건강진단 실시 결과를 카드소지자 및 공단에 송부해야 한다.

⑤ 제3항에 따른 의료기관은 건강진단 결과에 따라 카드소지자의 건강 유지를 위하여 필요하면 건강상담, 직업병 확진 의뢰 안내 등 고용노동부장관이 정하는 바에 따른 조치를 하고, 카드소지자에게 해당 조치 내용에 대하여 설명해야 한다.

⑥ 카드소지자에 대한 건강진단의 실시방법과 그 밖에 필요한 사항은 고용노동부장관이 정하여 고시한다.

제216조(건강관리카드의 서식) 법 제137조 제5항에 따른 카드의 서식은 별지 제87호서식에 따른다.

제217조(건강관리카드의 발급 절차) ① 카드를 발급받으려는 사람은 공단에 발급신청을 해야 한다. 다만, 재직 중인 근로자가 사업주에게 의뢰하는 경우에는 사업주가 공단에 카드의 발급을 신청할 수 있다.

② 제1항에 따라 카드의 발급을 신청하려는 사람은 별지 제88호서식의 건강관리카드 발급신청서에 별표 25 각 호의 어느 하나에 해당하는 사실을 증명하는 서류와 사진 1장을 첨부하여 공단에 제출(전자문서로 제출하는 것을 포함한다)해야 한다.

③ 제2항에 따른 발급신청을 받은 공단은 제출된 서류를 확인한 후 카드발급 요건에 적합하다고 인정되는 경우에는 카드를 발급해야 한다.

④ 제1항 단서에 따라 카드발급을 신청한 사업주가 공단으로부터 카드를 발급받은 경우에는 지체 없이 해당 근로자에게 전달해야 한다.

제218조(건강관리카드의 재발급 등) ① 카드소지자가 카드를 잃어버리거나 카드가 훼손된 경우에는 즉시 별지 제88호서식의 건강관리카드 재발급신청서를 공단에 제출하고 카드를 재발급받아야 한다. 카드가 훼손된 경우에는 해당 카드를 함께 제출해야 한다.

② 카드를 잃어버린 사유로 카드를 재발급받은 사람이 잃어버린 카드를 발견한 경우에는 즉시 공단에 반환하거나 폐기해야 한다.

③ 카드소지자가 주소지를 변경한 경우에는 변경한 날부터 30일 이내에 별지 제88호서식의 건강관리카드 기재내용 변경신청서에 해당 카드를 첨부하여 공단에 제출해야 한다.

제219조(건강진단의 권고) 공단은 카드를 발급한 경우에는 카드소지자에게 건강진단을 받게 하거나 그 밖에 건강보호를 위하여 필요한 조치를 권고할 수 있다.

★ 제220조(질병자의 근로금지) ① 법 제138조 제1항에 따라 사업주는 다음 각 호의 어느 하나에 해당하는 사람에 대해서는 근로를 금지해야 한다.
1. 전염될 우려가 있는 질병에 걸린 사람. 다만, 전염을 예방하기 위한 조치를 한 경우는 제외한다.
2. 조현병, 마비성 치매에 걸린 사람
3. 심장·신장·폐 등의 질환이 있는 사람으로서 근로에 의하여 병세가 악화될 우려가 있는 사람
4. 제1호부터 제3호까지의 규정에 준하는 질병으로서 고용노동부장관이 정하는 질병에 걸린 사람

② 사업주는 제1항에 따라 근로를 금지하거나 근로를 다시 시작하도록 하는 경우에는 미리 보건관리자(의사인 보건관리자만 해당한다), 산업보건의 또는 건강진단을 실시한 의사의 의견을 들어야 한다.

★ 제221조(질병자 등의 근로 제한) ① 사업주는 법 제129조부터 제130조에 따른 건강진단 결과 유기화합물·금속류 등의 유해물질에 중독된 사람, 해당 유해물질에 중독될 우려가 있다고 의사가 인정하는 사람, 진폐의 소견이 있는 사람 또는 방사선에 피폭된 사람을 해당 유해물질 또는 방사선을 취급하거나 해당 유해물질의 분진·증기 또는 가스가 발산되는 업무 또는 해당 업무로 인하여 근로자의 건강을 악화시킬 우려가 있는 업무에 종사하도록 해서는 안 된다.

② 사업주는 다음 각 호의 어느 하나에 해당하는 질병이 있는 근로자를 고기압 업무에 종사하도록 해서는 안 된다.
1. 감압증이나 그 밖에 고기압에 의한 장해 또는 그 후유증
2. 결핵, 급성상기도감염, 진폐, 폐기종, 그 밖의 호흡기계의 질병
3. 빈혈증, 심장판막증, 관상동맥경화증, 고혈압증, 그 밖의 혈액 또는 순환기계의 질병
4. 정신신경증, 알코올중독, 신경통, 그 밖의 정신신경계의 질병
5. 메니에르씨병, 중이염, 그 밖의 이관(耳管)협착을 수반하는 귀 질환
6. 관절염, 류마티스, 그 밖의 운동기계의 질병
7. 천식, 비만증, 바세도우씨병, 그 밖에 알레르기성·내분비계·물질대사 또는 영양장해 등과 관련된 질병

제222조(역학조사의 대상 및 절차 등) ① 공단은 법 제141조 제1항에 따라 다음 각 호의 어느 하나에 해당하는 경우에는 역학조사를 할 수 있다.
1. 법 제125조에 따른 작업환경측정 또는 법 제129조부터 제131조에 따른 건강진단의 실시 결과만으로 직업성 질환에 걸렸는지를 판단하기 곤란한 근로자의 질병에 대하여 사업주·근로자대표·보건관리자(보건관리전문기관을 포함한다) 또는 건강진단기관의 의사가 역학조사를 요청하는 경우
2. 「산업재해보상보험법」 제10조에 따른 근로복지공단이 고용노동부장관이 정하는 바에 따라 업무상 질병 여부의 결정을 위하여 역학조사를 요청하는 경우
3. 공단이 직업성 질환의 예방을 위하여 필요하다고 판단하여 제224조 제1항에 따른 역학조사평가위원회의 심의를 거친 경우
4. 그 밖에 직업성 질환에 걸렸는지 여부로 사회적 물의를 일으킨 질병에 대하여 작업장 내 유해요인과의 연관성 규명이 필요한 경우 등으로서 지방고용노동관서의 장이 요청하는 경우

② 제1항 제1호에 따라 사업주 또는 근로자대표가 역학조사를 요청하는 경우에는 산업안전보건위원회의 의결을 거치거나 각각 상대방의 동의를 받아야 한다. 다만, 관할 지방고용노동관서의 장이 역학조사의 필요성을 인정하는 경우에는 그렇지 않다.

③ 제1항에서 정한 사항 외에 역학조사의 방법 등에 필요한 사항은 고용노동부장관이 정하여 고시한다.

제224조(역학조사평가위원회) ① 공단은 역학조사 결과의 공정한 평가 및 그에 따른 근로자 건강보호방안 개발 등을 위하여 역학조사평가위원회를 설치·운영해야 한다.

② 제1항에 따른 역학조사평가위원회의 구성·기능 및 운영 등에 필요한 사항은 고용노동부장관이 정한다.

■ 산업안전보건법 시행규칙 [별표 22] ★

특수건강진단 대상 유해인자(제201조 관련)

1. 화학적 인자
   가. 유기화합물(109종)
      1) 가솔린(Gasoline; 8006-61-9)
      2) 글루타르알데히드(Glutaraldehyde; 111-30-8)
      3) β-나프틸아민(β-Naphthylamine; 91-59-8)
      4) 니트로글리세린(Nitroglycerin; 55-63-0)
      5) 니트로메탄(Nitromethane; 75-52-5)
      6) 니트로벤젠(Nitrobenzene; 98-95-3)
      7) p-니트로아닐린(p-Nitroaniline; 100-01-6)
      8) p-니트로클로로벤젠(p-Nitrochlorobenzene; 100-00-5)
      9) 디니트로톨루엔(Dinitrotoluene; 25321-14-6 등)
      10) N,N-디메틸아닐린(N,N-Dimethylaniline; 121-69-7)
      11) p-디메틸아미노아조벤젠(p-Dimethylaminoazobenzene; 60-11-7)
      12) N,N-디메틸아세트아미드(N,N-Dimethylacetamide; 127-19-5)
      13) 디메틸포름아미드(Dimethylformamide; 68-12-2)
      14) 디에틸 에테르(Diethyl ether; 60-29-7)
      15) 디에틸렌트리아민(Diethylenetriamine; 111-40-0)
      16) 1,4-디옥산(1,4-Dioxane; 123-91-1)
      17) 디이소부틸케톤(Diisobutylketone; 108-83-8)
      18) 디클로로메탄(Dichloromethane; 75-09-2)
      19) o-디클로로벤젠(o-Dichlorobenzene; 95-50-1)
      20) 1,2-디클로로에탄(1,2-Dichloroethane; 107-06-2)
      21) 1,2-디클로로에틸렌(1,2-Dichloroethylene; 540-59-0 등)
      22) 1,2-디클로로프로판(1,2-Dichloropropane; 78-87-5)
      23) 디클로로플루오로메탄(Dichlorofluoromethane; 75-43-4)
      24) p-디히드록시벤젠(p-dihydroxybenzene; 123-31-9)
      25) 마젠타(Magenta; 569-61-9)
      26) 메탄올(Methanol; 67-56-1)
      27) 2-메톡시에탄올(2-Methoxyethanol; 109-86-4)
      28) 2-메톡시에틸 아세테이트(2-Methoxyethyl acetate; 110-49-6)
      29) 메틸 n-부틸 케톤(Methyl n-butyl ketone; 591-78-6)
      30) 메틸 n-아밀 케톤(Methyl n-amyl ketone; 110-43-0)
      31) 메틸 에틸 케톤(Methyl ethyl ketone; 78-93-3)
      32) 메틸 이소부틸 케톤(Methyl isobutyl ketone; 108-10-1)
      33) 메틸 클로라이드(Methyl chloride; 74-87-3)
      34) 메틸 클로로포름(Methyl chloroform; 71-55-6)
      35) 메틸렌 비스(페닐 이소시아네이트)[Methylene bis(phenyl isocyanate); 101-68-8 등]

36) 4,4'-메틸렌 비스(2-클로로아닐린)[4,4'-Methylene bis(2-chloroaniline); 101-14-4]
37) o-메틸시클로헥사논(o-Methylcyclohexanone; 583-60-8)
38) 메틸시클로헥사놀(Methylcyclohexanol; 25639-42-3 등)
39) 무수 말레산(Maleic anhydride; 108-31-6)
40) 무수 프탈산(Phthalic anhydride; 85-44-9)
41) 벤젠(Benzene; 71-43-2)
42) 벤지딘 및 그 염(Benzidine and its salts; 92-87-5)
43) 1,3-부타디엔(1,3-Butadiene; 106-99-0)
44) n-부탄올(n-Butanol; 71-36-3)
45) 2-부탄올(2-Butanol; 78-92-2)
46) 2-부톡시에탄올(2-Butoxyethanol; 111-76-2)
47) 2-부톡시에틸 아세테이트(2-Butoxyethyl acetate; 112-07-2)
48) 1-브로모프로판(1-Bromopropane; 106-94-5)
49) 2-브로모프로판(2-Bromopropane; 75-26-3)
50) 브롬화 메틸(Methyl bromide; 74-83-9)
51) 비스(클로로메틸) 에테르(bis(Chloromethyl) ether; 542-88-1)
52) 사염화탄소(Carbon tetrachloride; 56-23-5)
53) 스토다드 솔벤트(Stoddard solvent; 8052-41-3)
54) 스티렌(Styrene; 100-42-5)
55) 시클로헥사논(Cyclohexanone; 108-94-1)
56) 시클로헥사놀(Cyclohexanol; 108-93-0)
57) 시클로헥산(Cyclohexane; 110-82-7)
58) 시클로헥센(Cyclohexene; 110-83-8)
59) 아닐린[62-53-3] 및 그 동족체(Aniline and its homologues)
60) 아세토니트릴(Acetonitrile; 75-05-8)
61) 아세톤(Acetone; 67-64-1)
62) 아세트알데히드(Acetaldehyde; 75-07-0)
63) 아우라민(Auramine; 492-80-8)
64) 아크릴로니트릴(Acrylonitrile; 107-13-1)
65) 아크릴아미드(Acrylamide; 79-06-1)
66) 2-에톡시에탄올(2-Ethoxyethanol; 110-80-5)
67) 2-에톡시에틸 아세테이트(2-Ethoxyethyl acetate; 111-15-9)
68) 에틸 벤젠(Ethyl benzene; 100-41-4)
69) 에틸 아크릴레이트(Ethyl acrylate; 140-88-5)
70) 에틸렌 글리콜(Ethylene glycol; 107-21-1)
71) 에틸렌 글리콜 디니트레이트(Ethylene glycol dinitrate; 628-96-6)
72) 에틸렌 클로로히드린(Ethylene chlorohydrin; 107-07-3)
73) 에틸렌이민(Ethyleneimine; 151-56-4)
74) 2,3-에폭시-1-프로판올(2,3-Epoxy-1-propanol; 556-52-5 등)
75) 에피클로로히드린(Epichlorohydrin; 106-89-8 등)
76) 염소화비페닐(Polychlorobiphenyls; 53469-21-9, 11097-69-1)
77) 요오드화 메틸(Methyl iodide; 74-88-4)

78) 이소부틸 알코올(Isobutyl alcohol; 78-83-1)
79) 이소아밀 아세테이트(Isoamyl acetate; 123-92-2)
80) 이소아밀 알코올(Isoamyl alcohol; 123-51-3)
81) 이소프로필 알코올(Isopropyl alcohol; 67-63-0)
82) 이황화탄소(Carbon disulfide; 75-15-0)
83) 콜타르(Coal tar; 8007-45-2)
84) 크레졸(Cresol; 1319-77-3 등)
85) 크실렌(Xylene; 1330-20-7 등)
86) 클로로메틸 메틸 에테르(Chloromethyl methyl ether; 107-30-2)
87) 클로로벤젠(Chlorobenzene; 108-90-7)
88) 테레빈유(Turpentine oil; 8006-64-2)
89) 1,1,2,2-테트라클로로에탄(1,1,2,2-Tetrachloroethane; 79-34-5)
90) 테트라히드로푸란(Tetrahydrofuran; 109-99-9)
91) 톨루엔(Toluene; 108-88-3)
92) 톨루엔-2,4-디이소시아네이트(Toluene-2,4-diisocyanate; 584-84-9 등)
93) 톨루엔-2,6-디이소시아네이트(Toluene-2,6-diisocyanate; 91-08-7 등)
94) 트리클로로메탄(Trichloromethane; 67-66-3)
95) 1,1,2-트리클로로에탄(1,1,2-Trichloroethane; 79-00-5)
96) 트리클로로에틸렌(Trichloroethylene(TCE); 79-01-6)
97) 1,2,3-트리클로로프로판(1,2,3-Trichloropropane; 96-18-4)
98) 퍼클로로에틸렌(Perchloroethylene; 127-18-4)
99) 페놀(Phenol; 108-95-2)
100) 펜타클로로페놀(Pentachlorophenol; 87-86-5)
102) 포름알데히드(Formaldehyde; 50-00-0)
102) β-프로피오락톤(β-Propiolactone; 57-57-8)
103) o-프탈로디니트릴(o-Phthalodinitrile; 91-15-6)
104) 피리딘(Pyridine; 110-86-1)
105) 헥사메틸렌 디이소시아네이트(Hexamethylene diisocyanate; 822-06-0)
106) n-헥산(n-Hexane; 110-54-3)
107) n-헵탄(n-Heptane; 142-82-5)
108) 황산 디메틸(Dimethyl sulfate; 77-78-1)
109) 히드라진(Hydrazine; 302-01-2)
110) 1)부터 109)까지의 물질을 용량비율 1퍼센트 이상 함유한 혼합물

나. 금속류(20종)
1) 구리(Copper; 7440-50-8)(분진, 미스트, 흄)
2) 납[7439-92-1] 및 그 무기화합물(Lead and its inorganic compounds)
3) 니켈[7440-02-0] 및 그 무기화합물, 니켈 카르보닐[13463-39-3](Nickel and its inorganic compounds, Nickel carbonyl)
4) 망간[7439-96-5] 및 그 무기화합물(Manganese and its inorganic compounds)
5) 사알킬납(Tetraalkyl lead; 78-00-2 등)
6) 산화아연(Zinc oxide; 1314-13-2)(분진, 흄)
7) 산화철(Iron oxide; 1309-37-1 등)(분진, 흄)

        8) 삼산화비소(Arsenic trioxide; 1327-53-3)
        9) 수은[7439-97-6] 및 그 화합물(Mercury and its compounds)
        10) 안티몬[7440-36-0] 및 그 화합물(Antimony and its compounds)
        11) 알루미늄[7429-90-5] 및 그 화합물(Aluminum and its compounds)
        12) 오산화바나듐(Vanadium pentoxide; 1314-62-1)(분진, 흄)
        13) 요오드[7553-56-2] 및 요오드화물(Iodine and iodides)
        14) 인듐[7440-74-6] 및 그 화합물(Indium and its compounds)
        15) 주석[7440-31-5] 및 그 화합물(Tin and its compounds)
        16) 지르코늄[7440-67-7] 및 그 화합물(Zirconium and its compounds)
        17) 카드뮴[7440-43-9] 및 그 화합물(Cadmium and its compounds)
        18) 코발트(Cobalt; 7440-48-4)(분진, 흄)
        19) 크롬[7440-47-3] 및 그 화합물(Chromium and its compounds)
        20) 텅스텐[7440-33-7] 및 그 화합물(Tungsten and its compounds)
        21) 1)부터 20)까지의 물질을 중량비율 1퍼센트 이상 함유한 혼합물
    다. 산 및 알카리류(8종)
        1) 무수 초산(Acetic anhydride; 108-24-7)
        2) 불화수소(Hydrogen fluoride; 7664-39-3)
        3) 시안화 나트륨(Sodium cyanide; 143-33-9)
        4) 시안화 칼륨(Potassium cyanide; 151-50-8)
        5) 염화수소(Hydrogen chloride; 7647-01-0)
        6) 질산(Nitric acid; 7697-37-2)
        7) 트리클로로아세트산(Trichloroacetic acid; 76-03-9)
        8) 황산(Sulfuric acid; 7664-93-9)
        9) 1)부터 8)까지의 물질을 중량비율 1퍼센트 이상 함유한 혼합물
    라. 가스 상태 물질류(14종)
        1) 불소(Fluorine; 7782-41-4)
        2) 브롬(Bromine; 7726-95-6)
        3) 산화에틸렌(Ethylene oxide; 75-21-8)
        4) 삼수소화 비소(Arsine; 7784-42-1)
        5) 시안화 수소(Hydrogen cyanide; 74-90-8)
        6) 염소(Chlorine; 7782-50-5)
        7) 오존(Ozone; 10028-15-6)
        8) 이산화질소(nitrogen dioxide; 10102-44-0)
        9) 이산화황(Sulfur dioxide; 7446-09-5)
        10) 일산화질소(Nitric oxide; 10102-43-9)
        11) 일산화탄소(Carbon monoxide; 630-08-0)
        12) 포스겐(Phosgene; 75-44-5)
        13) 포스핀(Phosphine; 7803-51-2)
        14) 황화수소(Hydrogen sulfide; 7783-06-4)
        15) 1)부터 14)까지의 규정에 따른 물질을 용량비율 1퍼센트 이상 함유한 혼합물
    마. 영 제88조에 따른 허가 대상 유해물질(12종)
        1) α-나프틸아민[134-32-7] 및 그 염(α-naphthylamine and its salts)

2) 디아니시딘[119-90-4] 및 그 염(Dianisidine and its salts)
3) 디클로로벤지딘[91-94-1] 및 그 염(Dichlorobenzidine and its salts)
4) 베릴륨[7440-41-7] 및 그 화합물(Beryllium and its compounds)
5) 벤조트리클로라이드(Benzotrichloride; 98-07-7)
6) 비소[7440-38-2] 및 그 무기화합물(Arsenic and its inorganic compounds)
7) 염화비닐(Vinyl chloride; 75-01-4)
8) 콜타르피치[65996-93-2] 휘발물(코크스 제조 또는 취급업무)(Coal tar pitch volatiles)
9) 크롬광 가공[열을 가하여 소성(변형된 형태 유지) 처리하는 경우만 해당한다](Chromite ore processing)
10) 크롬산 아연(Zinc chromates; 13530-65-9 등)
11) o-톨리딘[119-93-7] 및 그 염(o-Tolidine and its salts)
12) 황화니켈류(Nickel sulfides; 12035-72-2, 16812-54-7)
13) 1)부터 4)까지 및 6)부터 11)까지의 물질을 중량비율 1퍼센트 이상 함유한 혼합물
14) 5)의 물질을 중량비율 0.5퍼센트 이상 함유한 혼합물
바. 금속가공유(Metal working fluids); 미네랄 오일 미스트(광물성 오일, Oil mist, mineral)

2. 분진(7종)
가. 곡물 분진(Grain dusts)
나. 광물성 분진(Mineral dusts)
다. 면 분진(Cotton dusts)
라. 목재 분진(Wood dusts)
마. 용접 흄(Welding fume)
바. 유리 섬유(Glass fiber dusts)
사. 석면 분진(Asbestos dusts; 1332-21-4 등)

3. 물리적 인자(8종)
가. 안전보건규칙 제512조 제1호부터 제3호까지의 규정의 소음작업, 강렬한 소음작업 및 충격소음작업에서 발생하는 소음
나. 안전보건규칙 제512조 제4호의 진동작업에서 발생하는 진동
다. 안전보건규칙 제573조 제1호의 방사선
라. 고기압
마. 저기압
바. 유해광선
 1) 자외선
 2) 적외선
 3) 마이크로파 및 라디오파

4. 야간작업(2종)
가. 6개월간 밤 12시부터 오전 5시까지의 시간을 포함하여 계속되는 8시간 작업을 월 평균 4회 이상 수행하는 경우
나. 6개월간 오후 10시부터 다음날 오전 6시 사이의 시간 중 작업을 월 평균 60시간 이상 수행하는 경우

※ 비고: "등"이란 해당 화학물질에 이성질체 등 동일 속성을 가지는 2개 이상의 화합물이 존재할 수 있는 경우를 말한다.

■ 산업안전보건법 시행규칙 [별표 23]

특수건강진단의 시기 및 주기(제202조 제1항 관련) ★

구분	대상 유해인자	시기 (배치 후 첫 번째 특수 건강진단)	주기
1	N,N-디메틸아세트아미드 디메틸포름아미드	1개월 이내	6개월
2	벤젠	2개월 이내	6개월
3	1,1,2,2-테트라클로로에탄 사염화탄소 아크릴로니트릴 염화비닐	3개월 이내	6개월
4	석면, 면 분진	12개월 이내	12개월
5	광물성 분진 목재 분진 소음 및 충격소음	12개월 이내	24개월
6	제1호부터 제5호까지의 대상 유해인자를 제외한 별표22의 모든 대상 유해인자	6개월 이내	12개월

■ 산업안전보건법 시행규칙 [별표 25]

건강관리카드의 발급 대상(제214조 관련)

구분	건강장해가 발생할 우려가 있는 업무	대상 요건
1	**베타-나프틸아민 또는 그 염**(같은 물질이 함유된 화합물의 중량 비율이 1퍼센트를 초과하는 제제를 포함한다)을 제조하거나 취급하는 업무	3개월 이상 종사한 사람
2	**벤지딘 또는 그 염**(같은 물질이 함유된 화합물의 중량 비율이 1퍼센트를 초과하는 제제를 포함한다)을 제조하거나 취급하는 업무	3개월 이상 종사한 사람
3	베릴륨 또는 그 화합물(같은 물질이 함유된 화합물의 중량 비율이 1퍼센트를 초과하는 제제를 포함한다) 또는 그 밖에 베릴륨 함유물질(베릴륨이 함유된 화합물의 중량 비율이 3퍼센트를 초과하는 물질만 해당한다)을 제조하거나 취급하는 업무	제조하거나 취급하는 업무에 종사한 사람 중 양쪽 폐부분에 베릴륨에 의한 만성 결절성 음영이 있는 사람

4	비스-(클로로메틸)에테르(같은 물질이 함유된 화합물의 중량 비율이 1퍼센트를 초과하는 제제를 포함한다)를 제조하거나 취급하는 업무	3년 이상 종사한 사람
5	가. 석면 또는 석면방직제품을 제조하는 업무	3개월 이상 종사한 사람
	나. 다음의 어느 하나에 해당하는 업무 　1) 석면함유제품(석면방직제품은 제외한다)을 제조하는 업무 　2) 석면함유제품(석면이 1퍼센트를 초과하여 함유된 제품만 해당한다. 이하 다목에서 같다)을 절단하는 등 석면을 가공하는 업무 　3) 설비 또는 건축물에 분무된 석면을 해체·제거 또는 보수하는 업무 　4) 석면이 1퍼센트 초과하여 함유된 보온재 또는 내화피복제(耐火被覆劑)를 해체·제거 또는 보수하는 업무	1년 이상 종사한 사람
	다. 설비 또는 건축물에 포함된 석면시멘트, 석면마찰제품 또는 석면개스킷제품 등 석면함유제품을 해체·제거 또는 보수하는 업무	10년 이상 종사한 사람
	라. 나목 또는 다목 중 하나 이상의 업무에 중복하여 종사한 경우	다음의 계산식으로 산출한 숫자가 120을 초과하는 사람: (나목의 업무에 종사한 개월 수)×10+(다목의 업무에 종사한 개월 수)
	마. 가목부터 다목까지의 업무로서 가목부터 다목까지의 규정에서 정한 종사기간에 해당하지 않는 경우	흉부방사선상 석면으로 인한 질병 징후(흉막반 등)가 있는 사람
6	<u>벤조트리클로라이드를 제조(태양광선에 의한 염소화반응에 의하여 제조하는 경우만 해당한다)하거나 취급하는 업무</u>	3년 이상 종사한 사람
7	가. 갱내에서 동력을 사용하여 토석(土石)·광물 또는 암석(습기가 있는 것은 제외한다. 이하 "암석등"이라 한다)을 굴착 하는 작업 나. 갱내에서 동력(동력 수공구(手工具)에 의한 것은 제외한다)을 사용하여 암석 등을 파쇄(破碎)·분쇄 또는 체질하는 장소에서의 작업 다. 갱내에서 암석 등을 차량계 건설기계로 싣거나 내리거나 쌓아두는 장소에서의 작업 라. 갱내에서 암석 등을 컨베이어(이동식 컨베이어는 제외한다)에 싣거나 내리는 장소에서의 작업 마. 옥내에서 동력을 사용하여 암석 또는 광물을 조각 하거나 마무리하는 장소에서의 작업 바. 옥내에서 연마재를 분사하여 암석 또는 광물을 조각하는 장소에서의 작업	3년 이상 종사한 사람으로서 흉부방사선 사진 상 진폐증이 있다고 인정되는 사람(「진폐의 예방과 진폐근로자의 보호 등에 관한 법률」에 따라 건강관리수첩을 발급받은 사람은 제외한다)

사. 옥내에서 동력을 사용하여 암석·광물 또는 금속을 연마·주물 또는 추출하거나 금속을 재단하는 장소에서의 작업
아. 옥내에서 동력을 사용하여 암석등·탄소원료 또는 알미늄박을 파쇄·분쇄 또는 체질하는 장소에서의 작업
자. 옥내에서 시멘트, 티타늄, 분말상의 광석, 탄소원료, 탄소제품, 알미늄 또는 산화티타늄을 포장하는 장소에서의 작업
차. 옥내에서 분말상의 광석, 탄소원료 또는 그 물질을 함유한 물질을 혼합·혼입 또는 살포하는 장소에서의 작업
카. 옥내에서 원료를 혼합하는 장소에서의 작업 중 다음의 어느 하나에 해당하는 작업
  1) 유리 또는 법랑을 제조하는 공정에서 원료를 혼합하는 작업이나 원료 또는 혼합물을 용해로에 투입하는 작업(수중에서 원료를 혼합하는 작업은 제외한다)
  2) 도자기·내화물·형상토제품(형상을 본떠 흙으로 만든 제품) 또는 연마재를 제조하는 공정에서 원료를 혼합 또는 성형하거나, 원료 또는 반제품을 건조하거나, 반제품을 차에 싣거나 쌓아 두는 장소에서의 작업 또는 가마 내부에서의 작업(도자기를 제조하는 공정에서 원료를 투입 또는 성형하여 반제품을 완성하거나 제품을 내리고 쌓아 두는 장소에서의 작업과 수중에서 원료를 혼합하는 장소에서의 작업은 제외한다)
  3) 탄소제품을 제조하는 공정에서 탄소원료를 혼합하거나 성형하여 반제품을 노(爐: 가공할 원료를 녹이거나 굽는 시설)에 넣거나 반제품 또는 제품을 노에서 꺼내거나 제작하는 장소에서의 작업
타. 옥내에서 내화 벽돌 또는 타일을 제조하는 작업 중 동력을 사용하여 원료(습기가 있는 것은 제외한다)를 성형하는 장소에서의 작업
파. 옥내에서 동력을 사용하여 반제품 또는 제품을 다듬질하는 장소에서의 작업 중 다음의 의 어느 하나에 해당하는 작업
  1) 도자기·내화물·형상토제품 또는 연마재를 제조하는 공정에서 원료를 혼합 또는 성형하거나, 원료 또는 반제품을 건조하거나, 반제품을 차에 싣거나 쌓은 장소에서의 작업또는 가마 내부에서의 작업(도자기를 제조하는 공정에서 원료를 투입 또는 성형하여 반제품을 완성하거나 제품을 내리고 쌓아 두는 장소에서의 작업과 수중에서 원료를 혼합하는 장소에서의 작업은 제외한다)
  2) 탄소제품을 제조하는 공정에서 탄소원료를 혼합하거나 성형하여 반제품을 노에 넣거나 반제품 또는 제품을 노에서 꺼내거나 제작하는 장소에서의 작업

	하. 옥내에서 거푸집을 해체하거나, 분해장치를 이용하여 사형(似形: 광물의 결정형태)을 부수거나, 모래를 털어 내거나 동력을 사용하여 주물모래를 재생하거나 혼련(엿과 기계를 사용하여 내용물을 고르게 섞는 것)하거나 주물품을 절삭(切削)하는 장소에서의 작업 거. 옥내에서 수지식(手指式) 용융분사기를 이용하지 않고 금속을 용융분사하는 장소에서의 작업	
8	가. 염화비닐을 중합(결합 화합물화)하는 업무 또는 밀폐되어 있지 않은 원심분리기를 사용하여 폴리염화비닐(염화비닐의 중합체를 말한다)의 현탁액(懸濁液)에서 물을 분리시키는 업무 나. 염화비닐을 제조하거나 사용하는 석유화학설비를 유지·보수하는 업무	4년 이상 종사한 사람
9	크롬산·중크롬산 또는 이들 염(같은 물질이 함유된 화합물의 중량 비율이 1퍼센트를 초과하는 제제를 포함한다)을 광석으로부터 추출하여 제조하거나 취급하는 업무	4년 이상 종사한 사람
10	삼산화비소를 제조하는 공정에서 배소(낮은 온도로 가열하여 변화를 일으키는 과정) 또는 정제를 하는 업무나 비소가 함유된 화합물의 중량 비율이 3퍼센트를 초과하는 광석을 제련하는 업무	5년 이상 종사한 사람
11	니켈(니켈카보닐을 포함한다) 또는 그 화합물을 광석으로부터 추출하여 제조하거나 취급하는 업무	5년 이상 종사한 사람
12	카드뮴 또는 그 화합물을 광석으로부터 추출하여제조하거나 취급하는 업무	5년 이상 종사한 사람
13	가. 벤젠을 제조하거나 사용하는 업무(석유화학 업종만 해당한다) 나. 벤젠을 제조하거나 사용하는 석유화학설비를 유지·보수하는 업무	6년 이상 종사한 사람
14	제철용 코크스 또는 제철용 가스발생로를 제조하는 업무(코크스로 또는 가스발생로 상부에서의 업무 또는 코크스로에 접근하여 하는 업무만 해당한다)	6년 이상 종사한 사람
15	비파괴검사(X-선) 업무	1년이상 종사한 사람 또는 연간 누적선량이 20mSv 이상이었던 사람

정답 ②

02 산업안전보건법령상 근로자의 보건관리에 관한 설명으로 옳지 않은 것은?

① 베타-나프틸아민 또는 그 염(같은 물질이 함유된 화합물의 중량 비율이 1퍼센트를 초과하는 제제를 포함한다)을 제조하거나 취급하는 업무에 3개월 이상 종사한 사람은 건강관리카드 발급 대상이다.
② 벤조트리클로라이드를 제조(태양광선에 의한 염소화반응에 의하여 제조하는 경우만 해당한다)하거나 취급하는 업무에 3년 이상 종사한 사람은 건강관리카드 발급 대상이다.
③ 비파괴검사(X-선) 업무에 1년이상 종사한 사람 또는 연간 누적선량이 20mSv 이상이었던 사람은 건강관리카드 발급 대상이다.
④ 사업주는 잠함(潛艦) 또는 잠수작업 등 높은 기압에서 하는 위험한 작업에 종사하는 근로자에게는 1일 6시간, 1주 34시간을 초과하여 근로하게 하여서는 아니 된다.
⑤ 6개월간 오후 10시부터 다음날 오전 6시 사이의 시간 중 작업을 월 평균 80시간 이상 수행하는 경우는 특수건강진단 대상 유해인자인 야간작업에 해당한다.

해설

근거조문 ▶ 시행규칙 별표22

정답 ⑤

03 산업안전보건법령상 특수건강진단의 시기 및 주기에 관한 별표이다. 시기와 주기로 옳지 않은 것은?

특수건강진단의 시기 및 주기(제202조 제1항 관련)

구분	대상 유해인자	시기 (배치 후 첫 번째 특수 건강진단)	주기
ㄱ	N,N-디메틸아세트아미드	1개월 이내	6개월
ㄴ	벤젠	2개월 이내	6개월
ㄷ	염화비닐	3개월 이내	6개월
ㄹ	광물성 분진	12개월 이내	12개월
ㅁ	소음 및 충격소음	12개월 이내	24개월

① - ㄱ
② - ㄴ
③ - ㄷ
④ - ㄹ
⑤ - ㅁ

해설

근거조문 ▶ 시행규칙 별표23

정답 ④

04 산업안전보건법령상 특수건강진단의 주기에 대한 설명으로 옳지 않은 것은?

① 디메틸포름아미드-6개월
② 1,1,2,2-테트라클로로에탄-6개월
③ 석면-12개월
④ 목재 분진-12개월
⑤ 소음 및 충격소음-24개월

해설

근거조문 ▶ 시행규칙 별표23

■ 산업안전보건법 시행규칙 [별표 23]

특수건강진단의 시기 및 주기(제202조 제1항 관련) ★

구분	대상 유해인자	시기 (배치 후 첫 번째 특수 건강진단)	주기
1	N,N-디메틸아세트아미드 디메틸포름아미드	1개월 이내	6개월
2	벤젠	2개월 이내	6개월
3	1,1,2,2-테트라클로로에탄 사염화탄소 아크릴로니트릴 염화비닐	3개월 이내	6개월
4	석면, 면 분진	12개월 이내	12개월
5	광물성 분진 목재 분진 소음 및 충격소음	12개월 이내	24개월
6	제1호부터 제5호까지의 대상 유해인자를 제외한 별표22의 모든 대상 유해인자	6개월 이내	12개월

정답 ④

05 산업안전보건법령상 질병자의 근로금지와 근로제한에 관한 설명으로 옳은 것은?

① 사업주는 전염될 우려가 있는 질병에 걸린 사람에 대해서는 근로를 금지해야 한다. 다만, 전염을 예방하기 위한 조치를 한 경우도 마찬가지이다.
② 사업주는 조현병, 마비성 치매에 걸린 사람에 대해서는 근로를 금지해야 한다.
③ 사업주는 심장·신장·폐 등의 질환이 있는 사람에 대해서는 근로를 금지해야 한다.
④ 사업주는 근로를 금지하거나 근로를 다시 시작하도록 하는 경우에는 미리 보건관리자(의사인 보건관리자와 간호사인 보건관리자), 산업보건의 또는 건강진단을 실시한 의사의 의견을 들어야 한다.
⑤ 천식, 비만증, 바세도우씨병, 그 밖에 알레르기성·내분비계·물질대사 또는 영양장해 등과 관련된 질병에 걸린 사람에 대해서는 저기압 업무에 종사하게 해서는 안 된다.

해설

근거조문 시행규칙 제220조, 제221조

★ **제220조(질병자의 근로금지)** ① 법 제138조 제1항에 따라 사업주는 다음 각 호의 어느 하나에 해당하는 사람에 대해서는 근로를 금지해야 한다.
 1. 전염될 우려가 있는 질병에 걸린 사람. 다만, 전염을 예방하기 위한 조치를 한 경우는 제외한다.
 2. 조현병, 마비성 치매에 걸린 사람
 3. 심장·신장·폐 등의 질환이 있는 사람으로서 근로에 의하여 병세가 악화될 우려가 있는 사람
 4. 제1호부터 제3호까지의 규정에 준하는 질병으로서 고용노동부장관이 정하는 질병에 걸린 사람
② 사업주는 제1항에 따라 근로를 금지하거나 근로를 다시 시작하도록 하는 경우에는 미리 보건관리자(의사인 보건관리자만 해당한다), 산업보건의 또는 건강진단을 실시한 의사의 의견을 들어야 한다.

★ **제221조(질병자 등의 근로 제한)** ① 사업주는 법 제129조부터 제130조에 따른 건강진단 결과 유기화합물·금속류 등의 유해물질에 중독된 사람, 해당 유해물질에 중독될 우려가 있다고 의사가 인정하는 사람, 진폐의 소견이 있는 사람 또는 방사선에 피폭된 사람을 해당 유해물질 또는 방사선을 취급하거나 해당 유해물질의 분진·증기 또는 가스가 발산되는 업무 또는 해당 업무로 인하여 근로자의 건강을 악화시킬 우려가 있는 업무에 종사하도록 해서는 안 된다.
② 사업주는 다음 각 호의 어느 하나에 해당하는 질병이 있는 근로자를 고기압 업무에 종사하도록 해서는 안 된다.
 1. 감압증이나 그 밖에 고기압에 의한 장해 또는 그 후유증
 2. 결핵, 급성상기도감염, 진폐, 폐기종, 그 밖의 호흡기계의 질병
 3. 빈혈증, 심장판막증, 관상동맥경화증, 고혈압증, 그 밖의 혈액 또는 순환기계의 질병
 4. 정신신경증, 알코올중독, 신경통, 그 밖의 정신신경계의 질병
 5. 메니에르씨병, 중이염, 그 밖의 이관(耳管)협착을 수반하는 귀 질환
 6. 관절염, 류마티스, 그 밖의 운동기계의 질병
 7. 천식, 비만증, 바세도우씨병, 그 밖에 알레르기성·내분비계·물질대사 또는 영양장해 등과 관련된 질병

정답 ②

06 산업안전보건법령상 건강진단 및 건강관리에 관한 설명으로 옳지 않은 것은?

① 사업주는 납·수은·크롬·망간·카드뮴 등의 중금속 또는 이황화탄소·유기용제, 그 밖에 고용노동부령으로 정하는 특정 화학물질의 먼지·증기 또는 가스가 많이 발생하는 장소에서 하는 작업에게 필요한 안전조치 및 보건조치 외에 작업과 휴식의 적정한 배분 및 근로시간과 관련된 근로조건의 개선을 통하여 근로자의 건강 보호를 위한 조치를 하여야 한다.
② 사업주는 근로가 금지되거나 제한된 근로자가 건강을 회복하였을 때에는 지체 없이 근로를 할 수 있도록 하여야 한다.
③ 건강진단기관이 건강진단을 실시하였을 때에는 그 결과를 고용노동부장관이 정하는 건강진단개인표에 기록하고, 건강진단을 실시한 날부터 30일 이내에 근로자에게 송부해야 한다.
④ 고용노동부장관은 같은 유해인자에 노출되는 근로자들에게 유사한 질병의 증상이 발생한 경우 등 고용노동부령으로 정하는 경우에는 근로자의 건강을 보호하기 위하여 수시건강진단의 실시나 작업전환, 그 밖에 필요한 조치를 명할 수 있다.
⑤ 직업병 유소견자가 발생하거나 여러 명이 발생할 우려가 있는 경우에는 고용노동부장관은 임시건강진단의 실시나 작업전환, 그 밖에 필요한 조치를 명할 수 있다.

해설

근거조문 ▶ 시행규칙 제207조

정답 ④

07 산업안전보건법령상 보건관리에 관한 설명으로 옳지 않은 것은?

① 사업주는 상시 사용하는 근로자 중 사무직에 종사하는 근로자(공장 또는 공사현장과 같은 구역에 있지 않은 사무실에서 서무·인사·경리·판매·설계 등의 사무업무에 종사하는 근로자를 말하며, 판매업무 등에 직접 종사하는 근로자는 제외한다)에 대해서는 2년에 1회 이상, 그 밖의 근로자에 대해서는 1년에 1회 이상 일반건강진단을 실시해야 한다.
② 일반건강진단의 제1차 검사항목은 , 과거병력, 작업경력 및 자각·타각증상(시진·촉진·청진 및 문진), 혈압·혈당·요당·요단백 및 빈혈검사, 체중·시력 및 청력, 흉부방사선 촬영, AST(SGOT) 및 ALT(SGPT), ɤ-GTP 및 총콜레스테롤이다.
③ 제1차 검사항목 중 혈압· ALT(SGPT) 검사는 고용노동부장관이 정하는 근로자에 대하여 실시한다.
④ 특수건강진단, 수시건강진단, 임시건강진단을 실시한 결과 직업병 유소견자가 발견된 작업공정에서 해당 유해인자에 노출되는 모든 근로자에 대해서는 다음 회에 한정하여 관련 유해인자별로 특수건강진단 주기를 2분의 1로 단축해야 한다.
⑤ 특수건강진단 또는 임시건강진단을 실시한 결과 해당 유해인자에 대하여 특수건강진단 실시 주기를 단축해야 한다는 의사의 소견을 받은 근로자에 대해서는 다음 회에 한정하여 관련 유해인자별로 특수건강진단 주기를 2분의 1로 단축해야 한다.

해설

근거조문 ▶ 시행규칙 제198조

정답 ③

08 산업안전보건법령상 건강진단 및 건강관리에 관한 설명으로 옳지 않은 것은?

① 특수건강진단·배치전건강진단 및 수시건강진단의 검사항목은 제1차 검사항목과 제2차 검사항목으로 구분한다.
② 제1차 검사항목은 특수건강진단, 배치전건강진단 및 수시건강진단의 대상이 되는 근로자 모두에 대하여 실시한다.
③ 제2차 검사항목은 제1차 검사항목에 대한 검사 결과 건강수준의 평가가 곤란하거나 질병이 의심되는 사람에 대하여 고용노동부장관이 정하여 고시하는 바에 따라 실시해야 한다.
④ 제1차 검사항목 중 혈당·γ-GTP 및 총콜레스테롤 검사는 고용노동부장관이 정하는 근로자에 대하여 실시한다.
⑤ 작업 전환을 하거나 작업 장소를 변경하여 해당 판정의 원인이 된 특수건강진단대상업무에 종사하는 사람에 대해서는 직업병 유소견자 발생의 원인이 된 유해인자에 대하여 해당 근로자를 진단한 의사가 필요하다고 인정하는 시기에 특수건강진단을 실시해야 한다.

해설

근거조문 시행규칙 제202조

★ **제202조(특수건강진단의 실시 시기 및 주기 등)** ① 사업주는 법 제130조 제1항 제1호에 해당하는 근로자에 대해서는 별표 23에서 특수건강진단 대상 유해인자별로 정한 시기 및 주기에 따라 특수건강진단을 실시해야 한다.
② 제1항에도 불구하고 법 제125조에 따른 사업장의 작업환경측정 결과 또는 특수건강진단 실시 결과에 따라 다음 각 호의 어느 하나에 해당하는 근로자에 대해서는 다음 회에 한정하여 관련 유해인자별로 특수건강진단 주기를 2분의 1로 단축해야 한다.
  1. 작업환경을 측정한 결과 노출기준 이상인 작업공정에서 해당 유해인자에 노출되는 모든 근로자
  2. 특수건강진단, 법 제130조 제3항에 따른 수시건강진단(이하 "수시건강진단"이라 한다) 또는 법 제131조 제1항에 따른 임시건강진단(이하 "임시건강진단"이라 한다)을 실시한 결과 **직업병 유소견자가 발견**된 작업공정에서 해당 유해인자에 노출되는 모든 근로자. 다만, 고용노동부장관이 정하는 바에 따라 특수건강진단·수시건강진단 또는 임시건강진단을 실시한 의사로부터 특수건강진단 주기를 단축하는 것이 필요하지 않다는 소견을 받은 경우는 제외한다.
  3. 특수건강진단 또는 임시건강진단을 실시한 결과 해당 유해인자에 대하여 특수건강진단 실시 주기를 단축해야 한다는 **의사의 소견**을 받은 근로자
③ 사업주는 **법 제130조 제1항 제2호에 해당하는 근로자에 대해서는 직업병 유소견자 발생의 원인이 된 유해인자에 대하여 해당 근로자를 진단한 의사가 필요하다고 인정**하는 시기에 특수건강진단을 실시해야 한다. → 제1호(특수건강진단대상), 제3항(수시건강진단) 및 제131조(임시건강진단)에 따른 건강진단 실시 결과 직업병 소견이 있는 근로자로 판정받아 작업 전환을 하거나 작업 장소를 변경하여 해당 판정의 원인이 된 특수건강진단대상업무에 종사하지 아니하는 사람으로서 해당 유해인자에 대한 건강진단이 필요하다는 「의료법」 제2조에 따른 의사의 소견이 있는 근로자
④ 법 제130조 제1항에 따라 특수건강진단을 실시해야 할 사업주는 특수건강진단 실시 시기를 안전보건관리규정 또는 취업규칙에 규정하는 등 특수건강진단이 정기적으로 실시되도록 노력해야 한다.

정답 ⑤

09 산업안전보건법령상 건강진단에 관한 설명으로 옳지 않은 것은?

① 근로자대표가 요구할 때에는 건강진단 시 근로자대표를 입회시켜야 한다.
② 고용노동부장관은 근로자의 건강을 보호하기 위하여 필요하다고 인정할 때에는 사업주에게 특정 근로자에 대한 임시건강진단의 실시나 그 밖에 필요한 조치를 명할 수 있다.
③ 특수건강진단기관은 특수건강진단·수시건강진단 또는 임시건강진단을 실시한 경우에는 건강진단을 실시한 날부터 30일 이내에 건강진단 결과표를 지방고용노동관서의 장에게 제출해야 한다.
④ 건강진단기관은 건강진단을 실시한 날부터 30일 이내에 건강진단 결과표를 사업주에게 송부해야 한다.
⑤ 건강진단기관은 건강진단을 실시한 결과 질병 유소견자가 발견된 경우에는 건강진단을 실시한 날부터 60일 이내에 해당 근로자에게 의학적 소견 및 사후관리에 필요한 사항과 업무수행의 적합성 여부(임시건강진단기관인 경우만 해당한다)를 설명해야 한다.

해설

근거조문 시행규칙 제209조

제209조(건강진단 결과의 보고 등) ① 건강진단기관이 법 제129조부터 제131조까지의 규정에 따른 건강진단을 실시하였을 때에는 그 결과를 고용노동부장관이 정하는 건강진단개인표에 기록하고, 건강진단을 실시한 날부터 30일 이내에 근로자에게 송부해야 한다.

② 건강진단기관은 건강진단을 실시한 결과 질병 유소견자가 발견된 경우에는 건강진단을 실시한 날부터 30일 이내에 해당 근로자에게 의학적 소견 및 사후관리에 필요한 사항과 업무수행의 적합성 여부(특수건강진단기관인 경우만 해당한다)를 설명해야 한다. 다만, 해당 근로자가 소속한 사업장의 의사인 보건관리자에게 이를 설명한 경우에는 그렇지 않다.

③ 건강진단기관은 건강진단을 실시한 날부터 30일 이내에 다음 각 호의 구분에 따라 건강진단 결과표를 사업주에게 송부해야 한다.
 1. 일반건강진단을 실시한 경우: 별지 제84호서식의 일반건강진단 결과표
 2. 특수건강진단·배치전건강진단·수시건강진단 및 임시건강진단을 실시한 경우: 별지 제85호서식의 특수·배치전·수시·임시건강진단 결과표

④ 특수건강진단기관은 특수건강진단·수시건강진단 또는 임시건강진단을 실시한 경우에는 법 제134조 제1항에 따라 건강진단을 실시한 날부터 30일 이내에 건강진단 결과표를 지방고용노동관서의 장에게 제출해야 한다. 다만, 건강진단개인표 전산입력자료를 고용노동부장관이 정하는 바에 따라 공단에 송부한 경우에는 그렇지 않다.

⑤ 법 제129조 제1항 단서에 따른 건강진단을 한 기관은 사업주가 근로자의 건강보호를 위하여 건강진단 결과를 요청하는 경우 별지 제84호서식의 일반건강진단 결과표를 사업주에게 송부해야 한다.

정답 ⑤

10 산업안전보건법령상 다음 내용에서 옳은 것을 모두 고른 것은?

> ㄱ. 건강진단 실시에 있어서 사무직에 종사하는 근로자란 공장 또는 공사현장과 같은 구역에 있지 아니한 사무실에서 사무·인사·경리·판매·설계 등의 사무업무에 종사는 근로자를 말하며, 판매업무 등에 직접 종사는 근로자를 포함한다.
> ㄴ. 특수건강진단을 실시한 결과 직업병 유소견자가 발견된 작업공정에서 해당 유해인자에 노출되는 모든 근로자에 대하여 다음 회에 한정하여 관련 유해인자별로 특수건강진단 주기를 2분의 1로 단축하여야 한다.
> ㄷ. 특수건강진단기관은 근로자에 대해 특수건강진단을 실시한 날부터 30일 이내에 건강진단 결과표를 지방고용노동관서의 장에게 제출하여야 한다.
> ㄹ. 「진폐의 예방과 진폐근로자의 보호 등에 관한 법률」에 따른 수시 건강진단을 받은 근로자는 일반건강진단을 실시한 것으로 본다.

① ㄴ, ㄷ
② ㄷ, ㄹ
③ ㄱ, ㄷ, ㄹ
④ ㄴ, ㄷ, ㄹ
⑤ ㄱ, ㄴ, ㄷ, ㄹ

해설

근거조문 ▶ 시행규칙 제196조

제196조(일반건강진단 실시의 인정) 법 제129조 제1항 단서에서 "고용노동부령으로 정하는 건강진단"이란 다음 각 호 어느 하나에 해당하는 건강진단을 말한다.
1. 「국민건강보험법」에 따른 건강검진
2. 「선원법」에 따른 건강진단
3. 「진폐의 예방과 진폐근로자의 보호 등에 관한 법률」에 따른 정기 건강진단
4. 「학교보건법」에 따른 건강검사
5. 「항공안전법」에 따른 신체검사
6. 그 밖에 제198조 제1항에서 정한 법 제129조 제1항에 따른 일반건강진단(이하 "일반건강진단"이라 한다)의 검사항목을 모두 포함하여 실시한 건강진단

정답 ①

11 산업안전보건법령상 건강진단에 관한 설명으로 옳지 않은 것은?

① 사무직 종사 근로자 외의 근로자는 1년에 1회 이상 일반건강진단을 실시하여야 한다.
② 상시 사용하는 근로자 중 사무직에 종사하는 근로자란 공장 또는 공사현장과 같은 구역에서 서무·인사·경리·판매·설계 등의 사무업무에 종사하는 근로자를 말하며, 판매업무에 직접 종사하는 근로자는 제외한다.
③ 「학교보건법」에 따른 건강검사를 받은 근로자는 산업안전보건법 시행규칙에 따른 일반건강진단을 실시한 것으로 본다.
④ 특수건강진단 또는 수시건강진단을 실시한 결과 해당 유해인자에 대하여 특수건강진단 실시 주기를 단축해야 한다는 의사의 소견을 받은 근로자에 대하여 다음 회에 한정하여 관련 유해인자별로 특수건강진단 주기를 2분의 1로 단축하여야 한다.
⑤ 사업주는 일반건강진단과 특수건강진단에 따른 건강진단 결과 유기화합물·금속류 등의 유해물질에 중독된 사람, 해당 유해물질에 중독될 우려가 있다고 의사가 인정하는 사람, 진폐의 소견이 있는 사람 또는 방사선에 피폭된 사람을 해당 유해물질 또는 방사선을 취급하거나 해당 유해물질의 분진·증기 또는 가스가 발산되는 업무 또는 해당 업무로 인하여 근로자의 건강을 악화시킬 우려가 있는 업무에 종사하도록 해서는 안 된다.

| 해설 |

| 근거조문 | 시행규칙 제202조 |

정답 ④

12

산업안전보건법령상 물질안전보건자료의 경고표지에 포함되어야 하는 사항을 기술한 것이다. 다음 중 옳지 않은 것은?

① 명칭: 제품명
② 그림문자: 화학물질의 분류에 따라 유해·위험의 내용을 나타내는 그림
③ 신호어: 유해·위험의 심각성 정도에 따라 표시하는 "위험" 또는 "경고" 문구
④ 유해·위험 문구: 화학물질의 분류에 따라 유해·위험을 알리는 문구
⑤ 소비자자 정보: 물질안전보건자료대상물질의 수입자 또는 소비자의 이름 및 전화번호 등

해설

근거조문 시행규칙 제170조

★ **시행규칙 제170조(경고표시 방법 및 기재항목)** ① 물질안전보건자료대상물질을 양도하거나 제공하는 자 또는 이를 사업장에서 취급하는 사업주가 법 제115조 제1항 및 제2항에 따른 경고표시를 하는 경우에는 물질안전보건자료대상물질 단위로 경고표지를 작성하여 물질안전보건자료대상물질을 담은 용기 및 포장에 붙이거나 인쇄하는 등 유해·위험정보가 명확히 나타나도록 해야 한다. 다만, **다음 각 호의 어느 하나에 해당하는 표시를 한 경우에는 경고표시를 한 것으로 본다.**
1. 「고압가스 안전관리법」 제11조의2에 따른 용기 등의 표시
2. 「위험물 선박운송 및 저장규칙」 제6조 제1항 및 제26조 제1항에 따른 표시(같은 규칙 제26조 제1항에 따라 해양수산부장관이 고시하는 수입물품에 대한 표시는 최초의 사용사업장으로 반입되기 전까지만 해당한다)
3. 「위험물안전관리법」 제20조 제1항에 따른 위험물의 운반용기에 관한 표시
4. 「항공안전법 시행규칙」 제209조 제6항에 따라 국토교통부장관이 고시하는 포장물의 표기(수입물품에 대한 표기는 최초의 사용사업장으로 반입되기 전까지만 해당한다)
5. 「화학물질관리법」 제16조에 따른 유해화학물질에 관한 표시

② **제1항 각 호 외의 부분 본문에 따른 경고표지에는 다음 각 호의 사항이 모두 포함되어야 한다.**
1. 명칭: 제품명
2. 그림문자: 화학물질의 분류에 따라 유해·위험의 내용을 나타내는 그림
3. 신호어: 유해·위험의 **심각성 정도에 따라** 표시하는 "위험" 또는 "경고" 문구
4. 유해·위험 문구: 화학물질의 분류에 따라 유해·위험을 알리는 문구
5. 예방조치 문구: 화학물질에 노출되거나 부적절한 저장·취급 등으로 발생하는 유해·위험을 방지하기 위하여 알리는 주요 유의사항
6. 공급자 정보: 물질안전보건자료대상물질의 제조자 또는 공급자의 이름 및 전화번호 등

③ 제1항과 제2항에 따른 경고표지의 규격, 그림문자, 신호어, 유해·위험 문구, 예방조치 문구, 그 밖의 경고표시의 방법 등에 관하여 필요한 사항은 고용노동부장관이 정하여 고시한다.

④ 법 제115조 제2항 단서에서 "고용노동부령으로 정하는 경우"란 다음 각 호의 어느 하나에 해당하는 경우를 말한다.
1. 법 제115조 제1항에 따라 물질안전보건자료대상물질을 양도하거나 제공하는 자가 물질안전보건자료대상물질을 담은 용기에 이미 경고표시를 한 경우
2. 근로자가 경고표시가 되어 있는 용기에서 물질안전보건자료대상물질을 옮겨 담기 위하여 일시적으로 용기를 사용하는 경우

■ 산업안전보건법 시행규칙 [별표 18]

유해인자의 유해성·위험성 분류기준(제141조 관련)

1. 화학물질의 분류기준
   가. 물리적 위험성 분류기준
      1) 폭발성 물질: 자체의 화학반응에 따라 주위환경에 손상을 줄 수 있는 정도의 온도·압력 및 속도를 가진 가스를 발생시키는 고체·액체 또는 혼합물
      2) 인화성 가스: 20℃, 표준압력(101.3㎪)에서 공기와 혼합하여 인화되는 범위에 있는 가스와 54℃ 이하 공기 중에서 자연발화하는 가스를 말한다.(혼합물을 포함한다)
      3) 인화성 액체: 표준압력(101.3㎪)에서 인화점이 93℃ 이하인 액체
      4) 인화성 고체: 쉽게 연소되거나 마찰에 의하여 화재를 일으키거나 촉진할 수 있는 물질
      5) 에어로졸: 재충전이 불가능한 금속·유리 또는 플라스틱 용기에 압축가스·액화가스 또는 용해가스를 충전하고 내용물을 가스에 현탁시킨 고체나 액상입자로, 액상 또는 가스상에서 폼·페이스트·분말상으로 배출되는 분사장치를 갖춘 것
      6) 물반응성 물질: 물과 상호작용을 하여 자연발화되거나 인화성 가스를 발생시키는 고체·액체 또는 혼합물
      7) 산화성 가스: 일반적으로 산소를 공급함으로써 공기보다 다른 물질의 연소를 더 잘 일으키거나 촉진하는 가스
      8) 산화성 액체: 그 자체로는 연소하지 않더라도, 일반적으로 산소를 발생시켜 다른 물질을 연소시키거나 연소를 촉진하는 액체
      9) 산화성 고체: 그 자체로는 연소하지 않더라도 일반적으로 산소를 발생시켜 다른 물질을 연소시키거나 연소를 촉진하는 고체
      10) 고압가스: 20℃, 200킬로파스칼(kpa) 이상의 압력 하에서 용기에 충전되어 있는 가스 또는 냉동액화가스 형태로 용기에 충전되어 있는 가스(압축가스, 액화가스, 냉동액화가스, 용해가스로 구분한다)
      11) 자기반응성 물질: 열적(熱的)인 면에서 불안정하여 산소가 공급되지 않아도 강렬하게 발열·분해하기 쉬운 액체·고체 또는 혼합물
      12) 자연발화성 액체: 적은 양으로도 공기와 접촉하여 5분 안에 발화할 수 있는 액체
      13) 자연발화성 고체: 적은 양으로도 공기와 접촉하여 5분 안에 발화할 수 있는 고체
      14) 자기발열성 물질: 주위의 에너지 공급 없이 공기와 반응하여 스스로 발열하는 물질(자기발화성 물질은 제외한다)
      15) 유기과산화물: 2가의 -O-O-구조를 가지고 1개 또는 2개의 수소 원자가 유기라디칼에 의하여 치환된 과산화수소의 유도체를 포함한 액체 또는 고체 유기물질
      16) 금속 부식성 물질: 화학적인 작용으로 금속에 손상 또는 부식을 일으키는 물질
   나. 건강 및 환경 유해성 분류기준
      1) 급성 독성 물질: 입 또는 피부를 통하여 1회 투여 또는 24시간 이내에 여러 차례로 나누어 투여하거나 호흡기를 통하여 4시간 동안 흡입하는 경우 유해한 영향을 일으키는 물질
      2) 피부 부식성 또는 자극성 물질: 접촉 시 피부조직을 파괴하거나 자극을 일으키는 물질(피부 부식성 물질 및 피부 자극성 물질로 구분한다)
      3) 심한 눈 손상성 또는 자극성 물질: 접촉 시 눈 조직의 손상 또는 시력의 저하 등을 일으키는 물질(눈 손상성 물질 및 눈 자극성 물질로 구분한다)
      4) 호흡기 과민성 물질: 호흡기를 통하여 흡입되는 경우 기도에 과민반응을 일으키는 물질
      5) 피부 과민성 물질: 피부에 접촉되는 경우 피부 알레르기 반응을 일으키는 물질

6) 발암성 물질: 암을 일으키거나 그 발생을 증가시키는 물질
7) 생식세포 변이원성 물질: 자손에게 유전될 수 있는 사람의 생식세포에 돌연변이를 일으킬 수 있는 물질
8) 생식독성 물질: 생식기능, 생식능력 또는 태아의 발생·발육에 유해한 영향을 주는 물질
9) 특정 표적장기 독성 물질(1회 노출): 1회 노출로 특정 표적장기 또는 전신에 독성을 일으키는 물질
10) 특정 표적장기 독성 물질(반복 노출): 반복적인 노출로 특정 표적장기 또는 전신에 독성을 일으키는 물질
11) 흡인 유해성 물질: 액체 또는 고체 화학물질이 입이나 코를 통하여 직접적으로 또는 구토로 인하여 간접적으로, 기관 및 더 깊은 호흡기관으로 유입되어 화학적 폐렴, 다양한 폐 손상이나 사망과 같은 심각한 급성 영향을 일으키는 물질
12) 수생 환경 유해성 물질: 단기간 또는 장기간의 노출로 수생생물에 유해한 영향을 일으키는 물질
13) 오존층 유해성 물질: 「오존층 보호를 위한 특정물질의 제조규제 등에 관한 법률」 제2조 제1호에 따른 특정물질

2. 물리적 인자의 분류기준
   가. 소음: 소음성난청을 유발할 수 있는 85데시벨(A) 이상의 시끄러운 소리
   나. 진동: 착암기, 손망치 등의 공구를 사용함으로써 발생되는 백랍병·레이노 현상·말초순환장애 등의 국소 진동 및 차량 등을 이용함으로써 발생되는 관절통·디스크·소화장애 등의 전신 진동
   다. 방사선: 직접·간접으로 공기 또는 세포를 전리하는 능력을 가진 알파선·베타선·감마선·엑스선·중성자선 등의 전자선
   라. 이상기압: 게이지 압력이 제곱센티미터당 1킬로그램 초과 또는 미만인 기압
   마. 이상기온: 고열·한랭·다습으로 인하여 열사병·동상·피부질환 등을 일으킬 수 있는 기온

3. 생물학적 인자의 분류기준
   가. 혈액매개 감염인자: 인간면역결핍바이러스, B형·C형간염바이러스, 매독바이러스 등 혈액을 매개로 다른 사람에게 전염되어 질병을 유발하는 인자
   나. 공기매개 감염인자: 결핵·수두·홍역 등 공기 또는 비말감염 등을 매개로 호흡기를 통하여 전염되는 인자
   다. 곤충 및 동물매개 감염인자: 쯔쯔가무시증, 렙토스피라증, 유행성출혈열 등 동물의 배설물 등에 의하여 전염되는 인자 및 탄저병, 브루셀라병 등 가축 또는 야생동물로부터 사람에게 감염되는 인자

※ 비고
제1호에 따른 화학물질의 분류기준 중 가목에 따른 물리적 위험성 분류기준별 세부 구분기준과 나목에 따른 건강 및 환경 유해성 분류기준의 단일물질 분류기준별 세부 구분기준 및 혼합물질의 분류기준은 고용노동부장관이 정하여 고시한다.

제110조(물질안전보건자료의 작성 및 제출) ① 화학물질 또는 이를 포함한 혼합물로서 제104조에 따른 분류기준에 해당하는 것(대통령령으로 정하는 것은 제외한다. 이하 "물질안전보건자료대상물질"이라 한다)을 제조하거나 수입하려는 자는 다음 각 호의 사항을 적은 자료(이하 "물질안전보건자료"라 한다)를 고용노동부령으로 정하는 바에 따라 작성하여 고용노동부장관에게 제출하여야 한다. 이 경우 고용노동부장관은 고용노동부령으로 물질안전보건자료의 기재 사항이나 작성 방법을 정할 때 「화학물질관리법」 및 「화학물질의 등록 및 평가 등에 관한 법률」과 관련된 사항에 대해서는 환경부장관과 협의하여야 한다. <개정 2020. 5. 26.>

1. 제품명
2. 물질안전보건자료대상물질을 구성하는 화학물질 중 **제104조에 따른 분류기준**에 해당하는 화학물질의 명칭 및 함유량
3. 안전 및 보건상의 취급 주의 사항
4. 건강 및 환경에 대한 유해성, 물리적 위험성
5. 물리·화학적 특성 등 고용노동부령으로 정하는 사항

> **시행규칙 제156조(물질안전보건자료의 작성방법 및 기재사항)** ① 법 제110조 제1항에 따른 물질안전보건자료대상물질(이하 "물질안전보건자료대상물질"이라 한다)을 제조·수입하려는 자가 물질안전보건자료를 작성하는 경우에는 그 물질안전보건자료의 신뢰성이 확보될 수 있도록 인용된 자료의 출처를 함께 적어야 한다.
> ② 법 제110조 제1항 제5호에서 "물리·화학적 특성 등 고용노동부령으로 정하는 사항"이란 다음 각 호의 사항을 말한다.
>   1. 물리·화학적 특성
>   2. 독성에 관한 정보
>   3. 폭발·화재 시의 대처방법
>   4. 응급조치 요령
>   5. 그 밖에 고용노동부장관이 정하는 사항
> ③ 그 밖에 물질안전보건자료의 세부 작성방법, 용어 등 필요한 사항은 고용노동부장관이 정하여 고시한다.

② 물질안전보건자료대상물질을 제조하거나 수입하려는 자는 물질안전보건자료대상물질을 구성하는 화학물질 중 제104조에 따른 분류기준에 해당하지 아니하는 화학물질의 명칭 및 함유량을 고용노동부장관에게 별도로 제출하여야 한다. 다만, 다음 각 호의 어느 하나에 해당하는 경우는 그러하지 아니하다.
  1. 제1항에 따라 제출된 물질안전보건자료에 이 항 각 호 외의 부분 본문에 따른 화학물질의 명칭 및 함유량이 전부 포함된 경우
  2. 물질안전보건자료대상물질을 수입하려는 자가 물질안전보건자료대상물질을 국외에서 제조하여 우리나라로 수출하려는 자(이하 "국외제조자"라 한다)로부터 물질안전보건자료에 적힌 화학물질 외에는 제104조에 따른 분류기준에 해당하는 화학물질이 없음을 확인하는 내용의 서류를 받아 제출한 경우
③ 물질안전보건자료대상물질을 제조하거나 수입한 자는 제1항 각 호에 따른 사항 중 고용노동부령으로 정하는 사항이 변경된 경우 그 변경 사항을 반영한 물질안전보건자료를 고용노동부장관에게 제출하여야 한다.
④ 제1항부터 제3항까지의 규정에 따른 물질안전보건자료 등의 제출 방법·시기, 그 밖에 필요한 사항은 고용노동부령으로 정한다.

> **시행규칙 제159조(변경이 필요한 물질안전보건자료의 항목 및 제출시기)** ① 법 제110조 제3항에서 "고용노동부장관이 정하는 사항"이란 다음 각 호의 사항을 말한다.
>   1. 제품명(구성성분의 명칭 및 함유량의 변경이 없는 경우로 한정한다)
>   2. 물질안전보건자료대상물질을 구성하는 화학물질 중 제141조에 따른 분류기준에 해당하는 화학물질의 명칭 및 함유량(제품명의 변경 없이 구성성분의 명칭 및 함유량만 변경된 경우로 한정한다)
>   3. 건강 및 환경에 대한 유해성, 물리적 위험성
> ② 물질안전보건자료대상물질을 제조하거나 수입하는 자는 제1항의 변경사항을 반영한 물질안전보건자료를 **지체 없이** 공단에 제출해야 한다.

제111조(물질안전보건자료의 제공) ① 물질안전보건자료대상물질을 양도하거나 제공하는 자는 이를 양도받거나 제공받는 자에게 물질안전보건자료를 제공하여야 한다.
② 물질안전보건자료대상물질을 제조하거나 수입한 자는 이를 양도받거나 제공받은 자에게 제110조 제3항에 따라 변경된 물질안전보건자료를 제공하여야 한다.
③ 물질안전보건자료대상물질을 양도하거나 제공한 자(물질안전보건자료대상물질을 제조하거나 수입한 자는 제외한다)는 제110조 제3항에 따른 물질안전보건자료를 제공받은 경우 이를 물질안전보건자료대상물질을 양도받거나 제공받은 자에게 제공하여야 한다.
④ 제1항부터 제3항까지의 규정에 따른 물질안전보건자료 또는 변경된 물질안전보건자료의 제공방법 및 내용, 그 밖에 필요한 사항은 고용노동부령으로 정한다.

★ **제112조(물질안전보건자료의 일부 비공개 승인 등)** ① 제110조 제1항에도 불구하고 영업비밀과 관련되어 같은 항 제2호에 따른 화학물질의 명칭 및 함유량을 물질안전보건자료에 적지 아니하려는 자는 고용노동부령으로 정하는 바에 따라 고용노동부장관에게 신청하여 승인을 받아 해당 화학물질의 명칭 및 함유량을 대체할 수 있는 명칭 및 함유량(이하 **"대체자료"**라 한다)으로 적을 수 있다. 다만, 근로자에게 중대한 건강장해를 초래할 우려가 있는 화학물질로서 「산업재해보상보험법」 제8조 제1항에 따른 산업재해보상보험및예방심의위원회의 심의를 거쳐 고용노동부장관이 고시하는 것은 그러하지 아니하다.
② 고용노동부장관은 제1항 본문에 따른 승인 신청을 받은 경우 고용노동부령으로 정하는 바에 따라 화학물질의 명칭 및 함유량의 대체 필요성, 대체자료의 적합성 및 물질안전보건자료의 적정성 등을 검토하여 승인 여부를 결정하고 신청인에게 그 결과를 통보하여야 한다.
③ 고용노동부장관은 제2항에 따른 승인에 관한 기준을 「산업재해보상보험법」 제8조 제1항에 따른 산업재해보상보험및예방심의위원회의 심의를 거쳐 정한다.
④ 제1항에 따른 **승인의 유효기간은 승인을 받은 날부터 5년**으로 한다.
⑤ 고용노동부장관은 제4항에 따른 유효기간이 만료되는 경우에도 계속하여 대체자료로 적으려는 자가 그 유효기간의 연장승인을 신청하면 유효기간이 만료되는 다음 날부터 5년 단위로 그 기간을 계속하여 연장승인할 수 있다.
⑥ 신청인은 제1항 또는 제5항에 따른 승인 또는 연장승인에 관한 결과에 대하여 고용노동부령으로 정하는 바에 따라 고용노동부장관에게 이의신청을 할 수 있다.
⑦ 고용노동부장관은 제6항에 따른 이의신청에 대하여 고용노동부령으로 정하는 바에 따라 승인 또는 연장승인 여부를 결정하고 그 결과를 신청인에게 통보하여야 한다.
⑧ 고용노동부장관은 다음 각 호의 어느 하나에 해당하는 경우에는 제1항, 제5항 또는 제7항에 따른 승인 또는 연장승인을 취소할 수 있다. 다만, 제1호의 경우에는 그 승인 또는 연장승인을 취소하여야 한다.
  1. 거짓이나 그 밖의 부정한 방법으로 제1항, 제5항 또는 제7항에 따른 승인 또는 연장승인을 받은 경우
  2. 제1항, 제5항 또는 제7항에 따른 승인 또는 연장승인을 받은 화학물질이 제1항 단서에 따른 화학물질에 해당하게 된 경우
⑨ 제5항에 따른 연장승인과 제8항에 따른 승인 또는 연장승인의 취소 절차 및 방법, 그 밖에 필요한 사항은 고용노동부령으로 정한다.
⑩ 다음 각 호의 어느 하나에 해당하는 자는 근로자의 안전 및 보건을 유지하거나 직업성 질환 발생 원인을 규명하기 위하여 근로자에게 중대한 건강장해가 발생하는 등 고용노동부령으로 정하는 경우에는 물질안전보건자료대상물질을 제조하거나 수입한 자에게 제1항에 따라 대체자료로 적힌 화학물질의 명칭 및 함유량 정보를 제공할 것을 요구할 수 있다. 이 경우 정보 제공을 요구받은 자는 고용노동부장관이 정하여 고시하는 바에 따라 정보를 제공하여야 한다.
  1. 근로자를 진료하는 「의료법」 제2조에 따른 의사
  2. 보건관리자 및 보건관리전문기관
  3. 산업보건의
  4. 근로자대표

5. 제165조 제2항 제38호에 따라 제141조 제1항에 따른 역학조사(疫學調査) 실시 업무를 위탁받은 기관
6. 「산업재해보상보험법」 제38조에 따른 업무상질병판정위원회

★ **시행규칙 제165조(대체자료로 적힌 화학물질의 명칭 및 함유량 정보의 제공 요구)** 법 제112조 제10항 각 호 외의 부분 전단에서 "근로자에게 중대한 건강장해가 발생하는 등 고용노동부령으로 정하는 경우"란 다음 각 호의 어느 하나에 해당하는 경우를 말한다.
1. 법 제112조 제10항 제1호 및 제3호에 해당하는 자가 물질안전보건자료대상물질로 인하여 발생한 직업성 질병에 대한 근로자의 치료를 위하여 필요하다고 판단하는 경우
2. 법 제112호 제10항 제 2호에서 제4호까지의 규정에 해당하는 자 또는 기관이 물질안전보건자료대상물질로 인하여 근로자에게 <u>직업성 질환 등 중대한 건강상의 장해가 발생할 우려가 있다</u>고 판단하는 경우 → 의사(x)
3. 법 제112호 제10항 제4호에서 제6호까지의 규정에 해당하는 자 또는 기관(제6호의 경우 위원회를 말한다)이 <u>근로자에게 발생한 직업성 질환의 원인 규명을 위해</u> 필요하다고 판단하는 경우

제113조(국외제조자가 선임한 자에 의한 정보 제출 등) ① 국외제조자는 고용노동부령으로 정하는 요건을 갖춘 자를 선임하여 물질안전보건자료대상물질을 수입하는 자를 갈음하여 다음 각 호에 해당하는 업무를 수행하도록 할 수 있다.
1. 제110조 제1항 또는 제3항에 따른 물질안전보건자료의 작성·제출
2. 제110조 제2항 각 호 외의 부분 본문에 따른 화학물질의 명칭 및 함유량 또는 같은 항 제2호에 따른 확인서류의 제출
3. 제112조 제1항에 따른 대체자료 기재 승인, 같은 조 제5항에 따른 유효기간 연장승인 또는 같은 조 제6항에 따른 이의신청

시행규칙 제166조(국외제조자가 선임한 자에 대한 선임요건 및 신고절차 등) ① 법 제113조 제1항 각 호 외의 부분에서 "고용노동부령으로 정하는 요건을 갖춘 자"란 다음 각 호의 어느 하나의 요건을 갖춘 자를 말한다.
1. 대한민국 국민
2. 대한민국 내에 주소(법인인 경우에는 그 소재지를 말한다)를 가진 자
② 법 제113조 제3항에 따라 국외제조자에 의하여 선임되거나 해임된 사실을 신고를 하려는 자는 별지 제68호서식의 선임서 또는 해임서에 다음 각 호의 서류를 첨부하여 관할 지방고용노동관서의 장에게 제출해야 한다.
1. 제1항 각 호의 요건을 증명하는 서류
2. 선임계약서 사본 등 선임 또는 해임 여부를 증명하는 서류
③ 제2항에 따라 신고를 받은 지방고용노동관서의 장은 「전자정부법」 제36조 제1항에 따른 행정정보의 공동이용을 통하여 사업자등록증을 확인해야 한다. 다만, 신청인이 사업자등록증의 확인에 동의하지 않는 경우에는 해당 서류를 첨부하게 해야 한다.
④ 지방고용노동관서의 장은 제2항에 따라 신고를 받은 날부터 7일 이내에 별지 제69호서식의 신고증을 발급해야 한다.
⑤ 국외제조자 또는 그에 의하여 선임된 자는 물질안전보건자료대상물질의 수입자에게 제4항에 따른 신고증 사본을 제공해야 한다.
⑥ 법 제113조 제1항에 따라 선임된 자가 같은 항 제2호 또는 제3호의 업무를 수행한 경우에는 그 결과를 물질안전보건자료대상물질의 수입자에게 제공해야 한다.

② 제1항에 따라 선임된 자는 고용노동부장관에게 제110조 제1항 또는 제3항에 따른 물질안전보건자료를 제출하는 경우 그 물질안전보건자료를 해당 물질안전보건자료대상물질을 수입하는 자에게 제공하여야 한다.

③ 제1항에 따라 선임된 자는 고용노동부령으로 정하는 바에 따라 국외제조자에 의하여 선임되거나 해임된 사실을 고용노동부장관에게 신고하여야 한다.
④ 제2항에 따른 물질안전보건자료의 제출 및 제공 방법·내용, 제3항에 따른 신고 절차·방법, 그 밖에 필요한 사항은 고용노동부령으로 정한다.

제114조(물질안전보건자료의 게시 및 교육) ① 물질안전보건자료대상물질을 취급하려는 사업주는 제110조 제1항 또는 제3항에 따라 작성하였거나 제111조 제1항부터 제3항까지의 규정에 따라 제공받은 물질안전보건자료를 고용노동부령으로 정하는 방법에 따라 물질안전보건자료대상물질을 취급하는 작업장 내에 이를 취급하는 근로자가 쉽게 볼 수 있는 장소에 게시하거나 갖추어 두어야 한다.
② 제1항에 따른 사업주는 물질안전보건자료대상물질을 취급하는 작업공정별로 고용노동부령으로 정하는 바에 따라 물질안전보건자료대상물질의 관리 요령을 게시하여야 한다.

> **시행규칙 제168조(물질안전보건자료대상물질의 관리 요령 게시)** ① 법 제114조 제2항에 따른 작업공정별 관리 요령에 포함되어야 할 사항은 다음 각 호와 같다.
> 1. 제품명
> 2. 건강 및 환경에 대한 유해성, 물리적 위험성
> 3. 안전 및 보건상의 취급주의 사항
> 4. 적절한 보호구
> 5. 응급조치 요령 및 사고 시 대처방법
> ② 작업공정별 관리 요령을 작성할 때에는 법 제114조 제1항에 따른 물질안전보건자료에 적힌 내용을 참고해야 한다.
> ③ 작업공정별 관리 요령은 유해성·위험성이 유사한 물질안전보건자료대상물질의 그룹별로 작성하여 게시할 수 있다.

③ 제1항에 따른 사업주는 물질안전보건자료대상물질을 취급하는 근로자의 안전 및 보건을 위하여 고용노동부령으로 정하는 바에 따라 해당 근로자를 교육하는 등 적절한 조치를 하여야 한다.

> ★ **시행규칙 제169조(물질안전보건자료에 관한 교육의 시기·내용·방법 등)** ① 법 제114조 제3항에 따라 사업주는 다음 각 호의 어느 하나에 해당하는 경우에는 작업장에서 취급하는 물질안전보건자료대상물질의 물질안전보건자료에서 별표 5에 해당되는 내용을 근로자에게 교육해야 한다. 이 경우 교육받은 근로자에 대해서는 해당 교육 시간만큼 법 제29조에 따른 안전·보건교육을 실시한 것으로 본다.
> 1. 물질안전보건자료대상물질을 제조·사용·운반 또는 저장하는 작업에 근로자를 배치하게 된 경우
> 2. 새로운 물질안전보건자료대상물질이 도입된 경우
> 3. 유해성·위험성 정보가 변경된 경우
> ② 사업주는 제1항에 따른 교육을 하는 경우에 유해성·위험성이 유사한 물질안전보건자료대상물질을 그룹별로 분류하여 교육할 수 있다.
> ③ 사업주는 제1항에 따른 교육을 실시하였을 때에는 교육시간 및 내용 등을 기록하여 보존해야 한다.

제115조(물질안전보건자료대상물질 용기 등의 경고표시) ① 물질안전보건자료대상물질을 양도하거나 제공하는 자는 고용노동부령으로 정하는 방법에 따라 이를 담은 용기 및 포장에 경고표시를 하여야 한다. 다만, 용기 및 포장에 담는 방법 외의 방법으로 물질안전보건자료대상물질을 양도하거나 제공하는 경우에는 고용노동부장관이 정하여 고시한 바에 따라 경고표시 기재 항목을 적은 자료를 제공하여야 한다.
② 사업주는 사업장에서 사용하는 물질안전보건자료대상물질을 담은 용기에 고용노동부령으로 정하는 방법에 따라 경고표시를 하여야 한다. 다만, 용기에 이미 경고표시가 되어 있는 등 고용노동부령으로 정하는 경우에는 그러하지 아니하다.

★ **시행규칙 제170조(경고표시 방법 및 기재항목)** ① 물질안전보건자료대상물질을 양도하거나 제공하는 자 또는 이를 사업장에서 취급하는 사업주가 법 제115조 제1항 및 제2항에 따른 경고표시를 하는 경우에는 물질안전보건자료대상물질 단위로 경고표지를 작성하여 물질안전보건자료대상물질을 담은 용기 및 포장에 붙이거나 인쇄하는 등 유해·위험정보가 명확히 나타나도록 해야 한다. **다만, 다음 각 호의 어느 하나에 해당하는 표시를 한 경우에는 경고표시를 한 것으로 본다.**
  1. 「고압가스 안전관리법」 제11조의2에 따른 용기 등의 표시
  2. 「위험물 선박운송 및 저장규칙」 제6조 제1항 및 제26조 제1항에 따른 표시(같은 규칙 제26조 제1항에 따라 해양수산부장관이 고시하는 수입물품에 대한 표시는 최초의 사용사업장으로 반입되기 전까지만 해당한다)
  3. 「위험물안전관리법」 제20조 제1항에 따른 위험물의 운반용기에 관한 표시
  4. 「항공안전법 시행규칙」 제209조 제6항에 따라 국토교통부장관이 고시하는 포장물의 표기(수입물품에 대한 표기는 최초의 사용사업장으로 반입되기 전까지만 해당한다)
  5. 「화학물질관리법」 제16조에 따른 유해화학물질에 관한 표시

② **제1항 각 호 외의 부분 본문에 따른 경고표지에는 다음 각 호의 사항이 모두 포함되어야 한다.**
  1. 명칭: 제품명
  2. 그림문자: 화학물질의 분류에 따라 유해·위험의 내용을 나타내는 그림
  3. 신호어: 유해·위험의 심각성 정도에 따라 표시하는 "위험" 또는 "경고" 문구
  4. 유해·위험 문구: 화학물질의 분류에 따라 유해·위험을 알리는 문구
  5. 예방조치 문구: 화학물질에 노출되거나 부적절한 저장·취급 등으로 발생하는 유해·위험을 방지하기 위하여 알리는 주요 유의사항
  6. 공급자 정보: 물질안전보건자료대상물질의 제조자 또는 공급자의 이름 및 전화번호 등

③ 제1항과 제2항에 따른 경고표지의 규격, 그림문자, 신호어, 유해·위험 문구, 예방조치 문구, 그 밖의 경고표시의 방법 등에 관하여 필요한 사항은 고용노동부장관이 정하여 고시한다.

④ 법 제115조 제2항 단서에서 "고용노동부령으로 정하는 경우"란 다음 각 호의 어느 하나에 해당하는 경우를 말한다.
  1. 법 제115조 제1항에 따라 물질안전보건자료대상물질을 양도하거나 제공하는 자가 물질안전보건자료대상물질을 담은 용기에 이미 경고표시를 한 경우
  2. <u>근로자가 경고표시가 되어 있는 용기에서 물질안전보건자료대상물질을 옮겨 담기 위하여 일시적으로 용기를 사용하는 경우</u>

제116조(물질안전보건자료와 관련된 자료의 제공) 고용노동부장관은 근로자의 안전 및 보건 유지를 위하여 필요하면 물질안전보건자료와 관련된 자료를 근로자 및 사업주에게 제공할 수 있다.

시행규칙 제157조(물질안전보건자료 등의 제출방법 및 시기) ① 법 제110조 제1항에 따른 물질안전보건자료 및 같은 조 제2항 본문에 따른 화학물질의 명칭 및 함유량에 관한 자료(같은 항 제2호에 따라 물질안전보건자료에 적힌 화학물질 외에는 법 제104조에 따른 분류기준에 해당하는 화학물질이 없음을 확인하는 경우에는 별지 제62호서식의 화학물질 확인서류를 말한다)는 물질안전보건자료대상물질을 제조하거나 수입하기 전에 공단에 제출해야 한다.

② 제1항 및 제159조 제2항에 따라 물질안전보건자료를 공단에 제출하는 경우에는 공단이 구축하여 운영하는 물질안전보건자료 제출, 비공개 정보 승인시스템(이하 "물질안전보건자료시스템"이라 한다)을 통한 전자적 방법으로 제출해야 한다. 다만, 물질안전보건자료시스템이 정상적으로 운영되지 않거나 신청인이 물질안전보건자료시스템을 이용할 수 없는 등의 부득이한 사유가 있는 경우에는 전자적 기록매체에 수록하여 직접 또는 우편으로 제출(제161조 및 제163조에 따라 물질안전보건자료시스템을 통하여 신청 또는 자료를 제출하는 경우에도 같다)할 수 있다.

제158조(자료의 열람) 고용노동부장관은 환경부장관이 「화학물질의 등록 및 평가 등에 관한 법률 시행규칙」 제35조의2에 따른 화학물질안전정보의 제공범위에 대한 승인을 위하여 필요하다고 요청하는 경우에는 물질안전보건자료시스템의 자료 중 해당 화학물질과 관련된 자료를 열람하게 할 수 있다.

시행규칙 제160조(물질안전보건자료의 제공 방법) ① 법 제111조 제1항부터 제3항까지의 규정에 따라 물질안전보건자료를 제공하는 경우에는 물질안전보건자료시스템 제출 시 부여된 번호를 해당 물질안전보건자료에 반영하여 물질안전보건자료대상물질과 함께 제공하거나 그 밖에 고용노동부장관이 정하여 고시한 바에 따라 제공해야 한다.

② 동일한 상대방에게 같은 물질안전보건자료대상물질을 2회 이상 계속하여 양도하거나 제공하는 경우에는 해당 물질안전보건자료대상물질에 대한 물질안전보건자료의 변경이 없으면 추가로 물질안전보건자료를 제공하지 않을 수 있다. 다만, 상대방이 물질안전보건자료의 제공을 요청한 경우에는 그렇지 않다.

제161조(비공개 승인 또는 연장승인을 위한 제출서류 및 제출시기) ① 법 제112조 제1항 본문에 따라 물질안전보건자료에 화학물질의 명칭 및 함유량을 대체할 수 있는 명칭 및 함유량(이하 "대체자료"라 한다)으로 적기 위하여 승인을 신청하려는 자는 물질안전보건자료대상물질을 제조하거나 수입하기 전에 물질안전보건자료시스템을 통하여 별지 제63호서식에 따른 물질안전보건자료 비공개 승인신청서에 다음 각 호의 정보를 기재하거나 첨부하여 공단에 제출해야 한다.

1. 대체자료로 적으려는 화학물질의 명칭 및 함유량이 「부정경쟁방지 및 영업비밀 보호에 관한 법률」 제2조 제2호에 따른 영업비밀에 해당함을 입증하는 자료로서 고용노동부장관이 정하여 고시하는 자료
2. 대체자료
3. 대체자료로 적으려는 화학물질의 명칭 및 함유량, 건강 및 환경에 대한 유해성, 물리적 위험성 정보
4. 물질안전보건자료
5. 법 제104조에 따른 분류기준에 해당하지 않는 화학물질의 명칭 및 함유량
6. 그 밖에 화학물질의 명칭 및 함유량을 대체자료로 적도록 승인하기 위해 필요한 정보로서 고용노동부장관이 정하여 고시하는 서류

② 제1항에도 불구하고 고용노동부장관이 정하여 고시하는 연구·개발용 화학물질 또는 화학제품에 대한 물질안전보건자료에 화학물질의 명칭 및 함유량을 대체자료로 적기 위해 승인을 신청하려는 자는 제1항 제1호 및 제6호의 자료를 생략하여 제출할 수 있다.

③ 법 제112조 제5항에 따른 연장승인 신청을 하려는 자는 유효기간이 만료되기 30일 전까지 물질안전보건자료시스템을 통하여 별지 제63호서식에 따른 물질안전보건자료 비공개 연장승인 신청서에 제1항 각 호에 따른 서류를 첨부하여 공단에 제출해야 한다.

제162조(비공개 승인 및 연장승인 심사의 기준, 절차 및 방법 등) ① 공단은 제161조 제1항 및 제3항에 따른 승인 신청 또는 연장승인 신청을 받은 날부터 1개월 이내에 승인 여부를 결정하여 그 결과를 별지 제64호서식에 따라 신청인에게 통보해야 한다.

② 공단은 부득이한 사유로 제1항에 따른 기간 이내에 승인 여부를 결정할 수 없을 때에는 10일의 범위 내에서 통보 기한을 연장할 수 있다. 이 경우 연장 사실 및 연장 사유를 신청인에게 지체 없이 알려야 한다.

③ 공단은 제161조 제2항에 따른 승인 신청을 받은 날부터 2주 이내에 승인 여부를 결정하여 그 결과를 별지 제64호서식에 따라 신청인에게 통보해야 한다.

④ 공단은 제1항 및 제3항에 따른 승인 여부 결정에 필요한 경우에는 신청인에게 제161조 제1항 각 호의 사항(제3항의 경우 제161조 제2항에 따라 제출된 자료를 말한다)에 따른 자료의 수정 또는 보완을 요청할 수 있다. 이 경우 수정 또는 보완을 요청한 날부터 그에 따른 자료를 제출한 날까지의 기간은 제1항 및 제3항에 따른 통보 기간에 산입하지 않는다.

⑤ 제1항 및 제3항에 따른 승인 또는 연장승인 여부 결정에 필요한 화학물질 명칭 및 함유량의 대체 필요성, 대체자료의 적합성에 대한 판단기준 및 물질안전보건자료의 적정성에 대한 승인기준 등은 고용노동부장관이 정하여 고시한다.

⑥ 제1항 및 제3항에 따른 승인 또는 연장승인 결과를 통보받은 신청인은 고용노동부장관이 정하여 고시하는 바에 따라 물질안전보건자료에 그 결과를 반영해야 한다.

⑦ 제6항에 따라 승인 또는 연장승인된 물질안전보건자료를 법 제111조 제1항에 따라 제공받은 자가 물질안전보건자료대상물질을 혼합하는 방법으로 제조하려는 경우에는 그 제공받은 물질안전보건자료에 기재된 대체자료를 연계하여 사용할 수 있다. 다만, 혼합하는 방법이 아닌 화학적 조성(組成)을 변경하는 등 새로운 화학물질을 제조하는 경우에는 그렇지 않다.

⑧ 고용노동부장관은 제5항의 승인기준을 정하는 경우에는 환경부장관과 관련 내용에 대하여 협의해야 한다.

제163조(이의신청의 절차 및 비공개 승인 심사 등) ① 제162조 제1항 및 제3항에 따라 승인 결과를 통보받은 신청인은 그 결과에 이의가 있는 경우 해당 통보를 받은 날부터 **30일 이내**에 물질안전보건자료 시스템을 통하여 별지 제65호서식에 따른 **이의신청서**를 공단에 제출해야 한다.

② 공단은 제1항에 따른 이의신청이 있는 경우 신청을 받은 날부터 20일 이내에 제162조 제5항에서 정한 승인기준에 따라 승인 여부를 다시 결정하여 그 결과를 별지 제66호서식에 따라 신청인에게 통보해야 한다. 이 경우 승인 여부를 다시 결정하기 위하여 필요한 경우에는 외부 전문가의 의견을 들을 수 있다.

③ 제2항에 따른 승인 결과를 통보받은 신청인은 고용노동부장관이 정하여 고시하는 바에 따라 물질안전보건자료에 그 결과를 반영해야 한다.

제164조(승인 또는 연장승인의 취소) ① 고용노동부장관은 법 제112조 제8항에 따라 승인 또는 연장승인을 취소하는 경우 별지 제67호의 서식에 따라 그 결과를 신청인에게 즉시 통보해야 한다.

② 제1항에 따른 취소 결정을 통지받은 자는 화학물질의 명칭 및 함유량을 기재하는 등 그 결과를 반영하여 물질안전보건자료를 변경해야 한다.

③ 제1항에 따른 취소 결정을 통지받은 자는 제2항의 변경된 물질안전보건자료에 대하여 법 제110조 제3항, 법 제111조 제2항 및 제3항에 따른 제출 및 제공 등의 조치를 해야 한다.

제167조(물질안전보건자료를 게시하거나 갖추어 두는 방법) ① 법 제114조 제1항에 따라 물질안전보건자료대상물질을 취급하는 사업주는 다음 각 호의 어느 하나에 해당하는 장소 또는 전산장비에 항상 물질안전보건자료를 게시하거나 갖추어 두어야 한다. 다만, 제3호에 따른 장비에 게시하거나 갖추어 두는 경우에는 고용노동부장관이 정하는 조치를 해야 한다.

1. 물질안전보건자료대상물질을 취급하는 작업공정이 있는 장소
2. 작업장 내 근로자가 가장 보기 쉬운 장소
3. 근로자가 작업 중 쉽게 접근할 수 있는 장소에 설치된 전산장비

② 제1항에도 불구하고 건설공사, 안전보건규칙 제420조 제8호에 따른 임시 작업 또는 같은 조 제9호에 따른 단시간 작업에 대해서는 법 제114조 제2항에 따른 물질안전보건자료대상물질의 관리 요령으로 대신 게시하거나 갖추어 둘 수 있다. 다만, 근로자가 물질안전보건자료의 게시를 요청하는 경우에는 제1항에 따라 게시해야 한다.

제171조(물질안전보건자료 관련 자료의 제공) 고용노동부장관 및 공단은 법 제116조에 따라 근로자나 사업주에게 물질안전보건자료와 관련된 자료를 제공하기 위하여 필요하다고 인정하는 경우에는 물질안전보건자료대상물질을 제조하거나 수입하는 자에게 물질안전보건자료와 관련된 자료를 요청할 수 있다.

제172조(제조 등이 금지되는 물질의 사용승인 신청 등) ① 법 제117조 제2항 제1호에 따라 제조등금지물질의 제조·수입 또는 사용승인을 받으려는 자는 별지 제70호서식의 신청서에 다음 각 호의 서류를 첨부하여 관할 지방고용노동관서의 장에게 제출해야 한다.

1. 시험·연구계획서(제조·수입·사용의 목적·양 등에 관한 사항이 포함되어야 한다)
2. 산업보건 관련 조치를 위한 시설·장치의 명칭·구조·성능 등에 관한 서류
3. 해당 시험·연구실(작업장)의 전체 작업공정도, 각 공정별로 취급하는 물질의 종류·취급량 및 공정별 종사 근로자 수에 관한 서류

② 지방고용노동관서의 장은 제1항에 따라 제조·수입 또는 사용 승인신청서가 접수된 경우에는 다음 각 호의 사항을 심사하여 신청서가 접수된 날부터 20일 이내에 별지 제71호서식의 승인서를 신청인에게 발급하거나 불승인 사실을 알려야 한다. 다만, 수입승인은 해당 물질에 대하여 사용승인을 했거나 사용승인을 하는 경우에만 할 수 있다.

1. 제1항에 따른 신청서 및 첨부서류의 내용이 적정한지 여부

2. 제조·사용설비 등이 안전보건규칙 제33조 및 제499조부터 제511조까지의 규정에 적합한지 여부
   3. 수입하려는 물질이 사용승인을 받은 물질과 같은지 여부, 사용승인 받은 양을 초과하는지 여부, 그 밖에 사용승인신청 내용과 일치하는지 여부(수입승인의 경우만 해당한다)
③ 제2항에 따라 승인을 받은 자는 승인서를 분실하거나 승인서가 훼손된 경우에는 재발급을 신청할 수 있다.
④ 제2항에 따라 승인을 받은 자가 해당 업무를 폐지하거나 법 제117조 제3항에 따라 승인이 취소된 경우에는 즉시 승인서를 관할 지방고용노동관서의 장에게 반납해야 한다.

제173조(제조 등 허가의 신청 및 심사) ① 법 제118조 제1항에 따른 유해물질(이하 "허가대상물질"이라 한다)의 제조허가 또는 사용허가를 받으려는 자는 별지 제72호서식의 제조·사용 허가신청서에 다음 각 호의 서류를 첨부하여 관할 지방고용노동관서의 장에게 제출해야 한다.
   1. 사업계획서(제조·사용의 목적·양 등에 관한 사항이 포함되어야 한다)
   2. 산업보건 관련 조치를 위한 시설·장치의 명칭·구조·성능 등에 관한 서류
   3. 해당 사업장의 전체 작업공정도, 각 공정별로 취급하는 물질의 종류·취급량 및 공정별 종사 근로자 수에 관한 서류
② 지방고용노동관서의 장은 제1항에 따라 제조·사용허가신청서가 접수되면 다음 각 호의 사항을 심사하여 신청서가 접수된 날부터 20일 이내에 별지 제73호서식의 허가증을 신청인에게 발급하거나 불허가 사실을 알려야 한다.
   1. 제1항에 따른 신청서 및 첨부서류의 내용이 적정한지 여부
   2. 제조·사용 설비 등이 안전보건규칙 제33조, 제35조 제1항(같은 규칙 별표 2 제16호 및 제17호에 해당하는 경우로 한정한다) 및 같은 규칙 제453조부터 제486조까지의 규정에 적합한지 여부
   3. 그 밖에 법 또는 법에 따른 명령의 이행에 관한 사항
③ 지방고용노동관서의 장은 제2항에 따라 제조·사용허가신청서를 심사하기 위하여 필요한 경우 공단에 신청서 및 첨부서류의 검토 등을 요청할 수 있다.
④ 공단은 제3항에 따라 요청을 받은 경우에는 요청받은 날부터 10일 이내에 그 결과를 지방고용노동관서의 장에게 보고해야 한다.
⑤ 허가대상물질의 제조·사용 허가증의 재발급, 허가증의 반납에 관하여는 제172조 제3항 및 제4항을 준용한다. 이 경우 "승인"은 "허가"로, "승인서"는 "허가증"으로 본다.

제174조(허가 취소 등의 통보) 지방고용노동관서의 장은 법 제118조 제5항에 따라 허가의 취소 또는 영업의 정지를 명한 경우에는 해당 사업장을 관할하는 특별자치시장·특별자치도지사·시장·군수·구청장에게 통보해야 한다.

정답 ⑤

13. 산업안전보건법령상 석면에 관한 설명으로 옳지 않은 것은?

① 석면해체·제거작업의 완료 후 해당 작업장의 공기 중 석면농도는 1 세제곱센티미터당 0.01개 이하이어야 한다.
② 석면을 사용하는 작업장소의 바닥재료는 불침투성재료를 사용하고 청소하기 쉬운 구조로 하여야 한다.
③ 근로자가 석면을 뿜어서 칠하는 작업을 할 경우 사업주는 석면이 흩날리지 않도록 습기를 유지하거나 밀폐 또는 국소배기장치설치 등 필요한 대책을 강구해야 한다.
④ 석면 취급작업을 마친 근로자의 오염된 작업복은 석면 전용 탈의실에서만 벗도록 하여야 한다.
⑤ 석면을 사용하는 장소는 다른 작업장소와 격리하여야 한다.

> 해설

근거조문 안전보건규칙 제477조 이하

안전보건규칙 제6절 석면의 제조·사용 작업, 해체·제거 작업 및 유지·관리 등의 조치기준

제477조(격리) 사업주는 석면분진이 퍼지지 않도록 석면을 사용하는 장소를 다른 작업장소와 격리하여야 한다.

제478조(바닥) 사업주는 석면을 사용하는 작업장소의 바닥재료는 불침투성 재료를 사용하고 청소하기 쉬운 구조로 하여야 한다.

제479조(밀폐 등) ① 사업주는 석면을 사용하는 설비 중 근로자가 상시 접근할 필요가 없는 설비는 밀폐된 장소에 설치하여야 한다.

② 제1항에 따라 밀폐된 실내에 설치된 설비를 점검할 필요가 있는 경우에는 투명유리를 설치하는 등 실외에서 점검할 수 있는 구조로 하여야 한다.

제480조(국소배기장치의 설치 등) ① 사업주는 석면이 들어있는 포장 등의 개봉작업, 석면의 계량작업, 배합기(配合機) 또는 개면기(開綿機) 등에 석면을 투입하는 작업, 석면제품 등의 포장작업을 하는 장소 등 석면분진이 흩날릴 우려가 있는 작업을 하는 장소에는 국소배기장치를 설치·가동하여야 한다.

② 제1항에 따른 국소배기장치의 성능에 관하여는 제500조에 따른 입자 상태 물질에 대한 국소배기장치의 성능기준을 준용한다.

제481조(석면분진의 흩날림 방지 등) ① 사업주는 석면을 뿜어서 칠하는 작업에 근로자를 종사하도록 해서는 아니 된다.

② 사업주는 석면을 사용하거나 석면이 붙어 있는 물질을 이용하는 작업을 하는 경우에 석면이 흩날리지 않도록 습기를 유지하여야 한다. 다만, 작업의 성질상 습기를 유지하기 곤란한 경우에는 다음 각 호의 조치를 한 후 작업하도록 하여야 한다.
  1. 석면으로 인한 근로자의 건강장해 예방을 위하여 밀폐설비나 국소배기장치의 설치 등 필요한 보호대책을 마련할 것
  2. 석면을 함유하는 폐기물은 새지 않도록 불침투성 자루 등에 밀봉하여 보관할 것

제482조(작업수칙) 사업주는 석면의 제조·사용 작업에 근로자를 종사하도록 하는 경우에 석면분진의 발산과 근로자의 오염을 방지하기 위하여 다음 각 호의 사항에 관한 작업수칙을 정하고, 이를 작업근로자에게 알려야 한다.
  1. 진공청소기 등을 이용한 작업장 바닥의 청소방법
  2. 작업자의 왕래와 외부기류 또는 기계진동 등에 의하여 분진이 흩날리는 것을 방지하기 위한 조치
  3. 분진이 쌓일 염려가 있는 깔개 등을 작업장 바닥에 방치하는 행위를 방지하기 위한 조치
  4. 분진이 확산되거나 작업자가 분진에 노출될 위험이 있는 경우에는 선풍기 사용 금지
  5. 용기에 석면을 넣거나 꺼내는 작업
  6. 석면을 담은 용기의 운반
  7. 여과집진방식 집진장치의 여과재 교환
  8. 해당 작업에 사용된 용기 등의 처리
  9. 이상사태가 발생한 경우의 응급조치
  10. 보호구의 사용·점검·보관 및 청소
  11. 그 밖에 석면분진의 발산을 방지하기 위하여 필요한 조치

제483조(작업복 관리) ① 사업주는 석면 취급작업을 마친 근로자의 오염된 작업복은 석면 전용의 탈의실에서만 벗도록 하여야 한다.

② 사업주는 석면에 오염된 작업복을 세탁·정비·폐기 등의 목적으로 탈의실 밖으로 이송할 경우에 관계 근로자가 아닌 사람이 취급하지 않도록 하여야 한다.

③ 사업주는 석면에 오염된 작업복의 석면분진이 공기 중으로 날리지 않도록 뚜껑이 있는 용기에 넣어서 보관하고 석면으로 오염된 작업복임을 표시하여야 한다.

제484조(보관용기) 사업주는 분말 상태의 석면을 혼합하거나 용기에 넣거나 꺼내는 작업, 절단·천공 또는 연마하는 작업 등 석면분진이 흩날리는 작업에 근로자를 종사하도록 하는 경우에 석면의 부스러기 등을 넣어두기 위하여 해당 장소에 뚜껑이 있는 용기를 갖추어 두어야 한다.

제485조(석면오염 장비 등의 처리) ① 사업주는 석면에 오염된 장비, 보호구 또는 작업복 등을 폐기하는 경우에 밀봉된 불침투성 자루나 용기에 넣어 처리하여야 한다.

② 사업주는 제1항에 따라 오염된 장비 등을 처리하는 경우에 압축공기를 불어서 석면오염을 제거하게 해서는 아니 된다.

제486조(직업성 질병의 주지) 사업주는 석면으로 인한 직업성 질병의 발생 원인, 재발 방지 방법 등을 석면을 취급하는 근로자에게 알려야 한다.

제487조(유지·관리) 사업주는 건축물이나 설비의 천장재, 벽체 재료 및 보온재 등의 손상, 노후화 등으로 석면분진을 발생시켜 근로자가 그 분진에 노출될 우려가 있을 경우에는 해당 자재를 제거하거나 다른 자재로 대체하거나 안정화(安定化)하거나 씌우는 등 필요한 조치를 하여야 한다.

제488조(일반석면조사) ① 법 제119조 제1항에 따라 건축물·설비를 철거하거나 해체하려는 건축물·설비의 소유주 또는 임차인 등은 그 건축물이나 설비의 석면함유 여부를 맨눈, 설계도서, 자재이력(履歷) 등 적절한 방법을 통하여 조사하여야 한다.

② 제1항에 따른 조사에도 불구하고 해당 건축물이나 설비의 석면 함유 여부가 명확하지 않은 경우에는 석면의 함유 여부를 성분분석하여 조사하여야 한다.

제489조(석면해체·제거작업 계획 수립) ① 사업주는 석면해체·제거작업을 하기 전에 법 제119조에 따른 일반석면조사 또는 기관석면조사 결과를 확인한 후 다음 각 호의 사항이 포함된 석면해체·제거작업 계획을 수립하고, 이에 따라 작업을 수행하여야 한다.
1. 석면해체·제거작업의 절차와 방법
2. 석면 흩날림 방지 및 폐기방법
3. 근로자 보호조치

② 사업주는 제1항에 따른 석면해체·제거작업 계획을 수립한 경우에 이를 해당 근로자에게 알려야 하며, 작업장에 대한 석면조사 방법 및 종료일자, 석면조사 결과의 요지를 해당 근로자가 보기 쉬운 장소에 게시하여야 한다.

제490조(경고표지의 설치) 사업주는 석면해체·제거작업을 하는 장소에 「산업안전보건법 시행규칙」 별표 6 중 일람표 번호 502에 따른 표지를 출입구에 게시하여야 한다. 다만, 작업이 이루어지는 장소가 실외이거나 출입구가 설치되어 있지 아니한 경우에는 근로자가 보기 쉬운 장소에 게시하여야 한다.

제491조(개인보호구의 지급·착용) ① <u>사업주는 석면해체·제거작업에 근로자를 종사하도록 하는 경우에 다음 각 호의 개인보호구를 지급하여 착용하도록 하여야 한다</u>. 다만, 제2호의 보호구는 근로자의 눈부분이 노출될 경우에만 지급한다.
1. 방진마스크(특등급만 해당한다)나 송기마스크 또는 「산업안전보건법 시행령」 별표 28 제3호마목에 따른 전동식 호흡보호구. 다만, 제495조 제1호의 작업에 종사하는 경우에는 송기마스크 또는 전동식 호흡보호구를 지급하여 착용하도록 하여야 한다.
2. 고글(Goggles)형 보호안경
3. 신체를 감싸는 보호복, 보호장갑 및 보호신발

② 근로자는 제1항에 따라 지급된 개인보호구를 사업주의 지시에 따라 착용하여야 한다.

제492조(출입의 금지) ① 사업주는 제489조 제1항에 따른 석면해체·제거작업 계획을 숙지하고 제491조 제1항 각 호의 개인보호구를 착용한 사람 외에는 석면해체·제거작업을 하는 작업장(이하 "석면해체·제거작업장"이라 한다)에 출입하게 해서는 아니 된다.

② 근로자는 제1항에 따라 출입이 금지된 장소에 사업주의 허락 없이 출입해서는 아니 된다.

제493조(흡연 등의 금지) ① 사업주는 석면해체·제거작업장에서 근로자가 담배를 피우거나 음식물을 먹지 않도록 하고 그 내용을 보기 쉬운 장소에 게시하여야 한다.

② 근로자는 제1항에 따라 흡연 또는 음식물의 섭취가 금지된 장소에서 흡연 또는 음식물 섭취를 해서는 아니 된다.

제494조(위생설비의 설치 등) ① 사업주는 석면해체·제거작업장과 연결되거나 인접한 장소에 평상복 탈의실, 샤워실 및 작업복 탈의실 등의 위생설비를 설치하고 필요한 용품 및 용구를 갖추어 두어야 한다.

② 사업주는 석면해체·제거작업에 종사한 근로자에게 제491조 제1항 각 호의 개인보호구를 작업복 탈의실에서 벗어 밀폐용기에 보관하도록 하여야 한다.

③ 사업주는 석면해체·제거작업을 하는 근로자가 작업 도중 일시적으로 작업장 밖으로 나가는 경우에는 <u>고성능 필터가 장착된 진공청소기를 사용하는 방법 등으로 제491조 제2항에 따라 착용한 개인보호구에 부착된 석면분진을 제거한 후 나가도록 하여야 한다.</u>

④ 사업주는 제2항에 따라 보관 중인 개인보호구를 폐기하거나 세척하는 등 석면분진을 제거하기 위하여 필요한 조치를 하여야 한다.

★ **제495조(석면해체·제거작업 시의 조치)** 사업주는 석면해체·제거작업에 근로자를 종사하도록 하는 경우에 다음 각 호의 구분에 따른 조치를 하여야 한다. 다만, 사업주가 다른 조치를 한 경우로서 지방고용노동관서의 장이 다음 각 호의 조치와 같거나 그 이상의 효과를 가진다고 인정하는 경우에는 다음 각 호의 조치를 한 것으로 본다.

1. 분무(噴霧)된 석면이나 석면이 함유된 **보온재 또는 내화피복재(耐火被覆材)**의 해체·제거작업
   가. 창문·벽·바닥 등은 비닐 등 불침투성 차단재로 밀폐하고 해당 장소를 **음압**(陰壓)으로 유지하고 그 결과를 기록·보존할 것(작업장이 **실내인 경우에만 해당**한다)
   나. 작업 시 석면분진이 흩날리지 않도록 고성능 필터가 장착된 석면분진 포집장치를 가동하는 등 필요한 조치를 할 것(작업장이 실외인 경우에만 해당한다)
   다. 물이나 습윤제(濕潤劑)를 사용하여 습식(濕式)으로 작업할 것
   라. 평상복 탈의실, 샤워실 및 작업복 탈의실 등의 위생설비를 작업장과 연결하여 설치할 것(작업장이 실내인 경우에만 해당한다)

2. 석면이 함유된 **벽체, 바닥타일 및 천장재**의 해체·제거작업(천공(穿孔)작업 등 석면이 적게 흩날리는 작업을 하는 경우에는 나목의 조치로 한정한다)
   가. 창문·벽·바닥 등은 비닐 등 불침투성 차단재로 밀폐할 것
   나. 물이나 습윤제를 사용하여 습식으로 작업할 것
   다. 작업장소를 **음압**으로 유지하고 그 결과를 기록·보존할 것(석면함유 벽체·바닥타일·천장재를 물리적으로 깨거나 기계 등을 이용하여 절단하는 작업인 경우에만 해당한다)

3. 석면이 함유된 **지붕재**의 해체·제거작업
   가. 해체된 지붕재는 직접 땅으로 떨어뜨리거나 던지지 말 것
   나. 물이나 습윤제를 사용하여 습식으로 작업할 것(**습식작업 시 안전상 위험이 있는 경우는 제외**한다)
   다. 난방이나 환기를 위한 통풍구가 지붕 근처에 있는 경우에는 이를 밀폐하고 환기설비의 가동을 중단할 것

4. 석면이 함유된 그 밖의 자재의 해체·제거작업
   가. 창문·벽·바닥 등은 비닐 등 불침투성 차단재로 밀폐할 것(작업장이 실내인 경우에만 해당한다)
   나. 석면분진이 흩날리지 않도록 석면분진 포집장치를 가동하는 등 필요한 조치를 할 것(작업장이 실외인 경우에만 해당한다)
   다. 물이나 습윤제를 사용하여 습식으로 작업할 것

제496조(석면함유 잔재물 등의 처리) ① 사업주는 석면해체·제거작업이 완료된 후 그 작업 과정에서 발생한 석면함유 잔재물 등이 해당 작업장에 남지 아니하도록 청소 등 필요한 조치를 하여야 한다.
② 사업주는 석면해체·제거작업 및 제1항에 따른 조치 중에 발생한 석면함유 잔재물 등을 비닐이나 그 밖에 이와 유사한 재질의 포대에 담아 밀봉한 후 별지 제3호서식에 따른 표지를 붙여 「폐기물관리법」에 따라 처리하여야 한다.

제497조(잔재물의 흩날림 방지) ① 사업주는 석면해체·제거작업에서 발생된 석면을 함유한 잔재물은 <u>습식으로 청소하거나 고성능필터가 장착된 진공청소기를 사용하여 청소하는 등 석면분진이 흩날리지 않도록 하여야 한다.</u>
② 사업주는 제1항에 따라 청소하는 경우에 압축공기를 분사하는 방법으로 청소해서는 아니 된다.

제497조의2(석면해체·제거작업 기준의 적용 특례) 석면해체·제거작업 중 석면의 함유율이 1퍼센트 이하인 경우의 작업에 관해서는 제489조부터 제497조까지의 규정에 따른 기준을 적용하지 아니한다.

제497조의3(석면함유 폐기물 처리작업 시 조치) ① 사업주는 석면을 1퍼센트 이상 함유한 폐기물(석면의 제거작업 등에 사용된 비닐시트·방진마스크·작업복 등을 포함한다)을 처리하는 작업으로서 석면분진이 발생할 우려가 있는 작업에 근로자를 종사하도록 하는 경우에는 석면분진 발산원을 밀폐하거나 국소배기장치를 설치하거나 습식방법으로 작업하도록 하는 등 석면분진이 발생하지 않도록 필요한 조치를 하여야 한다.
② 제1항에 따른 사업주에 관하여는 제464조, 제491조 제1항, 제492조, 제493조, 제494조 제2항부터 제4항까지 및 제500조를 준용하고, 제1항에 따른 근로자에 관하여는 제491조 제2항을 준용한다.

정답 ③

14 석면해체·제거작업 시 조치기준에 관한 설명으로 옳은 것은?

① 석면함유 지붕재 해체·제거작업 시 반드시 습식으로 작업하여야 한다.
② 석면함유 천장재 해체·제거작업 시 작업장소는 반드시 음압을 유지하여야 한다.
③ 석면이 함유된 보온재 해체·제거작업 시 반드시 해당 장소를 밀폐하고 음압을 유지하여야 한다.
④ 석면해체·제거 작업시 발생한 석면함유 잔재물은 반드시 고성능필터가 장착된 진공청소기로만 청소하여야 한다.
⑤ 석면해체·제거작업에 종사하는 근로자에게 보호복 및 보호신발 외에 반드시 보호장갑도 지급·착용토록 하여야 한다.

해설

근거조문 ▶ 안전보건규칙 제491조

정답 ⑤

15 산업안전보건법령상 근로자의 보건관리에 관한 설명으로 옳지 않은 것은?

① 사업주는 감염병, 정신병 또는 근로로 인하여 병세가 크게 악화될 우려가 있는 질병으로서 고용노동부령으로 정하는 질병에 걸린 자에게는 의사의 진단에 따라 근로를 금지하거나 제한하여야 한다.
② 사업주는 근로가 금지되거나 제한된 근로자가 건강을 회복하였을 때에는 지체 없이 취업하게 하여야 한다.
③ 사업주는 정신신경증, 알코올중독, 신경통, 그 밖의 정신신경계의 질병이 있는 사람은 근로를 금지시켜야 한다.
④ 사업주는 근로를 금지하거나 근로를 다시 시작하도록 하는 경우에는 미리 의사인 보건관리자, 산업보건의 또는 건강진단을 실시한 의사의 의견을 들어야 한다.
⑤ 관할 지방고용노동관서의 장이 역학조사의 필요성을 인정하는 경우에는 산업안전보건위원회의 의결이나 상대방의 동의 없이 역학조사를 할 수 있다.

> **해설**

> **근거조문** 시행규칙 제221조, 222조

제222조(역학조사의 대상 및 절차 등) ① 공단은 법 제141조 제1항에 따라 다음 각 호의 어느 하나에 해당하는 경우에는 역학조사를 할 수 있다.
1. 법 제125조에 따른 작업환경측정 또는 법 제129조부터 제131조에 따른 건강진단의 실시 결과만으로 직업성 질환에 걸렸는지를 판단하기 곤란한 근로자의 질병에 대하여 사업주·근로자대표·보건관리자(보건관리전문기관을 포함한다) 또는 건강진단기관의 의사가 역학조사를 요청하는 경우
2. 「산업재해보상보험법」 제10조에 따른 근로복지공단이 고용노동부장관이 정하는 바에 따라 업무상 질병 여부의 결정을 위하여 역학조사를 요청하는 경우
3. 공단이 직업성 질환의 예방을 위하여 필요하다고 판단하여 제224조 제1항에 따른 역학조사평가위원회의 심의를 거친 경우
4. 그 밖에 직업성 질환에 걸렸는지 여부로 사회적 물의를 일으킨 질병에 대하여 작업장 내 유해요인과의 연관성 규명이 필요한 경우 등으로서 지방고용노동관서의 장이 요청하는 경우

② 제1항 제1호에 따라 사업주 또는 근로자대표가 역학조사를 요청하는 경우에는 산업안전보건위원회의 의결을 거치거나 각각 상대방의 동의를 받아야 한다. 다만, 관할 지방고용노동관서의 장이 역학조사의 필요성을 인정하는 경우에는 그렇지 않다.
③ 제1항에서 정한 사항 외에 역학조사의 방법 등에 필요한 사항은 고용노동부장관이 정하여 고시한다.

정답 ③

16 산업안전보건법령상 건강진단에 관한 설명으로 옳은 것은?

① 수시건강진단이란 특수건강진단 대상업무로 인하여 해당 유해인자에 의한 직업성 천식, 직업성 피부염, 그 밖에 건강장해를 의심하게 하는 증상을 보이거나 의학적 소견이 있는 근로자에 대하여 사업주가 실시하는 건강진단을 말한다.
② 건강진단 실시에 있어 사무직에 종사하는 근로자란 공장 또는 공사현장에서 서무·인사·경리·판매·설계 등의 사무업무에 종사하는 근로자를 말하며 판매업무에 직접 종사하는 근로자는 제외한다.
③ 작업환경측정 결과 노출기준 이상인 작업공장에서 해당 유해인자에 노출되는 모든 근로자에 대하여는 다음 회부터 관련 유해인자별로 특수건강진단 실시주기를 2분의 1로 단축하여야 한다.
④ 다른 사업장에서 해당 유해인자에 대하여 배치전 건강진단을 받고 1년이 지나지 않은 근로자로서 건강진단 결과를 적은 서류를 제출한 근로자는 배치전 건강진단을 실시하지 아니한다.
⑤ 특수건강진단기관은 근로자에 대한 배치전 건강진단을 실시한 경우에는 건강진단을 실시한 날부터 30일 이내에 건강진단 결과표를 지방고용노동관서의 장에게 제출하여야 한다.

해설

근거조문 시행규칙 제209조

제197조(일반건강진단의 주기 등) ① 사업주는 상시 사용하는 근로자 중 사무직에 종사하는 근로자(공장 또는 공사현장과 같은 구역에 있지 않은 사무실에서 서무·인사·경리·판매·설계 등의 사무업무에 종사하는 근로자를 말하며, 판매업무 등에 직접 종사하는 근로자는 제외한다)에 대해서는 2년에 1회 이상, 그 밖의 근로자에 대해서는 1년에 1회 이상 일반건강진단을 실시해야 한다.
② 법 제129조에 따라 일반건강진단을 실시해야 할 사업주는 일반건강진단 실시 시기를 안전보건관리규정 또는 취업규칙에 규정하는 등 일반건강진단이 정기적으로 실시되도록 노력해야 한다.

제203조(배치전건강진단 실시의 면제) 법 제130조 제2항 단서에서 "고용노동부령으로 정하는 근로자"란 다음 각 호의 어느 하나에 해당하는 근로자를 말한다.
1. 다른 사업장에서 해당 유해인자에 대하여 다음 각 목의 어느 하나에 해당하는 건강진단을 받고 6개월이 지나지 않은 근로자로서 건강진단 결과를 적은 서류(이하 "건강진단개인표"라 한다) 또는 그 사본을 제출한 근로자
    가. 법 제130조 제2항에 따른 배치전건강진단(이하 "배치전건강진단"이라 한다)
    나. 배치전건강진단의 제1차 검사항목을 포함하는 특수건강진단, 수시건강진단 또는 임시건강진단
    다. 배치전건강진단의 제1차 검사항목 및 제2차 검사항목을 포함하는 건강진단
2. 해당 사업장에서 해당 유해인자에 대하여 제1호 각 목의 어느 하나에 해당하는 건강진단을 받고 6개월이 지나지 않은 근로자

제209조(건강진단 결과의 보고 등) ① 건강진단기관이 법 제129조부터 제131조까지의 규정에 따른 건강진단을 실시하였을 때에는 그 결과를 고용노동부장관이 정하는 건강진단개인표에 기록하고, 건강진단을 실시한 날부터 30일 이내에 근로자에게 송부해야 한다.
② 건강진단기관은 건강진단을 실시한 결과 질병 유소견자가 발견된 경우에는 건강진단을 실시한 날부터 30일 이내에 해당 근로자에게 의학적 소견 및 사후관리에 필요한 사항과 업무수행의 적합성 여부(특수건강진단기관인 경우만 해당한다)를 설명해야 한다. 다만, 해당 근로자가 소속한 사업장의 의사인 보건관리자에게 이를 설명한 경우에는 그렇지 않다.

③ 건강진단기관은 건강진단을 실시한 날부터 30일 이내에 다음 각 호의 구분에 따라 건강진단 결과표를 사업주에게 송부해야 한다.
  1. 일반건강진단을 실시한 경우: 별지 제84호서식의 일반건강진단 결과표
  2. 특수건강진단·배치전건강진단·수시건강진단 및 임시건강진단을 실시한 경우: 별지 제85호서식의 특수·배치전·수시·임시건강진단 결과표
④ **특수건강진단기관은 특수건강진단·수시건강진단 또는 임시건강진단**을 실시한 경우에는 법 제134조 제1항에 따라 건강진단을 실시한 날부터 30일 이내에 건강진단 결과표를 지방고용노동관서의 장에게 제출해야 한다. 다만, 건강진단개인표 전산입력자료를 고용노동부장관이 정하는 바에 따라 공단에 송부한 경우에는 그렇지 않다. → 배치전 건강진단(x)
⑤ 법 제129조 제1항 단서에 따른 건강진단을 한 기관은 사업주가 근로자의 건강보호를 위하여 건강진단 결과를 요청하는 경우 별지 제84호서식의 일반건강진단 결과표를 사업주에게 송부해야 한다.

정답 ①

17 산업안전보건법에 규정된 용어에 관한 설명으로 옳지 않은 것은?

① "근로자"란 직업의 종류와 관계없이 임금을 목적으로 사업이나 사업장에 근로를 제공하는 자를 말한다.
② "역학조사"란 직업상 질환의 진단 및 예방, 발생원인의 규명을 위하여 근로자의 질병과 작업장의 유해요인의 상관관계에 관한 조사를 말한다.
③ "작업환경측정"이란 작업환경 실태를 파악하기 위하여 해당 유해인자에 대하여 사업주가 측정계획을 수립한 후 시료를 채취하고 분석·평가하는 것을 말한다.
④ "안전·보건진단"이란 산업재해를 예방하기 위하여 잠재적 위험성을 발견하고 그 개선대책을 수립할 목적으로 고용노동부장관이 지정한 자가 하는 조사·평가를 말한다.
⑤ "근로자대표"란 근로자의 과반수로 조직된 노동조합이 있는 경우에는 그 노동조합을, 근로자의 과반수로 조직된 노동조합이 없는 경우에는 근로자의 과반수를 대표하는 자를 말한다.

해설

근거조문 ▶ 법 제2조

제2조(정의) 이 법에서 사용하는 용어의 뜻은 다음과 같다.
  1. "산업재해"란 노무를 제공하는 사람이 업무에 관계되는 건설물·설비·원재료·가스·증기·분진 등에 의하거나 작업 또는 그 밖의 업무로 인하여 사망 또는 부상하거나 질병에 걸리는 것을 말한다.
  2. "중대재해"란 산업재해 중 사망 등 재해 정도가 심하거나 다수의 재해자가 발생한 경우로서 고용노동부령으로 정하는 재해를 말한다.
  3. "근로자"란 「근로기준법」 제2조 제1항 제1호에 따른 근로자를 말한다.

4. "사업주"란 근로자를 사용하여 사업을 하는 자를 말한다.
5. "근로자대표"란 근로자의 과반수로 조직된 노동조합이 있는 경우에는 그 노동조합을, 근로자의 과반수로 조직된 노동조합이 없는 경우에는 근로자의 과반수를 대표하는 자를 말한다.
6. "도급"이란 명칭에 관계없이 물건의 제조·건설·수리 또는 서비스의 제공, 그 밖의 업무를 타인에게 맡기는 계약을 말한다.
7. "도급인"이란 물건의 제조·건설·수리 또는 서비스의 제공, 그 밖의 업무를 도급하는 사업주를 말한다. 다만, 건설공사발주자는 제외한다.
8. "수급인"이란 도급인으로부터 물건의 제조·건설·수리 또는 서비스의 제공, 그 밖의 업무를 도급받은 사업주를 말한다.
9. "관계수급인"이란 도급이 여러 단계에 걸쳐 체결된 경우에 각 단계별로 도급받은 사업주 전부를 말한다.
10. "건설공사발주자"란 건설공사를 도급하는 자로서 건설공사의 시공을 주도하여 총괄·관리하지 아니하는 자를 말한다. 다만, 도급받은 건설공사를 다시 도급하는 자는 제외한다.
11. "건설공사"란 다음 각 목의 어느 하나에 해당하는 공사를 말한다.
    가. 「건설산업기본법」 제2조 제4호에 따른 건설공사
    나. 「전기공사업법」 제2조 제1호에 따른 전기공사
    다. 「정보통신공사업법」 제2조 제2호에 따른 정보통신공사
    라. 「소방시설공사업법」에 따른 소방시설공사
    마. 「문화재수리 등에 관한 법률」에 따른 문화재수리공사
12. "안전보건진단"이란 산업재해를 예방하기 위하여 잠재적 위험성을 발견하고 그 개선대책을 수립할 목적으로 조사·평가하는 것을 말한다.
13. "작업환경측정"이란 작업환경 실태를 파악하기 위하여 **해당 근로자 또는 작업장에 대하여** 사업주가 유해인자에 대한 측정계획을 수립한 후 시료(試料)를 채취하고 분석·평가하는 것을 말한다.

정답 ③

18 산업안전보건법령상 지도사에 관한 설명으로 옳은 것은?

① 지도사 시험에 합격하여 고용노동부장관에게 등록하여야만 지도사의 자격을 가진다.
② 이 법을 위반하여 벌금형을 선고받고 6개월이 된 자는 지도사의 등록을 할 수 있다.
③ 지도사는 3년마다 갱신등록을 하여야 하며, 갱신등록은 지도실적이 없어도 가능하다.
④ 지도사 등록의 갱신기간 동안 지도실적이 2년 이상인 지도사의 보수교육시간은 10시간 이상으로 한다.
⑤ 산업안전 및 산업보건분야에서 3년간 실무에 종사한 지도사가 직무를 개시하려는 경우에는 등록을 하기 전 연수교육이 면제된다.

> 해설

근거조문 법 제142조 이하

제9장 산업안전지도사 및 산업보건지도사

제142조(산업안전지도사 등의 직무) ① 산업안전지도사는 다음 각 호의 직무를 수행한다.
1. 공정상의 안전에 관한 평가·지도
2. 유해·위험의 방지대책에 관한 평가·지도
3. 제1호 및 제2호의 사항과 관련된 계획서 및 보고서의 작성
4. 그 밖에 산업안전에 관한 사항으로서 대통령령으로 정하는 사항

② 산업보건지도사는 다음 각 호의 직무를 수행한다.
1. 작업환경의 평가 및 개선 지도
2. 작업환경 개선과 관련된 계획서 및 보고서의 작성
3. 근로자 건강진단에 따른 사후관리 지도
4. 직업성 질병 진단(「의료법」 제2조에 따른 의사인 산업보건지도사만 해당한다) 및 예방 지도
5. 산업보건에 관한 조사·연구
6. 그 밖에 산업보건에 관한 사항으로서 대통령령으로 정하는 사항

③ 산업안전지도사 또는 산업보건지도사(이하 "지도사"라 한다)의 업무 영역별 종류 및 업무 범위, 그 밖에 필요한 사항은 대통령령으로 정한다.

> **영 제101조(산업안전지도사 등의 직무)** ① 법 제142조 제1항 제4호에서 "대통령령으로 정하는 사항"이란 다음 각 호의 사항을 말한다.
> 1. 법 제36조에 따른 **위험성평가의 지도**
> 2. 법 제49조에 따른 **안전보건개선계획서의 작성**
> 3. 그 밖에 산업안전에 관한 사항의 자문에 대한 응답 및 조언
>
> ② 법 제142조 제2항 제6호에서 "대통령령으로 정하는 사항"이란 다음 각 호의 사항을 말한다.
> 1. 법 제36조에 따른 **위험성평가의 지도**
> 2. 법 제49조에 따른 **안전보건개선계획서의 작성**
> 3. 그 밖에 산업보건에 관한 사항의 자문에 대한 응답 및 조언

제143조(지도사의 자격 및 시험) ① 고용노동부장관이 시행하는 지도사 자격시험에 합격한 사람은 지도사의 자격을 가진다.
② 대통령령으로 정하는 산업 안전 및 보건과 관련된 자격의 보유자에 대해서는 제1항에 따른 지도사 자격시험의 일부를 면제할 수 있다.
③ 고용노동부장관은 제1항에 따른 지도사 자격시험 실시를 대통령령으로 정하는 전문기관에 대행하게 할 수 있다. 이 경우 시험 실시에 드는 비용을 예산의 범위에서 보조할 수 있다. <개정 2020. 5. 26.>

> **영 제106조(자격시험 실시기관)** ① 법 제143조 제3항 전단에서 "대통령령으로 정하는 전문기관"이란 「한국산업인력공단법」에 따른 한국산업인력공단(이하 "한국산업인력공단"이라 한다)을 말한다.
> ② 고용노동부장관은 법 제143조 제3항에 따라 지도사 자격시험의 실시를 한국산업인력공단에 대행하게 하는 경우 필요하다고 인정하면 한국산업인력공단으로 하여금 자격시험위원회를 구성·운영하게 할 수 있다.
> ③ 자격시험위원회의 구성·운영 등에 필요한 사항은 고용노동부장관이 정한다.

④ 제3항에 따라 지도사 자격시험 실시를 대행하는 전문기관의 임직원은 「형법」 제129조부터 제132조까지의 규정을 적용할 때에는 공무원으로 본다.
⑤ 지도사 자격시험의 시험과목, 시험방법, 다른 자격 보유자에 대한 시험 면제의 범위, 그 밖에 필요한 사항은 대통령령으로 정한다.

제144조(부정행위자에 대한 제재) 고용노동부장관은 지도사 자격시험에서 부정한 행위를 한 응시자에 대해서는 그 시험을 무효로 하고, 그 처분을 한 날부터 5년간 시험응시자격을 정지한다.

제145조(지도사의 등록) ① 지도사가 그 **직무를 수행**하려는 경우에는 고용노동부령으로 정하는 바에 따라 고용노동부장관에게 등록하여야 한다.
② 제1항에 따라 등록한 지도사는 그 직무를 조직적·전문적으로 수행하기 위하여 법인을 설립할 수 있다.
③ 다음 각 호의 어느 하나에 해당하는 사람은 제1항에 따른 등록을 할 수 없다.
  1. 피성년후견인 또는 피한정후견인
  2. 파산선고를 받고 복권되지 아니한 사람
  3. 금고 이상의 실형을 선고받고 그 집행이 끝나거나(집행이 끝난 것으로 보는 경우를 포함한다) 집행이 면제된 날부터 2년이 지나지 아니한 사람
  4. 금고 이상의 형의 집행유예를 선고받고 그 유예기간 중에 있는 사람
  5. 이 법을 위반하여 벌금형을 선고받고 1년이 지나지 아니한 사람
  6. 제154조에 따라 등록이 취소(이 항 제1호 또는 제2호에 해당하여 등록이 취소된 경우는 제외한다)된 후 2년이 지나지 아니한 사람
④ 제1항에 따라 등록을 한 지도사는 고용노동부령으로 정하는 바에 따라 5년마다 등록을 갱신하여야 한다.
⑤ 고용노동부령으로 정하는 지도실적이 있는 지도사만이 제4항에 따른 갱신등록을 할 수 있다. 다만, 지도실적이 기준에 못 미치는 지도사는 고용노동부령으로 정하는 보수교육을 받은 경우 갱신등록을 할 수 있다.

> **시행규칙 제230조(지도실적 등)** ① 법 제145조 제5항 본문에서 "고용노동부령으로 정하는 지도실적"이란 법 제145조 제4항에 따른 지도사 등록의 갱신기간 동안 사업장 또는 고용노동부장관이 정하여 고시하는 산업안전·산업보건 관련 기관·단체에서 지도하거나 종사한 실적을 말한다.
> ② 법 제145조 제5항 단서에서 "지도실적이 기준에 못 미치는 지도사"란 제1항에 따른 지도·종사 실적의 기간이 3년 미만인 지도사를 말한다. 이 경우 지도사가 둘 이상의 사업장 또는 기관·단체에서 지도하거나 종사한 경우에는 각각의 지도·종사 기간을 합산한다.
>
> **시행규칙 제231조(지도사 보수교육)** ① 법 제145조 제5항 단서에서 "고용노동부령으로 정하는 보수교육"이란 업무교육과 직업윤리교육을 말한다.
> ② 제1항에 따른 보수교육의 시간은 업무교육 및 직업윤리교육의 교육시간을 합산하여 총 20시간 이상으로 한다. 다만, 법 제145조 제4항에 따른 지도사 등록의 갱신기간 동안 제230조 제1항에 따른 지도실적이 2년 이상인 지도사의 교육시간은 10시간 이상으로 한다.
> ③ 공단이 보수교육을 실시하였을 때에는 그 결과를 보수교육이 끝난 날부터 10일 이내에 고용노동부장관에게 보고해야 하며, 다음 각 호의 서류를 5년간 보존해야 한다.
>   1. 보수교육 이수자 명단
>   2. 이수자의 교육 이수를 확인할 수 있는 서류
> ④ 공단은 보수교육을 받은 지도사에게 별지 제96호서식의 지도사 보수교육 이수증을 발급해야 한다.
> ⑤ 보수교육의 절차·방법 및 비용 등 보수교육에 필요한 사항은 고용노동부장관의 승인을 거쳐 공단이 정한다.

⑥ 제2항에 따른 법인에 관하여는 「상법」 중 합명회사에 관한 규정을 적용한다.

제146조(지도사의 교육) 지도사 자격이 있는 사람(제143조 제2항에 해당하는 사람 중 대통령령으로 정하는 실무경력이 있는 사람은 제외한다)이 직무를 수행하려면 제145조에 따른 등록을 하기 전 1년의 범위에서 고용노동부령으로 정하는 연수교육을 받아야 한다.

> **영 제107조(연수교육의 제외 대상)** 법 제146조에서 "대통령령으로 정하는 실무경력이 있는 사람"이란 산업안전 또는 산업보건 분야에서 5년 이상 실무에 종사한 경력이 있는 사람을 말한다.
>
> **시행규칙 제232조(지도사 연수교육)** ① 법 제146조에 따른 "고용노동부령으로 정하는 연수교육"이란 업무교육과 실무수습을 말한다.
> ② 제1항에 따른 연수교육의 기간은 업무교육 및 실무수습 기간을 합산하여 3개월 이상으로 한다.
> ③ 공단이 연수교육을 실시하였을 때에는 그 결과를 연수교육이 끝난 날부터 10일 이내에 고용노동부장관에게 보고해야 하며, 다음 각 호의 서류를 3년간 보존해야 한다.
>   1. 연수교육 이수자 명단
>   2. 이수자의 교육 이수를 확인할 수 있는 서류
> ④ 공단은 연수교육을 받은 지도사에게 별지 제96호서식의 지도사 연수교육 이수증을 발급해야 한다.
> ⑤ 연수교육의 절차·방법 및 비용 등 연수교육에 필요한 사항은 고용노동부장관의 승인을 거쳐 공단이 정한다.

제147조(지도사에 대한 지도 등) 고용노동부장관은 공단에 다음 각 호의 업무를 하게 할 수 있다.
1. 지도사에 대한 지도·연락 및 정보의 공동이용체제의 구축·유지
2. 제142조 제1항 및 제2항에 따른 지도사의 직무 수행과 관련된 사업주의 불만·고충의 처리 및 피해에 관한 분쟁의 조정
3. 그 밖에 지도사 직무의 발전을 위하여 필요한 사항으로서 고용노동부령으로 정하는 사항

> **시행규칙 제233조(지도사 업무발전 등)** 법 제147조 제3호에서 "고용노동부령으로 정하는 사항"이란 다음 각 호와 같다.
>   1. 지도결과의 측정과 평가
>   2. 지도사의 기술지도능력 향상 지원
>   3. 중소기업 지도 시 지원
>   4. 불성실·불공정 지도행위를 방지하고 건실한 지도 수행을 촉진하기 위한 지도기준의 마련

제148조(손해배상의 책임) ① 지도사는 직무 수행과 관련하여 고의 또는 과실로 의뢰인에게 손해를 입힌 경우에는 그 손해를 배상할 책임이 있다.
② 제145조 제1항에 따라 등록한 지도사는 제1항에 따른 손해배상책임을 보장하기 위하여 대통령령으로 정하는 바에 따라 보증보험에 가입하거나 그 밖에 필요한 조치를 하여야 한다.

제149조(유사명칭의 사용 금지) 제145조 제1항에 따라 등록한 지도사가 아닌 사람은 산업안전지도사, 산업보건지도사 또는 이와 유사한 명칭을 사용해서는 아니 된다.

제150조(품위유지와 성실의무 등) ① 지도사는 항상 품위를 유지하고 신의와 성실로써 공정하게 직무를 수행하여야 한다.
② 지도사는 제142조 제1항 또는 제2항에 따른 직무와 관련하여 작성하거나 확인한 서류에 기명·날인하거나 서명하여야 한다.

제151조(금지 행위) 지도사는 다음 각 호의 행위를 해서는 아니 된다.
1. 거짓이나 그 밖의 부정한 방법으로 의뢰인에게 법령에 따른 의무를 이행하지 아니하게 하는 행위
2. 의뢰인에게 법령에 따른 신고·보고, 그 밖의 의무를 이행하지 아니하게 하는 행위
3. 법령에 위반되는 행위에 관한 지도·상담

제152조(관계 장부 등의 열람 신청) 지도사는 제142조 제1항 및 제2항에 따른 직무를 수행하는 데 필요하면 사업주에게 관계 장부 및 서류의 열람을 신청할 수 있다. 이 경우 그 신청이 제142조 제1항 또는 제2항에 따른 직무의 수행을 위한 것이면 열람을 신청받은 사업주는 정당한 사유 없이 이를 거부해서는 아니 된다.

제153조(자격대여행위 및 대여알선행위 등의 금지) ① 지도사는 다른 사람에게 자기의 성명이나 사무소의 명칭을 사용하여 지도사의 직무를 수행하게 하거나 그 자격증이나 등록증을 대여해서는 아니 된다. <개정 2020. 3. 31.>
② 누구든지 지도사의 자격을 취득하지 아니하고 그 지도사의 성명이나 사무소의 명칭을 사용하여 지도사의 직무를 수행하거나 자격증·등록증을 대여받아서는 아니 되며, 이를 알선하여서도 아니 된다. <신설 2020. 3. 31.>
[제목개정 2020. 3. 31.]

제154조(등록의 취소 등) 고용노동부장관은 지도사가 다음 각 호의 어느 하나에 해당하는 경우에는 그 등록을 취소하거나 2년 이내의 기간을 정하여 그 업무의 정지를 명할 수 있다. 다만, 제1호부터 제3호까지의 규정에 해당할 때에는 그 등록을 취소하여야 한다. <개정 2020. 3. 31.>
1. 거짓이나 그 밖의 부정한 방법으로 등록 또는 갱신등록을 한 경우
2. 업무정지 기간 중에 업무를 수행한 경우
3. 업무 관련 서류를 거짓으로 작성한 경우
4. 제142조에 따른 직무의 수행과정에서 고의 또는 과실로 인하여 중대재해가 발생한 경우
5. 제145조 제3항 제1호부터 제5호까지의 규정 중 어느 하나에 해당하게 된 경우
6. 제148조 제2항에 따른 보증보험에 가입하지 아니하거나 그 밖에 필요한 조치를 하지 아니한 경우
7. 제150조 제1항을 위반하거나 같은 조 제2항에 따른 기명·날인 또는 서명을 하지 아니한 경우
8. 제151조, 제153조 제1항 또는 제162조를 위반한 경우

영 제9장 산업안전지도사 및 산업보건지도사

제102조(산업안전지도사 등의 업무 영역별 종류 등) ① 법 제145조 제1항에 따라 등록한 산업안전지도사의 업무 영역은 기계안전·전기안전·화공안전·건설안전 분야로 구분하고, 같은 항에 따라 등록한 산업보건지도사의 업무 영역은 직업환경의학·산업위생 분야로 구분한다.
② 법 제145조 제1항에 따라 등록한 산업안전지도사 또는 산업보건지도사(이하 "지도사"라 한다)의 해당 업무 영역별 업무 범위는 별표 31과 같다.

제103조(자격시험의 실시 등) ① 법 제143조 제1항에 따른 지도사 자격시험(이하 "지도사 자격시험"이라 한다)은 필기시험과 면접시험으로 구분하여 실시한다.
② 지도사 자격시험 중 필기시험의 업무 영역별 과목 및 범위는 별표 32와 같다.
③ 지도사 자격시험 중 필기시험은 제1차 시험과 제2차 시험으로 구분하여 실시하고 제1차 시험은 선택형, 제2차 시험은 논문형을 원칙으로 하되, 각각 주관식 단답형을 추가할 수 있다.
④ 지도사 자격시험 중 제1차 시험은 별표 32에 따른 공통필수 Ⅰ, 공통필수 Ⅱ 및 공통필수 Ⅲ의 과목 및 범위로 하고, 제2차 시험은 별표 32에 따른 전공필수의 과목 및 범위로 한다.
⑤ 지도사 자격시험 중 제2차 시험은 제1차 시험 합격자에 대해서만 실시한다.
⑥ 지도사 자격시험 중 면접시험은 필기시험 합격자 또는 면제자에 대해서만 실시하되, 다음 각 호의 사항을 평가한다.
1. 전문지식과 응용능력
2. 산업안전·보건제도에 관한 이해 및 인식 정도
3. 상담·지도능력
⑦ 지도사 자격시험의 공고, 응시 절차, 그 밖에 시험에 필요한 사항은 고용노동부령으로 정한다.

제104조(자격시험의 일부면제) ① 법 제143조 제2항에 따라 지도사 자격시험의 일부를 면제할 수 있는 자격 및 면제의 범위는 다음 각 호와 같다.
1. 「국가기술자격법」에 따른 건설안전기술사, 기계안전기술사, 산업위생관리기술사, 인간공학기술사, 전기안전기술사, 화공안전기술사: 별표 32에 따른 전공필수·공통필수Ⅰ 및 공통필수Ⅱ 과목
2. 「국가기술자격법」에 따른 건설 직무분야(건축 중 직무분야 및 토목 중 직무분야로 한정한다), 기계 직무분야, 화학 직무분야, 전기·전자 직무분야(전기 중 직무분야로 한정한다)의 기술사 자격 보유자: 별표 32에 따른 전공필수 과목
3. 「의료법」에 따른 직업환경의학과 전문의: 별표 32에 따른 전공필수·공통필수Ⅰ 및 공통필수Ⅱ 과목
4. 공학(건설안전·기계안전·전기안전·화공안전 분야 전공으로 한정한다), 의학(직업환경의학 분야 전공으로 한정한다), 보건학(산업위생 분야 전공으로 한정한다) 박사학위 소지자: 별표 32에 따른 전공필수 과목
5. 제2호 또는 제4호에 해당하는 사람으로서 각각의 자격 또는 학위 취득 후 산업안전·산업보건 업무에 3년 이상 종사한 경력이 있는 사람: 별표 32에 따른 전공필수 및 공통필수Ⅱ 과목
6. 「공인노무사법」에 따른 공인노무사: 별표 32에 따른 공통필수Ⅰ 과목
7. 법 제143조 제1항에 따른 지도사 자격 보유자로서 다른 지도사 자격 시험에 응시하는 사람: 별표 32에 따른 공통필수Ⅰ 및 공통필수Ⅲ 과목
8. 법 제143조 제1항에 따른 지도사 자격 보유자로서 같은 지도사의 다른 분야 지도사 자격 시험에 응시하는 사람: 별표 32에 따른 공통필수Ⅰ, 공통필수Ⅱ 및 공통필수Ⅲ 과목

② 제103조 제3항에 따른 제1차 필기시험 또는 제2차 필기시험에 합격한 사람에 대해서는 다음 회의 자격시험에 한정하여 합격한 차수의 필기시험을 면제한다.
③ 제1항에 따른 지도사 자격시험 일부 면제의 신청에 관한 사항은 고용노동부령으로 정한다.

제105조(합격자 결정) ① 지도사 자격시험 중 필기시험은 매 과목 100점을 만점으로 하여 40점 이상, 전 과목 평균 60점 이상 득점한 사람을 합격자로 한다.
② 지도사 자격시험 중 면접시험은 제103조 제6항 각 호의 사항을 평가하되, 10점 만점에 6점 이상인 사람을 합격자로 한다.

제108조(손해배상을 위한 보증보험 가입 등) ① 법 제145조 제1항에 따라 등록한 지도사(같은 조 제2항에 따라 법인을 설립한 경우에는 그 법인을 말한다. 이하 이 조에서 같다)는 법 제148조 제2항에 따라 보험금액이 2천만원(법 제145조 제2항에 따른 법인인 경우에는 2천만원에 사원인 지도사의 수를 곱한 금액) 이상인 보증보험에 가입해야 한다.
② 지도사는 제1항의 보증보험금으로 손해배상을 한 경우에는 그 날부터 10일 이내에 다시 보증보험에 가입해야 한다.
③ 손해배상을 위한 보증보험 가입 및 지급에 관한 사항은 고용노동부령으로 정한다.

시행규칙 제9장 산업안전지도사 및 산업보건지도사

제225조(자격시험의 공고) 「한국산업인력공단법」에 따른 한국산업인력공단(이하 "한국산업인력공단"이라 한다)이 지도사 자격시험을 시행하려는 경우에는 시험 응시자격, 시험과목, 일시, 장소, 응시 절차, 그 밖에 자격시험 응시에 필요한 사항을 시험 실시 90일 전까지 일간신문 등에 공고해야 한다.

제226조(응시원서의 제출 등) ① 영 제103조 제1항에 따른 지도사 자격시험에 응시하려는 사람은 별지 제89호서식의 응시원서를 작성하여 한국산업인력공단에 제출해야 한다.
② 한국산업인력공단은 제1항에 따른 응시원서를 접수하면 별지 제90호서식의 자격시험 응시자 명부에 해당 사항을 적고 응시자에게 별지 제89호서식 하단의 응시표를 발급해야 한다. 다만, 기재사항이나 첨부서류 등이 미비된 경우에는 그 보완을 명하고, 보완이 이루어지지 않는 경우에는 응시원서의 접수를 거부할 수 있다.

③ 한국산업인력공단은 법 제166조 제1항 제12호에 따라 응시수수료를 낸 사람이 다음 각 호의 어느 하나에 해당하는 경우에는 다음 각 호의 구분에 따라 응시수수료의 전부 또는 일부를 반환해야 한다.
  1. 수수료를 과오납한 경우: 과오납한 금액의 전부
  2. 한국산업인력공단의 귀책사유로 시험에 응하지 못한 경우: 납입한 수수료의 전부
  3. 응시원서 접수기간 내에 접수를 취소한 경우: 납입한 수수료의 전부
  4. 응시원서 접수 마감일 다음 날부터 시험시행일 20일 전까지 접수를 취소한 경우: 납입한 수수료의 100분의 60
  5. 시험시행일 19일 전부터 시험시행일 10일 전까지 접수를 취소한 경우: 납입한 수수료의 100분의 50
④ 한국산업인력공단은 제227조 제2호에 따른 경력증명서를 제출받은 경우 「전자정부법」 제36조 제1항에 따른 행정정보의 공동이용을 통하여 신청인의 국민연금가입자가입증명 또는 건강보험자격득실확인서를 확인해야 한다. 다만, 신청인이 확인에 동의하지 않는 경우에는 해당 서류를 제출하도록 해야 한다.

제227조(자격시험의 일부 면제의 신청) 영 제104조 제1항 각 호의 어느 하나에 해당하는 사람이 지도사 자격시험의 일부를 면제받으려는 경우에는 제226조 제1항에 따라 응시원서를 제출할 때에 다음 각 호의 서류를 첨부해야 한다.
  1. 해당 자격증 또는 박사학위증의 발급기관이 발급한 증명서(박사학위증의 경우에는 응시분야에 해당하는 박사학위 소지를 확인할 수 있는 증명서) 1부
  2. 경력증명서(영 제104조 제1항 제5호에 해당하는 사람만 첨부하며, 박사학위 또는 자격증 취득일 이후 산업안전·산업보건 업무에 3년 이상 종사한 경력이 분명히 적힌 것이어야 한다) 1부

제228조(합격자의 공고) 한국산업인력공단은 영 제105조에 따라 지도사 자격시험의 최종합격자가 결정되면 모든 응시자가 알 수 있는 방법으로 공고하고, 합격자에게는 합격사실을 알려야 한다.

제229조(등록신청 등) ① 법 제145조 제1항 및 제4항에 따라 지도사의 등록 또는 갱신등록을 하려는 사람은 별지 제91호서식의 등록·갱신 신청서에 다음 각 호의 서류를 첨부하여 주사무소를 설치하려는 지역(사무소를 두지 않는 경우에는 주소지를 말한다)을 관할하는 지방고용노동관서의 장에게 제출해야 한다. 이 경우 등록신청은 이중으로 할 수 없다.
  1. 신청일 전 6개월 이내에 촬영한 탈모 상반신의 증명사진(가로 3센티미터 × 세로 4센티미터) 1장
  2. 제232조 제4항에 따른 지도사 연수교육 이수증 또는 영 제107조에 따른 경력을 증명할 수 있는 서류(법 제145조 제1항에 따른 등록의 경우만 해당한다)
  3. 지도실적을 확인할 수 있는 서류 또는 제231조 제4항에 따른 지도사 보수교육 이수증(법 제145조 제4항에 따른 등록의 경우만 해당한다)
② 지방고용노동관서의 장은 제1항에 따라 등록·갱신 신청서를 접수한 경우에는 법 제145조 제3항에 적합한지를 확인하여 해당 신청서를 접수한 날부터 30일 이내에 별지 제92호서식의 등록증을 신청인에게 발급해야 한다.
③ 지도사는 제2항에 따른 등록사항이 변경되었을 때에는 지체 없이 별지 제91호서식의 등록사항 변경신청서를 지방고용노동관서의 장에게 제출해야 한다.
④ 지도사는 제2항에 따라 발급받은 등록증을 잃어버리거나 그 등록증이 훼손된 경우 또는 제3항에 따라 등록사항의 변경 신고를 한 경우에는 별지 제93호서식의 등록증 재발급신청서에 등록증(등록증을 잃어버린 경우는 제외한다)을 첨부하여 지방고용노동관서의 장에게 제출하고 등록증을 다시 발급받아야 한다.
⑤ 지방고용노동관서의 장은 제2항부터 제4항까지의 규정에 따라 등록증을 발급하거나 재발급하는 경우에는 별지 제94호서식의 등록부와 별지 제95호서식의 등록증 발급대장에 각각 해당 사실을 기재해야 한다. 이 경우 등록부와 등록증 발급대장은 전자적 처리가 불가능한 특별한 사유가 있는 경우를 제외하고는 전자적 방법으로 관리해야 한다.

제234조(손해배상을 위한 보험가입·지급 등) ① 영 제108조 제1항에 따라 손해배상을 위한 보험에 가입한 지도사(법 제145조 제2항에 따라 법인을 설립한 경우에는 그 법인을 말한다. 이하 이 조에서 같다)는 가입한 날부터 20일 이내에 별지 제97호서식의 보증보험가입 신고서에 증명서류를 첨부하여 해당 지도사의 주된 사무소의 소재지(사무소를 두지 않는 경우에는 주소지를 말한다. 이하 이 조에서 같다)를 관할하는 지방고용노동관서의 장에게 제출해야 한다.

② 지도사는 해당 보증보험의 보증기간이 만료되기 전에 다시 보증보험에 가입하고 가입한 날부터 20일 이내에 별지 제97호서식의 보증보험가입 신고서에 증명서류를 첨부하여 해당 지도사의 주된 사무소의 소재지를 관할하는 지방고용노동관서의 장에게 제출해야 한다.

③ 법 제148조 제1항에 따른 의뢰인이 손해배상금으로 보증보험금을 지급받으려는 경우에는 별지 제98호서식의 보증보험금 지급사유 발생확인신청서에 해당 의뢰인과 지도사 간의 손해배상합의서, 화해조서, 법원의 확정판결문 사본, 그 밖에 이에 준하는 효력이 있는 서류를 첨부하여 해당 지도사의 주된 사무소의 소재지를 관할하는 지방고용노동관서의 장에게 제출해야 한다. 이 경우 지방고용노동관서의 장은 별지 제99호서식의 보증보험금 지급사유 발생확인서를 지체 없이 발급해야 한다.

정답 ④

19 산업안전보건법령상 산업안전지도사 및 산업보건지도사(이하 "지도사"라 함)에 관한 설명으로 옳지 않은 것은?

① 지도사가 그 직무를 시작할 때에는 고용노동부장관에게 신고하여야 한다.
② 지도사는 그 직무상 알게 된 비밀을 누설하거나 도용하여서는 아니 된다.
③ 지도사는 항상 품위를 유지하고 신의와 성실로써 공정하게 직무를 수행하여야 한다.
④ 지도사는 법령에 위반되는 행위에 관한 지도·상담을 하여서는 아니 된다.
⑤ 지도사는 다른 사람에게 자기의 성명이나 사무소의 명칭을 사용하여 지도사의 직무를 수행하게 하거나 그 자격증을 대여하여서는 아니 된다.

해설

근거조문 (법 제142조 이하)

정답 ①

20 산업안전보건법령상 산업보건지도사의 직무에 해당하지 않는 것은?

① 작업환경의 평가 및 개선 지도
② 산업보건에 관한 조사·연구
③ 근로자 건강진단에 따른 사후관리 지도
④ 유해·위험의 방지대책에 관한 평가·지도
⑤ 작업환경 개선과 관련된 계획서 및 보고서의 작성

해설

근거조문 법 제142조 이하

정답 ④

21 산업안전보건법령상 산업안전지도사 및 산업보건지도사(이하 '지도사'라 함)의 연수교육 및 보수교육에 관한 설명으로 옳은 것은?

① 산업안전 및 산업보건 분야에서 5년 이상 실무에 종사한 경력이 있는 지도사 자격을 가진 화공안전기술사가 직무를 개시하려면 지도사 등록을 하기 전 2년의 범위에서 고용노동부령으로 정하는 연수교육을 받아야 한다.
② 한국산업안전보건공단이 연수교육을 실시한 때에는 그 결과를 연수교육이 끝난 날부터 30일 이내에 고용노동부장관에게 보고하여야 한다.
③ 한국산업안전보건공단이 보수교육을 실시한 때에는 보수교육 이수자 명단, 이수자의 교육 이수를 확인할 수 있는 서류를 5년간 보존하여야 한다.
④ 연수교육의 기간은 업무교육 및 실무수습 기간을 합산하여 2개월 이상으로 한다.
⑤ 지도사 등록의 갱신기간 동안 지도실적이 2년 이상인 지도사의 보수교육시간은 5시간 이상으로 한다.

> **해설**
>
> **근거조문** 법 제142조 이하

정답 ③

---

22 산업안전보건법령상 산업안전지도사 또는 산업보건지도사의 등록을 반드시 취소하여야 하는 사유를 모두 고른 것은?

> ㄱ. 직무의 수행과정에서 고의로 인하여 중대재해가 발생한 경우
> ㄴ. 업무정지 기간 중에 업무를 수행한 경우
> ㄷ. 다른 사람에게 자기의 성명을 사용하여 지도사의 직무를 수행하게 한 경우
> ㄹ. 거짓이나 그 밖의 부정한 방법으로 등록한 경우
> ㅁ. 업무 관련 서류를 거짓으로 작성한 경우
> ㅂ. 금고 이상의 형의 집행유예를 선고받고 그 유예기간 중에 있는 경우

① ㄱ, ㄷ, ㄹ
② ㄱ, ㄹ, ㅂ
③ ㄴ, ㄹ, ㅁ
④ ㄴ, ㄹ, ㅂ
⑤ ㄷ, ㅁ, ㅂ

> 해설

> 근거조문 ▶ 법 제154조

제154조(등록의 취소 등) 고용노동부장관은 지도사가 다음 각 호의 어느 하나에 해당하는 경우에는 그 등록을 취소하거나 2년 이내의 기간을 정하여 그 업무의 정지를 명할 수 있다. 다만, 제1호부터 제3호까지의 규정에 해당할 때에는 그 등록을 취소하여야 한다. <개정 2020. 3. 31.>
1. 거짓이나 그 밖의 부정한 방법으로 등록 또는 갱신등록을 한 경우
2. 업무정지 기간 중에 업무를 수행한 경우
3. 업무 관련 서류를 거짓으로 작성한 경우
4. 제142조에 따른 직무의 수행과정에서 고의 또는 과실로 인하여 중대재해가 발생한 경우
5. 제145조 제3항 제1호부터 제5호까지의 규정 중 어느 하나에 해당하게 된 경우
6. 제148조 제2항에 따른 보증보험에 가입하지 아니하거나 그 밖에 필요한 조치를 하지 아니한 경우
7. 제150조 제1항을 위반하거나 같은 조 제2항에 따른 기명·날인 또는 서명을 하지 아니한 경우
8. 제151조, 제153조 제1항 또는 제162조를 위반한 경우

정답 ③

23. 산업안전지도사 및 산업보건지도사(이하 '지도사'라 함)에 관한 설명으로 옳지 않은 것은?

① 지도사는 안전보건개선계획서의 작성 업무를 수행할 수 있다.
② 산업안전보건법을 위반하여 벌금형을 선고받아 선고받고 1년이 지난 자는 지도사로 등록할 수 있다.
③ 금고 이상의 실형을 선고받고 그 집행이 끝나고 1년 6개월이 지난 자는 지도사로 등록할 수 있다.
④ 지도사가 업무수행과 관련하여 과실로 의뢰인에게 손실을 입힌 경우에도 그 손해를 배상할 책임이 있다.
⑤ 지도사 시험에서 부정행위를 한 응시자는 그 시험을 무효로 하고, 해당 시험시행일부터 5년간 시험 응시자격을 정지한다.

> 해설

> 근거조문 ▶ 법 제142조 이하

정답 ③

24

다음 내용 중 산업안전보건법령상 산업보건지도사가 타인의 의뢰를 받아 수행할 수 있는 직무인 것은 모두 몇 개인가?

> ○ 유해·위험의 방지대책에 관한 평가·지도
> ○ 공정상의 안전에 관한 평가·지도
> ○ 작업환경 개선과 관련된 계획서 및 보고서의 작성
> ○ 작업환경의 평가 및 개선 지도
> ○ 안전보건개선계획서의 작성

① 1개　　　　② 2개
③ 3개　　　　④ 4개
⑤ 5개

해설

근거조문 법 제142조, 영 제101조

제142조(산업안전지도사 등의 직무) ① 산업안전지도사는 다음 각 호의 직무를 수행한다.
1. 공정상의 안전에 관한 평가·지도
2. 유해·위험의 방지대책에 관한 평가·지도
3. 제1호 및 제2호의 사항과 관련된 계획서 및 보고서의 작성
4. 그 밖에 산업안전에 관한 사항으로서 대통령령으로 정하는 사항

② 산업보건지도사는 다음 각 호의 직무를 수행한다.
1. 작업환경의 평가 및 개선 지도
2. 작업환경 개선과 관련된 계획서 및 보고서의 작성
3. 근로자 건강진단에 따른 사후관리 지도
4. 직업성 질병 진단(「의료법」 제2조에 따른 의사인 산업보건지도사만 해당한다) 및 예방 지도
5. 산업보건에 관한 조사·연구
6. 그 밖에 산업보건에 관한 사항으로서 대통령령으로 정하는 사항

③ 산업안전지도사 또는 산업보건지도사(이하 "지도사"라 한다)의 업무 영역별 종류 및 업무 범위, 그 밖에 필요한 사항은 대통령령으로 정한다.

> **영 제101조(산업안전지도사 등의 직무)** ① 법 제142조 제1항 제4호에서 "대통령령으로 정하는 사항"이란 다음 각 호의 사항을 말한다.
> 1. 법 제36조에 따른 위험성평가의 지도
> 2. 법 제49조에 따른 안전보건개선계획서의 작성
> 3. 그 밖에 산업안전에 관한 사항의 자문에 대한 응답 및 조언
> ② 법 제142조 제2항 제6호에서 "대통령령으로 정하는 사항"이란 다음 각 호의 사항을 말한다.
> 1. 법 제36조에 따른 **위험성평가의 지도**
> 2. 법 제49조에 따른 **안전보건개선계획서의 작성**
> 3. 그 밖에 산업보건에 관한 사항의 자문에 대한 응답 및 조언

정답 ③

25 산업안전보건법령상 산업안전지도사 및 산업보건지도사에 관한 설명으로 옳지 않은 것은?

① 산업안전보건법 제36조에 따른 위험성평가의 지도는 산업안전지도사 및 산업보건지도사의 공통 직무이다.
② 고용노동부령으로 정하는 지도실적이 있는 지도사만이 갱신등록을 할 수 있다. 다만, 지도·종사 실적의 기간이 2년 미만인 지도사는 고용노동부령으로 정하는 보수교육을 받은 경우 갱신등록을 할 수 있다.
③ 한국산업안전보건공단이 보수교육을 실시하였을 때에는 그 결과를 보수교육이 끝난 날부터 10일 이내에 고용노동부장관에게 보고해야 하며, 보수교육 이수자 명단을 5년간 보존해야 한다.
④ 산업안전 또는 산업보건 분야에서 5년 이상 실무에 종사한 경력이 있는 사람은 연수교육이 면제된다.
⑤ 지도사가 업무 관련 서류를 거짓으로 작성한 경우 고용노동부장관은 지도사 등록을 취소하여야 한다.

| 해설 |

| 근거조문 | 법 제142조 |

정답 ②

8회

산업안전보건법령 진도별 모의고사 해설

01 산업안전보건법령상 산업안전지도사로 등록한 A가와 B가 법인(합명회사)을 만들었다. 손해배상의 책임을 보장하기 위하여 보증보험에 가입해야 하는 경우, 최저 보험금액이 얼마 이상인 보증보험에 가입해야 하는가?

① 1천만원
② 2천만원
③ 3천만원
④ 4천만원
⑤ 5천만원

해설

근거조문 ▶ 영 제108조

정답 ④

02 산업안전보건법령상 대통령령으로 정하는 산업재해 예방사업의 보조·지원에 대한 취소사유와 그에 따른 처분의 내용이 옳지 않은 것은?

	보조·지원 취소사유	처분의 내용
①	거짓이나 그 밖의 부정한 방법으로 보조·지원을 받은 경우	전부 취소
②	보조·지원 대상자가 폐업하거나 파산한 경우	전부 또는 일부 취소
③	산업재해 예방사업의 목적에 맞게 사용되지 아니한 경우	전부 또는 일부 취소
④	보조·지원을 받은 사업주가 필요한 안전조치 및 보건조치 의무를 위반하여 보조·지원을 받은 후 3년 이내에 해당 시설 및 장비의 중대한 결함이나 관리상 중대한 과실로 인하여 근로자가 사망한 경우	전부 또는 일부 취소
⑤	보조·지원 대상 기간이 끝나기 전에 보조·지원 대상 시설 및 장비를 국외로 이전 설치한 경우	전부 또는 일부 취소

해설

근거조문 법 제158조

제158조(산업재해 예방활동의 보조·지원) ① 정부는 사업주, 사업주단체, 근로자단체, 산업재해 예방 관련 전문단체, 연구기관 등이 하는 산업재해 예방사업 중 **대통령령으로 정하는 사업**에 드는 경비의 전부 또는 일부를 예산의 범위에서 보조하거나 그 밖에 필요한 지원(이하 "보조·지원"이라 한다)을 할 수 있다. 이 경우 고용노동부장관은 보조·지원이 산업재해 예방사업의 목적에 맞게 효율적으로 사용되도록 관리·감독하여야 한다.

영 제109조(산업재해 예방사업의 지원) 법 제158조 제1항 전단에서 "대통령령으로 정하는 사업"이란 다음 각 호의 어느 하나에 해당하는 업무와 관련된 사업을 말한다. <개정 2020. 9. 8.>
1. 산업재해 예방을 위한 방호장치, 보호구, 안전설비 및 작업환경개선 시설·장비 등의 제작, 구입, 보수, 시험, 연구, 홍보 및 정보제공 등의 업무
2. 사업장 안전·보건관리에 대한 기술지원 업무
3. 산업 안전·보건 관련 교육 및 전문인력 양성 업무
4. 산업재해예방을 위한 연구 및 기술개발 업무
5. 법 제11조 제3호에 따른 노무를 제공하는 사람의 건강을 유지·증진하기 위한 시설의 운영에 관한 지원 업무
6. 안전·보건의식의 고취 업무
7. 법 제36조에 따른 위험성평가에 관한 지원 업무
8. 안전검사 지원 업무
9. 유해인자의 노출 기준 및 유해성·위험성 조사·평가 등에 관한 업무
10. 직업성 질환의 발생 원인을 규명하기 위한 역학조사·연구 또는 직업성 질환 예방에 필요하다고 인정되는 시설·장비 등의 구입 업무
11. 작업환경측정 및 건강진단 지원 업무
12. 법 제126조 제2항에 따른 작업환경측정기관의 측정·분석 능력의 확인 및 법 제135조 제3항에 따른 특수건강진단기관의 진단·분석 능력의 확인에 필요한 시설·장비 등의 구입 업무
13. 산업의학 분야의 학술활동 및 인력 양성 지원에 관한 업무
14. 그 밖에 산업재해 예방을 위한 업무로서 산업재해보상보험및예방심의위원회의 심의를 거쳐 고용노동부장관이 정하는 업무

② 고용노동부장관은 보조·지원을 받은 자가 다음 각 호의 어느 하나에 해당하는 경우 보조·지원의 **전부 또는 일부를 취소하여야 한다. 다만, 제1호 및 제2호의 경우에는 보조·지원의 전부를 취소하여야 한다. → 전부취소와 일부취소를 구분할 것!**
1. 거짓이나 그 밖의 부정한 방법으로 보조·지원을 받은 경우
2. 보조·지원 대상자가 폐업하거나 파산한 경우
3. 보조·지원 대상을 임의매각·훼손·분실하는 등 지원 목적에 적합하게 유지·관리·사용하지 아니한 경우
4. 제1항에 따른 산업재해 예방사업의 목적에 맞게 사용되지 아니한 경우
5. 보조·지원 대상 기간이 끝나기 전에 보조·지원 대상 시설 및 장비를 국외로 이전한 경우
6. 보조·지원을 받은 사업주가 필요한 안전조치 및 보건조치 의무를 위반하여 산업재해를 발생시킨 경우로서 고용노동부령으로 정하는 경우

제237조(보조·지원의 환수와 제한) ① 법 제158조 제2항 제6호에서 "고용노동부령으로 정하는 경우"란 보조·지원을 받은 후 **3년 이내**에 해당 시설 및 장비의 중대한 결함이나 관리상 중대한 과실로 인하여 근로자가 사망한 경우를 말한다.
② 법 제158조 제4항에 따라 보조·지원을 제한할 수 있는 기간은 다음 각 호와 같다.
1. 법 제158조 제2항 제1호의 경우: 3년
2. 법 제158조 제2항 제2호부터 제6호까지의 어느 하나의 경우: 1년
3. 법 제158조 제2항 제2호부터 제6호까지의 어느 하나를 위반한 후 2년 이내에 같은 항 제2호부터 제6호까지의 어느 하나를 위반한 경우: 2년

③ 고용노동부장관은 제2항에 따라 보조·지원의 전부 또는 일부를 취소한 경우에는 해당 금액 또는 지원에 상응하는 금액을 환수하되, 같은 항 제1호의 경우에는 지급받은 금액에 상당하는 액수 이하의 금액을 추가로 환수할 수 있다. 다만, 제2항 제2호 중 보조·지원 대상자가 **파산한 경우에 해당하여 취소한 경우는 환수하지 아니한다.**
④ 제2항에 따라 보조·지원의 전부 또는 일부가 취소된 자에 대해서는 고용노동부령으로 정하는 바에 따라 취소된 날부터 3년 이내의 기간을 정하여 보조·지원을 하지 아니할 수 있다.

제237조(보조·지원의 환수와 제한)
② 법 제158조 제4항에 따라 보조·지원을 제한할 수 있는 기간은 다음 각 호와 같다.
1. 법 제158조 제2항 제1호의 경우: 3년
2. 법 제158조 제2항 제2호부터 제6호까지의 어느 하나의 경우: 1년
3. 법 제158조 제2항 제2호부터 제6호까지의 어느 하나를 위반한 후 2년 이내에 같은 항 제2호부터 제6호까지의 어느 하나를 위반한 경우: 2년

⑤ 보조·지원의 대상·방법·절차, 관리 및 감독, 제2항 및 제3항에 따른 취소 및 환수 방법, 그 밖에 필요한 사항은 고용노동부장관이 정하여 고시한다.

정답 ②

03 산업안전보건법령상 산업재해 예방활동의 보조·지원을 받은 자의 폐업으로 인해 고용노동부장관이 그 보조·지원의 전부를 취소한 경우, 그 취소한 날부터 보조·지원을 제한할 수 있는 기간은?

① 1년
② 2년
③ 3년
④ 4년
⑤ 5년

해설

근거조문 ▶ 법 제158조

정답 ①

04 산업안전보건법령상 산업재해 예방활동의 보조·지원에 관한 설명으로 옳지 않은 것은?

① 고용노동부장관은 보조·지원을 받은 자가 보조·지원 대상자가 폐업하거나 파산한 경우 보조·지원의 전부를 취소해야 한다.
② ①항에서 보조지원대상자가 폐업하거나 파산한 경우 해당 금액 또는 지원에 상응하는 금액을 환수한다.
③ ①항의 경우 취소된 날부터 1년의 기간까지 보조·지원을 하지 아니할 수 있다.
④ ①항의 경우 위반 후 2년 이내에 보조·지원 대상을 임의매각·훼손·분실하는 등 지원 목적에 적합하게 유지·관리·사용하지 아니한 경우에는 2년의 기간까지 보조·지원을 하지 아니할 수 있다.
⑤ 보조·지원을 받은 자가 거짓이나 그 밖의 부정한 방법으로 보조·지원을 받은 경우에는 3년의 기간까지 보조·지원을 하지 아니할 수 있다.

해설

근거조문 법 제158조

정답 ②

05 산업안전보건법령상 산업재해 예방사업 보조·지원의 취소에 관한 설명으로 옳지 않은 것은?

① 거짓으로 보조·지원을 받은 경우 보조·지원의 전부를 취소하여야 한다.
② 보조·지원 대상을 임의매각·훼손·분실하는 등 지원 목적에 적합하게 유지·관리·사용하지 아니한 경우 보조·지원의 전부 또는 일부를 취소하여야 한다.
③ 보조·지원이 산업재해 예방사업의 목적에 맞게 사용되지 아니한 경우 보조·지원의 전부 또는 일부를 취소하여야 한다.
④ 보조·지원 대상 기간이 끝나기 전에 보조·지원 대상 시설 및 장비를 국외로 이전 설치한 경우 보조·지원의 전부 또는 일부를 취소하여야 한다.
⑤ 사업주가 보조·지원을 받은 후 5년 이내에 해당 시설 및 장비의 중대한 결함이나 관리상 중대한 과실로 인하여 근로자가 사망한 경우 보조·지원의 전부를 취소하여야 한다.

해설

근거조문 법 제158조

정답 ⑤

06 산업안전보건법령에서 규정하고 있는 명예산업안전감독관의 업무가 아닌 것은?

① 사업장에서 하는 자체점검 참여 및 근로감독관이 하는 사업장 감독 참여
② 법령을 위반한 사실이 있는 경우 사업주에 대한 개선 요청 및 감독기관에의 신고
③ 산업재해 발생의 급박한 위험이 있는 경우 사업주에 대한 작업중지 요청
④ 사업장 순회점검·지도 및 조치의 건의
⑤ 직업성 질환의 증상이 있거나 질병에 걸린 근로자가 여러 명 발생한 경우 사업주에 대한 임시건강진단 실시 요청

해설

근거조문 법 제23조

제23조(명예산업안전감독관) ① 고용노동부장관은 산업재해 예방활동에 대한 참여와 지원을 촉진하기 위하여 근로자, 근로자단체, 사업주단체 및 산업재해 예방 관련 전문단체에 소속된 사람 중에서 명예산업안전감독관을 위촉할 수 있다.
② 사업주는 제1항에 따른 명예산업안전감독관(이하 "명예산업안전감독관"이라 한다)에 대하여 직무 수행과 관련한 사유로 불리한 처우를 해서는 아니 된다.
③ 명예산업안전감독관의 위촉 방법, 업무, 그 밖에 필요한 사항은 대통령령으로 정한다.

영 제32조(명예산업안전감독관 위촉 등) ① 고용노동부장관은 다음 각 호의 어느 하나에 해당하는 사람 중에서 법 제23조 제1항에 따른 명예산업안전감독관(이하 "명예산업안전감독관"이라 한다)을 위촉할 수 있다.
  1. **산업안전보건위원회 구성 대상 사업의 근로자 또는 노사협의체 구성·운영 대상 건설공사의 근로자 중**에서 근로자대표(해당 사업장에 단위 노동조합의 산하 노동단체가 그 사업장 근로자의 과반수로 조직되어 있는 경우에는 지부·분회 등 명칭이 무엇이든 관계없이 해당 노동단체의 대표자를 말한다. 이하 같다)가 사업주의 의견을 들어 추천하는 사람
  2. 「노동조합 및 노동관계조정법」 제10조에 따른 연합단체인 노동조합 또는 그 지역 대표기구에 소속된 임직원 중에서 해당 연합단체인 노동조합 또는 그 지역 대표기구가 추천하는 사람
  3. 전국 규모의 사업주단체 또는 그 산하조직에 소속된 임직원 중에서 해당 단체 또는 그 산하조직이 추천하는 사람
  4. 산업재해 예방 관련 업무를 하는 단체 또는 그 산하조직에 소속된 임직원 중에서 해당 단체 또는 그 산하조직이 추천하는 사람
② **명예산업안전감독관의 업무는 다음 각 호와 같다.** 이 경우 제1항 제1호에 따라 위촉된 명예산업안전감독관의 업무 범위는 해당 사업장에서의 업무(**제8호는 제외**한다)로 한정하며, 제1항 제2호부터 제4호까지의 규정에 따라 위촉된 명예산업안전감독관의 업무 범위는 제8호부터 제10호까지의 규정에 따른 업무로 한정한다.
  1. 사업장에서 하는 자체점검 참여 및 「근로기준법」 제101조에 따른 근로감독관(이하 "근로감독관"이라 한다)이 하는 사업장 감독 참여
  2. 사업장 산업재해 예방계획 수립 참여 및 사업장에서 하는 기계·기구 자체검사 참석
  3. 법령을 위반한 사실이 있는 경우 사업주에 대한 개선 요청 및 감독기관에의 신고
  4. 산업재해 발생의 급박한 위험이 있는 경우 사업주에 대한 작업중지 요청
  5. 작업환경측정, 근로자 건강진단 시의 참석 및 그 결과에 대한 설명회 참여
  6. 직업성 질환의 증상이 있거나 질병에 걸린 근로자가 여러 명 발생한 경우 사업주에 대한 임시건강진단 실시 요청

7. 근로자에 대한 안전수칙 준수 지도
8. 법령 및 산업재해 예방정책 **개선** 건의
9. 안전·보건 의식을 **북돋우기** 위한 활동 등에 대한 참여와 지원
10. 그 밖에 산업재해 예방에 대한 **홍보** 등 산업재해 예방업무와 관련하여 고용노동부장관이 정하는 업무

③ **명예산업안전감독관의 임기는 2년으로 하되, 연임할 수 있다.**
④ 고용노동부장관은 명예산업안전감독관의 활동을 지원하기 위하여 수당 등을 지급할 수 있다.
⑤ 제1항부터 제4항까지에서 규정한 사항 외에 명예산업안전감독관의 위촉 및 운영 등에 필요한 사항은 고용노동부장관이 정한다.

영 제33조(명예산업안전감독관의 해촉) 고용노동부장관은 다음 각 호의 어느 하나에 해당하는 경우에는 명예산업안전감독관을 해촉(解囑)할 수 있다.
1. 근로자대표가 사업주의 의견을 들어 제32조 제1항 제1호에 따라 위촉된 명예산업안전감독관의 해촉을 요청한 경우
2. 제32조 제1항 제2호부터 제4호까지의 규정에 따라 위촉된 명예산업안전감독관이 해당 단체 또는 그 산하조직으로부터 퇴직하거나 해임된 경우
3. 명예산업안전감독관의 업무와 관련하여 부정한 행위를 한 경우
4. 질병이나 부상 등의 사유로 명예산업안전감독관의 업무 수행이 곤란하게 된 경우

정답 ④

07

갑(甲)은 산업재해 예방 관련 업무를 하는 단체의 임직원 중에서 해당 단체가 추천하여 법령에 따라 위촉된 명예감독관이다. 산업안전보건법령상 갑(甲)의 업무인 것을 모두 고른 것은?

> ㄱ. 법령 및 산업재해 예방정책 개선 건의
> ㄴ. 법령을 위반한 사실이 있는 경우 사업주에 대한 개선 요청·감독기관에의 신고
> ㄷ. 근로자에 대한 안전수칙 준수 지도
> ㄹ. 안전·보건 의식을 북돋우기 위한 활동 등에 대한 참여와 지원
> ㅁ. 산업재해 예방에 대한 홍보 등 산업재해 예방업무와 관련하여 고용노동부장관이 정하는 업무

① ㄱ, ㄴ, ㄷ
② ㄱ, ㄴ, ㄹ
③ ㄱ, ㄹ, ㅁ
④ ㄴ, ㄹ, ㅁ
⑤ ㄷ, ㄹ, ㅁ

해설

근거조문 법 제23조

정답 ③

08 산업안전보건법령상 산업재해 발생 보고 및 기록에 관한 설명으로 옳지 않은 것은?

① 사업주는 산업재해로 3일 이상의 요양이 필요한 부상을 입은 사람이 발생한 경우에는 해당 산업재해가 발생한 날부터 1개월 이내에 산업재해조사표를 작성하여 제출하여야 한다.
② 사업주는 산업재해가 발생한 때에는 근로자의 인적사항, 재해 발생의 원인 및 과정 등을 기록·보존하여야 하는데, 재해 재발방지계획도 여기에 포함된다.
③ 사업주는 산업재해가 발생한 때에는 사업장의 개요 및 근로자의 인적사항 등을 기록·보존해야 한다. 다만, 요양신청서의 사본에 재해 재발방지 계획을 첨부하여 보존한 경우에는 그렇지 않다.
④ 사업주는 산업재해조사표에 근로자대표의 확인을 받아야 하며, 그 기재 내용에 대하여 근로자대표의 이견이 있는 경우에는 그 내용을 첨부해야 한다.
⑤ 사업주는 고용노동부령으로 정하는 바에 따라 산업재해의 발생 원인 등을 기록하여 보존하여야 한다. 산업재해조사표의 사본을 보존한 경우에도 같다.

> **해설**

> **근거조문** 법 제57조

제57조(산업재해 발생 은폐 금지 및 보고 등) ① 사업주는 산업재해가 발생하였을 때에는 그 발생 사실을 은폐해서는 아니 된다.
② 사업주는 고용노동부령으로 정하는 바에 따라 산업재해의 발생 원인 등을 기록하여 보존하여야 한다.
③ 사업주는 고용노동부령으로 정하는 산업재해에 대해서는 그 발생 개요·원인 및 보고 시기, 재발방지계획 등을 고용노동부령으로 정하는 바에 따라 고용노동부장관에게 보고하여야 한다.

시행규칙 제72조(산업재해 기록 등) 사업주는 산업재해가 발생한 때에는 법 제57조 제2항에 따라 다음 각 호의 사항을 **기록·보존**해야 한다. 다만, 제73조 제1항에 따른 산업재해조사표의 사본을 보존하거나 제73조 제5항에 따른 요양신청서의 사본에 재해 재발방지 계획을 첨부하여 보존한 경우에는 그렇지 않다.
1. 사업장의 개요 및 근로자의 인적사항 → **사업장의 개요 및 피해상황**(x)
2. 재해 발생의 일시 및 장소
3. 재해 발생의 원인 및 과정 → **원인 및 결과**(x)
4. 재해 재발방지 계획

시행규칙 제73조(산업재해 발생 보고 등) ① 사업주는 산업재해로 사망자가 발생하거나 3일 이상의 휴업이 필요한 부상을 입거나 질병에 걸린 사람이 발생한 경우에는 법 제57조 제3항에 따라 **해당 산업재해가 발생한 날부터 1개월 이내에 별지 제30호서식의 산업재해조사표를 작성**하여 관할 지방고용노동관서의 장에게 제출(전자문서로 제출하는 것을 포함한다)해야 한다.
② 제1항에도 불구하고 다음 각 호의 모두에 해당하지 않는 사업주가 법률 제11882호 산업안전보건법 일부개정법률 제10조 제2항의 개정규정의 시행일인 2014년 7월 1일 이후 해당 사업장에서 처음 발생한 산업재해에 대하여 지방고용노동관서의 장으로부터 별지 제30호서식의 산업재해조사표를 작성하여 제출하도록 명령을 받은 경우 그 명령을 받은 날부터 15일 이내에 이를 이행한 때에는 제1항에 따른 보고를 한 것으로 본다. 제1항에 따른 보고기한이 지난 후에 자진하여 별지 제30호서식의 산업재해조사표를 작성·제출한 경우에도 또한 같다.
1. 안전관리자 또는 보건관리자를 두어야 하는 사업주
2. 법 제62조 제1항에 따라 안전보건총괄책임자를 지정해야 하는 도급인
3. 법 제73조 제1항에 따라 건설재해예방전문지도기관의 지도를 받아야 하는 사업주
4. 산업재해 발생사실을 은폐하려고 한 사업주

③ 사업주는 제1항에 따른 산업재해조사표에 근로자대표의 확인을 받아야 하며, 그 기재 내용에 대하여 근로자대표의 이견이 있는 경우에는 그 내용을 첨부해야 한다. 다만, 근로자대표가 없는 경우에는 재해자 본인의 확인을 받아 산업재해조사표를 제출할 수 있다.
④ 제1항부터 제3항까지의 규정에서 정한 사항 외에 산업재해발생 보고에 필요한 사항은 고용노동부장관이 정한다.
⑤ 「산업재해보상보험법」 제41조에 따라 요양급여의 신청을 받은 근로복지공단은 지방고용노동관서의 장 또는 공단으로부터 요양신청서 사본, 요양업무 관련 전산입력자료, 그 밖에 산업재해예방업무 수행을 위하여 필요한 자료의 송부를 요청받은 경우에는 이에 협조해야 한다.

정답 ⑤

09 산업안전보건법령상 근로감독관에 관한 설명으로 옳지 않은 것은?

① 근로감독관은 필요한 경우 사업장에 출입하여 사업주, 근로자 또는 안전보건관리책임자에게 질문을 하고, 장부, 서류, 그 밖의 물건의 검사 및 안전보건 점검을 하며, 관계 서류의 제출을 요구할 수 있다.
② 근로감독관은 기계·설비등에 대한 검사를 할 수 있으며, 검사에 필요한 한도에서 무상으로 제품·원재료 또는 기구를 수거할 수 있다. 이 경우 근로감독관은 해당 사업주 등에게 그 결과를 서면으로 알려야 한다.
③ 근로감독관은 산업안전보건법령상의 명령의 시행을 위하여 관계인에게 보고 또는 출석을 명할 수 있다.
④ 의사·치과의사 또는 한의사는 3일 이상의 입원치료가 필요한 부상 또는 질병이 환자의 업무와 관련성이 있다고 판단할 경우에는 「의료법」에도 불구하고 치료과정에서 알게 된 정보를 보건복지부장관에게 신고할 수 있다.
⑤ 지방고용노동관서의 장은 사업주, 근로자 또는 안전보건관리책임자 등에게 보고 또는 출석의 명령을 하려는 경우에는 7일 이상의 기간을 주어야 한다. 다만, 긴급한 경우에는 그렇지 않다.

해설

근거조문 법 제155조

제10장 **근로감독관 등**

제155조(근로감독관의 권한) ① 「근로기준법」 제101조에 따른 근로감독관(이하 "근로감독관"이라 한다)은 이 법 또는 이 법에 따른 명령을 시행하기 위하여 필요한 경우 다음 각 호의 장소에 출입하여 사업주, 근로자 또는 안전보건관리책임자 등(이하 "관계인"이라 한다)에게 질문을 하고, 장부, 서류, 그 밖의 물건의 검사 및 안전보건 점검을 하며, 관계 서류의 제출을 요구할 수 있다.
  1. 사업장
  2. 제21조 제1항, 제33조 제1항, 제48조 제1항, 제74조 제1항, 제88조 제1항, 제96조 제1항, 제100조 제1항, 제120조 제1항, 제126조 제1항 및 제129조 제2항에 따른 기관의 사무소

3. 석면해체·제거업자의 사무소
4. 제145조 제1항에 따라 등록한 지도사의 사무소

② 근로감독관은 기계·설비등에 대한 검사를 할 수 있으며, 검사에 필요한 한도에서 무상으로 제품·원재료 또는 기구를 수거할 수 있다. 이 경우 근로감독관은 해당 사업주 등에게 그 결과를 서면으로 알려야 한다.

③ 근로감독관은 이 법 또는 이 법에 따른 명령의 시행을 위하여 관계인에게 보고 또는 출석을 명할 수 있다.

④ 근로감독관은 이 법 또는 이 법에 따른 명령을 시행하기 위하여 제1항 각 호의 어느 하나에 해당하는 장소에 출입하는 경우에 그 신분을 나타내는 증표를 지니고 관계인에게 보여 주어야 하며, 출입 시 성명, 출입시간, 출입 목적 등이 표시된 문서를 관계인에게 내주어야 한다.

제156조(공단 소속 직원의 검사 및 지도 등) ① 고용노동부장관은 제165조 제2항에 따라 공단이 위탁받은 업무를 수행하기 위하여 필요하다고 인정할 때에는 공단 소속 직원에게 사업장에 출입하여 산업재해 예방에 필요한 검사 및 지도 등을 하게 하거나, 역학조사를 위하여 필요한 경우 관계자에게 질문하거나 필요한 서류의 제출을 요구하게 할 수 있다.

② 제1항에 따라 공단 소속 직원이 검사 또는 지도업무 등을 하였을 때에는 그 결과를 고용노동부장관에게 보고하여야 한다.

③ 공단 소속 직원이 제1항에 따라 사업장에 출입하는 경우에는 제155조 제4항을 준용한다. 이 경우 "근로감독관"은 "공단 소속 직원"으로 본다.

제157조(감독기관에 대한 신고) ① 사업장에서 이 법 또는 이 법에 따른 명령을 위반한 사실이 있으면 근로자는 그 사실을 고용노동부장관 또는 근로감독관에게 신고할 수 있다.

② 「의료법」 제2조에 따른 의사·치과의사 또는 한의사는 3일 이상의 입원치료가 필요한 부상 또는 질병이 환자의 업무와 관련성이 있다고 판단할 경우에는 「의료법」 제19조 제1항에도 불구하고 치료과정에서 알게 된 정보를 고용노동부장관에게 신고할 수 있다.

③ 사업주는 제1항에 따른 신고를 이유로 해당 근로자에 대하여 해고나 그 밖의 불리한 처우를 해서는 아니 된다.

시행규칙 제10장 근로감독관 등

제235조(감독기준) 근로감독관은 다음 각 호의 어느 하나에 해당하는 경우 법 제155조 제1항에 따라 질문·검사·점검하거나 관계 서류의 제출을 요구할 수 있다.
1. 산업재해가 발생하거나 산업재해 발생의 급박한 위험이 있는 경우
2. 근로자의 신고 또는 고소·고발 등에 대한 조사가 필요한 경우
3. 법 또는 법에 따른 명령을 위반한 범죄의 수사 등 사법경찰관리의 직무를 수행하기 위하여 필요한 경우
4. 그 밖에 고용노동부장관 또는 지방고용노동관서의 장이 법 또는 법에 따른 명령의 위반 여부를 조사하기 위하여 필요하다고 인정하는 경우

제236조(보고·출석기간) ① 지방고용노동관서의 장은 법 제155조 제3항에 따라 보고 또는 출석의 명령을 하려는 경우에는 7일 이상의 기간을 주어야 한다. 다만, 긴급한 경우에는 그렇지 않다.

② 제1항에 따른 보고 또는 출석의 명령은 문서로 해야 한다.

정답 ④

10 산업안전보건법령상 영업정지의 요청에 관한 설명이다. 다음 ( )안에 들어갈 숫자는?

> 고용노동부장관은 사업주가 산업재해를 발생시킨 경우에는 관계 행정기관의 장에게 관계 법령에 따라 해당 사업의 영업정지나 그 밖의 제재를 할 것을 요청할 수 있다.
> "많은 근로자가 사망하거나 사업장 인근지역에 중대한 피해를 주는 등 대통령령으로 정하는 사고" 란 다음 각 호의 어느 하나를 말한다.
> 1. 해당 재해가 발생한 때부터 그 사고가 주원인이 되어 ( )시간 이내에 2명 이상이 사망하는 재해
> (중략)

① 24
② 48
③ 72
④ 96
⑤ 120

해설

근거조문 법 제159조

제43조(유해위험방지계획서 이행의 확인 등) ① 제42조 제4항에 따라 유해위험방지계획서에 대한 심사를 받은 사업주는 고용노동부령으로 정하는 바에 따라 유해위험방지계획서의 이행에 관하여 고용노동부장관의 확인을 받아야 한다.
② 제42조 제1항 각 호 외의 부분 단서에 따른 사업주는 고용노동부령으로 정하는 바에 따라 유해위험방지계획서의 이행에 관하여 스스로 확인하여야 한다. 다만, 해당 건설공사 중에 근로자가 사망(교통사고 등 고용노동부령으로 정하는 경우는 제외한다)한 경우에는 고용노동부령으로 정하는 바에 따라 유해위험방지계획서의 이행에 관하여 고용노동부장관의 확인을 받아야 한다.
③ 고용노동부장관은 제1항 및 제2항 단서에 따른 확인 결과 유해위험방지계획서대로 유해·위험방지를 위한 조치가 되지 아니하는 경우에는 고용노동부령으로 정하는 바에 따라 <u>시설 등의 개선, 사용중지 또는 작업중지</u> 등 필요한 조치를 명할 수 있다.
④ 제3항에 따른 시설 등의 개선, 사용중지 또는 작업중지 등의 절차 및 방법, 그 밖에 필요한 사항은 고용노동부령으로 정한다.

제159조(영업정지의 요청 등) ① 고용노동부장관은 사업주가 다음 각 호의 어느 하나에 해당하는 산업재해를 발생시킨 경우에는 관계 행정기관의 장에게 관계 법령에 따라 해당 사업의 영업정지나 그 밖의 제재를 할 것을 요청하거나 「공공기관의 운영에 관한 법률」 제4조에 따른 공공기관의 장에게 그 기관이 시행하는 사업의 발주 시 필요한 제한을 해당 사업자에게 할 것을 요청할 수 있다.
1. <u>제38조, 제39조 또는 제63조를 위반하여 많은 근로자가 사망하거나 사업장 인근지역에 중대한 피해를 주는 등 대통령령으로 정하는 사고가 발생한 경우</u>

> **영 제110조(제재 요청 대상 등)** 법 제159조 제1항 제1호에서 "많은 근로자가 사망하거나 사업장 인근지역에 중대한 피해를 주는 등 대통령령으로 정하는 사고"란 다음 각 호의 어느 하나를 말한다.
> 1. 동시에 2명 이상의 근로자가 사망하는 재해 → **72시간 이내에**
> 2. 제43조 제3항 각 호에 따른 사고

2. 제53조 제1항 또는 제3항에 따른 명령을 위반하여 근로자가 업무로 인하여 사망한 경우

② 제1항에 따라 요청을 받은 관계 행정기관의 장 또는 공공기관의 장은 정당한 사유가 없으면 이에 따라야 하며, 그 조치 결과를 고용노동부장관에게 통보하여야 한다.
③ 제1항에 따른 영업정지 등의 요청 절차나 그 밖에 필요한 사항은 고용노동부령으로 정한다.

영 제43조(공정안전보고서의 제출 대상) ① 법 제44조 제1항 전단에서 "대통령령으로 정하는 유해하거나 위험한 설비"란 다음 각 호의 어느 하나에 해당하는 사업을 하는 사업장의 경우에는 그 보유설비를 말하고, 그 외의 사업을 하는 사업장의 경우에는 별표 13에 따른 유해·위험물질 중 하나 이상의 물질을 같은 표에 따른 규정량 이상 제조·취급·저장하는 설비 및 그 설비의 운영과 관련된 모든 공정설비를 말한다.
  1. 원유 정제처리업
  2. 기타 석유정제물 재처리업
  3. 석유화학계 기초화학물질 제조업 또는 합성수지 및 기타 플라스틱물질 제조업. 다만, 합성수지 및 기타 플라스틱물질 제조업은 별표 13 제1호 또는 제2호에 해당하는 경우로 한정한다.
  4. 질소 화합물, 질소·인산 및 칼리질 화학비료 제조업 중 질소질 비료 제조
  5. 복합비료 및 기타 화학비료 제조업 중 복합비료 제조(단순혼합 또는 배합에 의한 경우는 제외한다)
  6. 화학 살균·살충제 및 농업용 약제 제조업[농약 원제(原劑) 제조만 해당한다]
  7. 화약 및 불꽃제품 제조업
② 제1항에도 불구하고 다음 각 호의 설비는 유해하거나 위험한 설비로 보지 않는다.
  1. 원자력 설비
  2. 군사시설
  3. 사업주가 해당 사업장 내에서 직접 사용하기 위한 난방용 연료의 저장설비 및 사용설비
  4. 도매·소매시설
  5. 차량 등의 운송설비
  6. 「액화석유가스의 안전관리 및 사업법」에 따른 액화석유가스의 충전·저장시설
  7. 「도시가스사업법」에 따른 가스공급시설
  8. 그 밖에 고용노동부장관이 누출·화재·폭발 등의 사고가 있더라도 그에 따른 피해의 정도가 크지 않다고 인정하여 고시하는 설비
③ 법 제44조 제1항 전단에서 "대통령령으로 정하는 사고"란 다음 각 호의 어느 하나에 해당하는 사고를 말한다.
  1. 근로자가 사망하거나 부상을 입을 수 있는 제1항에 따른 설비(제2항에 따른 설비는 제외한다. 이하 제2호에서 같다)에서의 누출·화재·폭발 사고
  2. 인근 지역의 주민이 인적 피해를 입을 수 있는 제1항에 따른 설비에서의 누출·화재·폭발 사고

시행규칙 제238조(영업정지의 요청 등) ① 고용노동부장관은 사업주가 법 제159조 제1항 각 호의 어느 하나에 해당하는 경우에는 관계 행정기관 또는 「공공기관의 운영에 관한 법률」 제6조에 따라 공기업으로 지정된 기관의 장에게 해당 사업주에 대하여 다음 각 호의 어느 하나에 해당하는 처분을 할 것을 요청할 수 있다.
  1. 「건설산업기본법」 제82조 제1항 제7호에 따른 영업정지
  2. 「국가를 당사자로 하는 계약에 관한 법률」 제27조, 「지방자치단체를 당사자로 하는 계약에 관한 법률」 제31조 및 「공공기관의 운영에 관한 법률」 제39조에 따른 입찰참가자격의 제한
② 영 제110조 제1호에서 "동시에 2명 이상의 근로자가 사망하는 재해"란 해당 재해가 발생한 때부터 그 사고가 주원인이 되어 72시간 이내에 2명 이상이 사망하는 재해를 말한다.

정답 ③

11 산업안전보건법령상 서류의 보존에 관한 설명으로 옳지 않은 것은?

① 안전인증 또는 안전검사의 업무를 위탁받은 안전인증기관 또는 안전검사기관은 안전인증·안전검사에 관한 사항으로서 고용노동부령으로 정하는 서류를 3년 동안 보존하여야 한다.
② 자율안전확인대상기계등을 제조하거나 수입하는 자는 자율안전기준에 맞는 것임을 증명하는 서류를 2년 동안 보존하여야 한다.
③ 일반석면조사를 한 건축물·설비소유주등은 그 결과에 관한 서류를 그 건축물이나 설비에 대한 해체·제거작업이 종료될 때까지 보존하여야 하고, 기관석면조사를 한 건축물·설비소유주등과 석면조사기관은 그 결과에 관한 서류를 3년 동안 보존하여야 한다.
④ 산업안전보건위원회 및 노사협의체의 회의록은 2년 동안 보존하여야 한다.
⑤ 지도사는 그 업무에 관한 사항으로서 고용노동부령으로 정하는 사항을 적은 서류를 3년 동안 보존하여야 한다.

> **해설**

근거조문 법 제164조

제164조(서류의 보존) ① 사업주는 다음 각 호의 서류를 3년(제2호의 경우 2년을 말한다) 동안 보존하여야 한다. 다만, 고용노동부령으로 정하는 바에 따라 보존기간을 연장할 수 있다.
  1. 안전보건관리책임자·안전관리자·보건관리자·안전보건관리담당자 및 산업보건의의 선임에 관한 서류
  2. 제24조 제3항 및 제75조 제4항에 따른 회의록
  3. 안전조치 및 보건조치에 관한 사항으로서 고용노동부령으로 정하는 사항을 적은 서류
  4. 제57조 제2항에 따른 산업재해의 발생 원인 등 기록
  5. 제108조 제1항 본문 및 제109조 제1항에 따른 화학물질의 유해성·위험성 조사에 관한 서류
  6. 제125조에 따른 작업환경측정에 관한 서류
  7. 제129조부터 제131조까지의 규정에 따른 건강진단에 관한 서류
② 안전인증 또는 안전검사의 업무를 위탁받은 안전인증기관 또는 안전검사기관은 안전인증·안전검사에 관한 사항으로서 고용노동부령으로 정하는 서류를 3년 동안 보존하여야 하고, 안전인증을 받은 자는 제84조 제5항에 따라 안전인증대상기계등에 대하여 기록한 서류를 3년 동안 보존하여야 하며, 자율안전확인대상기계등을 제조하거나 수입하는 자는 자율안전기준에 맞는 것임을 증명하는 서류를 2년 동안 보존하여야 하고, 제98조 제1항에 따라 자율안전검사를 받은 자는 자율검사프로그램에 따라 실시한 검사 결과에 대한 서류를 2년 동안 보존하여야 한다.
③ 일반석면조사를 한 건축물·설비소유주등은 그 결과에 관한 서류를 그 건축물이나 설비에 대한 해체·제거작업이 종료될 때까지 보존하여야 하고, 기관석면조사를 한 건축물·설비소유주등과 석면조사기관은 그 결과에 관한 서류를 3년 동안 보존하여야 한다.
④ 작업환경측정기관은 작업환경측정에 관한 사항으로서 고용노동부령으로 정하는 사항을 적은 서류를 3년 동안 보존하여야 한다.
⑤ 지도사는 그 업무에 관한 사항으로서 고용노동부령으로 정하는 사항을 적은 서류를 5년 동안 보존하여야 한다.
⑥ 석면해체·제거업자는 제122조 제3항에 따른 석면해체·제거작업에 관한 서류 중 고용노동부령으로 정하는 서류를 30년 동안 보존하여야 한다.

⑦ 제1항부터 제6항까지의 경우 전산입력자료가 있을 때에는 그 서류를 대신하여 전산입력자료를 보존할 수 있다.

> **시행규칙 제241조(서류의 보존)** ① 법 제164조 제1항 단서에 따라 제188조에 따른 작업환경측정 결과를 기록한 서류는 보존(전자적 방법으로 하는 보존을 포함한다)기간을 5년으로 한다. 다만, 고용노동부장관이 정하여 고시하는 물질에 대한 기록이 포함된 서류는 그 보존기간을 30년으로 한다.
> ② 법 제164조 제1항 단서에 따라 사업주는 제209조 제3항에 따라 송부 받은 건강진단 결과표 및 법 제133조 단서에 따라 근로자가 제출한 건강진단 결과를 증명하는 서류(이들 자료가 전산입력된 경우에는 그 전산입력된 자료를 말한다)를 5년간 보존해야 한다. 다만, 고용노동부장관이 정하여 고시하는 물질을 취급하는 근로자에 대한 건강진단 결과의 서류 또는 전산입력 자료는 30년간 보존해야 한다.
> ③ 법 제164조 제2항에서 "고용노동부령으로 정하는 서류"란 다음 각 호의 서류를 말한다.
>   1. 제108조 제1항에 따른 안전인증 신청서(첨부서류를 포함한다) 및 제110조에 따른 심사와 관련하여 인증기관이 작성한 서류
>   2. 제124조에 따른 안전검사 신청서 및 검사와 관련하여 안전검사기관이 작성한 서류
> ④ 법 제164조 제4항에서 "고용노동부령으로 정하는 사항"이란 다음 각 호를 말한다.
>   1. 측정 대상 사업장의 명칭 및 소재지
>   2. 측정 연월일
>   3. 측정을 한 사람의 성명
>   4. 측정방법 및 측정 결과
>   5. 기기를 사용하여 분석한 경우에는 분석자·분석방법 및 분석자료 등 분석과 관련된 사항
> ⑤ 법 제164조 제5항에서 "고용노동부령으로 정하는 사항"이란 다음 각 호를 말한다.
>   1. 의뢰자의 성명(법인인 경우에는 그 명칭을 말한다) 및 주소
>   2. 의뢰를 받은 연월일
>   3. 실시항목
>   4. 의뢰자로부터 받은 보수액
> ⑥ 법 제164조 제6항에서 "고용노동부령으로 정하는 사항"이란 다음 각 호를 말한다.
>   1. 석면해체·제거작업장의 명칭 및 소재지
>   2. 석면해체·제거작업 근로자의 인적사항(성명, 생년월일 등을 말한다)
>   3. 작업의 내용 및 작업기간

정답 ⑤

12 산업안전보건법령상 작업 중 근로자가 추락할 위험이 있는 장소임에도 불구하고 사업주가 그 위험을 방지하기 위하여 필요한 조치를 취하지 않아 근로자가 사망한 경우, 사업주에게 과해지는 벌칙의 내용으로 옳은 것은?

① 7년 이하의 징역 또는 1억원 이하의 벌금
② 5년 이하의 징역 또는 5천만원 이하의 벌금
③ 3년 이하의 징역 또는 3천만원 이하의 벌금
④ 3년 이상의 징역 또는 10억원 이하의 과징금
⑤ 1년 이상의 징역 또는 5억원 이하의 과징금

> 해설

> 근거조문 ▶ 법 제167조

제167조(벌칙) ① 제38조 제1항부터 제3항까지(제166조의2에서 준용하는 경우를 포함한다), 제39조 제1항(제166조의2에서 준용하는 경우를 포함한다) 또는 제63조(제166조의2에서 준용하는 경우를 포함한다)를 위반하여 근로자를 사망에 이르게 한 자는 7년 이하의 징역 또는 1억원 이하의 벌금에 처한다.
→ 안전조치 또는 보건조치 위반
② 제1항의 죄로 형을 선고받고 그 형이 확정된 후 5년 이내에 다시 제1항의 죄를 저지른 자는 그 형의 2분의 1까지 가중한다.

제168조(벌칙) 다음 각 호의 어느 하나에 해당하는 자는 5년 이하의 징역 또는 5천만원 이하의 벌금에 처한다.
1. 제38조 제1항부터 제3항까지(제166조의2에서 준용하는 경우를 포함한다), 제39조 제1항(제166조의2에서 준용하는 경우를 포함한다), 제51조(제166조의2에서 준용하는 경우를 포함한다), 제54조 제1항(제166조의2에서 준용하는 경우를 포함한다), **제117조 제1항**, **제118조 제1항**, 제122조 제1항 또는 제157조 제3항(제166조의2에서 준용하는 경우를 포함한다)을 위반한 자
2. **제42조 제4항 후단**, 제53조 제3항(제166조의2에서 준용하는 경우를 포함한다), 제55조 제1항(제166조의2에서 준용하는 경우를 포함한다)·제2항(제166조의2에서 준용하는 경우를 포함한다) 또는 제118조 제5항에 따른 명령을 위반한 자

제51조(사업주의 작업중지) 사업주는 산업재해가 발생할 급박한 위험이 있을 때에는 즉시 작업을 중지시키고 근로자를 작업장소에서 대피시키는 등 안전 및 보건에 관하여 필요한 조치를 하여야 한다.

제54조(중대재해 발생 시 사업주의 조치) ① 사업주는 중대재해가 발생하였을 때에는 즉시 해당 작업을 중지시키고 근로자를 작업장소에서 대피시키는 등 안전 및 보건에 관하여 필요한 조치를 하여야 한다.
② 사업주는 중대재해가 발생한 사실을 알게 된 경우에는 고용노동부령으로 정하는 바에 따라 지체 없이 고용노동부장관에게 보고하여야 한다. 다만, 천재지변 등 부득이한 사유가 발생한 경우에는 그 사유가 소멸되면 지체 없이 보고하여야 한다.

제117조(유해·위험물질의 제조 등 금지) ① 누구든지 다음 각 호의 어느 하나에 해당하는 물질로서 대통령령으로 정하는 물질(이하 "제조등금지물질"이라 한다)을 제조·수입·양도·제공 또는 사용해서는 아니 된다.
  1. 직업성 암을 유발하는 것으로 확인되어 근로자의 건강에 특히 해롭다고 인정되는 물질
  2. 제105조 제1항에 따라 유해성·위험성이 평가된 유해인자나 제109조에 따라 유해성·위험성이 조사된 화학물질 중 근로자에게 중대한 건강장해를 일으킬 우려가 있는 물질
② 제1항에도 불구하고 시험·연구 또는 검사 목적의 경우로서 다음 각 호의 어느 하나에 해당하는 경우에는 제조등금지물질을 제조·수입·양도·제공 또는 사용할 수 있다.
  1. 제조·수입 또는 사용을 위하여 고용노동부령으로 정하는 요건을 갖추어 고용노동부장관의 승인을 받은 경우
  2. 「화학물질관리법」 제18조 제1항 단서에 따른 금지물질의 판매 허가를 받은 자가 같은 항 단서에 따라 판매 허가를 받은 자나 제1호에 따라 사용 승인을 받은 자에게 제조등금지물질을 양도 또는 제공하는 경우
③ 고용노동부장관은 제2항 제1호에 따른 승인을 받은 자가 같은 호에 따른 승인요건에 적합하지 아니하게 된 경우에는 승인을 취소하여야 한다.
④ 제2항 제1호에 따른 승인 절차, 승인 취소 절차, 그 밖에 필요한 사항은 고용노동부령으로 정한다.

제118조(유해·위험물질의 제조 등 허가) ① 제117조 제1항 각 호의 어느 하나에 해당하는 물질로서 대체물질이 개발되지 아니한 물질 등 대통령령으로 정하는 물질(이하 "허가대상물질"이라 한다)을 제조하거나 사용하려는 자는 고용노동부장관의 허가를 받아야 한다. 허가받은 사항을 변경할 때에도 또한 같다.

② 허가대상물질의 제조·사용설비, 작업방법, 그 밖의 허가기준은 고용노동부령으로 정한다.

③ 제1항에 따라 허가를 받은 자(이하 "허가대상물질제조·사용자"라 한다)는 그 제조·사용설비를 제2항에 따른 허가기준에 적합하도록 유지하여야 하며, 그 기준에 적합한 작업방법으로 허가대상물질을 제조·사용하여야 한다.

④ 고용노동부장관은 허가대상물질제조·사용자의 제조·사용설비 또는 작업방법이 제2항에 따른 허가기준에 적합하지 아니하다고 인정될 때에는 그 기준에 적합하도록 제조·사용설비를 수리·개조 또는 이전하도록 하거나 그 기준에 적합한 작업방법으로 그 물질을 제조·사용하도록 명할 수 있다.

⑤ 고용노동부장관은 허가대상물질제조·사용자가 다음 각 호의 어느 하나에 해당하면 그 허가를 취소하거나 6개월 이내의 기간을 정하여 영업을 정지하게 할 수 있다. 다만, 제1호에 해당할 때에는 그 허가를 취소하여야 한다.
  1. 거짓이나 그 밖의 부정한 방법으로 허가를 받은 경우
  2. 제2항에 따른 허가기준에 맞지 아니하게 된 경우
  3. 제3항을 위반한 경우
  4. 제4항에 따른 명령을 위반한 경우
  5. 자체검사 결과 이상을 발견하고도 즉시 보수 및 필요한 조치를 하지 아니한 경우

⑥ 제1항에 따른 허가의 신청절차, 그 밖에 필요한 사항은 고용노동부령으로 정한다.

제122조(석면의 해체·제거) ① 기관석면조사 대상인 건축물이나 설비에 대통령령으로 정하는 함유량과 면적 이상의 석면이 포함되어 있는 경우 해당 건축물·설비소유주등은 석면해체·제거업자로 하여금 그 석면을 해체·제거하도록 하여야 한다. 다만, 건축물·설비소유주등이 인력·장비 등에서 석면해체·제거업자와 동등한 능력을 갖추고 있는 경우 등 대통령령으로 정하는 사유에 해당할 경우에는 스스로 석면을 해체·제거할 수 있다. <개정 2020. 5. 26.>

② 제1항에 따른 석면해체·제거는 해당 건축물이나 설비에 대하여 기관석면조사를 실시한 기관이 해서는 아니 된다.

③ 석면해체·제거업자(제1항 단서의 경우에는 건축물·설비소유주등을 말한다. 이하 제124조에서 같다)는 제1항에 따른 석면해체·제거작업을 하기 전에 고용노동부령으로 정하는 바에 따라 고용노동부장관에게 신고하고, 제1항에 따른 석면해체·제거작업에 관한 서류를 보존하여야 한다.

④ 고용노동부장관은 제3항에 따른 신고를 받은 경우 그 내용을 검토하여 이 법에 적합하면 신고를 수리하여야 한다.

⑤ 제3항에 따른 신고 절차, 그 밖에 필요한 사항은 고용노동부령으로 정한다.

제157조(감독기관에 대한 신고) ① 사업장에서 이 법 또는 이 법에 따른 명령을 위반한 사실이 있으면 근로자는 그 사실을 고용노동부장관 또는 근로감독관에게 신고할 수 있다.

② 「의료법」 제2조에 따른 의사·치과의사 또는 한의사는 3일 이상의 입원치료가 필요한 부상 또는 질병이 환자의 업무와 관련성이 있다고 판단할 경우에는 「의료법」 제19조 제1항에도 불구하고 치료과정에서 알게 된 정보를 고용노동부장관에게 신고할 수 있다.

③ 사업주는 제1항에 따른 신고를 이유로 해당 근로자에 대하여 해고나 그 밖의 불리한 처우를 해서는 아니 된다.

제42조(유해위험방지계획서의 작성·제출 등) ① 사업주는 다음 각 호의 어느 하나에 해당하는 경우에는 이 법 또는 이 법에 따른 명령에서 정하는 유해·위험 방지에 관한 사항을 적은 계획서(이하 "유해위험방지계획서"라 한다)를 작성하여 고용노동부령으로 정하는 바에 따라 고용노동부장관에게 제출하고 심사를 받아야 한다. 다만, 제3호에 해당하는 사업주 중 산업재해발생률 등을 고려하여 고용노동부령으로 정하는 기준에 해당하는 사업주는 유해위험방지계획서를 스스로 심사하고, 그 심사결과서를 작성하여 고용노동부장관에게 제출하여야 한다. <개정 2020. 5. 26.>

1. 대통령령으로 정하는 사업의 종류 및 규모에 해당하는 사업으로서 해당 제품의 생산 공정과 직접적으로 관련된 건설물·기계·기구 및 설비 등 전부를 설치·이전하거나 그 주요 구조부분을 변경하려는 경우
2. 유해하거나 위험한 작업 또는 장소에서 사용하거나 건강장해를 방지하기 위하여 사용하는 기계·기구 및 설비로서 대통령령으로 정하는 기계·기구 및 설비를 설치·이전하거나 그 주요 구조부분을 변경하려는 경우
3. 대통령령으로 정하는 크기, 높이 등에 해당하는 건설공사를 착공하려는 경우

② 제1항 제3호에 따른 건설공사를 착공하려는 사업주(제1항 각 호 외의 부분 단서에 따른 사업주는 제외한다)는 유해위험방지계획서를 작성할 때 건설안전 분야의 자격 등 고용노동부령으로 정하는 자격을 갖춘 자의 의견을 들어야 한다.

③ 제1항에도 불구하고 사업주가 제44조 제1항에 따라 공정안전보고서를 고용노동부장관에게 제출한 경우에는 해당 유해·위험설비에 대해서는 유해위험방지계획서를 제출한 것으로 본다.

④ 고용노동부장관은 제1항 각 호 외의 부분 본문에 따라 제출된 유해위험방지계획서를 고용노동부령으로 정하는 바에 따라 심사하여 그 결과를 사업주에게 서면으로 알려 주어야 한다. 이 경우 근로자의 안전 및 보건의 유지·증진을 위하여 필요하다고 인정하는 경우에는 해당 작업 또는 건설공사를 중지하거나 유해위험방지계획서를 변경할 것을 명할 수 있다.

⑤ 제1항에 따른 사업주는 같은 항 각 호 외의 부분 단서에 따라 스스로 심사하거나 제4항에 따라 고용노동부장관이 심사한 유해위험방지계획서와 그 심사결과서를 사업장에 갖추어 두어야 한다.

⑥ 제1항 제3호에 따른 건설공사를 착공하려는 사업주로서 제5항에 따라 유해위험방지계획서 및 그 심사결과서를 사업장에 갖추어 둔 사업주는 해당 건설공사의 공법의 변경 등으로 인하여 그 유해위험방지계획서를 변경할 필요가 있는 경우에는 이를 변경하여 갖추어 두어야 한다.

제53조(고용노동부장관의 시정조치 등) ① 고용노동부장관은 사업주가 사업장의 건설물 또는 그 부속건설물 및 기계·기구·설비·원재료(이하 "기계·설비등"이라 한다)에 대하여 안전 및 보건에 관하여 고용노동부령으로 정하는 필요한 조치를 하지 아니하여 근로자에게 현저한 유해·위험이 초래될 우려가 있다고 판단될 때에는 해당 기계·설비등에 대하여 사용중지·대체·제거 또는 시설의 개선, 그 밖에 안전 및 보건에 관하여 고용노동부령으로 정하는 필요한 조치(이하 "시정조치"라 한다)를 명할 수 있다.

② 제1항에 따라 시정조치 명령을 받은 사업주는 해당 기계·설비등에 대하여 시정조치를 완료할 때까지 시정조치 명령 사항을 사업장 내에 근로자가 쉽게 볼 수 있는 장소에 게시하여야 한다.

③ 고용노동부장관은 사업주가 해당 기계·설비등에 대한 시정조치 명령을 이행하지 아니하여 유해·위험 상태가 해소 또는 개선되지 아니하거나 근로자에 대한 유해·위험이 현저히 높아질 우려가 있는 경우에는 해당 기계·설비등과 관련된 작업의 전부 또는 일부의 중지를 명할 수 있다.

④ 제1항에 따른 사용중지 명령 또는 제3항에 따른 작업중지 명령을 받은 사업주는 그 시정조치를 완료한 경우에는 고용노동부장관에게 제1항에 따른 사용중지 또는 제3항에 따른 작업중지의 해제를 요청할 수 있다.

⑤ 고용노동부장관은 제4항에 따른 해제 요청에 대하여 시정조치가 완료되었다고 판단될 때에는 제1항에 따른 사용중지 또는 제3항에 따른 작업중지를 해제하여야 한다.

제55조(중대재해 발생 시 고용노동부장관의 작업중지 조치) ① 고용노동부장관은 중대재해가 발생하였을 때 다음 각 호의 어느 하나에 해당하는 작업으로 인하여 해당 사업장에 산업재해가 다시 발생할 급박한 위험이 있다고 판단되는 경우에는 그 작업의 중지를 명할 수 있다.
1. 중대재해가 발생한 해당 작업
2. 중대재해가 발생한 작업과 동일한 작업

② 고용노동부장관은 토사·구축물의 붕괴, 화재·폭발, 유해하거나 위험한 물질의 누출 등으로 인하여 중대재해가 발생하여 그 재해가 발생한 장소 주변으로 산업재해가 확산될 수 있다고 판단되는 등 불가피한 경우에는 해당 사업장의 작업을 중지할 수 있다.

③ 고용노동부장관은 사업주가 제1항 또는 제2항에 따른 작업중지의 해제를 요청한 경우에는 작업중지 해제에 관한 전문가 등으로 구성된 심의위원회의 심의를 거쳐 고용노동부령으로 정하는 바에 따라 제1항 또는 제2항에 따른 작업중지를 해제하여야 한다.

④ 제3항에 따른 작업중지 해제의 요청 절차 및 방법, 심의위원회의 구성·운영, 그 밖에 필요한 사항은 고용노동부령으로 정한다.

제169조(벌칙) 다음 각 호의 어느 하나에 해당하는 자는 3년 이하의 징역 또는 3천만원 이하의 벌금에 처한다.

1. **제44조 제1항 후단**, 제63조(제166조의2에서 준용하는 경우를 포함한다), 제76조, 제81조, 제82조 제2항, 제84조 제1항, **제87조 제1항**, **제118조 제3항**, 제123조 제1항, 제139조 제1항 또는 제140조 제1항(제166조의2에서 준용하는 경우를 포함한다)을 위반한 자
2. 제45조 제1항 후단, 제46조 제5항, 제53조 제1항(제166조의2에서 준용하는 경우를 포함한다), 제87조 제2항, **제118조 제4항**, 제119조 제4항 또는 제131조 제1항(제166조의2에서 준용하는 경우를 포함한다)에 따른 명령을 위반한 자
3. 제58조 제3항 또는 같은 조 제5항 후단(제59조 제2항에 따라 준용되는 경우를 포함한다)에 따른 안전 및 보건에 관한 평가 업무를 제165조 제2항에 따라 위탁받은 자로서 그 업무를 거짓이나 그 밖의 부정한 방법으로 수행한 자
4. 제84조 제1항 및 제3항에 따른 안전인증 업무를 제165조 제2항에 따라 위탁받은 자로서 그 업무를 거짓이나 그 밖의 부정한 방법으로 수행한 자
5. 제93조 제1항에 따른 안전검사 업무를 제165조 제2항에 따라 위탁받은 자로서 그 업무를 거짓이나 그 밖의 부정한 방법으로 수행한 자
6. 제98조에 따른 자율검사프로그램에 따른 안전검사 업무를 거짓이나 그 밖의 부정한 방법으로 수행한 자

제44조(공정안전보고서의 작성·제출) ① 사업주는 사업장에 대통령령으로 정하는 유해하거나 위험한 설비가 있는 경우 그 설비로부터의 위험물질 누출, 화재 및 폭발 등으로 인하여 사업장 내의 근로자에게 즉시 피해를 주거나 사업장 인근 지역에 피해를 줄 수 있는 사고로서 대통령령으로 정하는 사고(이하 "중대산업사고"라 한다)를 예방하기 위하여 대통령령으로 정하는 바에 따라 공정안전보고서를 작성하고 고용노동부장관에게 제출하여 심사를 받아야 한다. 이 경우 공정안전보고서의 내용이 중대산업사고를 예방하기 위하여 적합하다고 통보받기 전에는 관련된 유해하거나 위험한 설비를 가동해서는 아니 된다.

② 사업주는 제1항에 따라 공정안전보고서를 작성할 때 산업안전보건위원회의 심의를 거쳐야 한다. 다만, 산업안전보건위원회가 설치되어 있지 아니한 사업장의 경우에는 근로자대표의 의견을 들어야 한다.

제87조(안전인증대상기계등의 제조 등의 금지 등) ① 누구든지 다음 각 호의 어느 하나에 해당하는 안전인증대상기계등을 제조·수입·양도·대여·사용하거나 양도·대여의 목적으로 진열할 수 없다.

1. 제84조 제1항에 따른 안전인증을 받지 아니한 경우(같은 조 제2항에 따라 안전인증이 전부 면제되는 경우는 제외한다)
2. 안전인증기준에 맞지 아니하게 된 경우
3. 제86조 제1항에 따라 안전인증이 취소되거나 안전인증표시의 사용 금지 명령을 받은 경우

② 고용노동부장관은 제1항을 위반하여 안전인증대상기계등을 제조·수입·양도·대여하는 자에게 고용노동부령으로 정하는 바에 따라 그 안전인증대상기계등을 수거하거나 파기할 것을 명할 수 있다.

제170조(벌칙) 다음 각 호의 어느 하나에 해당하는 자는 1년 이하의 징역 또는 1천만원 이하의 벌금에 처한다.
1. 제41조 제3항(제166조의2에서 준용하는 경우를 포함한다)을 위반하여 해고나 그 밖의 불리한 처우를 한 자
2. 제56조 제3항(제166조의2에서 준용하는 경우를 포함한다)을 위반하여 중대재해 발생 현장을 **훼손**하거나 고용노동부장관의 **원인조사를 방해**한 자
3. 제57조 제1항(제166조의2에서 준용하는 경우를 포함한다)을 <u>위반하여</u> 산업재해 발생 사실을 은폐한 자 또는 그 발생 사실을 **은폐**하도록 교사(敎唆)하거나 공모(共謀)한 자
4. 제65조 제1항, **제80조 제1항·제2항·제4항**, **제85조 제2항·제3항**, 제92조 제1항, 제141조 제4항 또는 제162조를 위반한 자
5. **제85조 제4항** 또는 제92조 제2항에 따른 명령을 위반한 자
6. 제101조에 따른 <u>조사, 수거 또는 성능시험을 방해하거나 거부한 자</u>
7. 제153조 제1항을 위반하여 다른 사람에게 자기의 성명이나 사무소의 명칭을 사용하여 지도사의 직무를 수행하게 하거나 자격증·등록증을 대여한 사람
8. 제153조 제2항을 위반하여 지도사의 성명이나 사무소의 명칭을 사용하여 지도사의 직무를 수행하거나 자격증·등록증을 대여받거나 이를 알선한 사람

제56조(중대재해 원인조사 등) ① 고용노동부장관은 중대재해가 발생하였을 때에는 그 원인 규명 또는 산업재해 예방대책 수립을 위하여 그 발생 원인을 조사할 수 있다.
② 고용노동부장관은 중대재해가 발생한 사업장의 사업주에게 안전보건개선계획의 수립·시행, 그 밖에 필요한 조치를 명할 수 있다.
③ 누구든지 중대재해 발생 현장을 훼손하거나 제1항에 따른 고용노동부장관의 원인조사를 방해해서는 아니 된다.
④ 중대재해가 발생한 사업장에 대한 원인조사의 내용 및 절차, 그 밖에 필요한 사항은 고용노동부령으로 정한다.

제80조(유해하거나 위험한 기계·기구에 대한 방호조치) ① 누구든지 동력(動力)으로 작동하는 기계·기구로서 대통령령으로 정하는 것은 고용노동부령으로 정하는 유해·위험 방지를 위한 방호조치를 하지 아니하고는 양도, 대여, 설치 또는 사용에 제공하거나 양도·대여의 목적으로 진열해서는 아니 된다.
② 누구든지 동력으로 작동하는 기계·기구로서 다음 각 호의 어느 하나에 해당하는 것은 고용노동부령으로 정하는 방호조치를 하지 아니하고는 양도, 대여, 설치 또는 사용에 제공하거나 양도·대여의 목적으로 진열해서는 아니 된다.
  1. 작동 부분에 돌기 부분이 있는 것
  2. 동력전달 부분 또는 속도조절 부분이 있는 것
  3. 회전기계에 물체 등이 말려 들어갈 부분이 있는 것
③ 사업주는 제1항 및 제2항에 따른 방호조치가 정상적인 기능을 발휘할 수 있도록 방호조치와 관련되는 장치를 상시적으로 점검하고 정비하여야 한다.
④ 사업주와 근로자는 제1항 및 제2항에 따른 방호조치를 해체하려는 경우 등 고용노동부령으로 정하는 경우에는 필요한 안전조치 및 보건조치를 하여야 한다.

시행규칙 제98조(방호조치) ① 법 제80조 제1항에 따라 영 제70조 및 영 별표 20의 기계·기구에 설치해야 할 방호장치는 다음 각 호와 같다.
  1. 영 별표 20 제1호에 따른 예초기: 날접촉 예방장치
  2. 영 별표 20 제2호에 따른 원심기: 회전체 접촉 예방장치
  3. 영 별표 20 제3호에 따른 공기압축기: 압력방출장치
  4. 영 별표 20 제4호에 따른 금속절단기: 날접촉 예방장치
  5. 영 별표 20 제5호에 따른 지게차: 헤드 가드, 백레스트(backrest), 전조등, 후미등, 안전벨트
  6. 영 별표 20 제6호에 따른 포장기계: 구동부 방호 연동장치

② 법 제80조 제2항에서 "고용노동부령으로 정하는 방호조치"란 다음 각 호의 방호조치를 말한다.
1. 작동 부분의 돌기부분은 묻힘형으로 하거나 덮개를 부착할 것
2. 동력전달부분 및 속도조절부분에는 덮개를 부착하거나 방호망을 설치할 것
3. 회전기계의 물림점(롤러나 톱니바퀴 등 반대방향의 두 회전체에 물려 들어가는 위험점)에는 덮개 또는 울을 설치할 것
③ 제1항 및 제2항에 따른 방호조치에 필요한 사항은 고용노동부장관이 정하여 고시한다.

제85조(안전인증의 표시 등) ① 안전인증을 받은 자는 안전인증을 받은 유해·위험기계등이나 이를 담은 용기 또는 포장에 고용노동부령으로 정하는 바에 따라 안전인증의 표시(이하 "안전인증표시"라 한다)를 하여야 한다.
② 안전인증을 받은 유해·위험기계등이 아닌 것은 안전인증표시 또는 이와 유사한 표시를 하거나 안전인증에 관한 광고를 해서는 아니 된다.
③ 안전인증을 받은 유해·위험기계등을 제조·수입·양도·대여하는 자는 안전인증표시를 임의로 변경하거나 제거해서는 아니 된다.
④ 고용노동부장관은 다음 각 호의 어느 하나에 해당하는 경우에는 안전인증표시나 이와 유사한 표시를 제거할 것을 명하여야 한다.
1. 제2항을 위반하여 안전인증표시나 이와 유사한 표시를 한 경우
2. 제86조 제1항에 따라 안전인증이 취소되거나 안전인증표시의 사용 금지 명령을 받은 경우

제170조의2(벌칙) 제174조 제1항에 따라 이수명령을 부과받은 사람이 보호관찰소의 장 또는 교정시설의 장의 이수명령 이행에 관한 지시에 따르지 아니하여 「보호관찰 등에 관한 법률」 또는 「형의 집행 및 수용자의 처우에 관한 법률」에 따른 경고를 받은 후 재차 정당한 사유 없이 이수명령 이행에 관한 지시에 따르지 아니한 경우에는 다음 각 호에 따른다.
1. 벌금형과 병과된 경우는 500만원 이하의 벌금에 처한다.
2. 징역형 이상의 실형과 병과된 경우에는 1년 이하의 징역 또는 1천만원 이하의 벌금에 처한다.

제171조(벌칙) 다음 각 호의 어느 하나에 해당하는 자는 **1천만원 이하의 벌금**에 처한다.
1. 제69조 제1항·제2항, 제89조 제1항, 제90조 제2항·제3항, 제108조 제2항, 제109조 제2항 또는 제138조 제1항(제166조의2에서 준용하는 경우를 포함한다)·제2항을 위반한 자
2. 제90조 제4항, 제108조 제4항 또는 제109조 제3항에 따른 명령을 위반한 자
3. 제125조 제6항을 위반하여 해당 시설·설비의 설치·개선 또는 건강진단의 실시 등의 **조치를 하지 아니한 자**
4. 제132조 제4항을 위반하여 작업장소 변경 등의 적절한 **조치**를 하지 아니한 자

제172조(벌칙) 제64조 제1항 또는 제2항을 위반한 자는 500만원 이하의 벌금에 처한다.

제64조(도급에 따른 산업재해 예방조치) ① 도급인은 관계수급인 근로자가 도급인의 사업장에서 작업을 하는 경우 다음 각 호의 사항을 이행하여야 한다.
1. 도급인과 수급인을 구성원으로 하는 안전 및 보건에 관한 협의체의 구성 및 운영
2. 작업장 순회점검
3. 관계수급인이 근로자에게 하는 제29조 제1항부터 제3항까지의 규정에 따른 안전보건교육을 위한 장소 및 자료의 제공 등 지원
4. 관계수급인이 근로자에게 하는 제29조 제3항에 따른 안전보건교육의 실시 확인
5. 다음 각 목의 어느 하나의 경우에 대비한 경보체계 운영과 대피방법 등 훈련
   가. 작업 장소에서 발파작업을 하는 경우
   나. 작업 장소에서 화재·폭발, 토사·구축물 등의 붕괴 또는 지진 등이 발생한 경우
6. 위생시설 등 고용노동부령으로 정하는 시설의 설치 등을 위하여 필요한 장소의 제공 또는 도급인이 설치한 위생시설 이용의 협조

② 제1항에 따른 도급인은 고용노동부령으로 정하는 바에 따라 자신의 근로자 및 관계수급인 근로자와 함께 정기적으로 또는 수시로 작업장의 안전 및 보건에 관한 점검을 하여야 한다.
③ 제1항에 따른 안전 및 보건에 관한 협의체 구성 및 운영, 작업장 순회점검, 안전보건교육 지원, 그 밖에 필요한 사항은 고용노동부령으로 정한다.

정답 ①

13 산업안전보건법령상 3년 이하의 징역 또는 3천만원 이하의 벌금에 처하게 될 수 있는 자는?

① 중대재해 발생현장을 훼손한 자
② 공정안전보고서의 내용이 중대산업사고를 예방하기 위하여 적합하다고 통보받기 전에 관련 설비를 가동한 자
③ 동력으로 작동하는 기계·기구로서 작동부분의 돌기부분을 묻힘형으로 하지 않거나 덮개를 부착하지 않고 양도한 자
④ 안전인증을 받지 않은 유해·위험한 기계·기구·설비등에 안전인증표시를 한 자
⑤ 작업환경측정 결과에 따라 근로자의 건강을 보호하기 위하여 해당 시설·설비의 설치·개선 또는 건강진단의 실시 등의 조치를 하지 아니한 자

해설

근거조문 법 제167조 이하

정답 ②

14 산업안전보건법령상 산업재해 발생 사실을 은폐하도록 교사(敎唆)하거나 공모(共謀)한 자에게 적용되는 벌칙은?

① 500만원 이하의 벌금
② 1년 이하의 징역 또는 1천만원 이하의 벌금
③ 3년 이하의 징역 또는 3천만원 이하의 벌금
④ 5년 이하의 징역 또는 5천만원 이하의 벌금
⑤ 7년 이하의 징역 또는 1억원 이하의 벌금

해설

근거조문 법 제167조 이하

정답 ②

15 산업안전보건법령상의 벌칙에 관한 설명으로 옳지 않은 것은?

① 안전조치를 위반하여 근로자를 사망에 이르게 한 자는 7년 이하의 징역이나 1억원 이하의 벌금에 처한다.
② 중대재해 발생 시 사업주는 작업을 중지시키고 근로자를 작업장소에서 대피하는 조치를 하여야 함에도 이를 어긴 경우는 5년 이하의 징역이나 5천만원 이하의 벌금에 처한다.
③ 제조 등금지물질을 제조·수입·양도·제공 또는 사용해서는 아니 됨에도 불구하고 이를 어긴 경우 5년 이하의 징역이나 5천만원 이하의 벌금에 처한다.
④ 안전인증을 받지 아니하고 안전인증대상기계등을 제조·수입·양도·대여·사용한 경우에는 3년 이하의 징역이나 3천만원 이하의 벌금에 처한다.
⑤ 회전기계의 물림점(롤러나 톱니바퀴 등 반대방향의 두 회전체에 물려 들어가는 위험점)에는 덮개 또는 울을 설치하지 아니한 경우에는 3년 이하의 징역이나 3천만원 이하의 벌금에 처한다.

해설

근거조문 법 제167조 이하

정답 ⑤

16 산업안전보건법령상의 벌칙에 관한 설명으로 옳지 않은 것은?

① 다른 사람에게 자기의 성명이나 사무소의 명칭을 사용하여 지도사의 직무를 수행하게 하거나 자격증·등록증을 대여한 사람은 1년 이하의 징역이나 1천만원 이하의 벌금에 처한다.
② 산업재해 발생 사실을 은폐한 자 또는 그 발생 사실을 은폐하도록 교사(敎唆)하거나 공모(共謀)한 자는 1년 이하의 징역이나 1천만원 이하의 벌금에 처한다.
③ 공정안전보고서의 내용이 중대산업사고를 예방하기 위하여 적합하다고 통보받기 전에 관련된 유해하거나 위험한 설비를 가동한 경우에는 3년 이하의 징역이나 3천만원 이하의 벌금에 처한다.
④ 근로자의 안전 및 보건의 유지·증진을 위하여 필요하다고 인정하는 경우에는 해당 작업 또는 건설공사에 관한 고용노동부장관의 중지명령이나 유해위험방지계획서를 변경 명령을 어긴 경우에는 3년 이하의 징역이나 3천만원 이하의 벌금에 처한다.
⑤ 보건조치를 위반하여 근로자를 사망에 이르게 한 자는 7년 이하의 징역이나 1억원 이하의 벌금에 처한다.

해설

근거조문 법 제167조 이하

정답 ④

17 산업안전보건법령상의 벌칙에 관한 설명으로 옳지 않은 것은?

① 허가대상물질을 제조하거나 사용하려는 자가 고용노동부장관의 허가 없이 제조·사용 또는 허가받은 사항을 변경한 경우에는 5년 이하의 징역이나 5천만원 이하의 벌금에 처한다.
② 안전인증 업무를 위탁받은 자로서 그 업무를 거짓이나 그 밖의 부정한 방법으로 수행한 자는 3년 이하의 징역이나 3천만원 이하의 벌금에 처한다.
③ 안전인증을 받는 유해·위험기계등이 아닌 것에 안전인증표시나 이와 유사한 표시를 한 경우에는 1년 이하의 징역이나 1천만원 이하의 벌금에 처한다.
④ 사업주는 건강진단의 결과 근로자의 건강을 유지하기 위하여 필요하다고 인정할 때에는 작업장소 변경, 작업 전환, 근로시간 단축, 야간근로(오후 10시부터 다음 날 오전 6시까지 사이의 근로를 말한다)의 제한, 작업환경측정 또는 시설·설비의 설치·개선 등의 적절한 조치를 하지 아니한 자는 1천만원 이하의 벌금에 처한다.
⑤ 도급인이 도급인과 수급인을 구성원으로 하는 안전 및 보건에 관한 협의체의 구성 및 운영을 하지 않은 경우에는 1천만원 이하의 벌금에 처한다.

해설

근거조문 ▶ 법 제167조 이하

정답 ⑤

18 산업안전보건기준에 관한 규칙상 통로를 설치하는 사업주가 준수하여야 하는 사항으로 옳지 않은 것은?

① 통로의 주요 부분에 통로표시를 하고, 근로자가 안전하게 통행할 수 있도록 하여야 한다.
② 통로면으로부터 높이 2미터 이내의 장애물을 제거하는 것이 곤란하다고 고용노동부장관이 인정하는 경우에는 근로자에게 발생할 수 있는 부상 등의 위험을 방지하기 위한 안전 조치를 하여야 한다.
③ 가설통로를 설치하는 경우, 건설공사에 사용하는 높이 8미터 이상인 비계다리에는 7미터 이내마다 계단참을 설치하여야 한다.
④ 잠함(潛函) 내 사다리식 통로를 설치하는 경우 그 폭은 30센티미터 이상으로 설치하여야 한다.
⑤ 계단 및 계단참을 설치하는 경우 매제곱미터당 500킬로그램 이상의 하중에 견딜 수 있는 강도를 가진 구조로 설치하여야 한다.

> 해설

> 근거조문 ▶ 안전보건규칙 제24조

제24조(사다리식 통로 등의 구조) ① 사업주는 사다리식 통로 등을 설치하는 경우 다음 각 호의 사항을 준수하여야 한다.
1. 견고한 구조로 할 것
2. 심한 손상·부식 등이 없는 재료를 사용할 것
3. 발판의 간격은 일정하게 할 것
4. 발판과 벽과의 사이는 15센티미터 이상의 간격을 유지할 것
5. 폭은 30센티미터 이상으로 할 것
6. 사다리가 넘어지거나 미끄러지는 것을 방지하기 위한 조치를 할 것
7. 사다리의 상단은 걸쳐놓은 지점으로부터 60센티미터 이상 올라가도록 할 것
8. 사다리식 통로의 길이가 10미터 이상인 경우에는 5미터 이내마다 계단참을 설치할 것
9. 사다리식 통로의 기울기는 75도 이하로 할 것. 다만, 고정식 사다리식 통로의 기울기는 90도 이하로 하고, 그 높이가 7미터 이상인 경우에는 바닥으로부터 높이가 2.5미터 되는 지점부터 등받이울을 설치할 것
10. 접이식 사다리 기둥은 사용 시 접혀지거나 펼쳐지지 않도록 철물 등을 사용하여 견고하게 조치할 것

② 잠함(潛函) 내 사다리식 통로와 건조·수리 중인 선박의 구명줄이 설치된 사다리식 통로(건조·수리작업을 위하여 임시로 설치한 사다리식 통로는 제외한다)에 대해서는 제1항 제5호부터 제10호까지의 규정을 적용하지 아니한다.

정답 ④

19 산업안전보건법령상 안전인증에 관한 설명으로 옳지 않은 것은?

① 안전인증을 받은 자는 안전인증을 받은 제품에 대하여 고용노동부령으로 정하는 바에 따라 제품명·모델·제조수량·판매수량 및 판매처 현황 등의 사항을 기록·보존하여야 한다.
② 안전인증이 취소된 자는 취소된 날부터 1년 이내에는 같은 규격과 형식의 유해·위험한 기계·기구·설비등에 대하여 안전인증을 신청할 수 없다.
③ 고용노동부장관이 정하여 고시하는 안전인증기준에 맞지 아니하게 된 안전인증대상 기계·기구등을 사용한 자는 3년 이하의 징역 또는 3천만원 이하의 벌금에 처해지게 된다.
④ 거짓이나 부정한 방법으로 안전인증을 받은 경우 6개월 이내의 기간 동안 안전인증 표시의 사용이 금지된다.
⑤ 수출을 목적으로 제조하는 안전인증대상 기계·기구등은 안전인증이 전부 면제된다.

> 해설

> 근거조문 ▶ 법 제86조

제86조(안전인증의 취소 등) ① 고용노동부장관은 안전인증을 받은 자가 다음 각 호의 어느 하나에 해당하면 안전인증을 취소하거나 6개월 이내의 기간을 정하여 안전인증표시의 사용을 금지하거나 안전인증기준에 맞게 시정하도록 명할 수 있다. 다만, 제1호의 경우에는 안전인증을 취소하여야 한다.
  1. 거짓이나 그 밖의 부정한 방법으로 안전인증을 받은 경우
  2. 안전인증을 받은 유해·위험기계등의 안전에 관한 성능 등이 안전인증기준에 맞지 아니하게 된 경우
  3. 정당한 사유 없이 제84조 제4항에 따른 확인을 거부, 방해 또는 기피하는 경우
② 고용노동부장관은 제1항에 따라 안전인증을 취소한 경우에는 고용노동부령으로 정하는 바에 따라 그 사실을 관보 등에 공고하여야 한다.
③ 제1항에 따라 안전인증이 취소된 자는 안전인증이 취소된 날부터 1년 이내에는 취소된 유해·위험기계 등에 대하여 안전인증을 신청할 수 없다.

정답 ④

20. 산업안전보건법령상 도급사업 시의 안전보건조치에 관한 설명으로 옳지 않은 것은?

① 제조업의 사업주가 사업의 일부를 도급한 경우 도급인인 사업주는 1주일에 1회 이상 작업장을 순회점검하여야 한다.
② 건설업의 사업주가 안전·보건에 관한 협의체를 구성한 경우 그 협의체에 근로자위원으로서 도급 또는 하도급 사업을 포함한 전체 사업의 근로자대표, 명예산업안전감독관 및 근로자대표가 지명하는 해당 사업장의 근로자를 포함한 산업안전보건위원회를 구성할 수 있다.
③ 안전·보건에 관한 협의체는 도급인인 사업주 및 그의 수급인인 사업주 전원으로 구성하여야 한다.
④ 안전·보건에 관한 협의체는 매월 1회 이상 정기적으로 회의를 개최하고 그 결과를 기록·보존하여야 한다.
⑤ 도급인인 사업주는 수급인인 사업주가 실시하는 근로자의 해당 안전·보건교육에 필요한 장소 및 자료의 제공 등 필요한 조치를 하여야 한다.

> 해설

> 근거조문 ▶ 시행규칙 제80조

시행규칙 제80조(도급사업 시의 안전·보건조치 등) ① 도급인은 법 제64조 제1항 제2호에 따른 작업장 순회점검을 다음 각 호의 구분에 따라 실시해야 한다.
  1. 다음 각 목의 사업: 2일에 1회 이상
     가. 건설업
     나. 제조업
     다. 토사석 광업
     라. 서적, 잡지 및 기타 인쇄물 출판업
     마. 음악 및 기타 오디오물 출판업
     바. 금속 및 비금속 원료 재생업
  2. 제1호 각 목의 사업을 제외한 사업: 1주일에 1회 이상
② 관계수급인은 제1항에 따라 도급인이 실시하는 순회점검을 거부·방해 또는 기피해서는 안 되며 점검 결과 도급인의 시정요구가 있으면 이에 따라야 한다.
③ 도급인은 법 제64조 제1항 제3호에 따라 관계수급인이 실시하는 근로자의 안전·보건교육에 필요한 장소 및 자료의 제공 등을 요청받은 경우 협조해야 한다.

정답 ①

21 산업안전보건법령상 유해인자의 유해성·위험성 분류기준에 관한 설명으로 옳지 않은 것은?

① 인화성 액체는 표준압력(101.3 kPa)에서 인화점이 93 ℃ 이하인 액체이다.
② 54 ℃ 이하 공기 중에서 자연발화하는 가스는 인화성 가스에 해당한다.
③ 20 ℃, 200 킬로파스칼(kPa) 이상의 압력 하에서 용기에 충전되어 있는 가스는 고압가스에 해당한다.
④ 유기과산화물은 2가의 -O-O- 구조를 가지고 3개의 수소원자가 유기라디칼에 의하여 치환된 과산화수소의 유도체를 포함한 액체 유기물질이다.
⑤ 자연발화성 액체는 적은 양으로도 공기와 접촉하여 5분 안에 발화할 수 있는 액체이다.

> 해설

> 근거조문 ▶ 시행규칙 별표18

* 유기과산화물: 1개 또는 2개의 수소 원자

정답 ④

22 산업안전보건법령상 서류의 보존기간에 관한 설명으로 옳지 않은 것은?

① 기관석면조사를 한 건축물이나 설비의 소유주 등과 석면조사기관은 그 결과에 관한 서류를 5년간 보존하여야 한다.
② 지정측정기관은 작업환경측정에 관한 사항으로서 측정대상 사업장의 명칭 및 소재지 등을 기재한 서류를 3년간 보존하여야 한다.
③ 사업주는 노사협의체 회의록을 2년간 보존하여야 한다.
④ 자율안전확인대상 기계·기구 등을 제조하거나 수입하려는 자는 자율안전기준에 맞는 것임을 증명하는 서류를 2년간 보존하여야 한다.
⑤ 사업주는 화학물질의 유해성·위험성 조사에 관한 서류를 3년간 보존하여야 한다.

해설

근거조문 법 제164조

제164조(서류의 보존) ① 사업주는 다음 각 호의 서류를 3년(제2호의 경우 2년을 말한다) 동안 보존하여야 한다. 다만, 고용노동부령으로 정하는 바에 따라 보존기간을 연장할 수 있다.
1. 안전보건관리책임자·안전관리자·보건관리자·안전보건관리담당자 및 산업보건의 선임에 관한 서류
2. 제24조 제3항 및 제75조 제4항에 따른 회의록
3. 안전조치 및 보건조치에 관한 사항으로서 고용노동부령으로 정하는 사항을 적은 서류
4. 제57조 제2항에 따른 산업재해의 발생 원인 등 기록
5. 제108조 제1항 본문 및 제109조 제1항에 따른 화학물질의 유해성·위험성 조사에 관한 서류
6. 제125조에 따른 작업환경측정에 관한 서류
7. 제129조부터 제131조까지의 규정에 따른 건강진단에 관한 서류

② 안전인증 또는 안전검사의 업무를 위탁받은 안전인증기관 또는 안전검사기관은 안전인증·안전검사에 관한 사항으로서 고용노동부령으로 정하는 서류를 3년 동안 보존하여야 하고, 안전인증을 받은 자는 제84조 제5항에 따라 안전인증대상기계등에 대하여 기록한 서류를 3년 동안 보존하여야 하며, 자율안전확인대상기계등을 제조하거나 수입하는 자는 자율안전기준에 맞는 것임을 증명하는 서류를 2년 동안 보존하여야 하고, 제98조 제1항에 따라 자율안전검사를 받은 자는 자율검사프로그램에 따라 실시한 검사 결과에 대한 서류를 2년 동안 보존하여야 한다.
③ 일반석면조사를 한 건축물·설비소유주등은 그 결과에 관한 서류를 그 건축물이나 설비에 대한 해체·제거작업이 종료될 때까지 보존하여야 하고, 기관석면조사를 한 건축물·설비소유주등과 석면조사기관은 그 결과에 관한 서류를 3년 동안 보존하여야 한다.
④ 작업환경측정기관은 작업환경측정에 관한 사항으로서 고용노동부령으로 정하는 사항을 적은 서류를 3년 동안 보존하여야 한다.
⑤ 지도사는 그 업무에 관한 사항으로서 고용노동부령으로 정하는 사항을 적은 서류를 5년 동안 보존하여야 한다.
⑥ 석면해체·제거업자는 제122조 제3항에 따른 석면해체·제거작업에 관한 서류 중 고용노동부령으로 정하는 서류를 30년 동안 보존하여야 한다.
⑦ 제1항부터 제6항까지의 경우 전산입력자료가 있을 때에는 그 서류를 대신하여 전산입력자료를 보존할 수 있다.

정답 ①

23 산업안전보건법령상 공정안전보고서의 제출대상이 아닌 것은?

① 산화성 가스 및 산화성 액체의 합성수지 및 기타 플라스틱물질 제조업
② 화약 및 불꽃제품 제조업
③ 질소 화합물, 질소·인산 및 칼리질 화학비료 제조업 중 질소질 비료 제조
④ 원유 정제처리업
⑤ 화학 살균·살충제 및 농업용 약제 제조업(농약 원제(原劑) 제조만 해당)

해설

근거조문 영 제43조

★ **영 제43조(공정안전보고서의 제출 대상)** ① 법 제44조 제1항 전단에서 "대통령령으로 정하는 유해하거나 위험한 설비"란 다음 각 호의 어느 하나에 해당하는 사업을 하는 사업장의 경우에는 그 보유설비를 말하고, 그 외의 사업을 하는 사업장의 경우에는 별표 13에 따른 유해·위험물질 중 하나 이상의 물질을 같은 표에 따른 규정량 이상 제조·취급·저장하는 설비 및 그 설비의 운영과 관련된 모든 공정설비를 말한다.
  1. 원유 정제처리업
  2. 기타 석유정제물 재처리업
  3. 석유화학계 기초화학물질 제조업 또는 합성수지 및 기타 플라스틱물질 제조업. 다만, 합성수지 및 기타 플라스틱물질 제조업은 별표 13 제1호 또는 제2호에 해당하는 경우로 한정한다. → **인화성 가스, 인화성 액체**
  4. 질소 화합물, 질소·인산 및 칼리질 화학비료 제조업 중 질소질 비료 제조
  5. 복합비료 및 기타 화학비료 제조업 중 복합비료 제조(단순혼합 또는 배합에 의한 경우는 제외한다)
  6. 화학 살균·살충제 및 농업용 약제 제조업[**농약 원제(原劑) 제조만 해당**한다]
  7. 화약 및 불꽃제품 제조업
② 제1항에도 불구하고 다음 각 호의 설비는 유해하거나 위험한 설비로 보지 않는다.
  1. 원자력 설비
  2. 군사시설
  3. 사업주가 해당 사업장 내에서 직접 사용하기 위한 난방용 연료의 저장설비 및 사용설비
  4. 도매·소매시설
  5. 차량 등의 운송설비
  6. 「액화석유가스의 안전관리 및 사업법」에 따른 액화석유가스의 충전·저장시설
  7. 「도시가스사업법」에 따른 가스공급시설
  8. 그 밖에 고용노동부장관이 누출·화재·폭발 등의 사고가 있더라도 그에 따른 피해의 정도가 크지 않다고 인정하여 고시하는 설비
③ 법 제44조 제1항 전단에서 "대통령령으로 정하는 사고"란 다음 각 호의 어느 하나에 해당하는 사고를 말한다.
  1. 근로자가 사망하거나 부상을 입을 수 있는 제1항에 따른 설비(제2항에 따른 설비는 제외한다. 이하 제2호에서 같다)에서의 누출·화재·폭발 사고
  2. 인근 지역의 주민이 인적 피해를 입을 수 있는 제1항에 따른 설비에서의 누출·화재·폭발 사고

정답 ①

24 산업안전보건법령상 유해위험방지계획서 제출대상에 해당하지 않는 것은? (단, 전기 계약용량이 300킬로와트 이상인 경우)

① 자동차 및 트레일러 제조업
② 1차 금속 제조업
③ 가구 제조업
④ 전기 용접장치
⑤ 분진작업 관련 설비

해설

근거조문 영 제42조

★ **영 제42조(유해위험방지계획서 제출 대상)** ① 법 제42조 제1항 제1호에서 "대통령령으로 정하는 사업의 종류 및 규모에 해당하는 사업"이란 다음 각 호의 어느 하나에 해당하는 사업으로서 전기 계약용량이 300킬로와트 이상인 경우를 말한다.
1. 금속가공제품 제조업; 기계 및 가구 제외
2. 비금속 광물제품 제조업
3. 기타 기계 및 장비 제조업
4. 자동차 및 트레일러 제조업
5. 식료품 제조업
6. 고무제품 및 플라스틱제품 제조업
7. 목재 및 나무제품 제조업
8. 기타 제품 제조업
9. 1차 금속 제조업
10. 가구 제조업
11. 화학물질 및 화학제품 제조업
12. 반도체 제조업
13. 전자부품 제조업

② 법 제42조 제1항 제2호에서 "대통령령으로 정하는 기계·기구 및 설비"란 다음 각 호의 어느 하나에 해당하는 기계·기구 및 설비를 말한다. 이 경우 다음 각 호에 해당하는 기계·기구 및 설비의 구체적인 범위는 고용노동부장관이 정하여 고시한다.
1. 금속이나 그 밖의 광물의 용해로
2. 화학설비
3. 건조설비
4. 가스집합 용접장치
5. 법 제117조 제1항에 따른 제조등금지물질 또는 법 제118조 제1항에 따른 허가대상물질 관련 설비
6. 분진작업 관련 설비

③ 법 제42조 제1항 제3호에서 "대통령령으로 정하는 크기 높이 등에 해당하는 건설공사"란 다음 각 호의 어느 하나에 해당하는 공사를 말한다.
1. 다음 각 목의 어느 하나에 해당하는 건축물 또는 시설 등의 건설·개조 또는 해체(이하 "건설등"이라 한다) 공사
   가. 지상높이가 31미터 이상인 건축물 또는 인공구조물
   나. 연면적 3만제곱미터 이상인 건축물

다. 연면적 5천제곱미터 이상인 시설로서 다음의 어느 하나에 해당하는 시설
   1) 문화 및 집회시설(전시장 및 동물원·식물원은 제외한다)
   2) 판매시설, 운수시설(고속철도의 역사 및 집배송시설은 제외한다)
   3) 종교시설
   4) 의료시설 중 종합병원
   5) 숙박시설 중 관광숙박시설
   6) 지하도상가
   7) 냉동·냉장 창고시설
2. 연면적 5천제곱미터 이상인 냉동·냉장 창고시설의 설비공사 및 단열공사
3. 최대 지간(支間)길이(다리의 기둥과 기둥의 중심사이의 거리)가 50미터 이상인 다리의 건설등 공사
4. 터널의 건설등 공사
5. 다목적댐, 발전용댐, 저수용량 2천만톤 이상의 용수 전용 댐 및 지방상수도 전용 댐의 건설등 공사
6. 깊이 10미터 이상인 굴착공사

정답 ④

25

산업안전보건법령상 유해위험방지계획서 제출대상 중 대통령령으로 정하는 크기 높이 등에 해당하는 건설공사에 해당하지 않는 것은?

① 지상높이가 31미터 이상인 건축물 또는 인공구조물
② 연면적 5천제곱미터 이상인 전시장 및 동물원·식물원
③ 연면적 5천제곱미터 이상인 냉동·냉장 창고시설의 설비공사 및 단열공사
④ 다목적댐, 발전용댐, 저수용량 2천만톤 이상의 용수 전용 댐 공사
⑤ 깊이 10미터 이상인 굴착공사

해설

근거조문 영 제42조

정답 ②

부록 2020년 산업안전보건법령 기출문제

(2020~2016년 5개년)

01 산업안전보건법령상 협조 요청 등에 관한 설명으로 옳지 않은 것은?

① 고용노동부장관은 산업재해 예방에 관한 기본계획을 효율적으로 시행하기 위하여 필요하다고 인정할 때에는 관계 행정기관의 장에게 필요한 협조를 요청할 수 있다.
② 고용노동부를 제외한 행정기관의 장은 사업장의 안전에 관하여 규제를 하려면 미리 고용노동부장관과 협의하여야 한다.
③ 고용노동부를 제외한 행정기관의 장은 고용노동부장관이 협의과정에서 해당 규제에 대한 변경을 요구하면 이에 따라야 하며, 고용노동부장관은 필요한 경우 국무총리에게 협의·조정 사항을 보고하여 확정할 수 있다.
④ 고용노동부장관은 산업재해 예방을 위하여 필요하다고 인정할 때에는 사업주에게 필요한 사항을 권고할 수 있다.
⑤ 고용노동부장관이 산정·통보한 산업재해발생률에 불복하는 건설업체는 통보를 받은 날부터 15일 이내에 고용노동부장관에게 이의를 제기하여야 한다.

02 산업안전보건법령상 산업재해발생건수등의 공표에 관한 설명으로 옳지 않은 것은?

① 고용노동부장관은 산업재해를 예방하기 위하여 사망재해자가 연간 2명 이상 발생한 사업장의 산업재해발생건수등을 공표하여야 한다.
② 고용노동부장관은 산업재해를 예방하기 위하여 중대산업사고가 발생한 사업장의 산업재해발생건수등을 공표하여야 한다.
③ 고용노동부장관은 도급인의 사업장 중 대통령령으로 정하는 사업장에서 관계수급인 근로자가 작업을 하는 경우에 도급인의 산업재해발생건수등에 관계수급인의 산업재해발생건수등을 포함하여 공표하여야 한다.
④ 산업재해발생건수등의 공표의 절차 및 방법에 관한 사항은 대통령령으로 정한다.
⑤ 고용노동부장관은 산업재해발생건수등을 공표하기 위하여 도급인에게 관계수급인에 관한 자료의 제출을 요청할 수 있다.

03 산업안전보건법령상 안전보건표지에 관한 설명으로 옳지 않은 것은?

① 안전보건표지의 표시를 명확히 하기 위하여 필요한 경우에는 그 안전보건표지의 주위에 표시사항을 흰색 바탕에 검은색 한글고딕체로 표기한 글자로 덧붙여 적을 수 있다.
② 사업주는 사업장에 설치한 안전보건표지의 색도기준이 유지되도록 관리해야 한다.
③ 안전보건표지의 성질상 부착하는 것이 곤란한 경우에도 해당 물체에 직접 도색할 수 없다.
④ 안전보건표지 속의 그림의 크기는 안전보건표지 전체 규격의 30 퍼센트 이상이 되어야 한다.
⑤ 안전보건표지는 쉽게 변형되지 않는 재료로 제작해야 한다.

04 산업안전보건법령상 안전보건관리책임자의 업무에 해당하는 것을 모두 고른 것은?

ㄱ. 사업장의 산업재해 예방계획의 수립에 관한 사항
ㄴ. 산업재해에 관한 통계의 기록에 관한 사항
ㄷ. 작업환경측정 등 작업환경의 점검에 관한 사항
ㄹ. 산업재해의 재발 방지대책 수립에 관한 사항

① ㄱ, ㄴ, ㄷ
② ㄱ, ㄴ, ㄹ
③ ㄱ, ㄷ, ㄹ
④ ㄴ, ㄷ, ㄹ
⑤ ㄱ, ㄴ, ㄷ, ㄹ

05 산업안전보건법령상 안전관리자에 관한 설명으로 옳지 않은 것은?

① 사업의 종류가 건설업(공사금액 150억원)인 경우, 그 사업주는 사업장에 안전관리자를 두어야 한다.
② 대통령령으로 정하는 사업의 종류 및 사업장의 상시근로자 수에 해당하는 사업장의 사업주는 안전관리전문기관에 안전관리자의 업무를 위탁할 수 있다.
③ 사업주가 안전관리자를 배치할 때에는 연장근로·야간근로 등 해당 사업장의 작업 형태를 고려해야 한다.
④ 사업주는 안전관리자를 선임한 경우에는 고용노동부령으로 정하는 바에 따라 선임한 날부터 7일 이내에 고용노동부장관에게 그 사실을 증명할 수 있는 서류를 제출해야 한다.
⑤ 고용노동부장관은 산업재해 예방을 위하여 필요한 경우로서 고용노동부령으로 정하는 사유에 해당하는 경우에는 사업주에게 안전관리자를 대통령령으로 정하는 수 이상으로 늘릴 것을 명할 수 있다.

06 산업안전보건법령상 산업안전보건위원회에 관한 설명으로 옳지 않은 것은?

① 산업안전보건위원회는 근로자위원과 사용자위원을 같은 수로 구성·운영하여야 한다.
② 산업안전보건위원회의 위원장은 위원 중에서 고용노동부장관이 정한다.
③ 산업안전보건위원회는 단체협약, 취업규칙에 반하는 내용으로 심의·의결해서는 아니 된다.
④ 사업주는 산업안전보건위원회의 위원에게 직무 수행과 관련한 사유로 불리한 처우를 해서는 아니 된다.
⑤ 산업안전보건위원회의 회의는 근로자위원 및 사용자위원 각 과반수의 출석으로 개의(開議)하고 출석위원 과반수의 찬성으로 의결한다.

07 산업안전보건법령상 안전보건관리규정에 관한 설명으로 옳은 것은?

① '안전보건교육에 관한 사항'은 안전보건관리규정에 포함되지 않는다.
② 상시근로자 수가 100명인 금융업의 경우 안전보건관리규정을 작성해야 한다.
③ 사업주가 안전보건관리규정을 작성할 때에는 소방·가스·전기·교통 분야 등의 다른 법령에서 정하는 안전관리에 관한 규정과 통합하여 작성할 수 있다.
④ 산업안전보건위원회가 설치되어 있지 아니한 사업장의 사업주가 안전보건관리규정을 변경할 경우 근로자대표의 동의를 받지 않아도 된다.
⑤ 사업주는 안전보건관리규정을 작성해야 할 사유가 발생한 날부터 15일 이내에 이를 작성해야 한다.

08 산업안전보건법령상 도급의 승인 등에 관한 설명으로 옳은 것을 모두 고른 것은?

> ㄱ. 고용노동부장관은 사업주가 유해한 작업의 도급금지 의무위반에 해당하는 경우에는 10억원 이하의 과징금을 부과·징수할 수 있다.
> ㄴ. 도급승인 신청을 받은 지방고용노동관서의 장은 도급승인 기준을 충족한 경우 신청서가 접수된 날부터 30일 이내에 승인서를 신청인에게 발급해야 한다.
> ㄷ. 도급에 대한 변경승인을 받으려는 자는 안전 및 보건에 관한 평가결과의 서류를 첨부하여 관할 지방고용노동관서의 장에게 제출해야 한다.

① ㄱ
② ㄴ
③ ㄷ
④ ㄱ, ㄷ
⑤ ㄴ, ㄷ

09 산업안전보건법령상 도급인의 안전조치 및 보건조치 등에 관한 설명으로 옳은 것은?

① 관계수급인 근로자가 도급인의 토사석 광업 사업장에서 작업을 하는 경우 도급인은 1주일에 1회 작업장 순회점검을 실시하여야 한다.
② 도급인은 관계수급인 근로자의 산업재해 예방을 위해 보호구 착용 지시 등 관계수급인 근로자의 작업행동에 관한 직접적인 조치도 포함하여 필요한 안전조치를 하여야 한다.
③ 안전 및 보건에 관한 협의체는 회의를 분기별 1회 정기적으로 개최하여야 한다.
④ 관계수급인 근로자가 도급인의 사업장에서 작업하는 경우 도급인은 위생시설등 고용노동부령으로 정하는 시설의 설치 등을 위하여 필요한 장소의 제공 또는 도급인이 설치한 위생시설 이용의 협조를 이행하여야 한다.
⑤ 도급에 따른 산업재해 예방조치의무에 따라 도급인이 작업장의 안전 및 보건에 관한 합동점검을 할 때에는 도급인, 관계수급인, 도급인 및 관계수급인의 근로자 각 2명으로 점검반을 구성하여야 한다.

10 산업안전보건법령상 안전보건관리담당자는 고용노동부장관이 실시하는 안전보건에 관한 보수교육을 최소 몇 시간 이상 받아야 하는가? (단, 보수교육의 면제사유 등은 고려하지 않음)

① 4시간
② 6시간
③ 8시간
④ 24시간
⑤ 34시간

11 산업안전보건법령상 관리감독자의 지위에 있는 근로자 A에 대하여 근로자정기교육시간을 면제할 수 있는 경우를 모두 고른 것은?

> ㄱ. A가 직무교육기관에서 실시한 전문화교육을 이수한 경우
> ㄴ. A가 직무교육기관에서 실시한 인터넷 원격교육을 이수한 경우
> ㄷ. A가 한국산업안전보건공단에서 실시한 안전보건관리담당자 양성교육을 이수한 경우

① ㄱ
② ㄱ, ㄴ
③ ㄱ, ㄷ
④ ㄴ, ㄷ
⑤ ㄱ, ㄴ, ㄷ

12 산업안전보건법령상 유해·위험 기계 등에 대한 방호조치 등에 관한 설명으로 옳지 않은 것은?

① 금속절단기와 예초기에 설치해야 할 방호장치는 날접촉 예방장치이다.
② 작동부분에 돌기부분이 있는 기계는 작동부분의 돌기부분을 묻힘형으로 하거나 덮개를 부착하여야 한다.
③ 회전기계에 물체 등이 말려 들어갈 부분이 있는 기계는 회전기계의 물림점에 덮개 또는 방호망을 설치하여야 한다.
④ 동력전달 부분이 있는 기계는 동력전달부분에 덮개를 부착하거나 방호망을 설치하여야 한다.
⑤ 지게차에 설치해야 할 방호장치는 헤드 가드, 백레스트(backrest), 전조등, 후미등, 안전벨트이다.

13 산업안전보건법령상 대여 공장건축물에 대한 조치의 내용이다. ( )에 들어갈 내용이 옳은 것은?

> 공용으로 사용하는 공장건축물로서 다음 각 호의 어느 하나의 장치가 설치된 것을 대여하는 자는 해당 건축물을 대여 받은 자가 2명 이상인 경우로서 다음 각 호의 어느 하나의 장치의 전부 또는 일부를 공용으로 사용하는 경우에는 그 공용부분의 기능이 유효하게 작동되도록 하기 위하여 점검·보수 등 필요한 조치를 해야 한다.
> 1. (ㄱ)
> 2. (ㄴ)
> 3. (ㄷ)

① ㄱ: 국소 배기장치, ㄴ: 국소 환기장치, ㄷ: 배기처리장치
② ㄱ: 국소 배기장치, ㄴ: 전체 환기장치, ㄷ: 배기처리장치
③ ㄱ: 국소 환기장치, ㄴ: 전체 환기장치, ㄷ: 국소 배기장치
④ ㄱ: 국소 환기장치, ㄴ: 환기처리장치, ㄷ: 전체 환기장치
⑤ ㄱ: 환기처리장치, ㄴ: 배기처리장치, ㄷ: 국소 환기장치

14 산업안전보건법령상 안전인증과 안전검사에 관한 설명으로 옳지 않은 것은?

① 「화학물질관리법」에 따른 수시검사를 받은 경우 안전검사를 면제한다.
② 산업용 원심기는 안전검사대상기계등에 해당된다.
③ 프레스와 압력용기는 고용노동부장관이 실시하는 안전인증과 안전검사를 모두 받아야 한다.
④ 고용노동부장관은 안전인증을 받은 자가 안전인증기준을 지키고 있는지를 3년이하의 범위에서 고용노동부령으로 정하는 주기마다 확인하여야 한다.
⑤ 안전검사 신청을 받은 안전검사기관은 검사 주기 만료일 전후 각각 30일 이내에 해당 기계·기구 및 설비별로 안전검사를 하여야 한다.

15 산업안전보건기준에 관한 규칙 제662조(근골격계질환 예방관리 프로그램시행) 제1항 규정의 일부이다. ( )에 들어갈 숫자가 옳은 것은?

> 사업주는 다음 각 호의 어느 하나에 해당하는 경우에 근골격계질환 예방관리 프로그램을 수립하여 시행하여야 한다.
> 1. 근골격계질환으로 「산업재해보상보험법 시행령」별표 3 제2호가목·마목 및 제12호라목에 따라 업무상 질병으로 인정받은 근로자가 연간10명 이상 발생한 사업장 또는 5명 이상 발생한 사업장으로서 발생비율이 그 사업장 근로자 수의 ( )퍼센트 이상인 경우
> 2. <이하 생략>

① 5
② 10
③ 20
④ 30
⑤ 50

16 산업안전보건기준에 관한 규칙의 내용으로 옳지 않은 것은?

① 사업주는 순간풍속이 초당 10 미터를 초과하는 바람이 불어올 우려가 있는 경우 옥외에 설치된 주행 크레인에 대하여 이탈방지를 위한 조치를 하여야 한다.
② 사업주는 순간풍속이 초당 15 미터를 초과하는 경우에는 타워크레인의 운전작업을 중지하여야 한다.
③ 사업주는 높이가 3 미터를 초과하는 계단에 높이 3 미터 이내마다 너비 1.2 미터 이상의 계단참을 설치하여야 한다.
④ 사업주는 높이 1 미터 이상인 계단의 개방된 측면에 안전난간을 설치하여야 한다.
⑤ 사업주는 연면적이 400 제곱미터 이상이거나 상시 50명 이상의 근로자가 작업하는 옥내작업장에는 비상시에 근로자에게 신속하게 알리기 위한 경보용 설비 또는 기구를 설치하여야 한다.

17 산업안전보건법령상 유해인자의 유해성·위험성 분류기준에 관한 설명으로 옳지 않은 것은?

① 인화성 액체는 표준압력(101.3 kPa)에서 인화점이 93 ℃ 이하인 액체이다.
② 54 ℃ 이하 공기 중에서 자연발화하는 가스는 인화성 가스에 해당한다.
③ 20 ℃, 200 킬로파스칼(kPa) 이상의 압력 하에서 용기에 충전되어 있는 가스는 고압가스에 해당한다.
④ 유기과산화물은 2가의 -O-O- 구조를 가지고 3개의 수소원자가 유기라디칼에 의하여 치환된 과산화수소의 유도체를 포함한 액체 유기물질이다.
⑤ 자연발화성 액체는 적은 양으로도 공기와 접촉하여 5분 안에 발화할 수 있는 액체이다.

18 산업안전보건법령상 유해인자별 노출 농도의 허용기준과 관련하여 단시간 노출값의 내용이다. ( )에 들어갈 숫자가 순서대로 옳은 것은?

> "단시간 노출값(STEL)"이란 15분간의 시간가중평균값으로서 노출 농도가 시간가중평균값을 초과하고 단시간 노출값 이하인 경우에는 1회 노출지속시간이 15분 미만이어야 하고, 이러한 상태가 1일 ( )회 이하로 발생해야 하며, 각 회의 간격은 ( )분 이상이어야 한다.

① 4, 30
② 4, 60
③ 5, 30
④ 5, 60
⑤ 6, 60

19 산업안전보건법령상 고용노동부장관이 작업환경측정기관에 대하여 그 지정을 취소하거나 6개월 이내의 기간을 정하여 그 업무의 정지를 명할 수 있는 경우가 아닌 것은?

① 작업환경측정 관련 서류를 거짓으로 작성한 경우
② 정당한 사유 없이 작업환경측정 업무를 거부한 경우
③ 위탁받은 작업환경측정 업무에 차질을 일으킨 경우
④ 작업환경측정 업무와 관련된 비치서류를 보존하지 않은 경우
⑤ 고용노동부장관이 실시하는 작업환경측정기관의 측정·분석능력 확인을 6개월 동안 받지 않은 경우

20 산업안전보건법령상 일반건강진단의 주기에 관한 내용이다. ( )에 들어갈 숫자가 순서대로 옳은 것은?

> 사업주는 상시 사용하는 근로자 중 사무직에 종사하는 근로자(공장 또는 공사현장과 같은 구역에 있지 않은 사무실에서 서무·인사·경리·판매·설계 등의 사무업무에 종사하는 근로자를 말하며, 판매업무 등에 직접 종사하는 근로자는 제외한다)에 대해서 ( )년에 ( )회 이상 일반건강진단을 실시해야 한다.

① 1, 1
② 1, 2
③ 2, 1
④ 2, 2
⑤ 3, 2

21 산업안전보건법령상 사업주가 질병자의 근로를 금지해야 하는 대상에 해당하지 않는 사람은?

① 조현병에 걸린 사람
② 마비성 치매에 걸릴 우려가 있는 사람
③ 신장 질환이 있는 사람으로서 근로에 의하여 병세가 악화될 우려가 있는 사람
④ 심장 질환이 있는 사람으로서 근로에 의하여 병세가 악화될 우려가 있는 사람
⑤ 폐 질환이 있는 사람으로서 근로에 의하여 병세가 악화될 우려가 있는 사람

22 산업안전보건법령상 교육기관의 지정 등에 관한 설명으로 옳지 않은 것은?

① 고용노동부장관은 유해하거나 위험한 작업으로서 상당한 지식이나 숙련도가 요구되는 고용노동부령으로 정하는 작업의 경우, 그 작업에 필요한 자격·면허의 취득 또는 근로자의 기능 습득을 위하여 교육기관을 지정할 수 있다.
② 교육기관의 지정 요건 및 지정 절차는 고용노동부령으로 정한다.
③ 고용노동부장관은 지정받은 교육기관이 거짓으로 지정을 받은 경우에는 그 지정을 취소하여야 한다.
④ 고용노동부장관은 지정받은 교육기관이 업무정지 기간 중에 업무를 수행한 경우에는 그 지정을 취소하여야 한다.
⑤ 교육기관의 지정이 취소된 자는 지정이 취소된 날부터 3년 이내에는 해당 교육기관으로 지정받을 수 없다.

23 산업안전보건법령상 근로감독관 등에 관한 설명으로 옳지 않은 것은?

① 근로감독관은 이 법을 시행하기 위하여 필요한 경우 석면해체·제거업자의 사무소에 출입하여 관계인에게 관계 서류의 제출을 요구할 수 있다.
② 근로감독관은 산업재해 발생의 급박한 위험이 있는 경우 사업장에 출입하여 관계인에게 관계 서류의 제출을 요구할 수 있다.
③ 근로감독관은 기계·설비등에 대한 검사에 필요한 한도에서 무상으로 제품·원재료 또는 기구를 수거할 수 있다.
④ 지방고용노동관서의 장은 근로감독관이 이 법에 따른 명령의 시행을 위하여 관계인에게 출석명령을 하려는 경우, 긴급하지 않는 한 14일 이상의 기간을 주어야 한다.
⑤ 근로감독관은 이 법을 시행하기 위하여 사업장에 출입하는 경우에 그 신분을 나타내는 증표를 지니고 관계인에게 보여 주어야 한다.

24 산업안전보건법령상 산업안전지도사로 등록한 A가 손해배상의 책임을 보장하기 위하여 보증보험에 가입해야 하는 경우, 최저 보험금액이 얼마 이상인 보증보험에 가입해야 하는가? (단, A는 법인이 아님)

① 1천만원
② 2천만원
③ 3천만원
④ 4천만원
⑤ 5천만원

25 산업안전보건법령상 산업재해 예방활동의 보조·지원을 받은 자의 폐업으로 인해 고용노동부장관이 그 보조·지원의 전부를 취소한 경우, 그 취소한 날부터 보조·지원을 제한할 수 있는 기간은?

① 1년
② 2년
③ 3년
④ 4년
⑤ 5년

○ 2020년 기출문제 정답

1	2	3	4	5	6	7	8	9	10
⑤	④	③	⑤	④	②	③	①	④	③
11	12	13	14	15	16	17	18	19	20
⑤	③	②	①	②	①	④	②	⑤	③
21	22	23	24	25					
②	⑤	④	②	①					

부록: 2019년 산업안전보건법령 기출문제

(2020~2016년 5개년)

01 산업안전보건법령상 법령 요지의 게시 등과 안전·보건표지의 부착 등에 관한 설명으로 옳지 않은 것은?

① 근로자대표는 작업환경측정의 결과를 통지할 것을 사업주에게 요청할 수 있고, 사업주는 이에 성실히 응하여야 한다.
② 야간에 필요한 안전·보건표지는 야광물질을 사용하는 등 쉽게 알아볼 수 있도록 제작하여야 한다.
③ 안전·보건표지의 표시를 명백히 하기 위하여 필요한 경우에는 안전·보건표지의 주위에 표시사항을 글자로 덧붙여 적을 수 있으며, 이 경우 글자는 노란색 바탕에 검은색 한글고딕체로 표기하여야 한다.
④ 안전·보건표지의 성질상 설치하거나 부착하는 것이 곤란한 경우에는 해당 물체에 직접 도장(塗裝)할 수 있다.
⑤ 사업주는 산업안전보건법과 산업안전보건법에 따른 명령의 요지를 상시 각 작업장 내에 근로자가 쉽게 볼 수 있는 장소에 게시하거나 갖추어 두어 근로자로 하여금 알게 하여야 한다.

02 산업안전보건법령상 용어에 관한 설명으로 옳은 것을 모두 고른 것은?

> ㄱ. 근로자란 직업의 종류와 관계없이 임금, 급료 기타 이에 준하는 수입에 의하여 생활하는 자를 말한다.
> ㄴ. 작업환경측정이란 작업환경 실태를 파악하기 위하여 해당 근로자 또는 작업장에 대하여 사업주가 측정계획을 수립한 후 시료(試料)를 채취하고 분석·평가하는 것을 말한다.
> ㄷ. 안전·보건진단이란 산업재해를 예방하기 위하여 잠재적 위험성을 발견하고 그 개선대책을 수립할 목적으로 고용노동부장관이 지정하는 자가 하는 조사·평가를 말한다.
> ㄹ. 중대재해는 3개월 이상의 요양이 필요한 부상자가 동시에 2명 이상 발생한 재해를 포함한다.

① ㄱ, ㄴ
② ㄱ, ㄹ
③ ㄴ, ㄷ
④ ㄷ, ㄹ
⑤ ㄴ, ㄷ, ㄹ

03 사업주 갑(甲)의 사업장에 산업재해가 발생하였다. 이 경우 갑(甲)이 기록·보존해야 할 사항으로 산업안전보건법령상 명시되지 않은 것은? (다만, 법령에 따른 산업재해조사표 사본을 보존하거나 요양신청서의 사본에 재해재발방지 계획을 첨부하여 보존한 경우에 해당하지 아니 한다.)

① 사업장의 개요
② 근로자의 인적 사항 및 재산 보유현황
③ 재해 발생의 일시 및 장소
④ 재해 발생의 원인 및 과정
⑤ 재해 재발방지 계획

04 산업안전보건법령상 안전·보건 관리체제에 관한 설명으로 옳지 않은 것은?

① 사업주는 안전보건관리책임자를 선임하였을 때에는 그 선임 사실 및 법령에 따른 업무의 수행내용을 증명할 수 있는 서류를 갖춰 둬야 한다.
② 안전보건관리책임자는 안전관리자와 보건관리자를 지휘·감독한다.
③ 사업주는 안전보건조정자로 하여금 근로자의 건강진단 등 건강관리에 관한 업무를 총괄관리하도록 하여야 한다.
④ 사업주는 관리감독자에게 법령에 따른 업무 수행에 필요한 권한을 부여하고 시설·장비·예산, 그 밖의 업무수행에 필요한 지원을 하여야 한다.
⑤ 사업주는 안전보건관리책임자에게 법령에 따른 업무를 수행하는 데 필요한 권한을 주어야 한다.

05 산업안전보건법령상 안전보건관리규정에 관한 설명으로 옳지 않은 것은?

① 소프트웨어 개발 및 공급업에서 상시 근로자 100명을 사용하는 사업장은 안전보건관리규정을 작성하여야 한다.
② 안전보건관리규정의 내용에는 작업지휘자 배치 등에 관한 사항이 포함되어야 한다.
③ 안전보건관리규정은 해당 사업장에 적용되는 단체협약 및 취업규칙에 반할 수 없다.
④ 안전보건관리규정에 관하여는 산업안전보건법에서 규정한 것을 제외하고는 그 성질에 반하지 아니하는 범위에서 「근로기준법」의 취업규칙에 관한 규정을 준용한다.
⑤ 사업주가 법령에 따라 안전보건관리규정을 작성하거나 변경할 때에는 산업안전보건위원회가 설치되어 있지 아니한 사업장의 경우에는 근로자대표의 동의를 받아야 한다.

06 산업안전보건법령상 산업안전보건위원회의 심의·의결을 거쳐야 하는 사항에 해당하지 않는 것은?

① 유해하거나 위험한 기계·기구와 그 밖의 설비를 도입한 경우 안전·보건조치에 관한 사항
② 안전·보건과 관련된 안전장치 구입 시의 적격품 여부 확인에 관한 사항
③ 산업재해에 관한 통계의 기록 및 유지에 관한 사항
④ 산업재해 예방계획의 수립에 관한 사항
⑤ 근로자의 안전·보건교육에 관한 사항

07 산업안전보건법령상 안전관리자 및 보건관리자 등에 관한 설명으로 옳지 않은 것은?

① 사업주가 안전관리자를 배치할 때에는 연장근로·야간근로 또는 휴일근로 등 해당 사업장의 작업 형태를 고려하여야 한다.
② 건설업을 제외한 사업으로서 상시 근로자 300명 미만을 사용하는 사업의 사업주는 안전관리자의 업무를 안전관리전문기관에 위탁할 수 있다.
③ 안전관리전문기관은 고용노동부장관이 정하는 바에 따라 안전관리 업무의 수행 내용, 점검 결과 및 조치 사항 등을 기록한 사업장관리카드를 작성하여 갖추어 두어야 한다.
④ 지방고용노동관서의 장은 중대재해가 연간 2건 이상 발생한 경우에는 사업주에게 안전관리자·보건관리자를 교체하여 임명할 것을 명할 수 있다.
⑤ 고용노동부장관은 안전관리전문기관이 업무정지 기간 중에 업무를 수행한 경우 그 지정을 취소하여야 한다.

08 산업안전보건법령상 도급 금지 및 도급사업의 안전·보건에 관한 설명으로 옳지 않은 것은?

① 유해하거나 위험한 작업을 도급 줄 때 지켜야 할 안전·보건조치의 기준은 고용노동부령으로 정한다.
② 도금작업은 하도급인 경우를 제외하고는 고용노동부장관의 인가를 받지 아니하면 그 작업만을 분리하여 도급을 줄 수 없다.
③ 법령상 구성 및 운영되어야 하는 안전·보건에 관한 협의체는 도급인인 사업주 및 그의 수급인인 사업주 전원으로 구성하여야 한다.
④ 법령상 작업장의 순회점검 등 안전·보건관리를 하여야 하는 도급인인 사업주는 토사석 광업의 경우 2일에 1회 이상 작업장을 순회점검하여야 한다.
⑤ 건설공사를 타인에게 도급하는 자는 자신의 책임으로 시공이 중단된 사유로 공사가 지연되어 그의 수급인이 산업재해 예방을 위하여 공사기간 연장을 요청하는 경우 특별한 사유가 없으면 그 연장 조치를 하여야 한다.

09 산업안전보건법령상 안전보건관리책임자 등에 대한 직무교육에 관한 설명으로 옳은 것은?

① 법령에 따른 안전보건관리책임자에 해당하는 사람이 해당 직위에 위촉된 경우에는 직무교육을 이수한 것으로 본다.
② 법령에 따른 보건관리자가 의사인 경우에는 채용된 후 6개월 이내에 직무를 수행하는 데 필요한 신규교육을 받아야 한다.
③ 법령에 따른 안전보건관리담당자에 해당하는 사람은 선임된 후 매 2년이 되는 날을 기준으로 전후 3개월 사이에 고용노동부장관이 실시하는 안전·보건에 관한 보수교육을 받아야 한다.
④ 직무교육기관의 장은 직무교육을 실시하기 30일 전까지 교육 일시 및 장소 등을 직무교육 대상자에게 알려야 한다.
⑤ 직무교육을 이수한 사람이 다른 사업장으로 전직하여 신규로 선임된 경우로서 선임신고 시 전직 전에 받은 교육이수증명서를 제출하면 해당 교육의 2분의 1을 이수한 것으로 본다.

10 산업안전보건법령상 고객의 폭언등으로 인한 건강장해를 예방하기 위하여 사업주가 조치하여야 하는 것으로 명시된 것이 아닌 것은?

① 업무의 일시적 중단 또는 전환
② 고객과의 문제 상황 발생 시 대처방법 등을 포함하는 고객응대업무 매뉴얼 마련
③ 근로기준법에 따른 휴게시간의 연장
④ 폭언등으로 인한 건강장해 관련 치료
⑤ 관할 수사기관에 증거물을 제출하는 등 고객응대근로자가 폭언등으로 인하여 고소, 고발 등을 하는 데 필요한 지원

11 산업안전보건법령상 사업주가 근로자에 대하여 실시하여야 하는 근로자 안전·보건교육의 내용 중 관리감독자 정기안전·보건교육의 내용에 해당하지 않는 것은?

① 건강증진 및 질병 예방에 관한 사항
② 산업보건 및 직업병 예방에 관한 사항
③ 유해·위험 작업환경 관리에 관한 사항
④ 「산업안전보건법령」 및 일반관리에 관한 사항
⑤ 표준안전작업방법 및 지도 요령에 관한 사항

〈참고〉

■ 산업안전보건법 시행규칙 [별표 5] ★

안전보건교육 교육대상별 교육내용(제26조 제1항 등 관련)

1. 근로자 안전보건교육(제26조 제1항 관련)
   가. 근로자 정기교육

교육내용
○ 산업안전 및 사고 예방에 관한 사항 ○ 산업보건 및 직업병 예방에 관한 사항 ○ 건강증진 및 질병 예방에 관한 사항 ○ 유해·위험 작업환경 관리에 관한 사항 ○ 산업안전보건법령 및 일반관리에 관한 사항 ○ 직무스트레스 예방 및 관리에 관한 사항 ○ 산업재해보상보험 제도에 관한 사항

   나. 관리감독자 정기교육

교육내용
○ 작업공정의 유해·위험과 재해 예방대책에 관한 사항 ○ 표준안전작업방법 및 지도 요령에 관한 사항 ○ 관리감독자의 역할과 임무에 관한 사항 ○ 산업보건 및 직업병 예방에 관한 사항 ○ 유해·위험 작업환경 관리에 관한 사항 ○ 산업안전보건법령 및 일반관리에 관한 사항 ○ 직무스트레스 예방 및 관리에 관한 사항 ○ 산재보상보험제도에 관한 사항 ○ 안전보건교육 능력 배양에 관한 사항 　- 현장근로자와의 의사소통능력 향상, 강의능력 향상, 기타 안전보건교육 능력 배양 등에 관한 사항 (※ 안전보건교육 능력 배양 내용은 전체 관리감독자 교육시간의 1/3이하에서 할 수 있다.)

12 산업안전보건법령상 안전검사대상 유해·위험기계등의 검사 주기가 공정안전보고서를 제출하여 확인을 받은 경우 최초 안전검사를 실시한 후 4년 마다인 것은?

① 이삿짐운반용 리프트
② 고소작업대
③ 이동식 크레인
④ 압력용기
⑤ 원심기

13 산업안전보건법령상 지게차에 설치하여야 할 방호장치에 해당하지 않는 것은?

① 헤드 가드
② 백레스트(backrest)
③ 전조등
④ 후미등
⑤ 구동부 방호 연동장치

14 산업안전보건법령상 불도저를 대여 받는 자가 그가 사용하는 근로자가 아닌 사람에게 불도저를 조작하도록 하는 경우 조작하는 사람에게 주지시켜야 할 사항으로 명시되지 않은 것은?

① 작업의 내용
② 지휘계통
③ 연락·신호 등의 방법
④ 제한속도
⑤ 면허의 갱신

15 산업안전보건법령상 설치·이전하는 경우 안전인증을 받아야 하는 기계·기구에 해당하는 것은?

① 프레스
② 곤돌라
③ 롤러기
④ 사출성형기(射出成形機)
⑤ 기계톱

16 산업안전보건법령상 자율안전확인의 신고 및 자율안전확인대상 기계·기구등에 관한 설명으로 옳지 않은 것은?

① 휴대형 연마기는 자율안전확인대상 기계·기구등에 해당한다.
② 연구·개발을 목적으로 산업용 로봇을 제조하는 경우에는 신고를 면제할 수 있다.
③ 파쇄·절단·혼합·제면기가 아닌 식품가공용기계는 자율안전확인대상 기계·기구등에 해당하지 않는다.
④ 자동차정비용 리프트에 대하여 안전인증을 받은 경우에는 그 안전인증이 취소되거나 안전인증표시의 사용 금지 명령을 받은 경우가 아니라면 신고를 면제할 수 있다.
⑤ 인쇄기에 대하여 고용노동부령으로 정하는 다른 법령에서 안전성에 관한 검사나 인증을 받은 경우에는 신고를 면제할 수 있다.

17 산업안전보건기준에 관한 규칙상 근로자가 주사 및 채혈 작업을 하는 경우 사업주가 하여야 할 조치에 해당하지 않는 것은?

① 안정되고 편안한 자세로 주사 및 채혈을 할 수 있는 장소를 제공할 것
② 채취한 혈액을 검사 용기에 옮기는 경우에는 주사침 사용을 금지하도록 할 것
③ 사용한 주사침의 바늘을 구부리는 행위를 금지할 것
④ 사용한 주사침의 뚜껑을 부득이하게 다시 씌워야 하는 경우에는 두 손으로 씌우도록 할 것
⑤ 사용한 주사침은 안전한 전용 수거용기에 모아 튼튼한 용기를 사용하여 폐기할 것

18 산업안전보건법령상 건강 및 환경 유해성 분류기준에 관한 설명으로 옳지 않은 것은?

① 입 또는 피부를 통하여 1회 투여 또는 8시간 이내에 여러 차례로 나누어 투여하거나 호흡기를 통하여 8시간 동안 흡입하는 경우 유해한 영향을 일으키는 물질은 급성 독성 물질이다.
② 접촉 시 피부조직을 파괴하거나 자극을 일으키는 물질은 피부 부식성 또는 자극성 물질이다.
③ 호흡기를 통하여 흡입되는 경우 기도에 과민반응을 일으키는 물질은 호흡기 과민성 물질이다.
④ 자손에게 유전될 수 있는 사람의 생식세포에 돌연변이를 일으킬 수 있는 물질은 생식세포 변이원성 물질이다.
⑤ 단기간 또는 장기간의 노출로 수생생물에 유해한 영향을 일으키는 물질은 수생 환경 유해성 물질이다.

〈참고〉

■ 산업안전보건법 시행규칙 [별표 18]

유해인자의 유해성·위험성 분류기준(제141조 관련)

1. 화학물질의 분류기준
   가. 물리적 위험성 분류기준
      1) 폭발성 물질: 자체의 화학반응에 따라 주위환경에 손상을 줄 수 있는 정도의 온도·압력 및 속도를 가진 가스를 발생시키는 고체·액체 또는 혼합물
      2) 인화성 가스: 20℃, 표준압력(101.3㎪)에서 공기와 혼합하여 인화되는 범위에 있는 가스와 54℃ 이하 공기 중에서 자연발화하는 가스를 말한다.(혼합물을 포함한다)
      3) 인화성 액체: 표준압력(101.3㎪)에서 인화점이 93℃ 이하인 액체
      4) 인화성 고체: 쉽게 연소되거나 마찰에 의하여 화재를 일으키거나 촉진할 수 있는 물질
      5) 에어로졸: 재충전이 불가능한 금속·유리 또는 플라스틱 용기에 압축가스·액화가스 또는 용해가스를 충전하고 내용물을 가스에 현탁시킨 고체나 액상입자로, 액상 또는 가스상에서 폼·페이스트·분말상으로 배출되는 분사장치를 갖춘 것
      6) 물반응성 물질: 물과 상호작용을 하여 자연발화되거나 인화성 가스를 발생시키는 고체·액체 또는 혼합물
      7) 산화성 가스: 일반적으로 산소를 공급함으로써 공기보다 다른 물질의 연소를 더 잘 일으키거나 촉진하는 가스
      8) 산화성 액체: 그 자체로는 연소하지 않더라도, 일반적으로 산소를 발생시켜 다른 물질을 연소시키거나 연소를 촉진하는 액체
      9) 산화성 고체: 그 자체로는 연소하지 않더라도 일반적으로 산소를 발생시켜 다른 물질을 연소시키거나 연소를 촉진하는 고체
      10) 고압가스: 20℃, 200킬로파스칼(kpa) 이상의 압력 하에서 용기에 충전되어 있는 가스 또는 냉동액화가스 형태로 용기에 충전되어 있는 가스(압축가스, 액화가스, 냉동액화가스, 용해가스로 구분한다)
      11) 자기반응성 물질: 열적(熱的)인 면에서 불안정하여 산소가 공급되지 않아도 강렬하게 발열·분해하기 쉬운 액체·고체 또는 혼합물
      12) 자연발화성 액체: 적은 양으로도 공기와 접촉하여 5분 안에 발화할 수 있는 액체
      13) 자연발화성 고체: 적은 양으로도 공기와 접촉하여 5분 안에 발화할 수 있는 고체
      14) 자기발열성 물질: 주위의 에너지 공급 없이 공기와 반응하여 스스로 발열하는 물질(자기발화성 물질은 제외한다)
      15) 유기과산화물: 2가의 -O-O- 구조를 가지고 1개 또는 2개의 수소 원자가 유기라디칼에 의하여 치환된 과산화수소의 유도체를 포함한 액체 또는 고체 유기물질
      16) 금속 부식성 물질: 화학적인 작용으로 금속에 손상 또는 부식을 일으키는 물질
   나. 건강 및 환경 유해성 분류기준
      1) 급성 독성 물질: 입 또는 피부를 통하여 1회 투여 또는 24시간 이내에 여러 차례로 나누어 투여하거나 호흡기를 통하여 4시간 동안 흡입하는 경우 유해한 영향을 일으키는 물질
      2) 피부 부식성 또는 자극성 물질: 접촉 시 피부조직을 파괴하거나 자극을 일으키는 물질(피부 부식성 물질 및 피부 자극성 물질로 구분한다)
      3) 심한 눈 손상성 또는 자극성 물질: 접촉 시 눈 조직의 손상 또는 시력의 저하 등을 일으키는 물질(눈 손상성 물질 및 눈 자극성 물질로 구분한다)
      4) 호흡기 과민성 물질: 호흡기를 통하여 흡입되는 경우 기도에 과민반응을 일으키는 물질
      5) 피부 과민성 물질: 피부에 접촉되는 경우 피부 알레르기 반응을 일으키는 물질
      6) 발암성 물질: 암을 일으키거나 그 발생을 증가시키는 물질
      7) 생식세포 변이원성 물질: 자손에게 유전될 수 있는 사람의 생식세포에 돌연변이를 일으킬 수 있는 물질

8) 생식독성 물질: 생식기능, 생식능력 또는 태아의 발생·발육에 유해한 영향을 주는 물질
9) 특정 표적장기 독성 물질(1회 노출): 1회 노출로 특정 표적장기 또는 전신에 독성을 일으키는 물질
10) 특정 표적장기 독성 물질(반복 노출): 반복적인 노출로 특정 표적장기 또는 전신에 독성을 일으키는 물질
11) 흡인 유해성 물질: 액체 또는 고체 화학물질이 입이나 코를 통하여 직접적으로 또는 구토로 인하여 간접적으로, 기관 및 더 깊은 호흡기관으로 유입되어 화학적 폐렴, 다양한 폐 손상이나 사망과 같은 심각한 급성 영향을 일으키는 물질
12) 수생 환경 유해성 물질: 단기간 또는 장기간의 노출로 수생생물에 유해한 영향을 일으키는 물질
13) 오존층 유해성 물질: 「오존층 보호를 위한 특정물질의 제조규제 등에 관한 법률」 제2조 제1호에 따른 특정물질

2. 물리적 인자의 분류기준
   가. 소음: 소음성난청을 유발할 수 있는 85데시벨(A) 이상의 시끄러운 소리
   나. 진동: 착암기, 손망치 등의 공구를 사용함으로써 발생되는 백랍병·레이노 현상·말초순환장애 등의 국소 진동 및 차량 등을 이용함으로써 발생되는 관절통·디스크·소화장애 등의 전신 진동
   다. 방사선: 직접·간접으로 공기 또는 세포를 전리하는 능력을 가진 알파선·베타선·감마선·엑스선·중성자선 등의 전자선
   라. 이상기압: 게이지 압력이 제곱센티미터당 1킬로그램 초과 또는 미만인 기압
   마. 이상기온: 고열·한랭·다습으로 인하여 열사병·동상·피부질환 등을 일으킬 수 있는 기온

3. 생물학적 인자의 분류기준
   가. 혈액매개 감염인자: 인간면역결핍바이러스, B형·C형간염바이러스, 매독바이러스 등 혈액을 매개로 다른 사람에게 전염되어 질병을 유발하는 인자
   나. 공기매개 감염인자: 결핵·수두·홍역 등 공기 또는 비말감염 등을 매개로 호흡기를 통하여 전염되는 인자
   다. 곤충 및 동물매개 감염인자: 쯔쯔가무시증, 렙토스피라증, 유행성출혈열 등 동물의 배설물 등에 의하여 전염되는 인자 및 탄저병, 브루셀라병 등 가축 또는 야생동물로부터 사람에게 감염되는 인자

※ 비고
제1호에 따른 화학물질의 분류기준 중 가목에 따른 물리적 위험성 분류기준별 세부 구분기준과 나목에 따른 건강 및 환경 유해성 분류기준의 단일물질 분류기준별 세부 구분기준 및 혼합물질의 분류기준은 고용노동부장관이 정하여 고시한다.

19 산업안전보건법령상 건강진단에 관한 내용으로 ( )에 들어갈 내용을 순서대로 옳게 나열한 것은?

> ○ 사업주는 사업장의 작업환경측정 결과 노출기준 이상인 작업공정에서 해당 유해인자에 노출되는 모든 근로자에 대해서는 다음 회에 한정하여 관련 유해인자별로 특수건강진단 주기를 (ㄱ)분의 1로 단축하여야 한다.
> ○ 건강진단기관이 건강진단을 실시하였을 때에는 그 결과를 고용노동부장관이 정하는 건강진단 개인표에 기록하고, 건강진단 실시일부터 (ㄴ)일 이내에 근로자에게 송부하여야 한다.
> ○ 사업주가 특수건강진단대상업무에 근로자를 배치하려는 경우 해당 작업에 배치하기 전에 배치전건강진단을 실시하여야 하나, 해당 사업장에서 해당 유해인자에 대하여 배치전건강진단을 받고 (ㄷ)개월이 지나지 아니한 근로자에 대해서는 배치전건강진단을 실시하지 아니할 수 있다.

① ㄱ: 2, ㄴ: 15, ㄷ: 3
② ㄱ: 2, ㄴ: 30, ㄷ: 3
③ ㄱ: 2, ㄴ: 30, ㄷ: 6
④ ㄱ: 3, ㄴ: 30, ㄷ: 6
⑤ ㄱ: 3, ㄴ: 60, ㄷ: 9

20 산업안전보건법령상 근로의 금지 및 제한에 관한 설명으로 옳은 것은?

① 사업주는 신장 질환이 있는 근로자가 근로에 의하여 병세가 악화될 우려가 있는 경우에 근로자의 동의가 없으면 근로를 금지할 수 없다.
② 사업주는 질병자의 근로를 다시 시작하도록 하는 경우에는 미리 보건관리자(의사가 아닌 보건관리자도 포함한다), 산업보건의 또는 건강진단을 실시한 의사의 의견을 들어야 한다.
③ 사업주는 관절염에 해당하는 질병이 있는 근로자를 고기압 업무에 종사시킬 수 있다.
④ 사업주는 갱내에서 하는 작업에 종사하는 근로자에게는 1일 6시간, 1주 34시간을 초과하여 근로하게 하여서는 아니 된다.
⑤ 사업주는 인력으로 중량물을 취급하는 작업에서 유해·위험 예방조치 외에 작업과 휴식의 적정한 배분, 그 밖에 근로시간과 관련된 근로조건의 개선을 통하여 근로자의 건강 보호를 위한 조치를 하여야 한다.

<참고>
제138조(질병자의 근로 금지·제한) ① 사업주는 감염병, 정신질환 또는 근로로 인하여 병세가 크게 악화될 우려가 있는 질병으로서 고용노동부령으로 정하는 질병에 걸린 사람에게는 「의료법」 제2조에 따른 의사의 진단에 따라 근로를 금지하거나 제한하여야 한다.
② 사업주는 제1항에 따라 근로가 금지되거나 제한된 근로자가 건강을 회복하였을 때에는 지체 없이 근로를 할 수 있도록 하여야 한다.
제139조(유해·위험작업에 대한 근로시간 제한 등) ① 사업주는 유해하거나 위험한 작업으로서 높은 기압에서 하는 작업 등 대통령령으로 정하는 작업에 종사하는 근로자에게는 1일 6시간, 1주 34시간을 초과하여 근로하게 해서는 아니 된다.
② 사업주는 대통령령으로 정하는 유해하거나 위험한 작업에 종사하는 근로자에게 필요한 안전조치 및 보건조치 외에 작업과 휴식의 적정한 배분 및 근로시간과 관련된 근로조건의 개선을 통하여 근로자의 건강 보호를 위한 조치를 하여야 한다.
★ **영 제99조(유해·위험작업에 대한 근로시간 제한 등)** ① 법 제139조 제1항에서 "높은 기압에서 하는 작업 등 대통령령으로 정하는 작업"이란 잠함(潛函) 또는 잠수 작업 등 높은 기압에서 하는 작업을 말한다.
② 제1항에 따른 작업에서 잠함·잠수 작업시간, 가압·감압방법 등 해당 근로자의 안전과 보건을 유지하기 위하여 필요한 사항은 고용노동부령으로 정한다.
③ 법 제139조 제2항에서 "대통령령으로 정하는 유해하거나 위험한 작업"이란 다음 각 호의 어느 하나에 해당하는 작업을 말한다.
  1. 갱(坑) 내에서 하는 작업
  2. 다량의 고열물체를 취급하는 작업과 현저히 덥고 뜨거운 장소에서 하는 작업
  3. 다량의 저온물체를 취급하는 작업과 현저히 춥고 차가운 장소에서 하는 작업
  4. 라듐방사선이나 엑스선, 그 밖의 유해 방사선을 취급하는 작업
  5. 유리·흙·돌·광물의 먼지가 심하게 날리는 장소에서 하는 작업
  6. 강렬한 소음이 발생하는 장소에서 하는 작업
  7. 착암기(바위에 구멍을 뚫는 기계) 등에 의하여 신체에 강렬한 진동을 주는 작업
  8. 인력(人力)으로 중량물을 취급하는 작업
  9. 납·수은·크롬·망간·카드뮴 등의 중금속 또는 이황화탄소·유기용제, 그 밖에 고용노동부령으로 정하는 특정 화학물질의 먼지·증기 또는 가스가 많이 발생하는 장소에서 하는 작업

★ **제202조(특수건강진단의 실시 시기 및 주기 등)** ① 사업주는 법 제130조 제1항 제1호에 해당하는 근로자에 대해서는 별표 23에서 특수건강진단 대상 유해인자별로 정한 시기 및 주기에 따라 특수건강진단을 실시해야 한다.

② 제1항에도 불구하고 법 제125조에 따른 사업장의 작업환경측정 결과 또는 특수건강진단 실시 결과에 따라 다음 각 호의 어느 하나에 해당하는 근로자에 대해서는 다음 회에 한정하여 관련 유해인자별로 **특수건강진단 주기를 2분의 1로 단축해야 한다. → 암기할 것!**
  1. 작업환경을 측정한 결과 노출기준 이상인 작업공정에서 해당 유해인자에 노출되는 모든 근로자
  2. 특수건강진단, 법 제130조 제3항에 따른 수시건강진단(이하 "수시건강진단"이라 한다) 또는 법 제131조 제1항에 따른 임시건강진단(이하 "임시건강진단"이라 한다)을 실시한 결과 **직업병 유소견자가 발견된 작업공정**에서 해당 유해인자에 노출되는 모든 근로자. 다만, 고용노동부장관이 정하는 바에 따라 특수건강진단·수시건강진단 또는 임시건강진단을 실시한 의사로부터 특수건강진단 주기를 단축하는 것이 필요하지 않다는 소견을 받은 경우는 제외한다.
  3. 특수건강진단 또는 임시건강진단을 실시한 결과 해당 유해인자에 대하여 특수건강진단 실시 주기를 단축해야 한다는 의사의 소견을 받은 근로자

③ 사업주는 법 제130조 제1항 제2호에 해당하는 근로자에 대해서는 직업병 유소견자 발생의 원인이 된 유해인자에 대하여 해당 근로자를 진단한 의사가 필요하다고 인정하는 시기에 특수건강진단을 실시해야 한다.

④ 법 제130조 제1항에 따라 특수건강진단을 실시해야 할 사업주는 특수건강진단 실시 시기를 안전보건관리규정 또는 취업규칙에 규정하는 등 특수건강진단이 정기적으로 실시되도록 노력해야 한다.

★ **제205조(수시건강진단 대상 근로자 등)** ① 법 제130조 제3항에서 "고용노동부령으로 정하는 근로자"란 특수건강진단대상업무로 인하여 해당 유해인자로 인한 것이라고 의심되는 **직업성 천식, 직업성 피부염**, 그 밖에 건강장해 증상을 보이거나 의학적 소견이 있는 근로자로서 다음 각 호의 어느 하나에 해당하는 근로자를 말한다. 다만, 사업주가 직전 특수건강진단을 실시한 특수건강진단기관의 의사로부터 수시건강진단이 필요하지 않다는 소견을 받은 경우는 제외한다.
  1. 산업보건의, 보건관리자, 보건관리 업무를 위탁받은 기관이 필요하다고 판단하여 사업주에게 수시건강진단을 건의한 근로자
  2. 해당 근로자나 근로자대표 또는 법 제23조에 따라 위촉된 명예산업안전감독관이 사업주에게 수시건강진단을 요청한 근로자

② 사업주는 제1항에 해당하는 근로자에 대해서는 지체 없이 수시건강진단을 실시해야 한다.

③ 제1항 및 제2항에서 정한 사항 외에 수시건강진단의 실시방법, 그 밖에 필요한 사항은 고용노동부장관이 정한다.

제207조(임시건강진단 명령 등) ① 법 제131조 제1항에서 "고용노동부령으로 정하는 경우"란 특수건강진단 대상 유해인자 또는 그 밖의 유해인자에 의한 **중독 여부, 질병에 걸렸는지 여부 또는 질병의 발생 원인 등을 확인하기 위하여 필요하다고 인정되는 경우**로서 다음 각 호에 어느 하나에 해당하는 경우를 말한다.
  1. 같은 부서에 근무하는 근로자 또는 같은 유해인자에 노출되는 근로자에게 유사한 질병의 자각·타각 증상이 발생한 경우
  2. 직업병 유소견자가 발생하거나 여러 명이 발생할 우려가 있는 경우
  3. 그 밖에 지방고용노동관서의 장이 필요하다고 판단하는 경우

② 임시건강진단의 검사항목은 별표 24에 따른 특수건강진단의 검사항목 중 전부 또는 일부와 건강진단 담당 의사가 필요하다고 인정하는 검사항목으로 한다.

③ 제2항에서 정한 사항 외에 임시건강진단의 검사방법, 실시방법, 그 밖에 필요한 사항은 고용노동부장관이 정한다.

★ **제220조(질병자의 근로금지)** ① 법 제138조 제1항에 따라 사업주는 다음 각 호의 어느 하나에 해당하는 사람에 대해서는 근로를 금지해야 한다.
1. 전염될 우려가 있는 질병에 걸린 사람. 다만, 전염을 예방하기 위한 조치를 한 경우는 제외한다.
2. 조현병, 마비성 치매에 걸린 사람
3. 심장·신장·폐 등의 질환이 있는 사람으로서 근로에 의하여 병세가 악화될 우려가 있는 사람
4. 제1호부터 제3호까지의 규정에 준하는 질병으로서 고용노동부장관이 정하는 질병에 걸린 사람

② 사업주는 제1항에 따라 근로를 금지하거나 근로를 다시 시작하도록 하는 경우에는 미리 보건관리자(의사인 보건관리자만 해당한다), 산업보건의 또는 건강진단을 실시한 의사의 의견을 들어야 한다.

★ **제221조(질병자 등의 근로 제한)** ① 사업주는 법 제129조부터 제130조에 따른 건강진단 결과 유기화합물·금속류 등의 유해물질에 중독된 사람, 해당 유해물질에 중독될 우려가 있다고 의사가 인정하는 사람, 진폐의 소견이 있는 사람 또는 방사선에 피폭된 사람을 해당 유해물질 또는 방사선을 취급하거나 해당 유해물질의 분진·증기 또는 가스가 발산되는 업무 또는 해당 업무로 인하여 근로자의 건강을 악화시킬 우려가 있는 업무에 종사하도록 해서는 안 된다.

② 사업주는 다음 각 호의 어느 하나에 해당하는 질병이 있는 근로자를 고기압 업무에 종사하도록 해서는 안 된다.
1. 감압증이나 그 밖에 고기압에 의한 장해 또는 그 후유증
2. 결핵, 급성상기도감염, 진폐, 폐기종, 그 밖의 호흡기계의 질병
3. 빈혈증, 심장판막증, 관상동맥경화증, 고혈압증, 그 밖의 혈액 또는 순환기계의 질병
4. 정신신경증, 알코올중독, 신경통, 그 밖의 정신신경계의 질병
5. 메니에르씨병, 중이염, 그 밖의 이관(耳管)협착을 수반하는 귀 질환
6. 관절염, 류마티스, 그 밖의 운동기계의 질병
7. 천식, 비만증, 바세도우씨병, 그 밖에 알레르기성·내분비계·물질대사 또는 영양장해 등과 관련된 질병

■ 산업안전보건법 시행규칙 [별표 22] ★

특수건강진단 대상 유해인자(제201조 관련)

1. 화학적 인자
   가. 유기화합물(109종)
      1) 가솔린(Gasoline; 8006-61-9)
      2) 글루타르알데히드(Glutaraldehyde; 111-30-8)
      3) β-나프틸아민(β-Naphthylamine; 91-59-8)
      4) 니트로글리세린(Nitroglycerin; 55-63-0)
      5) 니트로메탄(Nitromethane; 75-52-5)
      6) 니트로벤젠(Nitrobenzene; 98-95-3)
      7) p-니트로아닐린(p-Nitroaniline; 100-01-6)
      8) p-니트로클로로벤젠(p-Nitrochlorobenzene; 100-00-5)
      9) 디니트로톨루엔(Dinitrotoluene; 25321-14-6 등)
      10) N,N-디메틸아닐린(N,N-Dimethylaniline; 121-69-7)
      11) p-디메틸아미노아조벤젠(p-Dimethylaminoazobenzene; 60-11-7)
      12) N,N-디메틸아세트아미드(N,N-Dimethylacetamide; 127-19-5)
      13) 디메틸포름아미드(Dimethylformamide; 68-12-2)

14) 디에틸 에테르(Diethyl ether; 60-29-7)
15) 디에틸렌트리아민(Diethylenetriamine; 111-40-0)
16) 1,4-디옥산(1,4-Dioxane; 123-91-1)
17) 디이소부틸케톤(Diisobutylketone; 108-83-8)
18) 디클로로메탄(Dichloromethane; 75-09-2)
19) o-디클로로벤젠(o-Dichlorobenzene; 95-50-1)
20) 1,2-디클로로에탄(1,2-Dichloroethane; 107-06-2)
21) 1,2-디클로로에틸렌(1,2-Dichloroethylene; 540-59-0 등)
22) 1,2-디클로로프로판(1,2-Dichloropropane; 78-87-5)
23) 디클로로플루오로메탄(Dichlorofluoromethane; 75-43-4)
24) p-디히드록시벤젠(p-dihydroxybenzene; 123-31-9)
25) 마젠타(Magenta; 569-61-9)
26) 메탄올(Methanol; 67-56-1)
27) 2-메톡시에탄올(2-Methoxyethanol; 109-86-4)
28) 2-메톡시에틸 아세테이트(2-Methoxyethyl acetate; 110-49-6)
29) 메틸 n-부틸 케톤(Methyl n-butyl ketone; 591-78-6)
30) 메틸 n-아밀 케톤(Methyl n-amyl ketone; 110-43-0)
31) 메틸 에틸 케톤(Methyl ethyl ketone; 78-93-3)
32) 메틸 이소부틸 케톤(Methyl isobutyl ketone; 108-10-1)
33) 메틸 클로라이드(Methyl chloride; 74-87-3)
34) 메틸 클로로포름(Methyl chloroform; 71-55-6)
35) 메틸렌 비스(페닐 이소시아네이트)[Methylene bis(phenyl isocyanate); 101-68-8 등]
36) 4,4'-메틸렌 비스(2-클로로아닐린)[4,4'-Methylene bis(2-chloroaniline); 101-14-4]
37) o-메틸시클로헥사논(o-Methylcyclohexanone; 583-60-8)
38) 메틸시클로헥사놀(Methylcyclohexanol; 25639-42-3 등)
39) 무수 말레산(Maleic anhydride; 108-31-6)
40) 무수 프탈산(Phthalic anhydride; 85-44-9)
41) 벤젠(Benzene; 71-43-2)
42) 벤지딘 및 그 염(Benzidine and its salts; 92-87-5)
43) 1,3-부타디엔(1,3-Butadiene; 106-99-0)
44) n-부탄올(n-Butanol; 71-36-3)
45) 2-부탄올(2-Butanol; 78-92-2)
46) 2-부톡시에탄올(2-Butoxyethanol; 111-76-2)
47) 2-부톡시에틸 아세테이트(2-Butoxyethyl acetate; 112-07-2)
48) 1-브로모프로판(1-Bromopropane; 106-94-5)
49) 2-브로모프로판(2-Bromopropane; 75-26-3)
50) 브롬화 메틸(Methyl bromide; 74-83-9)
51) 비스(클로로메틸) 에테르(bis(Chloromethyl) ether; 542-88-1)
52) 사염화탄소(Carbon tetrachloride; 56-23-5)
53) 스토다드 솔벤트(Stoddard solvent; 8052-41-3)
54) 스티렌(Styrene; 100-42-5)
55) 시클로헥사논(Cyclohexanone; 108-94-1)
56) 시클로헥사놀(Cyclohexanol; 108-93-0)
57) 시클로헥산(Cyclohexane; 110-82-7)

58) 시클로헥센(Cyclohexene; 110-83-8)
59) 아닐린[62-53-3] 및 그 동족체(Aniline and its homologues)
60) 아세토니트릴(Acetonitrile; 75-05-8)
61) 아세톤(Acetone; 67-64-1)
62) 아세트알데히드(Acetaldehyde; 75-07-0)
63) 아우라민(Auramine; 492-80-8)
64) 아크릴로니트릴(Acrylonitrile; 107-13-1)
65) 아크릴아미드(Acrylamide; 79-06-1)
66) 2-에톡시에탄올(2-Ethoxyethanol; 110-80-5)
67) 2-에톡시에틸 아세테이트(2-Ethoxyethyl acetate; 111-15-9)
68) 에틸 벤젠(Ethyl benzene; 100-41-4)
69) 에틸 아크릴레이트(Ethyl acrylate; 140-88-5)
70) 에틸렌 글리콜(Ethylene glycol; 107-21-1)
71) 에틸렌 글리콜 디니트레이트(Ethylene glycol dinitrate; 628-96-6)
72) 에틸렌 클로로히드린(Ethylene chlorohydrin; 107-07-3)
73) 에틸렌이민(Ethyleneimine; 151-56-4)
74) 2,3-에폭시-1-프로판올(2,3-Epoxy-1-propanol; 556-52-5 등)
75) 에피클로로히드린(Epichlorohydrin; 106-89-8 등)
76) 염소화비페닐(Polychlorobiphenyls; 53469-21-9, 11097-69-1)
77) 요오드화 메틸(Methyl iodide; 74-88-4)
78) 이소부틸 알코올(Isobutyl alcohol; 78-83-1)
79) 이소아밀 아세테이트(Isoamyl acetate; 123-92-2)
80) 이소아밀 알코올(Isoamyl alcohol; 123-51-3)
81) 이소프로필 알코올(Isopropyl alcohol; 67-63-0)
82) 이황화탄소(Carbon disulfide; 75-15-0)
83) 콜타르(Coal tar; 8007-45-2)
84) 크레졸(Cresol; 1319-77-3 등)
85) 크실렌(Xylene; 1330-20-7 등)
86) 클로로메틸 메틸 에테르(Chloromethyl methyl ether; 107-30-2)
87) 클로로벤젠(Chlorobenzene; 108-90-7)
88) 테레빈유(Turpentine oil; 8006-64-2)
89) 1,1,2,2-테트라클로로에탄(1,1,2,2-Tetrachloroethane; 79-34-5)
90) 테트라히드로푸란(Tetrahydrofuran; 109-99-9)
91) 톨루엔(Toluene; 108-88-3)
92) 톨루엔-2,4-디이소시아네이트(Toluene-2,4-diisocyanate; 584-84-9 등)
93) 톨루엔-2,6-디이소시아네이트(Toluene-2,6-diisocyanate; 91-08-7 등)
94) 트리클로로메탄(Trichloromethane; 67-66-3)
95) 1,1,2-트리클로로에탄(1,1,2-Trichloroethane; 79-00-5)
96) 트리클로로에틸렌(Trichloroethylene(TCE); 79-01-6)
97) 1,2,3-트리클로로프로판(1,2,3-Trichloropropane; 96-18-4)
98) 퍼클로로에틸렌(Perchloroethylene; 127-18-4)
99) 페놀(Phenol; 108-95-2)
100) 펜타클로로페놀(Pentachlorophenol; 87-86-5)

102) 포름알데히드(Formaldehyde; 50-00-0)
102) β-프로피오락톤(β-Propiolactone; 57-57-8)
103) o-프탈로디니트릴(o-Phthalodinitrile; 91-15-6)
104) 피리딘(Pyridine; 110-86-1)
105) 헥사메틸렌 디이소시아네이트(Hexamethylene diisocyanate; 822-06-0)
106) n-헥산(n-Hexane; 110-54-3)
107) n-헵탄(n-Heptane; 142-82-5)
108) 황산 디메틸(Dimethyl sulfate; 77-78-1)
109) 히드라진(Hydrazine; 302-01-2)
110) 1)부터 109)까지의 물질을 용량비율 1퍼센트 이상 함유한 혼합물

나. 금속류(20종)
1) 구리(Copper; 7440-50-8)(분진, 미스트, 흄)
2) 납[7439-92-1] 및 그 무기화합물(Lead and its inorganic compounds)
3) 니켈[7440-02-0] 및 그 무기화합물, 니켈 카르보닐[13463-39-3](Nickel and its inorganic compounds, Nickel carbonyl)
4) 망간[7439-96-5] 및 그 무기화합물(Manganese and its inorganic compounds)
5) 사알킬납(Tetraalkyl lead; 78-00-2 등)
6) 산화아연(Zinc oxide; 1314-13-2)(분진, 흄)
7) 산화철(Iron oxide; 1309-37-1 등)(분진, 흄)
8) 삼산화비소(Arsenic trioxide; 1327-53-3)
9) 수은[7439-97-6] 및 그 화합물(Mercury and its compounds)
10) 안티몬[7440-36-0] 및 그 화합물(Antimony and its compounds)
11) 알루미늄[7429-90-5] 및 그 화합물(Aluminum and its compounds)
12) 오산화바나듐(Vanadium pentoxide; 1314-62-1)(분진, 흄)
13) 요오드[7553-56-2] 및 요오드화물(Iodine and iodides)
14) 인듐[7440-74-6] 및 그 화합물(Indium and its compounds)
15) 주석[7440-31-5] 및 그 화합물(Tin and its compounds)
16) 지르코늄[7440-67-7] 및 그 화합물(Zirconium and its compounds)
17) 카드뮴[7440-43-9] 및 그 화합물(Cadmium and its compounds)
18) 코발트(Cobalt; 7440-48-4)(분진, 흄)
19) 크롬[7440-47-3] 및 그 화합물(Chromium and its compounds)
20) 텅스텐[7440-33-7] 및 그 화합물(Tungsten and its compounds)
21) 1)부터 20)까지의 물질을 중량비율 1퍼센트 이상 함유한 혼합물

다. 산 및 알카리류(8종)
1) 무수 초산(Acetic anhydride; 108-24-7)
2) 불화수소(Hydrogen fluoride; 7664-39-3)
3) 시안화 나트륨(Sodium cyanide; 143-33-9)
4) 시안화 칼륨(Potassium cyanide; 151-50-8)
5) 염화수소(Hydrogen chloride; 7647-01-0)
6) 질산(Nitric acid; 7697-37-2)
7) 트리클로로아세트산(Trichloroacetic acid; 76-03-9)
8) 황산(Sulfuric acid; 7664-93-9)
9) 1)부터 8)까지의 물질을 중량비율 1퍼센트 이상 함유한 혼합물

라. 가스 상태 물질류(14종)
    1) 불소(Fluorine; 7782-41-4)
    2) 브롬(Bromine; 7726-95-6)
    3) 산화에틸렌(Ethylene oxide; 75-21-8)
    4) 삼수소화 비소(Arsine; 7784-42-1)
    5) 시안화 수소(Hydrogen cyanide; 74-90-8)
    6) 염소(Chlorine; 7782-50-5)
    7) 오존(Ozone; 10028-15-6)
    8) 이산화질소(nitrogen dioxide; 10102-44-0)
    9) 이산화황(Sulfur dioxide; 7446-09-5)
    10) 일산화질소(Nitric oxide; 10102-43-9)
    11) 일산화탄소(Carbon monoxide; 630-08-0)
    12) 포스겐(Phosgene; 75-44-5)
    13) 포스핀(Phosphine; 7803-51-2)
    14) 황화수소(Hydrogen sulfide; 7783-06-4)
    15) 1)부터 14)까지의 규정에 따른 물질을 용량비율 1퍼센트 이상 함유한 혼합물
마. 영 제88조에 따른 허가 대상 유해물질(12종)
    1) α-나프틸아민[134-32-7] 및 그 염(α-naphthylamine and its salts)
    2) 디아니시딘[119-90-4] 및 그 염(Dianisidine and its salts)
    3) 디클로로벤지딘[91-94-1] 및 그 염(Dichlorobenzidine and its salts)
    4) 베릴륨[7440-41-7] 및 그 화합물(Beryllium and its compounds)
    5) 벤조트리클로라이드(Benzotrichloride; 98-07-7)
    6) 비소[7440-38-2] 및 그 무기화합물(Arsenic and its inorganic compounds)
    7) 염화비닐(Vinyl chloride; 75-01-4)
    8) 콜타르피치[65996-93-2] 휘발물(코크스 제조 또는 취급업무)(Coal tar pitch volatiles)
    9) 크롬광 가공[열을 가하여 소성(변형된 형태 유지) 처리하는 경우만 해당한다](Chromite ore processing)
    10) 크롬산 아연(Zinc chromates; 13530-65-9 등)
    11) o-톨리딘[119-93-7] 및 그 염(o-Tolidine and its salts)
    12) 황화니켈류(Nickel sulfides; 12035-72-2, 16812-54-7)
    13) 1)부터 4)까지 및 6)부터 11)까지의 물질을 중량비율 1퍼센트 이상 함유한 혼합물
    14) 5)의 물질을 중량비율 0.5퍼센트 이상 함유한 혼합물
바. 금속가공유(Metal working fluids); 미네랄 오일 미스트(광물성 오일, Oil mist, mineral)

2. 분진(7종)
  가. 곡물 분진(Grain dusts)
  나. 광물성 분진(Mineral dusts)
  다. 면 분진(Cotton dusts)
  라. 목재 분진(Wood dusts)
  마. 용접 흄(Welding fume)
  바. 유리 섬유(Glass fiber dusts)
  사. 석면 분진(Asbestos dusts; 1332-21-4 등)

3. 물리적 인자(8종)
  가. 안전보건규칙 제512조 제1호부터 제3호까지의 규정의 소음작업, 강렬한 소음작업 및 충격소음 작업에서 발생하는 소음

나. 안전보건규칙 제512조 제4호의 진동작업에서 발생하는 진동
다. 안전보건규칙 제573조 제1호의 방사선
라. 고기압
마. 저기압
바. 유해광선
　1) 자외선
　2) 적외선
　3) 마이크로파 및 라디오파
4. 야간작업(2종)
　가. 6개월간 밤 12시부터 오전 5시까지의 시간을 포함하여 계속되는 8시간 작업을 월 평균 4회 이상 수행하는 경우
　나. 6개월간 오후 10시부터 다음날 오전 6시 사이의 시간 중 작업을 월 평균 60시간 이상 수행하는 경우

※ 비고: "등"이란 해당 화학물질에 이성질체 등 동일 속성을 가지는 2개 이상의 화합물이 존재할 수 있는 경우를 말한다.

■ 산업안전보건법 시행규칙 [별표 23]

특수건강진단의 시기 및 주기(제202조 제1항 관련) ★

구분	대상 유해인자	시기 (배치 후 첫 번째 특수 건강진단)	주기
1	N,N-디메틸아세트아미드 디메틸포름아미드	1개월 이내	6개월
2	벤젠	2개월 이내	6개월
3	1,1,2,2-테트라클로로에탄 사염화탄소 아크릴로니트릴 염화비닐	3개월 이내	6개월
4	석면, 면 분진	12개월 이내	12개월
5	광물성 분진 목재 분진 소음 및 충격소음	12개월 이내	24개월
6	제1호부터 제5호까지의 대상 유해인자를 제외한 별표22의 모든 대상 유해인자	6개월 이내	12개월

■ 산업안전보건법 시행규칙 [별표 25]

건강관리카드의 발급 대상(제214조 관련)

구분	건강장해가 발생할 우려가 있는 업무	대상 요건
1	베타-나프틸아민 또는 그 염(같은 물질이 함유된 화합물의 중량 비율이 1퍼센트를 초과하는 제제를 포함한다)을 제조하거나 취급하는 업무	3개월 이상 종사한 사람
2	벤지딘 또는 그 염(같은 물질이 함유된 화합물의 중량 비율이 1퍼센트를 초과하는 제제를 포함한다)을 제조하거나 취급하는 업무	3개월 이상 종사한 사람
3	베릴륨 또는 그 화합물(같은 물질이 함유된 화합물의 중량 비율이 1퍼센트를 초과하는 제제를 포함한다) 또는 그 밖에 베릴륨 함유물질(베릴륨이 함유된 화합물의 중량 비율이 3퍼센트를 초과하는 물질만 해당한다)을 제조하거나 취급하는 업무	제조하거나 취급하는 업무에 종사한 사람 중 양쪽 폐부분에 베릴륨에 의한 만성 결절성 음영이 있는 사람
4	비스-(클로로메틸)에테르(같은 물질이 함유된 화합물의 중량 비율이 1퍼센트를 초과하는 제제를 포함한다)를 제조하거나 취급하는 업무	3년 이상 종사한 사람
5	가. 석면 또는 석면방직제품을 제조하는 업무	3개월 이상 종사한 사람

	나. 다음의 어느 하나에 해당하는 업무
	  1) 석면함유제품(석면방직제품은 제외한다)을 제조하는 업무
	  2) 석면함유제품(석면이 1퍼센트를 초과하여 함유된 제품만 해당한다. 이하 다목에서 같다)을 절단하는 등 석면을 가공하는 업무
	  3) 설비 또는 건축물에 분무된 석면을 해체·제거 또는 보수하는 업무
	  4) 석면이 1퍼센트 초과하여 함유된 보온재 또는 내화피복제(耐火被覆劑)를 해체·제거 또는 보수하는 업무
		1년 이상 종사한 사람

	다. 설비 또는 건축물에 포함된 석면시멘트, 석면마찰제품 또는 석면개스킷제품 등 석면함유제품을 해체·제거 또는 보수하는 업무	10년 이상 종사한 사람
	라. 나목 또는 다목 중 하나 이상의 업무에 중복하여 종사한 경우	다음의 계산식으로 산출한 숫자가 120을 초과하는 사람: (나목의 업무에 종사한 개월 수)×10+(다목의 업무에 종사한 개월 수)
	마. 가목부터 다목까지의 업무로서 가목부터 다목까지의 규정에서 정한 종사기간에 해당하지 않는 경우	흉부방사선상 석면으로 인한 질병 징후(흉막반 등)가 있는 사람
6	벤조트리클로라이드를 제조(태양광선에 의한 염소화반응에 의하여 제조하는 경우만 해당한다)하거나 취급하는 업무	3년 이상 종사한 사람

7	가. 갱내에서 동력을 사용하여 토석(土石)·광물 또는 암석(습기가 있는 것은 제외한다. 이하 "암석등"이라 한다)을 굴착하는 작업
	나. 갱내에서 동력(동력 수공구(手工具)에 의한 것은 제외한다)을 사용하여 암석 등을 파쇄(破碎)·분쇄 또는 체질하는 장소에서의 작업
	다. 갱내에서 암석 등을 차량계 건설기계로 싣거나 내리거나 쌓아두는 장소에서의 작업
	라. 갱내에서 암석 등을 컨베이어(이동식 컨베이어는 제외한다)에 싣거나 내리는 장소에서의 작업
	마. 옥내에서 동력을 사용하여 암석 또는 광물을 조각하거나 마무리하는 장소에서의 작업
	바. 옥내에서 연마재를 분사하여 암석 또는 광물을 조각하는 장소에서의 작업
	사. 옥내에서 동력을 사용하여 암석·광물 또는 금속을 연마·주물 또는 추출하거나 금속을 재단하는 장소에서의 작업
	아. 옥내에서 동력을 사용하여 암석등·탄소원료 또는 알미늄박을 파쇄·분쇄 또는 체질하는 장소에서의 작업
	자. 옥내에서 시멘트, 티타늄, 분말상의 광석, 탄소원료, 탄소제품, 알미늄 또는 산화티타늄을 포장하는 장소에서의 작업
	차. 옥내에서 분말상의 광석, 탄소원료 또는 그 물질을 함유한 물질을 혼합·혼입 또는 살포하는 장소에서의 작업
	카. 옥내에서 원료를 혼합하는 장소에서의 작업 중 다음의 어느 하나에 해당하는 작업
	  1) 유리 또는 법랑을 제조하는 공정에서 원료를 혼합하는 작업이나 원료 또는 혼합물을 용해로에 투입하는 작업 (수중에서 원료를 혼합하는 작업은 제외한다)
	  2) 도자기·내화물·형상토제품(형상을 본떠 흙으로 만든 제품) 또는 연마재를 제조하는 공정에서 원료를 혼합 또는 성형하거나, 원료 또는 반제품을 건조하거나, 반제품을 차에 싣거나 쌓아 두는 장소에서의 작업 또는 가마 내부에서의 작업(도자기를 제조하는 공정에서 원료를 투입 또는 성형하여 반제품을 완성하거나 제품을 내리고 쌓아 두는 장소에서의 작업과 수중에서 원료를 혼합하는 장소에서의 작업은 제외한다)
	  3) 탄소제품을 제조하는 공정에서 탄소원료를 혼합하거나 성형하여 반제품을 노(爐: 가공할 원료를 녹이거나 굽는 시설)에 넣거나 반제품 또는 제품을 노에서 꺼내거나 제작하는 장소에서의 작업
	타. 옥내에서 내화 벽돌 또는 타일을 제조하는 작업 중 동력을 사용하여 원료(습기가 있는 것은 제외한다)를 성형하는 장소에서의 작업
	파. 옥내에서 동력을 사용하여 반제품 또는 제품을 다듬질하는 장소에서의 작업 중 다음의 의 어느 하나에 해당하는 작업
		3년 이상 종사한 사람으로서 흉부방사선 사진 상 진폐증이 있다고 인정되는 사람(「진폐의 예방과 진폐근로자의 보호 등에 관한 법률」에 따라 건강관리수첩을 발급받은 사람은 제외한다)

	1) 도자기·내화물·형상토제품 또는 연마재를 제조하는 공정에서 원료를 혼합 또는 성형하거나, 원료 또는 반제품을 건조하거나, 반제품을 차에 싣거나 쌓은 장소에서의 작업또는 가마 내부에서의 작업(도자기를 제조하는 공정에서 원료를 투입 또는 성형하여 반제품을 완성하거나 제품을 내리고 쌓아 두는 장소에서의 작업과 수중에서 원료를 혼합하는 장소에서의 작업은 제외한다) 2) 탄소제품을 제조하는 공정에서 탄소원료를 혼합하거나 성형하여 반제품을 노에 넣거나 반제품 또는 제품을 노에서 꺼내거나 제작하는 장소에서의 작업 하. 옥내에서 거푸집을 해체하거나, 분해장치를 이용하여 사형(似形: 광물의 결정형태)을 부수거나, 모래를 털어 내거나 동력을 사용하여 주물모래를 재생하거나 혼련(열과 기계를 사용하여 내용물을 고르게 섞는 것)하거나 주물품을 절삭(切削)하는 장소에서의 작업 거. 옥내에서 수지식(手指式) 용융분사기를 이용하지 않고 금속을 용융분사하는 장소에서의 작업	
8	가. 염화비닐을 중합(결합 화합물화)하는 업무 또는 밀폐되어 있지 않은 원심분리기를 사용하여 폴리염화비닐(염화비닐의 중합체를 말한다)의 현탁액(懸濁液)에서 물을 분리시키는 업무 나. 염화비닐을 제조하거나 사용하는 석유화학설비를 유지·보수하는 업무	4년 이상 종사한 사람
9	크롬산·중크롬산 또는 이들 염(같은 물질이 함유된 화합물의 중량 비율이 1퍼센트를 초과하는 제제를 포함한다)을 광석으로부터 추출하여 제조하거나 취급하는 업무	4년 이상 종사한 사람
10	삼산화비소를 제조하는 공정에서 배소(낮은 온도로 가열하여 변화를 일으키는 과정) 또는 정제를 하는 업무나 비소가 함유된 화합물의 중량 비율이 3퍼센트를 초과하는 광석을 제련하는 업무	5년 이상 종사한 사람
11	니켈(니켈카보닐을 포함한다) 또는 그 화합물을 광석으로부터 추출하여 제조하거나 취급하는 업무	5년 이상 종사한 사람
12	카드뮴 또는 그 화합물을 광석으로부터 추출하여제조하거나 취급하는 업무	5년 이상 종사한 사람
13	가. 벤젠을 제조하거나 사용하는 업무(석유화학 업종만 해당한다) 나. 벤젠을 제조하거나 사용하는 석유화학설비를 유지·보수하는 업무	6년 이상 종사한 사람
14	제철용 코크스 또는 제철용 가스발생로를 제조하는 업무(코크스로 또는 가스발생로 상부에서의 업무 또는 코크스로에 접근하여 하는 업무만 해당한다)	6년 이상 종사한 사람
15	비파괴검사(X-선) 업무	1년이상 종사한 사람 또는 연간 누적선량이 20mSv 이상이었던 사람

21 산업안전보건법령상 안전보건개선계획 등에 관한 설명으로 옳지 않은 것은?

① 사업주는 안전보건개선계획을 수립할 때에는 산업안전보건위원회가 설치되어 있지 아니한 사업장의 경우에는 근로자대표의 의견을 들어야 한다.
② 사업주와 근로자는 안전보건개선계획을 준수하여야 한다.
③ 안전보건개선계획의 수립·시행명령을 받은 사업주는 고용노동부장관이 정하는 바에 따라 안전보건개선계획서를 작성하여 그 명령을 받은 날부터 60일 이내에 관할 지방고용노동관서의 장에게 제출하여야 한다.
④ 직업병에 걸린 사람이 연간 1명 발생한 사업장은 안전·보건진단을 받아 안전보건개선계획을 수립·제출하도록 지방고용노동관서의 장이 명할 수 있는 사업장에 해당한다.
⑤ 안전보건개선계획서에는 시설, 안전·보건관리체제, 안전·보건교육, 산업재해 예방 및 작업환경의 개선을 위하여 필요한 사항이 포함되어야 한다.

22 산업안전보건법령상 산업재해 발생 사실을 은폐하도록 교사(敎唆)하거나 공모(共謀)한 자에게 적용되는 벌칙은?

① 500만원 이하의 벌금
② 1년 이하의 징역 또는 1천만원 이하의 벌금
③ 3년 이하의 징역 또는 3천만원 이하의 벌금
④ 5년 이하의 징역 또는 5천만원 이하의 벌금
⑤ 7년 이하의 징역 또는 1억원 이하의 벌금

23 산업안전보건법령상 작업환경측정 등에 관한 설명으로 옳지 않은 것은?

① 사업주는 작업환경측정의 결과를 해당 작업장 근로자에게 알려야 하며 그 결과에 따라 근로자의 건강을 보호하기 위하여 해당 시설·설비의 설치·개선 또는 건강진단의 실시 등 적절한 조치를 하여야 한다.
② 사업주는 산업안전보건위원회 또는 근로자대표가 요구하면 작업환경측정 결과에 대한 설명회를 직접 개최하거나 작업환경측정을 한 기관으로 하여금 개최하도록 하여야 한다.
③ 고용노동부장관은 작업환경측정의 수준을 향상시키기 위하여 매년 지정측정기관을 평가한 후 그 결과를 공표하여야 한다.
④ 고용노동부장관은 작업환경측정 결과의 정확성과 정밀성을 평가하기 위하여 필요하다고 인정하는 경우에는 신뢰성평가를 할 수 있다.
⑤ 시설·장비의 성능은 고용노동부장관이 지정측정기관의 작업환경측정 수준을 평가하는 기준에 해당한다.

24 갑(甲)은 전국 규모의 사업주단체에 소속된 임직원으로서 해당 단체가 추천하여 법령에 따라 위촉된 명예감독관이다. 산업안전보건법령상 갑(甲)의 업무가 아닌 것을 모두 고른 것은?

> ㄱ. 법령 및 산업재해 예방정책 개선 건의
> ㄴ. 안전·보건 의식을 북돋우기 위한 활동과 무재해운동 등에 대한 참여와 지원
> ㄷ. 사업장에서 하는 자체점검 참여 및 근로감독관이 하는 사업장 감독 참여
> ㄹ. 법령을 위반한 사실이 있는 경우 사업주에 대한 개선 요청 및 감독기관에의 신고
> ㅁ. 산업재해 발생의 급박한 위험이 있는 경우 사업주에 대한 작업중지 요청

① ㄱ, ㄴ, ㄷ
② ㄱ, ㄴ, ㅁ
③ ㄱ, ㄷ, ㄹ
④ ㄴ, ㄹ, ㅁ
⑤ ㄷ, ㄹ, ㅁ

25 산업안전보건법령상 산업재해 예방사업 보조·지원의 취소에 관한 설명으로 옳지 않은 것은?

① 거짓으로 보조·지원을 받은 경우 보조·지원의 전부를 취소하여야 한다.
② 보조·지원 대상을 임의매각·훼손·분실하는 등 지원 목적에 적합하게 유지·관리·사용하지 아니한 경우 보조·지원의 전부 또는 일부를 취소하여야 한다.
③ 보조·지원이 산업재해 예방사업의 목적에 맞게 사용되지 아니한 경우 보조·지원의 전부 또는 일부를 취소하여야 한다.
④ 보조·지원 대상 기간이 끝나기 전에 보조·지원 대상 시설 및 장비를 국외로 이전 설치한 경우 보조·지원의 전부 또는 일부를 취소하여야 한다.
⑤ 사업주가 보조·지원을 받은 후 5년 이내에 해당 시설 및 장비의 중대한 결함이나 관리상 중대한 과실로 인하여 근로자가 사망한 경우 보조·지원의 전부를 취소하여야 한다.

<참고>

제158조(산업재해 예방활동의 보조·지원) ① 정부는 사업주, 사업주단체, 근로자단체, 산업재해 예방 관련 전문단체, 연구기관 등이 하는 산업재해 예방사업 중 **대통령령으로 정하는 사업**에 드는 경비의 전부 또는 일부를 예산의 범위에서 보조하거나 그 밖에 필요한 지원(이하 "보조·지원"이라 한다)을 할 수 있다. 이 경우 고용노동부장관은 보조·지원이 산업재해 예방사업의 목적에 맞게 효율적으로 사용되도록 관리·감독하여야 한다.

> **영 제109조(산업재해 예방사업의 지원)** 법 제158조 제1항 전단에서 "대통령령으로 정하는 사업"이란 다음 각 호의 어느 하나에 해당하는 업무와 관련된 사업을 말한다. <개정 2020. 9. 8.>
> 1. 산업재해 예방을 위한 방호장치, 보호구, 안전설비 및 작업환경개선 시설·장비 등의 제작, 구입, 보수, 시험, 연구, 홍보 및 정보제공 등의 업무
> 2. 사업장 안전·보건관리에 대한 기술지원 업무
> 3. 산업 안전·보건 관련 교육 및 전문인력 양성 업무
> 4. 산업재해예방을 위한 연구 및 기술개발 업무
> 5. 법 제11조 제3호에 따른 노무를 제공하는 사람의 건강을 유지·증진하기 위한 시설의 운영에 관한 지원 업무
> 6. 안전·보건의식의 고취 업무
> 7. 법 제36조에 따른 위험성평가에 관한 지원 업무
> 8. 안전검사 지원 업무
> 9. 유해인자의 노출 기준 및 유해성·위험성 조사·평가 등에 관한 업무
> 10. 직업성 질환의 발생 원인을 규명하기 위한 역학조사·연구 또는 직업성 질환 예방에 필요하다고 인정되는 시설·장비 등의 구입 업무
> 11. 작업환경측정 및 건강진단 지원 업무
> 12. 법 제126조 제2항에 따른 작업환경측정기관의 측정·분석 능력의 확인 및 법 제135조 제3항에 따른 특수건강진단기관의 진단·분석 능력의 확인에 필요한 시설·장비 등의 구입 업무
> 13. 산업의학 분야의 학술활동 및 인력 양성 지원에 관한 업무
> 14. 그 밖에 산업재해 예방을 위한 업무로서 산업재해보상보험및예방심의위원회의 심의를 거쳐 고용노동부장관이 정하는 업무

② 고용노동부장관은 보조·지원을 받은 자가 다음 각 호의 어느 하나에 해당하는 경우 보조·지원의 **전부 또는 일부를 취소하여야 한다.** 다만, 제1호 및 제2호의 경우에는 보조·지원의 전부를 취소하여야 한다. → 전부취소와 일부취소를 구분할 것!
1. 거짓이나 그 밖의 부정한 방법으로 보조·지원을 받은 경우
2. 보조·지원 대상자가 폐업하거나 파산한 경우
3. 보조·지원 대상을 임의매각·훼손·분실하는 등 지원 목적에 적합하게 유지·관리·사용하지 아니한 경우
4. 제1항에 따른 산업재해 예방사업의 목적에 맞게 사용되지 아니한 경우
5. 보조·지원 대상 기간이 끝나기 전에 보조·지원 대상 시설 및 장비를 국외로 이전한 경우
6. 보조·지원을 받은 사업주가 필요한 안전조치 및 보건조치 의무를 위반하여 산업재해를 발생시킨 경우로서 고용노동부령으로 정하는 경우

> **제237조(보조·지원의 환수와 제한)** ① 법 제158조 제2항 제6호에서 "고용노동부령으로 정하는 경우"란 보조·지원을 받은 후 **3년 이내**에 해당 시설 및 장비의 중대한 결함이나 관리상 중대한 과실로 인하여 근로자가 사망한 경우를 말한다.

② 법 제158조 제4항에 따라 보조·지원을 제한할 수 있는 기간은 다음 각 호와 같다.
  1. 법 제158조 제2항 제1호의 경우: 3년
  2. 법 제158조 제2항 제2호부터 제6호까지의 어느 하나의 경우: 1년
  3. 법 제158조 제2항 제2호부터 제6호까지의 어느 하나를 위반한 후 2년 이내에 같은 항 제2호부터 제6호까지의 어느 하나를 위반한 경우: 2년

③ 고용노동부장관은 제2항에 따라 보조·지원의 전부 또는 일부를 취소한 경우에는 해당 금액 또는 지원에 상응하는 금액을 환수하되, 같은 항 제1호의 경우에는 지급받은 금액에 상당하는 액수 이하의 금액을 추가로 환수할 수 있다. 다만, 제2항 제2호 중 보조·지원 대상자가 **파산한 경우에 해당하여 취소한 경우는 환수하지 아니한다.**

④ 제2항에 따라 보조·지원의 전부 또는 일부가 취소된 자에 대해서는 고용노동부령으로 정하는 바에 따라 취소된 날부터 3년 이내의 기간을 정하여 보조·지원을 하지 아니할 수 있다.

제237조(보조·지원의 환수와 제한)

② 법 제158조 제4항에 따라 보조·지원을 제한할 수 있는 기간은 다음 각 호와 같다.
  1. 법 제158조 제2항 제1호의 경우: 3년
  2. 법 제158조 제2항 제2호부터 제6호까지의 어느 하나의 경우: 1년
  3. 법 제158조 제2항 제2호부터 제6호까지의 어느 하나를 위반한 후 2년 이내에 같은 항 제2호부터 제6호까지의 어느 하나를 위반한 경우: 2년

⑤ 보조·지원의 대상·방법·절차, 관리 및 감독, 제2항 및 제3항에 따른 취소 및 환수 방법, 그 밖에 필요한 사항은 고용노동부장관이 정하여 고시한다.

○ 2019년 기출문제 정답

1	2	3	4	5	6	7	8	9	10
③	⑤	②	③	①	②	④	②	③	②
11	12	13	14	15	16	17	18	19	20
①	④	⑤	⑤	②	①	④	①	③	⑤
21	22	23	24	25					
④	②	③	⑤	⑤					

부록: 2018년 산업안전보건법령 기출문제

(2020~2016년 5개년)

01 산업안전보건법령상 근로를 금지시켜야 하는 사람에 해당하지 않는 것은?

① 정신분열증에 걸린 사람
② 감압증에 걸린 사람
③ 폐 질환이 있는 사람으로서 근로에 의하여 병세가 악화될 우려가 있는 사람
④ 심장 질환이 있는 사람으로서 근로에 의하여 병세가 악화될 우려가 있는 사람
⑤ 신장 질환이 있는 사람으로서 근로에 의하여 병세가 악화될 우려가 있는 사람

02 산업안전보건법령상 사업장의 산업재해 발생건수 등 공표에 관한 설명이다. ( )안에 들어갈 내용을 순서대로 바르게 나열한 것은?

> 고용노동부장관은 산업재해를 예방하기 위하여 「산업안전보건법」 제10조 제2항에 따른 산업재해의 발생에 관한 보고를 최근 (ㄱ) 이내 (ㄴ) 이상 하지 않은 사업장의 산업재해 발생건수, 재해율 또는 그순위 등을 공표하여야 한다.

① ㄱ: 1년, ㄴ: 1회
② ㄱ: 2년, ㄴ: 2회
③ ㄱ: 3년, ㄴ: 2회
④ ㄱ: 5년, ㄴ: 3회
⑤ ㄱ: 5년, ㄴ: 5회

03 산업안전보건법령상 '일반석면조사'를 해야 하는 경우 그 조사사항에 해당하지 않는 것은?

① 해당 건축물이나 설비에 석면이 함유되어 있는지 여부
② 해당 건축물이나 설비 중 석면이 함유된 자재의 종류
③ 해당 건축물이나 설비 중 석면이 함유된 자재의 위치
④ 해당 건축물이나 설비 중 석면이 함유된 자재의 면적
⑤ 해당 건축물이나 설비에 함유된 석면의 종류 및 함유량

<참고>

제119조(석면조사) ① 건축물이나 설비를 철거하거나 해체하려는 경우에 해당 건축물이나 설비의 소유주 또는 임차인 등(이하 "건축물·설비소유주등"이라 한다)은 다음 각 호의 사항을 고용노동부령으로 정하는 바에 따라 조사(이하 "일반석면조사"라 한다)한 후 그 결과를 기록하여 보존하여야 한다. <개정 2020. 5. 26.>
1. 해당 건축물이나 설비에 석면이 포함되어 있는지 여부
2. 해당 건축물이나 설비 중 석면이 포함된 자재의 종류, 위치 및 면적

② 제1항에 따른 건축물이나 설비 중 대통령령으로 정하는 규모 이상의 건축물·설비소유주등은 제120조에 따라 지정받은 기관(이하 "석면조사기관"이라 한다)에 다음 각 호의 사항을 조사(이하 "기관석면조사"라 한다)하도록 한 후 그 결과를 기록하여 보존하여야 한다. 다만, 석면함유 여부가 명백한 경우 등 대통령령으로 정하는 사유에 해당하여 고용노동부령으로 정하는 절차에 따라 확인을 받은 경우에는 기관석면조사를 생략할 수 있다. <개정 2020. 5. 26.>
1. 제1항 각 호의 사항
2. 해당 건축물이나 설비에 포함된 석면의 종류 및 함유량

③ 건축물·설비소유주등이 「석면안전관리법」 등 다른 법률에 따라 건축물이나 설비에 대하여 석면조사를 실시한 경우에는 고용노동부령으로 정하는 바에 따라 일반석면조사 또는 기관석면조사를 실시한 것으로 본다.

④ 고용노동부장관은 건축물·설비소유주등이 일반석면조사 또는 기관석면조사를 하지 아니하고 건축물이나 설비를 철거하거나 해체하는 경우에는 다음 각 호의 조치를 명할 수 있다.
1. 해당 건축물·설비소유주등에 대한 일반석면조사 또는 기관석면조사의 이행 명령
2. 해당 건축물이나 설비를 철거하거나 해체하는 자에 대하여 제1호에 따른 이행 명령의 결과를 보고 받을 때까지의 작업중지 명령

⑤ 기관석면조사의 방법, 그 밖에 필요한 사항은 고용노동부령으로 정한다.

04 甲은 산업안전보건법령상 산업안전지도사로서 활동을 하려고 한다. 이에 관한 설명으로 옳은 것은?

① 甲은 고용노동부장관이 시행하는 산업안전지도사시험에 합격하여야만 산업안전지도사의 자격을 가질 수 있다.
② 甲은 산업안전지도사로서 그 직무를 시작하기 전에 광역지방자치단체의 장에게 등록을 하여야 한다.
③ 甲이 파산선고를 받은 경우라면 복권되더라도 산업안전지도사로서 등록할 수 없다.
④ 甲은 3년마다 산업안전지도사 등록을 갱신하여야 한다.
⑤ 甲이 산업안전지도사의 직무를 조직적·전문적으로 수행하기 위하여 법인을 설립하려고 하는 경우에는 「상법」중 주식회사에 관한 규정을 적용한다.

05 산업안전보건법령상 안전관리전문기관 지정의 취소 또는 과징금에 관한 설명으로 옳은 것은?

① 고용노동부장관은 안전관리전문기관이 업무정지 기간 중에 업무를 수행한경우에는 그 지정을 취소하거나 6개월 이내의 기간을 정하여 그 업무의 정지를 명할 수 있다.
② 고용노동부장관은 안전관리전문기관이 위탁받은 안전관리 업무에 차질이 생기게 한 경우에는 그 지정을 취소하거나 6개월 이내의 기간을 정하여 그 업무의 정지를 명할 수 있다.
③ 과징금은 분할하여 납부할 수 있다.
④ 안전관리전문기관의 지정이 취소된 자는 3년 이내에는 안전관리전문기관으로 지정받을 수 없다.
⑤ 고용노동부장관은 위반행위의 동기, 내용 및 횟수 등을 고려하여 과징금 부과금액의 2분의 1 범위에서 과징금을 늘리거나 줄일 수 있으며, 늘리는 경우 과징금 부과금액의 총액은 1억원을 넘을 수 있다.

<참고>
■ 산업안전보건법 시행령 [별표 33]

과징금의 부과기준(제111조 관련)

1. 일반기준
  가. 업무정지기간은 법 제163조 제2항에 따른 업무정지의 기준에 따라 부과되는 기간을 말하며, 업무정지기간의 1개월은 30일로 본다.
  나. 과징금 부과금액은 위반행위를 한 지정기관의 연간 총 매출금액의 1일 평균매출금액을 기준으로 제2호에 따라 산출한다.
  다. 과징금 부과금액의 기초가 되는 1일 평균매출금액은 위반행위를 한 해당 지정기관에 대한 행정처분일이 속한 연도의 전년도 1년간의 총 매출금액을 365로 나눈 금액으로 한다. 다만, 신규 개설 또는 휴업 등으로 전년도 1년간의 총 매출금액을 산출할 수 없거나 1년간의 총 매출금액을 기준으로 하는 것이 타당하지 않다고 인정되는 경우에는 분기(90일을 말한다)별, 월별 또는 일별 매출금액을 해당 단위에 포함된 일수로 나누어 1일 평균매출금액을 산정한다.
  라. 제2호에 따라 산출한 과징금 부과금액이 10억원을 넘는 경우에는 과징금 부과금액을 10억원으로 한다.
  마. 고용노동부장관은 위반행위의 동기, 내용 및 횟수 등을 고려하여 제2호에 따른 과징금 부과금액의 2분의 1 범위에서 과징금을 늘리거나 줄일 수 있다. 다만, 늘리는 경우에도 과징금 부과금액의 총액은 10억원을 넘을 수 없다.
2. 과징금의 산정방법

> 과징금 부과금액 = 위반사업자 1일 평균매출금액 × 업무정지 일수 × 0.1

06 산업안전보건기준에 관한 규칙상 통로 등에 관한 설명으로 옳지 않은 것은?

① 사업주는 계단 및 승강구 바닥을 구멍이 있는 재료로 만드는 경우 렌치나 그 밖의 공구 등이 낙하할 위험이 없는 구조로 하여야 한다.
② 사업주는 급유용・보수용・비상용 계단 및 나선형 계단을 설치하는 경우 그 폭을 1미터 이상으로 하여야 한다.
③ 사업주는 높이가 3미터를 초과하는 계단에 높이 3미터 이내마다 너비 1.2미터 이상의 계단참을 설치하여야 한다.
④ 사업주는 갱내에 설치한 통로 또는 사다리식 통로에 권상장치(卷上裝置)가 설치된 경우 권상장치와 근로자의 접촉에 의한 위험이 있는 장소에 판자벽이나 그 밖에 위험 방지를 위한 격벽(隔壁)을 설치하여야 한다.
⑤ 사업주는 높이 1미터 이상인 계단의 개방된 측면에 안전난간을 설치하여야 한다.

07 산업안전보건법령상 정부의 책무 또는 사업주 등의 의무에 관한 설명으로 옳지 않은 것은?

① 사업주는 안전・보건의식을 북돋우기 위하여 산업안전・보건 강조기간의 설정 및 그 시행과 관련된 시책을 마련하여야 한다.
② 정부는 산업재해에 관한 조사 및 통계의 유지・관리를 성실히 이행할 책무를 진다.
③ 사업주는 해당 사업장의 안전・보건에 관한 정보를 근로자에게 제공하여야 한다.
④ 근로자는 사업주 또는 근로감독관, 한국산업안전보건공단 등 관계자가 실시하는 산업재해 방지에 관한 조치에 따라야 한다.
⑤ 원재료 등을 제조・수입하는 자는 그 원재료 등을 제조・수입할 때 산업안전보건법령으로 정하는 기준을 지켜야 한다.

08 산업안전보건법령상 유해인자인 벤젠의 노출농도의 허용기준을 옳게 연결한 것은?

	시간가중평균값(TWA)	단시간 노출값(STEL)
①	0.5ppm	2.0ppm
②	0.5ppm	2.5ppm
③	0.5ppm	3.0ppm
④	1.0ppm	2.5ppm
⑤	1.0ppm	3.0ppm

09 산업안전보건법령상 건강진단에 관한 설명으로 옳지 않은 것은?

① 사업주가 실시하여야 하는 근로자 건강진단에는 일반건강진단, 특수건강진단, 배치전건강진단, 수시건강진단 및 임시건강진단이 있다.
② 건강진단기관이 건강진단을 실시한 때에는 그 결과를 근로자 및 사업주에게 통보하고 고용노동부장관에게 보고하여야 한다.
③ 사업주는 근로자대표가 요구할 때에는 해당 근로자 본인의 동의 없이도 그 근로자의 건강진단결과를 공개할 수 있다.
④ 사업주는 특수건강진단, 배치전건강진단 및 수시건강진단을 지방고용노동관서의 장이 지정하는 의료기관에서 실시하여야 한다.
⑤ 사업주가 「항공법」에 따른 신체검사를 실시하여 그 건강진단을 받은 근로자는 일반건강진단을 실시한 것으로 본다.

10 산업안전보건법령상 산업안전지도사와 산업보건지도사의 업무범위에 공통적으로 해당하는 것을 모두 고른 것은?

> ㄱ. 위험성평가의 지도
> ㄴ. 안전보건개선계획서의 작성
> ㄷ. 공정상의 안전에 관한 평가·지도
> ㄹ. 작업환경의 평가 및 개선 지도
> ㅁ. 근로자 건강진단에 따른 사후관리 지도

① ㄱ
② ㄱ, ㄴ
③ ㄱ, ㄴ, ㄷ
④ ㄱ, ㄴ, ㄷ, ㄹ
⑤ ㄱ, ㄴ, ㄷ, ㄹ, ㅁ

<참고>
제9장 산업안전지도사 및 산업보건지도사
제142조(산업안전지도사 등의 직무) ① 산업안전지도사는 다음 각 호의 직무를 수행한다.
  1. 공정상의 안전에 관한 평가·지도
  2. 유해·위험의 방지대책에 관한 평가·지도
  3. 제1호 및 제2호의 사항과 관련된 계획서 및 보고서의 작성
  4. 그 밖에 산업안전에 관한 사항으로서 대통령령으로 정하는 사항

② 산업보건지도사는 다음 각 호의 직무를 수행한다.
1. 작업환경의 평가 및 개선 지도
2. 작업환경 개선과 관련된 계획서 및 보고서의 작성
3. 근로자 건강진단에 따른 사후관리 지도
4. 직업성 질병 진단(「의료법」 제2조에 따른 의사인 산업보건지도사만 해당한다) 및 예방 지도
5. 산업보건에 관한 조사·연구
6. 그 밖에 산업보건에 관한 사항으로서 대통령령으로 정하는 사항
③ 산업안전지도사 또는 산업보건지도사(이하 "지도사"라 한다)의 업무 영역별 종류 및 업무 범위, 그 밖에 필요한 사항은 대통령령으로 정한다.

> 영 제101조(산업안전지도사 등의 직무) ① 법 제142조 제1항 제4호에서 "대통령령으로 정하는 사항"이란 다음 각 호의 사항을 말한다.
> 1. 법 제36조에 따른 **위험성평가의 지도**
> 2. 법 제49조에 따른 **안전보건개선계획서의 작성**
> 3. 그 밖에 산업안전에 관한 사항의 자문에 대한 응답 및 조언
> ② 법 제142조 제2항 제6호에서 "대통령령으로 정하는 사항"이란 다음 각 호의 사항을 말한다.
> 1. 법 제36조에 따른 **위험성평가의 지도**
> 2. 법 제49조에 따른 **안전보건개선계획서의 작성**
> 3. 그 밖에 산업보건에 관한 사항의 자문에 대한 응답 및 조언

11 산업안전보건법령상 건설 일용근로자가 건설업 기초안전·보건교육을 이수하여야 하는 경우 그 교육시간은?

① 1시간
② 2시간
③ 3시간
④ 4시간
⑤ 5시간

12 산업안전보건법령상 유해·위험설비에 해당하는 것은?

① 원자력 설비
② 군사시설
③ 차량 등의 운송설비
④ 「도시가스사업법」에 따른 가스공급시설
⑤ 화약 및 불꽃제품 제조업 사업장의 보유설비

13 산업안전보건법령상 동일 사업장내에서 공정의 일부분인 도금작업이나 수은, 납 또는 카드뮴을 제련, 주입, 가공 및 가열하는 작업, 허가대상물질을 제조하거나 사용하는 작업을 도급하는 것은 금지되나, 고용노동부장관의 승인을 받으면 그 작업만을 분리하여 도급을 줄 수 있다. 이에 관한 설명으로 옳은 것은?

> ㄱ. 일시·간헐적으로 하는 작업을 도급하는 경우에는 승인이 없어도 도급이 가능하다.
> ㄴ. 수급인이 보유한 기술이 전문적이고 사업주(수급인에게 도급을 한 도급인으로서의 사업주를 말한다)의 사업 운영에 필수 불가결한 경우에는 고용노동부 장관의 승인을 받으면 도급이 가능하다.
> ㄷ. ㄴ에서 사업주가 고용노동부장관의 승인을 받으려는 경우에는 고용노동부령으로 정하는 바에 따라 고용노동부장관이 실시하는 안전 및 보건에 관한 평가를 받아야 한다.
> ㄹ. ㄴ에서의 승인의 유효기간은 2년의 범위에서 정한다.
> ㅁ. ㄴ에서 승인을 받은 작업을 도급받은 수급인은 그 작업을 하도급할 수 있다.

① ㄱ, ㄴ, ㄷ
② ㄱ, ㄹ, ㅁ
③ ㄴ, ㄷ, ㅁ
④ ㄷ, ㄹ, ㅁ
⑤ ㄱ, ㄴ, ㄷ, ㄹ, ㅁ

<참고>
제5장 도급 시 산업재해 예방
제1절 도급의 제한
제58조(유해한 작업의 도급금지) ① 사업주는 근로자의 안전 및 보건에 유해하거나 위험한 작업으로서 다음 각 호의 어느 하나에 해당하는 작업을 도급하여 자신의 사업장에서 수급인의 근로자가 그 작업을 하도록 해서는 아니 된다.
  1. 도금작업
  2. 수은, 납 또는 카드뮴을 제련, 주입, 가공 및 가열하는 작업
  3. 제118조 제1항에 따른 허가대상물질을 제조하거나 사용하는 작업
② 사업주는 제1항에도 불구하고 다음 각 호의 어느 하나에 해당하는 경우에는 제1항 각 호에 따른 작업을 도급하여 자신의 사업장에서 수급인의 근로자가 그 작업을 하도록 할 수 있다.
  1. 일시·간헐적으로 하는 작업을 도급하는 경우
  2. 수급인이 보유한 기술이 전문적이고 사업주(수급인에게 도급을 한 도급인으로서의 사업주를 말한다)의 사업 운영에 필수 불가결한 경우로서 고용노동부장관의 승인을 받은 경우
③ 사업주는 제2항 제2호에 따라 고용노동부장관의 승인을 받으려는 경우에는 고용노동부령으로 정하는 바에 따라 고용노동부장관이 실시하는 안전 및 보건에 관한 평가를 받아야 한다.
④ 제2항 제2호에 따른 승인의 유효기간은 3년의 범위에서 정한다.
⑤ 고용노동부장관은 제4항에 따른 유효기간이 만료되는 경우에 사업주가 유효기간의 연장을 신청하면 승인의 유효기간이 만료되는 날의 다음 날부터 3년의 범위에서 고용노동부령으로 정하는 바에 따라 그 기간의 연장을 승인할 수 있다. 이 경우 사업주는 제3항에 따른 안전 및 보건에 관한 평가를 받아야 한다.

⑥ 사업주는 제2항 제2호 또는 제5항에 따라 승인을 받은 사항 중 고용노동부령으로 정하는 사항을 변경하려는 경우에는 고용노동부령으로 정하는 바에 따라 변경에 대한 승인을 받아야 한다.
⑦ 고용노동부장관은 제2항 제2호, 제5항 또는 제6항에 따라 승인, 연장승인 또는 변경승인을 받은 자가 제8항에 따른 기준에 미달하게 된 경우에는 승인, 연장승인 또는 변경승인을 취소하여야 한다.
⑧ 제2항 제2호, 제5항 또는 제6항에 따른 승인, 연장승인 또는 변경승인의 기준·절차 및 방법, 그 밖에 필요한 사항은 고용노동부령으로 정한다.

제59조(도급의 승인) ① 사업주는 자신의 사업장에서 안전 및 보건에 유해하거나 위험한 작업 중 급성 독성, 피부 부식성 등이 있는 물질의 취급 등 대통령령으로 정하는 작업을 도급하려는 경우에는 고용노동부장관의 승인을 받아야 한다. 이 경우 사업주는 고용노동부령으로 정하는 바에 따라 안전 및 보건에 관한 평가를 받아야 한다.
② 제1항에 따른 승인에 관하여는 제58조 제4항부터 제8항까지의 규정을 준용한다.

제60조(도급의 승인 시 하도급 금지) 제58조 제2항 제2호에 따른 승인, 같은 조 제5항 또는 제6항(제59조 제2항에 따라 준용되는 경우를 포함한다)에 따른 연장승인 또는 변경승인 및 제59조 제1항에 따른 승인을 받은 작업을 도급받은 수급인은 그 작업을 하도급할 수 없다.

제61조(적격 수급인 선정 의무) 사업주는 산업재해 예방을 위한 조치를 할 수 있는 능력을 갖춘 사업주에게 도급하여야 한다.

14
산업안전보건법령상 제조 또는 사용허가를 받아야 하는 유해물질에 해당하지 않는 것은?

① 디클로로벤지딘과 그 염
② 오로토-톨리딘과 그 염
③ 디아니시딘과 그 염
④ 비소 및 그 무기화합물
⑤ 베타-나프틸아민과 그 염

15
산업안전보건법령상 유해·위험방지계획서에 관한 설명으로 옳지 않은 것은?

① 산업재해발생률 등을 고려하여 고용노동부령으로 정하는 기준에 적합한 건설업체의 경우는 고용노동부령으로 정하는 자격을 갖춘 자의 의견을 생략하고 유해·위험방지계획서를 작성한 후 이를 스스로 심사하여야 한다.
② 유해·위험방지계획서는 고용노동부장관에게 제출하여야 한다.
③ 유해·위험방지계획서를 제출한 사업주는 고용노동부장관의 확인을 받아야 한다.
④ 고용노동부장관은 유해·위험방지계획서를 심사한 후 근로자의 안전과 보건을 위하여 필요하다고 인정할 때에는 공사계획을 변경할 것을 명령할 수는 있으나, 공사중지명령을 내릴 수는 없다.
⑤ 깊이 10미터 이상인 굴착공사를 착공하려는 사업주는 유해·위험방지계획서를 작성하여야 한다.

16 산업안전보건법령상 안전·보건표지의 부착 등에 관한 설명으로 옳지 않은 것은?

① 「외국인근로자의 고용 등에 관한 법률」제2조에 따른 외국인근로자를 채용한 사업주는 고용노동부 장관이 정하는 바에 따라 외국어로 된 안전·보건표지와 작업안전수칙을 부착하도록 노력하여야 한다.
② 안전·보건표지의 표시를 명백히 하기 위하여 필요한 경우에는 그 안전·보건표지의 주위에 표시 사항을 글자로 덧붙여 적을 수 있다.
③ 안전·보건표지 속의 그림 또는 부호의 크기는 안전·보건표지의 크기와 비례하여야 하며, 안 전·보건표지 전체 규격의 30퍼센트 이상이 되어야 한다.
④ 안전·보건표지의 성질상 설치하거나 부착하는 것이 곤란한 경우에는 해당 물체에 직접 도장(塗裝)할 수 있다.
⑤ 안전모 착용 지시표지의 경우 바탕은 노란색, 관련 그림은 검은색으로 한다.

17 산업안전보건법령상 안전보건총괄책임자의 직무에 해당하지 않는 것은?

① 「산업안전보건법」 제41조의2에 따른 위험성평가의 실시에 관한 사항
② 안전인증대상 기계·기구등과 자율안전확인대상 기계·기구등의 사용 여부 확인
③ 근로자의 건강장해의 원인 조사와 재발 방지를 위한 의학적 조치
④ 「산업안전보건법」 제29조 제2항에 따른 도급사업 시의 안전·보건 조치
⑤ 「산업안전보건법」 제30조에 따른 수급인의 산업안전보건관리비의 집행감독 및 그 사용에 관한 수급인 간의 협의·조정

18 산업안전보건기준에 관한 규칙상 석면의 제조·사용 작업, 해체·제거작업 및 유지·관리 등의 조치기준에 관한 설명으로 옳지 않은 것은?

① 사업주는 분말 상태의 석면을 혼합하거나 용기에 넣거나 꺼내는 작업, 절단·천공 또는 연마하는 작업 등 석면분진이 흩날리는 작업에 근로자를 종사하도록 하는 경우에 석면의 부스러기 등을 넣어두기 위하여 해당 장소에 뚜껑이 있는 용기를 갖추어 두어야 한다.
② 사업주는 석면으로 인한 직업성 질병의 발생 원인, 재발 방지 방법 등을 석면을 취급하는 근로자에게 알려야 한다.
③ 사업주는 석면에 오염된 장비, 보호구 또는 작업복 등을 처리하는 경우에 압축공기를 불어서 석면오염을 제거해야 한다.
④ 사업주는 석면해체·제거작업에서 발생된 석면을 함유한 잔재물은 습식으로 청소하거나 고성능필터가 장착된 진공청소기를 사용하여 청소하는 등 석면분진이 흩날리지 않도록 하여야 한다.
⑤ 사업주는 석면해체·제거작업장과 연결되거나 인접한 장소에 탈의실·샤워실 및 작업복 갱의실 등의 위생설비를 설치하고 필요한 용품 및 용구를 갖추어 두어야 한다.

19 산업안전보건법령상 작업 중 근로자가 추락할 위험이 있는 장소임에도 불구하고 사업주가 그 위험을 방지하기 위하여 필요한 조치를 취하지 않아 근로자가 사망한 경우, 사업주에게 과해지는 벌칙의 내용으로 옳은 것은?

① 7년 이하의 징역 또는 1억원 이하의 벌금
② 5년 이하의 징역 또는 5천만원 이하의 벌금
③ 3년 이하의 징역 또는 3천만원 이하의 벌금
④ 3년 이상의 징역 또는 10억원 이하의 과징금
⑤ 1년 이상의 징역 또는 5억원 이하의 과징금

20 산업안전보건법령상 안전보건관리책임자(이하 "관리책임자"라 한다)에 관한 설명으로 옳지 않은 것은?

① 「산업안전보건기준에 관한 규칙」에서 정하는 근로자의 위험 또는 건강장해의 방지에 관한 사항은 관리책임자의 업무에 해당한다.
② 사업주는 관리책임자에게 그 업무를 수행하는 데 필요한 권한을 주어야 한다.
③ 사업지원 서비스업의 경우에는 상시 근로자 50명 이상인 경우에 관리책임자를 두어야 한다.
④ 관리책임자는 해당 사업에서 그 사업을 실질적으로 총괄관리하는 사람이어야 한다.
⑤ 건설업의 경우에는 공사금액 20억원 이상인 경우에 관리책임자를 두어야한다.

21 산업안전보건법령상 도급인인 사업주가 작업장의 안전·보건관리조치를 위하여 2일에 1회 이상 작업장을 순회점검하여야 하는 사업에 해당 하는 것은?

① 음악 및 기타 오디오물 출판업
② 사회복지 서비스업
③ 금융 및 보험업
④ 소프트웨어 개발 및 공급업
⑤ 정보서비스업

22 산업안전보건법령상 고용노동부장관의 확인을 받은 경우로서 화학물질의 유해성·위험성 조사에서 제외되는 것을 모두 고른 것은?

> ㄱ. 신규화학물질을 전량 수출하기 위하여 연간 100톤 이하로 제조하는 경우
> ㄴ. 신규화학물질의 연간 수입량이 100킬로그램 미만인 경우
> ㄷ. 해당 신규화학물질의 용기를 국내에서 변경하지 아니하는 경우
> ㄹ. 해당 신규화학물질이 완성된 제품으로서 국내에서 가공하지 아니하는 경우

① ㄱ, ㄹ
② ㄴ, ㄷ
③ ㄱ, ㄴ, ㄷ
④ ㄴ, ㄷ, ㄹ
⑤ ㄱ, ㄴ, ㄷ, ㄹ

23 산업안전보건법령상 안전보건관리규정의 작성 등에 관한 설명으로 옳은 것은?

① 안전보건관리규정을 작성하여야 할 사업의 사업주는 안전보건관리규정을 변경할 사유가 발생한 경우에는 그 사유가 발생한 날부터 60일 이내에 안전보건관리규정을 변경하여야 한다.
② 농업의 경우 상시 근로자 100명 이상을 사용하는 사업장에는 안전보건관리규정을 작성하여야 한다.
③ 사업주가 안전보건관리규정을 작성하는 경우에는 소방·가스·전기·교통분야 등의 다른 법령에서 정하는 안전관리에 관한 규정과 통합하여 작성할 수 없다.
④ 사업주는 안전보건관리규정을 작성하거나 변경할 때에는 산업안전보건위원회의 심의·의결을 거쳐야 하며, 산업안전보건위원회가 설치되어 있지 아니한 사업장의 경우에는 근로자대표의 동의를 받아야 한다.
⑤ 해당 사업장에 적용되는 단체협약 및 취업규칙은 안전보건관리규정에 반할 수 없으며, 단체협약 또는 취업규칙 중 안전보건관리규정에 반하는 부분에 관하여는 안전보건관리규정으로 정한 기준에 따른다.

24 산업안전보건법령상 노사협의체에 관한 설명으로 옳지 않은 것은?

① 노사협의체의 회의는 근로자위원 및 사용자위원 각 과반수의 출석으로 시작하고 출석위원 과반수의 찬성으로 의결한다.
② 노사협의체의 위원장은 직권으로 노사협의체에 공사금액이 20억원 미만인 도급 또는 하도급 사업의 사업주 및 근로자대표를 위원으로 위촉할 수 있다.
③ 노사협의체의 위원장은 위원 중에서 호선(互選)한다. 이 경우 근로자위원과 사용자위원 중 각 1명을 공동위원장으로 선출할 수 있다.
④ 노사협의체의 위원장은 노사협의체에서 심의·의결된 내용 등 회의 결과와 중재 결정된 내용 등을 사내방송이나 사내보, 게시 또는 자체 정례조회, 그 밖의 적절한 방법으로 근로자에게 신속히 알려야 한다.
⑤ 노사협의체의 회의는 정기회의와 임시회의로 구분하되, 정기회의는 2개월마다 노사협의체의 위원장이 소집하며, 임시회의는 위원장이 필요하다고 인정할 때에 소집한다.

25 산업안전보건법령상 안전검사에 관한 설명으로 옳지 않은 것은?

① 유해·위험기계등을 사용하는 사업주와 소유자가 다른 경우에는 유해·위험기계등을 사용하는 사업주가 안전검사를 받아야 한다.
② 이삿짐운반용 리프트의 최초 안전검사는 「자동차관리법」제8조에 따른 신규등록 이후 3년 이내에 실시하여야 한다.
③ 안전검사 신청을 받은 안전검사기관은 30일 이내에 해당 기계·기구 및 설비별로 안전검사를 하여야 한다.
④ 안전검사에 합격한 유해·위험기계등을 사용하는 사업주는 그 유해·위험기계등이 안전검사에 합격한 것임을 나타내는 표시를 하여야 한다.
⑤ 안전검사를 받아야 하는 자가 자율검사프로그램을 정하고 고용노동부장관의 인정을 받아 그에 따라 유해·위험기계등의 안전에 관한 성능검사를 하면 안전검사를 받은 것으로 보며, 이 경우 자율검사프로그램의 유효기간은 2년으로 한다.

○ 2018년 기출문제 정답

1	2	3	4	5	6	7	8	9	10
②	③	⑤	①	②	②	①	②	③	②
11	12	13	14	15	16	17	18	19	20
④	⑤	①	⑤	④	⑤	③	③	①	③
21	22	23	24	25					
①	④	④	②	①					

부록 2017년 산업안전보건법령 기출문제

(2020~2016년 5개년)

01 산업안전보건법령상 용어에 관한 설명으로 옳지 않은 것은?

① "산업재해"란 노무를 제공하는 사람이 업무에 관계되는 건설물·설비·원재료·가스·증기·분진 등에 의하거나 작업 또는 그 밖의 업무로 인하여 사망 또는 부상하거나 질병에 걸리는 것을 말한다.
② "근로자"란 직업의 종류와 관계없이 임금을 목적으로 사업이나 사업장에 근로를 제공하는 자를 말한다.
③ "사업주"란 근로자를 사용하여 사업을 하는 자를 말한다.
④ "작업환경측정"이란 작업환경 실태를 파악하기 위하여 해당 근로자 또는 작업장에 대하여 사업주가 측정계획을 수립한 후 시료(試料)를 채취하고 분석·평가하는 것을 말한다.
⑤ "중대재해"란 산업재해 중 재해정도가 심한 것으로서 직업성질병자가 동시에 5명 이상 발생한 재해를 말한다.

<참고>

제2조(정의) 이 법에서 사용하는 용어의 뜻은 다음과 같다. <개정 2020. 5. 26.>
1. "산업재해"란 노무를 제공하는 사람이 업무에 관계되는 건설물·설비·원재료·가스·증기·분진 등에 의하거나 작업 또는 그 밖의 업무로 인하여 사망 또는 부상하거나 질병에 걸리는 것을 말한다.
2. "중대재해"란 산업재해 중 사망 등 재해 정도가 심하거나 다수의 재해자가 발생한 경우로서 고용노동부령으로 정하는 재해를 말한다.
3. "근로자"란 「근로기준법」 제2조 제1항 제1호에 따른 근로자를 말한다.
4. "사업주"란 근로자를 사용하여 사업을 하는 자를 말한다.
5. "근로자대표"란 근로자의 과반수로 조직된 노동조합이 있는 경우에는 그 노동조합을, 근로자의 과반수로 조직된 노동조합이 없는 경우에는 근로자의 과반수를 대표하는 자를 말한다.
6. "도급"이란 명칭에 관계없이 물건의 제조·건설·수리 또는 서비스의 제공, 그 밖의 업무를 타인에게 맡기는 계약을 말한다.
7. "도급인"이란 물건의 제조·건설·수리 또는 서비스의 제공, 그 밖의 업무를 도급하는 사업주를 말한다. 다만, 건설공사발주자는 제외한다.
8. "수급인"이란 도급인으로부터 물건의 제조·건설·수리 또는 서비스의 제공, 그 밖의 업무를 도급받은 사업주를 말한다.
9. "관계수급인"이란 도급이 여러 단계에 걸쳐 체결된 경우에 각 단계별로 도급받은 사업주 전부를 말한다.
10. "건설공사발주자"란 건설공사를 도급하는 자로서 건설공사의 시공을 주도하여 총괄·관리하지 아니하는 자를 말한다. 다만, 도급받은 건설공사를 다시 도급하는 자는 제외한다.

11. "건설공사"란 다음 각 목의 어느 하나에 해당하는 공사를 말한다.
    가. 「건설산업기본법」 제2조 제4호에 따른 건설공사
    나. 「전기공사업법」 제2조 제1호에 따른 전기공사
    다. 「정보통신공사업법」 제2조 제2호에 따른 정보통신공사
    라. 「소방시설공사업법」에 따른 소방시설공사
    마. 「문화재수리 등에 관한 법률」에 따른 문화재수리공사
12. "안전보건진단"이란 산업재해를 예방하기 위하여 잠재적 위험성을 발견하고 그 개선대책을 수립할 목적으로 조사·평가하는 것을 말한다.
13. "작업환경측정"이란 작업환경 실태를 파악하기 위하여 해당 근로자 또는 작업장에 대하여 사업주가 유해인자에 대한 측정계획을 수립한 후 시료(試料)를 채취하고 분석·평가하는 것을 말한다.

02 산업안전보건법령상 산업재해 발생 기록 및 보고 등에 관한 설명으로 옳은 것은?

① 사업주는 중대재해가 발생한 사실을 알게 된 경우에는 지체 없이 발생 개요 및 피해상황 등을 관할 지방고용노동관서의 장에게 전화·팩스 또는 그 밖에 적절한 방법으로 보고하여야 한다.
② 사업주는 4일 이상의 요양을 요하는 부상자가 발생한 산업재해에 대하여는 사업장의 개요 및 근로자의 인적사항, 재해 발생의 일시 및 장소, 재해 발생의 원인 및 과정, 재해 재발방지 계획을 고용노동부장관에게 신고하여야 한다.
③ 건설업의 경우 사업주는 산업재해조사표에 근로자대표의 동의를 받아야 하며, 그 기재 내용에 대하여 근로자대표의 이견이 있는 경우에는 그 내용을 첨부하여야 한다.
④ 사업주는 산업재해로 3일 이상의 휴업이 필요한 부상자가 발생한 경우에는 해당 산업재해가 발생한 날부터 3개월 이내에 산업재해조사표를 작성하여 관할 지방고용노동관서의 장에게 제출하여야 한다.
⑤ 사업주는 산업재해 발생기록에 관한 서류를 2년간 보존하여야 한다.

<참고>

법 제164조(서류의 보존) ① 사업주는 다음 각 호의 서류를 3년(제2호의 경우 2년을 말한다) 동안 보존하여야 한다. 다만, 고용노동부령으로 정하는 바에 따라 보존기간을 연장할 수 있다.
  1. 안전보건관리책임자·안전관리자·보건관리자·안전보건관리담당자 및 산업보건의의 선임에 관한 서류
  2. 제24조 제3항 및 제75조 제4항에 따른 회의록
  3. 안전조치 및 보건조치에 관한 사항으로서 고용노동부령으로 정하는 사항을 적은 서류
  4. 제57조 제2항에 따른 산업재해의 발생 원인 등 기록
  5. 제108조 제1항 본문 및 제109조 제1항에 따른 화학물질의 유해성·위험성 조사에 관한 서류
  6. 제125조에 따른 작업환경측정에 관한 서류
  7. 제129조부터 제131조까지의 규정에 따른 건강진단에 관한 서류
② 안전인증 또는 안전검사의 업무를 위탁받은 안전인증기관 또는 안전검사기관은 안전인증·안전검사에 관한 사항으로서 고용노동부령으로 정하는 서류를 3년 동안 보존하여야 하고, 안전인증을 받은 자는 제84조 제5항에 따라 안전인증대상기계등에 대하여 기록한 서류를 3년 동안 보존하여야 하며, 자율안전확인대상기계등을 제조하거나 수입하는 자는 자율안전기준에 맞는 것임을 증명하는 서류를 2년 동안 보존하여야 하고, 제98조 제1항에 따라 자율안전검사를 받은 자는 자율검사프로그램에 따라 실시한 검사 결과에 대한 서류를 2년 동안 보존하여야 한다.

③ 일반석면조사를 한 건축물·설비소유주등은 그 결과에 관한 서류를 그 건축물이나 설비에 대한 해체·제거작업이 종료될 때까지 보존하여야 하고, 기관석면조사를 한 건축물·설비소유주등과 석면조사기관은 그 결과에 관한 서류를 3년 동안 보존하여야 한다.

④ 작업환경측정기관은 작업환경측정에 관한 사항으로서 고용노동부령으로 정하는 사항을 적은 서류를 3년 동안 보존하여야 한다.

⑤ 지도사는 그 업무에 관한 사항으로서 고용노동부령으로 정하는 사항을 적은 서류를 5년 동안 보존하여야 한다.

⑥ 석면해체·제거업자는 제122조 제3항에 따른 석면해체·제거작업에 관한 서류 중 고용노동부령으로 정하는 서류를 30년 동안 보존하여야 한다.

⑦ 제1항부터 제6항까지의 경우 전산입력자료가 있을 때에는 그 서류를 대신하여 전산입력자료를 보존할 수 있다.

시행규칙 제7조(도급인과 관계수급인의 통합 산업재해 관련 자료 제출) ① 지방고용노동관서의 장은 법 제10조 제2항에 따라 도급인의 산업재해 발생건수, 재해율 또는 그 순위 등(이하 "산업재해발생건수등"이라 한다)에 관계수급인의 산업재해발생건수등을 포함하여 공표하기 위하여 필요하면 법 제10조 제3항에 따라 영 제12조 각 호의 어느 하나에 해당하는 사업이 이루어지는 사업장으로서 해당 사업장의 상시근로자 수가 500명 이상인 사업장의 도급인에게 도급인의 사업장(도급인이 제공하거나 지정한 경우로서 도급인이 지배·관리하는 영 제11조 각 호에 해당하는 장소를 포함한다. 이하 같다)에서 작업하는 관계수급인 근로자의 산업재해 발생에 관한 자료를 제출하도록 공표의 대상이 되는 연도의 다음 연도 3월 15일까지 요청해야 한다.

② 제1항에 따라 자료의 제출을 요청받은 도급인은 그 해 4월 30일까지 별지 제1호서식의 통합 산업재해 현황 조사표를 작성하여 지방고용노동관서의 장에게 제출(전자문서로 제출하는 것을 포함한다)해야 한다.

③ 제1항에 따른 도급인은 그의 관계수급인에게 별지 제1호서식의 통합 산업재해 현황 조사표의 작성에 필요한 자료를 요청할 수 있다.

제72조(산업재해 기록 등) 사업주는 산업재해가 발생한 때에는 법 제57조 제2항에 따라 다음 각 호의 사항을 기록·보존해야 한다. 다만, 제73조 제1항에 따른 산업재해조사표의 사본을 보존하거나 제73조 제5항에 따른 요양신청서의 사본에 재해 재발방지 계획을 첨부하여 보존한 경우에는 그렇지 않다.

1. 사업장의 개요 및 근로자의 인적사항
2. 재해 발생의 일시 및 장소
3. 재해 발생의 원인 및 과정
4. 재해 재발방지 계획

제73조(산업재해 발생 보고 등) ① 사업주는 산업재해로 사망자가 발생하거나 3일 이상의 휴업이 필요한 부상을 입거나 질병에 걸린 사람이 발생한 경우에는 법 제57조 제3항에 따라 해당 산업재해가 발생한 날부터 1개월 이내에 별지 제30호서식의 산업재해조사표를 작성하여 관할 지방고용노동관서의 장에게 제출(전자문서로 제출하는 것을 포함한다)해야 한다.

② 제1항에도 불구하고 다음 각 호의 모두에 해당하지 않는 사업주가 법률 제11882호 산업안전보건법 일부개정법률 제10조 제2항의 개정규정의 시행일인 2014년 7월 1일 이후 해당 사업장에서 처음 발생한 산업재해에 대하여 지방고용노동관서의 장으로부터 별지 제30호서식의 산업재해조사표를 작성하여 제출하도록 명령을 받은 경우 그 명령을 받은 날부터 15일 이내에 이를 이행한 때에는 제1항에 따른 보고를 한 것으로 본다. 제1항에 따른 보고기한이 지난 후에 자진하여 별지 제30호서식의 산업재해조사표를 작성·제출한 경우에도 또한 같다.

1. 안전관리자 또는 보건관리자를 두어야 하는 사업주
2. 법 제62조 제1항에 따라 안전보건총괄책임자를 지정해야 하는 도급인
3. 법 제73조 제1항에 따라 건설재해예방전문지도기관의 지도를 받아야 하는 사업주
4. 산업재해 발생사실을 은폐하려고 한 사업주

③ 사업주는 제1항에 따른 산업재해조사표에 근로자대표의 **확인**을 받아야 하며, 그 기재 내용에 대하여 근로자대표의 이견이 있는 경우에는 그 내용을 첨부해야 한다. 다만, 근로자대표가 없는 경우에는 재해자 본인의 확인을 받아 산업재해조사표를 제출할 수 있다.
④ 제1항부터 제3항까지의 규정에서 정한 사항 외에 산업재해발생 보고에 필요한 사항은 고용노동부장관이 정한다.
⑤ 「산업재해보상보험법」 제41조에 따라 요양급여의 신청을 받은 근로복지공단은 지방고용노동관서의 장 또는 공단으로부터 요양신청서 사본, 요양업무 관련 전산입력자료, 그 밖에 산업재해예방업무 수행을 위하여 필요한 자료의 송부를 요청받은 경우에는 이에 협조해야 한다.

03 산업안전보건법령상 법령 요지의 게시 및 안전·보건표지의 부착 등에 관한 설명으로 옳지 않은 것은?

① 사업주는 이 법에 따른 명령의 요지를 상시 각 작업장 내에 근로자가 쉽게 볼 수 있는 장소에 게시하거나 갖추어 두어 근로자로 하여금 알게 하여야 한다.
② 근로자대표는 안전·보건진단 결과를 통지할 것을 사업주에게 요청할 수 있고 사업주는 이에 성실히 응하여야 한다.
③ 사업주는 사업장의 유해하거나 위험한 시설 및 장소에 대한 경고를 위하여 안전·보건표지를 설치하거나 부착하여야 한다.
④ 안전·보건표지 속의 그림 또는 부호의 크기는 안전·보건표지의 크기와 비례하여야 하며, 안전·보건표지 전체 규격의 20퍼센트 이상이 되어야 한다.
⑤ 안전·보건표지의 성질상 설치하거나 부착하는 것이 곤란한 경우에는 해당 물체에 직접 도장(塗裝)할 수 있다.

04 산업안전보건법령상 안전보건관리책임자의 업무 내용에 해당하는 것을 모두 고른 것은?

> ㄱ. 산업재해 예방계획의 수립에 관한 사항
> ㄴ. 근로자의 안전·보건교육에 관한 사항
> ㄷ. 산업재해의 원인 조사 및 재발 방지대책 수립에 관한 사항
> ㄹ. 안전·보건과 관련된 안전장치 및 보호구 구입 시의 적격품 여부 확인에 관한 사항

① ㄱ, ㄴ
② ㄷ, ㄹ
③ ㄱ, ㄴ, ㄷ
④ ㄴ, ㄷ, ㄹ
⑤ ㄱ, ㄴ, ㄷ, ㄹ

05 산업안전보건법령상 안전보건관리규정에 관한 설명으로 옳지 않은 것은?

① 안전보건관리규정은 해당 사업장에 적용되는 단체협약 및 취업규칙에 반할 수 없다.
② 상시 근로자 100명을 사용하는 정보서비스업 사업주는 안전보건관리규정을 작성하여야 한다.
③ 안전보건관리규정에 관하여는 이 법에서 규정한 것을 제외하고는 그 성질에 반하지 아니하는 범위에서 「근로기준법」의 취업규칙에 관한 규정을 준용한다.
④ 안전보건관리규정을 작성할 경우에는 안전·보건교육에 관한 사항이 포함되어야 한다.
⑤ 산업안전보건위원회가 설치되어 있지 아니한 사업장의 경우 사업주는 안전보건관리규정을 작성하거나 변경할 때에는 근로자대표의 동의를 받아야 한다.

06 산업안전보건법령상 유해하거나 위험한 작업의 도급에 관한 설명으로 옳지 않은 것은?

① 사업주는 근로자의 안전 및 보건에 유해하거나 위험한 작업으로서 도급작업을 도급하여 자신의 사업장에서 수급인의 근로자가 그 작업을 하도록 해서는 아니 된다.
② 사업주는 자신의 사업장에서 안전 및 보건에 유해하거나 위험한 작업 중 급성 독성, 피부 부식성 등이 있는 물질의 취급 등 대통령령으로 정하는 작업을 도급하려는 경우에는 고용노동부장관의 승인을 받아야 한다.
③ 도급승인 신청을 받은 지방고용노동관서의 장은 도급승인 기준을 충족한 경우 신청서가 접수된 날부터 14일 이내에 승인서를 신청인에게 발급해야 한다.
④ 고용노동부장관은 승인을 받은 자가 거짓이나 그 밖의 부정한 방법으로 승인, 연장승인, 변경승인을 받은 경우는 승인을 취소해야 한다.
⑤ 안전 및 보건에 유해하거나 위험한 작업의 도급에 대한 승인을 받으려는 자는 도급승인 신청서에 도급대상 작업의 공정 관련 서류 일체, 도급작업 안전보건관리계획서, 안전 및 보건에 관한 평가 결과를 첨부하여 관할 지방고용노동관서의 장에게 제출해야 한다. 산업재해가 발생할 급박한 위험이 있어 긴급하게 도급을 해야 할 경우에도 같다.

<참고>
제1절 도급의 제한

제58조(유해한 작업의 도급금지) ① 사업주는 근로자의 안전 및 보건에 유해하거나 위험한 작업으로서 다음 각 호의 어느 하나에 해당하는 작업을 도급하여 자신의 사업장에서 수급인의 근로자가 그 작업을 하도록 해서는 아니 된다.
  1. 도금작업
  2. 수은, 납 또는 카드뮴을 제련, 주입, 가공 및 가열하는 작업
  3. 제118조 제1항에 따른 허가대상물질을 제조하거나 사용하는 작업
② 사업주는 제1항에도 불구하고 다음 각 호의 어느 하나에 해당하는 경우에는 제1항 각 호에 따른 작업을 도급하여 자신의 사업장에서 수급인의 근로자가 그 작업을 하도록 할 수 있다.
  1. 일시·간헐적으로 하는 작업을 도급하는 경우
  2. 수급인이 보유한 기술이 전문적이고 사업주(수급인에게 도급을 한 도급인으로서의 사업주를 말한다)의 사업 운영에 필수 불가결한 경우로서 고용노동부장관의 승인을 받은 경우

③ 사업주는 제2항 제2호에 따라 고용노동부장관의 승인을 받으려는 경우에는 고용노동부령으로 정하는 바에 따라 고용노동부장관이 실시하는 안전 및 보건에 관한 평가를 받아야 한다.
④ 제2항 제2호에 따른 승인의 유효기간은 3년의 범위에서 정한다.
⑤ 고용노동부장관은 제4항에 따른 유효기간이 만료되는 경우에 사업주가 유효기간의 연장을 신청하면 승인의 유효기간이 만료되는 날의 다음 날부터 3년의 범위에서 고용노동부령으로 정하는 바에 따라 그 기간의 연장을 승인할 수 있다. 이 경우 사업주는 제3항에 따른 안전 및 보건에 관한 평가를 받아야 한다.
⑥ 사업주는 제2항 제2호 또는 제5항에 따라 승인을 받은 사항 중 고용노동부령으로 정하는 사항을 변경하려는 경우에는 고용노동부령으로 정하는 바에 따라 변경에 대한 승인을 받아야 한다.
⑦ 고용노동부장관은 제2항 제2호, 제5항 또는 제6항에 따라 승인, 연장승인 또는 변경승인을 받은 자가 제8항에 따른 기준에 미달하게 된 경우에는 승인, 연장승인 또는 변경승인을 취소하여야 한다.
⑧ 제2항 제2호, 제5항 또는 제6항에 따른 승인, 연장승인 또는 변경승인의 기준·절차 및 방법, 그 밖에 필요한 사항은 고용노동부령으로 정한다.

제59조(도급의 승인) ① 사업주는 자신의 사업장에서 안전 및 보건에 유해하거나 위험한 작업 중 급성 독성, 피부 부식성 등이 있는 물질의 취급 등 대통령령으로 정하는 작업을 도급하려는 경우에는 고용노동부장관의 승인을 받아야 한다. 이 경우 사업주는 고용노동부령으로 정하는 바에 따라 안전 및 보건에 관한 평가를 받아야 한다.
② 제1항에 따른 승인에 관하여는 제58조 제4항부터 제8항까지의 규정을 준용한다.

제60조(도급의 승인 시 하도급 금지) 제58조 제2항 제2호에 따른 승인, 같은 조 제5항 또는 제6항(제59조 제2항에 따라 준용되는 경우를 포함한다)에 따른 연장승인 또는 변경승인 및 제59조 제1항에 따른 승인을 받은 작업을 도급받은 수급인은 그 작업을 하도급할 수 없다.

제61조(적격 수급인 선정 의무) 사업주는 산업재해 예방을 위한 조치를 할 수 있는 능력을 갖춘 사업주에게 도급하여야 한다.

시행규칙 제1절 도급의 제한

제74조(안전 및 보건에 관한 평가의 내용 등) ① 사업주는 법 제58조 제2항 제2호에 따른 승인 및 같은 조 제5항에 따른 연장승인을 받으려는 경우 법 제165조 제2항, 영 제116조 제2항에 따라 고용노동부장관이 고시하는 기관을 통하여 안전 및 보건에 관한 평가를 받아야 한다.
② 제1항의 안전 및 보건에 관한 평가에 대한 내용은 별표 12와 같다.

제75조(도급승인 등의 절차·방법 및 기준 등) ① 법 제58조 제2항 제2호에 따른 승인, 같은 조 제5항 또는 제6항에 따른 연장승인 또는 변경승인을 받으려는 자는 별지 제31호서식의 도급승인 신청서, 별지 제32호서식의 연장신청서 및 별지 제33호서식의 변경신청서에 다음 각 호의 서류를 첨부하여 관할 지방고용노동관서의 장에게 제출해야 한다.
  1. 도급대상 작업의 공정 관련 서류 일체(기계·설비의 종류 및 운전조건, 유해·위험물질의 종류·사용량, 유해·위험요인의 발생 실태 및 종사 근로자 수 등에 관한 사항이 포함되어야 한다)
  2. 도급작업 안전보건관리계획서(안전작업절차, 도급 시 안전·보건관리 및 도급작업에 대한 안전·보건시설 등에 관한 사항이 포함되어야 한다)
  3. 제74조에 따른 안전 및 보건에 관한 평가 결과(법 제58조 제6항에 따른 변경승인은 해당되지 않는다)
② 법 제58조 제2항 제2호에 따른 승인, 같은 조 제5항 또는 제6항에 따른 연장승인 또는 변경승인의 작업별 도급승인 기준은 다음 각 호와 같다.
  1. 공통: 작업공정의 안전성, 안전보건관리계획 및 안전 및 보건에 관한 평가 결과의 적정성
  2. 법 제58조 제1항 제1호 및 제2호에 따른 작업: 안전보건규칙 제5조, 제7조, 제8조, 제10조, 제11조, 제17조, 제19조, 제21조, 제22조, 제33조, 제72조부터 제79조까지, 제81조, 제83조부터 제85조까지, 제225조, 제232조, 제299조, 제301조부터 제305조까지, 제422조, 제429조부터 제435조까지, 제442조부터 제444조까지, 제448조, 제450조, 제451조 및 제513조에서 정한 기준

3. 법 제58조 제1항 제3호에 따른 작업: 안전보건규칙 제5조, 제7조, 제8조, 제10조, 제11조, 제17조, 제19조, 제21조, 제22조까지, 제33조, 제72조부터 제79조까지, 제81조, 제83조부터 제85조까지, 제225조, 제232조, 제299조, 제301조부터 제305조까지, 제453조부터 제455조까지, 제459조, 제461조, 제463조부터 제466조까지, 제469조부터 제474조까지 및 제513조에서 정한 기준

③ 지방고용노동관서의 장은 필요한 경우 법 제58조 제2항 제2호에 따른 승인, 같은 조 제5항 또는 제6항에 따른 연장승인 또는 변경승인을 신청한 사업장이 제2항에 따른 도급승인 기준을 준수하고 있는지 공단으로 하여금 확인하게 할 수 있다.

④ 제1항에 따라 도급승인 신청을 받은 지방고용노동관서의 장은 제2항에 따른 도급승인 기준을 충족한 경우 신청서가 접수된 날부터 **14일 이내**에 별지 제34호서식에 따른 승인서를 신청인에게 발급해야 한다.

제76조(도급승인 변경 사항) 법 제58조 제6항에서 "고용노동부령으로 정하는 사항"이란 다음 각 호의 어느 하나에 해당하는 사항을 말한다.
1. 도급공정
2. 도급공정 사용 최대 유해화학 물질량
3. 도급기간(3년 미만으로 승인 받은 자가 승인일부터 3년 내에서 연장하는 경우만 해당한다)

제77조(도급승인의 취소) 고용노동부장관은 법 제58조 제2항 제2호에 따른 승인, 같은 조 제5항 또는 제6항에 따른 연장승인 또는 변경승인을 받은 자가 다음 각 호의 어느 하나에 해당하는 경우에는 승인을 취소해야 한다.
1. 제75조 제2항의 도급승인 기준에 미달하게 된 때
2. 거짓이나 그 밖의 부정한 방법으로 승인, 연장승인, 변경승인을 받은 경우
3. 법 제58조 제5항 및 제6항에 따른 연장승인 및 변경승인을 받지 않고 사업을 계속한 경우

제78조(도급승인 등의 신청) ① 법 제59조에 따른 안전 및 보건에 유해하거나 위험한 작업의 도급에 대한 승인, 연장승인 또는 변경승인을 받으려는 자는 별지 제31호서식의 도급승인 신청서, 별지 제32호서식의 연장신청서 및 별지 제33호서식의 변경신청서에 다음 각 호의 서류를 첨부하여 관할 지방고용노동관서의 장에게 제출해야 한다.
1. 도급대상 작업의 공정 관련 서류 일체(기계·설비의 종류 및 운전조건, 유해·위험물질의 종류·사용량, 유해·위험요인의 발생 실태 및 종사 근로자 수 등에 관한 사항이 포함되어야 한다)
2. 도급작업 안전보건관리계획서(안전작업절차, 도급 시 안전·보건관리 및 도급작업에 대한 안전·보건시설 등에 관한 사항이 포함되어야 한다)
3. 안전 및 보건에 관한 평가 결과(변경승인은 해당되지 않는다)

② 제1항에도 불구하고 산업재해가 발생할 급박한 위험이 있어 긴급하게 도급을 해야 할 경우에는 제1항 제1호 및 제3호의 서류를 제출하지 않을 수 있다. → 도급작업 안전보건관리계획서만 제출

③ 법 제59조에 따른 승인, 연장승인 또는 변경승인의 작업별 도급승인 기준은 다음 각 호와 같다.
1. 공통: 작업공정의 안전성, 안전보건관리계획 및 안전 및 보건에 관한 평가 결과의 적정성
2. 영 제51조 제1호에 따른 작업: 안전보건규칙 제5조, 제7조, 제8조, 제10조, 제11조, 제17조, 제19조, 제21조, 제22조까지, 제33조, 제42조부터 제44조까지, 제72조부터 제79조까지, 제81조, 제83조부터 제85조까지, 제225조, 제232조, 제297조부터 제299조까지, 제301조부터 제305조까지, 제422조, 제429조부터 제435조까지, 제442조부터 제444조까지, 제448조, 제450조, 제451조, 제513조, 제619조, 제620조, 제624조, 제625조, 제630조 및 제631조에서 정한 기준
3. 영 제51조 제2호에 따른 작업: 고용노동부장관이 정한 기준

④ 제1항 제3호에 따른 안전 및 보건에 관한 평가에 관하여는 제74조를 준용하고, 도급승인의 절차, 변경 및 취소 등에 관하여는 제75조 제3항, 같은 조 제4항, 제76조 및 제77조의 규정을 준용한다. 이 경우 "법 제58조 제2항 제2호에 따른 승인, 같은 조 제5항 또는 제6항에 따른 연장승인 또는 변경승인"은 "법 제59조에 따른 승인, 연장승인 또는 변경승인"으로, "제75조 제2항의 도급승인 기준"은 "제78조 제3항의 도급승인 기준"으로 본다.

07 산업안전보건법령상 안전관리전문기관의 지정의 취소 등에 관한 규정의 일부이다. ( )안에 들어갈 숫자의 연결이 옳은 것은?

> ○ 고용노동부장관은 안전관리전문기관이 지정 요건을 충족하지 못한 경우에 해당할 때에는 그 지정을 취소하거나 (ㄱ)개월 이내의 기간을 정하여 그 업무의 정지를 명할 수 있다.
> ○ 지정이 취소된 자는 지정이 취소된 날부터 (ㄴ)년 이내에는 안전관리전문기관으로 지정받을 수 없다.

① ㄱ: 1, ㄴ: 1
② ㄱ: 3, ㄴ: 1
③ ㄱ: 3, ㄴ: 2
④ ㄱ: 6, ㄴ: 1
⑤ ㄱ: 6, ㄴ: 2

08 산업안전보건법령상 안전·보건 관리체제에 관한 설명으로 옳지 않은 것은?

① 안전보건관리책임자는 안전관리자와 보건관리자를 지휘·감독한다.
② 안전보건관리책임자는 해당 사업에서 그 사업을 실질적으로 총괄관리하는 사람이어야 한다.
③ 안전관리자는 산업재해에 관한 통계의 유지·관리·분석을 위한 보좌 및 조언·지도 등의 업무를 수행하여야 한다.
④ 고용노동부장관은 안전관리전문기관의 업무정지를 명하여야 하는 경우에 그 업무정지가 공익을 해칠 우려가 있다고 인정하면 업무정지처분을 갈음하여 5억원 이하의 과징금을 부과할 수 있다.
⑤ 상시 근로자수가 500명 이상인 식료품 제조업의 경우 안전관리자를 2명 이상 선임하여야 한다.

09 산업안전보건법령상 도급사업 시 구성하는 안전·보건에 관한 협의체의 협의사항에 포함되지 않는 것은?

① 작업장 간의 연락 방법
② 재해발생 위험이 있는 경우 대피방법
③ 작업장의 순회점검에 관한 사항
④ 작업장에서의 위험성평가의 실시에 관한 사항
⑤ 수급인 상호간의 작업공정의 조정

<참고>

시행규칙 제79조(협의체의 구성 및 운영) ① 법 제64조 제1항 제1호에 따른 안전 및 보건에 관한 협의체(이하 이 조에서 "협의체"라 한다)는 도급인 및 그의 수급인 전원으로 구성해야 한다.
② 협의체는 다음 각 호의 사항을 협의해야 한다.
   1. 작업의 시작 시간
   2. 작업 또는 작업장 간의 연락방법
   3. 재해발생 위험이 있는 경우 대피방법
   4. 작업장에서의 법 제36조에 따른 위험성평가의 실시에 관한 사항
   5. 사업주와 수급인 또는 수급인 상호 간의 연락 방법 및 작업공정의 조정
③ 협의체는 매월 1회 이상 정기적으로 회의를 개최하고 그 결과를 기록·보존해야 한다.

10 산업안전보건법령상 안전인증에 관한 설명으로 옳은 것은?

① 연구·개발을 목적으로 안전인증대상 기계·기구등을 제조하는 경우에도 안전인증을 받아야 한다.
② 고용노동부장관은 안전인증을 받은 자가 안전인증기준을 지키고 있는지를 5년을 주기로 확인하여야 한다.
③ 곤돌라를 설치·이전하는 경우뿐만 아니라 그 주요 구조 부분을 변경하는 경우에도 안전인증을 받아야 한다.
④ 서면심사와 기술능력 및 생산체계 심사 결과가 안전인증기준에 적합할 경우에 유해·위험한 기계·기구·설비등의 표본을 추출하여 하는 심사를 개별 제품심사라고 한다.
⑤ 예비심사의 경우 안전인증 신청서를 제출받은 안전인증기관은 7일 이내에 심사 하여야 하며 부득이한 사유가 있을 때에는 15일의 범위에서 심사기간을 연장할 수 있다.

<참고>

제109조(안전인증의 면제) ① 법 제84조 제1항에 따른 안전인증대상기계등(이하 "안전인증대상기계등" 이라 한다)이 다음 각 호의 어느 하나에 해당하는 경우에는 법 제84조 제1항에 따른 안전인증을 전부 면제한다.
   1. 연구·개발을 목적으로 제조·수입하거나 수출을 목적으로 제조하는 경우
   2. 「건설기계관리법」 제13조 제1항 제1호부터 제3호까지에 따른 검사를 받은 경우 또는 같은 법 제18조에 따른 형식승인을 받거나 같은 조에 따른 형식신고를 한 경우
   3. 「고압가스 안전관리법」 제17조 제1항에 따른 검사를 받은 경우
   4. 「광산안전법」 제9조에 따른 검사 중 광업시설의 설치공사 또는 변경공사가 완료되었을 때에 받는 검사를 받은 경우
   5. 「방위사업법」 제28조 제1항에 따른 품질보증을 받은 경우
   6. 「선박안전법」 제7조에 따른 검사를 받은 경우
   7. 「에너지이용 합리화법」 제39조 제1항 및 제2항에 따른 검사를 받은 경우
   8. 「원자력안전법」 제16조 제1항에 따른 검사를 받은 경우
   9. 「위험물안전관리법」 제8조 제1항 또는 제20조 제2항에 따른 검사를 받은 경우
  10. 「전기사업법」 제63조에 따른 검사를 받은 경우
  11. 「항만법」 제26조 제1항 제1호·제2호 및 제4호에 따른 검사를 받은 경우
  12. 「화재예방, 소방시설 설치·유지 및 안전관리에 관한 법률」 제36조 제1항에 따른 형식승인을 받은 경우

② 안전인증대상기계등이 다음 각 호의 어느 하나에 해당하는 인증 또는 시험을 받았거나 그 일부 항목이 법 제83조 제1항에 따른 안전인증기준(이하 "안전인증기준"이라 한다)과 같은 수준 이상인 것으로 인정되는 경우에는 해당 인증 또는 시험이나 그 일부 항목에 한정하여 법 제84조 제1항에 따른 안전인증을 면제한다.
  1. 고용노동부장관이 정하여 고시하는 외국의 안전인증기관에서 인증을 받은 경우
  2. 국제전기기술위원회(IEC)의 국제방폭전기기계·기구 상호인정제도(IECEx Scheme)에 따라 인증을 받은 경우
  3. 「국가표준기본법」에 따른 시험·검사기관에서 실시하는 시험을 받은 경우
  4. 「산업표준화법」 제15조에 따른 인증을 받은 경우
  5. 「전기용품 및 생활용품 안전관리법」 제5조에 따른 안전인증을 받은 경우
③ 법 제84조 제2항 제1호에 따라 안전인증이 면제되는 안전인증대상기계등을 제조하거나 수입하는 자는 해당 공산품의 출고 또는 통관 전에 별지 제43호서식의 안전인증 면제신청서에 다음 각 호의 서류를 첨부하여 안전인증기관에 제출해야 한다.
  1. 제품 및 용도설명서
  2. 연구·개발을 목적으로 사용되는 것임을 증명하는 서류
④ 안전인증기관은 제3항에 따라 안전인증 면제신청을 받으면 이를 확인하고 별지 제44호서식의 안전인증 면제확인서를 발급해야 한다.

제110조(안전인증 심사의 종류 및 방법) ① 유해·위험기계등이 안전인증기준에 적합한지를 확인하기 위하여 안전인증기관이 하는 심사는 다음 각 호와 같다.
  1. 예비심사: 기계 및 방호장치·보호구가 유해·위험기계등 인지를 확인하는 심사(법 제84조 제3항에 따라 안전인증을 신청한 경우만 해당한다)
  2. 서면심사: 유해·위험기계등의 종류별 또는 형식별로 설계도면 등 유해·위험기계등의 제품기술과 관련된 문서가 안전인증기준에 적합한지에 대한 심사
  3. 기술능력 및 생산체계 심사: 유해·위험기계등의 안전성능을 지속적으로 유지·보증하기 위하여 사업장에서 갖추어야 할 기술능력과 생산체계가 안전인증기준에 적합한지에 대한 심사. 다만, 다음 각 목의 어느 하나에 해당하는 경우에는 기술능력 및 생산체계 심사를 생략한다.
     가. 영 제74조 제1항 제2호 및 제3호에 따른 방호장치 및 보호구를 고용노동부장관이 정하여 고시하는 수량 이하로 수입하는 경우
     나. 제4호가목의 개별 제품심사를 하는 경우
     다. 안전인증(제4호나목의 형식별 제품심사를 하여 안전인증을 받은 경우로 한정한다)을 받은 후 같은 공정에서 제조되는 같은 종류의 안전인증대상기계등에 대하여 안전인증을 하는 경우
  4. 제품심사: 유해·위험기계등이 서면심사 내용과 일치하는지와 유해·위험기계등의 안전에 관한 성능이 안전인증기준에 적합한지에 대한 심사. 다만, 다음 각 목의 심사는 유해·위험기계등별로 고용노동부장관이 정하여 고시하는 기준에 따라 어느 하나만을 받는다.
     가. 개별 제품심사: 서면심사 결과가 안전인증기준에 적합할 경우에 유해·위험기계등 모두에 대하여 하는 심사(안전인증을 받으려는 자가 서면심사와 개별 제품심사를 동시에 할 것을 요청하는 경우 병행할 수 있다)
     나. 형식별 제품심사: 서면심사와 기술능력 및 생산체계 심사 결과가 안전인증기준에 적합할 경우에 유해·위험기계등의 형식별로 표본을 추출하여 하는 심사(안전인증을 받으려는 자가 서면심사, 기술능력 및 생산체계 심사와 형식별 제품심사를 동시에 할 것을 요청하는 경우 병행할 수 있다)
② 제1항에 따른 유해·위험기계등의 종류별 또는 형식별 심사의 절차 및 방법은 고용노동부장관이 정하여 고시한다.
③ 안전인증기관은 제108조 제1항에 따라 안전인증 신청서를 제출받으면 다음 각 호의 구분에 따른 심사 종류별 기간 내에 심사해야 한다. 다만, **제품심사의 경우** 처리기간 내에 심사를 끝낼 수 없는 부득이한 사유가 있을 때에는 **15일의 범위에서 심사기간을 연장**할 수 있다.
  1. 예비심사: 7일
  2. 서면심사: 15일(외국에서 제조한 경우는 30일)

3. 기술능력 및 생산체계 심사: 30일(외국에서 제조한 경우는 45일)
4. 제품심사
   가. 개별 제품심사: 15일
   나. 형식별 제품심사: 30일(영 제74조 제1항 제2호사목의 방호장치와 같은 항 제3호가목부터 아목까지의 보호구는 60일)

④ 안전인증기관은 제3항에 따른 심사가 끝나면 안전인증을 신청한 자에게 별지 제45호서식의 심사결과 통지서를 발급해야 한다. 이 경우 해당 심사 결과가 모두 적합한 경우에는 별지 제46호서식의 안전인증서를 함께 발급해야 한다.

⑤ 안전인증기관은 안전인증대상기계등이 특수한 구조 또는 재료로 제조되어 안전인증기준의 일부를 적용하기 곤란할 경우 해당 제품이 안전인증기준과 같은 수준 이상의 안전에 관한 성능을 보유한 것으로 인정(안전인증을 신청한 자의 요청이 있거나 필요하다고 판단되는 경우를 포함한다)되면「산업표준화법」 제12조에 따른 한국산업표준 또는 관련 국제규격 등을 참고하여 안전인증기준의 일부를 생략하거나 추가하여 제1항 제2호 또는 제4호에 따른 심사를 할 수 있다.

⑥ 안전인증기관은 제5항에 따라 안전인증대상기계등이 안전인증기준과 같은 수준 이상의 안전에 관한 성능을 보유한 것으로 인정되는지와 해당 안전인증대상기계등에 생략하거나 추가하여 적용할 안전인증기준을 심의·의결하기 위하여 안전인증심의위원회를 설치·운영해야 한다. 이 경우 안전인증심의위원회의 구성·개최에 걸리는 기간은 제3항에 따른 심사기간에 산입하지 않는다.

⑦ 제6항에 따른 안전인증심의위원회의 구성·기능 및 운영 등에 필요한 사항은 고용노동부장관이 정하여 고시한다.

제111조(확인의 방법 및 주기 등) ① 안전인증기관은 법 제84조 제4항에 따라 안전인증을 받은 자에 대하여 다음 각 호의 사항을 확인해야 한다.
1. 안전인증서에 적힌 제조 사업장에서 해당 유해·위험기계등을 생산하고 있는지 여부
2. 안전인증을 받은 유해·위험기계등이 안전인증기준에 적합한지 여부(심사의 종류 및 방법은 제110조 제1항 제4호를 준용한다)
3. 제조자가 안전인증을 받을 당시의 기술능력·생산체계를 지속적으로 유지하고 있는지 여부
4. 유해·위험기계등이 서면심사 내용과 같은 수준 이상의 재료 및 부품을 사용하고 있는지 여부

② 법 제84조 제4항에 따라 안전인증기관은 안전인증을 받은 자가 안전인증기준을 지키고 있는지를 2년에 1회 이상 확인해야 한다. 다만, 다음 각 호의 모두에 해당하는 경우에는 3년에 1회 이상 확인할 수 있다.
1. 최근 3년 동안 법 제86조 제1항에 따라 안전인증이 취소되거나 안전인증표시의 사용금지 또는 시정명령을 받은 사실이 없는 경우
2. 최근 2회의 확인 결과 기술능력 및 생산체계가 고용노동부장관이 정하는 기준 이상인 경우

③ 안전인증기관은 제1항 및 제2항에 따라 확인한 경우에는 별지 제47호서식의 안전인증확인 통지서를 제조자에게 발급해야 한다.

④ 안전인증기관은 제1항 및 제2항에 따라 확인한 결과 법 제87조 제1항 각 호의 어느 하나에 해당하는 사실을 확인한 경우에는 그 사실을 증명할 수 있는 서류를 첨부하여 유해·위험기계등을 제조하는 사업장의 소재지(제품의 제조자가 외국에 있는 경우에는 그 대리인의 소재지로 하되, 대리인이 없는 경우에는 그 안전인증기관의 소재지로 한다)를 관할하는 지방고용노동관서의 장에게 지체 없이 알려야 한다.

⑤ 안전인증기관은 제109조 제2항 제1호에 따라 일부 항목에 한정하여 안전인증을 면제한 경우에는 외국의 해당 안전인증기관에서 실시한 안전인증 확인의 결과를 제출받아 고용노동부장관이 정하는 바에 따라 법 제84조 제4항에 따른 확인의 전부 또는 일부를 생략할 수 있다.

제112조(안전인증제품에 관한 자료의 기록·보존) 안전인증을 받은 자는 법 제84조 제5항에 따라 안전인증제품에 관한 자료를 안전인증을 받은 제품별로 기록·보존해야 한다.

제113조(안전인증 관련 자료의 제출 등) 지방고용노동관서의 장은 법 제84조 제6항에 따라 안전인증대상기계등을 제조·수입 또는 판매하는 자에게 자료의 제출을 요구할 때에는 10일 이상의 기간을 정하여 문서로 요구하되, 부득이한 사유가 있을 때에는 신청을 받아 30일의 범위에서 그 기간을 연장할 수 있다.

11 산업안전보건법령상 도급인인 사업주가 작업장의 안전·보건조치 등을 위하여 2일에 1회 이상 순회 점검하여야 하는 사업을 모두 고른 것은?

> ㄱ. 건설업
> ㄴ. 자동차 전문 수리업
> ㄷ. 토사석 광업
> ㄹ. 금속 및 비금속 원료 재생업
> ㅁ. 음악 및 기타 오디오물 출판업

① ㄱ, ㄴ, ㅁ
② ㄱ, ㄷ, ㄹ
③ ㄴ, ㄷ, ㅁ
④ ㄱ, ㄴ, ㄷ, ㄹ
⑤ ㄱ, ㄷ, ㄹ, ㅁ

12 산업안전보건기준에 관한 규칙상 니트로화합물을 제조하는 작업장의 비상구 설치에 관한 설명으로 옳지 않은 것은?

① 출입구 외에 안전한 장소로 대피할 수 있는 비상구 1개 이상을 설치할 것
② 비상구의 문은 피난 방향으로 열리도록 하고, 실내에서 항상 열 수 있는 구조로 할 것
③ 비상구의 너비는 0.75미터 이상으로 하고, 높이는 1.5미터 이상으로 할 것
④ 비상구는 출입구와 같은 방향에 있으며 출입구로부터 3미터 이상 떨어져 있을 것
⑤ 작업장의 각 부분으로부터 하나의 비상구 또는 출입구까지의 수평거리가 50미터 이하가 되도록 할 것

<참고>

제17조(비상구의 설치) ① 사업주는 별표 1에 규정된 위험물질을 제조·취급하는 작업장과 그 작업장이 있는 건축물에 제11조에 따른 출입구 외에 안전한 장소로 대피할 수 있는 비상구 1개 이상을 다음 각 호의 기준을 모두 충족하는 구조로 설치해야 한다. 다만, 작업장 바닥면의 가로 및 세로가 각 3미터 미만인 경우에는 그렇지 않다. <개정 2019. 12. 26.>
  1. 출입구와 같은 방향에 있지 아니하고, 출입구로부터 3미터 이상 떨어져 있을 것
  2. 작업장의 각 부분으로부터 하나의 비상구 또는 출입구까지의 수평거리가 50미터 이하가 되도록 할 것
  3. 비상구의 너비는 0.75미터 이상으로 하고, 높이는 1.5미터 이상으로 할 것
  4. 비상구의 문은 피난 방향으로 열리도록 하고, 실내에서 항상 열 수 있는 구조로 할 것
② 사업주는 제1항에 따른 비상구에 문을 설치하는 경우 항상 사용할 수 있는 상태로 유지하여야 한다.

제19조(경보용 설비 등) 사업주는 연면적이 400제곱미터 이상이거나 상시 50명 이상의 근로자가 작업하는 옥내작업장에는 비상시에 근로자에게 신속하게 알리기 위한 경보용 설비 또는 기구를 설치하여야 한다.

13 산업안전보건법령상 자율안전확인대상 기계·기구등에 해당하지 않는 것은?

① 휴대형 연삭기
② 혼합기
③ 파쇄기
④ 자동차정비용 리프트
⑤ 기압조절실(chamber)

14 산업안전보건법령상 안전검사 대상에 해당하는 것을 모두 고른 것은?

ㄱ. 프레스	ㄴ. 압력용기
ㄷ. 산업용 원심기	ㄹ. 이동식 국소 배기장치
ㅁ. 정격 하중이 1톤인 크레인	ㅂ. 특수자동차에 탑재한 고소작업대

① ㄱ, ㄹ, ㅂ
② ㄴ, ㅁ, ㅂ
③ ㄱ, ㄴ, ㄷ, ㅂ
④ ㄴ, ㄷ, ㄹ, ㅁ
⑤ ㄱ, ㄴ, ㄷ, ㄹ, ㅁ

<참고>

영 제78조(안전검사대상기계등) ① 법 제93조 제1항 전단에서 "대통령령으로 정하는 것"이란 다음 각 호의 어느 하나에 해당하는 것을 말한다.
1. 프레스
2. 전단기
3. 크레인(정격 하중이 2톤 미만인 것은 제외한다)
4. 리프트
5. 압력용기
6. 곤돌라
7. 국소 배기장치(이동식은 제외한다)
8. 원심기(산업용만 해당한다)
9. 롤러기(밀폐형 구조는 제외한다)
10. 사출성형기[형 체결력(型 締結力) 294킬로뉴턴(KN) 미만은 제외한다]
11. 고소작업대(「자동차관리법」 제3조 제3호 또는 제4호에 따른 화물자동차 또는 특수자동차에 탑재한 고소작업대로 한정한다)
12. 컨베이어
13. 산업용 로봇

② 법 제93조 제1항에 따른 안전검사대상기계등의 세부적인 종류, 규격 및 형식은 고용노동부장관이 정하여 고시한다.

15 산업안전보건법령상 유해·위험 방지를 위하여 방호조치가 필요한 기계·기구등과 이에 설치하여야 할 방호장치를 옳게 연결한 것은?

① 예초기 - 회전체 접촉 예방장치
② 진공포장기 - 압력방출장치
③ 금속절단기 - 구동부 방호 연동장치
④ 원심기 - 날접촉 예방장치
⑤ 공기압축기 - 압력방출장치

16 산업안전보건법령상 3년 이하의 징역 또는 3천만원 이하의 벌금에 처하게 될 수 있는 자는?

① 중대재해 발생현장을 훼손한 자
② 공정안전보고서의 내용이 중대산업사고를 예방하기 위하여 적합하다고 통보받기 전에 관련 설비를 가동한 자
③ 동력으로 작동하는 기계·기구로서 작동부분의 돌기부분을 묻힘형으로 하지 않거나 덮개를 부착하지 않고 양도한 자
④ 안전인증을 받지 않은 유해·위험한 기계·기구·설비등에 안전인증표시를 한 자
⑤ 작업환경측정 결과에 따라 근로자의 건강을 보호하기 위하여 해당 시설·설비의 설치·개선 또는 건강진단의 실시 등의 조치를 하지 아니한 자

17 산업안전보건기준에 관한 규칙상 통로를 설치하는 사업주가 준수하여야 하는 사항으로 옳지 않은 것은?

① 통로의 주요 부분에 통로표시를 하고, 근로자가 안전하게 통행할 수 있도록 하여야 한다.
② 통로면으로부터 높이 2미터 이내의 장애물을 제거하는 것이 곤란하다고 고용노동부장관이 인정하는 경우에는 근로자에게 발생할 수 있는 부상 등의 위험을 방지하기 위한 안전 조치를 하여야 한다.
③ 가설통로를 설치하는 경우, 건설공사에 사용하는 높이 8미터 이상인 비계다리에는 7미터 이내마다 계단참을 설치하여야 한다.
④ 잠함(潛函) 내 사다리식 통로를 설치하는 경우 그 폭은 30센티미터 이상으로 설치하여야 한다.
⑤ 계단 및 계단참을 설치하는 경우 매제곱미터당 500킬로그램 이상의 하중에 견딜 수 있는 강도를 가진 구조로 설치하여야 한다.

<참고>

제24조(사다리식 통로 등의 구조) ① 사업주는 사다리식 통로 등을 설치하는 경우 다음 각 호의 사항을 준수하여야 한다.
1. 견고한 구조로 할 것
2. 심한 손상·부식 등이 없는 재료를 사용할 것
3. 발판의 간격은 일정하게 할 것
4. 발판과 벽과의 사이는 15센티미터 이상의 간격을 유지할 것
5. 폭은 30센티미터 이상으로 할 것
6. 사다리가 넘어지거나 미끄러지는 것을 방지하기 위한 조치를 할 것
7. 사다리의 상단은 걸쳐놓은 지점으로부터 60센티미터 이상 올라가도록 할 것
8. 사다리식 통로의 길이가 10미터 이상인 경우에는 5미터 이내마다 계단참을 설치할 것
9. 사다리식 통로의 기울기는 75도 이하로 할 것. 다만, 고정식 사다리식 통로의 기울기는 90도 이하로 하고, 그 높이가 7미터 이상인 경우에는 바닥으로부터 높이가 2.5미터 되는 지점부터 등받이울을 설치할 것
10. 접이식 사다리 기둥은 사용 시 접혀지거나 펼쳐지지 않도록 철물 등을 사용하여 견고하게 조치할 것

② 잠함(潛函) 내 사다리식 통로와 건조·수리 중인 선박의 구명줄이 설치된 사다리식 통로(건조·수리작업을 위하여 임시로 설치한 사다리식 통로는 제외한다)에 대해서는 제1항 제5호부터 제10호까지의 규정을 적용하지 아니한다.

18 산업안전보건법령상 화학물질의 유해성·위험성을 조사하고 그 조사보고서를 고용노동부장관에게 제출하여야 하는 것은?

① 방사성 물질
② 천연으로 산출된 화학물질
③ 연간 수입량이 1,000킬로그램 미만인 경우로서 고용노동부장관의 확인을 받은 신규화학물질
④ 전량 수출하기 위하여 연간 10톤 이하로 제조하거나 수입하는 경우로서 고용노동부장관의 확인을 받은 신규화학물질
⑤ 일반 소비자의 생활용으로 직접 소비자에게 제공되고 국내의 사업장에서 사용되지 않는 경우로서 고용노동부장관의 확인을 받은 신규화학물질

<참고>

제108조(신규화학물질의 유해성·위험성 조사) ① 대통령령으로 정하는 화학물질 외의 화학물질(이하 "신규화학물질"이라 한다)을 제조하거나 수입하려는 자(이하 "신규화학물질제조자등"이라 한다)는 신규화학물질에 의한 근로자의 건강장해를 예방하기 위하여 고용노동부령으로 정하는 바에 따라 그 신규화학물질의 유해성·위험성을 조사하고 그 조사보고서를 고용노동부장관에게 제출하여야 한다. 다만, 다음 각 호의 어느 하나에 해당하는 경우에는 그러하지 아니하다.
1. 일반 소비자의 생활용으로 제공하기 위하여 신규화학물질을 수입하는 경우로서 고용노동부령으로 정하는 경우
2. 신규화학물질의 수입량이 소량이거나 그 밖에 위해의 정도가 적다고 인정되는 경우로서 고용노동부령으로 정하는 경우

② 신규화학물질제조자등은 제1항 각 호 외의 부분 본문에 따라 유해성·위험성을 조사한 결과 해당 신규화학물질에 의한 근로자의 건강장해를 예방하기 위하여 필요한 조치를 하여야 하는 경우 이를 즉시 시행하여야 한다.
③ 고용노동부장관은 제1항에 따라 신규화학물질의 유해성·위험성 조사보고서가 제출되면 고용노동부령으로 정하는 바에 따라 그 신규화학물질의 명칭, 유해성·위험성, 근로자의 건강장해 예방을 위한 조치 사항 등을 공표하고 관계 부처에 통보하여야 한다.
④ 고용노동부장관은 제1항에 따라 제출된 신규화학물질의 유해성·위험성 조사보고서를 검토한 결과 근로자의 건강장해 예방을 위하여 필요하다고 인정할 때에는 신규화학물질제조자등에게 시설·설비를 설치·정비하고 보호구를 갖추어 두는 등의 조치를 하도록 명할 수 있다.
⑤ 신규화학물질제조자등이 신규화학물질을 양도하거나 제공하는 경우에는 제4항에 따른 근로자의 건강장해 예방을 위하여 조치하여야 할 사항을 기록한 서류를 함께 제공하여야 한다.

영 제85조(유해성·위험성 조사 제외 화학물질) 법 제108조 제1항 각 호 외의 부분 본문에서 "대통령령으로 정하는 화학물질"이란 다음 각 호의 어느 하나에 해당하는 화학물질을 말한다.
1. 원소
2. 천연으로 산출된 화학물질
3. 「건강기능식품에 관한 법률」 제3조 제1호에 따른 건강기능식품
4. 「군수품관리법」 제2조 및 「방위사업법」 제3조 제2호에 따른 군수품[「군수품관리법」 제3조에 따른 통상품(通常品)은 제외한다]
5. 「농약관리법」 제2조 제1호 및 제3호에 따른 농약 및 원제
6. 「마약류 관리에 관한 법률」 제2조 제1호에 따른 마약류
7. 「비료관리법」 제2조 제1호에 따른 비료
8. 「사료관리법」 제2조 제1호에 따른 사료
9. 「생활화학제품 및 살생물제의 안전관리에 관한 법률」 제3조 제7호 및 제8호에 따른 살생물물질 및 살생물제품
10. 「식품위생법」 제2조 제1호 및 제2호에 따른 식품 및 식품첨가물
11. 「약사법」 제2조 제4호 및 제7호에 따른 의약품 및 의약외품(醫藥外品)
12. 「원자력안전법」 제2조 제5호에 따른 방사성물질
13. 「위생용품 관리법」 제2조 제1호에 따른 위생용품
14. 「의료기기법」 제2조 제1항에 따른 의료기기
15. 「총포·도검·화약류 등의 안전관리에 관한 법률」 제2조 제3항에 따른 화약류
16. 「화장품법」 제2조 제1호에 따른 화장품과 화장품에 사용하는 원료
17. 법 제108조 제3항에 따라 고용노동부장관이 명칭, 유해성·위험성, 근로자의 건강장해 예방을 위한 조치 사항 및 연간 제조량·수입량을 공표한 물질로서 공표된 연간 제조량·수입량 이하로 제조하거나 수입한 물질
18. 고용노동부장관이 환경부장관과 협의하여 고시하는 화학물질 목록에 기록되어 있는 물질

시행규칙 제147조(신규화학물질의 유해성·위험성 조사보고서의 제출) ① 법 제108조 제1항에 따라 신규화학물질을 제조하거나 수입하려는 자(이하 "신규화학물질제조자등"이라 한다)는 제조하거나 수입하려는 날 30일(연간 제조하거나 수입하려는 양이 100킬로그램 이상 1톤 미만인 경우에는 14일) 전까지 별지 제57호서식의 신규화학물질 유해성·위험성 조사보고서(이하 "유해성·위험성 조사보고서"라 한다)에 별표 20에 따른 서류를 첨부하여 고용노동부장관에게 제출해야 한다. 다만, 그 신규화학물질을 「화학물질의 등록 및 평가 등에 관한 법률」 제10조에 따라 환경부장관에게 등록한 경우에는 고용노동부장관에게 유해성·위험성 조사보고서를 제출한 것으로 본다.
② 환경부장관은 제1항 단서에 따라 신규화학물질제조자등이 고용노동부장관에게 유해성·위험성 조사보고서를 제출한 것으로 보는 신규화학물질에 관한 등록자료 및 「화학물질의 등록 및 평가 등에 관한 법률」 제18조에 따른 유해성심사 결과를 고용노동부장관에게 제공해야 한다.

③ 고용노동부장관은 신규화학물질제조자등이 별표 20에 따라 시험성적서를 제출한 경우(제1항 단서에 따라 고용노동부장관에게 유해성·위험성 조사보고서를 제출한 것으로 보는 경우를 포함한다)에도 신규화학물질이 별표 18 제1호나목7)에 따른 생식세포 변이원성 등으로 중대한 건강장해를 유발할 수 있다고 의심되는 경우에는 신규화학물질제조자등에게 별지 제58호서식에 따라 신규화학물질의 유해성·위험성에 대한 추가 검토에 필요한 자료의 제출을 요청할 수 있다.

④ 고용노동부장관은 유해성·위험성 조사보고서 또는 제2항에 따라 환경부장관으로부터 제공받은 신규화학물질 등록자료 및 유해성심사 결과를 검토한 결과 법 제108조 제4항에 따라 필요한 조치를 명하려는 경우에는 제1항 본문에 따라 유해성·위험성 조사보고서를 제출받은 날 또는 제2항에 따라 환경부장관으로부터 신규화학물질 등록자료 및 유해성심사 결과를 제공받은 날부터 30일(연간 제조하거나 수입하려는 양이 100킬로그램 이상 1톤 미만인 경우에는 14일) 이내에 제1항 본문에 따라 유해성·위험성 조사보고서를 제출한 자 또는 제1항 단서에 따라 유해성·위험성 조사보고서를 제출한 것으로 보는 자에게 별지 제59호서식에 따라 신규화학물질의 유해성·위험성 조치사항을 통지해야 한다. 다만, 제3항에 따라 추가 검토에 필요한 자료제출을 요청한 경우에는 그 자료를 제출받은 날부터 30일(연간 제조하거나 수입하려는 양이 100킬로그램 이상 1톤 미만인 경우에는 14일) 이내에 별지 제59호서식에 따라 유해성·위험성 조치사항을 통지해야 한다.

제148조(일반소비자 생활용 신규화학물질의 유해성·위험성 조사 제외) ① 법 제108조 제1항 제1호에서 "고용노동부령으로 정하는 경우"란 다음 각 호의 어느 하나에 해당하는 경우로서 고용노동부장관의 확인을 받은 경우를 말한다.
1. 해당 신규화학물질이 완성된 제품으로서 국내에서 가공하지 않는 경우
2. 해당 신규화학물질의 포장 또는 용기를 국내에서 변경하지 않거나 국내에서 포장하거나 용기에 담지 않는 경우
3. 해당 신규화학물질이 직접 소비자에게 제공되고 국내의 사업장에서 사용되지 않는 경우

② 제1항에 따른 확인을 받으려는 자는 최초로 신규화학물질을 수입하려는 날 7일 전까지 별지 제60호서식의 신청서에 제1항 각 호의 어느 하나에 해당하는 사실을 증명하는 서류를 첨부하여 고용노동부장관에게 제출해야 한다.

제149조(소량 신규화학물질의 유해성·위험성 조사 제외) ① 법 제108조 제1항 제2호에 따른 신규화학물질의 수입량이 소량이어서 유해성·위험성 조사보고서를 제출하지 않는 경우란 신규화학물질의 연간 수입량이 100킬로그램 미만인 경우로서 고용노동부장관의 확인을 받은 경우를 말한다.

② 제1항에 따른 확인을 받은 자가 같은 항에서 정한 수량 이상의 신규화학물질을 수입하였거나 수입하려는 경우에는 그 사유가 발생한 날부터 30일 이내에 유해성·위험성 조사보고서를 고용노동부장관에게 제출해야 한다.

③ 제1항에 따른 확인의 신청에 관하여는 제148조 제2항을 준용한다.

④ 제1항에 따른 확인의 유효기간은 1년으로 한다. 다만, 신규화학물질의 연간 수입량이 100킬로그램 미만인 경우로서 제151조 제2항에 따라 확인을 받은 것으로 보는 경우에는 그 확인은 계속 유효한 것으로 본다.

제150조(그 밖의 신규화학물질의 유해성·위험성 조사 제외) ① 법 제108조 제1항 제2호에서 "위해의 정도가 적다고 인정되는 경우로서 고용노동부령으로 정하는 경우"란 다음 각 호의 어느 하나에 해당하는 경우로서 고용노동부장관의 확인을 받은 경우를 말한다.
1. 제조하거나 수입하려는 신규화학물질이 시험·연구를 위하여 사용되는 경우
2. 신규화학물질을 전량 수출하기 위하여 연간 10톤 이하로 제조하거나 수입하는 경우
3. 신규화학물질이 아닌 화학물질로만 구성된 고분자화합물로서 고용노동부장관이 정하여 고시하는 경우

② 제1항에 따른 확인의 신청에 관하여는 제148조 제2항을 준용한다.

19 산업안전보건법령상 건강진단에 관한 설명으로 옳은 것은?

① 건강진단의 종류에는 일반건강진단, 특수건강진단, 채용시건강진단, 수시건강진단, 임시건강진단이 있다.
② 6개월간 밤 12시부터 오전 5시까지의 시간을 포함하여 계속되는 8시간 작업을 월 평균 4회 이상 수행하는 야간작업 근로자도 특수건강진단을 받아야 한다.
③ 벤젠에 노출되는 업무에 종사하는 근로자는 배치 후 3개월 이내에 첫 번째 특수건강진단을 받고, 이후 6개월마다 주기적으로 특수건강진단을 받아야 한다.
④ 다른 사업장에서 해당 유해인자에 대하여 배치전건강진단을 받고 9개월이 지난 근로자로서 건강진단결과를 적은 서류를 제출한 근로자는 배치전건강진단을 실시하지 아니할 수 있다.
⑤ 특수건강진단대상업무로 인하여 해당 유해인자에 의한 건강장해를 의심하게 하는 증상을 보이는 근로자에 대하여 사업주가 실시하는 건강진단을 '임시건강진단' 이라 한다.

<참고>

4. 야간작업(2종)
   가. 6개월간 밤 12시부터 오전 5시까지의 시간을 포함하여 계속되는 8시간 작업을 월 평균 4회 이상 수행하는 경우
   나. 6개월간 오후 10시부터 다음날 오전 6시 사이의 시간 중 작업을 월 평균 60시간 이상 수행하는 경우

■ 산업안전보건법 시행규칙 [별표 23]

특수건강진단의 시기 및 주기(제202조 제1항 관련) ★

구분	대상 유해인자	시기 (배치 후 첫 번째 특수 건강진단)	주기
1	N,N-디메틸아세트아미드 디메틸포름아미드	1개월 이내	6개월
2	벤젠	2개월 이내	6개월
3	1,1,2,2-테트라클로로에탄 사염화탄소 아크릴로니트릴 염화비닐	3개월 이내	6개월
4	석면, 면 분진	12개월 이내	12개월
5	광물성 분진 목재 분진 소음 및 충격소음	12개월 이내	24개월
6	제1호부터 제5호까지의 대상 유해인자를 제외한 별표22의 모든 대상 유해인자	6개월 이내	12개월

20 산업안전보건법령상 질병자의 근로 금지·제한에 관한 설명으로 옳지 않은 것은?

① 사업주는 심장 등의 질환이 있는 사람으로서 근로에 의하여 병세가 악화될 우려가 있는 사람에 대해서는 의사의 진단에 따라 근로를 금지하여야 한다.
② 사업주는 발암성물질을 취급하는 작업에 종사하는 근로자에게는 1일 6시간, 1주 34시간을 초과하여 근로하게 하여서는 아니 된다.
③ 사업주는 착암기 등에 의하여 신체에 강렬한 진동을 주는 작업에서 유해·위험예방조치 외에 작업과 휴식의 적정한 배분 등 근로자의 건강 보호를 위한 조치를 하여야 한다.
④ 사업주는 심장판막증이 있는 근로자를 고기압 업무에 종사하도록 하여서는 아니 된다.
⑤ 사업주는 근로가 금지되거나 제한된 근로자가 건강을 회복하였을 때에는 지체없이 취업하게 하여야 한다.

21 산업안전보건법령상 유해·위험방지계획서의 제출 대상 업종에 해당하지 않는 것은? (단, 전기 계약 용량이 300킬로와트 이상인 사업에 한함)

① 전기장비 제조업
② 식료품 제조업
③ 가구 제조업
④ 목재 및 나무제품 제조업
⑤ 전자부품 제조업

22 산업안전보건법령상 지도사에 관한 설명으로 옳은 것은?

① 지도사 시험에 합격하여 고용노동부장관에게 등록하여야만 지도사의 자격을 가진다.
② 이 법을 위반하여 벌금형을 선고받고 6개월이 된 자는 지도사의 등록을 할 수 있다.
③ 지도사는 3년마다 갱신등록을 하여야 하며, 갱신등록은 지도실적이 없어도 가능하다.
④ 지도사 등록의 갱신기간 동안 지도실적이 2년 이상인 지도사의 보수교육시간은 10시간 이상으로 한다.
⑤ 산업안전 및 산업보건분야에서 3년간 실무에 종사한 지도사가 직무를 개시하려는 경우에는 등록을 하기 전 연수교육이 면제된다.

23 산업안전보건법령상 서류의 보존기간에 관한 설명으로 옳지 않은 것은?

① 기관석면조사를 한 건축물이나 설비의 소유주 등과 석면조사기관은 그 결과에 관한 서류를 5년간 보존하여야 한다.
② 지정측정기관은 작업환경측정에 관한 사항으로서 측정대상 사업장의 명칭 및 소재지 등을 기재한 서류를 3년간 보존하여야 한다.
③ 사업주는 노사협의체 회의록을 2년간 보존하여야 한다.
④ 자율안전확인대상 기계·기구 등을 제조하거나 수입하려는 자는 자율안전기준에 맞는 것임을 증명하는 서류를 2년간 보존하여야 한다.
⑤ 사업주는 화학물질의 유해성·위험성 조사에 관한 서류를 3년간 보존하여야 한다.

24 산업안전보건기준에 관한 규칙상 근골격계부담작업으로 인한 건강장해 예방에 관한 설명으로 옳지 않은 것은?

① 신설되는 사업장의 사업주는 근로자가 근골격계부담작업을 하는 경우에 신설일부터 1년 이내에 최초의 유해요인조사를 하여야 한다.
② 유해요인조사에는 작업장 상황, 작업조건, 작업과 관련된 근골격계질환 징후와 증상 유무 등이 포함된다.
③ 유해요인조사는 근로자와의 면담, 증상 설문조사, 인간공학적 측면을 고려한 조사 등 적절한 방법으로 하여야 한다.
④ 근로자는 근골격계부담작업으로 인하여 운동범위의 축소 등의 징후가 나타나는 경우 그 사실을 사업주에게 통지할 수 있다.
⑤ 연간 7명이 근골격계질환으로 인한 업무상질병으로 인정받은 상시 근로자수 85명을 고용하고 있는 사업주는 근골격계질환 예방관리 프로그램을 시행하여야 한다.

<참고>
제656조(정의) 이 장에서 사용하는 용어의 뜻은 다음과 같다. <개정 2019. 12. 26.>
1. "근골격계부담작업"이란 법 제39조 제1항 제5호에 따른 작업으로서 작업량·작업속도·작업강도 및 작업장 구조 등에 따라 고용노동부장관이 정하여 고시하는 작업을 말한다.
2. "근골격계질환"이란 반복적인 동작, 부적절한 작업자세, 무리한 힘의 사용, 날카로운 면과의 신체접촉, 진동 및 온도 등의 요인에 의하여 발생하는 건강장해로서 목, 어깨, 허리, 팔·다리의 신경·근육 및 그 주변 신체조직 등에 나타나는 질환을 말한다.
3. "근골격계질환 예방관리 프로그램"이란 유해요인 조사, 작업환경 개선, 의학적 관리, 교육·훈련, 평가에 관한 사항 등이 포함된 근골격계질환을 예방관리하기 위한 종합적인 계획을 말한다.

제662조(근골격계질환 예방관리 프로그램 시행) ① 사업주는 다음 각 호의 어느 하나에 해당하는 경우에 근골격계질환 예방관리 프로그램을 수립하여 시행하여야 한다.
1. 근골격계질환으로「산업재해보상보험법 시행령」별표 3 제2호가목·마목 및 제12호라목에 따라 업무상 질병으로 인정받은 근로자가 연간 10명 이상 발생한 사업장 또는 5명 이상 발생한 사업장으로서 발생 비율이 그 사업장 근로자 수의 10퍼센트 이상인 경우
2. 근골격계질환 예방과 관련하여 노사 간 이견(異見)이 지속되는 사업장으로서 고용노동부장관이 필요하다고 인정하여 근골격계질환 예방관리 프로그램을 수립하여 시행할 것을 명령한 경우
② 사업주는 근골격계질환 예방관리 프로그램을 작성·시행할 경우에 노사협의를 거쳐야 한다.
③ 사업주는 근골격계질환 예방관리 프로그램을 작성·시행할 경우에 인간공학·산업의학·산업위생·산업간호 등 분야별 전문가로부터 필요한 지도·조언을 받을 수 있다.

25 산업안전보건법령상 건강관리수첩 발급대상 업무 및 대상요건에 해당하지 않는 것은?

① 니켈 또는 그 화합물을 광석으로부터 추출하여 제조하거나 취급하는 업무에 5년 이상 종사한 사람
② 염화비닐을 제조하거나 사용하는 석유화학설비를 유지·보수하는 업무에 4년 이상 종사한 사람
③ 비파괴검사 업무에 3년 이상 종사한 사람
④ 석면 또는 석면방직제품을 제조하는 업무에 3개월 이상 종사한 사람
⑤ 비스-(클로로메틸)에테르를 제조하거나 취급하는 업무에 3년 이상 종사한 사람

<참고>

■ 산업안전보건법 시행규칙 [별표 25]

건강관리카드의 발급 대상(제214조 관련)

구분	건강장해가 발생할 우려가 있는 업무	대상 요건
1	베타-나프틸아민 또는 그 염(같은 물질이 함유된 화합물의 중량 비율이 1퍼센트를 초과하는 제제를 포함한다)을 제조하거나 취급하는 업무	3개월 이상 종사한 사람
2	벤지딘 또는 그 염(같은 물질이 함유된 화합물의 중량 비율이 1퍼센트를 초과하는 제제를 포함한다)을 제조하거나 취급하는 업무	3개월 이상 종사한 사람
3	베릴륨 또는 그 화합물(같은 물질이 함유된 화합물의 중량 비율이 1퍼센트를 초과하는 제제를 포함한다) 또는 그 밖에 베릴륨 함유물질(베릴륨이 함유된 화합물의 중량 비율이 3퍼센트를 초과하는 물질만 해당한다)을 제조하거나 취급하는 업무	제조하거나 취급하는 업무에 종사한 사람 중 양쪽 폐부분에 베릴륨에 의한 만성 결절성 음영이 있는 사람
4	비스-(클로로메틸)에테르(같은 물질이 함유된 화합물의 중량 비율이 1퍼센트를 초과하는 제제를 포함한다)를 제조하거나 취급하는 업무	3년 이상 종사한 사람

5	가. 석면 또는 석면방직제품을 제조하는 업무	3개월 이상 종사한 사람

	나. 다음의 어느 하나에 해당하는 업무
	  1) 석면함유제품(석면방직제품은 제외한다)을 제조하는 업무
	  2) 석면함유제품(석면이 1퍼센트를 초과하여 함유된 제품만 해당한다. 이하 다목에서 같다)을 절단하는 등 석면을 가공하는 업무
	  3) 설비 또는 건축물에 분무된 석면을 해체·제거 또는 보수하는 업무
	  4) 석면이 1퍼센트 초과하여 함유된 보온재 또는 내화피복제(耐火被覆劑)를 해체·제거 또는 보수하는 업무
		1년 이상 종사한 사람

	다. 설비 또는 건축물에 포함된 석면시멘트, 석면마찰제품 또는 석면개스킷제품 등 석면함유제품을 해체·제거 또는 보수하는 업무	10년 이상 종사한 사람
	라. 나목 또는 다목 중 하나 이상의 업무에 중복하여 종사한 경우	다음의 계산식으로 산출한 숫자가 120을 초과하는 사람: (나목의 업무에 종사한 개월 수)×10+(다목의 업무에 종사한 개월 수)
	마. 가목부터 다목까지의 업무로서 가목부터 다목까지의 규정에서 정한 종사기간에 해당하지 않는 경우	흉부방사선상 석면으로 인한 질병 징후(흉막반 등)가 있는 사람
6	벤조트리클로라이드를 제조(태양광선에 의한 염소화반응에 의하여 제조하는 경우만 해당한다)하거나 취급하는 업무	3년 이상 종사한 사람
7	가. 갱내에서 동력을 사용하여 토석(土石)·광물 또는 암석(습기가 있는 것은 제외한다. 이하 "암석등"이라 한다)을 굴착 하는 작업 나. 갱내에서 동력(동력 수공구(手工具)에 의한 것은 제외한다)을 사용하여 암석 등을 파쇄(破碎)·분쇄 또는 체질하는 장소에서의 작업 다. 갱내에서 암석 등을 차량계 건설기계로 싣거나 내리거나 쌓아두는 장소에서의 작업 라. 갱내에서 암석 등을 컨베이어(이동식 컨베이어는 제외한다)에 싣거나 내리는 장소에서의 작업 마. 옥내에서 동력을 사용하여 암석 또는 광물을 조각 하거나 마무리하는 장소에서의 작업 바. 옥내에서 연마재를 분사하여 암석 또는 광물을 조각하는 장소에서의 작업 사. 옥내에서 동력을 사용하여 암석·광물 또는 금속을 연마·주물 또는 추출하거나 금속을 재단하는 장소에서의 작업 아. 옥내에서 동력을 사용하여 암석등·탄소원료 또는 알미늄박을 파쇄·분쇄 또는 체질하는 장소에서의 작업	3년 이상 종사한 사람으로서 흉부방사선 사진 상 진폐증이 있다고 인정되는 사람(「진폐의 예방과 진폐근로자의 보호 등에 관한 법률」에 따라 건강관리수첩을 발급받은 사람은 제외한다)

자. 옥내에서 시멘트, 티타늄, 분말상의 광석, 탄소원료, 탄소제품, 알미늄 또는 산화티타늄을 포장하는 장소에서의 작업
차. 옥내에서 분말상의 광석, 탄소원료 또는 그 물질을 함유한 물질을 혼합·혼입 또는 살포하는 장소에서의 작업
카. 옥내에서 원료를 혼합하는 장소에서의 작업 중 다음의 어느 하나에 해당하는 작업
   1) 유리 또는 법랑을 제조하는 공정에서 원료를 혼합하는 작업이나 원료 또는 혼합물을 용해로에 투입하는 작업(수중에서 원료를 혼합하는 작업은 제외한다)
   2) 도자기·내화물·형상토제품(형상을 본떠 흙으로 만든 제품) 또는 연마재를 제조하는 공정에서 원료를 혼합 또는 성형하거나, 원료 또는 반제품을 건조하거나, 반제품을 차에 싣거나 쌓아 두는 장소에서의 작업 또는 가마 내부에서의 작업(도자기를 제조하는 공정에서 원료를 투입 또는 성형하여 반제품을 완성하거나 제품을 내리고 쌓아 두는 장소에서의 작업과 수중에서 원료를 혼합하는 장소에서의 작업은 제외한다)
   3) 탄소제품을 제조하는 공정에서 탄소원료를 혼합하거나 성형하여 반제품을 노(爐: 가공할 원료를 녹이거나 굽는 시설)에 넣거나 반제품 또는 제품을 노에서 꺼내거나 제작하는 장소에서의 작업
타. 옥내에서 내화 벽돌 또는 타일을 제조하는 작업 중 동력을 사용하여 원료(습기가 있는 것은 제외한다)를 성형하는 장소에서의 작업
파. 옥내에서 동력을 사용하여 반제품 또는 제품을 다듬질하는 장소에서의 작업 중 다음의 의 어느 하나에 해당하는 작업
   1) 도자기·내화물·형상토제품 또는 연마재를 제조하는 공정에서 원료를 혼합 또는 성형하거나, 원료 또는 반제품을 건조하거나, 반제품을 차에 싣거나 쌓은 장소에서의 작업또는 가마 내부에서의 작업(도자기를 제조하는 공정에서 원료를 투입 또는 성형하여 반제품을 완성하거나 제품을 내리고 쌓아 두는 장소에서의 작업과 수중에서 원료를 혼합하는 장소에서의 작업은 제외한다)
   2) 탄소제품을 제조하는 공정에서 탄소원료를 혼합하거나 성형하여 반제품을 노에 넣거나 반제품 또는 제품을 노에서 꺼내거나 제작하는 장소에서의 작업
하. 옥내에서 거푸집을 해체하거나, 분해장치를 이용하여 사형(似形: 광물의 결정형태)을 부수거나, 모래를 털어 내거나 동력을 사용하여 주물모래를 재생하거나 혼련(열과 기계를 사용하여 내용물을 고르게 섞는 것)하거나 주물품을 절삭(切削)하는 장소에서의 작업
거. 옥내에서 수지식(手指式) 용융분사기를 이용하지 않고 금속을 용융분사하는 장소에서의 작업

8	가. 염화비닐을 중합(결합 화합물화)하는 업무 또는 밀폐되어 있지 않은 원심분리기를 사용하여 폴리염화비닐(염화비닐의 중합체를 말한다)의 현탁액(懸濁液)에서 물을 분리시키는 업무 나. 염화비닐을 제조하거나 사용하는 석유화학설비를 유지·보수하는 업무	4년 이상 종사한 사람
9	크롬산·중크롬산 또는 이들 염(같은 물질이 함유된 화합물의 중량 비율이 1퍼센트를 초과하는 제제를 포함한다)을 광석으로부터 추출하여 제조하거나 취급하는 업무	4년 이상 종사한 사람
10	삼산화비소를 제조하는 공정에서 배소(낮은 온도로 가열하여 변화를 일으키는 과정) 또는 정제를 하는 업무나 비소가 함유된 화합물의 중량 비율이 3퍼센트를 초과하는 광석을 제련하는 업무	5년 이상 종사한 사람
11	니켈(니켈카보닐을 포함한다) 또는 그 화합물을 광석으로부터 추출하여 제조하거나 취급하는 업무	5년 이상 종사한 사람
12	카드뮴 또는 그 화합물을 광석으로부터 추출하여제조하거나 취급하는 업무	5년 이상 종사한 사람
13	가. 벤젠을 제조하거나 사용하는 업무(석유화학 업종만 해당한다) 나. 벤젠을 제조하거나 사용하는 석유화학설비를 유지·보수하는 업무	6년 이상 종사한 사람
14	제철용 코크스 또는 제철용 가스발생로를 제조하는 업무(코크스로 또는 가스발생로 상부에서의 업무 또는 코크스로에 접근하여 하는 업무만 해당한다)	6년 이상 종사한 사람
15	비파괴검사(X-선) 업무	1년이상 종사한 사람 또는 연간 누적선량이 20mSv 이상이었던 사람

○ 2017년 기출문제 정답

1	2	3	4	5	6	7	8	9	10
⑤	①	④	⑤	②	⑤	⑤	④	③	③
11	12	13	14	15	16	17	18	19	20
⑤	④	①	③	⑤	②	④	③	②	②
21	22	23	24	25					
①	④	①	⑤	③					

부록: 2016년 산업안전보건법령 기출문제

(2020~2016년 5개년)

01 산업안전보건법령상 사업주가 이행하여야 할 의무에 해당하는 것은?

① 사업장에 대한 재해 예방 지원 및 지도
② 근로자의 신체적 피로와 정신적 스트레스 등을 줄일 수 있는 쾌적한 작업환경 조성 및 근로조건 개선
③ 유해하거나 위험한 기계·기구·설비 및 물질 등에 대한 안전·보건상의 조치기준작성 및 지도·감독
④ 산업재해에 관한 조사 및 통계의 유지·관리
⑤ 안전·보건을 위한 기술의 연구·개발 및 시설의 설치·운영

02 산업안전보건법령상 안전·보건표지의 분류별 종류와 색채가 올바르게 연결된 것은?

① 지시표지(방독마스크 착용) - 바탕은 파란색, 관련 그림은 흰색
② 금지표지(물체이동금지) - 바탕은 흰색, 기본모형은 녹색, 관련 부호 및 그림은 흰색
③ 경고표지(폭발성물질 경고) - 바탕은 노란색, 기본모형, 관련 부호 및 그림은 흰색
④ 안내표지(비상용기구) - 바탕은 흰색, 기본모형은 빨간색, 관련 부호 및 그림은 검은색
⑤ 안내표지(응급구호표지) - 바탕은 무색, 기본모형은 검은색

03 산업안전보건법령상 산업재해 발생 보고에 관한 설명이다. ( )안에 들어갈 내용을 순서대로 올바르게 나열한 것은?

> 사업주는 산업재해로 사망자가 발생하거나 (ㄱ) 이상의 휴업이 필요한 부상을 입거나 질병에 걸린 사람이 발생한 경우에는 산업안전보건법 제10조 제2항에 따라 해당 산업재해가 발생한 날부터 (ㄴ) 이내에 별지 제1호서식의 산업재해조사표를 작성하여 관할 지방고용노동청장 또는 지청장에게 제출(전자문서에 의한 제출을 포함한다)하여야 한다.

① ㄱ: 1일 ㄴ: 1개월
② ㄱ: 2일 ㄴ: 14일
③ ㄱ: 3일 ㄴ: 1개월
④ ㄱ: 5일 ㄴ: 2개월
⑤ ㄱ: 5일 ㄴ: 3개월

04 산업안전보건법령상 안전관리전문기관에 대한 지정의 취소 등에 관한 설명으로 옳지 않은 것은?

① 고용노동부장관은 안전관리전문기관이 지정요건을 충족하지 못한 경우 반드시 지정을 취소하여야 한다.
② 고용노동부장관은 안전관리전문기관이 거짓이나 그 밖의 부정한 방법으로 지정을 받은 경우 지정을 취소하여야 한다.
③ 고용노동부장관은 안전관리전문기관이 지정받은 사항을 위반하여 업무를 수행한 경우 6개월 이내의 기간을 정하여 그 업무의 정지를 명할 수 있다.
④ 안전관리전문기관은 고용노동부장관으로부터 지정이 취소된 경우에 그 지정이 취소된 날부터 2년 이내에는 안전관리전문기관으로 지정받을 수 없다.
⑤ 고용노동부장관이 안전관리전문기관에 대하여 업무의 정지를 명하여야 하는 경우에 그 업무정지가 이용자에게 심한 불편을 주거나 공익을 해할 우려가 있다고 인정하면 업무정지처분에 갈음하여 10억원 이하의 과징금을 부과할 수 있다.

05 산업안전보건법령상 산업안전보건위원회에 관한 설명으로 옳지 않은 것은?

① 사업주는 산업안전·보건에 관한 중요 사항을 심의·의결하기 위하여 근로자와 사용자가 같은 수로 구성되는 산업안전보건위원회를 설치·운영하여야 한다.
② 사업주는 유해하거나 위험한 기계·기구와 그 밖의 설비를 도입한 경우 안전·보건조치에 관한 사항에 대하여는 산업안전보건위원회의 심의·의결을 거쳐야 한다.
③ 산업안전보건위원회의 위원장은 위원 중에서 호선(互選)한다. 이 경우 근로자위원과 사용자위원 중 각 1명을 공동위원장으로 선출할 수 있다.
④ 사업주는 안전보건관리규정을 작성하거나 변경할 때에는 산업안전보건위원회의 심의·의결을 거쳐야 한다. 다만, 산업안전보건위원회가 설치되어 있지 아니한 사업장의 경우에는 근로자대표의 동의를 받아야 한다.
⑤ 산업안전보건위원회는 산업안전·보건에 관한 중요사항에 대하여 심의·의결을 하지만 해당 사업장 근로자의 안전과 보건을 유지·증진시키기 위하여 필요한 사항을 정할 수 없다.

06 산업안전보건법령상 안전보건관리규정 작성 시 포함되어야 할 사항이 아닌 것은?

① 사고 조사 및 대책 수립에 관한 사항
② 안전·보건 관리조직과 그 직무에 관한 사항
③ 작업장 안전관리에 관한 사항
④ 작업장 건설과 민원대책에 관한 사항
⑤ 작업장 보건관리에 관한 사항

07 산업안전보건법령상 작업중지 등에 관한 설명으로 옳지 않은 것은?

① 사업주는 산업재해가 발생할 급박한 위험이 있을 때 또는 중대재해가 발생하였을 때에는 즉시 작업을 중지시키고 근로자를 작업장소로부터 대피시키는 등 필요한 안전·보건상의 조치를 한 후 작업을 다시 시작하여야 한다.
② 근로자는 산업재해가 발생할 급박한 위험으로 인하여 작업을 중지하고 대피하였을 때에는 사태가 안정된 후에 그 사실을 위 상급자에게 보고하는 등 적절한 조치를 취하여야 한다.
③ 사업주는 산업재해가 발생할 급박한 위험이 있다고 믿을 만한 합리적인 근거가 있을 때에는 산업안전보건법의 규정에 따라 작업을 중지하고 대피한 근로자에 대하여 이를 이유로 해고나 그 밖의 불리한 처우를 하여서는 아니 된다.
④ 고용노동부장관은 중대재해가 발생하였을 때에는 그 원인 규명 또는 예방대책 수립을 위하여 중대재해 발생원인을 조사하고, 근로감독관과 관계 전문가로 하여금 고용노동부령으로 정하는 바에 따라 안전·보건진단이나 그 밖에 필요한 조치를 하도록 할 수 있다.
⑤ 누구든지 중대재해 발생현장을 훼손하여 중대재해 발생의 원인조사를 방해하여서는 아니 된다.

08 산업안전보건법령상 사업주가 작업 중 위험을 방지하기 위하여 필요한 안전조치를 취해야 할 장소가 아닌 것은?

① 근로자가 추락할 위험이 있는 장소
② 토사·구축물 등이 붕괴할 우려가 있는 장소
③ 방사선·유해광선·고온·저온·초음파·소음·진동·이상기압 등에 의한 건강 장해의 우려가 있는 장소
④ 물체가 떨어지거나 날아올 위험이 있는 장소
⑤ 작업 시 천재지변으로 인한 위험이 발생할 우려가 있는 장소

09 산업안전보건법령상 도급사업 시의 안전·보건조치 등을 위하여 2일에 1회 이상 순회점검하여야 하는 사업의 작업장에 해당하지 않는 것은?

① 건설업의 작업장
② 정보서비스업의 작업장
③ 제조업의 작업장
④ 토사석 광업의 작업장
⑤ 음악 및 기타 오디오물 출판업의 작업장

10 산업안전보건법령상 고용노동부장관이 실시하는 안전·보건에 관한 직무교육을 받아야 할 대상자를 모두 고른 것은?

> ㄱ. 안전보건관리책임자
> ㄴ. 관리감독자
> ㄷ. 안전관리자
> ㄹ. 보건관리자
> ㅁ. 재해예방 전문지도기관의 종사자

① ㄱ, ㄴ
② ㄴ, ㄷ
③ ㄱ, ㄴ, ㄷ
④ ㄴ, ㄹ, ㅁ
⑤ ㄱ, ㄷ, ㄹ, ㅁ

11 산업안전보건기준에 관한 규칙상 가설통로를 설치하는 경우 준수하여야 하는 사항에 관한 설명으로 옳지 않은 것은?

① 경사는 30도 이하로 할 것. 다만, 계단을 설치하거나 높이 2미터 미만의 가설통로로서 튼튼한 손잡이를 설치한 경우에는 그러하지 아니하다.
② 경사가 15도를 초과하는 경우에는 미끄러운 구조로 할 것
③ 추락할 위험이 있는 장소에는 안전난간을 설치할 것. 다만, 작업상 부득이한 경우에는 필요한 부분만 임시로 해체할 수 있다.
④ 수직갱에 가설된 통로의 길이가 15미터 이상인 경우에는 10미터 이내마다 계단참을 설치할 것
⑤ 건설공사에 사용하는 높이 8미터 이상인 비계다리에는 7미터 이내마다 계단참을 설치할 것

12 산업안전보건법령상 안전관리자가 수행하여야 할 업무가 아닌 것은?

① 사업장 순회점검·지도 및 조치의 건의
② 산업재해 발생의 원인 조사·분석 및 재발 방지를 위한 기술적 보좌 및 조언·지도
③ 작업장 내에서 사용되는 전체 환기장치 및 국소 배기장치 등에 관한 설비의 점검과 작업방법의 공학적 개선에 관한 보좌 및 조언·지도
④ 산업재해에 관한 통계의 유지·관리·분석을 위한 보좌 및 조언·지도
⑤ 업무수행 내용의 기록·유지

13 산업안전보건법령상 도급사업 시의 안전·보건조치 등에 관한 설명으로 옳은 것은?

① 도급사업과 관련하여 산업재해를 예방하기 위하여 안전·보건에 관한 협의체를 구성하는 경우 도급인인 사업주 및 그의 수급인인 사업주의 일부만으로 구성할 수 있다.
② 수급인인 사업주는 도급인인 사업주가 실시하는 근로자의 해당 안전·보건에 필요한 장소 및 자료의 제공 등 필요한 조치를 하여야 한다.
③ 안전·보건상 유해하거나 위험한 작업을 도급하는 경우 도급인은 수급인에게 자료제출을 요구하여야 한다.
④ 도급인인 사업주가 합동안전·보건점검을 할 때에는 도급인인 사업주, 수급인인 사업주, 도급인 및 수급인의 근로자 각 1명으로 점검반을 구성하여야 한다.
⑤ 안전·보건상 유해하거나 위험한 작업 중 사업장 내에서 공정의 일부분을 도급하는 도금작업은 시·도지사의 승인을 받지 아니하면 그 작업만을 분리하여 도급을 줄 수 없다.

<참고>
제7조(도급인과 관계수급인의 통합 산업재해 관련 자료 제출) ① 지방고용노동관서의 장은 법 제10조 제2항에 따라 도급인의 산업재해 발생건수, 재해율 또는 그 순위 등(이하 "산업재해발생건수등"이라 한다)에 관계수급인의 산업재해발생건수등을 포함하여 공표하기 위하여 필요하면 법 제10조 제3항에 따라 영 제12조 각 호의 어느 하나에 해당하는 사업이 이루어지는 사업장으로서 해당 사업장의 상시근로자 수가 500명 이상인 사업장의 도급인에게 도급인의 사업장(도급인이 제공하거나 지정한 경우로서 도급인이 지배·관리하는 영 제11조 각 호에 해당하는 장소를 포함한다. 이하 같다)에서 작업하는 관계수급인 근로자의 산업재해 발생에 관한 자료를 제출하도록 공표의 대상이 되는 연도의 다음 연도 3월 15일까지 요청해야 한다.
② 제1항에 따라 자료의 제출을 요청받은 도급인은 그 해 4월 30일까지 별지 제1호서식의 통합 산업재해 현황 조사표를 작성하여 지방고용노동관서의 장에게 제출(전자문서로 제출하는 것을 포함한다)해야 한다.
③ 제1항에 따른 도급인은 그의 관계수급인에게 별지 제1호서식의 통합 산업재해 현황 조사표의 작성에 필요한 자료를 요청할 수 있다.

14 산업안전보건법령상 유해·위험 방지를 위하여 방호조치가 필요한 기계·기구 등에 해당하지 않는 것은?

① 예초기
② 원심기
③ 전단기(剪斷機) 및 절곡기(折曲機)
④ 지게차
⑤ 금속절단기

<참고>

시행규칙 제98조(방호조치) ① 법 제80조 제1항에 따라 영 제70조 및 영 별표 20의 기계·기구에 설치해야 할 방호장치는 다음 각 호와 같다.
1. 영 별표 20 제1호에 따른 예초기: 날접촉 예방장치
2. 영 별표 20 제2호에 따른 원심기: 회전체 접촉 예방장치
3. 영 별표 20 제3호에 따른 공기압축기: 압력방출장치
4. 영 별표 20 제4호에 따른 금속절단기: 날접촉 예방장치
5. 영 별표 20 제5호에 따른 지게차: 헤드 가드, 백레스트(backrest), 전조등, 후미등, 안전벨트
6. 영 별표 20 제6호에 따른 포장기계: 구동부 방호 연동장치

15 산업안전보건법령상 기계·기구 등을 설치·이전하는 경우에 안전인증을 받아야 하는 기계·기구 등을 모두 고른 것은?

ㄱ. 크레인
ㄴ. 고소(高所)작업대
ㄷ. 리프트
ㄹ. 곤돌라
ㅁ. 기계톱

① ㄱ, ㄴ, ㄷ
② ㄱ, ㄷ, ㄹ
③ ㄴ, ㄷ, ㅁ
④ ㄴ, ㄹ, ㅁ
⑤ ㄷ, ㄹ, ㅁ

16 산업안전보건법령상 자율안전확인의 신고를 면제하는 경우에 해당하지 않는 것은?

① 「품질경영 및 공산품안전관리법」 제14조에 따른 안전인증을 받은 경우
② 「산업표준화법」 제15조에 따른 인증을 받은 경우
③ 「전기용품 및 생활용품 안전관리법」 제5조 및 제8조에 따른 안전인증 및 안전검사를 받은 경우
④ 「농업기계화촉진법」 제9조에 따른 검정을 받은 경우
⑤ 국제전기기술위원회의 국제방폭전기기계·기구 상호인정제도에 따라 인증을 받은 경우

<참고>

제89조(자율안전확인의 신고) ① 안전인증대상기계등이 아닌 유해·위험기계등으로서 대통령령으로 정하는 것(이하 "자율안전확인대상기계등"이라 한다)을 제조하거나 수입하는 자는 자율안전확인대상기계등의 안전에 관한 성능이 고용노동부장관이 정하여 고시하는 안전기준(이하 "자율안전기준"이라 한다)에 맞는지 확인(이하 "자율안전확인"이라 한다)하여 고용노동부장관에게 신고(신고한 사항을 변경하는 경우를 포함한다)하여야 한다. 다만, 다음 각 호의 어느 하나에 해당하는 경우에는 신고를 면제할 수 있다.
 1. 연구·개발을 목적으로 제조·수입하거나 수출을 목적으로 제조하는 경우
 2. 제84조 제3항에 따른 안전인증을 받은 경우(제86조 제1항에 따라 안전인증이 취소되거나 안전인증표시의 사용 금지 명령을 받은 경우는 제외한다)
 3. 다른 법령에 따라 안전성에 관한 검사나 인증을 받은 경우로서 고용노동부령으로 정하는 경우

> **시행규칙 제119조(신고의 면제)** 법 제89조 제1항 제3호에서 "고용노동부령으로 정하는 경우"란 다음 각 호의 어느 하나에 해당하는 경우를 말한다.
> 1. 「농업기계화촉진법」 제9조에 따른 검정을 받은 경우
> 2. 「산업표준화법」 제15조에 따른 인증을 받은 경우
> 3. 「전기용품 및 생활용품 안전관리법」 제5조 및 제8조에 따른 안전인증 및 안전검사를 받은 경우
> 4. 국제전기기술위원회의 국제방폭전기기계·기구 상호인정제도에 따라 인증을 받은 경우

17 산업안전보건법령상 안전검사 대상이 아닌 것은?

① 전단기
② 건조설비 및 그 부속설비
③ 롤러기(밀폐형 구조)
④ 프레스
⑤ 화학설비 및 그 부속설비

<참고>

★ **영 제78조(안전검사대상기계등)** ① 법 제93조 제1항 전단에서 "대통령령으로 정하는 것"이란 다음 각 호의 어느 하나에 해당하는 것을 말한다.
 1. 프레스
 2. 전단기
 3. 크레인(정격 하중이 2톤 미만인 것은 제외한다)
 4. 리프트
 5. 압력용기
 6. 곤돌라
 7. 국소 배기장치(이동식은 제외한다)
 8. 원심기(산업용만 해당한다)
 9. 롤러기(밀폐형 구조는 제외한다)
 10. 사출성형기[형 체결력(型 締結力) 294킬로뉴턴(KN) 미만은 제외한다]
 11. 고소작업대(「자동차관리법」 제3조 제3호 또는 제4호에 따른 화물자동차 또는 특수자동차에 탑재한 고소작업대로 한정한다)
 12. 컨베이어
 13. 산업용 로봇

18 산업안전보건법령상 제조 또는 사용허가를 받아야 하는 유해물질에 해당하는 것은?

① 황린(黃燐) 성냥
② 벤조트리클로리드
③ 석면
④ 폴리클로리네이티드터페닐(PCT)
⑤ 4-니트로디페닐과 그 염

<참고>
영 제87조(제조 등이 금지되는 유해물질) 법 제117조 제1항 각 호 외의 부분에서 "대통령령으로 정하는 물질"이란 다음 각 호의 물질을 말한다. <개정 2020. 9. 8.>
 1. β-나프틸아민[91-59-8]과 그 염(β-Naphthylamine and its salts)
 2. 4-니트로디페닐[92-93-3]과 그 염(4-Nitrodiphenyl and its salts)
 3. 백연[1319-46-6]을 포함한 페인트(포함된 중량의 비율이 2퍼센트 이하인 것은 제외한다)
 4. 벤젠[71-43-2]을 포함하는 고무풀(포함된 중량의 비율이 5퍼센트 이하인 것은 제외한다)
 5. 석면(Asbestos; 1332-21-4 등)
 6. 폴리클로리네이티드 터페닐(Polychlorinated terphenyls; 61788-33-8 등) →PCT
 7. 황린(黃燐)[12185-10-3] 성냥(Yellow phosphorus match)
 8. 제1호, 제2호, 제5호 또는 제6호에 해당하는 물질을 포함한 혼합물(포함된 중량의 비율이 1퍼센트 이하인 것은 제외한다)
 9. 「화학물질관리법」 제2조 제5호에 따른 금지물질(같은 법 제3조 제1항 제1호부터 제12호까지의 규정에 해당하는 화학물질은 제외한다)
 10. 그 밖에 보건상 해로운 물질로서 산업재해보상보험및예방심의위원회의 심의를 거쳐 고용노동부장관이 정하는 유해물질

영 제88조(허가 대상 유해물질) 법 제118조 제1항 전단에서 "대체물질이 개발되지 아니한 물질 등 대통령령으로 정하는 물질"이란 다음 각 호의 물질을 말한다. <개정 2020. 9. 8.>
 1. α-나프틸아민[134-32-7] 및 그 염(α-Naphthylamine and its salts)
 2. 디아니시딘[119-90-4] 및 그 염(Dianisidine and its salts)
 3. 디클로로벤지딘[91-94-1] 및 그 염(Dichlorobenzidine and its salts)
 4. 베릴륨(Beryllium; 7440-41-7)
 5. 벤조트리클로라이드(Benzotrichloride; 98-07-7)
 6. 비소[7440-38-2] 및 그 무기화합물(Arsenic and its inorganic compounds)
 7. 염화비닐(Vinyl chloride; 75-01-4)
 8. 콜타르피치[65996-93-2] 휘발물(Coal tar pitch volatiles)
 9. 크롬광 가공(열을 가하여 소성 처리하는 경우만 해당한다)(Chromite ore processing)
 10. 크롬산 아연(Zinc chromates; 13530-65-9 등)
 11. o-톨리딘[119-93-7] 및 그 염(o-Tolidine and its salts)
 12. 황화니켈류(Nickel sulfides; 12035-72-2, 16812-54-7)
 13. 제1호부터 제4호까지 또는 제6호부터 제12호까지의 어느 하나에 해당하는 물질을 포함한 혼합물(포함된 중량의 비율이 1퍼센트 이하인 것은 제외한다)
 14. 제5호의 물질을 포함한 혼합물(포함된 중량의 비율이 0.5퍼센트 이하인 것은 제외한다)
 15. 그 밖에 보건상 해로운 물질로서 산업재해보상보험및예방심의위원회의 심의를 거쳐 고용노동부장관이 정하는 유해물질

19 산업안전보건법령상 신규화학물질의 유해성·위험성 조사 대상에서 제외되는 것은?

① 방사성 물질
② 노말헥산
③ 포름알데히드
④ 카드뮴 및 그 화합물
⑤ 트리클로로에틸렌

<참고>

영 제85조(유해성·위험성 조사 제외 화학물질) 법 제108조 제1항 각 호 외의 부분 본문에서 "대통령령으로 정하는 화학물질"이란 다음 각 호의 어느 하나에 해당하는 화학물질을 말한다.
 1. 원소
 2. 천연으로 산출된 화학물질
 3. 「건강기능식품에 관한 법률」 제3조 제1호에 따른 건강기능식품
 4. 「군수품관리법」 제2조 및 「방위사업법」 제3조 제2호에 따른 군수품[「군수품관리법」 제3조에 따른 통상품(痛常品)은 제외한다]
 5. 「농약관리법」 제2조 제1호 및 제3호에 따른 농약 및 원제
 6. 「마약류 관리에 관한 법률」 제2조 제1호에 따른 마약류
 7. 「비료관리법」 제2조 제1호에 따른 비료
 8. 「사료관리법」 제2조 제1호에 따른 사료
 9. 「생활화학제품 및 살생물제의 안전관리에 관한 법률」 제3조 제7호 및 제8호에 따른 살생물질 및 살생물제품
 10. 「식품위생법」 제2조 제1호 및 제2호에 따른 식품 및 식품첨가물
 11. 「약사법」 제2조 제4호 및 제7호에 따른 의약품 및 의약외품(醫藥外品)
 12. 「원자력안전법」 제2조 제5호에 따른 **방사성물질**
 13. 「위생용품 관리법」 제2조 제1호에 따른 위생용품
 14. 「의료기기법」 제2조 제1항에 따른 의료기기
 15. 「총포·도검·화약류 등의 안전관리에 관한 법률」 제2조 제3항에 따른 화약류
 16. 「화장품법」 제2조 제1호에 따른 화장품과 화장품에 사용하는 원료
 17. 법 제108조 제3항에 따라 고용노동부장관이 명칭, 유해성·위험성, 근로자의 건강장해 예방을 위한 조치 사항 및 연간 제조량·수입량을 공표한 물질로서 공표된 연간 제조량·수입량 이하로 제조하거나 수입한 물질
 18. 고용노동부장관이 환경부장관과 협의하여 고시하는 화학물질 목록에 기록되어 있는 물질

20 산업안전보건법령상 근로자의 보건관리에 관한 설명으로 옳지 않은 것은?

① 사업주는 작업환경측정의 결과를 해당 작업장 근로자에게 알려야 하며, 그 결과에 따라 근로자의 건강을 보호하기 위하여 해당 시설·설비의 설치·개선 또는 건강진단의 실시 등 적절한 조치를 하여야 한다.
② 고용노동부장관은 근로자의 건강을 보호하기 위하여 필요하다고 인정할 때에는 사업주에게 특정 근로자에 대한 임시건강진단의 실시나 그밖에 필요한 조치를 명할 수 있다.
③ 고용노동부장관이 역학조사(疫學調査)를 실시하는 경우 사업주 및 근로자는 적극 협조하여야 하며, 정당한 사유 없이 이를 거부·방해하거나 기피하여서는 아니 된다.
④ 사업주는 잠함(潛艦) 또는 잠수작업 등 높은 기압에서 하는 위험한 작업에 종사하는 근로자에게는 1일 6시간, 1주 34시간을 초과하여 근로하게 하여서는 아니 된다.
⑤ 사업주는 산업안전보건위원회 또는 근로자대표가 요구하면 작업환경측정 결과에 대한 설명회를 직접 개최하여야 하며, 작업환경측정을 한 기관으로 하여금 개최하도록 하여서는 아니 된다.

<참고>
제125조(작업환경측정) ① **사업주**는 유해인자로부터 근로자의 건강을 보호하고 쾌적한 작업환경을 조성하기 위하여 **인체에 해로운 작업을 하는 작업장으로서 고용노동부령으로 정하는 작업장**에 대하여 고용노동부령으로 정하는 자격을 가진 자로 하여금 작업환경측정을 하도록 하여야 한다.
② 제1항에도 불구하고 도급인의 사업장에서 관계수급인 또는 관계수급인의 근로자가 작업을 하는 경우에는 **도급인**이 제1항에 따른 자격을 가진 자로 하여금 작업환경측정을 하도록 하여야 한다.
③ 사업주(제2항에 따른 도급인을 포함한다. 이하 이 조 및 제127조에서 같다)는 제1항에 따른 작업환경측정을 제126조에 따라 지정받은 기관(이하 "작업환경측정기관"이라 한다)에 위탁할 수 있다. 이 경우 필요한 때에는 작업환경측정 중 시료의 분석만을 위탁할 수 있다.
④ 사업주는 근로자대표(관계수급인의 근로자대표를 포함한다. 이하 이 조에서 같다)가 요구하면 작업환경측정 시 근로자대표를 참석시켜야 한다.
⑤ 사업주는 작업환경측정 결과를 기록하여 보존하고 고용노동부령으로 정하는 바에 따라 고용노동부장관에게 보고하여야 한다. 다만, 제3항에 따라 사업주로부터 작업환경측정을 위탁받은 작업환경측정기관이 작업환경측정을 한 후 그 결과를 고용노동부령으로 정하는 바에 따라 고용노동부장관에게 제출한 경우에는 작업환경측정 결과를 보고한 것으로 본다.
⑥ 사업주는 작업환경측정 결과를 해당 작업장의 근로자(관계수급인 및 관계수급인 근로자를 포함한다. 이하 이 항, 제127조 및 제175조 제5항 제15호에서 같다)에게 알려야 하며, 그 결과에 따라 근로자의 건강을 보호하기 위하여 해당 시설·설비의 설치·개선 또는 건강진단의 실시 등의 조치를 하여야 한다.
⑦ 사업주는 산업안전보건위원회 또는 근로자대표가 **요구하면** 작업환경측정 결과에 대한 설명회 등을 개최하여야 한다. 이 경우 제3항에 따라 작업환경측정을 위탁하여 실시한 경우에는 작업환경측정기관에 작업환경측정 결과에 대하여 설명하도록 할 수 있다.
⑧ 제1항 및 제2항에 따른 작업환경측정의 방법·횟수, 그 밖에 필요한 사항은 고용노동부령으로 정한다.

21 산업안전보건법령상 사업주가 근로를 금지시켜야 하는 질병자에 해당하지 않는 것은?

① 정신분열증에 걸린 사람
② 마비성 치매에 걸린 사람
③ 심장·신장·폐 등의 질환이 있는 사람으로서 근로에 의하여 병세가 악화될 우려가 있는 사람
④ 결핵, 급성상기도감염, 진폐, 폐기종의 질병에 걸린 사람
⑤ 전염을 예방하기 위한 조치를 하지 않은 상태에서 전염될 우려가 있는 질병에 걸린 사람

22 산업안전보건법령상 고용노동부장관이 사업주에게 수립·시행을 명할 수 있는 계획에 관한 설명이다. ( )안에 들어갈 내용으로 옳은 것은?

> 고용노동부장관은 사업주가 안전보건조치의무를 이행하지 아니하여 중대재해가 발생한 사업장으로서 산업재해 예방을 위하여 종합적인 개선조치를 할 필요가 있다고 인정할 때에는 고용노동부령으로 정하는 바에 따라 사업주에게 그 사업장, 시설, 그 밖의 사항에 관한 ( )의 수립·시행을 명할 수 있다.

① 유해·위험방지계획
② 안전교육계획
③ 보건교육계획
④ 비상조치계획
⑤ 안전보건개선계획

23 산업안전보건법령상 산업안전지도사 및 산업보건지도사(이하 "지도사"라 함)에 관한 설명으로 옳지 않은 것은?

① 지도사가 그 직무를 시작할 때에는 고용노동부장관에게 신고하여야 한다.
② 지도사는 그 직무상 알게 된 비밀을 누설하거나 도용하여서는 아니 된다.
③ 지도사는 항상 품위를 유지하고 신의와 성실로써 공정하게 직무를 수행하여야 한다.
④ 지도사는 법령에 위반되는 행위에 관한 지도·상담을 하여서는 아니 된다.
⑤ 지도사는 다른 사람에게 자기의 성명이나 사무소의 명칭을 사용하여 지도사의 직무를 수행하게 하거나 그 자격증을 대여하여서는 아니 된다.

24 산업안전보건법령상 위험성평가 실시내용 및 결과의 기록·보존에 관한 설명으로 옳지 않은 것은?

① 위험성평가 대상의 유해·위험요인이 포함되어야 한다.
② 위험성 결정의 내용이 포함되어야 한다.
③ 위험성 결정에 따른 조치의 내용이 포함되어야 한다.
④ 위험성평가의 실시내용을 확인하기 위하여 필요한 사항으로서 고용노동부장관이 정하여 고시하는 사항이 포함되어야 한다.
⑤ 사업주는 위험성평가 실시내용 및 결과의 기록·보존에 따른 자료를 5년간 보존하여야 한다.

<참고>
시행규칙 제37조(위험성평가 실시내용 및 결과의 기록·보존) ① 사업주가 법 제36조 제3항에 따라 위험성평가의 결과와 조치사항을 기록·보존할 때에는 다음 각 호의 사항이 포함되어야 한다.
 1. 위험성평가 대상의 유해·위험요인
 2. 위험성 결정의 내용
 3. 위험성 결정에 따른 조치의 내용
 4. 그 밖에 위험성평가의 실시내용을 확인하기 위하여 필요한 사항으로서 고용노동부장관이 정하여 고시하는 사항
② 사업주는 제1항에 따른 자료를 3년간 보존해야 한다.

25 산업안전보건법령상 산업보건지도사의 직무에 해당하지 않는 것은?

① 작업환경의 평가 및 개선 지도
② 산업보건에 관한 조사·연구
③ 근로자 건강진단에 따른 사후관리 지도
④ 유해·위험의 방지대책에 관한 평가·지도
⑤ 작업환경 개선과 관련된 계획서 및 보고서의 작성

<참고>
제9장 산업안전지도사 및 산업보건지도사
 제142조(산업안전지도사 등의 직무) ① 산업안전지도사는 다음 각 호의 직무를 수행한다.
  1. 공정상의 안전에 관한 평가·지도
  2. 유해·위험의 방지대책에 관한 평가·지도
  3. 제1호 및 제2호의 사항과 관련된 계획서 및 보고서의 작성
  4. 그 밖에 산업안전에 관한 사항으로서 대통령령으로 정하는 사항

② 산업보건지도사는 다음 각 호의 직무를 수행한다.
1. 작업환경의 평가 및 개선 지도
2. 작업환경 개선과 관련된 계획서 및 보고서의 작성
3. 근로자 건강진단에 따른 사후관리 지도
4. 직업성 질병 진단(「의료법」 제2조에 따른 의사인 산업보건지도사만 해당한다) 및 예방 지도
5. 산업보건에 관한 조사·연구
6. 그 밖에 산업보건에 관한 사항으로서 대통령령으로 정하는 사항

③ 산업안전지도사 또는 산업보건지도사(이하 "지도사"라 한다)의 업무 영역별 종류 및 업무 범위, 그 밖에 필요한 사항은 대통령령으로 정한다.

> **영 제101조(산업안전지도사 등의 직무)** ① 법 제142조 제1항 제4호에서 "대통령령으로 정하는 사항"이란 다음 각 호의 사항을 말한다.
> 1. 법 제36조에 따른 **위험성평가의 지도**
> 2. 법 제49조에 따른 **안전보건개선계획서의 작성**
> 3. 그 밖에 산업안전에 관한 사항의 자문에 대한 응답 및 조언
>
> ② 법 제142조 제2항 제6호에서 "대통령령으로 정하는 사항"이란 다음 각 호의 사항을 말한다.
> 1. 법 제36조에 따른 **위험성평가의 지도**
> 2. 법 제49조에 따른 **안전보건개선계획서의 작성**
> 3. 그 밖에 산업보건에 관한 사항의 자문에 대한 응답 및 조언

○ 2016년 기출문제 정답

1	2	3	4	5	6	7	8	9	10
②	①	③	①	⑤	④	②	③	②	⑤
11	12	13	14	15	16	17	18	19	20
②	③	④	③	②	①	③	②	①	⑤
21	22	23	24	25					
④	⑤	①	⑤	④					

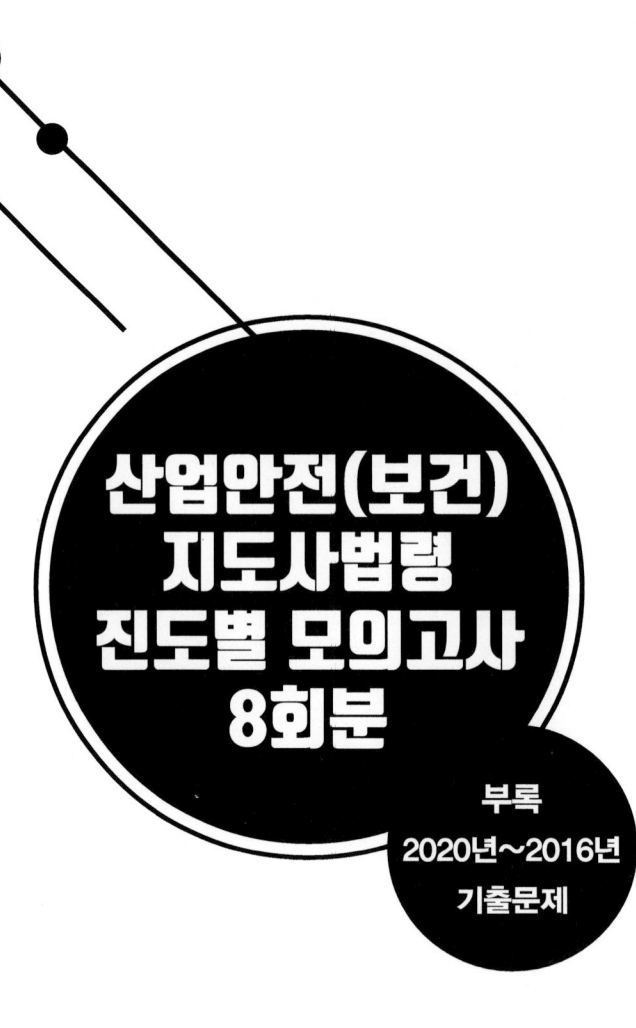

초판 1쇄 발행 2021년 02월 22일

편저 정명재
발행인 이항준 **발행처** (주)법률저널
등록일자 2008년 9월 26일 **등록번호** 제15-605호
주소 151-862 서울 관악구 복은4길 50 (서림동 120-32)
대표전화 02)874-1144 **팩스** 02)876-4312
홈페이지 www.lec.co.kr
ISBN 978-89-6336-582-4
정가 28,000원